国家林业局普通高等教育“十三五”规划教材
全国高等农林院校生物科学类系列教材

植物生理学

（第2版）

路文静　主编

中国林业出版社

内容提要

本书为国家林业局普通高等教育“十三五”规划教材。全书分为12章，内容包括植物的水分生理、植物的矿质营养、植物的光合作用、植物的呼吸作用、植物体内同化物的运输与分配、植物体内的细胞信号转导、植物生长物质、光形态建成、植物的生长生理、植物的生殖生理、植物的成熟与衰老生理和植物的抗逆生理。本书编写过程中强调基本概念的准确性，注重基础理论及其应用，努力反映新的科学成就，既保持课程自身体系的完整性，又尽量减少与其他相关课程的重复，力求做到内容先进、完整、精炼、实用，编排合理，便于教学和自学。

本书既可作为各高等院校相关专业教材，也可供考研同学或其他教学科研人员参考。

图书在版编目(CIP)数据

植物生理学／路文静主编．—2版．—北京：中国林业出版社，2017.6
国家林业局普通高等教育“十三五”规划教材　全国高等农林院校生物科学类系列教材
ISBN 978-7-5038-9063-5

Ⅰ．①植…　Ⅱ．①路…　Ⅲ．①植物生理学－高等学校－教材　Ⅳ．①Q945

中国版本图书馆CIP数据核字(2017)第140498号

国家林业局生态文明教材及林业高校教材建设项目

中国林业出版社·教育出版分社

策划编辑： 肖基浒　吴　卉　　**责任编辑：** 肖基浒
电　　话： (010)83143555　　**传　　真：** (010)83143516

出版发行　中国林业出版社(100009　北京市西城区德内大街刘海胡同7号)
E-mail：jiaocaipublic@163.com　电话：(010)83143500
http：//lycb.forestry.gov.cn
经　　销　新华书店
印　　刷　中国农业出版社印刷厂
版　　次　2011年8月第1版
2017年8月第2版
印　　次　2017年8月第1次印刷
开　　本　850mm×1168mm　1/16
印　　张　26.75
字　　数　634千字
定　　价　54.00元

《植物生理学》(第2版)
编写人员

主　　编

路文静

副 主 编

姬谦龙　顾玉红　王凤茹
郭红彦　王文斌　孙亚卿

编写人员（按姓氏拼音排序）

谷俊涛(河北农业大学)
谷守芹(河北农业大学)
顾玉红(河北农业大学)
郭红彦(山西农业大学)
韩建民(河北农业大学)
胡小龙(西南林业大学)
姬谦龙(北京农学院)
贾晓梅(保定学院)
路文静(河北农业大学)
时翠平(河北农业大学)
孙亚卿(内蒙古农业大学)
王凤茹(河北农业大学)
王文斌(山西农业大学)
谢寅峰(南京林业大学)

主　　审

蒋继志(河北大学)

前　言

（第2版）

普通高等教育“十二五”规划教材《植物生理学》自2011年8月出版以来，得到了广大读者的认可，并于2015年获得第三届全国农林类优秀教材二等奖。为了反映近几年植物生理学领域的新成果，弥补第一版中出现的编写疏漏和印刷错误，经过各位编者的努力，完成了第2版书稿，并被列为国家林业局普通高等教育“十三五”规划教材。第2版基本保持了第1版体系，内容上添加了相关领域的最新研究进展，添加了主要名词的中英文索引，修订了各章思考题和推荐阅读书目。各章节编写人员及具体修改内容如下。

绪论由路文静编写。补充植物生理学发展历程中的重要事件，列举我国近几年在植物生理学领域取得的重要成果和对学科发展的重要贡献。

第1章植物的水分生理由孙亚卿编写。通篇重新表述，对部分内容进行精简，重写植物细胞对水分吸收一节，调整合理灌溉生理基础相关内容。

第2章植物的矿质营养由贾晓梅编写。主要修订植物必需矿质元素、根系吸收矿质元素的过程、影响根系吸收矿质元素的条件等内容，并由王凤茹教授整理添加了2017·*Nature*在线刊登的“离子通道和离子泵是一种复合体”的最新研究进展。

第3章植物的光合作用由姬谦龙编写。对个别概念重新表述，添加高等植物光系统Ⅰ–捕光天线(PSI-LHCI)晶体结构等最新研究进展，添加高等植物的光合碳同化途径可随着植物的器官、部位、生育期及环境条件而发生变化及C_3-C_4中间植物等内容，重写C_3、C_4植物生理特征。

第4章植物的呼吸作用由郭红彦编写。进一步规范了图表和部分文字描述。

第5章植物体内同化物的运输与分配由胡小龙编写。把章节内容中原有机物改为同化物，通篇进行重新表述，重写同化物分配规律。

第6章植物体内的细胞信号转导由谷守芹和韩建民编写。修订原版不规范表述，重写钙信号系统。

第7章植物生长物质由王凤茹编写。增加激素信号转导新的研究进展，添加植物激素独角金内酯的相关研究。

第8章光形态建成由谷俊涛和路文静编写。补充光敏色素基因表达和作用机制等内容。

第9章植物的生长生理由谢寅峰编写。修订细胞伸长与植物激素(主要补充油菜素内酯对细胞伸长的调控作用),修订细胞程序性死亡特征,改写植物组织培养特点,补充组培新技术,补充植物生长分析指标知识点。

第10章植物的生殖生理由顾玉红编写。进一步完善影响花器官形成因素、成花诱导途径、花器官形成模型等内容,重写植物的性别类型。

第11章植物的成熟与衰老生理由时翠平编写。补充种子成熟过程中糖类变化相关内容;重写果实生长的单性结实现象;补充衰老时的生理生化变化及影响衰老的条件相关内容。

第12章植物的抗逆生理由王文斌编写。添加植物抗冷性的信号转导及水稻感受和抵御低温的机制,补充植物抗旱性的信号转导。

第2版编写过程中,各位编者对修订内容进行了充分讨论,初稿完成后,由王凤茹、顾玉红进行了修改,然后由路文静修订统稿,蒋继志教授审定全稿并提出修改意见和建议,最后由路文静、王凤茹、顾玉红做了进一步修改完善。

本教材引用了国内外许多教材、著作及相关论文的内容和图表,本书的编写得到了中国林业出版社以及各位编者所在院校的大力支持,在此一并表示感谢!

为了配合课堂讲授,由路文静、李奕松主编的《植物生理学实验教程》(第2版)将同本教材一起由中国林业出版社出版。

本书编者在编写过程中力求严谨、认真、规范,但因水平有限,书中可能仍存在不妥或错误之处,恳请读者批评指正。

编 者

2017年1月

前　言
（第1版）

植物生理学是研究植物生命活动规律及其与外界环境相互关系的科学，是生命科学的重要基础学科。近年来植物生理学发展迅速，表现出与其他学科交叉渗透，研究领域不断向宏观、微观方向拓展，研究手段现代化，更加注重实际应用等特点。本书作为普通高等教育“十二五”规划教材，编写于新世纪第一次全国教育工作会议召开和《国家中长期教育改革和发展规划纲要(2010—2020年)》颁布之时。全国教育工作会议的召开和《国家中长期教育改革和发展规划纲要(2010—2020年)》的颁布为进一步深化教育体制改革，更新教育教学观念，提高人才培养水平指明了方向。要推进高校的改革创新、科学发展，首先要改革课程体系和教学方法，培养学生的独立思考、质疑权威、批判性思维和创新能力。教材作为培养人才的重要工具，其内容体系一定要适应改革的需要。通过学习领会全国教育工作会议和教育规划纲要精神，考虑到植物生理学的特点，本教材编写的基本思路定为：体系完整，知识准确，关注前沿，注重应用，简明扼要，条理清楚，编排合理，精练实用。每章附有小结、思考题和推荐阅读书目，便于学生总结和延伸阅读。

本教材在编写内容上力求做到以下几点：①继承发扬国内外众多优秀教材的内容框架和特色，同时根据植物生理学的发展现状和趋势，引入新概念、新技术、新理论和新成果。例如，“植物生长物质”一章，关于各类植物激素调控植物生长发育的作用机制，近年来取得了较大的研究进展，包括从激素信号的感知到信号在胞质的传递，再到在核内引起特异基因的表达和酶活性变化等，教材中对相关内容进行了较详细的介绍；考虑到植物次生代谢及次生代谢产物在植物生产中越来越被人们重视，“植物的呼吸作用”一章添加了呼吸代谢与其他物质代谢一节，将初生代谢与次生代谢紧密联系，并介绍了次生代谢产物。②教材既保持了植物生理课程体系的完整性，又尽量减少与其他相关课程的重复内容，缩减篇幅，精练实用。例如，细胞生理是植物生理学的基础内容，但多数学校在平台课中开设了细胞生物学，因此，教材中没有专门叙述这部分内容；“植物的呼吸作用”一章关于糖类分解代谢的过程，目前一般在生物化学课程中作为重点内容进行讲解，故本书中只简单介绍了代谢过程，重点强调代谢途径及其进行部位和生理意义。③注重理论与生产实际相结合，突出应用性。教材每章都添加了实际应用的内容。

全书分为绪论和12章。绪论由路文静编写；第1章由史树德编写；第2章由贾晓梅编写；第3章由姬谦龙编写；第4章由郭红彦编写；第5章由胡小龙编写；第6章由谷守芹编写；第7章由王凤茹编写；第8章由谷俊涛和路文静编写；第9章由谢寅峰编写；第10章由顾玉红编写；第11章由时翠平编写；第12章由王文斌编写。本教材初稿完成后，各编写人员进行了交互审阅，就有关内容进行研讨、补充，正、副主编经过多次修改，然后由路文静统稿，蒋继志教授审定全稿并提出修改意见和建议，最后由韩建民、路文静做了进一步修改完善。

本书引用了国内外许多教材、著作及相关论文的内容和图表，本书的编写得到了中国林业出版社以及各位编者所在院校的大力支持，在此一并表示感谢！

本书编者在编写过程中力求严谨、认真、规范，但因水平有限，对书中可能存在的不妥或错误之处，恳请读者批评指正。

编　者

2011年5月

目　录

绪　论

0.1　植物生理学的研究内容

植物生理学(plant physiology)是研究植物生命活动规律及其与环境相互关系的科学，其主要研究对象是高等绿色植物，目的是研究和阐明植物在各种环境条件下进行生命活动的规律和机理，并将这些研究成果应用于生产实际，为农业生产服务。

高等植物的生命活动十分复杂，从植物生理学的角度可人为将其划分为3个方面：即物质与能量代谢、生长发育与形态建成、信息传递和信号转导。

代谢(metabolism)是指维持生物机体生命活动所必需的各种化学变化的总称。根据代谢反应的性质可分为物质代谢(material metabolism)和能量代谢(energy metabolism)，物质与能量的转化是生长发育的基础，二者紧密联系，构成统一的整体；根据代谢反应的方向，可分为同化作用(assimilation)或合成代谢(anabolism)和异化作用(dissimilation)或分解代谢(catabolism)，同化作用和异化作用相互联系，既对立，又统一。植物的物质与能量代谢包括水分代谢、矿质营养、光合作用、呼吸作用、有机物质的运输与分配等。阐明各个代谢过程及其调节规律以及不同代谢过程之间的相互联系，是代谢生理的主要研究内容。绿色植物区别于其他生物的最大特点是自养性，即具有光合作用能力，植物通过光合作用将无机物CO_2和H_2O转变为有机物并释放O_2，将光能转变为化学能，不仅为植物自身的生长发育提供了物质和能量，也为人类及其他生物提供了食物和生存条件，还是目前工业能源(煤炭、石油等)的主要来源，因此植物的光合作用是植物生理学研究的核心内容之一。

生长发育(growth and development)与形态建成(morphogenesis)是植物生命活动的外在表现。生长是指由于细胞数量的增加和体积的增大而导致的植株体积和重量的增加；发育是指生命周期中组织、器官或整株植物在形态和功能上的有序变化过程；生长发育导致新组织、新器官的出现而带来植株一系列可见的形态变化，即形态建成。生长发育是以植物体内物质和能量代谢为基础，通过生长和发育，使植物体由小变大，器官逐渐形成，并从营养生长转向生殖生长，从而完成生活史，具体表现为种子的萌发，根、茎、叶的生长和运动，开花、受精、结实、成熟、衰老、脱落或休眠等过程。在这个领域，植物生理学研究的任务是揭示植物发育的规律及其与代谢和环境因子的关系并应用于农业生产实践。例如，栽培粮食作物以收获种子为目的，因此，就要使作物生长健壮，适时开花，获得高产；又如，栽培以收获营养体为主的作物，就要控制开花过程，使之延迟开花甚至不开花，以提高营养体产品的数量和质量。这些都是与生长发育有关的问题。

信息传递(message transportation)和信号转导(signal transduction)是植物适应环境和抵抗

逆境的重要环节。把所有影响植物生长发育的环境变化称为信号，植物在生长发育过程中，会受到各种内源信号(如激素、多肽、代谢物等)和外源信号(如温度、光照、病原因子等)的影响，植物具有感知信号并将信号由感受部位传递到反应部位的能力，该过程称为信息传递；在单个细胞水平上，受体偶联各种信号，引起特定生理效应的一系列分子反应机制，称之为信号转导。例如，土壤干旱(外源物理信号)时，植物根尖感知到干旱信号，迅速合成脱落酸，通过导管向上运送到叶片保卫细胞，经过一系列信号转导过程，引起气孔关闭。信息传递和信号转导与植物体内的遗传信息表达密切相关，植物通过信息传递系统调控代谢和生长发育过程。揭示植物信息传递和信号转导机制，对探索调节植物代谢和发育的新方法，提高植物生产效率具有重要意义。

逆境(environmental stress)是指影响植物生长发育的不良环境，如干旱、水涝、低温、高温、盐渍、病虫危害等。在逆境条件下，植物的生命活动有不同于适宜环境的特殊规律，揭示植物在各种逆境下的生命活动规律及其适应和抵抗逆境的生理反应，将有助于建立在逆境条件下的植物栽培体系和培育抗逆性强的优良品种。因此植物逆境生理是植物生理学研究的一个重要领域，也是当前及今后一段时间研究的热点问题。

0.2 植物生理学的发展历程

(1)植物生理学的孕育与诞生

植物生理学是在生产实践中孕育产生的。早在六七千年以前，劳动人民就以农耕为主要生产活动，因此，与农业生产密切相关的植物生理学知识就不断得到孕育和总结。有史料记载的如公元前1250—前1050年，殷墟甲骨卜辞拓片中就有“禾有及雨？三月”“雨不足辰、不佳、年祸”等记载，可见殷人已经认识到水分对植物生长的重要性。公元前3世纪，我国战国时期的《荀子·富国篇》中，有“多粪肥田”的记载，《韩非子》里记有“积力于田畴，必且粪灌”，说明战国时期人们已十分重视施肥和灌溉。同一时期，古希腊学者亚里士多德提出植物从土壤的腐烂物质中获得营养，即腐殖质学说。公元前1世纪，西汉农学家氾胜之指出“凡耕之本，在于趣时、和土、务粪泽、早锄早获”，“种伤湿郁热则生虫”，窖麦法必须“日曝令干，及热埋之”，阐述了耕种、收获与贮藏的关系，其中麦类“热进仓”贮藏法至今仍在沿用。

早期与植物生理相关的论述主要是对生产实践的描述和生产经验的总结，没有进行系统的试验研究并将其上升为理论。植物生理学作为一门学科的孕育开始于16世纪末至17世纪初。最早设计实验定量研究植物生理的学者之一是荷兰的J. B. van Helmont(1577—1644)，他通过柳树枝条试验探索植物长大的物质来源，发现通过浇水就能使栽植到装有土壤的木桶中的柳枝长成大树，因此认为植物是靠水来提供营养的。1699年，英国学者John Woodward(1665—1728)将薄荷培养在不同来源的水中，发现在土壤浸出水中，植物的生长远好于在蒸馏水中，从而认为植物不仅从水中也从土壤中获得营养。其后，英国学者S. Hales(1677—1761)提出植物能够吸收和释放气体，空气在植物生长中具有重要作用。1771年，英国化学家J. Priestley(1733—1804)观察到老鼠放在密闭玻璃罩内不久即死，而将绿色植物与老鼠放在同一密闭的玻璃罩内，老鼠则可存活，因此，他提出植物有“净化”空气的作用。

1779 年，荷兰医生 J. Ingenhousz(1730—1799)通过一系列实验发现只有植物的绿色部分在光下才有净化空气的作用。这些实验初步建立起空气营养的观念，使人们对绿色植物的光合作用有了初步认识。1782 年，瑞士科学家 J. Senebier(1742—1809)用化学分析方法证明植物能吸收二氧化碳和释放氧气。1804 年，另一位瑞士科学家 N. T. de Saussure(1767—1845)利用定量化学分析确定植物释放氧的体积大致等于吸收二氧化碳的体积，并且证明水参与了光合作用。1845 年，能量守恒定律的发现者 J. R. Mayer(1814—1878)指出在光合作用中植物吸收太阳能，并将其转变为化学能。俄国植物生理学家 Тимирязев(季米里亚捷夫，1843—1920)根据物理原理设计了精密仪器，发现红光是光合作用中最有效的光线，叶子的绿色就是适应这种功能的结果。1864 年，德国科学家 J. von Sachs(1832—1897)发明了测定光合强度的“气泡计量法”和“半叶法”，发现淀粉或糖是光合作用的产物，光质对光合作用有影响，并第一次确定了光合作用的总公式；1868 年，Sachs 进一步用实验证明呼吸作用和光合作用是相对独立的两个过程。1882 年，德国科学家 T. W. Engelmann(1843—1909)用丝藻(*Ulothrix*)—好氧性细菌实验体系，研究并比较了光合作用叶绿素吸收光谱曲线，证明光合作用所吸收的光就是叶绿素所吸收的光；1894 年 Engelmann 利用水绵(*Spirogyra*)研究证实叶绿体是光合作用的细胞器。至此，关于植物光合作用的基本特征已具雏形。

光合作用的研究成果也促使科学家们以新的观念探究植物生长所需的矿质营养。法国学者 G. Boussingault(1802—1899)建立了砂培实验法，并开始以植物为对象进行研究工作，为植物的矿质营养研究奠定了技术基础。1804 年，N. T. de Saussure 在他的著作《对于植物的化学分析》中指出：植物从空气中吸收碳素，以无机盐的形式从土壤中吸收氮素。德国化学家 J. von Liebig(1803—1873)以对植物灰分分析的多年实验结果为依据，在 1840 年出版的《化学在农学和生理学上的应用》一书中提出了植物的矿质营养学说，指出植物只需以无机物为养分来源便可维持正常的生活，除碳素营养来自空气外，所有的矿物质都是从土壤中获得的，施用矿质肥料可以补充植物对土壤矿质营养的消耗。这为作物施肥奠定了理论基础。

1859 年，德国学者 J. von. Sachs、W. Knop 和 W. Pfeffer 等创立了植物无土栽培技术，并在植物生长、光合作用、矿质营养等方面做了大量科学实验，促使植物生理学形成一个完整体系。J. von. Sachs 在 1865 年编写了《实验植物生理学手册》，1882 年出版了《植物生理学讲义》，并在大学开设植物生理学课程。W. Pfeffer(1845—1920)于 1904 年出版了 3 卷本《植物生理学》巨著，总结了 19 世纪植物生理学的研究成果，标志着植物生理学作为一门独立学科的诞生。因此，Sachs 被称为植物生理学的奠基人，Sachs 和 Pfeffer 被称为植物生理学的两大先驱。

(2)植物生理学的迅速发展

进入 20 世纪后，随着物理学、化学、遗传学和细胞生物学等学科的发展以及先进仪器的使用、研究方法的改进、计算机信息网络技术的应用和数据库的建立，使得实验进展加快，结果更加精细准确，植物生理学进入迅速发展时期。1902 年，德国植物学家 G. Haberlandt 在细胞学说的基础上提出细胞全能性(totipotency)学说；1958 年，F. C. Steward 等人利用胡萝卜单细胞悬浮培养，发现形成许多胚状的小植物，在实践上证实了细胞全能性的存在，使组织培养技术得到快速发展，并在生产上广泛应用。1920 年，美国学者 W. W. Garner 和 H. A. Allard 发现了植物的光周期现象，使发育生物学获得新进展。1928 年荷兰学者 F. W. Went 鉴定出植物中存在促进生长的物质，此后，从 20 世纪 30 年代到 60 年代相继确定了生长素、赤霉素、细胞分裂素、乙烯和脱落酸等五大类植物激素，1998 年，在第 16 届国际植物生长物质年会上又把油菜素内酯确认为第六类植物激素。激素的发现、合成与作用机制的阐明，为生长调节剂的人工合成和应用奠定了基础，从而能更有效地控制植物的生长发育，提高产量和品质。1937 年，英国科学家希尔(R. Hill)对叶组织匀浆进行差速离心，分离出绿叶的呼吸颗粒和光合颗粒(叶绿体)；20 世纪 50 年代，美国学者 M. Calvin 等利用^{14}C示踪技术和纸层析技术，揭示了二氧化碳固定还原的生化途径(C_3 途径)；Robert Emerson(1903—1959)等在 20 世纪 40 年代和 50 年代发现的“红降现象”(1943)和“双光增益效应”(1956)，导致了 2 个光反应和 2 个光系统概念的提出；20 世纪 60 年代，M. D. Hatch 和 C. R. Slack 又发现了 C_4 途径；此后，在景天科植物中又发现了景天科酸代谢(CAM)途径，从而将光合作用研究推向一个新的发展阶段。1964 年，科学工作者从黄化的燕麦幼苗中成功提取出光敏色素，以后又陆续发现了隐花色素和向光素，阐明了成花诱导途径，发现了钙调蛋白，并对细胞信号转导进行深入研究，为进一步调控植物生长发育奠定了理论基础。

近 20 年来，随着遗传学、分子生物学、基因工程技术的迅速发展，以及植物生理学与生态学、环境学等学科的密切结合，使植物生理学的研究进入一个崭新的发展阶段，即在微观和宏观水平上研究植物的生长、发育、代谢及其与环境的相互作用，使植物生理学向纵深领域拓展，更有效地调控植物生命过程，更好地为人类服务。例如，基于对激素代谢和信号转导途径研究的深入，利用基因工程技术，在水稻中转入玉米、水稻和拟南芥的 BR 合成途径中编码 C-22 羟基化酶的基因，均可增加水稻的分蘖数、每穗粒数和千粒重，从而提高水稻产量 20%。

(3) 中国植物生理学的发展

我国的植物生理学系统研究起步较晚，20 世纪初期是我国植物生理学教学和研究的起始期。张挺(1884—1950)、钱崇澍(1883—1965)、李继侗(1892—1961)、罗宗洛(1899—1978)、汤佩松(1903—2001)等学者先后从日本、美国留学回国，在大学开设植物生理学课程，建立实验室，进行科学研究，取得了许多重要的研究成果，为我国植物生理学的发展奠定了基础。1917 年钱崇澍在国际刊物上发表论文《钡、锶及铈对水绵的特殊作用》；李继侗的论文《去顶燕麦胚芽鞘新的生理尖端的再生》发表在荷兰科学院院报上；汤佩松与王竹溪合作在美国《物理化学杂志》1941 年第 45 卷发表了《孤立活细胞水分关系的热力学形式》的论文，美国植物生理学家 P. J. Kramer 高度评价了这篇论文的首创地位和先驱贡献。

中华人民共和国成立后，我国的植物生理学取得了很大发展，研究和教学机构剧增，队伍迅速扩大，研究成果众多。例如，殷宏章对植物感光运动和磷酸化酶的研究，娄成后对植物感应性及电生理的研究，崔澂对植物激素的研究，沈允钢等证明光合磷酸化中高能态存在的研究，汤佩松等提出呼吸的多条途径等，这些研究在国际上都是较早发现或提出的，对植物生理学的发展做出了重要贡献。1951 年汤佩松教授创办了《植物生理学通讯》；1953 年中国科学院上海植物生理研究所成立；1963 年中国植物生理学会成立；1964 年《植物生理学报》创刊，并正式成立了《植物生理学报》和《植物生理学通讯》2 个编委会。至此，中国的植物生理学工作者有了自己的学术团体、研究机构和专业期刊。

近年来，国家的重视，组织机构的建立健全，科学研究和学术交流活动的加强，大大促进了我国植物生理学的发展。突出表现在：①科研力度加大。通过设立国家自然科学基金、国家重点基础研究发展计划(973 计划)和重大科学研究发展计划等专项资金，高等学校、科研院所联合攻关，植物生理学研究队伍的人员素质和研究水平迅速提高，创新性成果不断涌现。②研究领域不断拓宽。注重理论研究与生产实际相结合，如大力倡导“应用植物生理学”，针对我国农业生产上存在的与植物生理学密切相关的问题进行深入研究，对提高产量、改善品质起到了推动作用；瞄准学科前沿，从分子水平研究植物生命活动规律。从1993 年起，《植物生理学通讯》(2011 年更名为《植物生理学报》)开辟出“植物生理与分子生物学”专栏，反映一些重要领域在分子水平上的最新研究进展，2013 年第 7 期出版了“转基因”专刊；2009 年，“中国植物生理学会”更名为“中国植物生理与分子生物学学会”，2002年《植物生理学报》更名为《植物生理与分子生物学学报》；2008 年创办了植物科学领域国际期刊《分子植物》(*Molecular Plant*)。③积极开展国际交流。1990 年中国植物生理学会加入国际植物生理学会，成为了国际植物生理学组织中的一员，为参加国际重大项目的合作研究奠定了基础，在 *The Plant Cell*、*Cell*、*Nature*、*Science*、*Genes and Development* 等国际权威刊物上发表的论文数量急剧增加，国际影响日益扩大。2015 年，中国科学院植物研究所匡廷云、沈建仁的研究团队成功解析了高等植物 PSI-LHCI 的精细结构，该研究成果在 *Science* 上发表，为揭示高等植物 PSI 高效吸能、传能和转能的机理奠定了坚实的结构基础。2015 年，中国科学院植物研究所种康研究组与中国水稻研究所钱前研究员等合作发现水稻感受低温的数量性状位点基因 *COLD*1 赋予了粳稻的耐寒性，这是国际上首次报道的植物低温感受器，揭示了人工驯化赋予粳稻耐寒性的分子细胞学机制，该项研究成果在 *Cell* 上发表。以上两项研究成果均被评为 2015 年度中国生物科学十大研究进展，标志着中国植物生理学研究在某些领域已经达到国际领先水平。

0.3　植物生理学的发展趋势

植物生理学从诞生至今经历了 100 多年的发展，取得了大量研究成果。21 世纪是生命科学的世纪，作为研究植物生命活动规律及其与环境相互关系的植物生理学，处在生命科学的枢纽地位，肩负着重要使命。展望 21 世纪，植物生理学的发展趋势可归纳为以下三个方面。

(1)学科交叉渗透——研究领域向宏观、微观方向拓展

植物生理学作为一门独立学科的出现缘于对植物生命活动本质了解的深入以及农林生产发展的需要，因此，其诞生以及前期发展与植物学、农学有着不解之缘。近几十年中，由于全球工业化和滥伐森林的结果，使空气中二氧化碳浓度不断增加，臭氧层出现空洞，土地沙化，生态平衡遭到破坏，地球出现“温室效应”。环境的变化促进了植物生理学与环境科学及生态学研究的结合，产生了环境生理学(environmental physiology)和生态生理学(ecological physiology)，使植物生理学在宏观上朝着更为综合的方向发展，即由植物个体扩大到群体—人类—地球—生物圈的大范围，大大扩展了植物生理学的研究范畴。植物对逆境胁迫的反应及适应性机制将是今后相当长一段时期植物生理学的重大研究课题。空间生物学也是环境生

理学发展的一个部分，随着航天技术的发展，探索地球外行星上缺氧、缺水、低温、紫外辐射等极端环境下生命存在的可能性及其特殊生理生化代谢类型，也将成为21世纪生命科学研究的重要领域。另外，随着系统科学、控制论理论、数学模拟、电子计算机及信息技术、纳米技术等新技术、新理论的应用和发展，将会不断地向植物生理学输入新概念、新理论、新思维、新技术及新方法，使植物生理学和环境保护、资源开发、航天、医药、食品、轻工业等的关系将日益密切。

在环境生物学产生的同时，分子生物学和基因工程等迅速发展，从另一方面强烈影响着植物生理学，使植物生命活动机制方面的研究从微观上向分子水平深入，并不断综合。从对生命现象的完整认识来说，呈现出从"分子生物学"到"整合生物学"的发展趋势；从单个基因的研究发展到基因组研究，并及时提出后基因组计划，强调功能基因组和蛋白质组的研究。植物生理学的研究整体也呈现这样的趋势。从"基因表达"到"性状表达"的过程是复杂的生理生化过程，而植物生理学正是在不同水平上研究这些复杂生命过程及调控机理，是基因水平研究与性状表达之间的"桥梁"。例如，对信息传递和信号转导的研究，一旦植物体对光信号、电信号、植物激素信号、病原体信号等所诱导的信息传递和信号转导机制在分子水平上得以认知和调控，许多尚未揭示的植物生命现象的本质将会展现出来。再如，对光合作用能量转换机制在分子水平和超分子水平上得到阐明，将会全面了解影响作物光能转换效率的原因，找出有效提高光能利用率的途径(如通过基因表达调控)。因此，植物生理学与细胞生物学、生物物理学、分子生物学等相关学科的交叉渗透，将会促进植物生理学不断发展壮大，促使相关学科共同发展。

植物次生代谢涉及许多有实用价值的天然产物，新型抗疟药——青蒿素和双氢青蒿素的创制是植物次生代谢产物开发应用的典型例证，屠呦呦研究员也因此获得2015年诺贝尔生理学或医学奖。对植物来说，次生代谢涉及众多的代谢调节、信号转导和防御物质，植物次生代谢及其产物的分子生物学和分子遗传学及关键酶的鉴定和克隆等也将成为21世纪植物生理学研究的新热点，在美国植物生理学会组织的"植物生理2000年会"上就有"次生代谢"专题，涉及植物的次生代谢产物，以及植物次生代谢的分子生物学和分子遗传学等内容。可见，从分子水平研究植物生命活动规律，将为植物生物技术、农作物耕作栽培、作物和经济植物新品种的培育、生态与环境保护、以植物为材料或对象的药物生产和食品加工贮藏等应用科学研究提供理论指导和技术支撑。

(2)研究手段现代化——为全方位阐释植物生命活动提供可能

在植物生理学的发展过程中，每个重大成果的取得都与研究手段的进步密不可分。例如，矿质营养学说的建立不仅有赖于化学分析技术，还有赖于无土栽培技术的应用。由于同位素示踪技术、层析技术的应用，M. Calvin等才得以阐明光合碳循环途径；由于快速荧光光谱技术和激光技术的应用，将光合作用原初反应研究的时间跨度从毫秒级(ms，10^{-3}s)缩短为皮秒(ps，10^{-12}s)和飞秒(fs，10^{-15}s)级；电子显微镜技术和X-晶体衍射技术的结合导致光合作用的光反应中心结构被阐明。在空间跨度上，电子显微镜和X-射线衍射技术的应用，使人们的视野逐步从细胞水平深入到生物膜，进而深入到生物大分子复合体空间三维结构，分辨率达到10^{-10}m(1/10nm)级，将结构与功能的研究推向了更微观的世界。由于双波长分光光度技术的建立，人类发现了光敏素。酶联免疫技术和质谱分析技术的应用使我们能够以更精确、更快捷的方式对植物激素展开研究；气相色谱技术的发展使乙烯被确认为植物激素；微生物发酵技术的发展，使赤霉素的批量生产成为可能；化学合成技术的发展提高了2,4-D 等植物生长物质的生产效率，降低了成本，促进了植物激素在生产上的广泛应用。共聚焦显微技术应用于研究细胞骨架及细胞动态；微重力技术的应用促进了植物运动机制的研究。便携式光合测定系统等的应用促进了植物生理生态的研究，使植物生理研究与生产实践的关系更加密切。20 世纪末，随着模式植物拟南芥基因组的测序完成，功能基因组学和蛋白质组学应运而生，基因芯片技术、蛋白质芯片技术、基因定点突变技术等新技术将植物的生理功能与决定该功能的基因联系起来，进而实现对植物生命活动更有效的调控。2016 年 7 月，清华大学施一公院士利用冷冻电子显微镜(cryo-EM)在剪接体研究中取得重大突破，确定了酿酒酵母催化激活剪接体和催化第一阶段剪接体的原子结构，两篇姊妹研究论文同期发表在 *Science* 上，这一成果大幅推进了分子生物学"中心法则"的分子机理研究。

现代测定和分析研究技术日新月异，利用这些新技术将会加快植物生理学的研究进展，有助于全方位阐释植物生命活动规律。

(3)注重实际应用——植物生理学与农业科学技术的关系更加密切

植物生理学是一门基础学科，同时它的研究成果又直接服务于农业生产实践。例如，对矿质营养的研究，奠定了化肥生产基础，提供了无土栽培新方法，并对合理施肥、提高作物产量做出了贡献；对光合作用的研究为农业生产上间作套种、多熟栽培、合理密植、矮秆化和高光效育种等提供了理论依据；对植物激素的研究，推动了生长调节剂和除草剂的人工合成及应用，为防止器官脱落、打破休眠、控制生长、调节花果形成、插条生根、贮藏保鲜和提高产量质量及除草开辟了新途径，使作物生长发育进入化学调控时代；春化作用和光周期现象的研究，对栽培、引种、育种有重要指导作用；组织培养技术的发展，实现了"细胞全能性"预言，为发展花药育种、原生质体培养、细胞杂交融合、基因导入等育种新方法提供了基础，为快速繁殖、脱除病毒和植物性药物的工业化生产提供了可靠的途径。以上这些成果，说明农业生产实践孕育了植物生理学，而近代植物生理学的每项重大成果又使农业技术产生重大变革，使产量极大提高，充分证明了植物生理学是现代农业的重要理论基础。

当今世界面临的五大问题：粮食、能源、资源、环境、人口，这些问题都与生物学有关。植物可利用太阳光能，吸收二氧化碳，放出氧气，合成有机物，在增收粮食、增加资源和改善环境等方面起着不可替代的、重大的作用。因此，植物生理学在解决五大问题中扮演着重要角色。植物生理学是一门基础学科，更是农业科学的基础理论，其最终目的是要运用理论去认识、改造自然，用于实践，造福人类。它为植物的栽培、品种的改良与培育等提供了理论依据，并能不断地提出控制植物生长发育的有效方法。当前农业上许多亟待解决的问题，例如，提高作物光合效率与产量、扩大生物固氮的应用和改善效率、改良作物品种、改善作物品质、提高作物的营养吸收效率、提高作物的抗逆性、植物发育的激素控制等都属于植物生理学的研究范畴。植物生理学如何与生物信息学、系统生物学、计算生物学、生物各种功能组学等新兴学科知识整合，更全面阐述植物产量形成和调节机理，是植物生理学发展的又一机遇和挑战。

本章小结

植物生理学是研究植物生命活动规律及其与环境相互关系的科学，其主要研究对象是高等绿色植物，目的是研究和阐明植物在各种环境条件下进行生命活动的规律和机理，并将这些研究成果应用于生产实际，为农业生产服务。

高等植物的生命活动可人为划分为3个方面：即物质与能量代谢、生长发育与形态建成、信息传递和信号转导。植物的物质与能量代谢包括水分代谢、矿质营养、光合作用、呼吸作用、同化物的运输与分配等。在这个领域，不仅需要阐明植物各个代谢的过程及其调节规律，而且还需要阐明各个代谢活动之间复杂的相互作用及其调节。植物的生长发育与形态建成是在物质与能量代谢的基础上，通过细胞分裂和分化、组织和器官的发生和形成，使植物个体由小变大，从营养生长转向生殖生长，从而完成生活史的过程。在这个领域，植物生理学要揭示植物发育的规律及其与代谢和环境因子的关系。植物内源和外源的物理或化学信息或信号通过在植物整体水平上的传递与细胞水平上的传递来调节植物的代谢和发育，即构成了植物的信息传递和细胞信号转导。揭示植物信息传递的机制，将会极大地提高植物生产效率。植物生活经常会遇到不利于生存和生长的环境因子，在逆境条件下，植物的生命活动有不同于适宜环境的特殊规律，揭示其规律将有助于建立在逆境条件下的植物栽培体系和改善植物的抗逆育种。

植物生理学是在生产实践中孕育产生的，早期与植物生理相关的论述主要是对生产实践的描述和生产经验的总结。植物生理学作为一门学科的孕育开始于16世纪末至17世纪初；1904年，三卷本《植物生理学》巨著的出版，标志着植物生理学作为一门独立学科的诞生；20世纪是植物生理学迅速发展时期，其发展与相关学科的理论和技术方法的创新发展密切相关。

21世纪是生命科学的世纪，植物生理学表现出以下发展趋势：学科交叉渗透——研究领域向宏观、微观方向拓展；研究手段现代化——为全方位阐释植物生命活动提供可能；注重实际应用——植物生理学与农业科学技术的关系更加密切。

思 考 题

1. 什么是植物生理学？其主要研究内容是什么？
2. 植物生理学是如何诞生和发展的？从中得到哪些启示？
3. 为什么说植物生理学是现代农业的重要理论基础？
4. 举例简述植物生理学在农业生产上的应用前景。
5. 阐述植物生理学的发展趋势及我国植物生理学研究的地位和作用。

推荐阅读书目

1. 中国植物生理学史．周肇基．广东高等教育出版社，1998.
2. 植物生理学．2版．王忠．中国农业出版社，2009.
3. 现代植物生理学．3版．李合生．高等教育出版社，2012.

第1章　植物的水分生理

水是生命之源，陆生植物即是由水生植物演化而来的。水是植物生存的一个重要先天环境条件。植物的一切正常生命活动只有在一定含水量的条件下才能进行，否则就会出现代谢紊乱，甚至死亡。因此，水是农业生产中决定作物收成有无的关键因素之一，农谚“有收无收在于水”讲的就是这个道理。

陆生植物根部一方面不断从土壤中吸取水分，以保持其正常生命活动所需的含水量；另一方面植物的地上部分又以蒸腾作用的方式散失水分，以维持植物体内外的水分循环和适宜的体温。所以植物的吸水与失水是一个相互依存的动态过程，对这一过程的研究及其调控也就构成了植物水分生理研究的主要内容。

植物的水分代谢(water metabolism)是指植物对水分的吸收、运输、利用和散失的过程。植物水分代谢的基本规律是农业生产中合理灌溉的生理基础，合理灌溉在满足作物生长发育对水分需要的同时，还可以节约宝贵的水资源。因此，合理灌溉对作物的高产、优质和水资源的有效利用具有重要现实意义。

1.1　植物对水分的需要

1.1.1　植物的含水量

水是植物体的主要构成成分，植物含水量通常是植物生命活动强弱的决定因素。因此，植物的含水量是反映植物生理状态的一个常用指标，一般以所含水分的量占鲜重的百分比来表示。

$$含水量(FW\ \%) = \frac{FW - DW}{FW} \times 100$$

式中，FW 为鲜重；DW 为干重。

植物体的含水量常常与植物的种类、器官、组织、年龄以及生态环境等密切相关。

不同植物的含水量有很大差异。如水浮莲等水生植物的含水量可达90%以上，樟树等中生植物含水量一般为70%~90%，而旱生植物和地衣、藻类等低等植物含水量则仅为6%左右。又如，木本植物的含水量一般要稍低于草本植物。

同一种植物生长在不同的环境中，含水量也有差异。生长在荫蔽、潮湿环境中的植物，其含水量要比生长在向阳、干燥环境中的植物高。

同一株植物的不同器官或同一器官在不同生理年龄，含水量差异也很大。如嫩梢、根尖、幼叶、幼苗、发育的种子或果实等含水量都比较高，为60%~90%，而茎秆为40%~50%，休眠芽为40%，风干种子为9%~14%；又如，叶片在生长期的含水量较高，而生长定型后含水量下降；禾谷类种子，在发育初期含水量可达 90%，成熟时降至 25% 以下。可见，凡是生命活动较活跃的部分，水分含量都较高。

1.1.2 植物体内水分存在的状态

在植物体内，水分的生理作用不仅与其数量多少有关，而且与其存在状态有关。水分通常以束缚水(bound water)和自由水(free water)2 种状态存在(图 1-1)。

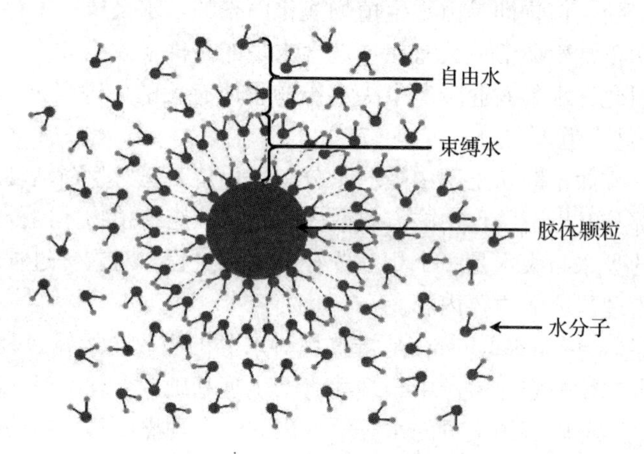

图 1-1 自由水和束缚水的示意

植物细胞的结构物质如蛋白质、纤维素微纤丝等的表面有大量的亲水基团(如—NH_2、—COO^-、—OH 等)，对水有很大的亲和力，容易发生水合作用(hydration)，在其表面牢固地形成一层水膜，因而其中的水分难以移动。水分子距亲水物质越近，吸引力越强；反之，二者相距越远，吸引力则越弱。与细胞内的亲水物质紧密结合而不能自由移动的水分叫束缚水，距离亲水物质较远而可以自由流动的水分叫自由水。事实上，这 2 种状态的水分划分是相对的，它们之间没有一个明显的界限。

自由水参与植物体内的各种代谢反应，而且其数量多少直接影响着植物的代谢强度。自由水占总含水量的比率越高，则植物代谢越旺盛。束缚水不参与代谢活动，但它与植物的抗性有关。当植物处于不良环境如干旱、寒冷等条件时，一般束缚水的比率较高，代谢强度变弱，生长缓慢，但抗逆性较强。越冬植物的休眠芽和干燥的种子内所含的水基本上是束缚水，使植物以其低微的代谢强度维持生命活动，并且度过不良的环境条件。

植物体内自由水和束缚水的含量与细胞质的存在状态关系密切。当细胞内自由水含量比较多时，原生质颗粒完全分散在水介质中，胶体呈现溶液状态，这种状态的胶体称为溶胶(sol)；当细胞内自由水含量比较少时，胶体失去流动性而凝结为近似固体的状态，这种状态的胶体称为凝胶(gel)。除休眠种子的原生质体呈凝胶状态外，在大多数情况下，植物细胞原生质都呈溶胶状态，可参与各种代谢活动。

1.1.3 水分在植物生命活动中的作用

水分对植物生命活动的重要性表现在生理作用和生态作用 2 个方面。

1.1.3.1 水对植物的生理作用

水对植物的生理作用是指水分直接参与植物细胞原生质组成、重要的生理生化代谢和生长发育过程，可以概括为以下5个方面。

(1)水是原生质的主要组分

植物细胞原生质含水量高，一般在80%以上，使原生质保持溶胶状态，从而保证各种生理生化过程的正常进行。如果含水量减少，原生质由溶胶状态变成凝胶状态，则细胞生命活动微弱；如果原生质失水过多，就会引起原生质胶体的破坏，直至细胞死亡。

(2)水直接参与植物体内重要的代谢过程

水是光合作用的原料，在呼吸作用和许多有机物质合成和分解的过程中均有水直接参与。

(3)水是各种生化反应和物质吸收、运输的良好介质

植物体内绝大多数生化过程都是在水介质中进行的。光合作用中的碳同化、呼吸作用的底物分解代谢、蛋白质和核酸代谢等都发生在水相中。植物根系吸收、运输无机物质和有机物质，以及光合产物的运输分配也都在水介质中完成。

(4)水能使植物保持固有的姿态

足够的水分可使细胞保持一定的紧张度，因而使植物枝叶挺立，便于充分吸收阳光和进行气体交换，同时也可使花朵开放，利于传粉。

(5)细胞的分裂和延伸生长都需要足够的水

植物细胞的分裂和延伸生长都需要充足的水分。生长需要一定的膨压，缺水使膨压降低甚至消失，植物生长就会受到抑制，导致植株矮小等。

1.1.3.2 水对植物的生态作用

水对植物的生态作用就是通过水分子的特殊理化性质，给植物生命活动营造一个良好有益的环境。

(1)水可以调节植物的体温

水分子具有很高的汽化热和比热容，因此，在环境温度波动的情况下，植物体内大量的水分可维持体温相对稳定。在烈日曝晒下，通过蒸腾散失水分以降低体温，使植物不易受高温伤害。

(2)水对可见光的通透性

水只对红光有微弱的吸收，对陆生植物来说，可见光可以透过无色的表皮细胞到达叶肉细胞的叶绿体以推动光合作用。对于水生植物，短波光可透过水层，维持植物光合作用的正常进行。

(3)水对植物生存环境的调节

水分可以增加大气湿度、改善土壤及土壤表面大气的温度等。在作物栽培中，常利用水来调节作物周围小气候，这是农业生产中行之有效的措施之一。例如，早春寒潮降临时给秧田灌水可保温抗寒；盛夏给大田喷水或给水稻等作物灌水可以改变作物周围的湿度，降低大气温度，减少或消除作物光合午休现象。

1.2　植物细胞对水分的吸收

1.2.1　植物细胞的吸水方式

植物的生命活动是以细胞为基础的，要了解植物如何吸水，首先要弄清细胞对水分吸收的原理。细胞吸水有 3 种方式：①吸胀性吸水，未形成液泡的细胞主要靠吸胀作用吸水；②渗透性吸水，具中央液泡的成熟细胞以渗透性吸水为主；③代谢性吸水，直接消耗能量，使水分子经过原生质膜进入细胞的过程。在这 3 种吸水方式中，以渗透性吸水最为重要。

1.2.1.1　植物细胞的渗透性吸水

渗透是指溶剂分子通过半透膜而移动的现象。水分移动需要能量做功。如同自然界中其他物质一样，水分含有不同数量和形式的能量，水分进出细胞和在细胞间移动同样伴随着能量的变化，遵循能量转化规律。要充分理解渗透作用，了解植物不同细胞和细胞不同部位及环境中水分的能量变化特点，需要先理解自由能和水势的概念。

(1) 自由能和水势

根据热力学原理，系统中物质的总能量可分为束缚能(bound energy)和自由能(free energy)。束缚能是不能用于做有用功的能量，而自由能是在恒温、恒压下用于做有用功的能量。化学中把 1 偏摩尔的该物质所具有的自由能称为该物质的化学势(chemical potential)，用 μ 表示，用来衡量物质反应或转移所用的能量，即在一个多组分的混合体系内，组分 j 的化学势是指在等温、等压、保持其他各组分浓度不变时，加入 1 mol 的 j 物质所引起体系自由能的增加量。在植物生理学上，水势(water potential)(差)就是每偏摩尔体积水的化学势(差)。即水溶液的化学势(μ_w)与同温、同压、同一系统中纯水的化学势(μ_w^0)之差($\Delta\mu_w$)除以水的偏摩尔体积($\bar{V}_w$)所得的商，称为水势(Ψ_w)。水势可以用公式表示为：

$$\Psi_w = \frac{\mu_w - \mu_w^0}{\bar{V}_w} = \frac{\Delta\mu_w}{\bar{V}_w}$$

式中，水的偏摩尔体积 $\bar{V}_w$(partial molar volume)是指恒温、恒压下，在多组分体系中加入 1 mol 水，该体系体积的增量。在浓度很小的水溶液中，水的偏摩尔体积与纯水的摩尔体积相差不大，实际应用时往往用纯水的摩尔体积($18\ m^3 \cdot mol^{-1}$)代替偏摩尔体积。

化学势是能量概念，其单位为 $J \cdot mol^{-1}$ ($J = N \cdot m$)，而偏摩尔体积的单位为 $m^3 \cdot mol^{-1}$，所以水势的单位为 $N \cdot m^{-2}$，为压力单位帕(Pa)，这样就把以能量为单位的化学势转化为以压力为单位的水势。水势单位常用兆帕(MPa，$1\ MPa = 1 \times 10^6\ Pa$)来表示。

纯水的自由能最大，水势也最高，但是水势的绝对值不易测得。因此，在同样温度和同样大气压的条件下，测定纯水和溶液的水势以作比较，将纯水的水势规定为 0，其他溶液与它相比得出各溶液的水势值。溶液中的溶质颗粒降低了水的自由能，所以溶液中水的自由能要比纯水低，溶液的水势就成负值。溶液越浓，水势越低。表 1-1 列出了几种化合物的水溶液和不同环境下植物叶片的水势范围。

表 1-1 几种常见化合物水溶液的水势和不同环境下植物叶片的水势范围

溶 液	ψ_w(MPa)	植物叶片状态	ψ_w(MPa)
纯 水	0	完全膨胀时	0
Hoagland 营养液	-0.05	水分充足生长快	-0.2 ~ -0.8
海 水	-2.5	水分亏缺生长慢	-0.8 ~ -1.5
$1mol \cdot L^{-1}$蔗糖溶液	-2.69	干旱下	
$1mol \cdot L^{-1}$KCl 溶液	-4.6	中生植物短期生存时	< -1.5
		中生植物叶受伤害时	-2.0 ~ -3.0
		沙漠灌木停止生长时	-3.0 ~ -6.0

(2)渗透现象

在了解渗透性吸水前，先看如图 1-2 所示实验。由半透膜(semi permeable membrane，只允许水分子通过，而不能使任何溶质分子或离子透过的膜，如蚕豆细胞膜等)分隔的 U 形管两边分装不同浓度的蔗糖溶液(其他溶液也可以)，且液面高度相等，即构成了一个渗透系统。因为半透膜两侧是不同浓度的蔗糖溶液，因此半透膜两侧存在水势差，半透膜两侧的水分子可双向运动，但是由于右侧水势低于左侧，进入右侧管内的水分子更多些。因此，水自发地向半透膜右侧扩散，导致其右侧 U 形玻璃管内液面上升。这时，右侧玻璃管中液体升高将产生静水压力，该压力使右侧蔗糖溶液中的水分子向半透膜左侧扩散。因而，水分子的运动就受到 2 种动力(一个是膜左右的水势差，另一个是膜两侧的静水压)的作用。随着水分不断从高水势进入低水势蔗糖溶液，半透膜右侧静水压力也不断增大，当半透膜两侧蔗糖溶液的水势相等时，水分子通过半透膜的扩散即达到动态平衡，液面不再升高，静水压力也不再增大。以上这种水分从水势高的系统通过半透膜向水势低的系统移动的现象就称为渗透作用(osmosis)。

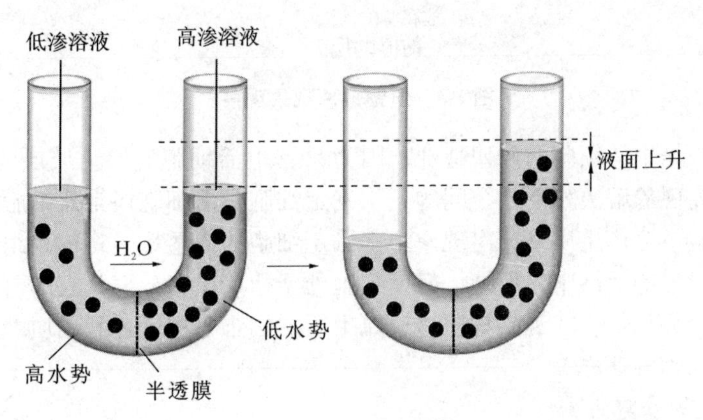

图 1-2 渗透作用实验

(3)植物细胞与环境构成的渗透系统

成熟的植物细胞具有一个大液泡，其细胞壁主要是由纤维素分子组成的微纤丝构成，是水和溶质都可以通过的透性膜(permeable membrane)；而质膜和液泡膜则为选择透性膜，易于透过水，对其他溶质分子或离子具有选择性。这样，在一个成熟的细胞中，原生质层(包括原生质膜、原生质和液泡膜)相当于一个半透膜。如果把此细胞置于水或溶液中，则液泡内的细胞液，原生质层以及细胞外溶液三者就构成了一个渗透系统。如果把具有液泡的细胞置于高盐溶液(其水势低于细胞液的水势)中(图 1-3)，细胞内的水向外扩散的速度大于外界水分子向内扩散的速度，整个原生质体收缩。起初细胞壁与原生质体一起收缩，整个细胞的体积要缩小一些；假使外界溶液水势仍比细胞液水势低，细胞内的水继续向外流动，原生质体继续收缩，然而细胞壁收缩性有限不再继续收缩，这时，原生质体便开始和细胞壁慢慢地分开，随着细胞失水，分离的区域逐渐扩大，最后原生质体与细胞壁完全分离。这种植物细胞由于液泡失水而使原生质体和细胞壁分离的现象，称为质壁分离(plasmolysis)。如果把发生了质壁分离的细胞浸在水势较高的溶液或蒸馏水中，外界的水分子便进入细胞，液泡变大，整个原生质体慢慢地恢复原状，这种现象叫质壁分离复原(deplasmolysis)，或去质壁分离。质壁分离和质壁分离复原现象证明，原生质层具有半透膜的性质，植物细胞与外界环境构成一个渗透系统。

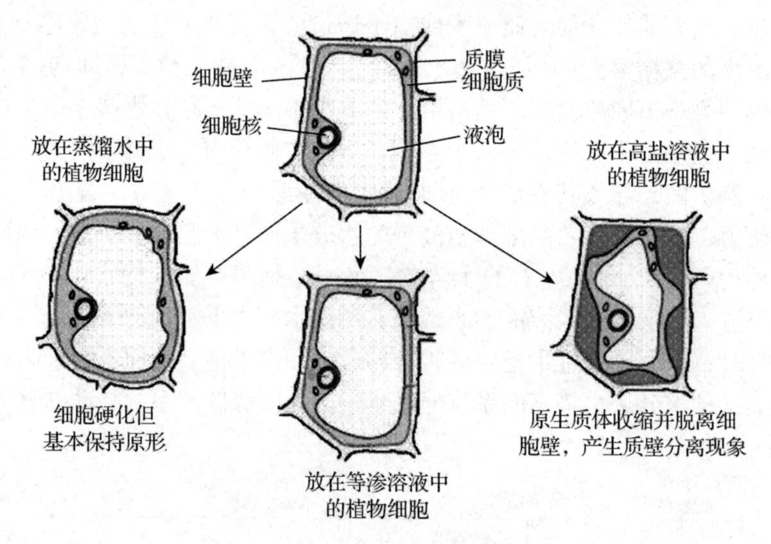

图 1-3　质壁分离现象观察

质壁分离现象是生活细胞的典型特征，因为只有生活细胞的原生质层才具有选择透性。可以根据质壁分离现象解决如下几个问题：①确定细胞是活细胞还是死细胞，因为已经发生质膜破坏的死细胞不会产生质壁分离现象。②测定细胞的渗透势。将植物组织或细胞置于一系列梯度的已知水势的溶液中，那种恰好使细胞处于初始质壁分离状态的溶液的水势值与该组织或细胞的渗透势相等。③观察物质透过原生质层的难易程度。利用质壁分离复原的速度来判断物质透过细胞的速率。

(4)植物细胞的水势组成

植物细胞由于能发生渗透现象，因而能和外界进行水分交换。细胞吸水与细胞液的渗透势(osmotic potential，用 Ψ_s表示)有关，但并不完全决定于渗透势。由于细胞壁的存在会限制原生质体膨胀，同时原生质是亲水胶体又有吸水的能力，因此，虽然植物细胞可被看成是一个渗透系统，但其吸水情况要比单纯的渗透作用复杂，受多种因素影响。

细胞吸水情况决定于细胞水势。一个典型植物细胞的水势(ψ_w)由以下 4 个部分组成：

$$\psi_w = \psi_s + \psi_p + \psi_m + \psi_g$$

式中，ψ_s 为渗透势；ψ_p 为压力势(pressure potential)；ψ_m 为衬质势(matric potential)；ψ_g 为重力势(gravity potential)。

渗透势也称溶质势(solute potential)，是由于细胞液中溶质的存在而使水势降低的值。与稀溶液(开放溶液)的渗透压绝对值相等，可按开放溶液水势公式计算：

$$\psi_s = -P = -iCRT$$

式中，P 为渗透压；i 为等渗系数；C 为溶液的摩尔浓度($mol \cdot L^{-1}$)；R 为气体常数；T 为绝对温度(K)。因此，渗透势主要决定于溶液中溶质颗粒(分子或离子)的总数，影响细胞液浓度的其他外界条件均可以改变植物细胞的渗透势。表 1-2 是正常情况下测定的一些植物叶片的渗透势和水势值范围。

表 1-2　常见植物叶片的渗透势和水势值范围

植物种类	渗透势(MPa)	水势(MPa)
小　麦	-1.00 ~ -1.40	-0.30 ~ -0.60
玉　米	-0.90 ~ -1.10	-0.40 ~ -0.90
高　粱	-1.20 ~ -1.80	-0.60 ~ -0.90
豇　豆	—	-0.30 ~ -0.80
旱　稻	—	-0.50 ~ -1.60
向日葵	-1.90	—
茄　子	—	-0.30 ~ -0.50
糜　子	-1.0 ~ -0.50	-0.50 ~ -1.20
棉　花	-1.30	-0.60 ~ -0.20
杨　树	-2.10	-0.20 ~ -0.50

压力势是指由于细胞壁压力的存在而引起的细胞水势增加的值。当细胞的原生质体吸水膨胀时，对细胞壁产生一种压力(膨压，turgor pressure)，如图 1-4 所示，细胞壁则产生一个数值相等、方向相反的对原生质体的压力(胞壁压)，这一压力的作用使细胞内的水分向外移动，即等于提高了细胞液的水势。压力势往往是正值。

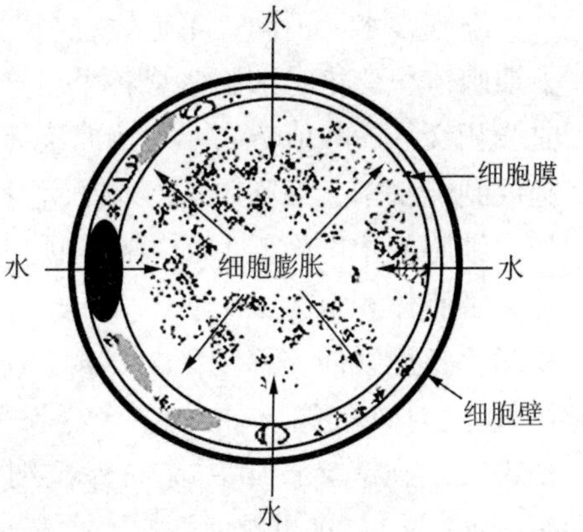

衬质势是指细胞胶体物质亲水性和毛细管对水吸引而引起的水势降低值，以负值表示。

重力势是水分因重力下移而引起水势降低的值，其大小取决于参考状态下水的高度(h)、水的密度(ρ_w)和重力加速度(g)：

图 1-4　膨压示意

$$\psi_g = \rho_w g h$$

对已形成中央大液泡的成熟植物细胞来说，由于原生质仅为一薄层，液泡内的大分子物质又很少，且考虑到水分在细胞水平移动，ψ_m 和 ψ_g 一般忽略不计。因此，细胞水势可表示为：

$$\psi_w = \psi_s + \psi_p$$

而干燥种子的ψ_m可达－100 MPa，则ψ_s和ψ_p可忽略不计，其细胞水势可表示为：

$$\psi_w = \psi_m$$

对处于分生区的细胞来说，中央液泡未形成，水势也可表示为：

$$\psi_w = \psi_m$$

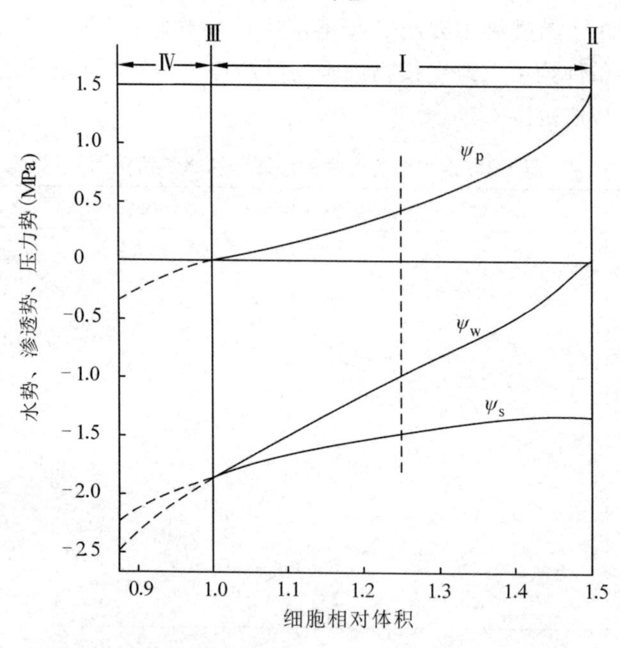

图1-5 细胞水势、渗透势、压力势与体积的关系(引自 Höfler, 1920)

细胞含水量不同，不但体积会发生变化，渗透势和压力势也随之发生变化。图1-5给出了细胞体积变化时细胞水势各个组分之间的变化趋势。其中垂直于横轴的虚线Ⅰ及其与3条曲线相交点的数值，表示一个常态下细胞的体积和与之相应的ψ_w、ψ_p、ψ_s数值。如果把细胞放到纯水中，细胞吸水，体积增大，ψ_p随之增高，虚线向右移动。随着细胞含水量的增加，细胞液浓度降低，ψ_s增高，ψ_w也随着升高，细胞吸水能力下降。当细胞吸水达饱和状态，细胞体积最大，$\psi_w=0$，$\psi_p=-\psi_s$(Ⅱ)。如果把细胞放到低水势溶液中，细胞失水，体积缩小，虚线向左移动，ψ_w、ψ_p、ψ_s相应降低。达到初始质壁分离时(Ⅲ)，细胞相对体积1.0，此时$\psi_p=0$，$\psi_w=\psi_s$。当蒸腾很强烈时，细胞失水，体积缩小，但并不发生质壁分离现象，细胞壁会产生一个向外拉细胞膜的张力，增加细胞吸水的趋势，这时ψ_p为负值，$\psi_w<\psi_s$(Ⅳ)。这里顺便指出，小液流法测定水势时测定的是细胞原状(图中垂直虚线Ⅰ处)的水势，质壁分离法测定的是处于初始质壁分离状态时(Ⅲ)的水势，也就是ψ_s。

以上表明，细胞ψ_w及其组分ψ_p、ψ_s与细胞相对体积间的关系密切，细胞的水势不是固定不变的，ψ_w、ψ_p、ψ_s随含水量的增加而增高，植物细胞就像一个自动调节的渗透系统。

(5)细胞间的水分移动

如前所述，水分进出细胞由细胞与周围环境之间的水势差决定，水总是从高水势区域向低水势区域移动。若环境水势高于细胞水势，细胞吸水；反之，水从细胞流出。对两个相邻的细胞来说，它们之间的水分移动方向也是由二者的水势差决定。如图1-6，相邻的2个细胞A、B，经计算得知，A细胞的ψ_s为－1.5 MPa，ψ_p为＋0.7 MPa，故ψ_w为－0.8 MPa；B细胞的ψ_s为－1.3 MPa，ψ_p为＋0.4 MPa，故ψ_w为－0.9 MPa。A的水势高，B的水势低，因此水从细胞A向细胞B移动。事实上，$\Delta\psi_w$不仅决定着水分移动的方向，而且影响着水分移动的速度。$\Delta\psi_w$越大水分移动速度越快，反之亦然。由此可见，相邻细胞间水分移动决定于水势差，并由高水势区向低水势区运转。如果有一排互相连接的薄壁细胞，只要其间存在着水势梯度(water potential gradient)，那么水分总是从水势较高的细胞向水势较低的细胞运转。植物组织中的水分运转也符合这一规律。

A	B
ψ_s = －1.5 MPa	ψ_s = －1.3 MPa
ψ_p = ＋0.7 MPa	ψ_p = ＋0.4 MPa
ψ_w = －0.8 MPa	ψ_w = －0.9 MPa

A ⟶ B

图1-6　2个相邻细胞之间水分移动的方向

植物细胞的水势变化很大，在整株植物体内，不同器官或同一器官不同部位的细胞水势大小不同。总的趋势是：位于形态学下部的组织和器官，其水势总是高于形态学上部的组织和器官，因此，水分由下向上即由根系向茎叶运输。对一片叶子而言，距主脉越远的部位其水势越低。在根部则内部水势低于外部。环境条件发生变化时，植物的水势也随之改变，土壤或大气湿度小、光线强，都可使细胞水势降低。由于细胞水势高低说明细胞水分充足与否，因此可作为灌溉的生理指标，用以确定作物灌溉适宜的时期。

1.2.1.2　植物细胞的吸胀吸水

干燥种子在供给充足水分进行萌发的时候，首先会进行大量而快速地吸水，这是种子内亲水胶体(hydrophilic colloid)吸水膨胀的现象。干燥种子的细胞中，细胞壁的成分纤维素和原生质成分蛋白质等生物大分子都是亲水性的，而且都处于凝胶状态，这些凝胶分子对水分子的吸引力很强，这种吸引水分子的力称为吸胀力。因吸胀力的存在而吸收水分子的作用称为吸胀作用。蛋白质类物质吸胀力最大，淀粉次之，纤维素较小。因此，大豆及其他富含蛋白质的豆类种子吸胀力很大，禾谷类淀粉种子吸胀力较小。衬质势(ψ_m)就是由于吸胀力的存在而降低的水势值。干燥种子的ψ_m总是很低，例如，豆类种子胶体的衬质势可低于－100 MPa。细胞吸水饱和时，$\psi_m = 0$。

一般来说，细胞形成中央液泡之前主要靠吸胀作用吸水。例如，干燥种子的萌发吸水、果实和种子形成过程中的吸水、分生区细胞的吸水等，主要是吸胀吸水。吸胀过程中的水分移动方向，也是从水势高的区域流向水势低的区域。细胞内亲水物质通过吸胀力而结合的水称为吸胀水，它是束缚水的一部分。

1.2.1.3　植物细胞的代谢性吸水

利用细胞呼吸释放出的能量，使水分经过质膜进入细胞的过程叫代谢性吸水(metabolic absorption of water)。不少试验证明，当通气良好以引起细胞呼吸加剧时，细胞吸水便增强；

相反，减少 O_2 供应或以呼吸抑制剂处理时，细胞呼吸速率降低，细胞吸水也就减少。由此可见，原生质代谢过程与细胞吸水有着密切关系，但这种吸水方式的机制尚不清楚，代谢性吸水占细胞吸水总量的比例有多大还有争议。

1. 2. 2　细胞水分的跨膜运动

水在自然界，包括在植物体内的移动，不外乎集流与扩散 2 种形式，而渗透作用则是扩散的一种特殊形式。

1. 2. 2. 1　单个水分子靠扩散作用通过膜脂双分子层的间隙进出细胞

当细胞内的不同区域水势有差异时也会发生水分移动。扩散(diffusion)是物质分子(包括气体分子、水分子、溶质分子)从一点到另一点的运动，即分子从较高化学势区域向较低化学势区域随机地、累进地运动。水的蒸发、叶片的蒸腾作用都是水分子扩散现象。在短距离内，扩散可作为水分运输的有效方式，如细胞间水分转移、水分子通过膜脂双分子层进入细胞内。在长距离的运输中，扩散的速率是远远不够的。因此，扩散不适合于长距离运输，例如，水分从根部运输到叶部不能通过扩散作用来运输。

1. 2. 2. 2　水集流通过质膜上水孔蛋白组成的水通道进出细胞

在有压力差存在的情况下，液体中大量分子成群地集体运动，称为集流(mass flow 或 bulk flow)。例如，水在水管中的流动，河水在河中的流动等。这种压力差可以由重力或机械力产生。集流是植物体内长距离运输的主要方式。在植物体内最常见的溶液集流是木质部导管和韧皮部筛管中溶液的流动。集流的流速与压力差成正比，与集流中溶质浓度关系不大。

植物体内水分的跨膜运输，除了依赖于水分子的跨膜扩散以外，也包括水分通过膜上的水孔蛋白(aquaporin)形成的水通道的微集流运动(图 1-7)。

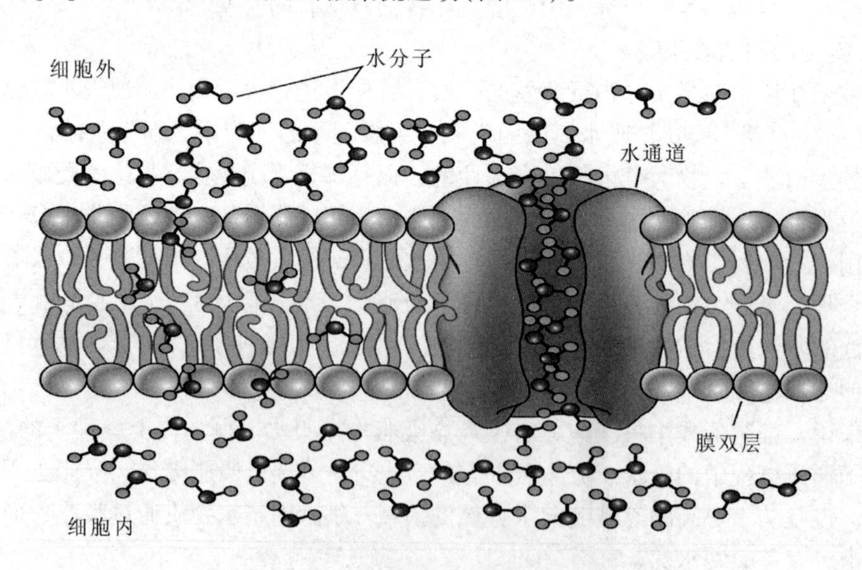

图 1-7　水分跨细胞膜的运动过程

(引自 Taiz and Zeiger，2006)

水孔蛋白是一类具有选择性、高效转运水分的跨膜通道蛋白(channel protein)。水孔蛋白的单体是中间狭窄的四聚体，每个亚单位的内部形成狭窄的水通道，其相对分子质量约为28 000，是一种膜内在蛋白(aquaporin，AQP)。水通道的半径大于0.15 nm(水分子半径)，小于0.2 nm(最小的溶质分子半径)，因此它只允许水分子通过，不允许离子和代谢物通过。但也有一些水孔蛋白能同时输送一些分子半径小的溶质和少量离子。

在植物体内，水孔蛋白广泛分布于各个部位，执行着不同的功能。例如，烟草的水孔蛋白优先在维管束薄壁细胞中表达，可能参与水分长距离运输；水孔蛋白也分布于雄蕊花药等植物生殖器官内，表明它可能参与植物生殖过程；拟南芥的水孔蛋白表达于根尖的伸长区和分生区，说明它有利于细胞生长和分化。水孔蛋白在植物细胞液泡膜上的存在，使其具有很高的透水性。外界环境(干旱、蓝光等)和植物激素(脱落酸、油菜素内酯等)可诱导水孔蛋白基因表达。植物及其他生物体中水孔蛋白的发现为水分跨膜运输提供了分子基础，对理解水分跨膜透性这个参数具有重要意义。

水孔蛋白的活性受磷酸化作用调节，依赖于钙离子的蛋白激酶可使特殊丝氨酸残基磷酸化，水孔蛋白的水通道加宽，水集流通过量剧增；如果用蛋白磷酸(酯)酶将此磷酸基团除去，则水通道变窄，水集流通过量减少。

1.3　植物根系吸水和水分向上运输

1.3.1　根系吸水的部位及途径

1.3.1.1　根系是植物吸水的主要器官

植物的叶片只有在角质层被水湿润时才能吸水，而且数量很少，因而对于植物的水分供应没有重要意义。陆生植物吸水主要是通过根系。根系在土壤中分布很广，在土壤中的总面积远远大于地上部的总面积。根系具有很多小分支，因此一株植物每天根系的总增长量相当大。据测定，一株黑麦的根系每天总增长量可达3.1m，这大大增强了土壤中根系的吸水能力。因此，根系是陆生植物吸水的主要器官。但是，并不是所有根的各个部分都能吸水，不同部分的吸水能力也并不相同(图1-8)。木质化或木栓化部分的根部表皮细胞吸水能力很小，根的吸水区域主要在根尖的根冠、分生区、伸长区和根毛区4部分中(图1-9)，其中以根毛区的吸水能力最强。根毛是根表皮细胞的扩展，极大地增加了根的表面积。据测定，根毛使玉米根吸收面积增加5.5倍，大豆增加12倍。另外，根毛细胞壁的外部由果胶组成，黏性和亲水性大，有利于和土壤颗粒的黏着和吸水，而且根毛区的输导组织发达，对水分移动阻力小。所以根毛区吸水能力最大，是根系吸水的主要部位。根毛区随着根的生长不断前进，老的死亡，新的产生，根毛的寿命一般只有几天。根的其他部分吸水较少，主要是木栓化程度高或输导组织欠发达。因此，在移栽时尽量保留细根，以减轻移栽后植株的萎蔫程度。

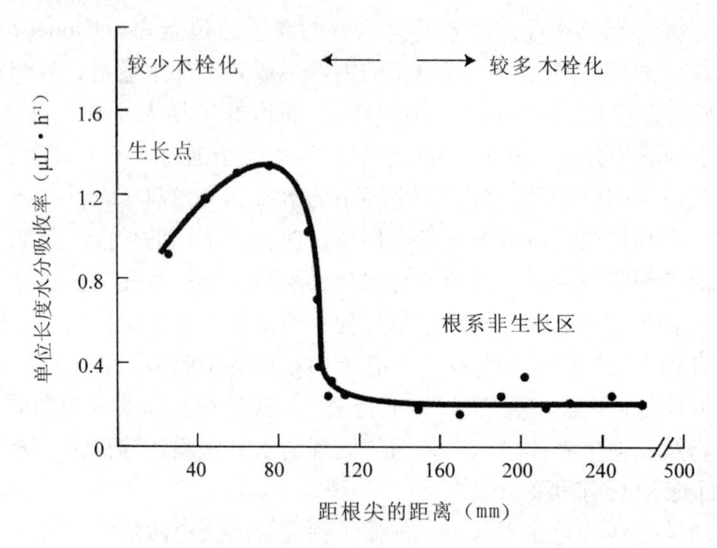

图 1-8 南瓜根不同位置水分吸收率

（引自 Karmer and Boyer，1995）

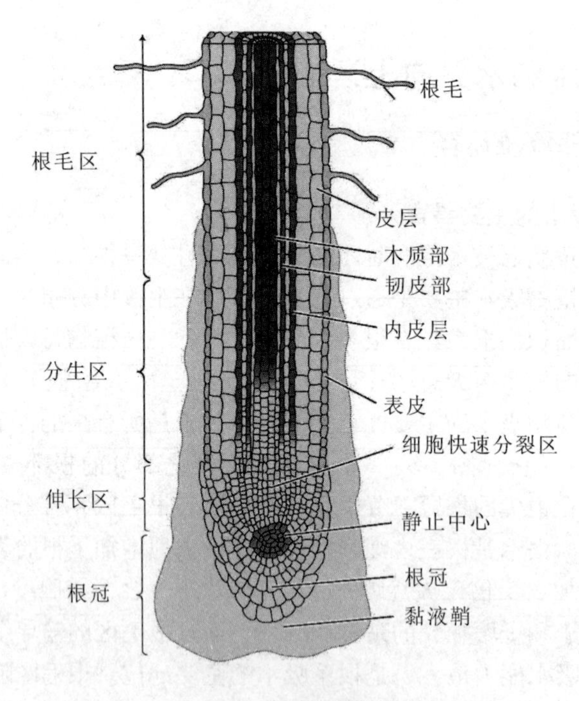

图 1-9 根尖形态示意

（引自 Taiz and Zeiger，2006）

1.3.1.2 根系吸水的途径

土壤中的水分移动到根的表面后，会以渗透和扩散的方式径向运输到根内。在从表皮向根内的径向运输过程中，可以通过 3 条途径（图 1-10）：质外体途径（apoplast pathway）、共质体途径（symplast pathway）和跨膜途径（transmembrane pathway）。质外体途径是指水分通过质外体即细胞壁、细胞间隙、木质部导管分子等没有原生质的部分移动。水分在质外体中移动受到的阻力小，所以移动速度较快。质外体被内皮层凯氏带(Casparian strip)分隔为不连续的2部分，其一部分在内皮层外，包括表皮及皮层的细胞壁、细胞间隙；另一部分在中柱(stele)内，包括成熟的导管。由于内皮层凯氏带的分隔，由质外体途径移动的水分必须跨过内皮层细胞的质膜，进入细胞质，最后才能进入中柱。共质体途径指水分依次从一个细胞经过胞间连丝进入另一个细胞。共质体(symplast)包括所有细胞的细胞质，由于胞间连丝将相邻细胞的原生质体连在一起，一个植物体的共质体是一个连续的整体。水分进入共质体后，即可通过胞间连丝，从一个细胞到相邻细胞，并通过内皮层而达中柱，通过中柱薄壁细胞再进入导管。水分通过共质体途径和跨膜途径的移动速度较慢。水分在根中的径向移动是一个复杂的过程。内皮层凯氏带的存在使水分通过内皮层时只有沿着共质体的途径运输，所以内皮层起着选择透性膜的作用，对水分及溶质的吸收运转起着调节功能。从质外体进入共质体途径或从共质体进入质外体途径，水流必须跨过原生质膜。现有的实验条件很难区分共质体途径和跨膜途径，因此，将这2条途径统称为细胞—细胞途径(cell-to-cell pathway)。

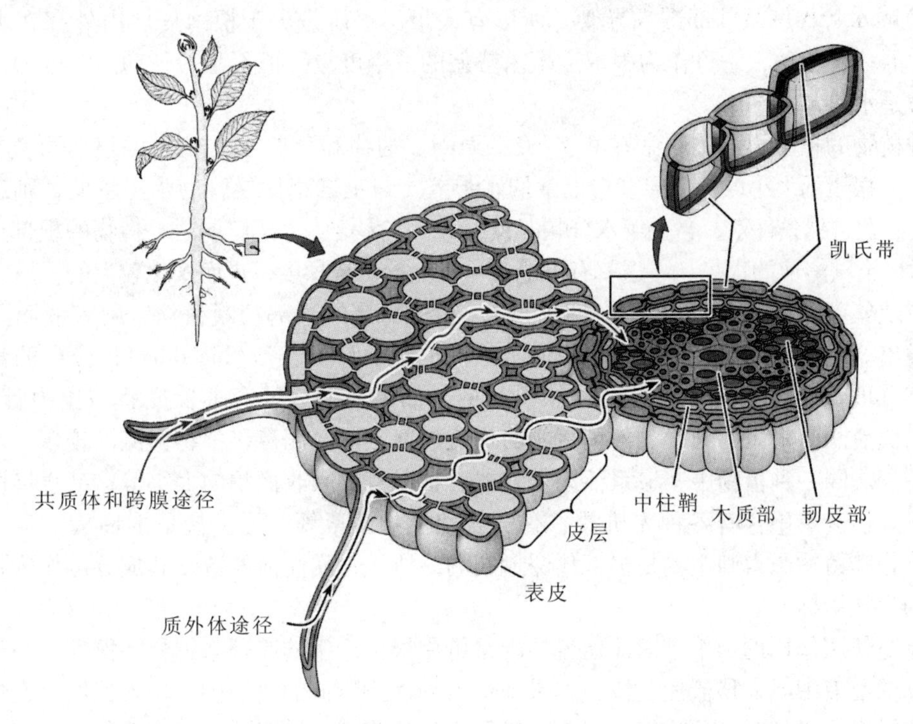

图1-10　植物根部吸收水分途径示意(引自 Taiz and Zeiger, 2006)

水分经过质外体、共质体到达内皮层时被凯氏带阻断，必须通过跨膜运输才能通过内皮层

1.3.2　根系吸水的动力与机理

植物根系吸水有两种方式：一种是主动吸水；另一种是被动吸水。主动吸水的动力是根压，被动吸水的动力是蒸腾拉力。但无论哪种方式，吸水的基本依据仍然是细胞的渗透吸水。

1.3.2.1　主动吸水与根压

由根自身的生理代谢活动所引起的吸水过程称为主动吸水(active absorption of water)。主动吸水的动力是根压，根压是指由于根系自身的生理代谢活动所引起的使根部液流上升的压力。

在根的内部结构中，由于凯氏带(高度栓质化)不透水，因此水分自由扩散至内皮层时，必须经共质体向中柱内转移。这样整个根系就构成了一个渗透系统。根系通过消耗呼吸作用产生的能量不断向根部导管积累有机和无机溶质(主动吸收矿质离子，可逆着浓度梯度进行，要消耗代谢能量)，使导管溶液的浓度升高，水势降低，土壤及周围细胞的水分向根部导管流动，导致此处溶液体积增大，溶液沿导管上升，将水分向上输送。根内导管溶液的浓度越大，其渗透压越大，即根压越大，吸水的速度越快。由于这一吸水过程要利用代谢能量，故称为主动吸水。

应当指出，以上所说的主动吸水通常不是指根系主动吸收水分本身，而是指植物利用代谢能量主动吸收外界溶质，从而造成导管溶液的水势低于外界溶液的水势，而水则是被动地(自发地)顺水势梯度从外部进入导管。所以有人指出根压是由于根内皮层内外存在水势梯度而产生的一种现象，它可作为根部产生水势差的一个度量，但不是一种动力，因为水流的真正动力是水势差。

各种植物的根压不同，通常在 0.1 ~ 0.2 MPa。葡萄和某些木本植物的根压可高达 0.2 MPa 以上。根压的大小取决于导管与土壤的水势差，与土壤相比导管的水势越低，则产生的根压越大。在自然条件下，当土壤水分状况良好，大气湿度大而蒸腾弱时，植物的根部土壤水分充足时，土壤溶液的水势高，这就有可能产生较大的水势梯度，进而产生较大的根压。

伤流现象可以证明根压的存在(图 1-11)。从植物茎的基部切断植株，则有液滴不断地从切口溢出。从受伤或折断的植物组织流出液体的现象称为伤流(bleeding)；流出的汁液称为伤流液(bleeding sap)。伤流是由根压引起的。如果在切口处套上橡皮管与压力计相连，就可由伤流液测出根压的大小。各种植物的伤流程度不同，葫芦科植物伤流液较多，禾本科植物的较少。同一种植物中，根系活动的强弱、根系有效吸收面积的大小等，都直接影响伤流液的量。伤流液中含有各种无机盐、有机盐和植物激素等。无机盐是植物从土壤中吸收的，有机物和植物激素则主要是根部代谢形成的。所以，伤流液的数量和成分可作为根系活动强弱的生理指标。

伤流是根压作用的结果，因此伤流的现象可用根压产生的原理来解释。例如，当根系在水势较高的溶液中时，伤流速度快；如果把根放到水势较低的溶液中，伤流速度会变慢；当外界溶液的水势更低时，伤流停止，甚至已流出的伤流液也被吸回，这表明伤流速度取决于木质部溶液与外界溶液之间的水势差。另外，通气、呼吸促进剂等都促进伤流量的增多，而呼吸抑制剂则抑制伤流液的产生。这是由于呼吸作用直接影响根系对离子的主动吸收。

吐水现象也是根压引起的(图 1-12)。没有受伤的植物如果处于土壤水分充足、天气潮湿的环境中，叶尖或叶缘也有液体泌出，这种现象称为吐水(guttation)。在自然条件下，当植物吸水大于蒸腾时，往往可以看到吐水现象。吐水现象也可以作为根系生理活动的指标。如用呼吸抑制剂处理植株根系可抑制吐水。作物生长健壮，根系活动较强，吐水量也较多，所以在生产上，吐水现象可以作为根系生理活动的指标，并能用以判断幼苗长势的强弱。

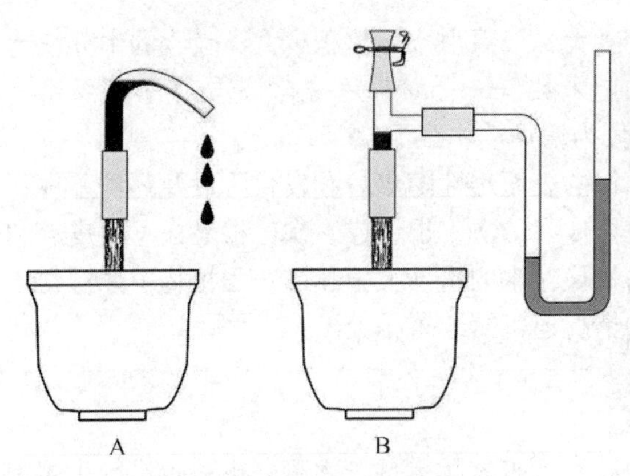

图 1-11　伤流和根压示意

A. 伤流液从茎部切口处流出　B. 用压力计测定根压

图 1-12　“吐水”现象

1.3.2.2　被动吸水与蒸腾拉力

被动吸水(passive absorption of water)是指由于地上枝叶的蒸腾作用所引起的吸水过程。被动吸水的动力是蒸腾拉力，蒸腾拉力是由于叶片的蒸腾作用产生的一系列水势梯度而形成的向上拉动水的力量。

当叶片蒸腾时，气孔下腔周围细胞的水以蒸汽形式扩散到水势低的大气中，水势降低，就会向相邻的细胞吸水，导致相邻细胞水势下降，依次传递下去直到导管，把导管中的水柱拖着上升，结果引起根部的水分不足，水势降低，从而使根部细胞从周围土壤中吸水。在一般情况下，土壤水分的水势很高，很容易被植物吸收，并输送到数米、甚至上百米高的枝叶中去。在光照下，蒸腾着的枝叶可通过被麻醉或死亡的根吸水，甚至一个无根的带叶枝条也照常能吸水。由此可见，蒸腾引起的吸水过程中，根只作为水分从土壤进入植物体的被动吸收表面，成为植物的地上部分与土壤之间水分吸收的通道，因此称为被动吸水。当然，发达的根系扩大了与土壤的接触面，更有利于植株对水分的吸收。

1.3.2.3　主动吸水与被动吸水的关系

主动吸水和被动吸水在植物根系吸水过程所占的比重，因植物的蒸腾速度不同而存在差异。正在蒸腾的植物其被动吸水所占的比重较大，与被动吸水相比，根压所引起的水分吸收量要低得多。强烈蒸腾的植株其吸水的速度几乎与蒸腾速度一致，这时根压基本不起作用。只有蒸腾速率很低的植株，如春季叶片尚未展开时，主动吸水才占有较重要的地位；一旦叶片展开，蒸腾作用加强，便以被动吸水为主。

1.3.3　影响根系吸水的因素

影响根系吸水的条件可分为根系自身因素、土壤因素以及影响蒸腾的大气因素。由于大气因素通过影响蒸腾而影响蒸腾拉力，间接影响根系吸水，所以这里主要讨论根系自身因素和土壤因素。

1.3.3.1　根系自身因素

根的木质部溶液的渗透势、根系发达程度、根系对水分的透性程度和根系呼吸速率等自身因素都能影响其吸水。根系的范围和总表面积以及表面的透性决定了根系吸水的有效性，而透性又随根龄和发育阶段而变化。根系密度越大，根系占土壤体积越大，吸收的水分就越多。根系密度通常指每立方厘米土壤内根长的厘米数($cm \cdot cm^{-3}$)。据测定，高粱根系密度从 $1\ cm \cdot cm^{-3}$ 增加到 $2\ cm \cdot cm^{-3}$ 时吸水能力大为增加。

根表面透性不同对根系吸水有显著影响。根的表面透性随年龄和发育阶段及环境条件不同而差别较大，典型根系由新形成的尖端到完全成熟的次生根组成，次生根失去了表皮层和皮层，被一层栓化组织包围。这些不同结构的根段对水的透性大不相同，当植物根系遭受土壤严重干旱时透性大大下降，恢复供水后这种情况还可持续若干天。

1.3.3.2 土壤因素

(1)土壤水分状况

植物主要通过根系从土壤中吸收水分，因此土壤水分状况直接影响着根系吸水。土壤中水分存在以下3种物理状态。

重力水 存在于大的土壤空隙中，很容易因重力作用而渗透到土壤深层去的水。重力水因占据空气空间而有害无利，其水势 > -0.01 MPa，对于旱生作物来说，重力水占据了土壤中的大孔隙，造成土壤中水多气少，不利于根系的呼吸和生长，所以旱地及时排除重力水就显得很重要。但稻田中的重力水是水稻生长重要的生态需水。

束缚水 被土壤颗粒紧紧吸附的水合层中的水，植物不能利用，其水势 < -3.1 MPa。

毛管水 存在于土壤颗粒间的毛细管中的水分，能为植物吸收利用，水势为 -3.1~-0.01 MPa，是植物吸收水分的主要来源。土壤中的水分并不是都能被植物所利用，土壤有保水能力。植物从土壤中的吸水实质上是根系和土壤颗粒彼此争夺水分的过程。

对植物来说，土壤中的可用水(available water)就是土壤永久萎蔫系数(permanent wilting coefficient)以外的土壤水分。所谓土壤永久萎蔫系数，即植物发生永久萎蔫时，土壤中尚存留的水分含量(以水分占土壤干重的百分率表示)。达到永久萎蔫时土壤所含的水分就是植物所不能利用的水分。永久萎蔫系数因土壤种类不同而异，变化幅度很大，由粗砂土的1%左右到黏土的15% 左右(表1-3)。就同一种土壤而言，永久萎蔫系数与作物种类关系不是很大。植物可利用水的土壤水势范围在 -0.3 ~ -0.05 MPa 之间。

表1-3 不同植物在各种土壤中的永久萎蔫系数 %

植物种类	粗砂	细砂	砂壤	壤土	黏土
水 稻	0.96	2.7	5.6	10.1	13.0
小 麦	0.88	3.3	6.3	10.3	14.5
玉 米	1.07	3.1	6.5	9.9	15.5
高 粱	0.94	3.6	5.9	10.0	14.1
燕 麦	1.07	3.5	5.9	11.1	14.5
豌 豆	1.02	3.3	6.9	12.4	16.6
番 茄	1.11	3.3	6.9	11.7	15.3

当土壤含水量下降时，土壤溶液水势亦下降，土壤溶液与根部之间的水势差减少，根部吸水减慢，引起植物体内含水量下降。土壤含水量达永久萎蔫系数时，根部吸水几乎停止，不能维持叶细胞的膨压，叶片发生萎蔫，这对植物的生长发育不利。因此，对农业生产来说，要掌握土壤可用水状况，制定灌溉措施，适时灌水。

(2)土壤通气状况

土壤通气良好，根系吸水能力强；土壤透气状况差，吸水受抑制。实验证明，用二氧化碳处理根部，以降低呼吸代谢，小麦、玉米和水稻幼苗的吸水量降低14%～15%，尤以水稻最为显著；如通以空气，则吸水量增大。

土壤通气不良造成根系吸水困难的原因，主要是：①根系环境内氧气缺乏，二氧化碳积累，呼吸作用受到抑制，影响根系吸水；②长时期缺氧下根进行无氧呼吸，产生并积累较多的乙醇，根系中毒受害，吸水更少；③土壤处于还原状态，加之土壤微生物的活动，产生一些有毒物质，这对根系生长和水分吸收都是不利的。

作物受涝，反而表现出缺水症状，其主要原因也是土壤通气不良，抑制根部吸水。土壤水分饱和或土壤板结都会造成通气不良；水田长期保持水层，也会降低土壤中的氧分压，产生各种有毒物质，引起"黑根"或"烂根"。农业生产中的中耕耘田、排水晒田等措施可增大土壤的透气性。

长期生长在沼泽地带或水分饱和的土壤中的植物，其结构和生理功能上形成了一套适应机制。例如，根内具有较大的细胞间隙和气道，与茎叶的细胞间隙和气道相通，便于氧气从叶茎中向下传递；同时，水稻根部具有较强的乙醇酸氧化途径，放出氧气，用于呼吸。水稻幼苗在缺氧情况下，细胞色素氧化酶仍保持一定的活性。

(3)土壤质地

对土壤质地黏重的农田掺砂改土的目的之一就是改善土壤通气状况。进行中耕松土也可以增加土壤空气。土壤中具有足够的可利用水和良好的通气状况，是植物根系充分吸收水分的必要条件。但土壤中水分和空气的存在是矛盾的，它们将争夺土壤空间，互相排斥。土壤的团粒结构可以解决这一矛盾。团粒结构的土壤中具有大、小空隙，在大空隙里，除了下雨或浇水时，都充满空气，在小空隙里则含有水分，所以可满足根系对二者的需要。

(4)土壤温度状况

土壤温度不但影响根系的生理生化活性，也影响土壤水的移动性。因此，在一定的温度范围内，随土温提高，根系吸水加快，反之则减弱，温度过高或过低，对根系吸水均不利。

低温影响根系吸水的原因是：①根细胞原生质黏性增大，对水的阻力增大，水不易透过生活组织，植物吸水减弱；②水分子运动减慢，渗透作用降低；③根系生长受抑，吸水面积减少；④根系呼吸速率降低，离子吸收减弱，影响根系吸水。高温加速根的老化过程，使根的木质化部位几乎到达根尖端，根系吸收面积减少，吸收速率也下降。

(5)土壤溶液溶度

土壤溶液浓度过高，其水势降低。若土壤溶液水势低于根系水势，植物不能吸水，反而要丧失水分。一般情况下，土壤溶液浓度较低，水势较高。土壤溶液渗透势不低于－0.1 MPa，对根吸水影响不大，但当施用化肥过多或过于集中时，可使根部土壤溶液浓度急速升高，阻碍了根系吸水，引起"烧苗"。盐碱地土壤溶液浓度太高，植物吸水困难，形成所谓"生理干旱"。如果水的含盐量超过0.2%，就不能用于灌溉植物。

1.3.4 水分在植物体内的运输

1.3.4.1 水分运输的途径与速度

(1)水分运输途径

植物根系从土壤中吸收的水分，必须经过茎、叶和其他器官，供植物各种代谢的需要，其余大量水分蒸腾到体外，散失到大气中。水分从被植物吸收至蒸腾到体外，经过的运输途径是：土壤水→根毛→根皮层→根中柱鞘→根导管→茎的导管→叶柄导管→叶脉导管→叶肉细胞→叶肉细胞间隙→气孔下腔→气孔→大气(图1-13)。水在这个体系内运输时是依据水势从高到低进行的，即从土壤到植物再到大气，形成一个土壤—植物—大气连续体系(soil plant atmosphere continuum，SPAC)。水分在植物体内的运输可分为细胞外与细胞内2条途径。细胞外运输主要在根部进行，即水分从土壤进入根内后沿着质外体的自由空间扩散到内皮层，再进入细胞内；在叶内也存在细胞外运输，即从叶肉细胞经叶肉细胞间隙和气孔下腔至气孔，然后以气态形式扩散到大气中。水分在细胞外运输非常迅速并且便利。细胞内运输在根、茎、叶等部位都存在，这种运输又可分为两种。第一种，经过活细胞的短距离运输，实际上是共质体运输。距离虽短，运输速度却非常慢。第二种，经过死细胞的长距离运输，包括根、主茎、分枝和叶片的导管或管胞。裸子植物的水分运输途径是管胞，被子植物是导管。成熟的导管与管胞是中空的长形死细胞，这种运输实际上是质外体运输。由于成熟的导管分子失去原生质体，相连的导管分子间的横壁形成穿孔，使导管成为一个中空的、阻力很小的通道。管胞的上下2个管胞分子相连的细胞壁未打通而是形成纹孔，水分要经过纹孔从一个

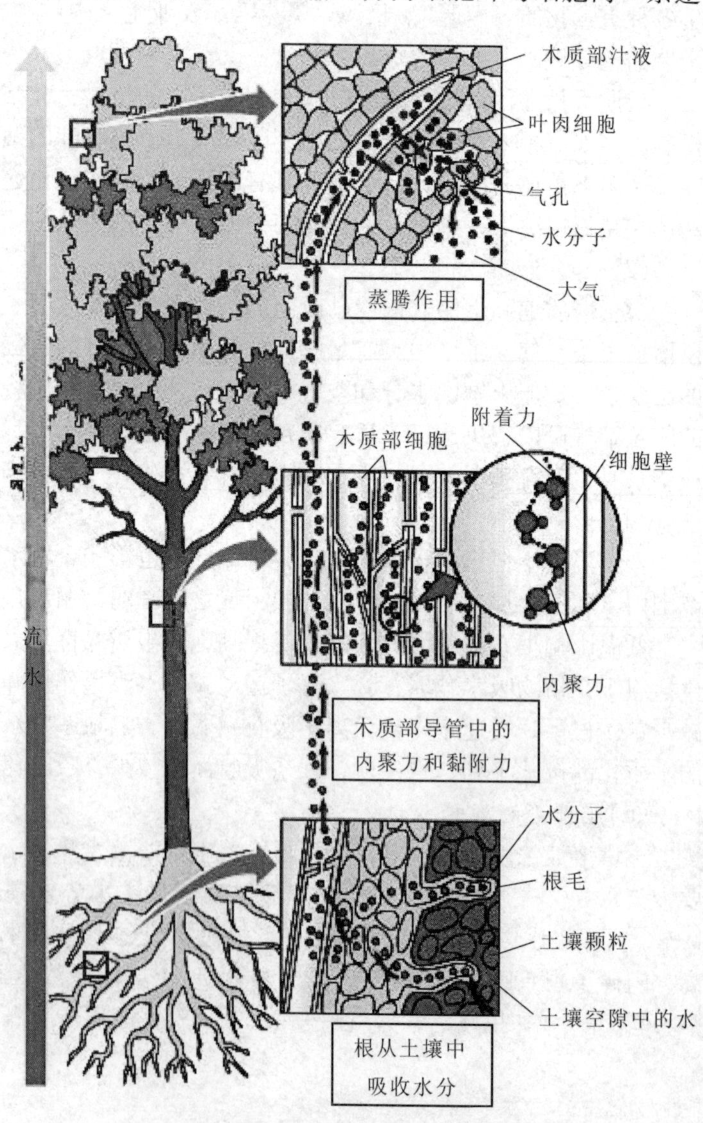

图1-13 水分从根向地上部运输的途径

管胞分子进入另一个管胞分子，所以管胞的运输阻力要比导管大得多。与活细胞内的水分运输相比，在导管或管胞内，水分移动时受到的阻力很小，以液流方式运输，因此水分在导管或管胞内的运输速度很快。

水在茎中除了向上的纵向运输外还能够旁侧运输。例如，将苹果树的某一侧根系切断，树冠两边叶的含水量没有明显差异；在烈日下，断根一侧的树冠也无明显的萎蔫趋势。

(2) 水分运输的速度

植物种类不同，水分运输的速度也不相同。例如，裸子植物水流速度慢些，约 0.6 $m \cdot h^{-1}$；被子植物中桉树和白蜡树等木本植物水分运输速度较快，通常在 12 ~ 20 $m \cdot h^{-1}$，最高时达 45 $m \cdot h^{-1}$，草本植物体内水流速度慢些，例如，烟草茎中水流速度为 1.3 ~ 4.6 $m \cdot h^{-1}$。

水分在植物体内运输途径不同，运输速度也不同。例如，共质体运输，由于活细胞的原生质是亲水性胶体，故运输速度很慢，约为 $10^{-3} cm \cdot h^{-1}$。质外体运输，水分受到的阻力较小，因而速度较快；尤其在导管或管胞中运输就更快。例如，散孔材的导管短且横隔多，水流速度为 5 $m \cdot h^{-1}$，而环孔材的导管长且横隔少，水流速度为 45 $m \cdot h^{-1}$。

环境因子也影响植物体内水分运输的速度。同一株植物，夜间水流速度低，白天高，这可能与植物的生理活动强弱有关。白天蒸腾作用强烈，叶片急需补充水分，蒸腾拉力大，因而导管内的水流速度很快。

1.3.4.2　水分运输的动力

水的运动总是从水势较高的区域向水势较低的区域进行，土壤与大气之间的水势差是植物体内水分运输的动力。即从土壤到植物再到大气，形成一个土壤—植物—大气连续体系，其中水势是以递减的形式分布的(图 1-14)，水在这个体系中依水势梯度的传递基本上是一个降低能量的自发过程，不需要外界输入能量。植物体内根压和蒸腾拉力是水分沿导管或管胞上升的 2 种动力。水在土壤和植物体内的运动主要以集流的方式进行，从叶子向大气的运动则以扩散的方式，水进入植物体内时还涉及跨膜的渗透方式等。

通常情况下植物的根压不超过 0.2 MPa，只能使水分沿导管上升 20 m 左右。对于较矮的植物，根压确实成为水分运输的主要动力之一。但是，许多高大的乔木树高超过 40 ~ 50 m，

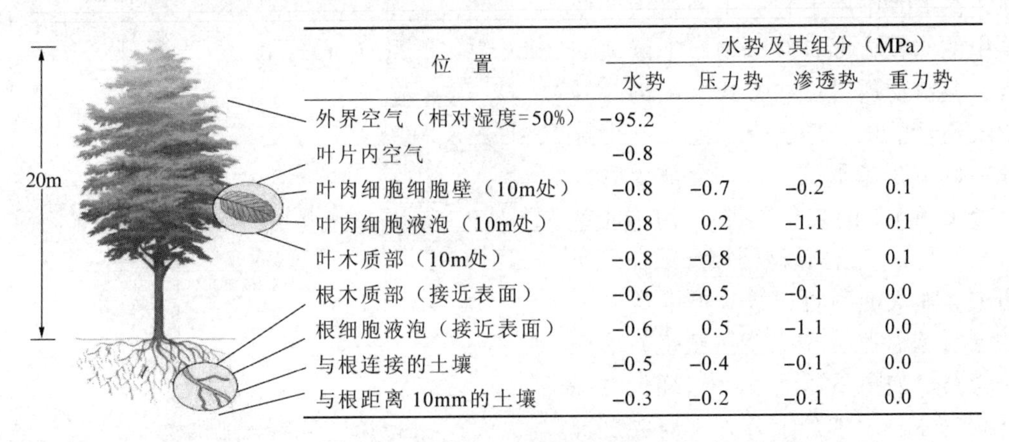

位　置	水势及其组分（MPa）			
	水势	压力势	渗透势	重力势
外界空气（相对湿度=50%）	−95.2			
叶片内空气	−0.8			
叶肉细胞细胞壁（10m处）	−0.8	−0.7	−0.2	0.1
叶肉细胞液泡（10m处）	−0.8	0.2	−1.1	0.1
叶木质部（10m处）	−0.8	−0.8	−0.1	0.1
根木质部（接近表面）	−0.6	−0.5	−0.1	0.0
根细胞液泡（接近表面）	−0.6	0.5	−1.1	0.0
与根连接的土壤	−0.5	−0.4	−0.1	0.0
与根距离 10mm的土壤	−0.3	−0.2	−0.1	0.0

图 1-14　在土壤—植物—大气连续体中各位点的水势及其组分的示意

(引自 Taiz and Zeiger, 1998)

如澳大利亚一株澳大利亚桉树(*Eucalyptus regnans*)高达 132.6 m，如此高大的树木只靠根压冠层就得不到足够的水分。只是在土温高、水分充足、大气相对湿度大、蒸腾作用很小时，或者在夜晚，以及幼苗和树木早春展叶以前，根压对水分上升才起较大作用。

一般情况下，蒸腾拉力是水分上升的主要动力。蒸腾作用不断进行，使叶肉细胞的水分不断地散到大气中去。叶肉细胞的不断失水，维持了叶肉细胞与导管的水势差，才能不断地从导管吸水，使导管始终处于负的压力，即处于拉力的作用下。因此，蒸腾越强，失水越多，从导管拉水的力量也越大。蒸腾拉力要使水分在茎内上升，导管中的水分必须成连续的水柱，如果水柱中断，蒸腾拉力便无法把下部的水分拉上去。那么导管内的水柱能否经受这样的拉力而不中断呢?

关于在导管内能否形成连续的水柱，爱尔兰植物学家 H. H. Dixon 在前人研究的基础上，于 1914 年提出了内聚力学说(cohesion theory)，又称为蒸腾拉力—内聚力—张力学说(transpiration-cohesion-tension theory)。这个学说认为，在导管内水柱的形成受到 2 种力的作用：一是水分子间的内聚力(cohesive force)，高于 30 MPa；二是水柱的张力，由上端受到的蒸腾拉力和下端受到的重力而产生，为 0.5～3.0 MPa。二者相比，水分子间的内聚力远远大于水柱的张力，这就保证了导管内的水分能够形成连续的水柱。同时，由于导管是由纤维素、木质素和半纤维素组成的，这些都是亲水性物质，水分可对其产生附着力(adhesive force)，使连续的水柱易于沿导管上升(图 1-13)。此外，由于导管的次生壁上存在着环纹、孔纹、螺纹等不同形式的加厚，更增加其坚韧程度，可防止导管因蒸腾拉力的作用而变形。这样，在上部蒸腾拉力(2～4 MPa)的作用下，水分沿导管不断上升。但是导管中的气泡会不会使连续的水柱中断呢? 导管溶液中溶解有气体，当水中张力增大时，溶解的气体从水中逸出进入气相的趋势增大。一旦水柱中形成气泡，在张力作用下它会不断扩大，使导管中的水柱中断，对植物产生巨大的危害。但植物通过一些方式可以消除导管中气泡产生的危害。当气泡在一个导管或管胞分子中形成后，它会被导管或管胞分子相连处的纹孔阻挡(气泡不能穿过很细的孔)。这样气泡便被局限在一条管道中。在气泡附近，水分可以进入相邻的导管或管胞分子而绕过气泡，形成一条旁路，如图 1-15 所示，这样仍可保持连续的水柱。水分上升并不需要全部的导管或管胞分子起作用，只要部分木质部输导组织畅通即可。另外，植物也

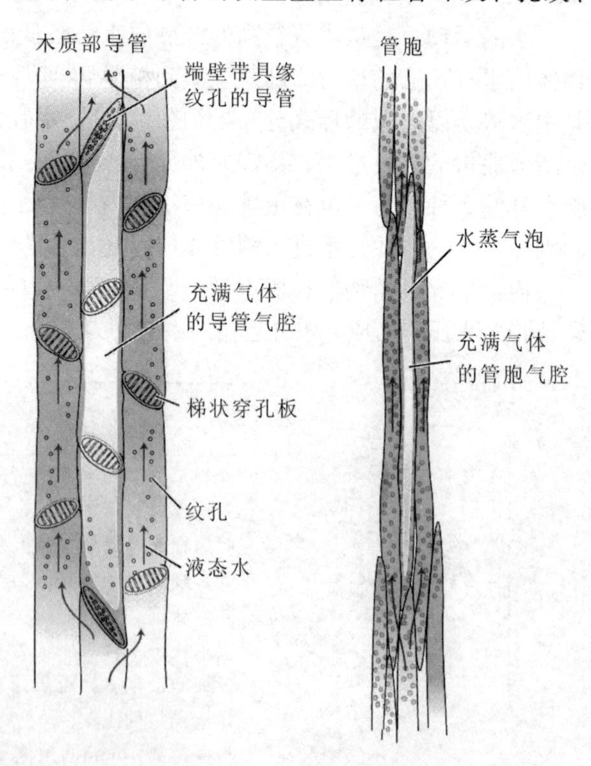

图 1-15　导管和管胞结构示意

当一个导管内发生空穴，形成气泡，水分可以通过纹孔膜转向邻近导管继续上行

能除去木质部的气泡。当夜间蒸腾作用降低时，木质部中的张力也随之降低，逸出的水泡或空气可溶解于木质部汁液中，又可恢复连续水柱。

1.4 蒸腾作用

1.4.1 蒸腾作用的概念及生理意义

陆生植物吸收的水分，只有1%~2%用于体内代谢，绝大部分都通过地上部分散失到大气中。如1株玉米在生长期消耗的水量约200 kg，而作为植株组成的水不到2 kg，作为反应物的水约0.25 kg。其水分散失方式，除了少量以液态通过“吐水”“伤流”方式逸出体外，大部分是以气态逸出体外，即通过蒸腾作用散失，可达总吸水量的99%。

蒸腾作用(transpiration)指植物体内的水分以气态方式从植物的表面向外界散失的过程。蒸腾作用虽然基本上是一个蒸发过程，但是与物理学上的蒸发不同，因为蒸腾过程还受植物气孔结构和气孔开度的影响，是一个生理过程。

蒸腾作用在植物生命活动中具有重要的生理意义。

(1)是植物吸收水分和运输水分的主要动力

蒸腾作用失水所造成的水势梯度是植物吸收和运输水分的主要动力，即蒸腾拉力是植物被动吸水的主要动力，高大的乔木如果没有蒸腾作用，其树冠就不能获得水分。

(2)维持植物体恒定的温度

蒸腾作用能够降低植物体和叶片温度，叶片在吸收光辐射进行光合作用的同时，吸收了大量热量，通过蒸腾作用散热，可防止叶温过高，避免热害(在20~30 ℃，1 g水变成水蒸气需要吸收的热量约为2 400 J)。

(3)促进植物体对矿质元素的吸收和运输

蒸腾作用引起木质部的液流上升，有助于根部吸收的无机离子以及根中合成的有机物转运到植物体的各部分，满足生命活动需要。

(4)有利于植物叶片的气体交换

蒸腾作用正常进行时，气孔是开放的，有利于二氧化碳的吸收和同化。

但是，对蒸腾作用的生理意义也存在相反的看法。植物蒸腾作用被认为可能在水分运输或矿质的运输过程中起着重要作用，但似乎并非这些过程所必需。例如，某些生长在热带雨林中的植物，由于处于高湿度的条件下，几乎没有蒸腾作用发生，但是生长仍很茂盛。生长在极端潮湿环境中的植物，并没有因为蒸腾作用极低，蒸腾流不强而造成缺素症。在多数情况下，蒸腾作用是导致植物发生水分亏缺，甚至脱水的主要原因。由此看来，蒸腾作用对植物的作用可能存在着有利和不利2个方面的影响。因此，蒸腾作用或许是陆生植物为吸收光合作用所需水分和二氧化碳而不得不付出散失水分的代价。在不影响光合作用的前提下，减少蒸腾作用可能更有利于植物的生长。适当地降低蒸腾速率，减少水分消耗，在生产实践上具有重要意义。

1. 4. 2　蒸腾作用的方式和度量指标

1. 4. 2. 1　蒸腾作用的方式

植物体的各部分都有潜在的对水分的蒸发能力。按照蒸腾部位不同可分为 3 种：一是整体蒸腾，幼小的植物体的表面都能蒸腾；二是皮孔蒸腾，木本植物长大后，茎枝表面形成木栓，未木栓化部位上的皮孔可以蒸腾，称之为皮孔蒸腾(lenticular transpiration)，木本植物的皮孔蒸腾，只占全蒸腾量的 0. 1% 左右；三是叶片蒸腾，这是植物蒸腾作用的主要方式。

叶片的蒸腾有 2 种方式：①通过角质层的蒸腾称为角质蒸腾(cuticular transpiration)；②通过气孔的蒸腾称为气孔蒸腾(sromatal transpiration)。角质层本身不透水，但角质层在形成过程中有些区域夹杂有果胶，同时角质层也有孔隙，可使水汽通过。角质蒸腾和气孔蒸腾在叶片蒸腾中所占的比重，与植物的生态条件和叶片年龄有关，实质上就是与角质层厚度有关。例如，生长在潮湿环境的植物，角质蒸腾往往超过气孔蒸腾，水生植物的角质蒸腾也很强烈，遮阳叶子的角质蒸腾能达到总蒸腾量的 1/3，幼嫩叶子的角质蒸腾能达到总蒸腾量的 1/3 ~ 1/2 。但是除上述情况外，对一般植物的成熟叶片，角质蒸腾仅占总蒸腾量的 5%~ 10% ，因此，气孔蒸腾是植物叶片蒸腾的主要形式。

1. 4. 2. 2　蒸腾作用的度量指标

蒸腾作用的强弱，反映了植物体内水分代谢的状况和植物对水分的利用效率，常用的衡量蒸腾作用的定量指标如下。

蒸腾速率(transpiration rate)　也称蒸腾强度，植物在一定时间内，单位叶面积上通过蒸腾作用所散失的水量称为蒸腾速率。一般用 $g\ H_2O \cdot dm^{-2} \cdot h^{-1}$或 $mol\ H_2O \cdot m^{-2} \cdot S^{-1}$表示。大多数植物白天的蒸腾强度为 0. 15 ~ 2. 5 $g\ H_2O \cdot dm^{-2} \cdot h^{-1}$，夜间为 0. 01 ~ 0. 2 $g\ H_2O \cdot dm^{-2} \cdot h^{-1}$。

蒸腾效率(transpiration ratio)　植物每消耗 1kg 水所生产干物质的量(g)，或者说，植物在一定时间内干物质的累积量与同期所消耗的水量之比称为蒸腾比率或蒸腾效率。一般野生植物的蒸腾效率是 1 ~ 8 $g \cdot kg^{-1}$，而大部分作物的蒸腾效率为 2 ~ 10 $g \cdot kg^{-1}$。

蒸腾系数(transpiration coefficient)　植物制造 1g 干物质所消耗的水量(g)称为蒸腾系数(或需水量，water requirement)，它是蒸腾比率的倒数，一般植物的蒸腾系数为 100 ~ 1 000。不同类型的植物常有不同的蒸腾系数，一般木本植物的蒸腾系数较草本植物的小，C_4 植物较 C_3 植物的小(表 1-4)。

表 1-4　几种主要作物的蒸腾系数(需水量)

作　物	蒸腾系数	作　物	蒸腾系数
水　稻	211 ~ 300	油　菜	270
陆　稻	309 ~ 433	大　豆	307 ~ 368
小　麦	257 ~ 774	蚕　豆	230
大　麦	217 ~ 755	马铃薯	167 ~ 659
高　粱	204 ~ 298	向日葵	290 ~ 705
玉　米	174 ~ 406	甘　蔗	125 ~ 350
甘　薯	248 ~ 264		

表1-4中的数据是各作物不同生育期的平均值。事实上，植物在不同生育期的蒸腾系数是不同的，在旺盛生长期，由于干重增加快，所以蒸腾系数小，而在生长较慢，特别是温度较高时，蒸腾系数变大。研究植物的蒸腾系数或需水量，对农业区划、作物布局及田间管理都有一定的指导意义。

1.4.3 气孔蒸腾的机理

气孔(stomata)是植物叶片与外界进行气体交换的主要通道。通过气孔扩散的气体有氧气、二氧化碳和水蒸气，气孔的开闭会影响植物的蒸腾、光合、呼吸等生理过程。植物在光下进行光合作用，经由气孔吸收二氧化碳，所以气孔必须张开，但气孔张开又不可避免地发生蒸腾作用，气孔可以根据环境条件的变化来调节自己开度的大小而使植物在损失水分较少的条件下获取最多的二氧化碳。当气孔蒸腾旺盛，叶片发生水分亏缺时，或土壤供水不足时，气孔开度就会减小以至完全关闭；当供水良好时，气孔张开，以此机制来调节植物的蒸腾强度。

1.4.3.1 气孔的大小、数目、分布与气孔蒸腾

气孔是植物叶表皮组织上的2个特殊的小细胞即保卫细胞(guard cell)所围成的一个小孔。保卫细胞存在于所有的维管植物以及一些更原始的植物(如苔藓类植物)中。保卫细胞在结构上有很大的差异，但总的来说可以分为2大类：肾形和哑铃形(图1-16)。棉花、大豆等双子叶植物和大多数单子叶植物的保卫细胞一般为肾形(kidney shape)(图1-16，A)，靠气孔口一侧的腹壁厚，背气孔口一侧的背壁薄。水稻、小麦等禾本科植物的保卫细胞呈哑铃形(dumbbell shape)(图1-16，B)，中间部分细胞壁厚，两端薄。保卫细胞内均具有上述不均匀加厚的细胞壁及微纤丝结构，吸水膨胀时，薄壁部分膨大，使气孔张开。保卫细胞四周环绕着表皮细胞，毗连的表皮细胞如在形态上和其他表皮细胞相同，就称之为邻近细胞(neighboring cell)，如有明显区别，则称为副卫细胞(subsidiary cell)。保卫细胞在形态上和生理上与表皮细胞有显著的差别。通常把保卫细胞、副卫细胞或邻近细胞以及保卫细胞中间的小孔合在一起称为气孔复合体(stomatal complex)。

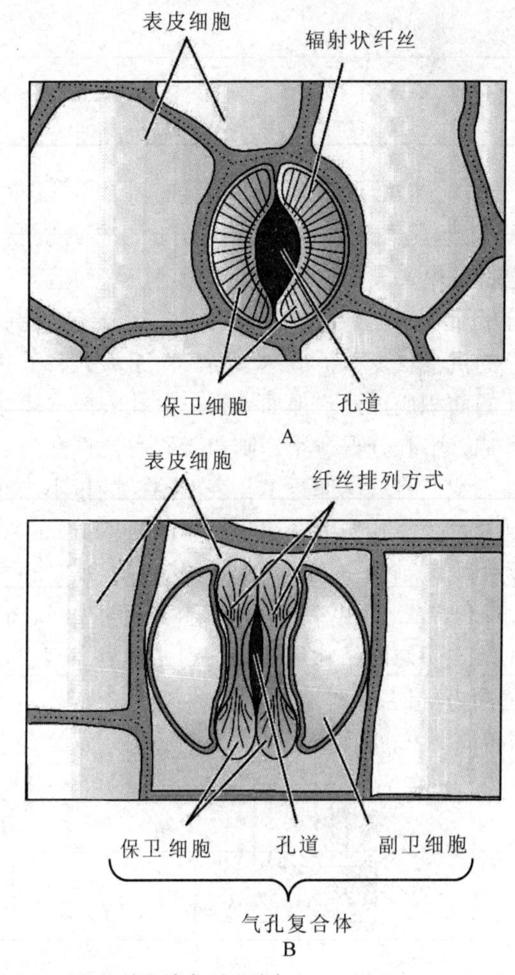

图1-16 植物的2类气孔(引自Taiz and Zeiger，2006)
双子叶植物A和禾本科植物B气孔的保卫细胞形状和保卫细胞中纤维丝的排布

不同植物气孔的大小、数目和分布不同(表1-5)。大部分植物叶的上下表面都有气

孔，但不同类型的植物其叶上下表面气孔数量不同。一般禾谷类作物(如麦类、玉米、水稻)叶的上、下表面气孔数目较为接近；双子叶植物向日葵、马铃薯、甘蓝、蚕豆、番茄及豌豆等，叶下表面气孔较多；有些植物，特别是木本植物，通常只是下表面有气孔，例如，桃、苹果、桑等；也有些植物(如水生植物)气孔只分布在上表面。气孔的分布与植物长期适应生存环境有关，例如，浮在水面的水生植物，气孔分布在叶上表面，有利于气体交换及蒸腾作用；禾谷类植物叶片较直立，叶片上下表面光照及空气湿度等差异很小，都可以进行气体和水分交换，故其上下表皮的气孔数目较为接近。

表 1-5　几种植物叶面气孔的大小、数目及分布

植物种类	气孔数(个 · mm^{-2})		下表皮气孔大小 长(nm) × 宽(nm)
	上表皮	下表皮	
小　麦	33	14	38 × 7
玉　米	52	68	19 × 5
燕　麦	25	23	38 × 8
向日葵	58	156	22 × 8
番　茄	12	130	13 × 6
苹　果	0	400	14 × 12
莲	46	0	—

气孔的数目很多，但直径很小，所以气孔所占的总面积很小，一般不超过叶面积的 1%。但其蒸腾量却相当于与叶面积相等的自由水面蒸发量的 15%~50%，甚至达到 100%。也就是说，气孔扩散是同面积自由水面蒸发量的几十到 100 倍，这是什么道理呢？因为气体分子通过气孔扩散，孔中央水蒸气分子彼此碰撞，扩散速率不高；在孔边缘，水分子相互碰撞的机会较少，扩散速率高。对于大孔，其边缘周长所占的比例小，故水分子扩散速率与大孔的面积成正比。但如果将一大孔分成许多小孔，在面积不变的情况下，其边缘总长度大为增加，将孔分得愈小，则边缘所占比例愈大，即通过边缘扩散的量大为提高，扩散速率也提高。我们将气体通过多孔表面的扩散量不与小孔面积成正比，而与小孔的周长成正比的这一规律称为小孔扩散定律(small pore diffusion law)。因此，如果若干个小孔，它们之间有一定的距离，则能充分发挥其边缘效应，这就是较小面积的气孔可以维持较大蒸腾量的原因之一(图 1-17)。一些学者通过研究小孔扩散的物理化学过程，认为沿用了几十年的小孔定律并不能完美解释植物气孔蒸腾高速率的原因，认为决定蒸腾速率或蒸腾量的主要原因是气孔蒸腾动力(叶片内外水蒸气压差)和扩散阻力(叶肉细胞间隙阻力、气孔阻力和边界层阻力)2 个因素，与小孔律无直接关系，关于这个问题有待进一步深入研究。

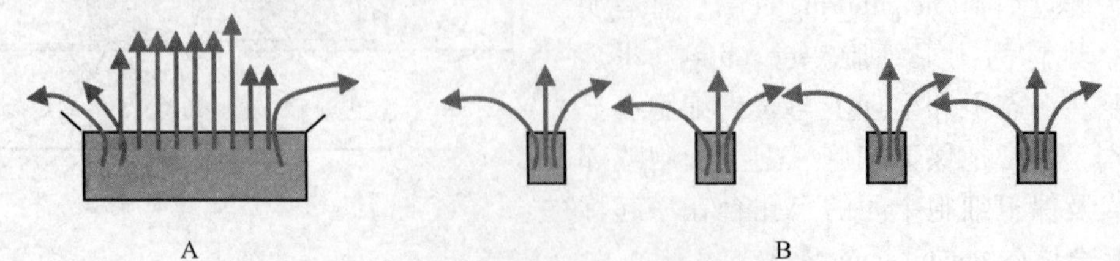

图 1-17　水分通过大孔和小孔蒸发情况图解

A. 大孔扩散　B. 小孔扩散

气孔蒸腾分为2步进行(图1-18)。首先是水分在细胞间隙及气孔下腔周围叶肉细胞表面上蒸发成水蒸气，然后水蒸气分子通过气孔下腔及气孔扩散到叶外。气孔蒸腾速率的高低与蒸发和扩散都有关系。叶子的内表面面积越大，蒸发量越大。事实上，叶内表面积要比叶外表面积大许多倍，在这样大的内表面积上，水很容易转变为水蒸气。因此，气孔下腔经常被水蒸气所饱和，由此造成气孔腔内与外界环境之间的水蒸气压之差就比自由水面与空气间水蒸气压之差大，这便形成了气孔蒸腾的动力，有利于水蒸气扩散到叶外。

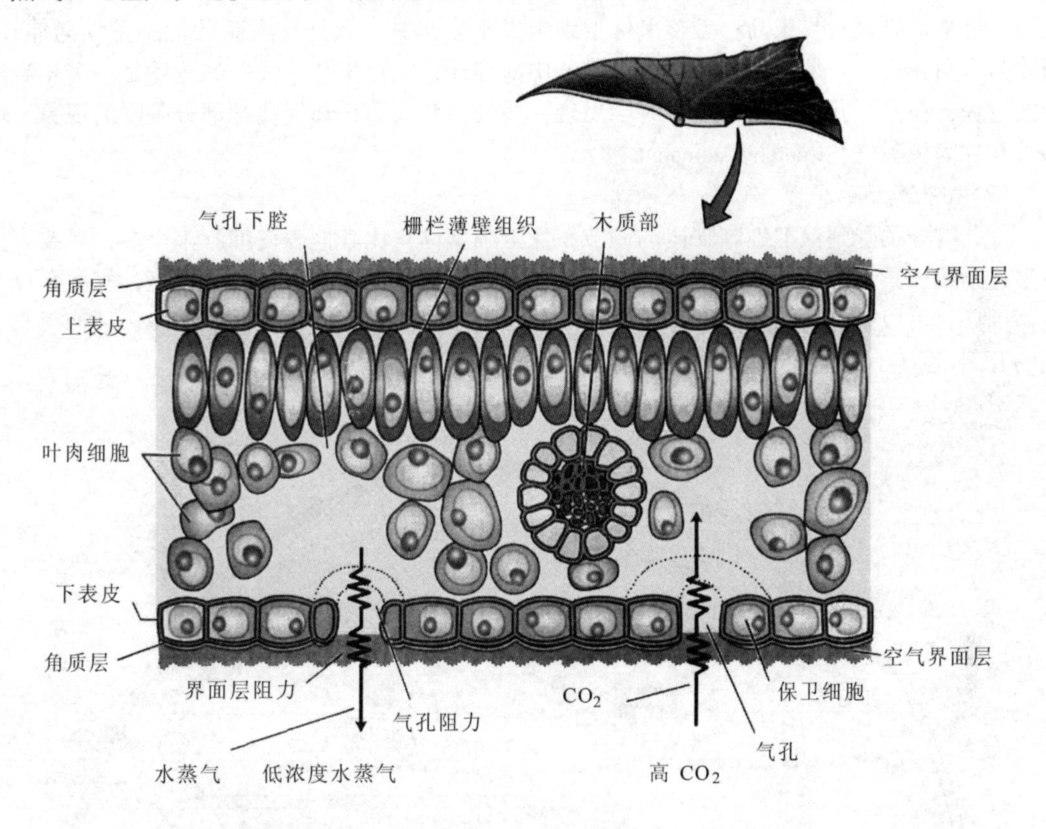

图1-18 叶片中水的蒸腾途径(引自 Taiz and Zeiger, 2006)

气孔开度对蒸腾有着直接的影响。现在一般用气孔导度(stomatic conductance)表示，气孔导度指气孔张开的程度，其单位为 $mmol \cdot m^{-2} \cdot s^{-1}$；也有用气孔阻力(stomatic resistance)表示的，指植物体内水蒸气通过气孔时的阻力，单位为 $s \cdot cm^{-1}$。气孔导度与气孔阻力都是描述气孔开度的量。气孔导度与蒸腾作用成正比，与气孔阻力成反比，使用与测定更方便，因此是目前衡量气孔开度的主要指标。

1.4.3.2 气孔运动及其原理

(1)气孔运动

气孔运动实质上是由于2个保卫细胞内水分得失引起的体积或形状变化，进而导致相邻两壁间隙的大小变化。气孔运动与保卫细胞特点密切相关，与其表皮细胞相比，保卫细胞具有如下特点：①细胞体积很小并有特殊结构，有利于膨压迅速而显著地改变。②细胞外壁上有横向辐射状微纤束与内壁相连，便于对内壁施加作用。③细胞质中有一整套细胞器，而且数目较多。④叶绿体具明显的基粒构造，其中常有淀粉积累，其淀粉的变化规律是白天减少，夜晚增多。

大多数植物气孔一般白天张开，夜间关闭，此即气孔运动。

引起气孔运动的直接原因是保卫细胞的膨压发生变化。当保卫细胞膨压发生改变时，由于细胞壁的不均匀加厚及纤丝的拉伸效应，细胞会发生相应的变形。例如肾形保卫细胞吸水膨胀时，较薄的外壁易于伸长，向外扩展，但微纤丝难以伸长，于是将力量作用于内壁，把内壁拉过来，导致气孔张开；哑铃形保卫细胞吸水膨胀时，微纤丝限制两端胞壁纵向伸长，而改为横向膨大，于是就将两个保卫细胞的中部推开，气孔张开。气孔的运动是一个相当复杂的过程，在同一叶片上的气孔有时会出现一些气孔开放而相邻气孔却部分关闭的现象，这些气孔称为斑驳气孔(patchy stomata)。

(2)气孔运动的机理

气孔的开关受到保卫细胞膨压的调节，保卫细胞体积比其他表皮细胞小得多，只要有少量渗透物质积累，即可使其渗透势明显下降，水势降低，促进吸水，改变膨压，气孔孔径变大。因此，可以认为植物通过多种机制调节保卫细胞内的水分变化来调节膨压，进而引起气孔的开闭(图1-19)。关于气孔运动的机理，主要介绍以下学说(假说)。

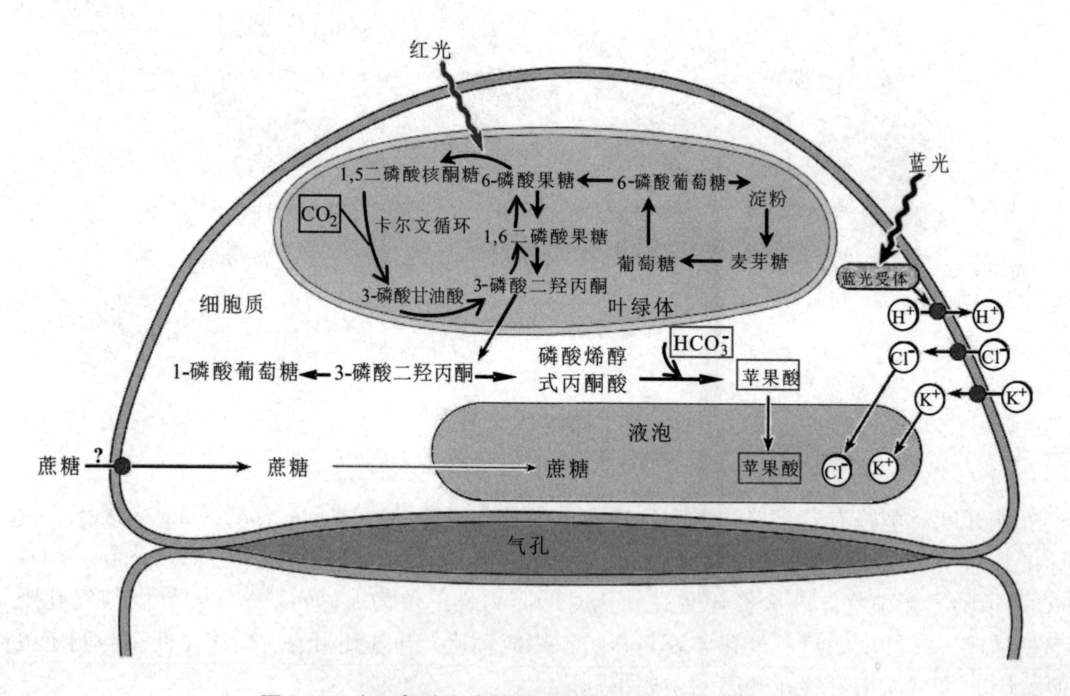

图1-19 光下气孔开启的机理(引自 Taiz and Zeiger, 2006)

保卫细胞渗透调节的主要途径：钾离子在质子电化学势梯度的驱动下，从周围细胞进入保卫细胞，带相反电荷的氯离子也伴随进入；由淀粉降解生成苹果酸。蔗糖的积累：来自淀粉等光合产物的转化，也可能从质外体或其他细胞输入

淀粉与糖转化学说 在光下，光合作用消耗了二氧化碳，于是保卫细胞细胞质pH值增高到了7，淀粉磷酸化酶催化正向反应，使淀粉水解为糖，引起保卫细胞渗透势下降，水势降低，从周围细胞吸取水分，保卫细胞膨大，因而气孔张开。在黑暗中，保卫细胞光合作用

停止，而呼吸作用仍进行，二氧化碳积累，pH 值下降到 5 左右，淀粉磷酸化酶催化逆向反应，使葡萄糖-1-磷酸(G-1-P)转化成淀粉，溶质颗粒数目减少，细胞渗透势升高，水势增大，细胞失水，膨压丧失，气孔关闭。该学说可以解释光和二氧化碳对气孔的影响，也符合观察到的淀粉白天消失，晚上出现的现象。然而，近年来研究发现在某些植物的保卫细胞中并未检测到糖的存在，相反却发现钾离子(K^+)在保卫细胞中大量积累。

K^+积累学说 20 世纪 60 年代末发现，漂浮于氯化钾溶液表面的鸭跖草表皮的保卫细胞中 K^+浓度照光时显著增加，气孔就张开。用微型玻璃钾电极插入保卫细胞及其邻近细胞可直接测定 K^+浓度变化。照光或降低二氧化碳浓度，都可使保卫细胞逆着浓度梯度积累 K^+，使 K^+达到 0.5 mol 保卫$^{-1}$，溶质势可降低 2 MPa 左右，引起水分进入保卫细胞，气孔张开；暗中或施用脱落酸时，K^+由保卫细胞进入副卫细胞和表皮细胞，使保卫细胞水势升高，失水造成气孔关闭。进一步研究表明，保卫细胞质膜上存在着 H^+-ATP 酶(H^+ pumping ATPase)，它可被光激活，能水解保卫细胞中由氧化磷酸化或光合磷酸化生成的三磷酸腺苷(ATP)，产生的能量将质子(H^+)从保卫细胞分泌到周围细胞中，使得保卫细胞的 pH 值升高，质膜内侧的电势变得更低，周围细胞的 pH 值降低。它驱动 K^+从周围细胞经过位于保卫细胞质膜上的内向 K^+_{in}通道(inward K^+ channel)进入保卫细胞，再进一步进入液泡，K^+浓度增加，水势降低，水分进入，气孔张开。

实验还发现，在 K^+进入保卫细胞的同时，还伴随着等量负电荷(苹果酸根和氯离子等)的阴离子进入，以保持保卫细胞的电中性，这也具有降低水势的效果。在暗中，光合作用停止，H^+-ATP 酶因得不到所需的 ATP 而停止做功，从而使保卫细胞的质膜去极化(depolarization)，以驱使 K^+经外向 K^+_{out}通道(outward K^+ channel)向周围细胞转移，并伴随着阴离子的释放，这样导致了保卫细胞水势升高，水分外移，使气孔关闭。在干旱胁迫(drought stress)下，脱落酸含量增加，可通过增加胞质钙浓度，使得保卫细胞的质膜去极化，驱动外向 K^+通道，促进 K^+、Cl^-流出，同时抑制 K^+流入，以降低保卫细胞膨压，导致气孔关闭。

苹果酸代谢学说 20 世纪 70 年代初以来，人们发现苹果酸在气孔开闭运动中起着某些作用。在光照下，保卫细胞内的部分二氧化碳被利用时，pH 值就上升到 8.0～8.5，从而活化了磷酸烯醇式丙酮酸羧化酶(PEPC)，它可催化由淀粉降解产生的 PEP 与 HCO_3^-结合形成草酰乙酸，并进一步被还原型辅酶Ⅱ(NADPH)还原为苹果酸。苹果酸解离为 2 个 H^+和苹果酸根，在 H^+/K^+泵驱使下，与 K^+交换，保卫细胞内 K^+浓度增加，水势降低；苹果酸根进入液泡和 Cl^-共同与 K^+维持电中性。同时，苹果酸的存在还可降低水势，促使保卫细胞吸水，气孔张开。当叶片由光下转入暗处时，过程逆转。

$$\text{PEP} + HCO_3^- \xrightarrow{\text{PEP 羧化酶}} \text{草酰乙酸} + \text{磷酸}$$

$$\text{草酰乙酸} + \text{NADH(或 NADPH)} \xrightarrow{\text{苹果酸脱氢酶}} \text{苹果酸} + NAD^+\text{(或 }NADP^+\text{)}$$

玉米黄素假说 在 20 世纪 90 年代，Quinones 和 Zeiger 等根据一些有关保卫细胞中玉米黄素(zeaxanthin)与调控气孔运动的蓝光反应在功能上密切相关的实验结果，提出了玉米黄素假说，认为由于光合作用而积累在保卫细胞中的类胡萝卜素——玉米黄素可能作为蓝光反应的受体，参与气孔运动的调控。玉米黄素是叶绿体中叶黄素循环(xanthophyll cycle)的三大组分之一。叶黄素循环在保卫细胞中起着信号转导的作用，气孔对蓝光反应的强度取决于保卫细胞中玉米黄素的含量和照射的蓝光总量。而玉米黄素的含量则取决于类胡萝卜素库的大小和叶黄素循环的调节。气孔对蓝光反应的信号转导是从玉米黄素被蓝光激发开始的，蓝光激发的最可能的光化学反应是玉米黄素的异构化，引起其脱辅基蛋白(apoprotein)发生构象改变，以后可能是通过活化叶绿体膜上的 Ca^{2+}-ATPase，将胞基质中的钙泵进叶绿体，胞基质中钙浓度降低，又激活质膜上的 H^+-ATPase，不断泵出质子，形成跨膜电化学势梯度，推动钾离子的吸收，同时刺激淀粉的水解和苹果酸的合成，使保卫细胞的水势降低，气孔张开。因此，蓝光通过玉米黄素活化质膜质子泵是保卫细胞渗透调节和气孔运动的重要机制。最近研究发现绿光可以逆转蓝光诱导的气孔开放。这一反应类似于光敏色素红光/远红光可逆反应。气孔的蓝光/绿光可逆反应已在多个物种中报道，其中双子叶植物包括拟南芥、鸭跖草、烟草以及豆科植物蚕豆和豌豆，单子叶植物包括洋葱和大麦。

参与气孔运动调节的其他机制

i. 细胞骨架　保卫细胞中细胞骨架有特殊的排列方式，例如，维管骨架在保卫细胞中常由腹壁向背壁呈辐射状排列，与细胞壁中的微纤丝排列的方式类似。这样的排列方式是与保卫细胞在气孔运动过程中的细胞形变相适应的。利用破坏维管骨架的药剂处理叶片，无论气孔张开还是关闭都会受到抑制。而微丝骨架在气孔运动的过程中会发生解聚，之后在气孔达到稳定张开或关闭状态时又重新聚合起来，抑制微丝的解聚同时也会抑制气孔的运动。有研究表明，保卫细胞的钾通道活性也受到微丝骨架的调控。

ii. 液泡的动态　保卫细胞中液泡的大小是和气孔的开张和关闭状态相关的。当气孔处于关闭状态时，保卫细胞中液泡是以小而多的状态存在；而当气孔处于开张状态时，保卫细胞的液泡是以大而少的状态存在。因此，在气孔运动的过程中存在液泡的融合以及分散的过程，如果抑制液泡的这种变化过程就会抑制气孔的运动。这种气孔运动中保卫细胞液泡的融合和分散则可能与微丝骨架有关。

需要指出的是，在植物体内这几种情况可能是同时存在的，它们是协同作用(图 1-20)。

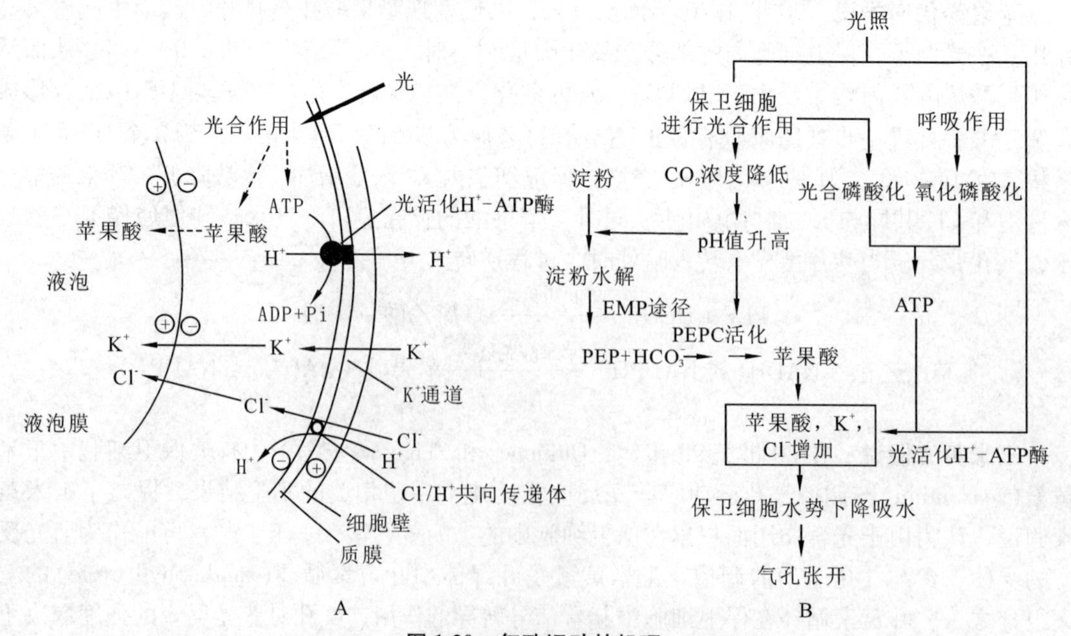

图 1-20　气孔运动的机理

(3)气孔运动的调节因素

气孔的特殊结构和生理特性使气孔运动具有可调节功能。凡是影响植物光合作用和水分状况的各种因素都影响气孔运动。

光 在供水充足的条件下，光照是调节气孔运动的主要环境信号。在温室栽种的蚕豆，其气孔运动与太阳辐射到叶面的强度基本一致。用光合电子传递的抑制剂二氯苯基二甲基脲(DCMU)处理叶片，就会部分抑制气孔开放。光可促进保卫细胞内苹果酸的形成和钾离子、氯离子的积累，降低渗透势，于是吸水膨胀，气孔张开。但景天科酸代谢植物例外。它们的气孔通常是白天关闭，夜晚张开，这表明气孔开放除保卫细胞叶绿体的光合作用外可能还有其他反应参与。不同植物气孔张开所需光强有所不同，例如，烟草只要有完全日照的2.5%光强即可，而大多数植物则要求较高的光强。

光促进气孔开启的效应有2种：一种是通过光合作用发生的间接效应；另一种是通过光受体感受光信号而发生的直接效应。

双光实验证明，首先用红光饱和保卫细胞叶绿体的光合作用，在红光照射使气孔开度达定值时如果再给予蓝光照射，会进一步引起气孔开度明显增加(图1-21)。较清楚的一些研究表明玉米黄素在蓝光诱导的气孔开放反应中起了核心的作用。

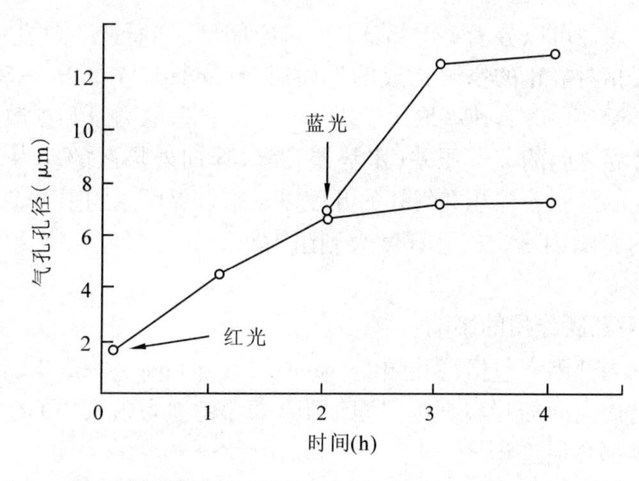

图1-21 红光背景下气孔对蓝光的反应(引自 Schwartz and Zeiger，1984)

用饱和的红光照射鸭跖草的离体表皮，在气孔开度达定值时给予蓝光照射，会使气孔孔径明显增加

二氧化碳 对气孔运动影响很大。低浓度二氧化碳促进气孔张开，高浓度二氧化碳能使气孔迅速关闭，无论光下或暗中都是如此。在高浓度二氧化碳下，气孔关闭的可能原因是：第一，高浓度二氧化碳会使质膜透性增加，导致K^+泄漏，消除质膜内外的溶质势梯度；第二，二氧化碳使细胞内酸化，影响跨膜质子浓度差的建立。

温度 气孔开度(stomatal aperture)一般随温度的上升而增大。在30 ℃左右气孔开度最大，超过30 ℃或低于10 ℃，气孔部分张开或关闭。这表明气孔运动是与酶促反应有关的生理过程。

水分 气孔运动与保卫细胞膨压变化密切相关，而膨压变化又是由于水分进出保卫细胞引起的，因此，叶片的水分状况是直接影响气孔运动的关键因素。植物处于水分胁迫条件下气孔开度减小，以减少水分的丢失。久雨天气，表皮细胞为水饱和，挤压保卫细胞，气孔会关闭。如果蒸腾过于强烈，保卫细胞失水过多，即使在光下，气孔也会关闭。

风 高速气流(风)可使气孔关闭。这可能是由于高速气流下蒸腾加快，保卫细胞失水过多所致。微风有利于气孔开放和蒸腾。

植物激素 细胞分裂素和生长素促进气孔张开，低浓度的脱落酸(10^{-6}mol·L^{-1})会使气孔关闭。采用酶联免疫鉴定法(enzyme-linked immunosorbent assay，ELISA)测定单个细胞中的脱落酸含量显示，当叶片未受到水分胁迫时，保卫细胞中含有微量脱落酸，当叶片因蒸腾失水而使其鲜重降低10%时，保卫细胞的脱落酸可增加20倍。脱落酸可作为信使，通过促进膜上外向K^+通道开放，使K^+排出保卫细胞，导致气孔关闭。

由于气孔关闭发生在水势变化之前，因而能够使植物叶片避免过度水分散失，对有效利用土壤水分具有重要意义。我们将这种相当于气孔的预警系统的调节方式称为前馈式调节(feed-forward manner)。当叶片水势降到某一临界值以下时气孔开始关闭，以减少水分的进一步散失，使叶片水势复原，称之为反馈式调节(feed-back manner)。

1.4.4 影响蒸腾作用的条件

气孔蒸腾的整个途径可以分为3个部分：叶肉空间(air space)、气孔口(stomata pore)和由叶表面附近的一层相对静止的空气构成的界面层(boundary layer)。水蒸气在这些部位以扩散的方式进行蒸腾运动。蒸腾速率取决于水蒸气向外扩散的力量和扩散途径的阻力。叶内空间即气孔下腔和外界之间的蒸气压差(水势差)是气体向外扩散的动力，而气孔运动阻力包括叶内空间和气孔的形状、体积和气孔的开度以及来自界面层的阻力，其中气孔开度和界面层的阻力是主要的影响因素。气孔开度大则阻力小。界面层厚，阻力大；界面层薄，阻力小。

1.4.4.1 内部因素对蒸腾作用的影响

影响蒸腾作用的内部因素包括气孔频度(stomatal frequency，1cm^2叶片的气孔数目)、气孔大小以及暴露于叶内空间的叶肉细胞湿润细胞壁面积(称为内表面)的大小等。凡是能降低内部阻力的因素，都会促进蒸腾。

气孔频度大且气孔大时，气孔口阻力小，蒸腾较强；反之，气孔阻力大，蒸腾较弱。内表面的大小会直接影响叶内空间水蒸气浓度的高低。水蒸气浓度是指单位体积空气中水蒸气的量。若内表面面积大即蒸发面大，就会迅速补充水蒸气，使叶内空间保持高的水蒸气浓度，维持内外水蒸气浓度差，蒸腾快。叶面蒸腾强弱与供水情况有关，而供水多少在很大程度上取决于根系的生长分布。根系发达，深入地下，吸水就容易，供给叶面的水也就充分，间接有助于蒸腾。

1.4.4.2 影响蒸腾作用的外界条件

蒸腾作用不仅受植物本身形态结构和生理状况的影响，而且决定于叶内外蒸汽浓度梯度，所以凡是影响叶内外蒸汽浓度梯度的外界条件，都会影响气孔开闭，进而影响蒸腾作用。

(1)光照

光照是影响蒸腾作用的主要外界条件。光照能提高叶温，增大叶内外的水蒸气浓度梯度，有利于加速水蒸气向外扩散。光照促使气孔开放，减小气孔阻力，因此促进蒸腾。

(2)水分

空气相对湿度和蒸腾速率有密切关系。在靠近气孔下腔的叶肉细胞的细胞壁表面水分不断转变为水蒸气，所以气孔下腔的相对湿度高于空气湿度，保证了蒸腾作用顺利进行。大气中水蒸气含量越低，越有利于蒸腾的进行；反之，叶内外蒸气压差就变小，则使蒸腾减弱。

叶片含水量影响气孔运动。只有当保卫细胞的膨压大于其周围表皮细胞时，气孔才能张开。此外，影响根系吸水的各种土壤条件(例如，土温、土壤通气情况、土壤溶液浓度等)均可间接影响蒸腾作用。

(3)风

风对蒸腾的影响比较复杂，微风能将气孔边的水蒸气吹走，补充一些蒸汽压低的空气，边缘层变薄或消失，外部扩散阻力减小，蒸腾速度就加快。另外，刮风时枝叶扭曲摆动，使叶子细胞间隙被压缩，迫使水蒸气和其他气体从气孔逸出，但强风可明显降低叶温，不利蒸腾。强风尤其使保卫细胞迅速失水，导致气孔关闭，内部阻力加大，使蒸腾显著减弱。

(4)温度

温度升高会使叶内外的水蒸气浓度差增大，促进蒸腾。气孔开度一般随温度上升而增大，30 ℃左右达到最大，但超过 30 ℃时，气孔常部分关闭或完全关闭。温度近于 0 ℃时，即使其他条件适宜，气孔也不张开。较高温度(30 ~ 35 ℃)通常引起气孔关闭，这可能有 2 种原因：一是高温常伴随着水分胁迫，高温通过水分胁迫的间接作用使气孔关闭；二是温度高时呼吸作用加速，二氧化碳释放量增大，二氧化碳浓度高，使气孔关闭。也有一些植物在高温下气孔张开，增大蒸腾，使植物体温降低。

1.4.5 蒸腾作用的调节

一方面植物通过根系不断地从土壤中吸取水分；另一方面，地上枝叶又不可避免地以蒸腾方式散失水分，因此，植物一生都面临着水分收支平衡的问题。通常情况下导致植物水分收支不平衡的主要原因是枝叶的蒸腾速率大于根系的吸收速率。因此，在维持水分平衡过程中，降低蒸腾速率是主要的方面。陆生植物在长期适应干旱过程中形成了一套调节蒸腾速率的机制，主要是通过调节气孔的开度来实现的。

细胞分裂素可以促进气孔张开，而脱落酸可以促进气孔关闭。脱落酸对气孔的这种调节作用已为对根源信号传递理论的大量研究所证实。当土壤含水量逐渐少时，部分根系处于脱水状态，产生根源信号物质脱落酸(abscisic acid，ABA)，并通过木质部运到地上部，促进保卫细胞膜上 K^+ 外流通道开启，向外运送 K^+ 的量增加；同时抑制 K^+ 内流通道活性，减少 K^+ 的向内流动量，水势升高，水分外流，因而使保卫细胞膨压下降，气孔导度减小，甚至关闭气孔，这样能够使植物叶片避免过度水分散失，对有效利用土壤水分具有重要意义。

在生产实践上也可以采取一系列方法来调节蒸腾作用，维持植物的水分平衡。一方面促进根系生长健壮，增加吸水能力；另一方面要减少蒸腾，保持植物体内的水分。其途径主要有以下 3 种。

(1)减少蒸腾面积

在移栽植物时，可去掉一些枝叶，减少蒸腾面积，降低蒸腾失水量，以维持移栽植物体内水分平衡，有利其成活。

(2)降低蒸腾速率

避开促进蒸腾的外界条件，在午后或阴天移栽植物，或栽后搭棚遮阴，这样就能降低移栽植株的蒸腾速率。此外，实行设施栽培，也能降低棚内作物的蒸腾速率，这是由于在密闭的大棚或温室内，相对湿度较高的缘故。

(3)使用抗蒸腾剂

某些能降低植物蒸腾速率而对光合作用和生长影响不太大的物质，称为抗蒸腾剂(antitranspirant)。按其性质和作用方式不同，可将抗蒸腾剂分为以下3类。

代谢型抗蒸腾剂 这类物质能减少保卫细胞的膨胀，使气孔开度变小，例如，黄腐酸、甲草胺、阿特拉津等；也有一些物质能改变保卫细胞膜透性，例如，苯汞乙酸、烯基琥珀酸等。

薄膜型抗蒸腾剂 这类物质施于植物叶面后，形成单分子薄层，阻碍水分散失，例如，长链醇类、硅酮、丁二烯丙烯酸等。

反射型抗蒸腾剂 这类物质能反射光，喷施于植物叶面后增加叶片对光的反射，减少光能的吸收，降低叶温，从而减少蒸腾量，如高岭土等。

抗蒸腾剂已经有了一些研究报道，但还未在生产中广泛使用，主要是不论哪一类抗蒸腾剂，其效果均不够理想，往往会产生一些副作用。理想的抗蒸腾剂应既能降低蒸腾速率，又不影响光合作用，而且还能促进根系生长，即既能“开源”也能“节流”。

1.5 合理灌溉的生理基础

植物从土壤中吸收的水量和由于蒸腾作用所散失的水量保持在一种代谢动态的平衡状态，这是植物生命过程中的一种矛盾统一。植物水分代谢一旦失去平衡，便会扰乱植物的正常生理活动，轻则使植物发生暂时萎蔫，重则导致叶片、花和果实脱落，甚至整个植株死亡。对农业生产而言，在生育期内经常保持作物体内的水分动态平衡是作物正常生长发育、高产稳产、品质得以改善的重要生理基础。因此，在农业生产上，应根据各种作物的需要，通过灌溉来调节植物水分状况，从而改善品质，提高产量。

农业上用灌溉来保证作物的水分供应。要进行合理灌溉，必须掌握土壤的含水状况和作物的需水规律。这样才能适时适量进行灌溉，满足作物的需要。

1.5.1 作物的需水规律

1.5.1.1 不同作物具有不同的需水量

作物由于种类、栽培条件和生长情况等不同，对水分的需要量存在很大差别。不同种类作物的需水量是不同的(表1-4)。需水量小的作物相对来说可以利用较少的水分制造较多的干物质，因而受干旱的影响较小。C_4植物的光呼吸很低(见第3章植物的光合作用)，就利用相同数量的水分所积累的干物质而言，C_4植物比C_3植物高1~2倍，因而C_4植物需水量大大低于C_3植物。例如，C_4植物中玉米的需水量是368；C_3植物中小麦为513。因此，光合效率高的植物，其需水量相对比较低。

1.5.1.2 同一种作物在不同的生育时期，对水分的需要也不同

作物从幼苗到开花结实，各个生育时期需水情况发生着变化。以小麦为例，在苗期由于蒸腾面积较小，水分的消耗量不大，此时需水量也较小。随着生长、分蘖，蒸腾面积不断扩大，同时气温也逐渐升高，水分消耗量就明显增多。到孕穗开花期蒸腾量达到最大值，对水分的需要量也最多。如果这个时期缺水，将抑制穗分化及将来结实率的提高。生长发育后期随着植株的逐渐衰老，部分叶片衰老变黄，根系活力降低，蒸腾与根系吸水量都下降，需水量也就逐渐减少。

作物的需水量还受环境因素制约。例如，空气相对湿度降低，促进蒸腾失水，提高作物的需水量；气温升高时，降低叶片内水蒸气扩散阻力，有利于蒸腾，使需水量相对提高；而增加光强，光合速率提高，有利于干物质积累，因而需水量相对降低。

植物的需水量可以作为灌溉用水量的一种参考，但实际应用时还需考虑到土壤蒸发、水分流失和向土壤深层渗透等因素。因此，在农业生产上灌水量常是需水量的 2 ~ 3 倍。

1.5.1.3 作物的水分临界期

水分临界期(critical period of water)是指植物生活周期中对水分缺乏最敏感、最易受害的时期。作物一生中常有 1 个或 1 个以上的水分临界期，一般在生殖器官形成与发育的时期缺水最敏感。例如，小麦有 2 个需水临界期：一是在分蘖末期到抽穗期；二是在灌浆到乳熟末期。其他一些作物的水分临界期是：玉米在开花至乳熟期；高粱在抽花序到灌浆期；大豆、花生在开花期；棉花在开花结铃期。作物水分临界期缺水会严重影响产量，因此生产实际中应特别要注意确保作物在临界期的水分需要。

1.5.2 合理灌溉的指标

作物是否需要灌溉，可根据土壤中水分状况以及作物的形态指标和生理指标来判断。

1.5.2.1 土壤水分状况

农业生产中有时依据土壤含水量来确定灌溉时期。一般作物生长较好的土壤含水量为田间最大持水量的 60%~80%，低于此含水量应考虑灌溉。但该指标的数值因作物种类、生长阶段和土壤条件等因素而异，而且农业灌溉的对象是作物而不是土壤，因此土壤含水量通常只作为比较简便的参考指标来使用。生产中应首先考虑作物本身的生长情况，然后结合土壤湿度确定灌溉时期与灌水量。在绝大多数情况下，都是在水分临界期与最大需水期进行灌溉。

1.5.2.2 作物形态指标

生长速度下降 有经验的农民往往根据作物的长势、长相进行灌溉。作物枝叶生长对水分亏缺甚为敏感，较轻度缺水时，光合作用还未受到影响，但这时生长已受到抑制。

幼嫩叶的凋萎 当水分供应不足时，细胞膨压减少，因而幼叶发生萎蔫。

茎叶颜色变红 当缺水时，植物生长缓慢，叶绿素浓度相对增加，叶色变深。茎叶变红可能是由于干旱时糖类分解大于合成，细胞中积累较多的可溶性糖并转化成花青素所致。

形态指标易于观察，但是当植物在形态上表现出缺水症状时，其体内生理生化过程早已受到水分亏缺的危害，这些形态症状只不过是生理生化过程改变的结果。因此，必须寻找客观、及时和灵敏反映灌溉需要的生理指标。

1.5.2.3 作物生理指标

叶水势 叶水势是一个灵敏的反映植物水分状况的指标。当植物缺水时，叶水势下降。不同作物，发生干旱危害的叶水势临界值不同。表1-6列出了几种作物光合速率开始下降时的叶水势阈值。必须注意，不同叶片、不同取样时间测定的水势值是有差异的。一般以上午9：00左右取样为宜。

表1-6 光合速率开始下降时的叶水势值

作 物	引起光合速率下降的叶水势值(MPa)	气孔开始关闭的叶水势值(MPa)
小 麦	-1.25	—
高 粱	-1.40	—
玉 米	-0.80	-0.48
豇 豆	-0.40	-0.40
旱 稻	-1.40	-1.20
棉 花	-1.80	-1.20

细胞汁液浓度或渗透势 干旱情况下细胞汁液浓度常比正常水分含量的植物为高，而浓度的高低常常与生长速率成反比。当细胞汁液浓度超过一定值后，就会阻碍植株生长。冬小麦功能叶的汁液浓度，拔节到抽穗期以6.5%~8.0%为宜，9.0%以上表示缺水，抽穗后以10%~11%为宜，超过12%时应灌水。

气孔状况 水分充足时气孔开度较大，随着水分的减少，气孔开度逐渐缩小；当土壤中的可利用水耗尽时，气孔完全关闭。因此，气孔开度缩小到一定程度时就要灌溉。例如，小麦气孔开度达5.0~6.0 μm、甜菜气孔开度达5.0~7.0 μm就应该灌水。

不同地区、不同作物、不同品种在不同生育期，不同叶位的叶片，其灌溉的生理指标都是有差异的。因此，实际应用时，需事先做好准备工作，结合当地当时的情况找出适宜的灌溉生理指标。

1.5.3 合理灌溉增产的原因

合理灌溉可满足作物正常发育的生理需水。适时适量地进行灌溉，可使植株保持旺盛的生长和光合作用，同时还可改善光合作用的“午休”现象；根系活动增强，促进植株对水分和养分的吸收；茎、叶输导组织发达，提高水分和同化物的运输效率，提高产量，改善品质。

合理灌溉还能改善作物栽培环境，产生良好的生态效应，间接地促进作物生长发育。例如，旱田施肥或追肥后灌溉起溶肥作用，有利于作物吸收，能尽快地发挥肥力的效果；盐碱地灌水有洗盐和压制盐分上升的作用；在“干热风”来临前灌水，可提高农田附近的大气湿度，降低温度，减轻干热风的危害；寒潮来临前灌水，有保温、防寒、抗霜冻作用。

1.5.4 灌溉的方法

作物需水量和灌溉时期及指标的确立，为制定合理的灌溉制度提供了科学依据。在具体进行灌溉时，应本着节约用水、科学用水的原则，不断改善灌溉设施，改进灌溉方法，以解决我国单位面积灌溉用水偏大和灌溉效益不高的问题。

1.5.4.1 传统灌溉方法

农业生产上，传统灌溉方法主要有漫灌(wild flooding irrigation)、沟灌(furrow irrigation)和穴灌(hole irrigation)。

漫灌 是我国以前应用最为广泛的灌溉方法，它的最大缺点是造成水资源的浪费，还会造成土壤冲刷、肥力流失、土地盐碱化等诸多弊端，现已尽量避免使用。

沟灌 是我国传统的灌水方法，也就是在作物行间开沟，水由输水垄沟进入灌水沟后，边流动边渗透。沟灌适用于宽行距中耕作物，例如，玉米、高粱等，沟灌用工较少，能保持表土疏松、不破坏土壤结构，且用水量比大水漫灌少，并减少蒸发损失，肥料不易流失，适宜于水源充足的地区应用。

穴灌 在水源不足或运输不便的山冈丘陵区移栽时或移栽后遇到持续干旱时可采用穴灌。这种灌水方法具有省水、地温变化小的优点，有利于促苗早发，特别是在地膜覆盖栽培条件下，这种方法更适宜。

1.5.4.2 新型节水灌溉方法

我国是世界上贫水国之一，加上有限的水资源分布不均匀，西北、华北地区极度缺水，限制农业的发展并造成了严重的生态问题。因此，我国提出节水农业，采取水利和农业措施，充分利用水资源，提高水分利用效率，提倡把传统的浇地变为浇作物，按作物需水要求，发展出了精确供给作物水分的现代化灌溉方法。

喷灌(spray irrigation) 是利用喷灌设备，将水在高压下喷到空中，形成人工模拟降雨均匀地落到植物和土壤上的灌水方式。喷灌具有解除大气干旱和土壤干旱，保持土壤团粒结构，防止土壤盐碱化，节约用水、省工等优点。喷灌比传统灌溉方式节水30% ~40%。城市草坪和发达地区的经济作物的灌溉大多采用这一方法。例如，黑龙江垦区的大型喷灌机组，北京郊区的半固定喷灌系统，南方丘陵山区的固定式柑橘喷灌系统和上海市郊区的蔬菜喷灌群，都在大面积上产生了显著的经济效益和社会效益。

滴灌(drip irrigation) 是通过埋入地下或设置于地面的塑料管网络，按时定量缓慢地或者连续地将水分和营养物质输送到作物根系周围。滴灌能在最接近植物的位置精确供应已知量的水，从而减少来自渗漏和蒸发的损失。由于滴灌使作物根系最发育区的土壤局部湿润，地表大部分是干燥的，还有利于防止杂草生长，是精准农业发展的一个方向。其缺点是铺设支管费工费时，管子不易保存。

精确灌溉(precision irrigation) 是一种以作物实际需水量为依据，通过建立现代灌溉系统，以计算机全自动控制和遥感等信息技术为手段的、智能化的节水灌溉方式。土壤水分或植物水分状态传感器感知植物生长的水分信息，并传递到中心控制计算机，中心控制计算机通过计算分析获得是否需要灌水或灌水多少的信息，再指令其他集群控制设备开启或关闭，完成灌溉。目前精确灌溉已在一些发达国家和地区的园林绿地灌溉中应用，其广泛应用还有待于建立各种作物田间水分状况的详细信息和以发达的经济技术体系作支撑。该技术同样可应用于精确施肥。

非充分灌溉(insufficient irrigation) 是指在作物生育期内部分满足作物水量需求的灌溉方式，就是将有限的灌溉水资源科学合理(非足额)地安排在对产量影响比较大、并能产生较高经济价值的水分临界期供水，在非水分临界期少供水或不供水。非充分灌溉作为一种新的灌溉制度，不追求单位面积上最高产量，允许一定限度的减产。在水资源有限或降水分布不均地区，非充分灌溉最大化提高用水效率，实现单位水量的最大经济收益。

调亏灌溉(regulated deficit irrigation，RDI) 是非充分灌溉技术研究的热点之一。调亏灌溉是从作物生理角度出发的一种生物调节措施，是根据作物的生理特性，营养生长旺盛期适度亏水，而在作物的需水临界期给予充分供水，促控结合的节水灌溉方式。该法可调节光合产物在不同器官的分配比例，协调地上部和地下部、营养生长和生殖生长的关系，使经济产量和水分利用效率达到最佳的组合状态。康绍忠等人对大田玉米的试验证明调亏灌溉能够显著提高水分利用率而不降低产量，对棉花的试验证明可以有效控制徒长而增加产量。

控制性分根区交替灌溉(controlled root-split alternative irrigation，CRAI) 是非充分灌溉技术研究的最新进展。采用不同根区交替供水，使根系始终有一部分生长在干燥或较干燥的土壤区域中，限制该部分根系吸水，使其产生胁迫信号物质 ABA，控制叶片气孔开度，减少作物蒸腾失水，而使另一部分生长在湿润区域的根系吸水，满足正常生理活动的需求。通过对不同区域根系进行交替干旱锻炼使其存在补偿生长功能而刺激根系生长，提高根系对水分和养分的利用率，最终达到了不牺牲作物光合产物积累而大量节水的目的。CRAI 技术在实用中被设计为隔沟交替灌溉系统、交替滴灌系统等。甘肃省推行的大田玉米隔沟交替灌溉技术，在保持高产水平下节水 33.3%，效果显著，不增加投入，被列为当地节水技术推广计划。

由此可见，深入研究植物水分代谢及其调控机制，对实现作物水分高效利用和高产、优质有重要的理论与实际意义。

本章小结

水是生命的摇篮，是植物体的主要组成成分，一般植物组织的含水量占鲜重的70% ~90%。水除了直接或间接地参与生理生化反应外，还调节植物的生态环境。植物体内的水分以束缚水和自由水两种形态存在，两者的比例与植物的代谢和抗逆性有密切关系。植物的水分生理包括植物对水分的吸收、运输和散失过程。

植物细胞吸水主要有3种方式：渗透吸水、吸胀吸水和代谢性吸水，其中以渗透吸水为主。植物体内的水分集流是通过膜上的水孔蛋白形成的水通道实现的。植物细胞是一个渗透系统，细胞吸水决定于水势。水势主要由渗透势(溶质势)、压力势和衬质势组成。细胞与细胞(溶液)间的水分移动取决于两者的水势差，水分总是从水势高处移向水势低处。

根系吸水主要是在根尖的根毛区。根系吸水的途径有3条，即质外体途径、跨膜途径和共质体途径。植物根系对水分的吸收有被动吸水和主动吸水2种方式。根压和蒸腾拉力是根系吸水的动力。

植物不仅吸水，而且不断失水，经常处于水分吸收和排出的动态平衡之中。气孔蒸腾是陆生植物的主要失水方式。气孔的运动是通过保卫细胞的水势变化来调节的。气孔蒸腾速率受内外因素影响，外因中以光照为最主要，内因中以气孔调节为主。

水分在植物根系中的运输可分为径向短距离运输和纵向长距离运输，前者经质外体和共质体途径，后者经过输导组织木质部导管(管胞)途径。目前用蒸腾拉力—内聚力—张力学说来解释水分在导管内的上升。

要了解作物的需水规律，做到合理灌溉。合理灌溉的基本原则是用少量的水取得最大的效果。合理灌溉以作物需水量和水分临界期为依据，参照生理指标制定灌溉方案，采用先进的灌溉方法及时地进行灌溉。合理灌溉可取得良好的生理效应和生态效应，增产效果显著。发展节水农业对促进水资源持续利用和农业持续发展具有重要意义。

思考题

一、名词解释

1. 束缚水 2. 自由水 3. 水势 4. 渗透势 5. 质壁分离 6. 质壁分离复原 7. 质外体途径 8. 共质体途径 9. 伤流 10. 吐水 11. 小孔扩散律 12. 内聚力学说 13. 蒸腾速率 14. 蒸腾效率/蒸腾比率 15. 蒸腾系数 16. 永久萎蔫 17. 水分临界期

二、问答题

1. 如何理解“有收无收在于水”这句农谚的道理?
2. 植物体内水分存在状态与代谢及抗逆性关系如何?
3. 细胞质壁分离和质壁分离复原有何应用价值?
4. 将植物细胞分别放在纯水和1mol·L^{-1}蔗糖溶液中，细胞的渗透势、压力势、水势及细胞体积各会发生什么变化?
5. 简述蒸腾作用的生理意义。
6. 水分是如何跨膜运输到细胞内以满足正常生命活动需要的?
7. 水分从被植物吸收到蒸腾到体外，需要经过哪些途径?动力如何?
8. 土壤温度如何影响植物根系吸水?
9. 植物细胞吸水的不同阶段，水势组成有什么区别?
10. 植物叶片的气孔为什么在光照条件下会张开，在黑暗条件下会关闭?
11. 若施肥不当，易产生“烧苗”现象，原因是什么?
12. 近年来出现的新型灌溉技术有哪些?各有什么优点?
13. 合理灌溉在节水农业中的意义如何?如何才能做到合理灌溉?

推荐阅读书目

1. 植物生理学.7版. 潘瑞炽. 高等教育出版社，2012.
2. 植物生理学.2版. 蒋德安. 高等教育出版社，2011.
3. 现代植物生理学.3版. 李合生. 高等教育出版社，2012.
4. Plant Physiology. 5th. Lincoln Taiz and Eduardo Zeiger. Sinauer Associates Inc. Publishers，2010.
5. 植物生理学.5版. Lincoln Taiz等主编，宋纯鹏等译. 科学出版社有限责任公司，2016.

第2章　植物的矿质营养

矿质元素和水分一样，主要存在于土壤中，由根系吸收，运送到需要部位加以利用，以维持植物正常的生命活动。植物对矿物质的吸收、转运和同化利用，称为矿质营养(mineral nutrition)。这些矿质元素，有的作为植物体的组成成分，有的可以调节植物的生理功能，也有的两者兼而有之。因此，矿质元素对植物来说是非常重要的。了解矿质元素的生理作用、植物对矿质元素的吸收利用规律，可以用来指导合理施肥，增加作物产量和改善品质。

2.1　植物必需的矿质元素

2.1.1　植物体内的元素

将植物材料放在105 ℃下烘烤20～30 min，使酶类物质迅速钝化，再在70～80 ℃下烘烤，使水分蒸干得到干物质，经过称重可知蒸发的水分占植物组织的10%～95%，而干物质占5%～90%(因材料不同而异)。干物质中包括有机物和无机物。将干物质充分燃烧，有机物中的碳、氢、氧、氮等元素以二氧化碳、水、分子态氮和氮的氧化物等形式挥发，一小部分硫变为硫化氢和二氧化硫的形式散失，余下一些不能挥发的灰白色残渣称为灰分(ash)。灰分中的物质为各种矿质的氧化物、硫酸盐、磷酸盐、硅酸盐等，构成灰分的元素称为灰分元素(ash element)。灰分元素直接或间接地来自土壤矿质，故又称为矿质元素(mineral element)。由于氮在燃烧过程中散失到空气中，而不存在于灰分中，且氮本身也不是土壤的矿质成分，所以一般认为氮不是矿质元素。但氮和灰分元素都是植物从土壤中吸收的(生物固氮除外)，所以将氮归并于矿质元素一起讨论。

植物体内的矿质元素种类很多，地壳中存在的元素几乎都可在不同的植物中找到，现已发现70种以上的元素存在于不同的植物中。通常不同植物体内矿质含量不同，同一植物的不同器官、不同年龄、甚至同一植物生活在不同环境中，其体内矿质含量也不同。一般水生植物矿质含量只有干重的1%左右，中生植物占干重的5%～10%，而盐生植物最高，有时达45%以上。不同器官的矿质含量差异也很大，一般木质部约为1%，种子约为3%，草本植物的茎和根为4%～5%，叶则为10%～15%。此外，一般植株年龄越大，矿质元素含量越高。

2.1.2　植物必需的矿质元素

地壳中的元素虽然绝大多数都可在不同植物体中找到，但不是每种元素对植物都是必需的。有些元素在植物生活中并不太重要，但在体内大量积累；有些元素在植物体内含量较少却是植物所必需的。所谓必需元素(essential element)是指在植物生长发育中必不可少的元素。若要确定某种元素是否为植物必需，只根据灰分成分分析得到的数据是不够的。若采用土培法，由于土壤特性复杂，所含矿质元素无法控制，也同样无法确定哪些元素是植物必需元素。通过人为控制溶液的成分，可以在溶液中除去或添加某种元素后，观察植物的生长发育和生理性状的变化，从而判断植物生长所必需的矿质元素的种类和数量。溶液培养法和砂基培养法是判断植物必需元素的常用方法。

溶液培养法(solution culture method)简称水培法(water culture method)，是在含有全部或部分营养元素的溶液中栽培植物的方法。砂基培养法(砂培法)(sand culture method)是在洗净的石英砂或玻璃球等中，加入全部或部分营养元素的溶液来栽培植物的方法。

另外，在传统溶液培养的基础上还发展了营养膜培养系统、气培法等培养方法。营养膜栽培即 NFT 栽培(Nutrient Film Technique)，是一种新型的无土栽培技术，与传统的无土栽培技术相比，具有设备简易、投资小成本低、便于推广应用等优点。植物气培是把植物的根系直接裸露在空气中，定期向根系喷洒营养液(雾)，或让植物的根系悬挂在空间，交替地进行水浴和气浴。这样植物根系可以从营养液(雾)中摄取需要的水分和养分，从空间直接获取充足的氧气。气培法的各个环节较易控制，便于实现农业工厂化生产。

1939 年，Arnon 和 Stout 提出了植物必需元素的 3 个标准：①缺乏该元素，植物生长发育受阻，不能完成其生活史；②缺乏该元素，植物表现为专一的病症，这种缺素病症可用加入该元素的方法预防或恢复正常，但不能用任何其他的元素所替代；③该元素在植物营养生理上能表现出直接的效果，而不是由于土壤的物理、化学、微生物条件的改善而产生的间接效果。这 3 个标准可概括为：元素的不可缺少性、不可替代性和直接功能性。

根据上述标准，借助于一定的培养方法，现已确定来自于水或二氧化碳的元素有碳、氢、氧等 3 种，再加上来自于土壤的 14 种元素，构成植物体的必需元素(表 2-1)。根据植物对这些元素的需要量，把它们分为 2 类：一类是大量元素(major element，macroelement)，植物对此类元素需要的量较多，它们占植物体干重的 0.01%~10%，包括碳、氢、氧、氮、钾、钙、磷、镁、硫等。另一类是微量元素(minor element，microelement)，指植物需要量极微，其含量约占植物体干重的0.01% 以下的必需元素，它们是氯、铁、硼、锰、锌、铜、钼、镍等。缺乏微量元素时植物不能正常生长；若稍有过量，反而对植物有害，甚至致其死亡。需说明的是，国际植物生理学界对植物必需元素种类的确定尚有一些争论，例如，硅和钠是否为植物的必需元素一直就有不同的观点。随着研究的不断进展，今后还可能有某些元素被证明是植物所必需的。

表 2-1　植物的必需元素*

大量元素	植物利用的形式	在干物质中的质量分数(%)	微量元素	植物利用的形式	在干物质中的质量分数(%)
C	CO_2	45	Cl	Cl^-	1×10^{-2}
O	O_2，H_2O	45	Fe	Fe^{2+}，Fe^{3+}	1×10^{-2}
H	H_2O	6	B	H_3BO_3，$B(OH)_3$	2×10^{-3}
N	NO_3，NH_4^+	1.5	Mn	Mn^{2+}	5×10^{-3}

（续）

大量元素	植物利用的形式	在干物质中的质量分数(%)	微量元素	植物利用的形式	在干物质中的质量分数(%)
K	K^+	1.0	Zn	Zn^{2+}	2×10^{-3}
Ca	Ca^{2+}	0.5	Cu	Cu^{2+}，Cu^+	6×10^{-5}
Mg	Mg^{2+}	0.2	Mo	MoO_4^{2-}	1×10^{-5}
P	$H_2O_4^-$，HPO_4^{2-}	0.2	Ni	Ni^{2+}	1×10^{-5}
S	SO_4^{2-}	0.1			

* 表中数值来自于多种植物的平均值，这些值在具体植物间可能会有较大差异。

2.1.3 植物必需矿质元素的生理作用及其缺素症

植物必需矿质元素在植物体内的生理功能概括起来有4个方面：一是细胞结构物质的组成成分，如氮、硫、磷等；二是生命活动的调节者，参与酶的活动，如K^+、Ca^{2+}等；三是起电化学作用，即离子浓度的平衡、渗透调节、胶体稳定和电荷中和等，如K^+、Fe^{2+}、Cl^-等；四是作为细胞信号转导的第二信使，如Ca^{2+}。某些大量元素同时具有上述2~3个作用，大多数微量元素只具有酶促功能。

以下介绍各种植物必需矿质元素的生理作用及其缺乏症状。

(1)氮(N)

根系吸收的氮主要是无机态氮，即铵态氮和硝态氮，也可吸收利用尿素等一部分有机态氮。氮的主要生理作用：①是蛋白质、核酸、磷脂的主要成分，而这三者又是原生质、细胞核和生物膜的重要组成部分，它们在生命活动中占有重要地位；②参与酶及许多辅酶和辅基等的构成，在细胞的物质和能量代谢中起重要作用；③叶绿素的成分，与光合作用有密切关系；④某些植物激素(如生长素和细胞分裂素)和维生素(如B_1、B_2、B_6、PP)的组成成分，它们对植物生命活动起重要的调节作用。因此，氮又被称为生命元素。

植物必需元素中，除碳、氢、氧外，氮的需要量最大，当氮肥供应充足时，植株枝叶繁茂，躯体高大，分枝（分蘖)能力强，籽粒中蛋白质含量高。因此，在农业生产中要特别注意氮肥的供应。常用的人粪尿、尿素、硝酸铵、硫酸铵、碳酸氢铵等肥料主要是供给植物氮素营养的。

缺氮时，蛋白质、核酸、磷脂等物质的合成受阻，植物生长矮小，分枝、分蘖很少，叶片小而薄，花果少且易脱落；缺氮还会影响叶绿素的合成，使枝叶变黄，叶片早衰甚至干枯，从而导致产量降低。因为植物体内氮的移动性大，老叶中的氮化物分解后可运到幼嫩组织中去重复利用，所以缺氮时叶片发黄先由下部叶片开始，逐渐向上，这是缺氮症状的显著特点。

(2)磷(P)

磷主要以$H_2PO_4^-$或HPO_4^{2-}的形式被植物吸收。磷进入根系或经木质部运到枝叶后，大部分转变为有机物质，例如，糖磷脂、核苷酸、核酸、磷脂等，有一部分仍以无机磷形式存在。植物体中磷的分布不均匀，根、茎的生长点较多，嫩叶比老叶多，果实、种子中也较丰富。

磷是细胞质和细胞核的组成成分，存在于核酸、核蛋白和磷脂中；同时也是AMP、ADP和ATP的成分，在ATP的反应中起关键作用；在糖类代谢、蛋白质代谢和脂肪代谢中起重要作用。

由于磷参与多种代谢过程，而且在植物生命活动最旺盛的分生组织中含量很高，因此施磷对分蘖、分枝以及根系生长都有良好作用。因为磷元素能促进碳水化合物的合成、转化和运输，所以有促进种子、块根、块茎生长的作用。因此马铃薯、甘薯和禾谷类作物施磷肥后有明显的增产效果。同时磷与氮关系密切，所以缺氮时，磷肥的效果就不能充分发挥。只有氮磷配合施用，才能充分发挥磷肥效果。

缺磷会影响细胞分裂，使分枝(分蘖)减少，幼芽、幼叶生长停滞，茎、根纤细，植株矮小，花果脱落，成熟延迟；缺磷还会使蛋白质合成下降，糖的运输受阻，从而使营养器官中糖的含量相对提高，这有利于花青素的形成，因此缺磷时叶子呈现不正常的暗绿色或紫红色，这是缺磷的病症。磷肥过多时，叶上又会出现小焦斑，系磷酸钙沉淀所致；磷过多还会阻碍硅的吸收，易招致水稻感病。水溶性磷酸盐还可与土壤中的锌结合，减少锌的有效性，所以磷过多易引起植物表现缺锌症状。

磷在体内易移动，能重复利用，缺磷时老叶中的磷能大部分转移到正在生长的幼嫩组织中去。因此，缺磷的症状首先在下部老叶出现，并逐渐向上发展。

(3)钾(K)

钾在土壤中以氯化钾、硫酸钾等盐类形式存在，在水中解离成K^+而被根系吸收。在植物体内钾呈离子状态。钾主要集中在生命活动最旺盛的部位，例如，生长点、形成层、幼叶等。钾的主要生理作用：①在细胞内可作为60多种酶的活化剂，如丙酮酸激酶、果糖激酶、苹果酸脱氢酶、琥珀酸脱氢酶、淀粉合成酶、琥珀酰CoA合成酶、谷胱甘肽合成酶等，参与植物体内重要的代谢活动。②能促进蛋白质的合成。钾充足时，形成的蛋白质较多，可溶性氮减少。钾与蛋白质在植物体内的分布是一致的，如在形成层、生长点等蛋白质丰富的部位，钾离子含量也较高。富含蛋白质的豆科植物的籽粒中钾的含量比禾本科植物高。③与糖的合成有关。大麦与豌豆幼苗缺钾时，淀粉和蔗糖合成缓慢，从而导致单糖大量积累；而钾肥充足时，蔗糖、淀粉、纤维素和木质素含量较高的器官(如马铃薯块茎、甜菜根和淀粉种子)中钾含量较多。④钾离子是构成细胞渗透势的重要成分。在根内钾离子从薄壁细胞转运至导管，从而降低了导管中的水势，使水分能从根系表面转运到木质部；离子态的钾，可使原生质胶体膨胀，故施钾肥能提高作物的抗旱性。

缺钾时，植株茎秆柔弱，易倒伏，抗旱、抗寒性降低，叶片失水，蛋白质、叶绿素被破坏，叶色变黄而逐渐坏死。缺钾有时也会出现叶缘焦枯、生长缓慢的现象，由于叶中部生长仍较快，所以整个叶子会形成杯状弯曲或发生皱缩。钾也是易移动可被重复利用的元素，故缺素病症首先出现在下部老叶。

氮、磷、钾是植物需要量很大，且土壤易缺乏的元素，故称它们为“肥料三要素”。农业上的施肥主要为了满足植物对三要素的需要。

(4)钙(Ca)

植物从土壤中吸收氯化钙、硫酸钙等盐类中的钙离子。钙离子进入植物体后一部分仍以离子状态存在，一部分形成难溶的盐(如草酸钙)，还有一部分与有机物(如植酸、果胶酸、蛋白质)相结合。钙在植物体内主要分布在老叶、储藏器官或其他衰老或死亡的组织中。钙的主要作用：①是植物细胞壁胞间层中果胶酸钙的成分，与细胞壁形成有关；②钙离子能作为磷脂中的磷酸与蛋白质的羧基间联结的桥梁，具有稳定膜结构的作用；③钙对植物抗病有一定作用。据报道，至少有40多种水果和蔬菜的生理病害是因低钙引起的。苹果果实的疮痂病会使果皮受到伤害，但如果供钙充足，则易形成愈伤组织；④可与植物体内的草酸形成草酸钙结晶，消除过量草酸对植物(特别是一些含酸量高的肉质植物)的毒害；⑤是一些酶的活化剂。如由ATP水解酶、磷脂水解酶等酶催化的反应都需要钙离子的参与；⑥钙离子可作为第二信使，与钙调素(Calmodulin，CaM)结合成钙—钙调蛋白(Ca^{2+}-CaM)复合体，参与信息传递，用以启动、调整或制止胞内某些生理生化过程。

缺钙初期顶芽、幼叶呈淡绿色，继而叶尖出现典型的钩状，随后坏死。钙是难移动、不易被重复利用的元素，故缺素症状首先表现在上部幼茎幼叶上，如大白菜缺钙时心叶呈褐色。

(5)镁(Mg)

镁以离子状态进入植物体，它在体内一部分形成有机化合物，一部分仍以离子状态存在。

镁的主要生理作用：①是叶绿素的成分；②是光合作用和呼吸作用中多种酶的活化剂；③与碳水化合物的转化和降解以及氮代谢有关；④在核酸和蛋白质代谢中也起着重要作用。

缺镁最明显的病症是叶片脉间失绿，其特点是首先从下部叶片开始，往往是叶肉变黄而叶脉仍保持绿色，这是与缺氮病症的主要区别。严重缺镁时可引起叶片的早衰与脱落。

(6)硫(S)

硫主要以硫酸根(SO_4^{2-})形式被植物吸收。SO_4^{2-}进入植物体后，一部分仍保持不变，而大部分则被还原成S，进而同化为含硫氨基酸，胱氨酸、半胱氨酸和蛋氨酸。这些氨基酸是蛋白质的组成成分，所以硫也是原生质的构成元素。辅酶A、硫胺素和生物素等也含有硫，且辅酶A中的硫氢基(-SH)具有固定能量的作用。硫还是硫氧还蛋白、铁硫蛋白与固氮酶的组分，因而硫在光合、固氮等反应中起重要作用。另外，蛋白质中含硫氨基酸间的—SH基与—S—S—可互相转变，这不仅可调节植物体内的氧化还原反应，而且还具有稳定蛋白质空间结构的作用。由此可见硫的生理作用是很广泛的。

硫不易移动，缺乏时一般在幼叶表现缺绿症状，且新叶均衡失绿，呈黄白色并易脱落。缺硫情况在农业上很少遇到，因为土壤中有足够的硫满足植物需要。

(7)铁(Fe)

铁主要以Fe^{2+}的螯合物被吸收。铁进入植物体内就处于被固定状态而不易移动。铁是许多酶的辅基，如细胞色素氧化酶、过氧化物酶和铁氧还蛋白等；铁是合成叶绿素所必需的；另外，豆科植物根瘤菌中的血红蛋白也是含铁蛋白，因而它还与固氮有关。铁是不易重复利用的元素，因而缺铁最明显的症状是幼芽、幼叶缺绿发黄，甚至变为黄白色，而下部叶片仍为绿色。土壤中含铁较多，一般情况下植物不缺铁。但在碱性土或石灰质土壤中，铁易形成不溶性的化合物而使植物缺铁。

(8)铜(Cu)

在通气良好的土壤中，铜多以Cu^{2+}的形式被吸收，而在潮湿缺氧的土壤中，则多以

Cu^{+}的形式被吸收。Cu^{2+}以与土壤中的几种化合物形成螯合物的形式接近根系表面。铜为多酚氧化酶、抗坏血酸氧化酶的成分，在呼吸的氧化还原中起重要作用。铜也是质体蓝素的成分，它参与光合电子传递，故对光合有重要作用。植物缺铜时，叶片生长缓慢，呈现蓝绿色，幼叶缺绿，随之出现枯斑，最后死亡脱落。另外缺铜会导致叶片栅栏组织退化，气孔下面形成空腔，使植株即使在水分供应充足时也会因蒸腾过度而发生萎蔫。

(9)硼(B)

硼主要以硼酸(H_3BO_3)的形式被植物吸收。高等植物体内硼的含量较少，在2~95 mg·L^{-1}范围内。植株各器官间硼的含量以花最高，花中又以柱头和子房为高。硼与花粉形成、花粉管萌发和受精有密切关系。缺硼时花药花丝萎缩，花粉母细胞不能向四分体分化。硼参与糖的运转与代谢，能促进蔗糖的合成。硼还能促进植物根系发育，特别对豆科植物根瘤的形成影响较大，因为硼能影响碳水化合物的运输，从而影响根对根瘤菌碳水化合物的供应。因此，缺硼可阻碍根瘤形成，降低豆科植物的固氮能力。另外，缺硼时，受精不良，籽粒减少。小麦出现的“花而不实”和棉花上出现的“蕾而不花”等现象也都是因为缺硼的缘故。同时缺硼时根尖、茎尖的生长点停止生长，侧根侧芽大量发生，其后侧根侧芽的生长点又坏死，而形成簇生状。甜菜的干腐病、花椰菜的褐腐病、马铃薯的卷叶病和苹果的缩果病等都是缺硼所致或与缺硼有关。

(10)锌(Zn)

锌以Zn^{2+}形式被植物吸收。锌是合成生长素前体色氨酸的必需元素。缺锌时不能将吲哚和丝氨酸合成色氨酸，因而不能合成生长素(吲哚乙酸)，从而导致植物生长受阻，出现通常所说的“小叶病”，如苹果、桃、梨等果树缺锌时叶片小而脆，且丛生在一起，叶上还出现黄色斑点。北方果园在春季易出现此病。

锌也是谷氨酸脱氢酶及羧肽酶的组成成分，因此它在氮代谢中也起一定作用。

(11)锰(Mn)

锰主要以Mn^{2+}形式被植物吸收。锰是多种酶(如脱氢酶、脱羧酶、激酶、氧化酶和过氧化物酶)的活化剂，尤其是影响糖酵解和三羧酸循环。锰与光合和呼吸均有关系。缺锰时植物不能形成叶绿素，叶脉间失绿褪色，伴随小坏死点的出现，但叶脉仍保持绿色，此为缺锰与缺铁的主要区别。

(12)钼(Mo)

钼以钼酸盐(MoO_4^{2-})的形式被植物吸收，是硝酸还原酶的组成成分，缺钼则硝酸不能还原，呈现出缺氮病症。豆科植物根瘤菌的固氮特别需要钼，因为氮素固定是在固氮酶的作用下进行的，而固氮酶是由铁蛋白和钼铁蛋白组成的。缺钼时叶较小，叶脉间失绿，有坏死斑点，且叶边缘焦枯，向内卷曲。十字花科植物缺钼时叶片卷曲畸形，老叶变厚且枯焦；禾谷类作物缺钼则籽粒皱缩或不能形成籽粒。

(13)氯(Cl)

氯是在1954年才被确定的植物必需元素。氯以Cl^{-}的形式被植物吸收。体内绝大部分的氯也以Cl^{-}的形式存在，只有极少量的氯被结合进有机物中。缺氯时，叶片萎蔫，失绿坏死，最后变为褐色；同时根系生长受阻、变粗，根尖变为棒状。

(14)镍(Ni)

镍在植物体内主要是以 Ni^{2+} 的形式存在。镍是脲酶的金属成分，对植物的氮代谢起着重要作用。缺镍时，植物体内的尿素积累过多，产生毒害，导致叶尖或叶缘坏死，影响植物生长发育。

2.1.4 植物缺乏矿质元素的诊断

植物缺乏某种必需元素时，便会引起生理和形态上的变化，轻则生长不良，重则全株死亡。因此，在植物出现缺素病症时，必须加以诊断，并及时补给所需元素。诊断可以从以下几方面着手。

(1)调查研究，分析病症

首先，要分清生理病害、病虫危害和其他因环境条件不适而引起的病症。例如，病毒可引起植株矮化，出现花叶或小叶等症状；蚜虫危害后出现卷叶；红蜘蛛危害后出现红叶；缺水或淹水后叶片发黄等，这些都很像缺素病症。因此，必须先调查研究，确定病因。

其次，若肯定是生理病害，再根据症状归类分析。如植株生长是否正常？叶子颜色是否失绿？如有失绿症状，先出现在老叶还是新叶上？如果是新叶失绿，可能是缺铁、硫、锰等元素；若全部幼叶失绿，可能是缺硫；若呈黄白色，可能是缺铁；若叶脉绿色而叶肉变黄，可能是缺锰。如果老叶首先失绿，则可能是缺氮、镁或锌。为了便于检索，现将植物缺乏各种必需元素的主要症状归纳如下(表2-2)。

表2-2 必需元素缺乏的主要症状检索表

1. 较幼嫩组织或器官先出现病症——不易或难以重复利用的元素
  2. 顶芽死亡，嫩叶变形和坏死，不呈叶脉间缺绿
    3. 嫩叶初期呈典型钩状，后从叶尖和叶缘向内死亡 ………… 钙
    3. 嫩叶基部浅绿，从叶基起枯死，叶捻曲，根尖生长受抑 ………… 硼
  2. 顶芽仍活
    3. 嫩叶易萎蔫，叶暗绿色或有坏死斑点 ………… 铜
    3. 嫩叶不萎蔫，叶缺绿
      4. 叶脉也缺绿 ………… 硫
      4. 叶脉间缺绿但叶脉仍绿
        5. 叶淡黄色或白色，无坏死斑点 ………… 铁
        5. 叶片有小的坏死斑点 ………… 锰
1. 较老的组织或器官先出现病症——易重复利用的元素
  2. 病症常遍布全株，长期缺乏则茎短而细
    3. 基部叶片先缺绿，发黄，变干时呈浅褐色 ………… 氮
    3. 叶常呈红或紫色，基部叶发黄，变干时呈暗绿色 ………… 磷
  2. 病症常限于局部，基部叶不干焦，但杂色或缺绿
    3. 叶脉间或叶缘有坏死斑点，或叶呈卷皱状 ………… 钾
    3. 叶脉间坏死斑点大，并蔓延至叶脉，叶厚，茎短 ………… 锌
    3. 叶脉间缺绿(叶脉仍绿)
      4. 有坏死斑点 ………… 镁
      4. 有坏死斑点并向幼叶发展，或叶扭曲 ………… 钼
      4. 有坏死斑点，最后呈青铜色 ………… 氯

再者，结合土壤及施肥情况加以分析。土壤酸碱度对各种矿质元素的溶解度影响很大，往往会使某些元素呈现不溶解状态而造成植物不能吸收。例如，磷在不同的酸碱度下可由溶解状态变成不溶状态，在强酸性土中，由于存在着大量水溶性的 Fe^{3+} 和 Al^{3+}，它们能和磷结合形成不溶性的磷酸铁和磷酸铝，所以很难被植物利用。又如，土壤 pH 值在 5 以下时，Al^{3+} 大量游离出来，从而使植物受害。若 pH 值在 7 以上，则铁形成不溶性的三价铁，植物会出现缺铁症。

另外，还可根据过去的施肥及轮作情况来分析可能缺什么元素。

以上方法只能帮助做一些可能性推断，要确知缺乏什么元素，必须进行植物和土壤成分的测定和加入元素的实验。

(2)植物组织及土壤成分的测定

在调查研究和分析病症的基础上，再做一些重点元素的组织或土壤测定，可帮助断定是否缺素。例如，出现有缺氮病症，可测定植物组织中的含氮量，并与其他正常植株作比较。但同时还需考虑到，植物组织中存在某一元素，并不等于该元素就能满足植物的需要。尤其是土壤中存在某一元素，更不等于植物一定能吸收利用该元素。例如，植物吸收的硝酸根，在缺乏糖或硝酸还原过程受阻的情况下，植物便不能利用它合成氨基酸而仍表现缺氮病症。

(3)加入诊断

在初步确定植物缺乏某种元素基础上，可补充加入该种元素，如果缺素症状消失，即可肯定是缺乏该元素。对于大量元素可采用施肥方法加入，而对微量元素则可做根外追肥试验。加入诊断需要经过一段时间后才能看出效果，可先小面积试验，效果明显再推广。

2.2　植物细胞对矿质元素的吸收

植物细胞从环境中吸收水分和养料以供生长需要，借助示踪原子法研究得知，不仅无机物质的离子能进入细胞，分子量较大的有机物(如维生素、氨基酸等)也能进入细胞。植物细胞与外界环境之间以细胞膜相隔，一切物质交换都必须通过各种生物膜(特别是质膜)来进行。

2.2.1　生物膜的结构和功能

植物细胞的原生质体被质膜包围着，在细胞质和液泡之间由液泡膜隔开。植物细胞里有许多细胞器，它们都是由膜组成或由膜包围着的。因此，一般认为植物细胞是一个由膜系统组成的单位，这些膜把各种细胞器与其他部分隔开，有利于各细胞器分别行使其各自特有的功能，以便有秩序地、有条不紊地进行各种代谢活动。研究表明，许多酶与膜紧密结合在一起或埋藏在膜里，细胞的许多生理、生化活动是在膜上或邻近的空间进行的。

2.2.1.1　膜的特性和化学成分

人们通过研究发现细胞质膜具有让物质通过的特性，称之为透性。但是质膜对各种物质透过的难易情况不同，甚至有些不能通过，因此，质膜对各种物质的通过具有选择性。研究表明，膜对水的透性最大，可以自由通过；越容易溶解于脂质的物质，透性也越大。所以，膜是由亲水性物质和脂质组成的。

生物膜主要由蛋白质和脂质组成，还含有少量的糖、无机离子及水分。其中脂质与膜蛋白的比例，因膜的种类和生理功能不同而有很大差别。在多数膜中，蛋白质占 50%～65%，脂质占 25%～40%，糖类占 5%～10%。

2.2.1.2　膜的结构和功能

(1)膜的结构

关于生物膜的结构有许多假说和模型，如三夹层结构、单位膜模型和流动镶嵌模型等，现介绍已被广泛接受、也得到许多实验支持的流动镶嵌模型。1972 年，S. J. Singer 和 G. Nicolson 总结了当时有关膜结构模型及各种研究新技术的成就，提出了流动镶嵌模型(fluid mosaic model)(图 2-1)，该模型认为生物膜具有以下特点。

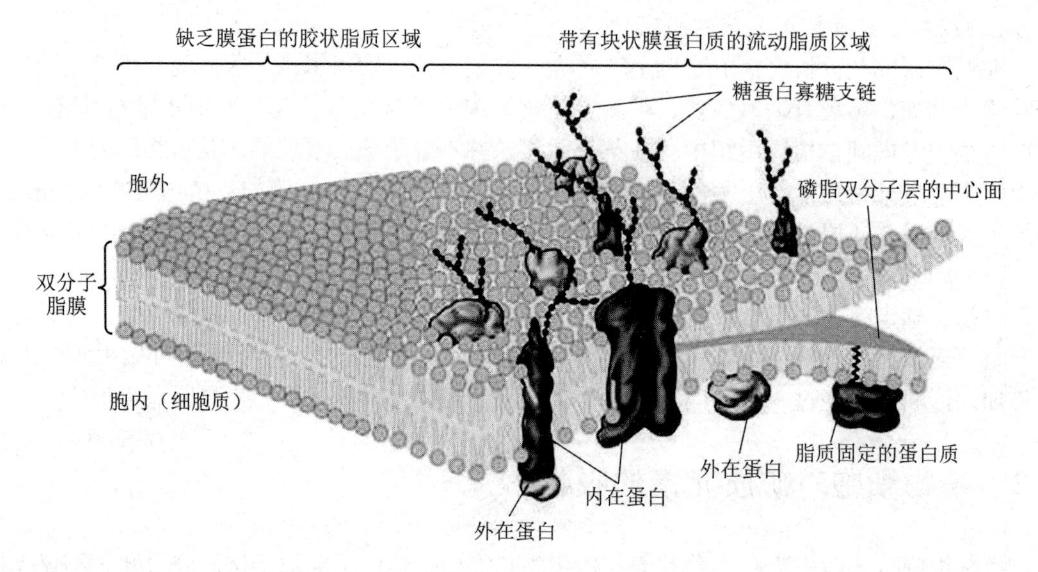

图 2-1　膜的流动镶嵌模型(引自 Buchannan *et al.*，2000)

脂质构成膜骨架，以双分子层存在　在脂质双分子层中，脂质分子疏水基向内，亲水基向外。

膜蛋白的多样性　膜蛋白分子以各种镶嵌形式与脂质双分子层相结合，并非均匀地排列在膜质两侧，有的附在膜的内外表面，以静电作用与膜脂亲水头部结合，称为外在蛋白或周边蛋白；有的全部或部分嵌入膜中，甚至贯穿膜的内外表面，称为内在蛋白，亦称整合蛋白，在膜脂的疏水区蛋白质以表面疏水基团与烃链形成较强的疏水键而结合。

膜的不对称性　主要是由脂类和蛋白质分布的不对称造成的。虽然同一种磷脂可见于脂双层的任一层，但它们的数量不等。蛋白质在膜中有的半埋于内分子层，有的半埋于外分子层，即使贯穿全膜的蛋白质也是不对称的。此外，寡糖链的分布也不对称，它们大多分布于外分子层。

膜的流动性　膜不是封闭、静止的片状结构，它具有一定的流动性，以适应细胞各种功能的需要。膜的流动性是基于膜脂流动性、膜蛋白流动性和膜固醇的运动及相互作用下进行的。膜脂中的磷脂层可做旋转运动、侧向运动、翻转运动、伸缩振荡及左右摆动等，且磷脂分子中脂肪酸链的不饱和程度越高，膜脂的流动性就越大。膜蛋白只能做侧面扩散和旋转扩散，但扩散速度比膜脂慢得多，这与磷脂的凝固点较低，常呈液晶态有关。膜上的受体蛋白、免疫球蛋白等只能在一定区域做相互扩散运动。膜固醇可插入磷脂单分子层中，可沿分子长轴摆动和做旋转运动，对膜脂流动性有一定的调控作用。此外，细胞骨架成分微丝、微管对膜蛋白的运动也有一定的调节作用。

(2)膜的功能

细胞膜在细胞的生活中具有重要功能，主要为以下几个方面。

分室作用　细胞的膜系统不仅把细胞与外界环境隔离开，形成一个稳定有序的、受严格控制的、有利于生命活动进行的内部环境，且能把细胞内部的空间分隔成许多小室，即形成各种细胞器，执行不同的功能。同时又由膜系统将各个细胞器有机的联系起来，共同完成各种连续的生理生化反应。

物质运输和能量转换　细胞与环境之间、细胞器与环境之间、细胞器与胞质之间的物质运输是借助细胞膜来完成的，通过跨膜运输(简单扩散、离子载体、离子泵等)和膜泡运输(胞饮和胞吐作用)的方式参与运输。细胞膜对物质的透过具有可选择性，能控制膜内外的物质交换。众多生理反应过程都需要提供能量，细胞内的氧化磷酸化、光合磷酸化等能量代谢过程都分别在线粒体内膜和叶绿体类囊体膜上完成。

信息传递和识别　植物细胞膜上结合的一种叫凝集素的糖蛋白，可识别含甲壳质的病原体细胞和根瘤菌等；此外，植物对光周期的反应、激素的作用、花粉与柱头的亲和性以及接穗的成活等都与细胞膜上的受体蛋白、糖蛋白的信息传递、信号转导和识别功能有密切关系。

物质合成　细胞质中的膜结构——内质网是蛋白质、脂质合成的部位。高尔基体是多种多糖生物合成的场所。质膜上有纤维素合成酶复合体，与纤维素微纤丝的伸长有关。

抗逆能力　植物细胞的膜脂组成与植物的抗逆性有密切关系。抗寒性强的植物，其细胞的膜脂中脂肪酸不饱和指数一般较高，有利于保持在低温时的流动性，可增强抗寒性；而抗热性强的植物，膜脂饱和脂肪酸的含量较高，有利于保持膜在高温时的稳定，可增强抗热性。

2.2.2　细胞吸收溶质的方式和机制

植物细胞对溶质的吸收是植物吸收矿质元素的基础。根据离子跨膜运输是否需要消耗代谢能量，可以将植物细胞对矿质元素的吸收分为主动吸收(active absorption)和被动吸收(passive absorption)。主动吸收需消耗代谢能量，逆电化学势梯度进行；被动吸收不需代谢供给能量，顺化学势梯度进行。根据吸收方式和运输蛋白的不同，细胞吸收溶质的方式可分为扩散、离子通道运输、载体运输、离子泵运输和胞饮作用5种。

2.2.2.1　电化学势梯度与离子转移

细胞吸收不带电荷的溶质取决于溶质在膜两侧的浓度梯度，而浓度梯度决定着溶质的化学势梯度(chemical potential gradient)。对于带电荷的溶质来说，其跨膜转移则是由膜两侧的电势梯度(electrical gradient)和化学势梯度共同决定的。电势梯度与化学势梯度合称为电化学势梯度(electrochemical potential gradient)。

膜两侧的电势梯度又称为跨膜电势梯度(transmembrane electrical gradient)，它与离子分

布(ion distribution)或其化学势梯度的关系可用能斯特方程(Nernst equation)来表示，即

$$\Delta En,\mathrm{j} = -2.3RT/z\,F \times \lg c_j^{\mathrm{i}}/c_j^{\mathrm{o}}$$

上式表示离子 j 在膜内外被动转运(扩散)达到平衡时膜内外电势差与化学势差之间的关系。式中，ΔEn，j 为离子 j 在膜内外的电势差(单位伏特，V)；$c_{\mathrm{j}}^{\mathrm{i}}/c_{\mathrm{j}}^{\mathrm{o}}$为膜内外离子 j 浓度的比值；$R$ 为气体常数(8.31 J · mol^{-1} · K^{-1})；F 为法拉第常数(96 500 J · V^{-1} · mol^{-1})；T 为热力学温度；z 为离子 j 所带电荷(或价数)。

细胞膜两侧的电势差 ΔEn 是由膜对正负离子的透性不同及细胞利用代谢能量主动地将离子从一个区域跨膜运入另一个区域所造成的。ΔEn 的测定一般使用玻璃微电极。若测定恒稳状态(膜两侧离子的浓度保持恒定，这种恒定需要由外部输入能量来维持，不同于自发的平衡状态)下实际的膜电势和膜两侧某离子的浓度，代入能斯特方程，有助于判断是否发生了主动转运(active transport)。

推算方法有 2 种：一种是将测得的膜电势看作 ΔEn，代入方程推算 $c_{\mathrm{j}}^{\mathrm{i}}/c_{\mathrm{j}}^{\mathrm{o}}$，再与实际测得的 $c_{\mathrm{j}}^{\mathrm{i}}/c_{\mathrm{j}}^{\mathrm{o}}$相比较；另一种是将实际测得的 $c_{\mathrm{j}}^{\mathrm{i}}/c_{\mathrm{j}}^{\mathrm{o}}$代入方程中，推算出 ΔEn，再与实际测得的 ΔEn 进行比较。若实际测得的数值与推算的相近或一致，表明该离子是通过被动转运在膜两侧达到平衡的。若两者有较大的出入，则表明存在主动运输。在第一种推算中，算出的 $c_{\mathrm{j}}^{\mathrm{i}}/c_{\mathrm{j}}^{\mathrm{o}}$代表着以实际测得的 ΔEn 为前提时离子 j 通过被动运输达到平衡时所应存在的膜内外浓度差，若实际测得的 $c_{\mathrm{j}}^{\mathrm{i}}/c_{\mathrm{j}}^{\mathrm{o}}$大于推算值，则表明该离子向膜内主动转运，否则相反；在第二种推算中，推算出的 ΔEn 是以实际测得的 $c_{\mathrm{j}}^{\mathrm{i}}/c_{\mathrm{j}}^{\mathrm{o}}$为前提时离子 j 通过被动转运达到平衡时所应存在的膜内外电势差，若实际测得的 ΔEn 小于推算值，表明实际测到的膜电势有偏向负值的趋势。若 j 为阳离子，则通过主动运输被运至膜外；若 j 为阴离子，则通过主动运输被转运至膜内；若实际测得的 ΔEn 大于推算值，则对阴离子、阳离子转运的情况均相反。

应当注意能斯特方程适用于在 2 个区域间能自由扩散或向膜两侧的透性相同的离子，但在生物体中往往不符合这一条件，因此，方程的实际应用受到了限制。如在第二种推算中在细胞内的情况可能会复杂一些，因为许多通透性不一致的离子会同时进行双向跨膜转运，细胞的膜电势反应的就不是某一种离子转运所产生的膜电势了。但是在实践中，某些离子(如 K^+、Na^+和 Cl^-)往往具有较高的浓度和很好的膜通透性，所推测的膜电势还是具有一定的可靠性的。

2.2.2.2　扩散

某物质从其电化学势较高的区域向其电化学势较低的邻近区域发生净转移的现象称为扩散(diffusion)。由扩散作用引起的植物细胞对物质的吸收是不需要消耗代谢能量的，因此为被动吸收。扩散可分为简单扩散(simple diffusion)和易化扩散(facilitated diffusion)。

(1)简单扩散

溶液中的溶质从浓度较高的区域跨膜移向浓度较低的邻近区域的现象即为简单扩散。非极性溶质(如氧气、二氧化碳、氨气)均可以简单扩散方式较快地通过脂质双分子层。但是带电荷的离子不能以简单扩散方式通过脂质双分子层，需要通过通道蛋白等进行扩散转移，即易化扩散。

(2)易化扩散

某溶质通过膜转运蛋白顺浓度梯度或电化学势梯度进行的跨膜转移即为易化扩散(facilitated diffusion)。不带电荷的溶质转运的方向与溶质的浓度有关，而带电荷的溶质(离子)转运的方向则取决于该溶质的电化学势梯度。极性溶质常需要通过易化扩散进行跨膜转移，这将比其以简单扩散转移快得多。非极性物质也可通过易化扩散来进行跨膜转移。易化扩散可双向进行。参与易化扩散的膜转运蛋白主要包括通道蛋白(channel protein)和载体蛋白(carrier protein)2 类，两者统称为传递蛋白或转运蛋白(translocator protein)，通过 2 种蛋白进行的离子运输分别称为离子通道运输和载体运输。

2.2.2.3 离子通道运输

通道蛋白简称通道(channel)或离子通道(ion channel)，是在细胞质膜和液泡膜上由内在蛋白构成的圆形孔道，控制离子通过细胞膜。通道蛋白横跨膜的两侧，其分子中的多肽链折叠成通道，通道内带电荷并充满水分。细胞内有各种离子通道，一种通道往往只限于一种或有限的离子种类通过，其中水合离子的体积及其电荷决定通过离子的种类。

通道蛋白有"闸门"结构，可开可关。只有在"门"开的状态下离子才可以通过。根据"门"开关的机制，可将离子通道分为 2 种类型：一类是对跨膜电势梯度有响应的电位门控通道；另一类是对外界刺激(如电压、光、激素、离子本身)产生响应而开放的配体门控通道。通道蛋白中还包括感受器，它能感受刺激，改变蛋白的构象，开闭"闸门"(图 2-2)。

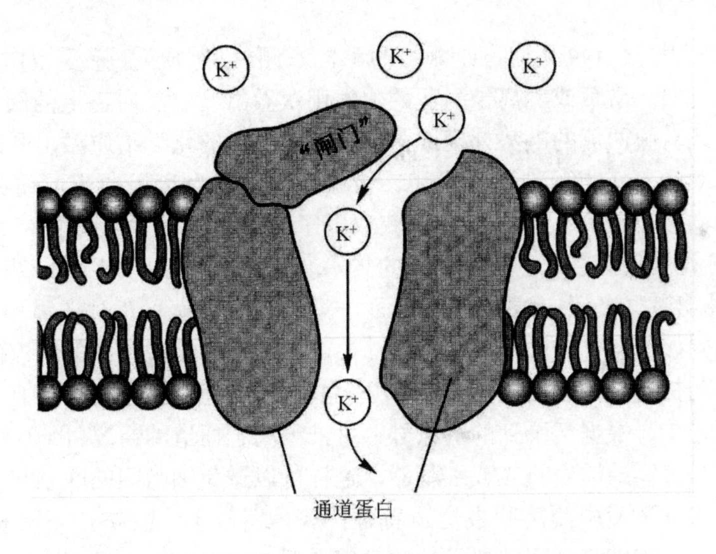

图 2-2 带有"闸门"的膜通道(引自 Hopkins *et al.*, 2004)

现已观察到原生质膜中有 K^+、Cl^-、Ca^{2+} 等离子通道。原生质膜中也可能存在着供有机离子通过的通道。从保卫细胞中已鉴定出 2 种 K^+ 通道，一种是允许 K^+ 外流的通道，另一种则是吸收 K^+ 内流的通道，这两种通道都受膜电位控制。离子通道的构象会随环境条件的改变而发生变化，处于某些构象时，它的中间会形成孔，允许溶质通过。孔的大小及孔内表面电荷等性质决定了它转运溶质的选择性。根据孔开闭的机制可将通道分为 2 类：一类可对跨膜电势梯度发生反应；另一类则对外界刺激(如光照、激素等)发生反应。图 2-3 是一个假想的离子通道模型。在通道内进行的离子转运是顺着化学势或电化学势梯度的。跨膜的内部蛋白其中央孔道允许离子(K^+)通过。在这里，K^+ 顺其电化学势梯度(注意通道右侧过量

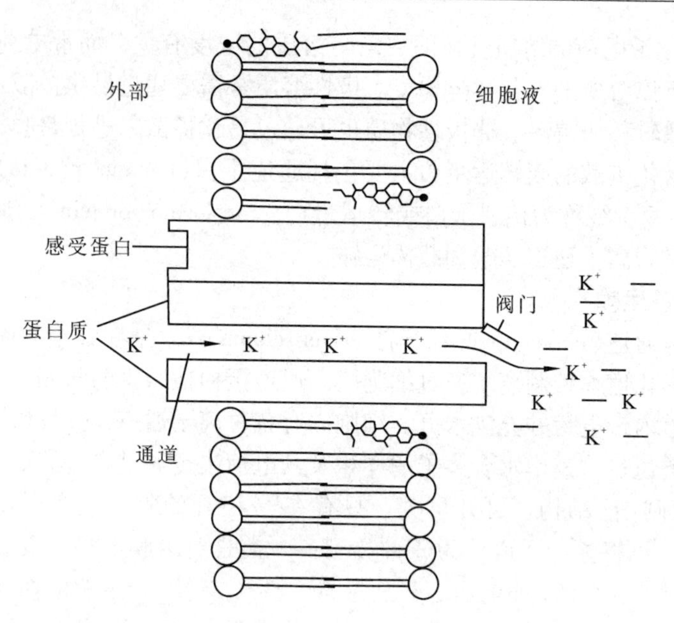

图 2-3　离子通道的假想模型(引自王宝山，2004)

的负电荷)、但逆着浓度梯度从通道左侧(外)移向右侧(细胞质)。感受蛋白(sensor protein)可对细胞内外由光照、激素或钙离子引起的化学刺激做出反应。通道上的阀门(gate)可以通过一种未知的方式对膜两侧的电势梯度或由环境刺激产生的化学物质做出开或关的反应。

膜片钳(patch clamp，PC)技术的应用，极大地推动了对离子通道的研究。所谓膜片钳技术，是指使用微电极从一小片细胞膜上获取电子学信息的技术，即将跨膜电压保持恒定(电压钳位)，测量通过膜的离子电流大小的技术。进行膜片钳测定，需要用经过热抛光的尖端为 1μm 的玻璃微电极压向清洁的膜表面，探截一小块膜，有时还需施以适当的吸力，目的是形成高阻封接。微电极中先灌适当的盐溶液，使通过细胞膜片的电流流入微电极。流入微电极的电流与探截膜片上的通道数目和开放状况以及通过的离子种类有关。微电极与高分辨力的放大器连接，根据记录到的电讯号，可推测离子通道的情况(图 2-4)。膜片钳技术的试验材料往往是分离的原生质体或细胞器，这样可以避免细胞间的联系与多种细胞器的干扰，以便在较简单的环境中测定膜上通道特性。膜片钳技术主要被用来分析膜上的离子通道，借此还可用来研究细胞器间的离子运输、气孔运动、光受体、激素受体以及信号分子等的作用机理，应用范围十分广泛。发明此技术的 E. Neher 和 B. Sakmann 荣获了 1991 年诺贝尔生理学或医学奖。

随着分子生物学及分离纯化技术的发展，人们对某些离子通道蛋白(如 K^+ 通道)的基因调控、蛋白质氨基酸序列及活性调节机制等都有了一定了解。图 2-5 为植物内向整流 K^+ 通道蛋白 ATK1 结构模型。该结构有 6 个跨膜区(S_1~S_6)，S_4 是电压感受域，含有几个带正电荷的氨基酸残基。通道以四聚体形式发挥作用，每个亚基的微孔结构域互相作用，形成一个含有 K^+ 结合和识别位点的狭隘缢痕。微孔结构域在离子透过及选择性方面起关键作用。

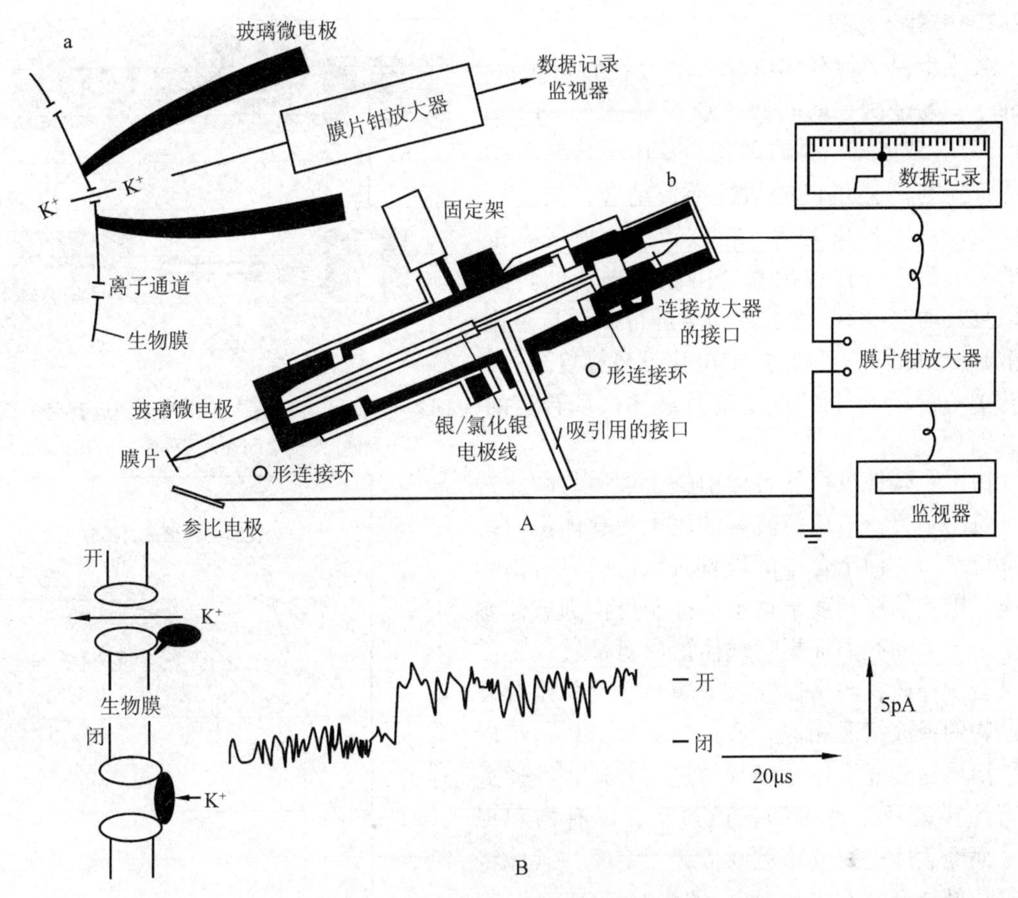

图 2-4 膜片钳技术测定离子通道示意

A. 测定原理与装置：a. 测定原理图，在玻璃微电极尖端截取的膜片上，如有开放的离子通道时，离子通过通道进入微电极，产生的电流经放大器放大后，由监视器显示或由记录仪记录；b. 测定装置，示安装玻璃微电极的装置，有吸引接口和信号输出接口 B. 通道开闭时的电流输出记录图，示仅通过 1 个离子通道时的膜电流情况，只有在通道开时才能测到电流

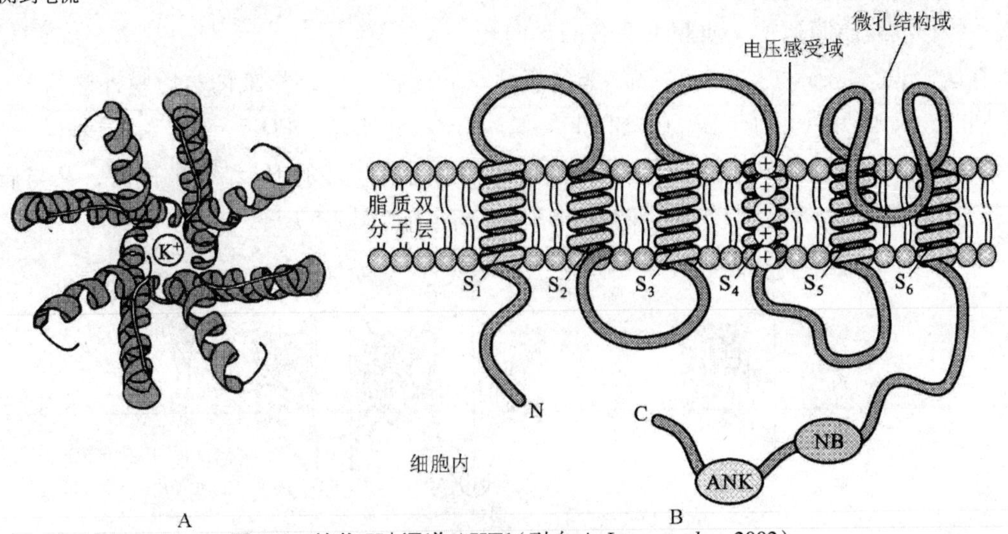

图 2-5 植物 K^+ 通道 AKT1(引自 A. Leng *et al.*，2002)

A. 通道俯视图 B. K^+ 调节通道内部侧面图(俯视)

2.2.2.4　载体运输

载体蛋白又称载体(carrier)、转运体(transporter)、透过酶(permease)或运输酶(transport enzyme)。载体是一类内部蛋白，由载体转运的物质首先与载体蛋白的活性部位结合，结合后载体蛋白产生构象变化，将被转运物质暴露于膜的另一侧，并释放出去。由载体进行的转运可以是被动的(顺电化学势梯度进行，参与易化扩散)，也可以是主动的(逆电化学势梯度进行，参与主动转运)。图 2-6 是通过载体被动转运的示意图。

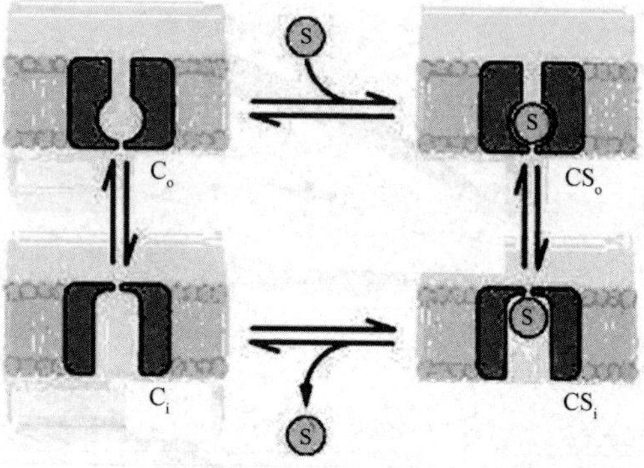

图 2-6　离子通过载体从膜的一侧运到另一侧

C—载体；S—离子；o—膜外侧；i—膜内侧

由于经载体进行的转运依赖于溶质与载体特殊部位的结合，故载体转运的离子与载体蛋白结合部位专一，而结合位的数量有限，所以有饱和效应。饱和效应与离子竞争性抑制可作为载体参与离子转运的有力证据。载体蛋白对被转运物质的结合及释放，与酶促反应中酶与底物的结合及对产物的释放情况相似。通过动力学分析，可以区别溶质是经通道还是经载体进行转运，经通道进行的转运是一种协助扩散过程，没有饱和现象；而经载体进行的转运则依赖于溶质与载体特殊部位的结合，有饱和现象(图 2-7)。

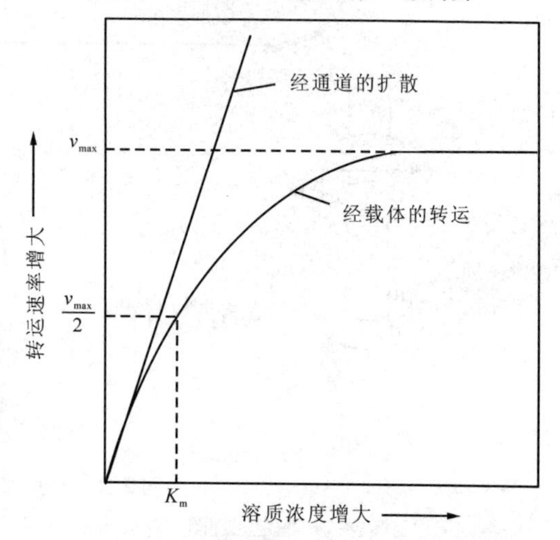

图 2-7　离子通过载体和通道转运的动力学分析

(引自 Salisbury and Ross，1992)

*K*m. 载体与溶质的亲和力　*V*max. 最大速率

载体可分成单向转运体(uniporter)、同向转运体(symporter)和反向转运体(antiporter)等类型。单向转运体能催化分子或离子单方向地顺着电化学势梯度跨质膜运输。质膜上已知的单向转运体有运输 Fe^{2+}、Zn^{2+}、Mn^{2+}、Cu^{2+} 等的载体。同向转运体是指载体与质膜外侧的 H^+ 结合的同时，又与另一分子或离子(如 Cl^-、K^+、NO_3^-、NH_4^+、PO_4^{3-}、SO_4^{2-}、氨基酸、肽、蔗糖等)结合，同一方向运输。反向转运体是指载体与质膜外的 H^+ 结合的同时，又与质膜内侧的分子或离子(如 Na^+)结合，两者朝相反方向运输(图 2-8)。

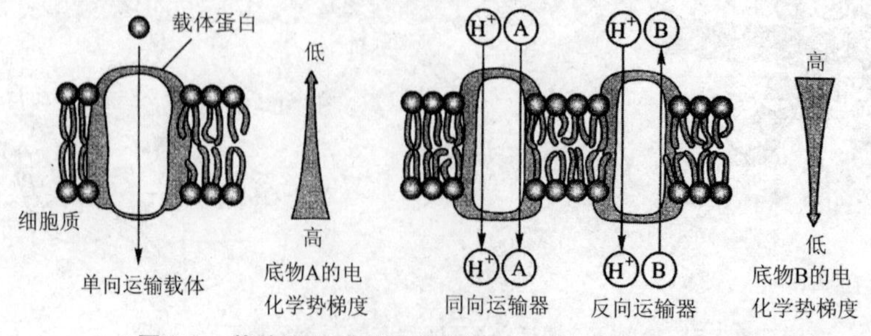

图 2-8　载体蛋白的类型(引自 Taiz and Zeiger，2006)

2.2.2.5　离子泵运输

细胞膜上的 ATP 磷酸水解酶(简称 ATP 酶)催化 ATP 水解释放能量，驱动离子逆着电化学势梯度跨膜转运，在膜两侧形成电位差，这种现象被称为致电；又因这种转运是逆化学梯度进行，所以 ATP 酶也称为致电泵(electrogenic pump)，包括质子泵(proton pump)和离子泵(ion pump)。质子泵主要有质膜 H^+-ATP 酶、液泡膜 H^+-ATP 酶、线粒体 H^+-ATP 酶和叶绿体 H^+-ATP 酶等，离子泵有 Ca^{2+}-ATP 酶等。

(1)H^+-ATP 酶

在植物细胞原生质膜和液泡膜上都存在着由 ATP 酶驱动的 H^+泵(质子泵)，它们主要通过调节原生质体的 pH 从而驱动对阴阳离子的吸收。如图 2-9 所示，由线粒体生成的 ATP 供质膜质子泵(a)需要，ATP 释放的能量建立跨膜的质子梯度和电位差，质子梯度活化离子通道(b)或反向转运体(c)或同向转运体(d、e)，调节离子或不带电溶质的进出。上述利用能量逆着电化学势转运 H^+的过程，称为初级主动运输(primary active transport)；由它所建立的跨膜电化学势梯度，又促进了细胞对矿质元素的吸收，矿质元素以这种方式进入细胞的过程是一种间接利用能量的方式，称为次级主动运输(secondary active transport)。液泡膜上的质子泵将 H^+泵入液泡，质外体、胞质溶胶和液泡的 pH 值就出现差异，分别是 5.5，7.3～7.6，4.5～5.9，这种差异是植物细胞从环境中吸收离子的动力之一。

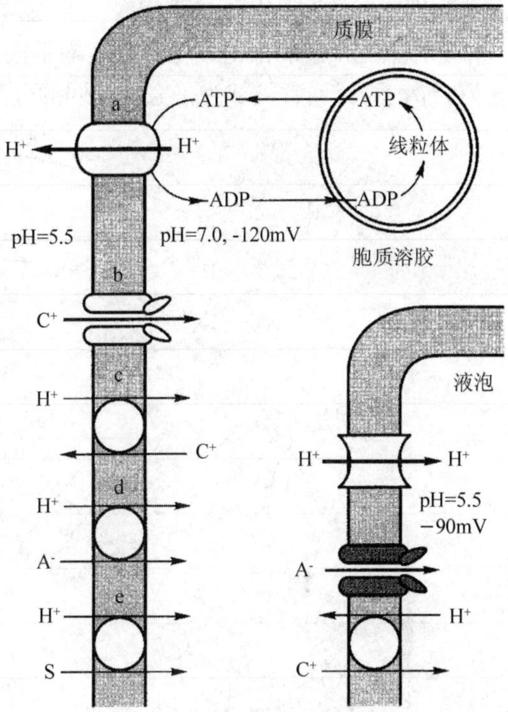

图 2-9　膜 ATP 酶的质子泵活性对溶质交换的图解

(引自 Hopkins *et al.*，2004)

质子泵(a)释放能量，活化离子通道(b)或反向运输器(c)把细胞内的离子吸入或送出，或被同向运输器(d、e)把离子或不带电荷的溶质吸入。液泡膜上有相同的泵或载体。图中 C^+为阳离子，S 为无电荷的溶质

高等植物细胞中的 H^+-ATP 酶有 3 类不同的外形：位于质膜上的"P"形 H^+-ATP 酶是最普遍、最重要的质子泵，能把质子从膜内泵到膜外；其次是位于液泡膜的"V"形 H^+-ATP 酶，它将质子自细胞质泵到液泡内；第 3 类是位于线粒体内膜和叶绿体类囊体膜上的"F"形 H^+-ATP 酶，它参与 ATP 的合成。其中质膜的 ATP 酶被钒酸盐离子(VO_3^-)抑制，但对其他离子如 NO_3^- 则不敏感。液泡膜的 ATP 酶与质膜 ATP 酶不同，它对钒酸盐不敏感，但被 NO_3^- 抑制。线粒体膜 ATP 酶与液泡膜 ATP 酶的特性相似。

(2)Ca^{2+}-ATP 酶

Ca^{2+}-ATP 酶亦称钙泵(calcium pump)，它催化质膜内侧的 ATP 水解酶释放出能量，驱动细胞内的 Ca^{2+}泵出细胞，而且其活性依赖于 ATP 与 Mg^{2+}结合，故又称(Ca^{2+}、Mg^{2+})-ATP 酶。

已知植物细胞膜、液泡膜、内质网膜及叶绿体内被膜上均存在钙泵，但蛋白结构彼此不同。钙泵分为 2 种：分布于细胞膜上的受钙调素激活的细胞质型 Ca^{2+}-ATP 酶和分布于内质网膜上的无钙调素结合部位的内质网型 Ca^{2+}-ATP 酶。因为 Ca^{2+} 是重要的信号物质，故 Ca^{2+}-ATP 酶在植物生命活动中的作用越来越被重视。

(3) H^+-焦磷酸酶

H^+-焦磷酸酶(pyrophosphates)是位于液泡膜上的 H^+ 泵。它利用焦磷酸(PPi)中的自由能量(不是 ATP)，主动把 H^+ 泵入液泡内，造成膜内外电化学势梯度，导致养分物质的跨膜运输。

植物细胞质膜和液泡膜上各种运输蛋白及运输过程的综合示意如图 2-10 所示，"离子通道"和"离子泵"通常被认为是完全不同的分离并置实体。

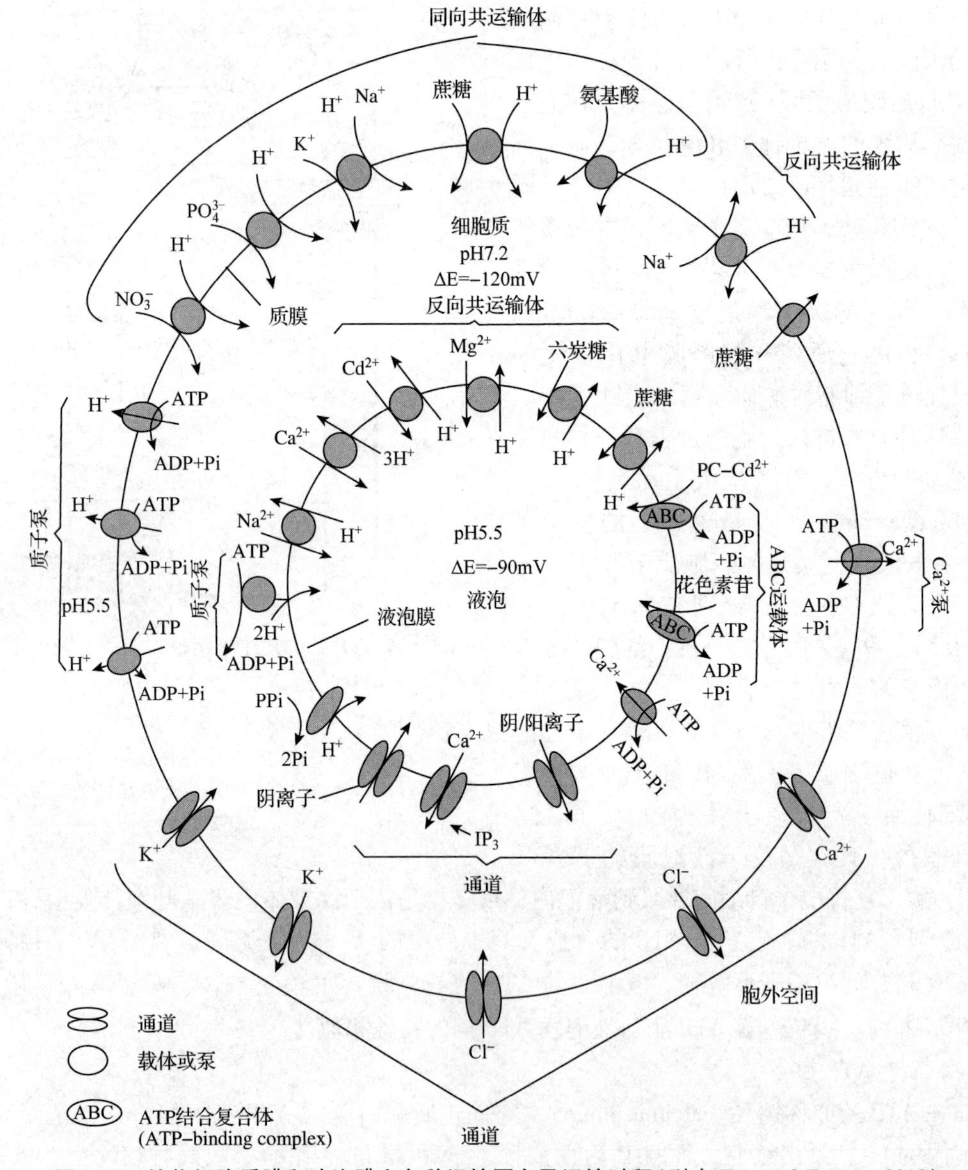

图 2-10 植物细胞质膜和液泡膜上各种运输蛋白及运输过程(引自 Taiz and Zeiger，2010)

然而，新的研究结果表明，“离子通道”和“离子泵”是一种复合体。科学家在研究钾离子泵系统的作用机制时，从离子泵序列分析来看，似乎内部有元件同时具备钾通道和经典钠钾泵双重功能，这让研究人员困惑了几十年。但在 2017 年，Aarhus 大学和纽约大学的研究人员首次在膜上观察到了钾转运结构(被称为 KdpFABC)，“通道”和“泵”超家族成员聚集组成一个大复合体(图 2-11)，共同行使主动运输功能。在钾转运结构中，有一个“泵样”亚单位 KdpB 和一个“通道样”亚单位 KdpA，其功能为主动运输，可对抗 1 万倍离子梯度将钾转运至胞内。这揭示了一种既包含离子泵又含有离子通道超家族的膜蛋白复合体，研究结果使人们重新定义了现有的“泵”和“通道”概念。传统的“通道”和“泵”的概念是：根据电化学梯度，离子通道介导快速和被动“顺电化学势梯度”运输，离子泵介导缓慢和主动“逆电化学势梯度”运输，通常被认为是完全不同的分离的两个实体。在新视野下，通道样亚基闸门与泵样亚基相连互作，控制整个通道的开开合合。这种操作造成闸门开/关、底物识别和能量消耗之间的强烈耦合。只有复合体内所有元件组合起来才能正常工作。

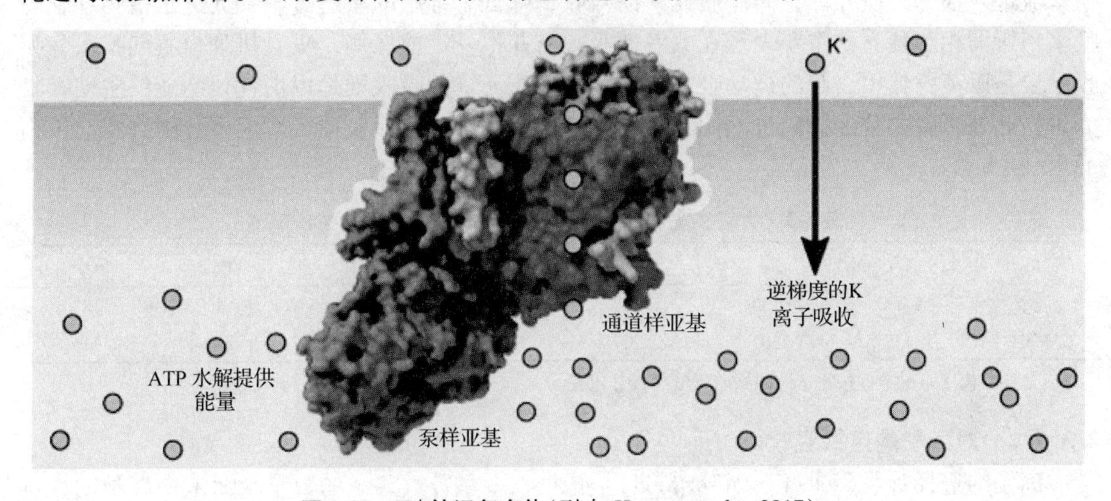

图 2-11 K^+ 转运复合体(引自 Huang *et al.*, 2017)

2.2.2.6 胞饮作用

细胞通过膜的内陷从外界直接摄取物质进入细胞的过程，称为胞饮作用(pinocytosis)。各种盐类、大分子物质或病毒等多类物质均可通过胞饮作用在吸收水分的同时而被植物吸收，属于非选择性吸收。胞饮作用为细胞吸收大分子提供了可能，但不是植物吸收矿质元素的主要方式。胞饮过程如下：当物质吸附在质膜时，质膜内陷，液体和物质便进入，然后质膜内折，逐渐包围着液体和物质，形成小囊泡，并向细胞内部移动，最终囊泡把物质转移给细胞质。番茄和南瓜的花粉母细胞，蓖麻和松的根尖细胞中均有胞饮现象。

2.3 植物体对矿质元素的吸收

植物体吸收矿质元素可通过叶片和根部进行，但主要渠道是通过根系吸收。根系对矿质元素的吸收情况将直接影响整个植物体的生长发育。

2. 3. 1 植物吸收矿质元素的特点

2. 3. 1. 1 对盐分和水分的相对吸收

因为矿质元素必须溶解在水中才能被植物吸收，所以过去人们认为植物吸收的矿质元素是被水分带入植物体的。按照这种理解，水分和盐分进入植物体的数量应该是成正比的。但后来的大量研究表明，植物吸收水分和吸收盐分的数量会因环境条件和植物种类的不同而有所差别。有人用大麦做试验，通过光照来控制蒸腾，然后测定溶液中水分和矿质元素的变化。结果发现，光下的蒸腾失水是黑暗条件下的 2. 5 倍左右，但矿质元素的吸收并不与水分吸收成明显的比例关系(表 2-3)。如 PO_4^{3-} 和 K^+ 在光下比暗中的吸收速度快，而其他无机盐如 Ca^{2+}、Mg^{2+}、SO_4^{2-}、NO_3^- 等在光下反而吸收少。总之，植物对水分和矿质的吸收既相互关联，又相互独立。所谓相互关联，表现为矿质元素一定要溶于水中，才能被根系吸收，并随水流进入根部的质外体；而矿质元素的吸收，降低了细胞的渗透势，又促进了植物细胞的吸水。所谓相互独立，主要表现在两者的吸收量并不一定成比例；吸收机理也不同：水分吸收主要是以蒸腾作用引起的被动吸水为主，而矿质元素的吸收则是以消耗代谢能的主动吸收为主；此外两者的分配去向也不同，水分主要分配到叶片，而矿质元素主要分配到当时植物的生长中心。

表 2-3 大麦在光和暗中的蒸腾失水与矿质吸收的关系*

实际条件	水分消耗(mL)	Ca^{2+}	K^+	Mg^{2+}	NO_3^-	PO_4^{3-}	SO_4^{2-}
光下	1 090	135	27	175	104	3	187
暗中	435	105	35	113	77	54	115

* 表中各离子下的数据按在溶液中原始浓度的百分比表示。

2. 3. 1. 2 对离子的选择吸收

离子的选择吸收(selective absorption)是指植物根系吸收离子的数量与溶液中离子的数量不成比例的现象。植物细胞对离子的选择性吸收是根系对离子选择性吸收的基础，而且根细胞吸收离子的量不与溶液中离子的量成比例。

根系对离子的选择性吸收表现在 2 个方面：一是植物对同一溶液中不同离子的吸收量不同。例如，番茄以很高的速率吸收钙和镁，几乎不吸收硅；而水稻则可以吸收较多的硅，却以较低的速率吸收钙和镁。二是植物对同一种盐的正、负离子的吸收量不同。实验证实在植物生长过程中供给硝酸钠，植物对其阴离子(NO_3^-)的吸收往往大于对阳离子(Na^+)的吸收。由于植物细胞内总的正负电荷数必须保持平衡，因此就必须有 OH^- 或 HCO_3^- 排出细胞。植物在选择性吸收 NO_3^- 时，环境中会积累 Na^+，同时也积累了 OH^- 或 HCO_3^-，从而使介质 pH 值升高，故称这种盐类为生理碱性盐(physiologically alkaline salt)，如多种硝酸盐。同理，如供给硫酸铵，植物对其阳离子(NH_4^+)的吸收大于阴离子(SO_4^{2-})，根细胞会向外释放 H^+，因此，在环境中积累 SO_4^{2-} 的同时，也大量地积累 H^+，使介质 pH 值下降，故称这种盐类为生理酸性盐(physiologically acid salt)，如多种铵盐。如供给硝酸铵，则会因为根系吸收其阴、阳离子的量很相近而不改变周围介质的 pH 值，所以称其为生理中性盐(physiologically nutral salt)。生理酸性盐和生理碱性盐的概念是根据植物的选择吸收引起外界溶液是变酸还是变碱而定义的。如果在土壤中长期施用某一种化学肥料，就可能引起土壤酸碱度的改变，从而破坏土壤结构，所以施化肥应注意肥料类型的合理搭配。

2.3.1.3 单盐毒害和离子颉颃

任何植物，假若培养在某一单盐溶液中(即溶液中只含有1种金属离子)，不久植株即呈现不正常状态，最终死亡，这种现象称单盐毒害(toxicity of single salt)。无论是营养元素还是非营养元素都有可能发生单盐毒害，而且在溶液浓度很稀时植物就会受害。例如，把在海水中生活的植物，放在与海水浓度相同(甚至只有海水氯化钠浓度1/10)的纯氯化钠溶液中，植物会很快死亡。许多陆生植物的根系浸入钙、镁、钠、钾等任何一种单盐溶液中，根系都会停止生长，且分生区的细胞壁黏液化，细胞破坏，最后变为一团无结构的细胞团。图2-12中C和D显示了小麦根受到单盐毒害时的生长状况。

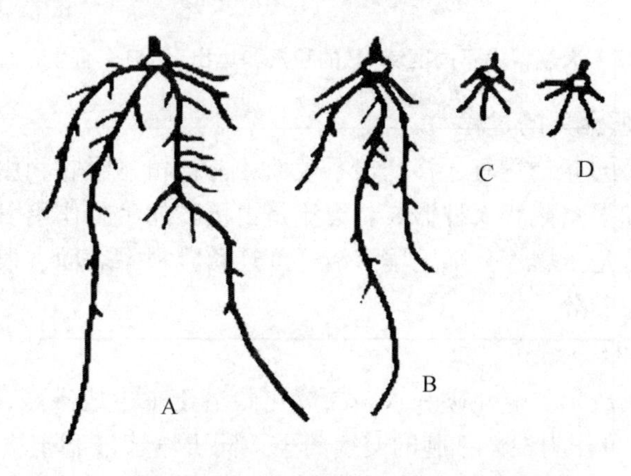

图2-12 小麦根在单盐溶液和盐类混合液中的生长状况

A. $NaCl + KCl + CaCl_2$ B. $NaCl + CaCl_2$ C. $CaCl_2$ D. $NaCl$

若在单盐溶液中加入少量其他盐类，这种毒害现象就会消除。这种离子间能够互相消除毒害的现象，称离子颉颃(ion antagonism)，也称离子对抗。一般在元素周期表中不同族金属元素的离子之间有对抗作用，如Ba^{2+}或Ca^{2+}，可以对抗Na^+或K^+。所以，植物只有在含有适当比例的多盐溶液中才能良好生长，这种溶液称为平衡溶液(balanced solution)。对于海藻来说，海水就是平衡溶液。对于陆生植物而言，土壤溶液一般也是平衡溶液，但并非理想的平衡溶液，而施肥的目的就是使土壤中各种矿质元素达到平衡，以利于植物的正常生长发育。关于单盐毒害和离子颉颃的分子机理，正在开展深入的研究。

2.3.2 根系吸收矿质元素的区域和过程

2.3.2.1 根系吸收矿质元素的区域

植物吸收矿质元素的主要器官是根系，根系吸收矿质元素的部位和吸收水分的部位均是根尖未栓化的部分。过去人们分析进入根尖的矿质元素的分布情况，发现根尖分生区积累最多，由此以为根尖分生区是吸收矿质元素最活跃的部位。后来更细致的研究发现，根尖分生区大量积累离子是因为该区域无输导组织，离子不能很快运出而积累的结果；而实际上根毛区才是吸收矿质离子最快的区域，根毛区积累离子较少是由于离子能很快运出根毛区的缘故(图2-13)。

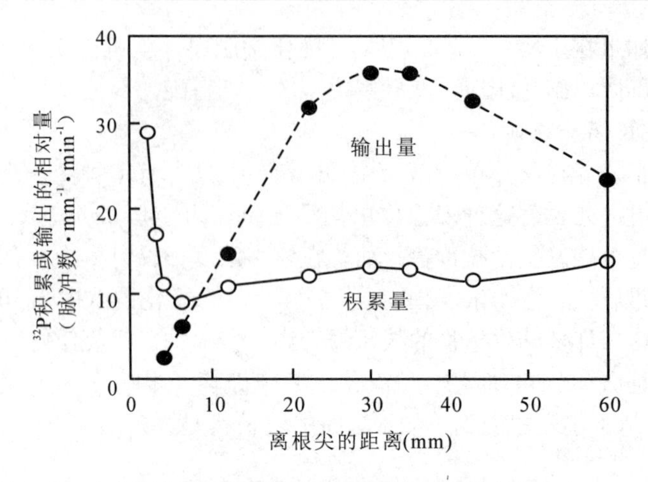

图 2-13　大麦根尖不同区域^{32}P 的积累和运出（引自李合生，2012）

2.3.2.2　根系吸收矿质元素的过程

存在于土壤溶液中的养分只有迁移到根系表面才能被植物吸收利用。养分在土壤中的迁移一般为集流、扩散和根系截获 3 种形式。集流是由植物的蒸腾作用引起水和土壤溶液养分向根系表面移动，扩散是土壤养分随土壤溶液梯度迁移到根系表面，根系截获是在根系生长时根系直接接触到土壤养分。

(1)离子被吸附在根系细胞的表面

根部细胞呼吸作用放出二氧化碳和水。二氧化碳溶于水生成碳酸，碳酸能解离出 H^+ 和 HCO_3^- 离子，这些离子可作为根系细胞的交换离子，同土壤溶液和土壤胶粒上吸附的离子进行离子交换。离子交换的方式有以下 2 种。

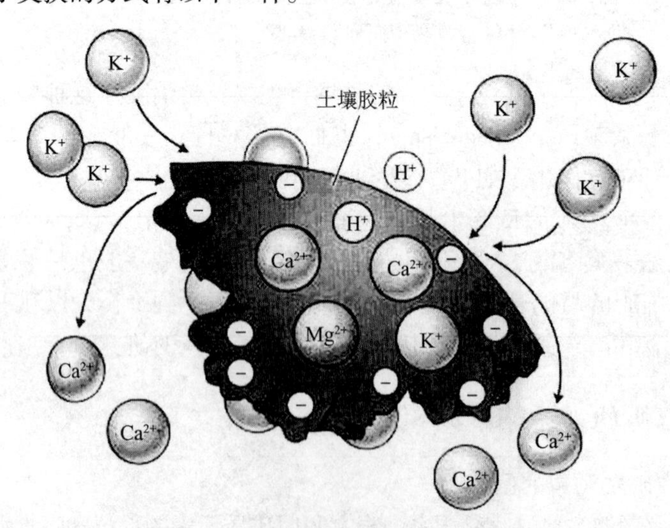

图 2-14　土壤颗粒表面阳离子交换法则

根系与土壤溶液的离子交换(ion exchange)　根呼吸产生的二氧化碳溶于水后可形成 CO_3^{2-}、H^+、HCO_3^- 等离子，这些离子可以和根外土壤溶液中以及土壤胶粒上的一些离子如 K^+、Cl^- 等发生交换，结果土壤溶液中的离子或土壤胶粒上的离子被转移到根表面。如此往复，根系便可不断吸收矿质(图 2-14)。

接触交换(contact exchange) 当根系和土壤胶粒接触时，根系表面的离子可直接与土壤胶粒表面的离子交换，这就是接触交换。因为根系表面和土壤胶粒表面所吸附的离子，是在一定的吸引力范围内振荡着的，当两者间离子的振荡面部分重合时，便可相互交换。

对于难溶性的盐类，根系可通过呼吸释放的二氧化碳遇水形成的碳酸，或直接向外分泌的苹果酸、柠檬酸等有机酸来溶解，再进一步吸收。岩石表面的地衣、岩缝中生长的植物也是通过此种方式获取矿质营养的。

(2) 离子进入根的内部

离子从根表面进入根的内部的途径有 2 种：质外体途径和共质体途径(图 2-15)。

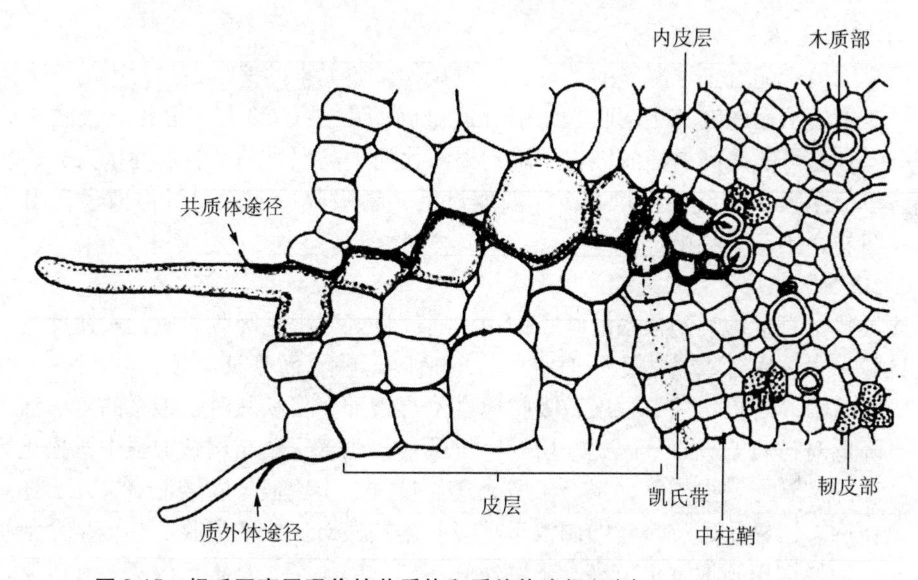

图 2-15 根毛区离子吸收的共质体和质外体途径(引自 Salisbur Ross，1992)

质外体途径 根部有一个与外界溶液保持扩散平衡、自由出入的外部区域，即由细胞壁、细胞间隙、导管等构成的质外体，又称自由空间。自由空间的大小虽然无法直接测定，但可由表观自由空间(apparent free space，AFS)或相对自由空间(relative free space，RFS)间接衡量。表观自由空间是自由空间占组织总体积的百分比，可通过对外液和进入组织自由空间的溶质数的测定加以推算，一般在 5%~20%。各种离子通过扩散作用进入根部自由空间，但是因为内皮层细胞上有凯氏带，离子和水分都不能通过，它们只有转入共质体后才能进入维管束组织。不过根的幼嫩部分，其内皮层细胞尚未形成凯氏带前，离子和水分可经过质外体到达导管。另外，在内皮层中有个别细胞(通道细胞)的胞壁不加厚，也可作为离子和水分的通道。

共质体途径 在细胞内离子可以通过内质网及胞间连丝从表皮细胞进入木质部薄壁细胞，然后再从木质部薄壁细胞释放到导管中。释放的机理可以是被动的，也可以是主动的，并具有选择性。木质部薄壁细胞质膜上有 ATP 酶，推测这些薄壁细胞在分泌离子运向导管中起积极的作用。离子进入导管后，主要靠水的集流而运到地上器官，其动力为蒸腾拉力和根压。

(3) 离子进入导管或管胞

离子经共质体途径最终从导管周围的薄壁细胞进入导管，其机制尚未明确。目前有 2 种观点。一种认为导管周围薄壁细胞中的离子以被动扩散的方式随水分流入导管，因为有实验证实木质部中各种离子的电化学势均低于皮层或中柱内其他生活细胞中的电化学势。另一种观点认为离子通过主动运输进入导管，因为也有实验证实离子向木质部的转运在一定时间内不受根部离子吸收速率的影响，但可以被 ATP 合成抑制剂抑制。近年来越来越多的实验表明离子向木质部导管的释放受主动运输控制。

2.3.3 影响根系吸收矿质元素的条件

2.3.3.1 土壤温度

在一定范围内，随着土壤温度的升高，根系吸收矿质元素的速率提高，因为温度影响了根部的呼吸速率，从而影响其主动吸收。但温度过高(超过 40℃)，一般作物吸收矿质元素的速率即下降，这可能是高温使酶钝化，影响根部代谢；高温也使细胞透性增大，矿质元素被动外流，根部净吸收矿质元素量减少。温度过低，根吸收矿质元素量也减少，因为低温时，根系代谢弱，主动吸收慢。

2.3.3.2 土壤通气状况

土壤通气状况直接影响到根系的呼吸作用，通气良好时根系吸收矿质元素速度快。根据离体根的试验，水稻在含氧量达 3% 时吸收钾的速度最快，而番茄必须达到 5%~10% 时，才能出现吸收高峰。若再增加氧浓度，吸收速度不再增加。但缺氧时，根系的生命活动受影响，从而会降低对矿质的吸收。因此，增施有机肥料，改善土壤结构，加强中耕松土等改善土壤通气状况的措施能增强植物根系对矿质元素的吸收。土壤通气除增加氧气外，还有减少二氧化碳的作用。二氧化碳过多会抑制根系呼吸，影响根对矿质的吸收和其他生命活动。如南方的冷水田和烂泥田，地下水位高，土壤通气不良，影响了水稻根系的吸水和吸肥。

2.3.3.3 土壤溶液状况

当土壤溶液浓度很低时，根系吸收矿质元素的速度随着浓度的增加而增加，两者成正比。但当土壤溶液浓度达到某一值时，再增加离子浓度，根系对离子的吸收速度则不再增加。这一现象通常认为是离子载体或通道数量有限所致。土壤溶液浓度过高，往往引起水分的反渗透，导致"烧苗"。所以，向土壤中施用化肥过度，或叶面喷施化肥及农药的浓度过大，都会引起植物生长不良甚至死亡，应当注意避免。

2.3.3.4 土壤 pH 值

土壤 pH 值对矿质元素吸收的影响，因离子性质不同而异。一般在弱酸性环境中，氨基酸带正电荷，易于吸附外界溶液中的阴离子；在弱碱性环境中，氨基酸带负电荷，易于吸收外界溶液中的阳离子。

土壤溶液 pH 值对植物矿质营养的间接影响比直接影响大得多。土壤溶液 pH 值的改变，可以引起溶液中养分的溶解或沉淀(图 2-16)。例如，当土壤的碱性逐渐增加时，铁、锰、铜、锌等元素逐渐变成不溶性化合物，植物吸收它们的量也逐渐减少；在弱酸性环境中，磷酸根、钾离子、钙离子、镁离子、硫离子等溶解性增加，植物来不及吸收，便被雨水冲走，故在酸性红壤土中，常缺乏上述元素。另外，土壤酸性过强时，铝、铁、锰等溶解度增大，

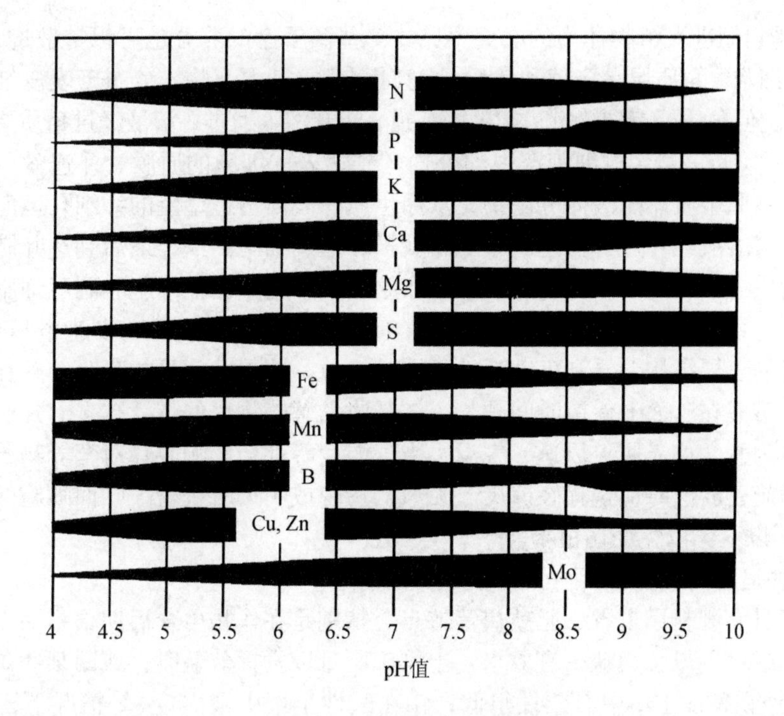

图 2-16　土壤溶液 pH 值对矿质元素可利用性的影响(引自 Lucar and Davis，1961)

黑带厚度代表养分的溶解度

当其数量超过一定限度时，就会引起植物中毒。一般植物最适生长的 pH 值在 6～7 之间，但有些植物喜稍酸环境，如茶、马铃薯、烟草等，还有一些植物喜偏碱环境，如甘蔗和甜菜等。此外，土壤溶液 pH 值还会影响土壤微生物的活动，进一步影响对不同矿质的吸收(见 2.3.3.5)。

2.3.3.5　土壤微生物

土壤中有许多微生物，如各种真菌和细菌等。土壤溶液的酸碱性反应影响土壤微生物的活动。在酸性反应中，根瘤菌会死亡，固氮菌失去固氮能力；在碱性反应中，对农业有害的细菌如硝化细菌发育良好，这些变化都不利于氮素营养的吸收。在土壤中，植物的根(一般是幼根)常被菌根真菌侵染而形成菌根(mycorrhiza)。菌根是非病原或弱病原的真菌，与根的活细胞间形成互惠共生体(mutualistic association)。真菌从植物体中获取所需要的有机营养，植物根系则通过真菌加强了对矿质元素(特别是硝酸盐、磷酸盐、铵盐、钾、铜和锌等)和水分的吸收。

2.3.4　植物地上部对矿质元素的吸收

植物除了根系以外，地上部分(茎叶)也能吸收矿质元素。生产上常把速效性肥料直接喷施在叶面上以供植物吸收，这种施肥方法称为根外营养或叶片营养(foliar nutrition)。

2.3.4.1　叶片营养

溶于水中的营养物质经过喷施到达叶面以后，主要通过气孔和湿润的角质层进入叶内。气孔是气体交换的场所，也是养分进入叶肉细胞的一个途径。对于气态养分(如二氧化碳、二氧化硫)，气孔是它们进入植物体内的必经之路。一些离子态的养分也可以扩散进入气孔之中，然后传到叶肉细胞。角质层是多糖和角质(脂类化合物)的混合物，分布于表皮细胞的外侧壁上，不易透水。但角质层有裂缝，呈细微的孔道，可让溶液通过。溶液经过角质层孔道到达表皮细胞外侧壁后，进一步经过细胞壁中的外连丝到达表皮细胞的质膜。外连丝(ectodesmata)里充满表皮细胞原生质体的液体分泌物，从原生质体表面透过壁上的纤细孔道向外延伸，与质外体相接。当溶液经外连丝抵达质膜后，就被转运到细胞内部，最后到达叶脉韧皮部。外连丝是营养物质进入叶内的重要通道，它遍布于表皮细胞、保卫细胞和副卫细胞的外围。

营养物质进入叶片的量与叶片的内外因素有关。嫩叶比老叶的吸收速率和吸收量要大，这是由于二者的表层结构差异和生理活性不同的缘故。此外叶片只能吸收溶解在溶液中的营养物质，所以溶液在叶面上保留时间越长，被吸收的营养物质的量就越多。凡能影响液体蒸发的外界环境因素，如光照、风速、气温、大气湿度等都会影响叶片对营养物质的吸收。因此，向叶片喷施营养液时应选择在凉爽、无风的傍晚或阴天时进行。叶面喷施的溶液浓度宜在 1.5%~2% 以下，以免烧伤植物。

2.3.4.2 根外追肥的优点

根外追肥具有肥料用量省、肥效快等特点，特别是在作物生育后期根系活力降低、吸肥能力衰退时；或因干旱土壤缺少有效水，土壤施肥难以发挥效益时；或因某些矿质元素易被土粒固定(如铁在碱性土壤中有效性很低，钼在酸性土壤中被固定)等情况下，采用根外追肥可以收到明显效果。在农业上常用于叶面喷施的肥料有尿素、磷酸二氢钾及微量元素等。根外追肥也有不足之处，例如，喷施浓度稍高，易造成叶片伤害；若叶片的角质层过厚(如柑橘类)，使用效果较差。

2.4 矿物质在植物体内的运输和分布

根部吸收的矿物质，少部分留存在根部，大部分要运输到植物体的其他部位。同样，被叶片吸收的矿物质的去向也是如此。在植物生长发育过程中，或某种元素缺乏时，矿质元素同样会在植物体不同部位之间进行再分配。

2.4.1 矿物质运输的形式、途径

2.4.1.1 矿物质运输的形式

植物根系吸收的无机氮化物，大部分在根部转化成有机化合物运往地上部，主要运输形式是氨基酸(如天冬氨酸、谷氨酸、少量丙氨酸、缬氨酸和蛋氨酸)和酰胺(如天冬酰胺、谷氨酰胺)，也有少量的氮素以硝态氮等形式向上运输。磷素主要以正磷酸盐形式运输，还有少量转变为有机磷化物(如磷酰胆碱、甘油磷酰胆碱等)而向上运输。硫的运输主要是以硫酸根离子的形式，也有少数以甲硫氨酸及谷胱甘肽等形式运送。大部分金属元素(如钾、钙、镁、铁等)则以离子形式运往地上部。

2.4.1.2 矿物质运输的途径

(1)木质部运输——由下而上运输

将具有 2 个分枝的柳树苗，在 2 枝的对应部位把茎中的韧皮部和木质部分开(图 2-17)，

在其中一枝的木质部与韧皮部之间插入蜡纸(处理Ⅰ)，而另一枝不插蜡纸，让韧皮部与木质部重新接触(处理Ⅱ)，并以此作为对照。在根部施用^{42}K，5 h后，再测定^{42}K在茎中各部位的分布情况，结果见表2-4。可见在木质部内有大量^{42}K，而在韧皮部内几乎没有，这表明根系所吸收的^{42}K通过木质部的导管向上运输。在未分离区A与B处，以及分开后又重新将木质部与韧皮部密切接触的对照茎中，在韧皮部内也存在较多的^{42}K，显然这些^{42}K是从木质部运到韧皮部的。由此表明矿质元素在木质部向上运输的同时，也可横向运输。

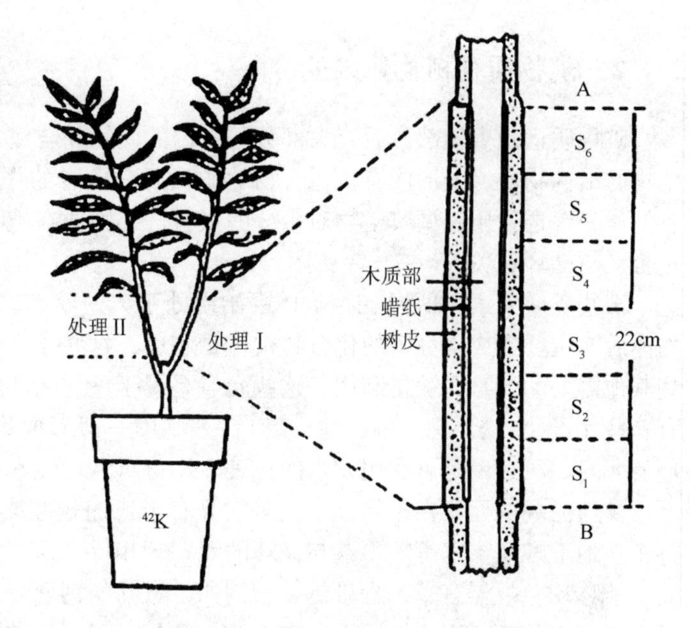

图 2-17 放射性^{42}K向上运输的试验

表 2-4 ^{42}K在柳茎中的分布 $mg \cdot L^{-1}$

部位	处理Ⅰ		处理Ⅱ	
	韧皮部	木质部	韧皮部	木质部
A	43	47	64	56
S_6	11.6	119		
S_5	0.9	122		
S_4	0.7	112		
S_3	0.3	98	87	69
S_2	0.3	108		
S_1	20.0	113		
B	84	58	74	67

(2)韧皮部运输——双向运输

利用上述试验技术，同样研究叶片吸收离子后运输的途径。把棉花茎一段的韧皮部和木质部分开，其间插入或不插入蜡纸，叶片施用$^{32}PO_4$，1 h后测定^{32}P的分布。结果表明，叶片吸收磷酸后，是沿着韧皮部向下运输的；同样，磷酸也从韧皮部横向运输到木质部，但叶片的下行运输还是以韧皮部为主。

叶片吸收的矿质元素在茎部向上运输途径也是韧皮部，同时有些元素能从韧皮部横向运输到木质部而向上运输，因此叶片吸收的矿质元素在茎部向上运输是通过韧皮部和木质部。

矿物质在植物体内的运输速率与植物的种类、植物的生育期及环境条件等因素有关，一般为$30 \sim 100\ cm \cdot h^{-1}$。

2.4.2　矿物质在植物体内的分配

矿物质运到生长部位后，大部分与体内的同化物合成复杂的有机物质，它们进一步形成植物的结构物质。未形成有机化合物的矿质元素，有的作为酶的活化剂，如镁、锰、锌等；有的作为渗透物质，调节植物对水分的吸收。矿物质在植物体内的分布，与离子在植物体内是否参与循环有关。

某些矿质元素(如钾)在植物体内始终处于离子状态，有些元素(如氮、磷、镁)进入植物体后，主要形成不稳定的化合物被植物利用，这些化合物不断分解，释放出的离子可转移到其他需要的器官而被再利用。这些元素是属于参与循环的元素，也称为可再利用元素。另有一些元素(如铁、钙、硼、锰、硫)在细胞中一般形成难溶解的稳定化合物，是不参与循环的元素。氮、磷是可利用元素的代表，不可再利用元素中以钙最为典型。

参与循环的元素在植物体内大多数分布于代谢较旺盛的部位，如生长点、嫩叶、果实、种子、地下贮藏器官等。不参与循环的元素却相反，这些元素被地上部分吸收后，即被固定而不能移动，故器官越老含量越多，例如，嫩叶的钙含量低于老叶。植物缺乏某种元素，最早出现病症的部位不一，原因也在于此。凡是由于可再利用元素缺乏，造成的生理病症首先出现在老叶；而缺乏不可再利用元素的生理病症，首先在嫩叶部位发生。

参与循环的元素重新分布，也表现在植株开花结实时和落叶植物落叶之前。例如，落叶植物在叶子脱落之前，叶中的氮、磷等元素运至茎干或根部，而钙、硼、锰等则不能运出或只有少量运出。同理牧草和绿肥作物结实后，营养体的氮化合物含量大减，不是作饲料或绿肥的最适宜生育期，生产上应引起注意。

2.5　植物对氮、硫、磷的同化

植物所吸收的矿质养料在植物体内进一步转变为有机物的过程称为矿质养料的同化(assimilation)。

2.5.1　氮的同化

高等植物不能利用空气中的氮气，仅能吸收利用化合态的氮。植物可以吸收氨基酸、天冬酰胺和尿素等有机氮化物，但植物的氮源主要是无机氮化物，而无机氮化物中又以铵盐和硝酸盐为主，两者广泛地存在于土壤中。植物从土壤中吸收铵盐后，可直接利用它去合成氨基酸。若吸收硝酸盐，则必须经过代谢还原(metabolic reduction)才能利用，因为蛋白质的氮处于高度还原状态，而硝酸盐的氮处于高度氧化状态。

2.5.1.1　硝酸盐的代谢还原

硝酸盐在活细胞内的代谢还原，包括硝酸盐还原为亚硝酸盐的过程和亚硝酸盐还原成氨的过程。在此还原过程中，每形成 1 个氨分子要求供给 8 个电子。硝酸盐还原(nitrate reduction)的过程如下。

$$\underset{\text{硝酸盐}}{\overset{(+5)}{NO_3^-}} \xrightarrow{+2e} \underset{\text{亚硝酸盐}}{\overset{(+3)}{NO_2^-}} \xrightarrow{+2e} \underset{\text{次亚硝酸盐}}{\overset{(+1)}{N_2O_2^{2-}}} \xrightarrow{+2e} \underset{\text{羟氨}}{\overset{(-1)}{NH_2OH}} \xrightarrow{+2e} \underset{\text{氨}}{\overset{(-3)}{NH_3}}$$

(1)硝酸盐还原为亚硝酸盐

硝酸还原酶(nitrate reductase, NR)催化硝酸盐还原为亚硝酸盐。它主要存在于高等植物的根和叶子中。而且由于硝酸还原酶来源不同，其亚基组成的数目和大小也不同，小的有2个亚基，大的可达8个亚基。现在认为硝酸还原酶是一种可溶性的钼黄素蛋白(molybdoflavo protein)，为同型二聚体(homodimer)，由黄素腺嘌呤二核苷酸(FAD)、细胞色素 b_{557} 和钼复合体(Mo-Co)等组成，相对分子质量 2.0×10^5~5.0×10^5。

在硝酸还原酶催化的反应中，硝酸盐还原所需的电子供体是NADH(NADPH)，电子从NADH经FAD、细胞色素 b_{557} 传至Mo，最后将 NO_3^- 还原为 NO_2^-(图2-18)，整个酶促反应如下。

$$NO_3^- + 2e^- + 2H^+ \xrightarrow{NR} NO_2^- + H_2O$$

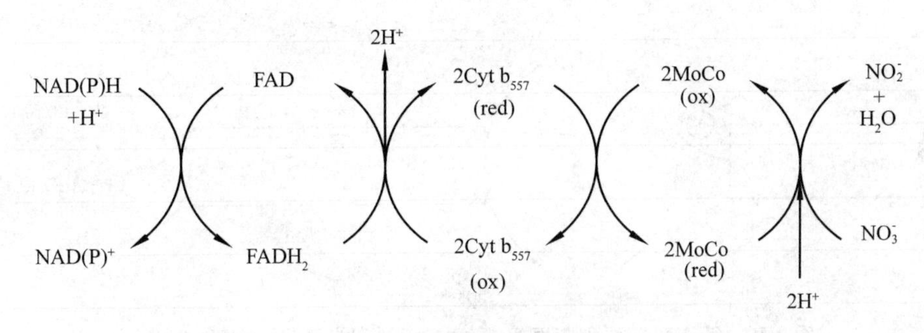

图2-18 硝酸还原酶还原硝酸盐的过程(引自潘瑞炽，2008)
ox 氧化态；red 还原态

硝酸还原酶是一种诱导酶(induced enzyme)，所谓诱导酶(或适应酶)，是指植物本身不含某种酶，但在特定外来物质的影响下，可以生成这种酶。这种现象就是酶的诱导形成(或适应形成)，所产生的酶叫作诱导酶(或适应酶)。我国科学家吴相钰、汤佩松(1957)首先发现水稻幼苗若培养在含硝酸盐的溶液中就会诱导幼苗产生硝酸还原酶，如用不含硝酸盐的溶液培养，则无此酶出现。这也是国内外最早的有关高等植物体内存在诱导酶的报道。

硝酸盐的还原在根部及叶内均可进行，所占的比例受多种因素影响，包括硝酸盐供应水平、植物种类、植物年龄等。一般外部供应硝酸盐水平低时，则根中硝酸盐的还原比例大，并且木本植物根的硝酸还原能力很强。作物中硝酸盐在根内还原能力依次为：燕麦 > 玉米 > 向日葵 > 大麦 > 油菜。此外，根中硝酸盐的还原比例还随温度和植物年龄的增加而增大。通常白天硝酸还原速度显著大于夜间，这是因为白天光合作用产生的还原力能促进硝酸盐的还原。

(2)亚硝酸盐的还原

在正常有氧条件下，由硝酸还原酶催化形成的亚硝酸盐，很少在植物体内积累，因为在植物组织中有大量的亚硝酸还原酶(nitrite reductase, NiR)，即硝酸盐还原为亚硝酸盐后，亚硝酸盐被迅速运进质体(plastid)，如根中的前质体(proplastid)或叶中的叶绿体，并进一步被亚硝酸盐还原酶NiR还原为 NH_3 或 NH_4^+。亚硝酸盐的还原可在根和叶内进行，通常绿色组织中硝酸盐的还原比非绿色组织中更为活跃。在叶绿体中，还原所需的电子来自于还原态的铁氧还蛋白(Fd_{red})，它由叶绿体通过非环式光合磷酸化电子传递反应产生。其反应如下：

$$NO_2^- + 6Fd_{red}(Fe^{2+}) + 8H^+ \xrightarrow{NiR} NH_4^+ + 6Fd_{ox}(Fe^{3+}) + 2H_2O$$

在非光合组织(如根)的质体中，还原亚硝酸盐所需的铁氧还蛋白来源于戊糖磷酸呼吸途径产生的 NADPH，经黄素蛋白-$NADP^+$还原酶催化将氧化态的铁氧还蛋白(Fd_{ox})还原为还原态(Fd_{red})，其酶促反应为：

$$NADPH + 2Fd_{ox}(Fe^{3+}) \longrightarrow NADP^+ 2Fd_{red}(Fe^{2+}) + H^+$$

亚硝酸还原酶(NiR)相对分子量为$60 \times 10^3 \sim 70 \times 10^3$，它由2个亚基组成，其辅基由特殊的血红素(siroheme)和铁硫蛋白(Fe_4-S_4)组成。亚硝酸还原酶还原亚硝酸的过程是：由光合作用供给电子，经过Fd_{red}还原，提供电子给 NiR 中的Fe_4-S_4，再转给多肽血红素，最终将电子传给NO_2^-而还原为NH_4^+，同时释放少量一氧化二氮(温室气体)(图2-19)。

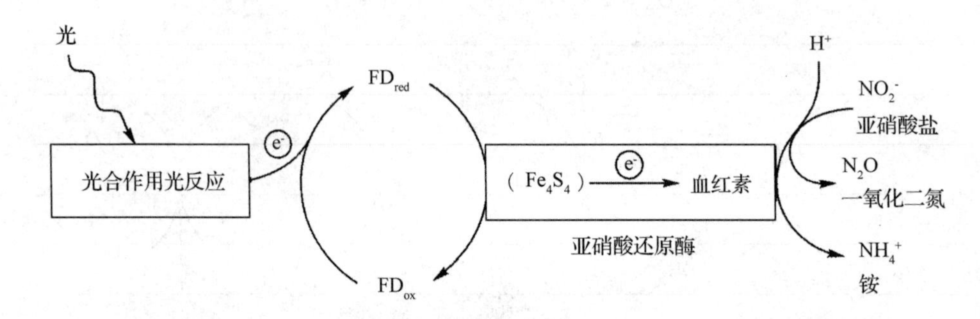

图2-19　亚硝酸还原酶还原亚硝酸的过程(引自 Taiz *et al.*，2006)

2.5.1.2　氨的同化

植物从土壤中吸收铵盐的氨，或由硝酸盐还原形成氨后会立即被同化为氨基酸。游离氨的量稍多一些即会毒害植物，因为氨可能抑制呼吸过程中的电子传递系统，尤其是 NADH 的氧化。氨的同化在根、根瘤和叶部进行，包括谷氨酰胺合成酶—谷氨酸合酶途径、氨基交换作用和谷氨酸脱氢酶途径。

(1)谷氨酰胺合成酶—谷氨酸合酶途径

在谷氨酰胺合成酶(glutamine synthase，GS)作用下，并以Mg^{2+}、Mn^{2+}或Co^{2+}为辅因子，氨与谷氨酸结合，形成谷氨酰胺(图2-20 反应①)。谷氨酰胺进一步在谷氨酸合酶(glutamate synthase)催化下与α-酮戊二酸形成谷氨酸(图2-20 反应②)。谷氨酸合酶又称谷氨酰胺-α-酮戊二酸转氨酶(glutamine α-ketoglutarate aminotransferase，GOGAT)，故上述反应也叫 GS-GOGAT 循环。谷氨酰胺合成酶普遍存在于各种植物的所有组织中，在绿色组织中定位于叶绿体和细胞质中，在非绿色组织中定位于质体。谷氨酰胺合成酶对氨的亲和力很高，其米氏常数(*Km*)为$10^{-5} \sim 10^{-4}$ mol · L^{-1}，可使植物避免氨累积造成毒害。谷氨酸合酶(GOGAT)有2种形式：一是以 NAD(P)H 为电子供体，多定位于非绿色组织的前质体中；二是以还原态 Fd 为电子供体，多定位于绿色组织的叶绿体中。

以上反应形成的谷氨酰胺，还可以在天冬酰胺合成酶(asparagine synthetase，AS)作用下将酰胺氮转移给天冬氨酸而形成天冬酰胺(图2-20 反应③)。

(2)氨基交换作用

植物体内的谷氨酸和谷氨酰胺可在细胞质、叶绿体、线粒体、乙醛酸体和过氧化物酶体

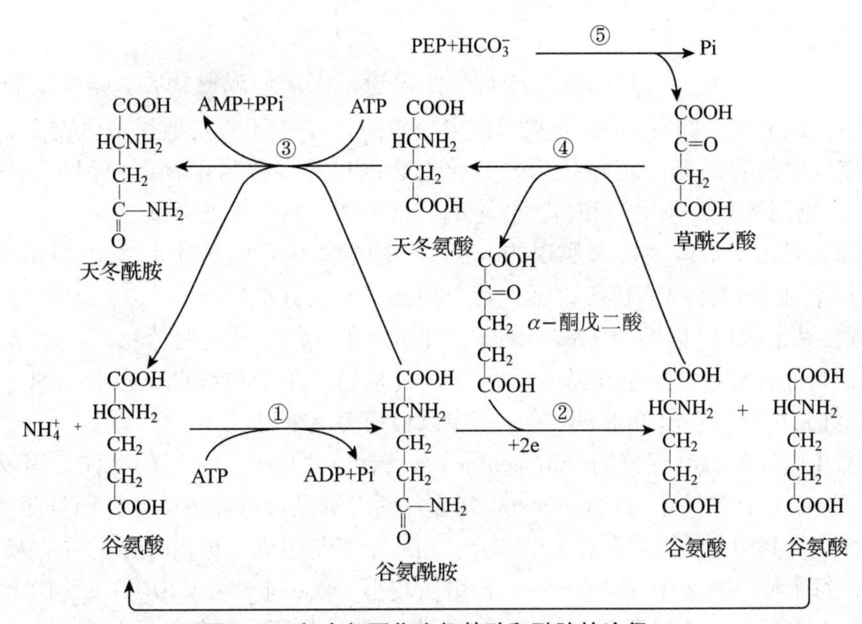

图 2-20 氨态氮同化为氨基酸和酰胺的途径

①谷氨酰胺合成酶；②谷氨酸合酶；③天冬酰胺合成酶；④转氨酶；⑤PEP 羧化酶

中通过转氨作用或氨基交换作用(transamination)，形成其他氨基酸或酰胺。例如，谷氨酸与草酰乙酸结合，在天冬氨酸转氨酶(aspartate aminotransferase，ASP-AT)催化下，谷氨酸的氨基转移给草酰乙酸的羰基，形成天冬氨酸(图 2-20 反应④)。反应中的草酰乙酸系磷酸烯醇式丙酮酸羧化而来(图 2-20 反应⑤)。

(3)谷氨酸脱氢酶途径

谷氨酸脱氢酶(glutamate dehydrogenase，GDH)催化氨与 α-酮戊二酸结合产生谷氨酸。谷氨酸脱氢酶存在于叶绿体和线粒体中。但谷氨酸脱氢酶对氨的亲和力很低(*Km* 值为 5.2～7.0 mmol·L^{-1})，只有在植物体内氨浓度较高时才起作用。

通过上述作用，氨最终同化为氨基酸，进而参与蛋白质及核酸等含氮物质的代谢，叶片氮同化步骤如图 2-21 所示。

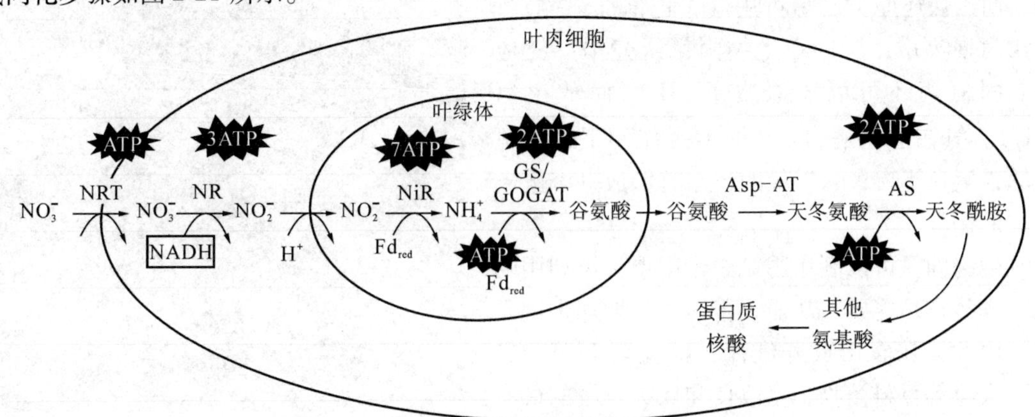

图 2-21 叶片氮同化过程(引自 Taiz and Zeiger，2006)

NRT：nitrate-protein symporter(硝酸盐—蛋白转运器)

2.5.1.3 生物固氮

在一定条件下，N_2可与其他物质进行化学反应，固定形成氮化物，这个过程称为固氮作用。在自然固氮中，约有10% 是通过闪电完成的，其余90%是通过微生物完成的。某些微生物把空气中的游离氮固定转化为含氮化合物的过程，称为生物固氮(biological nitrogen fixation)。生物固氮对农业生产和自然界中的氮素平衡，具有重要意义。

生物固氮是由2类微生物来实现的。一类是能独立生存的非共生微生物(asymbiotic microorganism)，主要包括细菌和蓝绿藻，其中细菌又分为好气性细菌(以固氮菌属 *Azotobacter* 为主)和嫌气性细菌(以梭菌属 *Clostridium* 为主)。另一类是与其他植物(宿主)共生的微生物，例如，与豆科植物共生的根瘤菌，与非豆科植物共生的放线菌，以及与水生蕨类红萍(亦称满江红)共生的蓝藻(鱼腥藻)等，其中以根瘤菌最重要。

固氮微生物体内含有固氮酶(nitrogenase)，具有还原分子氮为氨的功能。固氮酶由钼铁蛋白(Mo Fe protein)和铁蛋白(Fe protein)构成。两者都是可溶性蛋白质，而且两者必须结合才有固氮作用。其中钼铁蛋白是较大的部分，由4个亚基组成，总相对分子质量为1.8×10^5~2.4×10^5，每个亚基有2个MoFe-S簇。铁蛋白较小，由2个3.0×10^4~7.2×10^4的亚基组成(因微生物种类而异)。2种蛋白的活性都能被氧抑制，铁蛋白对氧极为敏感，其在有氧环境中的半衰期仅为30~45 s，钼铁蛋白被氧抑制失活的半衰期则为10 min左右。因此，固氮酶的正常活性要求几乎绝对的厌氧条件。

在整个固氮过程中，以铁氧还蛋白Fd_{red}为电子供体，去还原铁蛋白Fd_{ox}，成为Fd_{red}，后者进一步与Mg·ATP结合，并使之水解，形成还原型的Mg·ATP铁蛋白，同时高能电子转给钼铁蛋白$MoFe_{ox}$成为还原型的钼铁蛋白($MoFe_{red}$)，还原型的钼铁蛋白接着还原氮气，最终形成氨。所以氨是生物固氮的最终产物，分子氮被固定为氨的总反应式如下。

$$N_2 + 8e^- + 8H^+ + 16ATP \xrightarrow{\text{固氮酶}} 2NH_3 + H_2 + 16ADP + 16Pi$$

固氮酶还可以还原许多种底物。在自然条件下，它与氮气和质子反应。固氮酶还可以还原乙炔为乙烯。其中乙炔的还原与氮的还原平行相关，而乙炔还原为乙烯可用气相色谱加以测定，方法简便灵敏，所以在生物固氮研究中广泛应用。固氮酶还可以还原质子(H^+)而放出氢(H_2)。氢在氢化酶(hydrogenase)作用下，又可还原铁氧还蛋白，这样氮的还原就形成一个电子传递的循环。

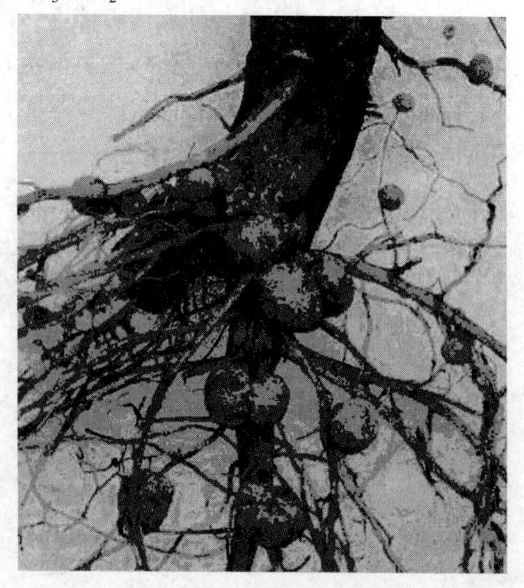

图2-22 大豆根部的结瘤情况

(引自Taiz and Zeiger，2002)

生物固氮可以利用固氮酶作用得到可利用的氮来满足作物需要，从而改善土壤，增加土壤肥力。因此，在农田放养红萍，种植紫云英、花生、大豆等豆科植物，是改良和保护土壤的最有效最经济的方法之一(图2-22)。但是分析固氮反应式可知，固氮酶固定1分子氮气要消耗8个电子和16个ATP。据计算，高等植物固定1 g N_2要消耗有机碳12 g。如何减少固氮所需的能量投入量是生物固氮研究中亟待解决的问题之一。

2.5.2 硫的同化

硫是生物体生命活动不可缺少的重要元素之一，高等植物获得硫主要是通过根部从土壤中吸收硫酸根离子(SO_4^{2-})，也可以通过叶片吸收和利用空气中少量的二氧化硫气体。但二氧化硫要转化为硫酸根后，才能被植物同化。因此，二氧化硫的同化与硫酸盐的同化是同一个过程。硫酸盐的同化可以在植物根部或地上部分进行，其反应可用下面简式表示。

$$SO_4^{2-} + ATP + 8e^- + 8H^+ \longrightarrow S^{2-} + ADP + Pi + 4H_2O$$

植物合成含硫化合物的过程包括3个步骤：①活化SO_4^{2-}；②将SO_4^{2-}还原为S^{2-}；③将S^{2-}合成半胱氨酸。

(1)活化SO_4^{2-}

SO_4^{2-}很稳定，在与其他物质作用之前，必须先行活化。在ATP硫酸化酶催化下，SO_4^{2-}与ATP反应，产生腺苷酰硫酸(APS)和焦磷酸。腺苷酰硫酸是活化硫酸盐。

$$SO_4^{2-} + ATP \xrightarrow{\text{ATP 硫酸化酶}} APS$$

(2)腺苷酰硫酸还原为S^{2-}

存在于质体中的腺苷酰硫酸的进一步还原分为2个步骤：一是腺苷酰硫酸还原酶从还原态谷胱甘肽(GSH)转移2个电子，产生亚硫酸盐(SO_3^{2-})和氧化态谷胱甘肽(GSSG)；二是亚硫酸盐还原酶从还原型铁氧还蛋白转移6个电子，产生硫化物(S^{2-})。

$$APS + 2GSH \xrightarrow{\text{APS 还原酶}} SO_3^{2-} + 2H^+ + GSSG + AMP$$

$$SO_3^{2-} + 6Fd_{red} \xrightarrow{\text{亚硫酸盐还原酶}} S^{2-} + Fd_{ox}$$

(3)S^{2-}合成半胱氨酸

首先丝氨酸(Ser)在丝氨酸乙酰转移酶的催化下，与乙酰CoA反应生成乙酰丝氨酸(OAS)和CoA。再者乙酰丝氨酸在乙酰丝氨酸硫酸化酶催化下，与S^{2-}反应形成半胱氨酸(Cys)和乙酸(Ac)。半胱氨酸会进一步合成胱氨酸等含硫化合物。

$$Ser + \text{乙酰 CoA} \xrightarrow{\text{丝氨酸乙酰转移酶}} OAS + CoA$$

$$CoA + S^{2-} \xrightarrow{\text{乙酰丝氨酸硫酸化酶}} Cys + Ac$$

2.5.3 磷酸盐的同化

植物根系吸收的磷酸盐(HPO_4^{2-})只有少数以离子状态存在于体内，大多数则在根部或地上部同化成有机物，如磷酸化的糖类、磷脂和核苷酸等。磷酸盐最主要的同化过程是通过磷酸化作用，与ADP形成ATP。其中在线粒体中，磷酸盐通过氧化磷酸化使NADH(或琥珀酸)氧化为ATP；在叶绿体中，光合磷酸化形成ATP；在胞质溶液中，通过转磷酸化作用形成ATP。

$$ADP + Pi \longrightarrow ATP + H_2O$$

2.6　合理施肥的生理基础

在农业生产中，由于土壤中的养分不断地被作物吸收，而作物产品大部分被人们利用，土壤养分就逐渐匮乏，因此，在作物生产中经常需通过合理施肥来补充作物对矿质元素的需要，从而提高作物产量和质量。合理施肥，就是根据作物矿质元素对作物的生理功能，结合作物自身的需肥规律，适时、适量地施肥，做到少肥高效。

2.6.1　作物的需肥规律

2.6.1.1　不同作物或同一作物的不同品种需肥情况不同

各种作物为了良好的生长发育并获得优质高产都需要吸收各种必需的营养元素，但是不同作物的生理学特性不同，对矿质元素的需要是有差别的。即使是同一作物，因品种、土壤和栽培条件的差异，所需养分和比例也会有所不同。而且由于人们对各种作物的食用部分要求不同，而不同元素的生理功能又不一致，不同作物对不同元素的相对需要量也会有所差异。例如，栽培以果实籽粒为主要收获对象的禾谷类作物时，生育前期需较多氮肥，后期则要多施一些磷、钾肥，以利籽粒饱满；栽培根茎类作物(如甘薯、马铃薯)时，则可多施钾肥，促进地下部分累积碳水化合物；栽培叶菜类作物时，需多施氮肥，以促使其叶片肥大。

2.6.1.2　不同作物需肥形态不同

作物的生理学特性不同，对所需肥料的形态要求也不同。施肥时应根据作物的种类和生产目的选择有利于作物生产的肥料形态。例如，烟草和马铃薯用草木灰等有机钾肥比施用氯化钾更适宜，因为氯会降低烟草的可燃性和马铃薯的淀粉含量(氯有阻碍糖运输的作用)。水稻宜施铵态氮而不宜施用硝态氮，因为硝态氮在水田中易流失。而烟草则既需要铵态氮，又需要硝态氮，因为铵态氮有利于芳香油的形成，使叶片燃烧时散发香味；同时硝酸利于有机酸的形成，加强叶片的可燃性。所以烟草栽培中施用硝酸铵效果最好。此外，黄花苜蓿和紫云英等植物吸收磷的能力弱，以施用水溶性的过磷酸钙为宜；荞麦、毛苕吸收磷的能力强，施用难溶解的磷矿粉和钙镁磷肥也能被吸收利用。

2.6.1.3　同一作物在不同生育时期需肥不同

同一作物在不同生育时期中，对矿质元素的吸收情况也是不一样的。在萌发期间，因种子本身贮藏养分，故不需要吸收外界肥料养分，随着幼苗的长大，吸肥渐强，将近开花、结实时，矿质养料吸收最多，以后随着生长的减弱，吸收下降，至成熟期则停止吸收，衰老时甚至有部分矿质元素排出体外。

作物在不同生育期中，各有明显的生长中心。例如，水稻和小麦等分蘖期的生长中心是叶芽，拔节孕穗期的生长中心是穗的分化发育和形成，抽穗结实期的生长中心是种子的形成。生长中心的生长较旺盛，代谢强，养分元素一般优先分配到生长中心，故不同生育期施肥，对生长影响不同，它们的增产效果有很大的差别，其中有一个时期施用肥料的营养效果最好，这个时期被称为最高生长效率期(或植物营养最大效率期)。我国农民在长期生产实践中，对植物营养最大效率期有深刻的认识。一般作物的最大效率期是生殖生长时期，此时作物正处于生殖器官分化和退化的关键时刻，吸收养分最多，加强养分既可促进颖花的分化形成，又可防止颖花和枝梗的退化，所以可获得较大的效率。例如，水稻和小麦的营养最大效率期是在幼穗形成期；而油菜和大豆都在开花期，所谓“菜浇花”就是这个道理。

此外，在作物栽培中还有一个时期对缺乏矿质元素最敏感，这个时期称为作物营养临界期(或植物需肥临界期)。在临界期，作物对某种养分的要求在绝对数量上可能不多，但很迫切，且作物因某种养分缺少或过多而受到的损失，即使在以后该养分供应正常时也很难弥补。作物营养的临界期，多出现在生育前期，但是不同养分的临界期在时间上也不完全相同。不少试验指出，大多数作物磷营养的临界期多出现在幼苗期，因为从种子营养转到土壤营养时，种子中所贮存的磷已基本耗尽，而此时根系小，吸收能力弱，此时若磷供应不足，幼苗的生长会受到严重影响，甚至作物还会减产。所以施用磷肥作种肥是一项增产的有效措施。作物氮素营养临界期也在生育前期，例如，冬小麦的氮营养临界期是在分蘖和幼穗分化期，这时供给适量的氮素，就能增加分蘖数，并为形成大穗打好基础。如果供氮不足，分蘖数和花数都会减少；与此相反，若此时氮素过多，则无效分蘖增加，幼穗分化也受影响，甚至造成早期郁蔽，穗小、粒少，甚至倒伏，严重影响产量。

2.6.2 合理施肥的指标

在作物营养最大效率期及营养临界期的施肥很重要，但并不等于只在这两个时期施肥即可满足作物生长的需要。作物对矿质元素的吸收会随作物本身的生育时期而有很大的改变，所以应在施足基肥的基础上分期追肥，以及时满足作物不同生育时期的需要。作物生长发育是受环境(土壤与气候)支配的，而环境条件千变万化，由于植株生长情况实际上是环境对植物影响的综合反映，所以具体施肥时，要综合分析土壤养分、作物生长发育和生理生化变化等情况，并以此为依据进行合理施肥。

2.6.2.1 土壤营养丰缺指标

通过土壤各种矿质元素含量的测定，可以明确了解土壤肥力，即土壤中全部养分和有效养分的贮存量，对确定施肥方案有重要参考价值。在生产实践中，土壤肥力是一个综合指标，是由土壤的综合物理化学性质所决定的。不同作物对土壤中各种矿质元素的含量和比例要求不同，且各地的土壤、气候、耕作管理水平差距很大，故施肥的土壤营养指标也因地、因作物而异。

2.6.2.2 作物营养丰缺指标

通过所栽培作物的形态、生理等指标(即所谓作物营养丰缺指标)来确定是否施肥及所施肥料的种类，也是常用方法之一。

(1)追肥的形态指标

形态指标主要指植株生长的快慢、植株的大小、植株的株型结构、叶片的形态和颜色。其中以叶片的形态和叶色指标最为常用。对于植物来说，一般氮肥多，植株生长快，叶长而软，色深，株型松散；氮肥不足，生长慢，叶短而直，色浅，株型紧凑。

形态指标直观易懂，但因各种环境元素的影响，有时不易判断准确，而且往往一旦表现出来了，植物体内已严重缺乏此种元素。

(2)追肥的生理指标

反映植株需肥情况的生理生化变化称为追肥的生理指标。生理指标一般以功能叶作为测定对象。

叶中元素含量 叶片营养元素诊断是研究植株营养状况应用较广的植物营养分析方法。结合不同施肥水平，不同产量，通过化学分析，找出不同生育期、不同营养浓度与产量的关系。当养分严重缺乏时，产量很低；养分适当时，产量最高；即便养分浓度继续提高，产量也不增加，浪费肥料；如果养分浓度再继续增加，往往产生毒害，产量反而下降。在严重缺乏与适量这 2 个浓度之间有一临界浓度。临界浓度即是获得最高产量的最低养分浓度（图 2-23）。对于不同作物，不同生育期，不同元素的临界浓度是不同的，要根据大量的试验数据，绘制出各种曲线，找出它们的临界浓度，以便指导施肥工作。表 2-5 是几种作物中一些矿质元素的临界浓度，供参考。

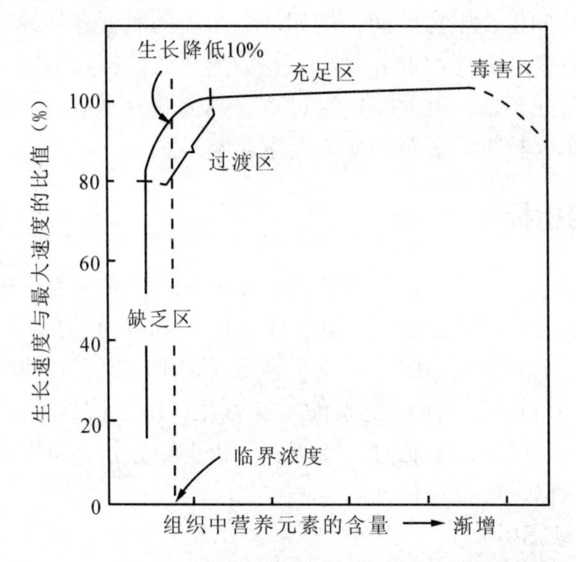

图 2-23 植物组织中矿质元素的含量与作物生长的关系

表 2-5 几种作物的矿质元素临界浓度（占干重的百分比）

作物种类	测定时期	分析部位	N	P_2O_5	K_2O
春小麦	开花末期	叶子	2.6～3.0	0.52～0.60	2.8～5.0
燕麦	孕穗期	植株	4.25	1.05	4.25
玉米	抽雄	果穗前一叶	3.10	0.72	1.67
花生	开花	叶子	4.0～4.2	0.57	1.20

酰胺含量 作物吸收氮素过多时，会以酰胺状态贮存起来，以免游离氨毒害植物。一系列研究证实，水稻植株中的天冬酰胺与氮的增加是平行的，因而认为天冬酰胺的含量可作为水稻植株氮素状态是否良好的指标。作物顶叶内若含有天冬酰胺则表示氮肥充足；否则表示氮营养不足。

酶活性 作物体内多种酶蛋白其活性依赖于作为辅基或活化剂的矿质元素。当缺乏这些矿质元素时，相应的酶活性即会下降。例如，缺铜时抗坏血酸氧化酶和多酚氧化酶活性下降；缺钼时硝酸还原酶活性下降；缺锌时碳酸酐酶和核糖核酸酶活性减弱；缺锰时异柠檬酸脱氢酶活性下降；缺铁时过氧化物酶和过氧化氢酶活性下降等。与此相反，还有些酶类物质在缺乏相关元素时其活性会上升，例如，缺磷时，酸性磷酸酶活性高。根据这些酶活性的变化可以推测植物体内某一元素的丰缺情况。

淀粉含量 水稻、小麦叶鞘中淀粉的含量也可作为氮素的丰缺指标。氮素不足会导致淀粉在叶鞘中累积，故叶鞘内淀粉含量越多表示氮素越缺乏。

2.6.3 发挥肥效的措施

在作物栽培过程中，要适时适量地施入各种肥料，同时还要采取适宜的耕作措施，使肥效充分发挥。

(1)肥水配合，充分发挥肥效

水是作物吸收和运输矿质元素的溶剂，绝大多数矿质元素必须先溶于水才能被植物吸收利用，故在施肥的同时要适量灌水才能保证肥效充分发挥。

(2)深耕改土，改良土壤环境

适当深翻同时增施有机肥料可以有效促进土壤团粒结构的形成，改善土壤理化性质，增强土壤保水保肥能力，而且还可以改善根系生长环境，使根系生长良好，提高对水肥的吸收利用率。

(3)改善光照条件，提高光合效率

施肥增产主要是光合性能改善的结果，所以要充分发挥肥效，必须改善光照条件。因此在合理施肥的基础上，要进行合理密植以保证田间通风透光。

(4)改革施肥方式，促进作物吸收

传统的施肥方式(表层施肥)易导致肥料的剧烈氧化、铵态氮转化和硝态氮及钾肥流失等情况，肥效甚低。选择适当的施肥方式，如改表层施肥为深层施肥(肥料施于作物根系附近5~10 cm深的土层)可有效减少矿质元素的挥发和流失。而且深层施肥可逐步释放营养，供肥稳而久，同时促使根系深扎(根系生长有趋肥性)，吸收能力增强，最终使得植株健壮，增产明显。

本章小结

借助溶液培养法或砂基培养法，目前已确定17种元素为植物生长发育的必需元素，其中除了从水分和二氧化碳获取的碳、氢、氧外，还包括从土壤中获取的氮、磷、钾、硫、钙、镁、铁、锰、硼、锌、铜、钼、镍和氯等。根据植物对元素需要量的不同，将这些元素分为大量元素和微量元素。植物必需的矿质元素是细胞结构物质的组成成分，参与调节酶的活动，同时还起到电化学作用和细胞信号转导的第二信使作用。各种必需矿质元素功能各异，一般不能互相替代。当缺乏某种元素时，会表现出一定的缺乏症状。

植物细胞吸收溶质分为被动吸收、主动吸收和胞饮作用等不同方式。细胞对矿质元素的吸收主要与溶质的跨膜运输有关，膜两侧的电化学梯度将决定跨膜转运的方向。溶质顺电化学势梯度进行转移称为扩散，不需要消耗能量，属于被动吸收，有单纯扩散和易化扩散2种。细胞的膜系统中有2种类型的传递蛋白：通道蛋白和载体蛋白。所有通道蛋白均可使离子以易化扩散的方式进行传递；载体蛋白可分成单向转运体、同向转运体、反向转运体等类型，由载体蛋白进行的转运可以是被动的，也可以是主动的，并且有饱和现象。溶质逆电化学势梯度转运，需要消耗能量，属于主动吸收。主动吸收的实现主要依靠细胞膜上的 ATP 酶催化 ATP 水解释放能量，驱动离子逆着电化学势梯度跨膜转运。其中主要有质膜 H^+-ATP 酶、液泡膜 H^+-ATP 酶、线粒体 H^+-ATP 酶和叶绿体 H^+-ATP 酶以及 Ca^{2+}-ATP 酶等，此外 H^+-焦磷酸酶也可利用焦磷酸中的自由能量促使溶质的跨膜运输完成。植物吸收矿质元素除了以上方式，还有胞饮作用，此种方式为细胞吸收大分子提供了可能，但不是植物吸收矿质元素的主要方式。

根系是植物体吸收矿质元素的主要器官，根毛区是根尖吸收离子最活跃的区域。根系吸收矿质元素有以下特点：对盐分和水分的相对吸收，离子的选择吸收、单盐毒害和离子颉颃。根系吸收矿质元素的过程：首先通过交换吸附将离子吸附在根部细胞表面，随后离子通过质外体和共质体运输进入木质部，离子最终进入导管。土壤温度和通气状况是影响根部吸收矿质营养的主要因素。

根部吸收的营养一部分留在根中，大部分通过木质部向上运输，也可横向运输到韧皮部再向上或向下运输。叶片吸收的矿质元素在韧皮部内向上或向下运输，也可同样运输到木质部后再运输到其他部位。

矿质元素在植物体内的分布以离子是否参与循环而异。磷和氮等参与循环的元素，多分布于代谢较旺盛的部位；钙和铁等不参加循环的矿质元素，则易被固定，器官越老，含量越多。

矿质营养只有同化后才能被植物利用。氮素同化包括硝态氮和铵态氮的同化，以及生物固氮。植物吸收的硫酸根离子经过活化，形成含硫氨基酸。磷酸盐被植物吸收后，大多数被同化为有机物，例如，磷酸化的糖类、磷脂和核苷酸等；磷酸盐最主要的同化过程是通过磷酸化作用，与 ADP 形成 ATP。

不同作物或同一作物的不同品种对矿质元素的需要量不同，不同作物需肥形态各有差异，同一作物在不同发育期需肥情况也不一样，因此应合理施肥，分期追肥，看苗追肥。同时采用措施以利于肥效的发挥，例如，适时灌溉、适当深翻、改善光照条件和改革施肥方式等。

思考题

1. 如何确定植物必需的矿质元素？植物必需的矿质元素有哪些生理作用？
2. 为什么植物缺钙、铁等元素时，缺素症最先表现在幼叶上？
3. 如何鉴别植物发生了缺氮、缺磷和缺钾的现象？
4. 生物膜有哪些结构特点和功能？
5. 植物细胞通过哪几种方式吸收矿质元素？其各自的特点是什么？
6. 为什么说主动转运与被动转运都有膜传递蛋白的参与？
7. 试述根系吸收矿质元素的特点、主要过程及其影响因素。
8. 植物的氮素同化包括哪几个方面？
9. 合理施肥为何能够增产？要充分发挥肥效应采取哪些措施？
10. 植物细胞吸收水分和矿质元素有什么关系？有什么异同？

推荐阅读书目

1. 现代植物生理学．3 版．李合生．高等教育出版社，2012.
2. 植物生理学．7 版．潘瑞炽．高等教育出版社，2012.

第3章 植物的光合作用

植物体的干物质中90% 以上是有机化合物，而有机化合物都含有碳素(约占有机化合物重量的45%)，并且碳原子是组成所有有机化合物的主要骨架，所以说碳素营养是植物的生命基础。

按照碳素营养方式的不同，可以把植物分为异养植物和自养植物2种。

①**异养植物** 只能利用现成的有机物作为机体营养，如某些微生物和少数高等植物。

②**自养植物** 可以利用无机碳化合物作为营养，并且将它合成为有机物。

自养植物吸收二氧化碳，将其转变成有机物质的过程，称为植物的碳素同化作用(carbon assimilation)。植物的碳素同化作用包括细菌光合作用、绿色植物光合作用和化能合成作用3种类型。在这3种类型中，绿色植物光合作用最广泛，合成的有机物质最多，与人类的关系也最密切。所以，本章主要介绍绿色植物的光合作用。

3.1 光合作用的重要性

3.1.1 光合作用的概念和研究历程

绿色植物吸收阳光的能量，同化二氧化碳和水，制造有机物质并释放氧气的过程，称为光合作用(photosynthesis)。

1771年，英国化学家Priestley把燃烧的蜡烛放在密闭的玻璃罩内，蜡烛不久就会熄灭，而把薄荷枝条和燃烧着的蜡烛一起放在密闭的玻璃罩里，蜡烛不易熄灭；同样，把小鼠放在玻璃罩内，小鼠不久就窒息死亡，而把小鼠和薄荷枝条放在同一玻璃罩里，小鼠活动正常。所以他在1776年提出植物可以“净化”被蜡烛和小鼠“弄坏”了的空气。1779年，荷兰J. Ingenhousz证实，Priestley的实验只有在光下才能成功。因此，后来人们把1771年定为发现光合作用的元年。

1782年瑞士科学家T. Senbier用化学分析方法证明植物能吸收二氧化碳和释放氧气，1804年瑞士科学家N. T. de Saussure利用定量化学分析方法确定植物释放氧的体积大致等于吸收二氧化碳的体积，并且证明水参与了光合作用。

1864年德国植物生理学家Sachs通过实验证明淀粉是光合作用的产物。1940年美国科学家S. Ruben和M. Kamen通过$H^{18}O_2$和$C^{18}O_2$同位素标记实验，证明光合作用中释放的氧来自于水，糖类中的氢也是来自于水。光合作用的过程，可用下列方程式来表示。

$$CO_2 + H_2O^* \xrightarrow[\text{绿色细胞}]{\text{光能}} (CH_2O)_n + O_2^*$$

* 表示光合作用释放的氧气中的氧原子来自于水。

3.1.2　光合作用的重要性

(1) 把无机物变成有机物

植物通过光合作用制造有机物的规模是非常巨大的。据估计，地球上的自养植物同化的碳素，40% 是由浮游植物同化的，余下 60% 是由陆生植物同化的，所以人们把绿色植物比喻为地球上最庞大的合成有机物的绿色工厂。今天人类所吃的全部食物和某些工业原料，都是直接或间接地来自绿色植物的光合作用。

(2) 蓄积并转变太阳能量

植物在同化无机碳化合物的同时，把太阳光能转变为化学能，贮藏在形成的有机化合物中。有机物所贮藏的化学能，除了供植物本身和全部异养生物利用外，更重要的是可提供人类营养和活动的能量来源。我们所利用的能源，如煤炭、天然气、木材，等等，都是现在或过去的植物通过光合作用形成的。

(3) 维持大气中氧气和二氧化碳的相对平衡

微生物、植物和动物的呼吸作用以及有机物和矿物燃料的燃烧，都消耗大量的氧气并释放二氧化碳。绿色植物的光合作用则使得大气中的氧气和二氧化碳保持相对稳定。

目前人类面临着食物、能源、资源、环境等严峻的问题，而这些问题的破解都与光合作用有着密切的关系。因此，深入探讨光合作用的机理以及同化物的运输和分配规律，对于有效利用太阳能，使人类能够更好地与自然界和谐生存与发展，具有重大的理论意义和实践意义。

对于农业生产来说，不论是种植粮食作物，还是栽培果树、蔬菜，或者是造林和种草，最终的目的是提高植物的光合作用效率以获得最多的光合产物。因此，阐明光合作用高效吸能、传能和转能的分子机理，改造与光合作用有关的基因，以实现植物光能转化效率的调节和控制，就成为植物生产的核心目标。从工业生产的角度讲，可以考虑借鉴光合作用的光电转化原理来提高光电池的光电转化效率；或者也可以利用沙漠区域的光热资源，以藻类为生产原料，大规模地集约生产多糖和蛋白质；甚至模拟光合作用系统原理建造光合工厂，来人工合成食品。因此，对光合作用机制的阐明将深化对生命起源和生物进化奥秘的破译，促进生命科学、物理学及化学等基础学科和晶体学、波谱学等技术学科前沿领域的发展。光合作用研究的发展将为国家乃至世界的经济、社会、文化发展做出重要贡献。

基于以上认识，诺贝尔奖基金委员会称“光合作用是地球上最重要的化学反应”，它是地球上一切生命生存和发展的基础。到目前为止，共有 8 次诺贝尔奖的桂冠被从事与光合作用相关研究的科学家所摘取。

3.2　叶绿体和光合色素

叶片是进行光合作用的主要器官，而叶绿体(chloroplast)是进行光合作用的主要细胞器。

3.2.1　叶绿体

3.2.1.1　叶绿体的发育、形态及分布

高等植物的叶绿体是由前质体发育而来的。当茎端分生组织形成叶原基时，前质体的双

层膜中的内膜在若干处内褶，并伸入基质扩展增大，在光照下逐渐排列成行，形成简单的囊状结构的类囊体，同时合成叶绿素，使前质体发育成叶绿体。

叶绿体大多呈扁平椭圆形，大小和数目依植物种类、组织类型和发育阶段而异。通常一个细胞中含有 10~100 个叶绿体，其长 3~7μm，厚 2~3μm。

叶肉细胞中叶绿体一般沿细胞壁排列，较多分布在与空气接触的细胞壁一边，且扁平面朝壁。这样的分布有利于叶绿体与外界进行气体交换，也有利于细胞间的物质运输和光合产物向维管束的输送。叶绿体在细胞中可随光照的方向和强度而运动。

3.2.1.2 叶绿体的基本结构

在电子显微镜下，可观察到叶绿体是由叶绿体被膜、基质和类囊体 3 个部分组成(图 3-1)。

(1)叶绿体被膜

叶绿体被膜(chloroplast membrane)由 2 层单位膜组成，2 层膜间距 5~10 nm，被膜上无叶绿素。2 层膜均具有控制物质进出的作用，但外膜透性较大，蔗糖、核酸、无机盐等都能自由透过。内膜为典型选择透性膜，二氧化碳、氧气、水可自由通过；磷酸(Pi)、磷酸丙糖(TP)、双羧酸、甘氨酸和丝氨酸等需膜上的运转器才能透过；蔗糖、

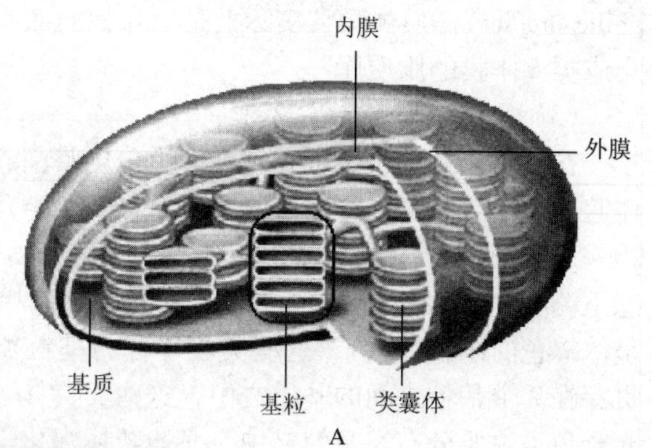

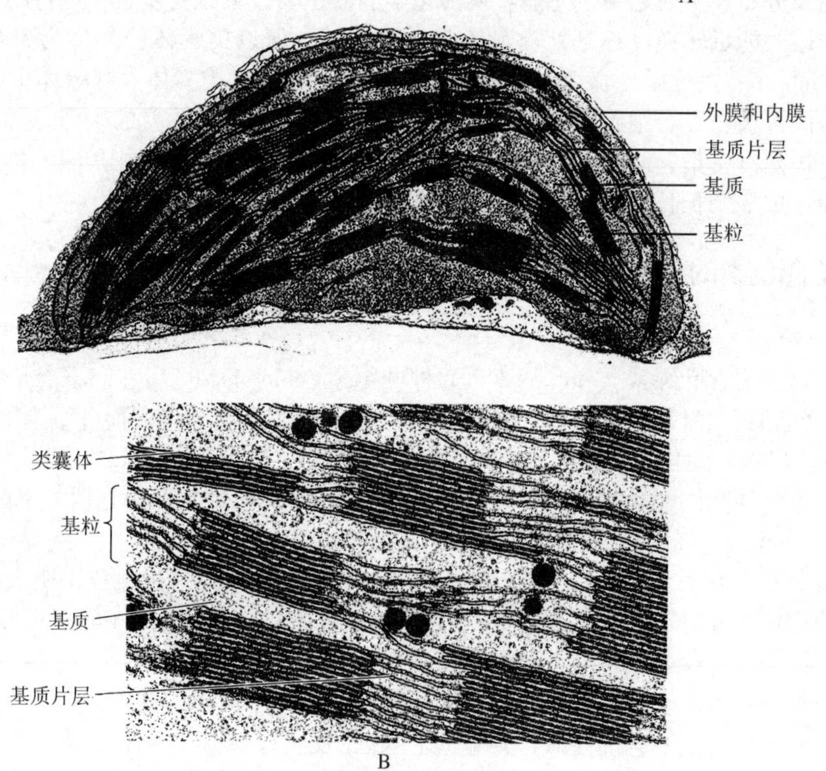

图 3-1 叶绿体结构(引自 W. P. Wergin)

A. 叶绿体立体结构示意，18 000 × B. 梯牧草(*Phleum pratense*)叶绿体电镜图，52 000 ×

C_5~C_7糖的二磷酸酯、$NADP^+$、焦磷酸(PPi)等物质则不能透过。因此，可推断细胞质中的蔗糖是在细胞质中合成的，而不是在叶绿体中合成后运至细胞质的。

(2)基质

叶绿体膜以内的基础物质称为基质(stroma)。基质成分主要是可溶性蛋白质(酶)和其他代谢活跃物质，呈高度流动状态，具有固定二氧化碳的能力，是碳反应的场所。当光合产物暂时不能输出叶绿体时，一部分就在基质中转化为淀粉并形成鹅卵石形的淀粉粒，在电镜下观察呈白色或灰白色，是光合产物的临时贮藏库。

用甲醛—锇酸双固定植物组织后制作超薄切片，在电镜下可见到在叶绿体的基质中有一类易与锇酸结合的直径 50~100 nm 的黑色颗粒，这就是质体颗粒，以前称为嗜锇滴(osmiophilic droplet)。质体颗粒实际上是呈球状的油滴，内含大量的脂类物质，故又称脂质球，是合成类囊体膜的脂质库。

(3)类囊体

在淡黄色的基质中存在着许多由单层膜围起的扁平小囊，称作类囊体(thylakoid)，类囊体腔内充满溶液，垛叠在一起成为基粒(grana)。一个典型的成熟高等植物的叶绿体，含有 20~200 个甚至更多的基粒。基粒的直径一般为 0.5~1μm，厚度为 0.1~0.2 μm(在干的状态下测量)。每个基粒是由 2 个以上的类囊体垛叠在一起，像一叠镍币一样(从上看下去则呈浓绿色的小颗粒状)，这些类囊体称为基粒类囊体(grana thylakoid)。有一些类囊体较大，贯穿在 2 个基粒之间的基质之中，这些类囊体称为基质类囊体(stroma thylakoid)。叶绿体的光合色素主要分布在基粒之中，光能转换为化学能的主要过程是在基粒中进行的(图 3-1)。

光合作用的能量转换过程是在类囊体膜上进行的，所以类囊体膜亦称为光合膜(photosynthetic membrane)。凡是光合细胞(原核及真核细胞)都具有类囊体。叶绿体中类囊体垛叠成基粒，是高等植物光合细胞所特有的膜结构。类囊体垛叠具有重要的生理意义，意味着捕获光能的机构高度密集，能更有效地收集光能；另外，因为膜系统往往是酶的排列支架，膜垛叠就犹如形成一个长长的代谢传送带，使代谢顺利进行。

3.2.2　光合色素的种类、结构和化学特性

3.2.2.1　叶绿素

高等植物主要含叶绿素 a 和叶绿素 b 2 种叶绿素(chlorophyll)。它们不溶于水，但能溶于乙醇、丙酮和石油醚等有机溶剂。在颜色上，叶绿素 a 呈蓝绿色，而叶绿素 b 呈黄绿色。叶绿素 a、叶绿素 b 的化学分子式分别为 $C_{55}H_{72}O_5N_4Mg$、$C_{55}H_{70}O_6N_4Mg$。

叶绿素是叶绿酸的酯类物质。叶绿酸是双羧酸，其中的 2 个羧基分别与甲醇(CH_3OH)和叶绿醇(phytol，$C_{20}H_{39}OH$)发生酯化反应，形成叶绿素。

叶绿素分子含有 4 个吡咯环，它们和 4 个甲烯基(=CH—)连接成 1 个大环，称作卟啉环。镁原子居于卟啉环的中央。另外，有 1 个含羰基和羧基的副环(同素环Ⅴ)，羧基以酯键和甲醇结合。叶绿醇则以酯键与在第Ⅳ吡咯环侧链上的丙酸相结合，图 3-2 是叶绿素的结构式。现在已可人工合成叶绿素分子。叶绿素分子是一个庞大的共轭系统，吸收光形成激发状态后，由于配对键结构的共振，其中 1 个双键的还原，或双键结构丢失 1 个电子等，都会改变它的能量水平。以氢的同位素氘或氚试验证明，叶绿素不参与氢传递，似乎只以电子传递(即电子得失引起的氧化还原)及共振传递(直接传递能量)的方式，参与光反应。在第

Ⅳ环上存在的叶绿醇链是高相对分子质量的碳氢化合物，是叶绿素分子的亲脂部分，使叶绿素分子具有亲脂性。这条长链的亲脂“尾巴”，对叶绿素分子在类囊体片层上的固定起着极其重要的作用。叶绿素分子的“头部”是金属卟啉环，镁原子带正电荷，而氮原子则偏向于带负电荷，呈极性，因而具有亲水性，可以和蛋白质结合。叶绿素分子的头部和尾部分别具有亲水性和亲脂性的特点，决定了它在类囊体片层中与其他分子之间的排列关系。绝大部分叶绿素 a 分子和全部叶绿素 b 分子具有收集和传递光能的作用。少数特殊状态的叶绿素 a 分子有将光能转换为电能的作用。叶绿素分子存在于类囊体膜上。

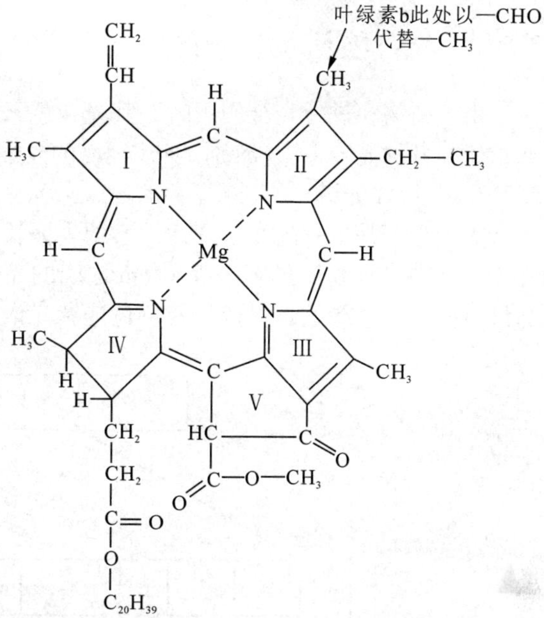

叶绿素b此处以—CHO代替—CH_3

图 3-2 叶绿素 a、叶绿素 b 的结构式

3.2.2.2 类胡萝卜素

叶绿体中的类胡萝卜素(carotenoid)有 2 种：即胡萝卜素(carotene)和叶黄素(xanthophyll；或称胡萝卜醇，carotenol)。在颜色上，胡萝卜素呈橙黄色，而叶黄素呈黄色。类胡萝卜素不溶于水，但能溶于有机溶剂。类胡萝卜素也有收集和传递光能的作用。除此之外，还有防护叶绿素免受多余光照伤害的功能。类胡萝卜素也存在于类囊体膜上。

胡萝卜素是不饱和的碳氢化合物，分子式是 $C_{40}H_{56}$，它有 3 种同分异构体：α-、β-及 γ-胡萝卜素。叶片中常见的是β-胡萝卜素，它的两头分别具有 1 个对称排列的紫罗兰酮环，中间以共轭双键相连接。叶黄素是由胡萝卜素衍生的醇类，分子式是 $C_{40}H_{56}O_2$。β-胡萝卜素和叶黄素的结构式如图 3-3 所示。

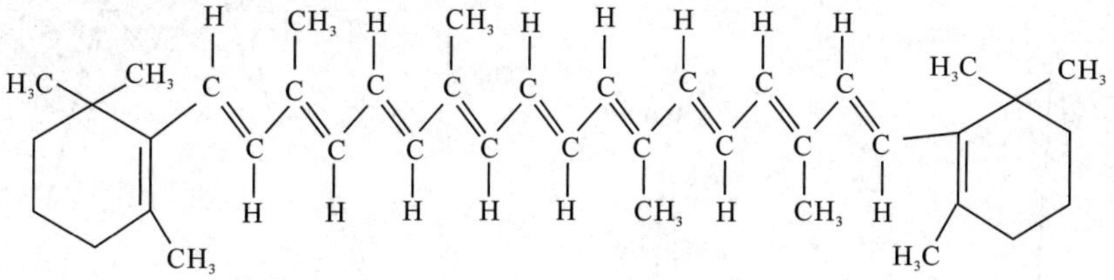

β-胡萝卜素

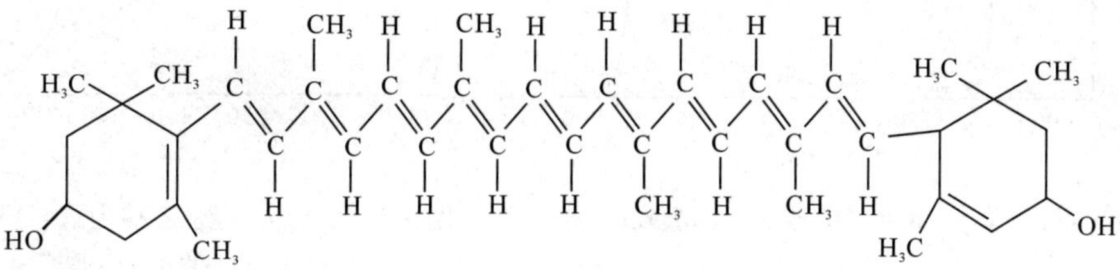

叶黄素

图 3-3 β-胡萝卜素和叶黄素的结构式

3.2.3　光合色素的光学特性

由于植物在进行光合作用时，其光合色素对光能的吸收和利用起着重要作用，所以需要着重研究各种光合色素(特别是叶绿素)的光学性质。

3.2.3.1　吸收光谱

太阳光不是单一的光，到达地表的光波长包括大约从 300 nm 的紫外光到 2 600 nm 的红外光，其中只有波长在 390～770 nm 之间的光是可见光。当光束通过三棱镜后，可把白光分为红、橙、黄、绿、青、蓝、紫 7 色连续光谱，这就是太阳光的连续光谱(图 3-4)。

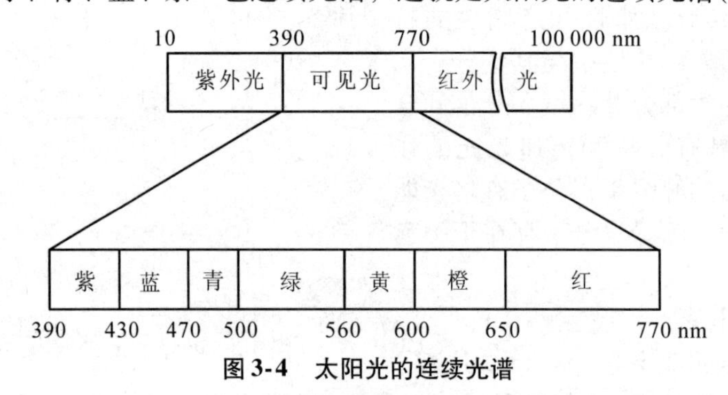

图 3-4　太阳光的连续光谱

叶绿素吸收光的能力极强，如果把叶绿素溶液放在光源和分光镜的中间，就可以看到光谱中有些波长的光被吸收了。因此，在太阳光的连续光谱上出现黑线或暗带，这种光谱称为吸收光谱(absorption spectrum)。叶绿素吸收光谱的最强吸收区有 2 个：一个在波长为 640～660 nm 的红光部分；另一个在波长为 430～450 nm 的蓝紫光部分(图 3-5)。

类胡萝卜素的吸收光谱与叶绿素不同，它们的最大吸收带在蓝紫光部分，不吸收红光等长波的光(图 3-6)。

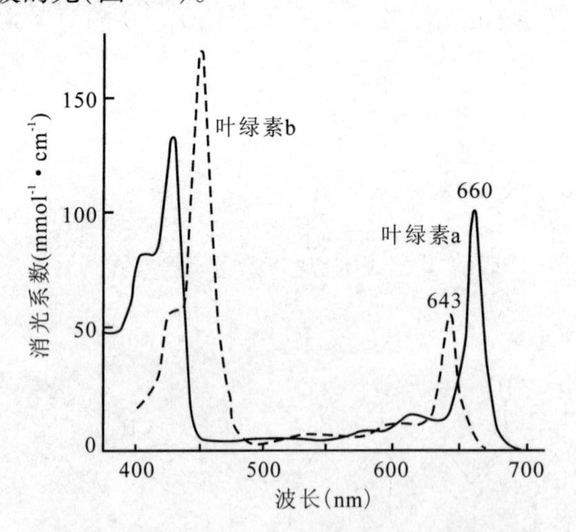

图 3-5　叶绿素 a、b 在乙醚溶液中的吸收光谱

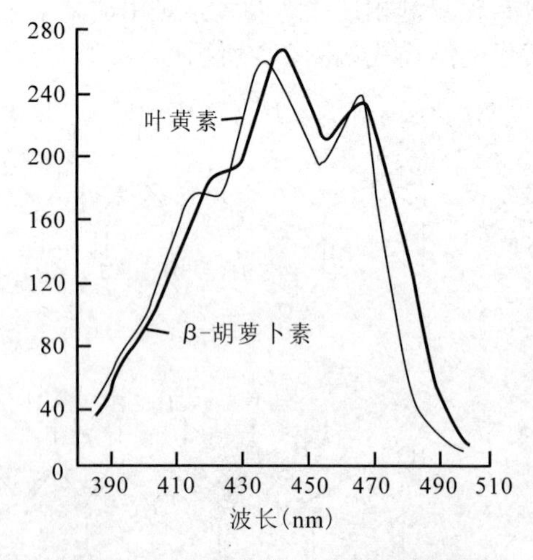

图 3-6　β-胡萝卜素(乙烷为溶剂)和叶黄素(乙醇为溶剂)的吸收光谱

3.2.3.2　荧光和磷光现象

叶绿素溶液在透射光下呈绿色，而在反射光下呈红色(叶绿素 a 为血红光，叶绿素 b 为棕红光)，这种现象称为荧光(fluorescence)现象。

细胞内的叶绿素分子通过直接吸收光量子或间接通过捕光色素吸收光量子得到能量后，从基态(低能态)跃迁到激发态(高能态)。由于波长越短能量越高，故叶绿素分子吸收红光后，电子跃迁到最低激发态；吸收蓝光后，电子跃迁到比吸收红光更高的能级(较高激发态)。处于较高激发态的叶绿素分子很不稳定，在几百飞秒(fs，1fs = 10^{-15} s)内，通过振动弛豫向周围环境辐射热量，回到最低激发态(图 3-7)。最低激发态的叶绿素分子可以稳定存在几纳秒(ns，1ns = 10^{-9} s)。

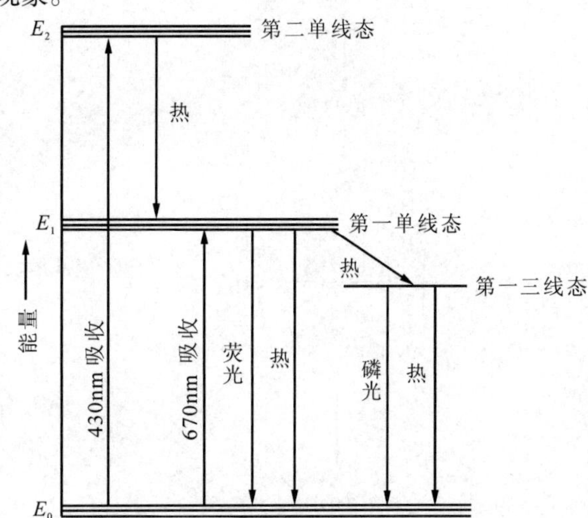

图 3-7 色素分子吸收光后的能量转变

色素分子吸收蓝光(430 nm)或红光(670 nm)后，分别激发为第二单线态(E_2)或第一单线态(E_1)，E_1 转变为第一三线态，它们进一步回到基态(E_0)时则分别产生荧光或磷光

处于较低激发态的叶绿素分子可以通过以下几种途径释放能量回到稳定的基态。

第一，重新放出一个光子，回到基态，即产生荧光。由于部分激发能在放出荧光光子之前以热的形式逸散掉了，因此，荧光的波长比吸收光的波长要长一些，叶绿素荧光一般位于红光区。

第二，不放出光子，直接以热的形式耗散掉(非辐射能量耗散)。

第三，将能量从一个叶绿素分子传递到邻近的另一个叶绿素分子，能量在一系列叶绿素分子之间传递，最后到达反应中心，反应中心叶绿素分子通过电荷分离将能量传递给电子受体，从而进行光化学反应。

以上这 3 个过程是相互竞争的，往往是具有最大速率的过程处于支配地位。对许多色素分子来说，荧光发生在纳秒级，而光化学反应发生在皮秒级(ps，1ps = 10^{-12} s)。因此，当光合生物处于正常的生理状态时，捕光色素吸收的光能绝大部分用来进行光化学反应，荧光只占很小的一部分。

叶绿素在溶液中的荧光很强，但在叶片和叶绿体中却很微弱，难以观察出来。这可能是被叶绿素吸收的光能，已经用于光合作用的光化学反应或转换成其他形式，而不再重新辐射出来的缘故，因此，检测不到叶绿素的荧光。在室温下，约 90% 的活体叶绿素荧光来自光系统Ⅱ(PSⅡ)的天线色素系统，而且光合器官吸收的能量只有 3%~5% 用于产生荧光。

胡萝卜素和叶黄素也有荧光现象。

叶绿素除了在光照时能辐射出荧光外，当去掉光源后还能继续辐射出极微弱的红光(用精密仪器测知)，它是第一三线态(first three line state)回到基态时所产生的光，这种光称为磷光(phosphorescence)，磷光的寿命较长(10^{-2} s)。

3.2.4 叶绿素的生物合成和影响条件

3.2.4.1 叶绿素的生物合成

叶绿素的生物合成需要一系列的酶促反应(图 3-8)。高等植物叶绿素的生物合成是以谷

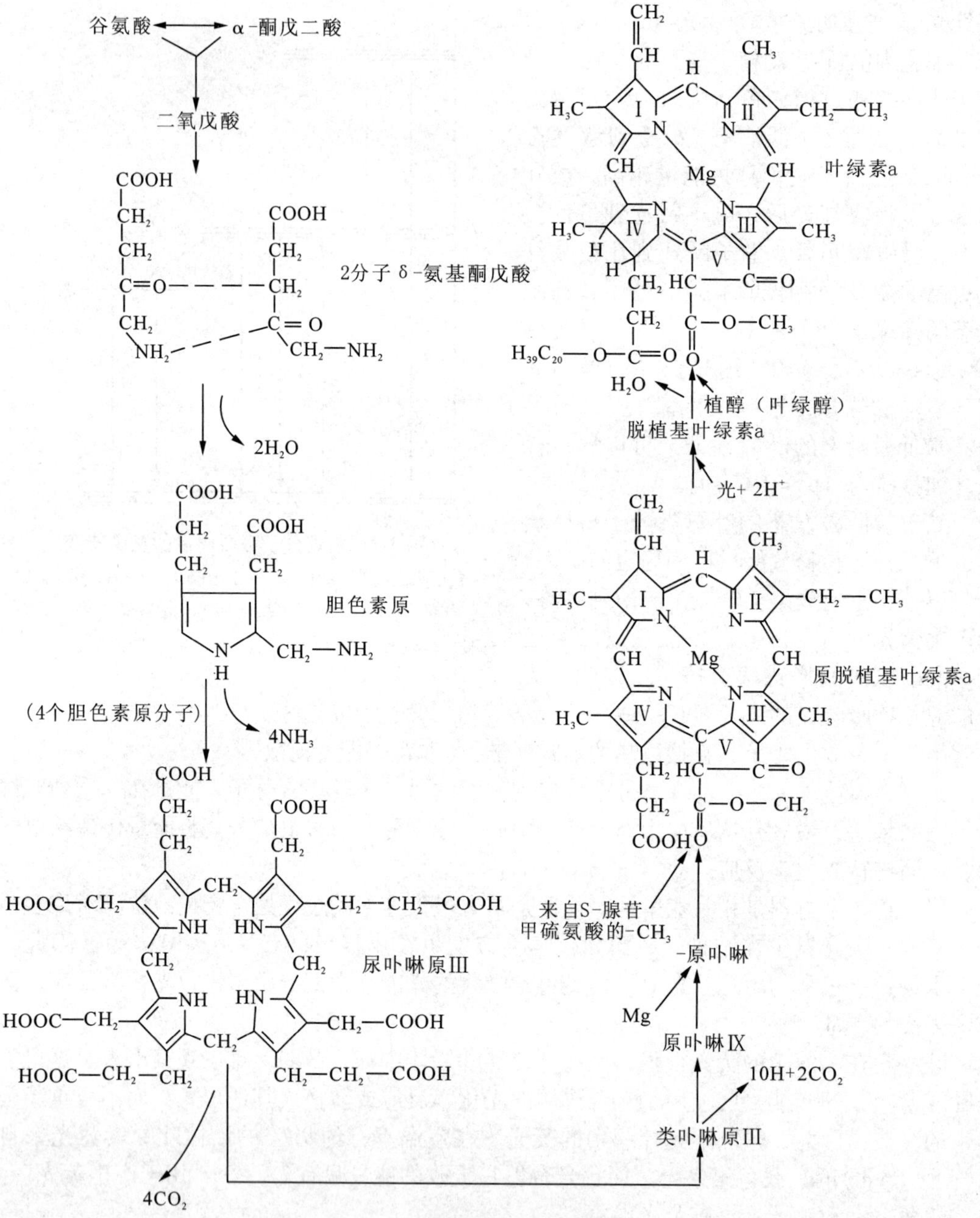

图 3-8　叶绿素 a 的生物合成途径

氨酸或 α-酮戊二酸作为原料，可能经过 γ，δ-二氧戊酸形成 δ-氨基酮戊酸（δ-aminolevulinic acid，ALA），这是叶绿素生物合成的最初阶段。

2 个分子 ALA 脱水缩合形成 1 分子具有吡咯环的胆色素原；4 个分子胆色素原脱氨基缩合形成 1 个分子尿卟啉原Ⅲ（合成过程按 Ⅰ→Ⅱ→Ⅲ→Ⅳ 环的顺序进行），尿卟啉原Ⅲ的 4 个乙酸侧链脱羧形成具有 4 个甲基的类卟啉原Ⅲ，以上反应是在厌氧条件下进行的。

在有氧条件下，类卟啉原Ⅲ经脱羧、脱氢、氧化形成原卟啉Ⅸ，原卟啉Ⅸ是形成叶绿素和亚铁血红素的分水岭。如果与铁结合，就生成亚铁血红素；若与镁结合，则形成 Mg-原卟啉Ⅸ。由此可见，动植物的两大色素最初是同出一源的，以后在进化的过程中分道扬镳，结构和功能各异。Mg-原卟啉Ⅸ的一个羧基被甲基酯化，在原卟啉Ⅸ上形成第五个环，接着Ⅱ环上的—CH ═CH_2侧链还原为—CH_2—CH_3，即形成原叶绿酸酯。原叶绿酸酯经光还原变为叶绿酸酯 a，然后与叶绿醇结合形成叶绿素 a；叶绿素 a 氧化即形成叶绿素 b。

3.2.4.2 植物的叶色

高等植物叶子所含各种色素的数量与植物种类、叶片生育期及季节有关。一般来说，正常叶子的叶绿素和类胡萝卜素的分子比例约为3:1，叶绿素 a 和叶绿素 b 也约为3:1，叶黄素和胡萝卜素约为2:1。由于绿色的叶绿素比黄色的类胡萝卜素多，占优势，所以正常的叶子总是呈现绿色。秋天、条件不正常或叶片衰老时，叶绿素较易被破坏或降解，数量减少，而类胡萝卜素比较稳定，所以叶片呈现黄色。至于红叶，因秋天降温，体内积累了较多糖分以适应寒冷，体内可溶性糖多了，就形成较多的花色素苷(红色)，叶子就呈红色。枫树、柿树叶子秋季变红，就是这个道理。花色素苷吸收的光不传递到叶绿素，不能用于光合作用。

3.2.4.3 影响叶绿素生物合成的条件

许多环境条件影响叶绿素的生物合成，从而也影响叶色的深浅。

(1)光照

光是叶绿体发育和叶绿素合成必不可少的条件，从原叶绿酸酯转变为叶绿酸酯是需要光的还原过程。如果没有光照，则影响叶绿素形成，使植物叶片发黄，这种因缺乏某些条件而使叶子发黄的现象，称为黄化现象(etiolation)。

然而，藻类、苔藓、蕨类、松柏科植物，以及柑橘子叶和莲子的胚芽在黑暗中可合成叶绿素，其合成机理目前尚不清楚。

(2)温度

叶绿素的生物合成是一系列酶促反应，因此受温度影响很大。最适温度是20~30 ℃，最低温度为2~4 ℃，最高温度为40℃左右。温度过高或过低均降低合成速率，加速叶绿素降解。秋天叶子变黄和早春寒潮过后秧苗变白等现象，都与低温抑制叶绿素形成有关。

(3)矿质元素

氮和镁是叶绿素的组成成分，铁、铜、锰、锌是叶绿素合成过程中酶促反应的辅因子。缺乏这些元素均影响叶绿素形成，使植物出现缺绿症(chlorosis)，尤以氮素的影响最大。

(4)水分

植物缺水会抑制叶绿素的生物合成，且与蛋白质合成受阻有关。严重缺水时，叶绿素的合成减慢，降解加速，所以干旱时叶片呈黄褐色。

(5)氧气

缺氧会影响叶绿素的合成；光能过剩时，氧引起叶绿素的光氧化。

此外，叶绿素的形成还受遗传因素的控制。例如，白化叶、花斑叶等都是叶绿素不能正常合成之故。

3.3 光合作用的过程和机理

20世纪初，德国学者 O. Warburg 等在研究外界条件对光合作用的影响时发现，在弱光下增加光强能提高光合速率，但当光强增加到一定值时，光合速率便不再随光强的增加而提高，此时只有提高温度或二氧化碳浓度才能增加光合速率。由此推断，光合作用至少有 2 个步骤，分别与光和温度有关。

用藻类进行闪光试验，在光能量相同的情况下，连续不间断照光，光合效率较低；闪光照射(即光照中间间隔一暗期)，光合效率高，表明光合作用不是任何步骤都需要光。

光合作用可分为 2 个反应——光反应(light reaction)和碳反应(carbon reaction，早期称为暗反应)。光反应是必须在光下才能进行的光化学反应；碳反应是在暗处或光下进行的，由若干酶所催化的化学反应。光反应是在类囊体(光合膜)上进行的，而碳反应是在叶绿体的基质中进行的。

光合作用的过程可分为三大步骤：①原初反应(光能的吸收、传递和转换为电能的过程)；②电子传递和光合磷酸化(电能转化为活跃的化学能过程)；③碳同化(活跃的化学能转变为稳定的化学能过程)。第一、二个大步骤基本属于光反应，第三个大步骤属于碳反应(表 3-1)。

表 3-1　光合作用各种能量转变情况

能量转变	光能 →	电能 →	活跃的化学能→	稳定的化学能
贮能物质	量子	电子	ATP、$NADPH_2$	碳水化合物等
转变过程	原初反应	电子传递	光合磷酸化	碳同化
时间跨度(秒)	10^{-15}~10^{-9}	10^{-10}~10^{-4}	10^{0}~10^{1}	10^{1}~10^{2}
反应部位	PSⅠ、PSⅡ颗粒	类囊体膜	类囊体	叶绿体基质
是否需光	需光	不一定，但受光促进	不一定，但受光促进	部分反应需光

3.3.1　原初反应

原初反应(primary reaction)是从光合色素分子被光激发到引起第一个光化学反应为止的过程，它包括光能吸收、传递和转换。原初反应是光合作用的起点，包括了光物理和光化学 2 个反应过程。

光物理过程是指色素分子对光能的吸收与传递。光化学反应指由受光激发的叶绿素分子失去电子所引起的氧化还原反应。原初反应的速度非常快，可在皮秒与纳秒内完成，且与温度无关，可在 -196 ℃(液氮温度)或 -271 ℃(液氦温度)下进行。

原初反应是以存在于类囊体膜上能进行完整光反应的最小结构单位即“光合单位”(photosynthetic unit)来进行的。

光合单位由聚光色素系统(light-harvesting pigment system)和反应中心(reaction centre)构成。在叶绿体中类囊体上的色素根据功能可区分为 2 种：①反应中心色素(reaction centre pigment)，少数特殊状态的叶绿素 a 分子属于此类，它具有光化学活性，既是光能的“捕捉器”，又是光能的“转换器”(把光能转换为电能)。②聚光色素(light-harvesting pigment)，没有光化学活性，只有收集光能的作用，像漏斗一样把光能聚集起来，传递到反应中心色素，绝大多数色素(包括大部分叶绿素 a 和全部叶绿素 b、胡萝卜素、叶黄素)都属于聚光色素。聚光色素亦称天线色素(antenna pigment)，因它像收音机的天线一样，将吸收到的光能有效地集中到反应中心色素。

当波长范围为 390~770 nm 的可见光照射到绿色植物时，聚光色素系统的色素分子吸收光量子后，变成激发态。由于类囊体片层上的色素分子排列得很紧密(10~50 nm)，光量子在色素分子之间以诱导共振方式进行传递，传递速度很快。一个寿命为 5×10^{-9}s 的红光量子在类囊体中可把能量传递过几百个叶绿素 a 分子。能量可以在相同色素分子之间传递，也可以在不同色素分子之间传递。能量传递效率很高，类胡萝卜素所吸收的光能传给叶绿素 a 的效率高达 90%，叶绿素 b 所吸收的光能传给叶绿素 a 的效率接近 100%。这样，聚光色素就像透镜把光束集中到焦点一样，把大量的光能吸收、聚集，并迅速传递到反应中心色素分子。

光合反应中心是指在类囊体中进行光合作用原初反应的最基本的色素蛋白结构。光合反应中心包括光能转换色素分子、原初电子受体(primary electron acceptor)和原初电子供体(primary electron donor)。高等植物光合作用的最初电子供体是水，最终电子受体为 $NADP^+$。

聚光色素分子将光能吸收和传递到反应中心后，使反应中心色素(P)激发而成为激发态(P^*)，放出电子给原初电子受体(A)，同时留下一个空位，称为“空穴”。色素分子被氧化(带正电荷，P^+)，原初电子受体被还原(带负电荷，A^-)。由于氧化的色素分子有“空穴”，可以从原初电子供体(D)得到电子来填补，于是色素恢复原来状态(P)，而原初电子供体却被氧化(D^+)，这样不断地氧化还原(电荷分离)，就不断地把电子从原初电子供体送给原初电子受体，这就完成了光能转换为电能的过程。原初反应的简式如下。

$$D\cdot P\cdot A \xrightarrow{hv} D\cdot P^*\cdot A \rightarrow D\cdot P^+\cdot A^- \rightarrow D^+\cdot P\cdot A^-$$

现将光合作用原初反应的能量吸收、传递和转换关系归纳如图 3-9 所示。

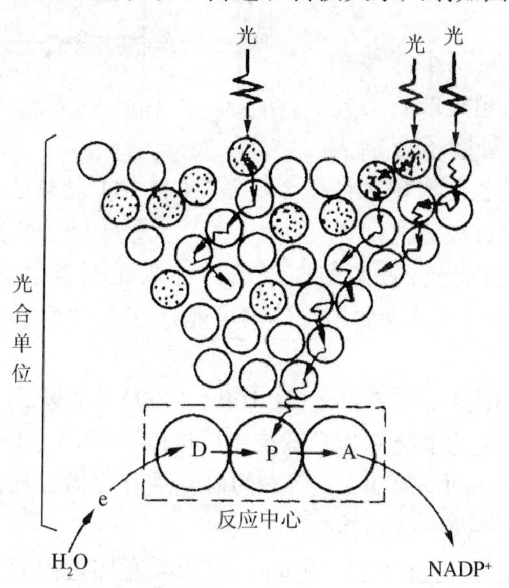

图 3-9 光合作用原初反应的能量吸收、传递与转换示意

注：粗的波浪箭头是光能的吸收；细的波浪箭头是能量的传递；直线箭头是电子传递。空心圆圈代表聚光叶绿素分子；黑点圆圈代表类胡萝卜素等辅助色素分子。P：反应中心色素分子；D：原初电子供体；A：原初电子受体；e：电子

3.3.2 电子传递与光合磷酸化

3.3.2.1 电子传递

(1)光系统

20 世纪 40 年代，爱默生(Emerson)以小球藻为材料研究不同光质的量子产额(quantum yield)或称量子效率(quantum efficiency)(即光合作用中吸收 1 个光量子所能放出的氧分子数或固定二氧化碳的分子数)时，发现大于 685 nm 的远红光(far-red light)虽然能被叶绿素吸收，但量子产额急剧下降，这种现象被称为红降(red drop)现象(图 3-10)。量子产额的倒数称为量子需要量(quantum requirement)，即释放 1 分子氧或还原 1 分子二氧化碳所需吸收的光量子数。Emerson 等测定出最低量子需要量为 8。后来的实验证据都支持了 Emerson 的观点，于是最低量子需要量约等于 8 得到了普遍的承认，这个数值相当于 0.125 的量子效率。

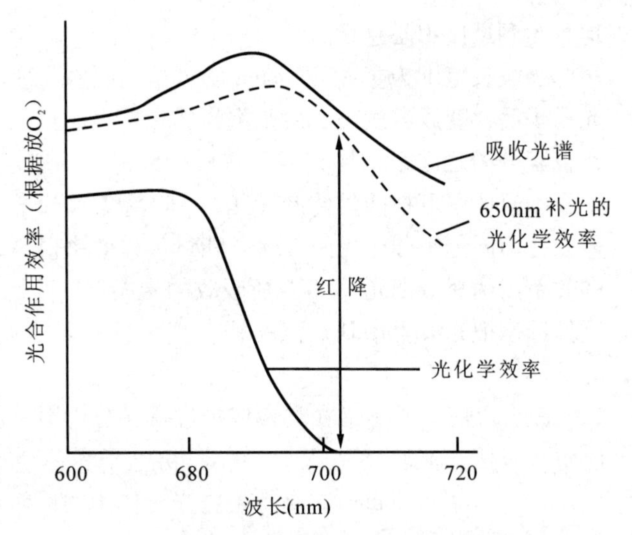

图 3-10 红降现象

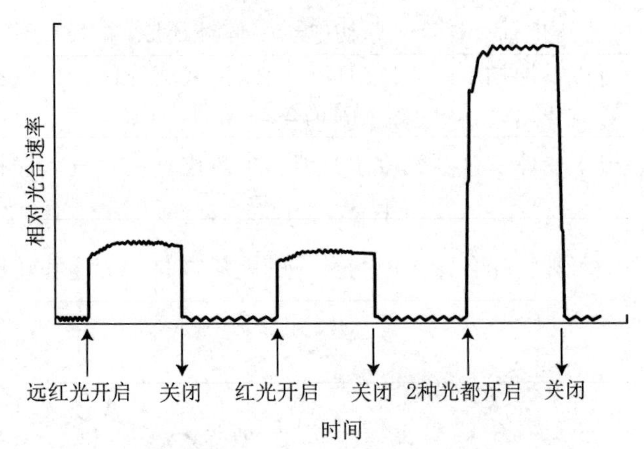

图 3-11 "双光增益效应"示意

(引自 Taiz and Zeiger，2002)

1957 年，Emerson 观察到小球藻在用远红光照射时补加一点稍短波长的光(例如，650 nm 的光)，则量子产额大增(图 3-11)，比这 2 种波长的光单独照射的总和还要高。这种在长波红光之外再加上较短波长的光能提高光合效率的现象被称为双光增益效应，又称爱默生增益效应(Emerson enhancement effect)。这说明植物体内可能存在 2 种色素系统，光合作用需要 2 个光化学反应的协同作用。

据上述实验结果，英国剑桥学者希尔(R. Hill，1960)等人提出了双光系统(two photosystem)的概念，把吸收长波光的系统称为光系统Ⅰ(photosystem Ⅰ，PSⅠ)，吸收短波长光的系统称为光系统Ⅱ(photosystem Ⅱ，PSⅡ)。后来的研究从叶绿体分离出 2 个光系统，每一个光系统具有特殊的色素复合体及一些物质。

光系统Ⅱ 其颗粒较大，直径约 17.5 nm，位于类囊体近内腔一侧，主要分布在类囊体膜的叠合部。PSⅡ主要由 PSⅡ反应复合体(PSⅡ reaction complex，包含 P680 的蛋白复合体)、PSⅡ捕光复合体(light harvesting complex Ⅱ，LHCⅡ)和放氧复合体(oxygen-evolving complex，OEC)等亚单位组成。PSⅡ的功能是利用光能氧化水和还原质体醌，这 2 个反应分别在类囊体膜的两侧进行，即在腔的一侧氧化水释放质子于腔内，在基质一侧还原质体醌，于是在类囊体膜两侧建立起 H^+ 质子梯度。

希尔(Hill)反应 R. Hill(1937)发现，在照光条件下，离体叶绿体的类囊体能还原各种化合物的铁盐并释放出氧气。这些化合物(如2，6-二氯酚靛酚、苯醌、$NADP^+$、NAD^+等)是氢的受体，可作为氧化剂与水反应后放出氧气：

$$4Fe^{3+} + 2H_2O \longrightarrow 4Fe^{2+} + O_2 + 4H^+$$

将离体叶绿体在光下所进行的分解水、放出氧的反应称为希尔反应(Hill reaction)。

希尔第一个把光合作用的研究深入到细胞器的水平(即用离体叶绿体做试验)。水的光解反应(water photolysis)是植物光合作用重要的反应之一，其机理尚不完全清楚。

放氧复合体 PSⅡ的一个重要功能是进行水裂解(water splitting)放氧。水裂解放氧是水在光照下，经过PSⅡ的OEC作用，释放氧气，产生电子，释放质子到类囊体腔内，整个反应如下：

$$2H_2O \xrightarrow{\text{光子}} O_2 + 4H^+ + 4e^-$$

OEC位于PSⅡ的类囊体膜腔表面，由多肽(包括33 kDa、23 kDa和18 kDa)、与放氧有关的锰复合物、Cl^-和Ca^{2+}组成。当P_{680}吸收光能被激发为P_{680}^*后，把电子传到去镁叶绿素(pheophytin，pheo)。pheo就是原初电子受体，而Tyr(酪氨酸残基)是原初电子供体(Z)。失去电子的Tyr又通过锰簇(Mn cluster)从水分子中获得电子，使水分子裂解，同时放出氧气和质子(图3-12)。

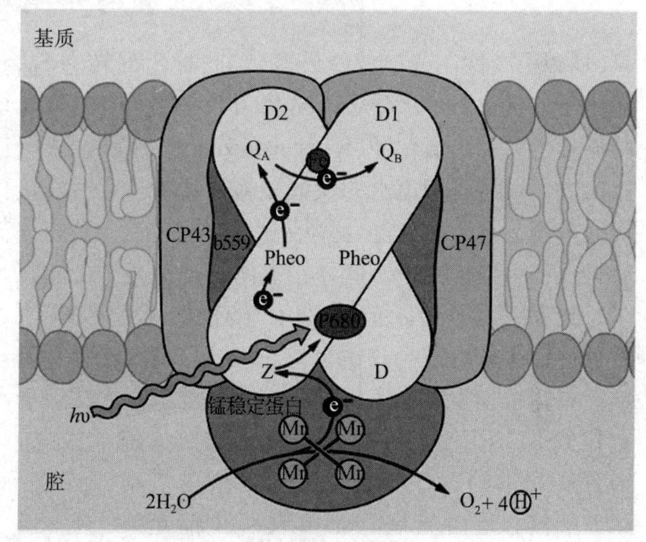

图3-12 光系统Ⅱ复合体结构示意

(引自Buchanan *et al.*，2000)

PSⅡ中的电子传递 PSⅡ除了上述OEC外，还有围绕在PSⅡ外围的LHCⅡ(含有与叶绿素结合的内周天线蛋白CP43、CP47和Cytb559等，作用是吸收光能并传递给P_{680})和PSⅡ反应复合体。PSⅡ反应复合体有2个交叉排列的多肽D1和D2，其中有原初电子供体Z、反应中心色素P_{680}、原初电子受体、Q_A和Q_B等，其作用是当P_{680}被光激发后，将电子从P_{680}依次传递给Pheo→Q_A→Q_B(图3-12)。

法国学者P. Joliot(1969)通过闪光处理暗适应的叶绿体发现，氧气的释放伴随着4个闪光周期性的摆动。在黑暗中已适应的叶绿体经过第一、二次闪光处理，无氧产生；第三次闪光，放氧最多；第四次闪光，放氧量次之；以后就逐渐下降到恒定值。为了解释这个现象，美国学者Kok等(1970)提出5个S状态循环的模式，说明OEC需要4个氧化当量(失去4个e^-，积累4个正电荷)才能把水分子完全裂解并放氧(图3-13)。S_0、S_1、S_2、S_3、S_4表示放氧复合体的不同氧化还原状态的OEC，每闪光一次则有不同的状态。第一次闪光促进S_1转为S_2，第2次闪光氧化S_2为S_3，第3次闪光就产生强氧化剂S_4，S_4不稳定，把水裂解并放

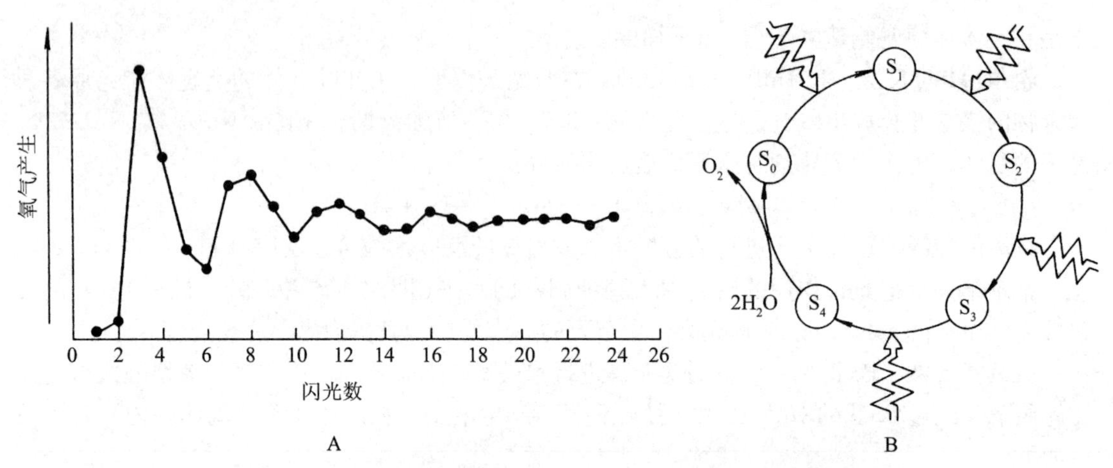

图 3-13 系列闪光对小球藻放氧量的影响和水裂解放氧状态变化

A. 叶绿体闪光照射不同次数的放氧量 B. 放氧系统的 5 种 S 状态

氧(所以第 3 次闪光，放氧最多)，同时 S_4 回转为 S_0，如此循环。以后每 1 个循环吸收 4 个光量子，氧化 2 个水分子，向 PSⅡ反应中心传递 4 个电子并释放 4 个质子和 1 个氧分子。这种循环也称为水氧化钟(water oxidizing clock)。

人们很早就知道水的裂解必须有锰参与。锰直接作用于水裂解积累 4 个氧化当量过程。实验推测，每个放氧复合体结合 4 个锰离子，其中一部分可在积累氧化当量中起直接作用，其余仅作为结构因子。此外，氯离子和钙离子可能在 $S_3 \rightarrow S_4 \rightarrow S_0$ 步骤中起作用，影响放氧。

光系统Ⅰ 光系统Ⅰ(PSⅠ)的颗粒较小，直径约 11 nm，主要分布在类囊体膜的非叠合部分。PSⅠ核心复合体由反应中心 P_{700}、电子受体和 PSⅠ捕光复合体(LHCⅠ)3 个部分组成。中国植物生理学家匡廷云院士课题组首次在原子水平上全面解析了光合膜蛋白超分子复合物 PSI-LHCI 的精细结构：该复合物总相对分子质量约 600 kDa，共 16 个蛋白亚基(12 个核心蛋白亚基 PsaA-L 及 4 个捕光天线亚基 Lhca1-4)、155 个叶绿素分子(143 个叶绿素 a 和 12 个叶绿素 b)、35 个类胡萝卜素(26 个胡萝卜素，5 个叶黄素和 4 个紫黄质)、10 个脂分子(6 个 PG，3 个 MGDG 和 1 个 DGDG)、3 个铁硫簇、2 个叶绿醌和一些水分子。核心复合体周围有 LHCⅠ，它吸收光能通过诱导共振传递到 P_{700}(叶绿素 a 分子二聚体)，然后按顺序将电子传给原初电子受体 A_0(Chl a)、次级电子受体 A_1(叶醌，即 K_1)，再通过铁硫中心(Fe-S)最后交给铁氧还蛋白(ferredoxin，Fd)。Fd 经过还原，在铁氧还蛋白-NADP 还原酶(FNR)作用下，把电子交给 $NADP^+$，完成非循环电

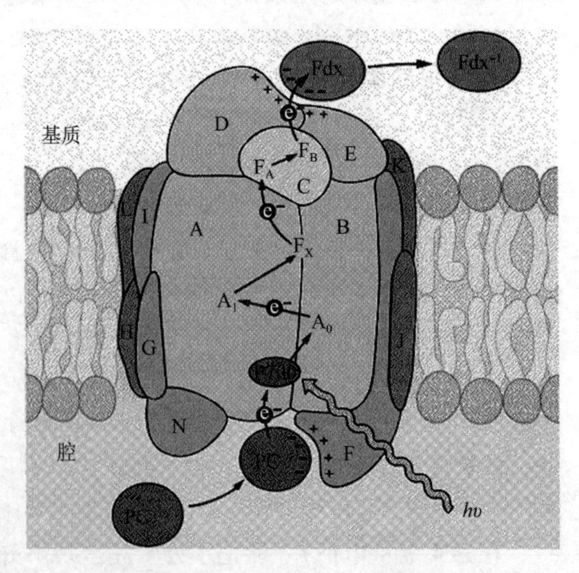

图 3-14 光系统Ⅰ复合体结构示意

(引自 Buchanan *et al.*，2000)

子传递。Fd 也可把电子交给 $Cytb_6$ 而传回到 PQ，形成围绕 PSⅠ的循环电子传递(图 3-14)。

(2)光合链

在光反应中，由水至 $NADP^+$ 的电子传递是由 2 个反应中心 PSⅡ和 PSⅠ经过 2 种连续光化学反应驱动的。2 个光系统之间的电子传递(electron transport)由几种排列紧密的电子传递体完成。各种电子传递体具有不同的氧化还原电位，负值越大代表还原势越强，正值越大代表氧化势越强；根据氧化还原电势高低排列，电子定向转移呈"Z"形，这就是光合作用中非循环电子传递的 Z 链(Z chain)(图 3-15)。这一系列由传递体互相衔接的电子传递轨道，常被称为光合链(photosynthetic chain)。

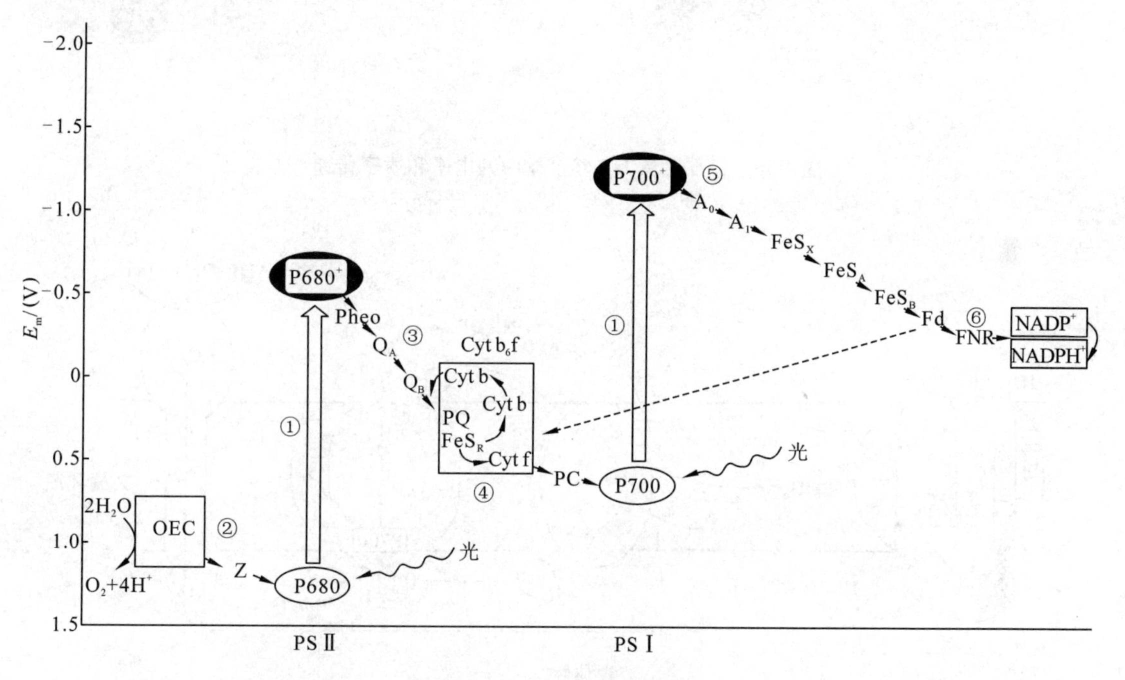

图 3-15 光合作用 Z 链

①PSⅡ和 PSⅠ的反应中心吸光；②PSⅡ接受水释放的电子；③脱镁叶绿素(Pheo)传递电子至醌(Q_A，Q_B)；④$Cytb_6f$ 传递电子到质体蓝素(PC)；⑤电子受体(A_0)经一系列受体将电子传至铁氧还蛋白(Fd)；⑥铁氧还蛋白—NADP 还原酶(FNR)还原 $NADP^+$ 为 NADPH，用于卡尔文循环还原 CO_2

在 PSⅡ和 PSⅠ的光合电子传递链中，有一个重要的电子传递体——细胞色素 b_6f 复合体(cytochrome b_6f complex，$Cytb_6f$)。$Cytb_6f$ 复合体是一个大的具有几个辅基的多亚单位蛋白复合体，含有 2 个 $Cytb_6$、1 个 Cytf 和 1 个 Rieske Fe-S。PQH_2 是可移动的电子载体，它将 2 个电子分别传给 $Cytb_6f$ 中的 Fe-S 和 $Cytb_6$，再传给 Cytf 继而传给类囊体腔中的质体蓝素(plastocyanin，PC)。PQH_2 在传递电子的同时，向类囊体腔内释放 2 个 H^+。$Cytb_6$ 也可能不把电子传给 PC，而传给另一个氧化态 PQ，生成半醌。此后又从腔外接受 H^+，于是成为 PQH_2，这就构成 PQ 循环(图 3-16)。

类囊体中整个电子传递和质子传递的过程如图 3-17 所示。

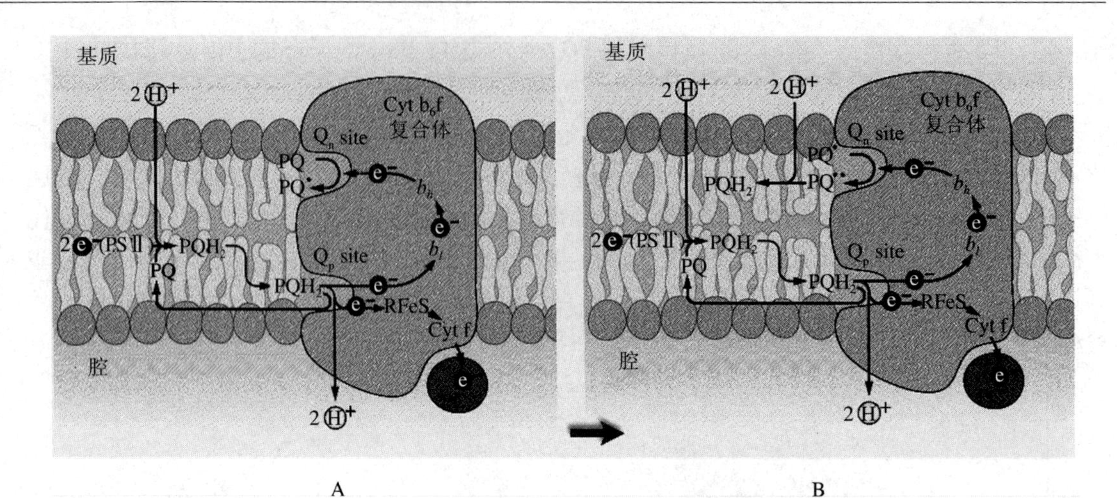

图 3-16 细胞色素 b_6f 复合体中的电子和质子传递

A. 第一次醌氧化 B. 第二次醌氧化

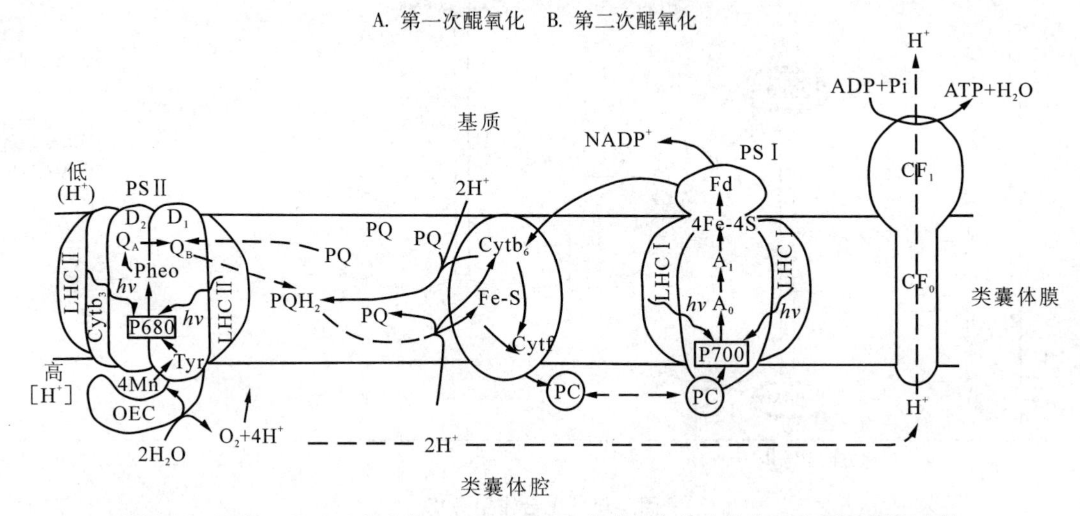

图 3-17 PSⅡ、$Cytb_6f$ 复合体、PSⅠ和 ATP 合酶复合体中的电子和质子传递过程

(3)电子传递类型

非环式电子传递 指水氧化产生的电子经PSⅡ和PSⅠ一直传到$NADP^+$的电子传递。

H_2O→PSⅡ→PQ→$Cytb_6f$→PC→PSⅠ→Fd→FNR→$NADP^+$ (开放的通路)

按非环式电子传递，每传递4个电子，分解2个分子水，释放1个分子氧，还原2个$NADP^+$，需要吸收8个光量子，量子产额为1/8。同时运转8个H^+进入类囊体腔。

环式电子传递 指PSⅠ中电子传给Fd，再到$Cytb_6f$复合体，然后经PC返回PSⅠ的电子传递。环式电子传递途径可能不止1条，电子可由Fd直接传给$Cytb_6f$，也可经FNR传给质醌，还可以经过NADPH再传给PQ。

PSⅠ→Fd→(NADPH→PQ)→$Cytb_6f$→PC→PSⅠ (闭合回路)

假环式电子传递 指水氧化产生的电子经PSⅡ和PSI传给Fd后不交给$NADP^+$而传给氧的电子传递。

H_2O→PSⅡ→PQ→$Cytb_6f$→PC→PSⅠ→Fd→O_2 (开放通路)

Fd 是单电子传递体，其氧化时把电子交给氧，使氧发生单电子还原生成超氧阴离子自由基 O_2^-。这一过程往往是在强光照射下，且 $NADP^+$ 供应不足的情况下发生，是光合细胞产生超氧阴离子自由基的主要途径。叶绿体中的超氧化物歧化酶(SOD)可清除 O_2^-。假环式电子传递的结果造成氧的消耗和过氧化氢的产生，它实际上属于非环式电子传递，只是电子的最终受体是氧而不是 $NADP^+$（图 3-18）。

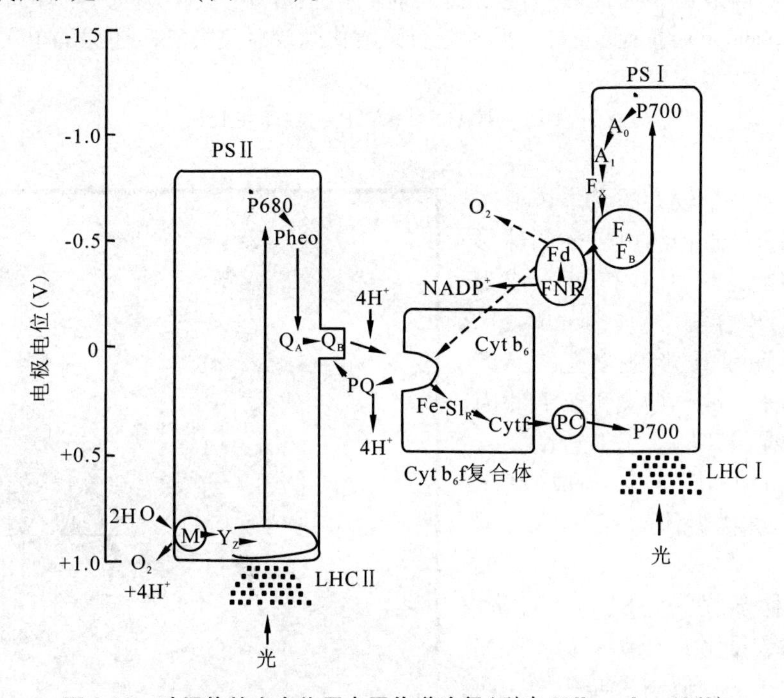

图 3-18 叶绿体的光合作用电子传递途径（引自 Hill *et al.*, 1960）

方框代表蛋白复合物。LHCⅠ和 LHCⅡ分别是 PSⅠ和 PSⅡ各自的聚光色素复合体；M 为含 Mn 的放氧复合体。实线箭头表示非环式电子传递方向；虚线箭头表示环式或假环式电子传递分叉处

3.3.2.2 光合磷酸化

叶绿体在光下把 ADP 和无机磷合成为 ATP 的过程，称为光合磷酸化（photosynthetic phosphorylation 或 photophosphorylation）。

(1) 光合磷酸化的方式

光合磷酸化有 3 种方式：非环式光合磷酸化、环式光合磷酸化和假环式光合磷酸化。

非环式光合磷酸化 水在 OEC 处裂解后，把 H^+ 释放到类囊体腔内，把电子传递到 PSⅡ。电子在光合电子传递链中传递时，伴随着类囊体外侧的 H^+ 转移到腔内，由此形成了跨膜的 H^+ 浓度差，引起了 ATP 的形成；与此同时把电子传递到 PSⅠ，进一步提高了能位，而使 H^+ 还原 $NADP^+$ 为 NADPH，同时还放出氧气。

$$2ADP + 2Pi + 2NADP^+ + 2H_2O \xrightarrow{\text{光}} 2ATP + 2NADPH + O_2$$

在这个过程中，电子传递是一个开放的通路，故称为非环式光合磷酸化（noncyclic photophosphorylation）。非环式光合磷酸化在基粒片层进行，它在光合磷酸化中占主要地位。

环式光合磷酸化 PSⅠ产生的电子经过一些传递体传递后，伴随形成类囊体腔内外 H^+ 浓度差，只引起 ATP 的形成，而不放氧，也无 $NADP^+$ 还原反应。

$$ADP + Pi \xrightarrow{光} ATP$$

在这个过程中，电子经过一系列传递后降低了能位，最后经过质体蓝素重新回到原来的起点，也就是电子的传递是一个闭合的回路，故称为环式光合磷酸化(cyclic photophosphorylation)。环式光合磷酸化在基质片层内进行，在高等植物中可能起着补充ATP不足的作用。

假环式光合磷酸化　与假环式电子传递偶联产生ATP的反应称为假环式光合磷酸化(pseudocyclic photophosphorylation)。此种光合磷酸化既放氧又吸氧，还原的电子受体最后又被氧所氧化。

$$ADP + Pi + H_2O \longrightarrow ATP + O_2^{\cdot -} + 4H^+$$

(2)ATP合酶

ATP合酶是一个较大的含多个亚基单位的复合物，是直径约10 nm的球形颗粒，它的功能是把ADP和Pi合成为ATP，故名ATP合酶(ATP synthase)。它是将电子传递和H^+跨膜转运与ATP的合成偶联起来，故早期又称为偶联因子(coupling factor，CF)。ATP合酶复合体由头部(CF_1)和柄部(CF_0)组成(图3-19)。其中CF_1在类囊体的表面，CF_0伸入类囊体内。

CF_1由5种多肽(α、β、γ、δ、ε)组成，它们的数目比为3:3:1:1:1。α和β多肽，随意排列，似橘子瓣一样，两者与ADP和磷酸结合，催化ADP的磷酸化，其他多肽则起调节作用。

CF_0可能由4种多肽(Ⅰ、Ⅱ、Ⅲ、Ⅳ)组成，它们的数目比为1:1:12:1，组成横跨类囊体膜的通道，使质子从类囊体腔运动到基质。

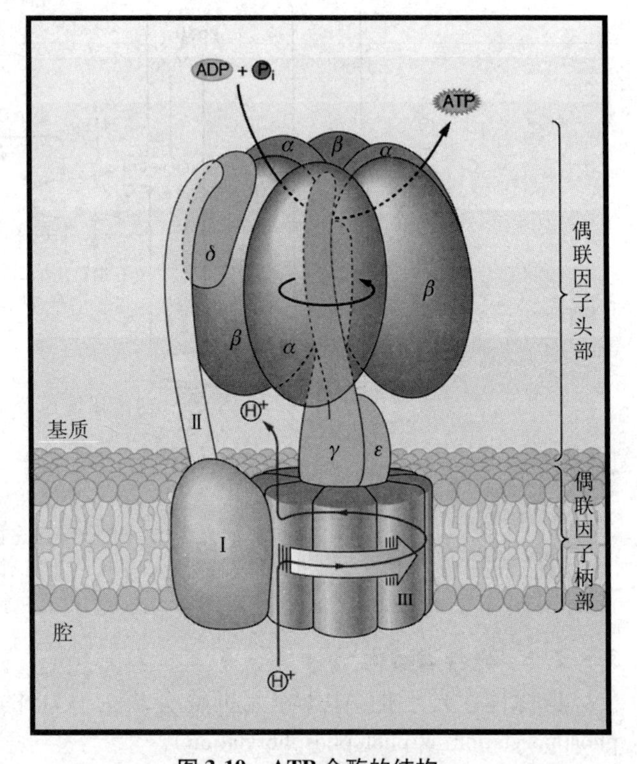

图3-19　ATP合酶的结构
(引自Buchanan *et al.*，2000)

线粒体ATP合酶的分子结构已经用X-射线晶体学研究查明，虽然叶绿体和线粒体之间的酶有很大的区别，但两者的结构是相同的，它们在电子传递伴随着质子传递方面也是一致的。还有一点相似的是ATP合酶的作用机理，即在催化ATP合成时，柄的内部和大部分CF_0的酶都在转动着，这些酶实质上是微小的分子发动机。

(3)光合磷酸化机理

英国人P. Mitchell在1961年提出了化学渗透假说(chemiosmotic hypothesis)来解释光合磷酸化的机理。在类囊体的电子传递体中，PQ可传递电子和质子；而其他传递体，如PC和Fd等只传递电子而不传递质子。光照引起水的裂解，水释放的质子留在类囊体膜内侧，水释放的电子进入电子传递链中的PQ。PQ在接受水裂解传来的电子的同时，又接受膜外侧传来的质子。PQ将质子排入膜内侧，将电子传给PC。这样，膜内侧质子浓度高而膜外侧的低，膜内侧电位较膜外侧高。于是膜内外产生质子浓度差(ΔpH)和电位差(Δψ)，两者合称为质子动力(proton motive force，PMF)，即为光合磷酸化的动力。当 H^+ 沿着浓度梯度返回膜外侧时，在 ATP 合酶催化下，ADP 和 Pi 脱水形成 ATP。这一学说具有大量的实验支持，得到公认并获得了 1978 年的诺贝尔化学奖。

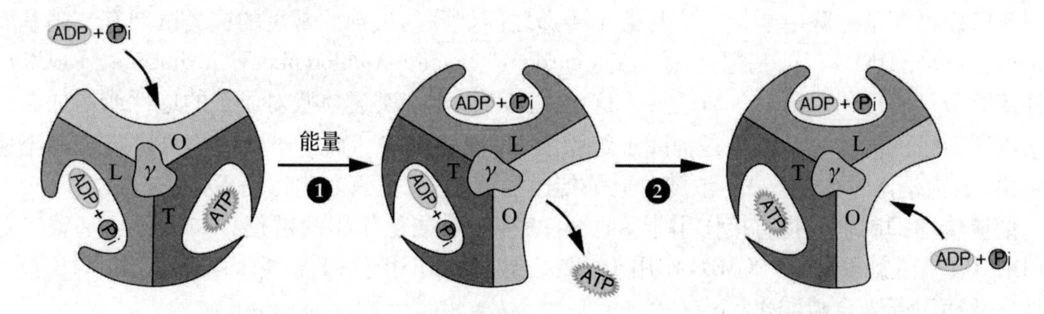

图 3-20　ATP 合成变构学说模式图(引自 Buchanan *et al.*, 2000)

那么，ATP 合酶究竟是怎样催化 ADP 和 Pi 形成 ATP 呢？美国 Boyer、英国 Walker 和丹麦 Skou 3 人提出结合转化机制(binding change mechanism)或称变构学说，并获得 1997 年诺贝尔化学奖。变构学说认为：与 ATP 合酶活性密切相关的 CF_1 的 3 个 β 亚基各具一定的构象，分别称为紧张(tight，T)、松弛(loose，L)和开放(open，O)，各自对应于底物的结合、产物形成和释放 3 个过程(图 3-20)。

构象的相互依次转化是和质子的通过引起 γ 亚基的旋转相偶联的。当质子顺质子电化学梯度流过 CF_0 时，使 γ 亚基转动，γ 亚基的转动引起 β 亚基的构象依紧张→松弛→开放的顺序发生改变，使 ATP 得以合成并从催化复合体上释放。具体来说，ADP 和 Pi 与开放状态的 β 亚基结合；在质子流的推动下 γ 亚基的转动使 β 亚基变为松弛状态，并在较少的能量变化情况下，ADP 和 Pi 自发地形成 ATP，再进一步转变为紧张状态；β 亚基继续变构成松弛状态，使 ATP 被释放，并可以再次结合 ADP 和 Pi 进行下一轮的 ATP 合成。在 ATP 的整个合成过程中，主要耗能的步骤是 ATP 的释放，而非 ATP 的合成。

对 ATP 合酶的晶体结构分析结果表明，3 个 β 亚基的构象是不同的，γ 亚基插入这个催化复合体的中心。在 β 亚基和组成“外圈”的 α 亚基的界面是高度疏水的，这种疏水性使 β 亚基与外圈亚基间的相互作用很小，有利于 γ 亚基的转动。Yoshida 研究组将带荧光的微丝片段(约 1μm)“黏结”在 γ 亚基上，当加入 ATP 时，在荧光镜下直接观察到荧光微丝的转动，说明 γ 亚基在质子通过时确实发生了转动。质子从 CF_0 到 CF_1 的运动可能受 ε 亚基(或许还有 δ 亚基)的构象变化的调节。

经过上述变化以后，由光能转变来的电能便进一步形成活跃的化学能，暂时贮存在 ATP 和 NADPH 中。由于 ATP 和 NADPH 用于碳反应中二氧化碳的同化，所以，把这 2 种物质合称为同化能力(同化力，assimilatory power)。

(4)光合磷酸化的抑制剂

叶绿体进行光合磷酸化，必须同时具备以下 3 点：①在类囊体膜上进行电子传递；②类囊体膜内外产生质子梯度；③具有有活性的 ATP 合酶。破坏这 3 个条件之一的试剂都能使光合磷酸化中止，这些试剂也就成了光合磷酸化的抑制剂。

电子传递抑制剂　指抑制光合电子传递的试剂，如羟胺(NH_2OH)切断水到 PSⅡ的电子流，敌草隆[3-(3,4-二氯苯基)-1,1-二甲基脲，DCMU]抑制从 PSⅡ上的 Q_A、Q_B到 PQ 的电子传递；氰化钾(KCN)和汞(Hg)等则抑制 PC 的氧化。一些除草剂如西玛津(simazine)、阿特拉津(atrazine)、除草定(bromacil)、异草定(isocil)等也是电子传递抑制剂，它们通过阻断电子传递抑制光合作用来杀死植物。

解偶联剂　指解除磷酸化反应与电子传递之间偶联的试剂。常见的这类试剂有二硝基酚(dinitrophenol，DNP)、羰基氰-3-氯苯腙(carbonyl cyanide-3-chlorophenyl hydrazone，CCCP)、短杆菌肽 D、尼日利亚菌素、NH_4^+等，这些试剂可以增加类囊体膜对质子的透性或增加偶联因子渗漏质子的能力，其结果是消除了跨膜的 H^+电化学势，而电子传递仍可进行，甚至速度更快(因为消除了内部高 H^+浓度对电子传递的抑制)，但磷酸化作用不再进行。

能量传递抑制剂　指直接作用于 ATP 合酶抑制磷酸化作用的试剂，如二环己基碳二亚胺(DCCD)、对氯汞基苯(PCMB)作用于 CF_1，寡霉素作用于 CF_0。它们都抑制了 ATP 合酶活性，从而阻断光合磷酸化。

叶绿体电子传递链的抑制剂作用位点　DCMU 和 DBMIB(2,5-二溴-3-甲基异丙基-p-苯醌)与 PQ 竞争阻止电子传到 $Cytb_6f$ 复合体，而还原态的百草枯(paraquat)自动氧化为基本离子，抑制 PSⅠ中 Fd 的还原，导致超氧和其他活性氧种类的形成(图 3-21)。

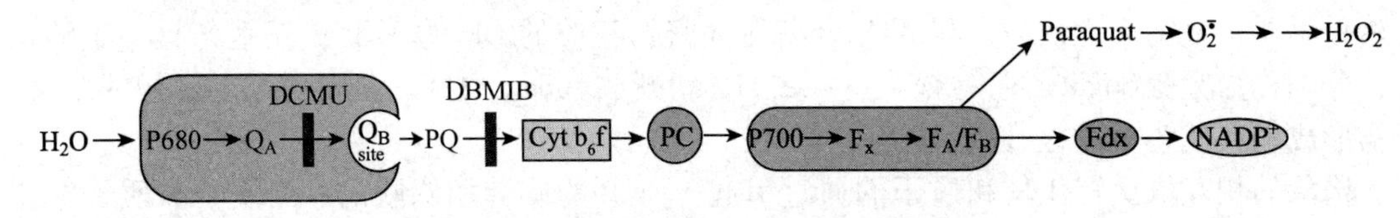

图 3-21　叶绿体电子传递链的抑制剂作用位点

3.3.3　碳同化

高等植物固定二氧化碳的生化途径有 3 条：卡尔文循环、C_4途径和景天酸代谢途径，其中以卡尔文循环为最基本的途径，同时也只有这条途径才具备合成淀粉等产物的能力；其他 2 条途径不普遍(特别是第 3 条)，而且只能起固定、运转二氧化碳的作用，不能形成淀粉等产物。

3.3.3.1　卡尔文循环(C_3途径)

二氧化碳的同化是相当复杂的。卡尔文(M. Calvin)等利用放射性同位素示踪和纸层析等方法，经过 10 年的系统研究，在 20 世纪 50 年代提出二氧化碳同化的循环途径，称为卡尔文循环(the Calvin cycle)。这个途径的二氧化碳固定最初产物是一种三碳化合物，故又称为 C_3 途径，水稻、小麦、棉花、大豆等大多数植物都

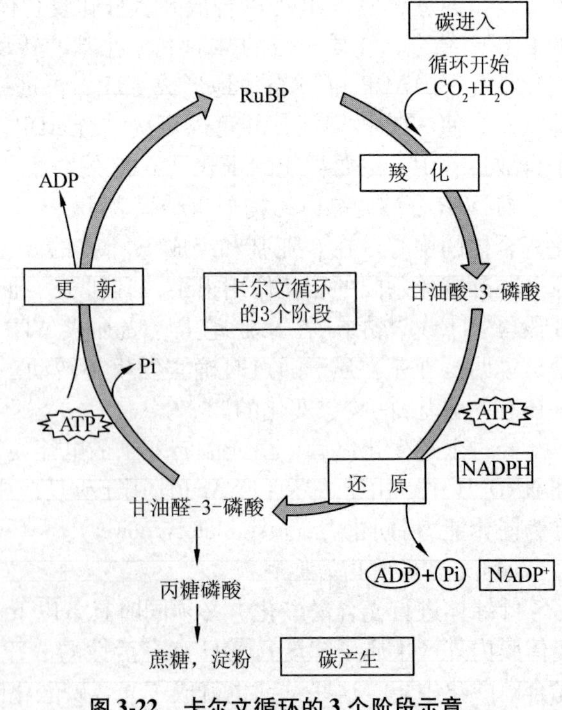

图 3-22　卡尔文循环的 3 个阶段示意
(引自潘瑞炽，2008)

依此途径固定二氧化碳，故称之为 C_3 植物。卡尔文循环是所有植物光合作用碳同化的基本途径，大致可分为 3 个阶段，即羧化阶段、还原阶段和更新阶段(图 3-22)。

(1) C_3 途径的生化过程

羧化阶段 二氧化碳必须经过羧化阶段(carboxylation phase)，固定成羧酸，然后才被还原。核酮糖-1,5-二磷酸(ribulose-1,5-bisphosphate，RuBP)是二氧化碳的接受体，在核酮糖-1,5-二磷酸羧化酶/加氧酶(RuBP carboxylase/oxygenase，亦称 Rubisco)作用下，和二氧化碳作用形成 2 分子的 3-磷酸甘油酸(3-phosphoglyceric acid，PGA)，这是卡尔文循环中的第 1 个稳定的中间产物。

还原阶段 3-磷酸甘油酸被 ATP 磷酸化，在 3-磷酸甘油酸激酶(3-phosphoglycerate kinase)催化下，形成 1,3-二磷酸甘油酸(1,3-diphosphoglyceric acid，DPGA)，然后在甘油醛-3-磷酸脱氢酶(glyceraldehyde-3-phosphate dehydrogenase，PGAld-3P-DH)作用下被 NADPH 和 H^+ 还原，形成 3-磷酸甘油醛(3-phosphoglyceraldehyde，PGAld)，这是光合碳同化形成的第一个三碳糖—磷酸丙糖。至此，光合作用的贮能过程即告完成。

更新阶段(regeneration phase) 是 PGAld 经过一系列的转变，再形成 RuBP 的过程，也称为 RuBP 再生。现将上述卡尔文循环路线总结如图 3-23 所示。

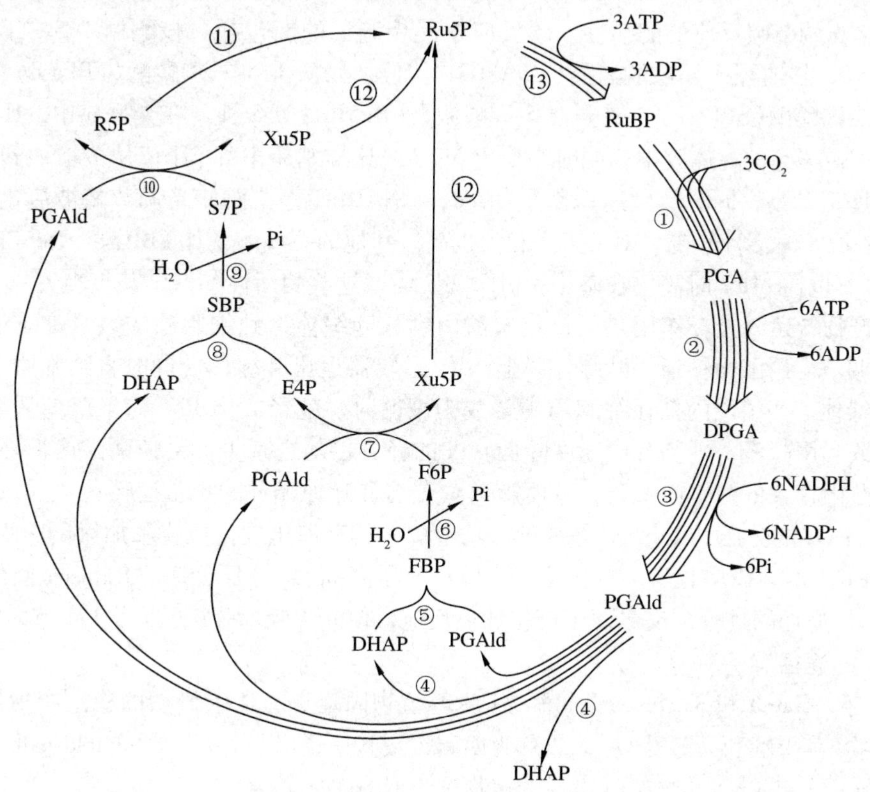

图 3-23 卡尔文循环及作用酶系(引自 Bowyer and Leegood，1997)

每一条线代表 1mol 代谢物的转变。①羧化阶段；②和③还原阶段；④～⑬更新阶段。

DHAP——二羟丙酮磷酸；FBP——果糖-1,6-二磷酸；F6P——果糖-6-磷酸；E4P——赤藓糖-4-磷酸；Xu5P——木酮糖-5-磷酸；SBP——景天庚酮糖-1,7-二磷酸；S7P——景天庚酮糖-7-磷酸；R5P——核糖-5-磷酸；Ru5P——核酮糖-5-磷酸。

循环中的酶：①Rubisco；②甘油酸-3-磷酸激酶；③甘油醛-3-磷酸脱氢酶；④丙糖磷酸异构酶；⑤果糖二磷酸醛缩酶；⑥果糖-1,6-二磷酸酶；⑦转酮酶；⑧果糖二磷酸醛缩酶；⑨景天庚酮糖-1,7-二磷酸酶；⑩转酮酶；⑪核糖磷酸异构酶；⑫核酮糖-5-磷酸差向异构酶；⑬核酮糖-5-磷酸激酶卡尔文循环的总反应式如下：

$$3CO_2+3H_2O+3RuBP+9ATP+6NADPH \longrightarrow PGAld+6NADP^+ +9ADP+9Pi$$

由此可见，要产生1个PGAld(磷酸丙糖)分子，需要3个CO_2分子，6个NADPH分子和9个ATP分子。

(2)C_3途径的调节

自身催化 该循环产生的中间产物是维持循环进行所必需的。更重要的是，中间产物浓度增加会促进卡尔文循环进行的速率，以达到稳态时的功能。这个循环是自身催化(autocatalysis)。实验证实，二氧化碳的同化速率，主要决定于C_3途径的运转状况和中间产物的数量水平。将暗适应的叶片移至光下，最初阶段光合速率很低，需要经过一个"滞后期"(一般超过20 min，取决于暗适应时间的长短)才能达到光合速率的"稳态"阶段。其原因之一就是暗中叶绿体基质中的光合中间产物(RuBP等)含量低，此时形成的磷酸丙糖不输出，而用于RuBP再生，当循环达到"稳态"后，磷酸丙糖才输出。这种调节RuBP等中间产物数量，使二氧化碳的同化速率处于某一"稳态"的机制，称为C_3途径的自身催化调节。

光的调节 光对卡尔文循环的调节可分为以下2种情况。

第一，光提供同化力。

第二，光调节碳反应的酶活性。碳反应中受光调节的酶包括：核酮糖-1,5-二磷酸羧化酶(Rubisco)、甘油醛-3-磷酸脱氢酶(PGAld-3P-DH)、果糖-1,6-二磷酸酶(FBPase)、景天庚酮糖-1,7-二磷酸酶(SBPase)、核酮糖-5-磷酸激酶(Ru5PK)等5种。在光反应中，H^+被从叶绿体基质中转移到类囊体腔中，同时交换出Mg^{2+}。这样基质中的pH值从7增加到8以上，Mg^{2+}的浓度也升高，同时产生还原因子如Fd_{red}、NADPH等，而使光调节酶被活化。例如，Rubisco在pH 8时活性最高，对CO_2亲和力也高。其他的一些酶，如FBPase、Ru5PK等的活性在pH 8时也比pH 7时高。在暗中，pH≤7.2时，这些酶活性降低，甚至丧失。

光合产物转运 光合作用最初产物磷酸丙糖从叶绿体运到细胞质的数量，受细胞质中Pi水平的调节。磷酸丙糖通过叶绿体膜上的Pi运转器运出叶绿体，同时将细胞质中等量的Pi运入叶绿体。当磷酸丙糖在细胞质中合成为蔗糖时，就释放出Pi。如果蔗糖从细胞质外运受阻，或利用减慢，则其合成速度降低，Pi的释放也随之减少，会使磷酸丙糖外运受阻。这样，磷酸丙糖在叶绿体中积累，从而影响C_3光合碳还原循环的正常运转。

CO_2与O_2的分压 Rubisco是一种双功能酶，具有催化羧化反应和加氧反应两种功能，其催化方向取决于CO_2和O_2的分压。当CO_2分压高而O_2分压低时，Rubisco催化羧化反应，利于C_3途径的进行；反之，则催化加氧反应，使光呼吸增强(见本章3.4节内容)。

3.3.3.2 C_4途径

1966年，Hatch和Slack发现甘蔗、玉米等植物固定二氧化碳最初的稳定产物是四碳二羧酸化合物(苹果酸和天冬氨酸)，故称为四碳二羧酸途径(C_4-dicarboxylic acid pathway)，简称C_4途径(C_4 pathway)，具有C_4途径的植物称为C_4植物。

(1)C_4途径的生化过程

羧化阶段 由磷酸烯醇式丙酮酸羧化酶(phosphoenol plyruvate carboxylase，PEPC)催化叶肉细胞中的磷酸烯醇式丙酮酸(phosphoenol plyruvate，PEP)与HCO_3^-羧化，形成草酰乙酸(oxaloacetic acid ，OAA)。

空气中的二氧化碳进入叶肉细胞后先由碳酸酐酶（carbonic anhydrase，CA）转化为 HCO_3^-，$CO_2 + H_2O \rightarrow HCO_3^- + H^+$。$HCO_3^-$ 被 PEP 固定在 OAA 的 C_4 羧基上。PEPC 的反应机理如下：PEPC 先与 Mg^{2+} 结合；再与底物 PEP 结合，形成一个三元复合物；这个三元复合物与 HCO_3^- 作用产生羧基磷酸与 PEPC · Mg^{2+} 和烯醇式丙酮酸复合物，前者释放出 CO_2 与 Pi；CO_2 与 PEPC · Mg^{2+} 烯醇作用产生 OAA 与 PEPC · Mg^{2+}，OAA 为羧化反应的产物，PEPC · Mg^{2+} 则再次进行反应。PEPC 是胞质酶，主要分布在叶肉细胞的细胞质中，相对分子质量 400 000，由 4 个相同亚基组成。PEPC 无加氧酶活性，因而羧化反应不被氧抑制。

还原或转氨阶段 OAA 被还原成苹果酸(malate，Mal)或经转氨作用形成天冬氨酸(aspartic acid，Asp)。

还原反应 由 NADP-苹果酸脱氢酶(NADP-malate dehydrogenase)催化，将 OAA 还原为 Mal，该反应在叶肉细胞的叶绿体中进行。

转氨作用 由天冬氨酸转氨酶(aspartate amino transferase)催化，OAA 接受谷氨酸的氨基，形成天冬氨酸，该反应在细胞质中进行。

脱羧阶段 生成的苹果酸或天冬氨酸从叶肉细胞经胞间连丝移动到维管束鞘细胞(bundle sheath cell，BSC)，并在维管束鞘细胞中脱去羧基(—COOH)。

根据运入维管束鞘细胞中的 C_4 二羧酸的种类以及脱羧反应参与的酶类，脱羧反应有以下 3 种亚类型(图 3-24)。

NADP-ME 型 NADP 苹果酸酶(NADP malic enzyme)型。在维管束鞘细胞的叶绿体内苹果酸脱羧生成丙酮酸(pyruvate，Pyr)，反应由 NADP 苹果酸酶催化，生成的 NADPH 可用于 C_3 途径中二氧化碳的还原。如玉米、甘蔗、高粱等属此类型。

NAD-ME 型 NAD 苹果酸酶(NAD malic enzyme)型。天冬氨酸在天冬氨酸转氨酶作用下转氨基形成 OAA，再经 NAD-苹果酸脱氢酶作用生成苹果酸，然后在 NAD-苹果酸酶催化下脱羧生成丙酮酸并释放二氧化碳。这些过程都在维管束鞘细胞的线粒体中进行，生成的丙酮酸在细胞质中由丙酮酸转氨酶催化形成丙氨酸，然后进入叶肉细胞。如狗牙根、马齿苋等属于此类。

PCK 型 PEP 羧激酶(PEP carboxykinase)型。天冬氨酸经天冬氨酸转氨酶作用变成草酰乙酸，然后再在 PEP 羧激酶的催化下在叶绿体内变为 PEP 并释放二氧化碳。生成的 PEP 可能直接进入叶肉细胞，也可能先转变成丙酮酸，再形成丙氨酸进入叶肉细胞。如羊草、无芒虎尾草、卫茅等属此类型。

上述 3 类反应脱羧释放的二氧化碳最后都进入维管束鞘细胞的叶绿体中，由 C_3 途径同化为糖类。

C_4 二羧酸脱羧释放二氧化碳，使维管束鞘细胞内二氧化碳浓度可比空气中高出 20 倍左右，所以 C_4 途径中的脱羧起"CO_2 泵"作用。C_4 植物这种浓缩二氧化碳的效应，能抑制光呼吸，使二氧化碳同化速率提高。

底物再生阶段 C_4 二羧酸脱羧后形成的 Pyr 运回叶肉细胞，由叶绿体中的丙酮酸磷酸二激酶(pyruvate phosphate dikinase，PPDK)催化，重新形成 CO_2 受体 PEP(图 3-25)。

此步反应要消耗 2 个 ATP(因 AMP 变成 ADP 再要消耗 1 个 ATP)。PPDK 在体内存在钝化与活化 2 种状态，它易被光活化，在光下该酶的活性比暗中高 20 倍。

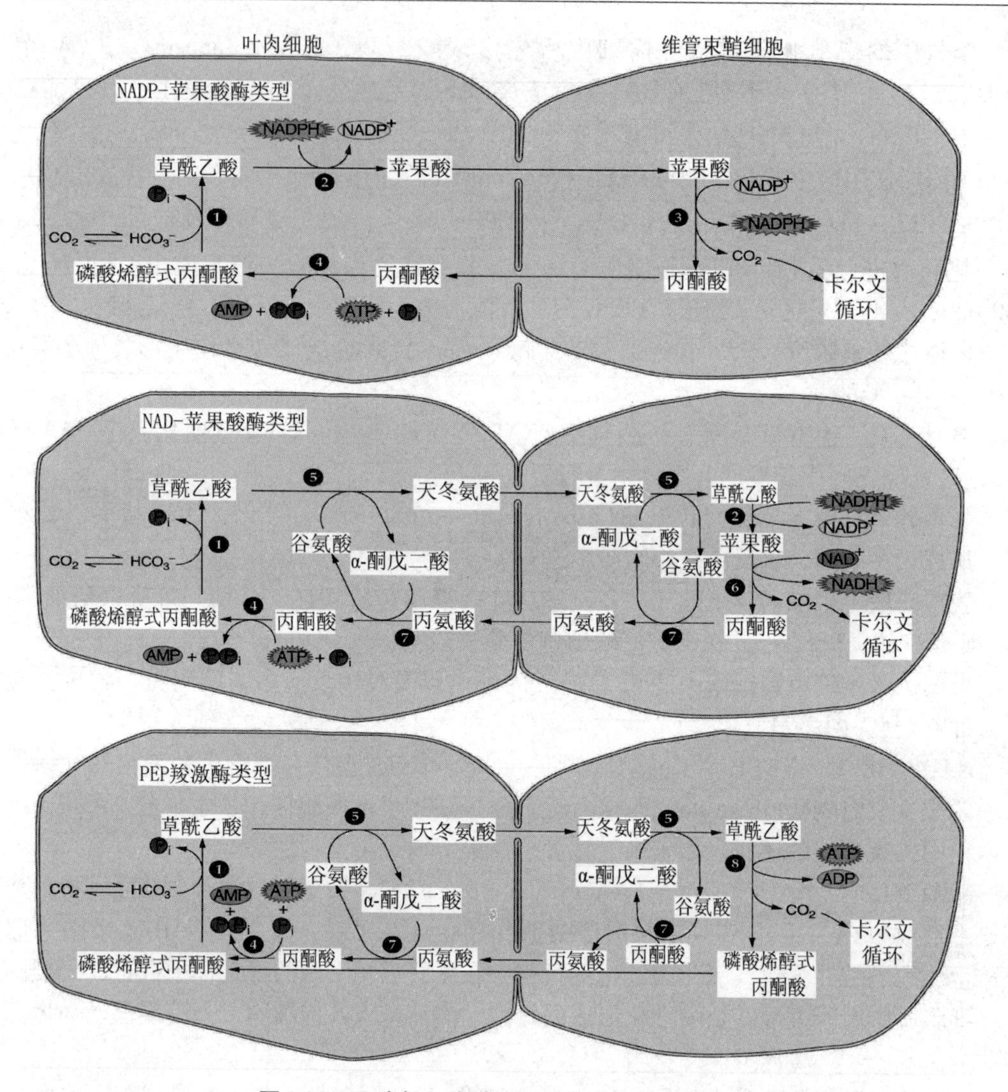

图 3-24 C_4途径 3 种脱羧反应类型与反应部位

①PEP 羧化酶；②$NADP^+$—苹果酸脱氢酶；③$NADP^+$—苹果酸酶；④丙酮酸磷酸双激酶；⑤天冬氨酸氨基转移酶；⑥NAD^+—苹果酸酶；⑦丙酮酸氨基转移酶；⑧PEP 羧激酶

由于 PEP 底物再生要消耗 2 个 ATP，这使得 C_4植物同化 1 个 CO_2需消耗 5 个 ATP 与 2 个 NADPH。

(2)C_4途径的调节

C_4途径的酶活性受光、效应剂和二价金属离子等的调节。光可活化 C_4途径中的 PEPC、NADP-ME 和 PPDK，在暗中这些酶则被钝化。苹果酸和天冬氨酸抑制 PEPC 活性，而 G6P、PEP 则增加其活性。Mn^{2+}和 Mg^{2+}是 NADP-ME、NAD-ME、PCK 的活化剂。

3.3.3.3 景天酸代谢(CAM)途径

(1)CAM 途径的过程

景天科(Crassulaceae)植物如景天(*Sedum alboroseum*)、落地生根(*Bryophyllum pinnatum*)等的叶子，晚上气孔开放，吸进二氧化碳，在 PEP 羧化酶作用下，与 PEP 结合，形成 OAA，

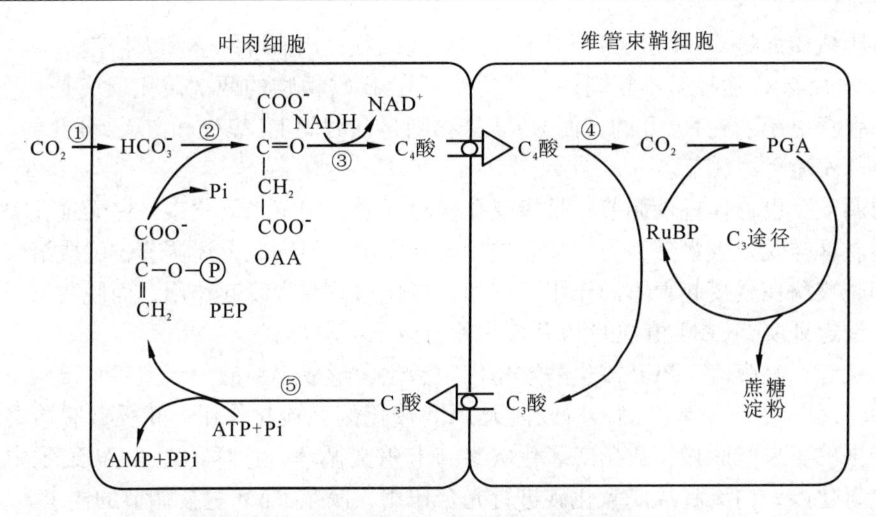

图 3-25　C_4途径的基本反应在各部位进行的示意

①碳酸酐酶；②PEP 羧化酶；③苹果酸脱氢酶；④苹果酸酶；⑤丙酮酸磷酸双激酶

进一步还原为苹果酸，积累于液泡中。白天气孔关闭，液泡中的苹果酸便运到胞质溶胶，在依赖 NADP 苹果酸酶作用下，氧化脱羧，放出二氧化碳，参与卡尔文循环，形成淀粉等(图 3-26)。所以，植物体在晚上的有机酸含量十分高，而糖类含量下降；白天则相反，有机酸下降，而糖分增多。这种有机酸合成日变化的代谢类型，称为景天酸代谢(crassulaceae acid metabolism，CAM)途径。仙人掌、菠萝等植物叶片的有机酸含量也有同样变化，所以这些植物通称为景天酸代谢植物(CAM plant)。目前，在近 30 个科、100 多个属、1 万多种植物中发现存在 CAM 途径。

CAM 植物多起源于热带，分布于干旱环境中。因此，CAM 植物多为肉质植物(但并非

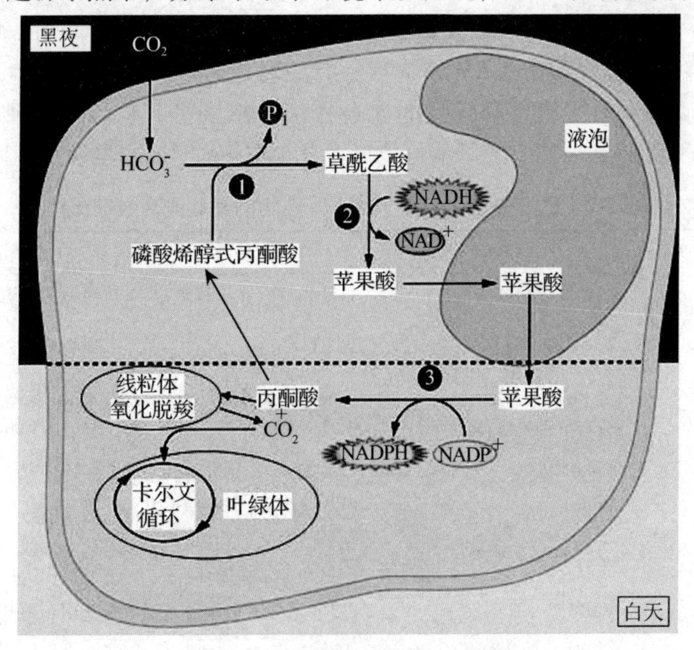

图 3-26　肉质植物的 CAM 途径

所有的肉质植物都是 CAM 植物)，具有大的薄壁细胞，内有叶绿体和大液泡。

CAM 途径与 C_4途径基本相同，二者的差别在于 C_4植物的两次羧化反应是在空间上(叶肉细胞和维管束鞘细胞)分开的，而 CAM 植物则是在时间上(黑夜和白天)分开的。

(2)CAM 途径的调节

短期调节 也称作昼夜调节，是指气孔夜晚开放，固定二氧化碳；白天气孔关闭，释放二氧化碳。这样既减少水分丢失，又能进行光合作用。要完成上述调节，胞质溶胶中的 PEP 羧化酶和脱羧酶在昼夜起着不同作用。例如，羧化酶只在夜晚起作用，而脱羧酶只在白天才有活性。最近证实，CAM 植物的 PEP 羧化酶有以下 2 种形式。

i. 夜晚型 在夜晚，PEP 羧化酶羧化作用活化，形成苹果酸，该型对苹果酸不敏感。

ii. 白天型 受苹果酸抑制，所以白天 PEP 羧化酶无羧化作用；相反，脱羧酶活化，把胞质溶胶里的苹果酸脱羧，放出二氧化碳参与卡尔文循环。这样，在 CAM 细胞中夜晚吸收和固定二氧化碳，白天释放二氧化碳进行光合作用，满足 CAM 昼夜调节的要求。

长期调节 长期(季节)干旱下，某些兼性或诱导的 CAM 植物，如冰叶日中花(*Mesembrymthemem erystallinium*)保持 CAM 类型，但水分充足时，则转为 C_3类型，即从气孔夜间开放、白天关闭的典型 CAM 类型变为白天开放、夜间关闭的 C_3类型。

3.3.4 C_3植物、C_4植物和 CAM 植物的光合特性比较

综上所述，植物的光合碳同化途径具有多样性，这也反映了植物对生态环境多样性的适应。C_3 途径是光合碳代谢最基本最普遍的途径，只有这条途径才具备合成淀粉等产物的能力，C_4 途径和 CAM 途径则是对 C_3 途径的补充。研究发现，高等植物的光合碳同化途径也可随着植物的器官、部位、生育期及环境条件而发生变化。20 世纪 70 年代，又发现某些植物形态解剖结构和生理生化特性介于 C_3 植物和 C_4 植物之间，称为 C_3—C_4 中间植物。迄今已发现数十种 C_3—C_4 中间植物，如黍属的 *Panicum milioides* 和粟米草属的 *Mollugo nudicaulis* 等。但多数 C_3 植物、C_4 植物和 CAM 植物都具有相对稳定的形态结构和生理特性(表 3-2)。一般来说，C_4 植物比 C_3 植物具有较强的光合作用，特别是在低二氧化碳浓度、高温、强光、干旱条件下表现突出，其原因可从植物叶片的结构特征和生理特性 2 个方面来探讨。

表 3-2 C_3植物、C_4植物和 CAM 植物的某些光合特征比较

项 目	C_3植物	C_4植物	CAM 植物
植物类型	典型温带植物	典型热带或亚热带植物	典型干旱地区植物
生物产量(干重)($t \cdot hm^{-2} \cdot a^{-1}$)	22 ±0.3	39 ±17	通常较低
叶结构	无 Kranz 型结构，只有 1 种叶绿体	有 Kranz 型结构，常具 2 种叶绿体	无 Kranz 型结构，只有 1 种叶绿体
叶绿素 a、b	2.8 ±0.4	3.9 ±0.6	2.5~3.0
CO_2固定酶	Rubisco	PEP 羧化酶，Rubisco	PEP 羧化酶，Rubisco
CO_2固定途径	只有卡尔文循环	在不同空间分别进行 C_4 途径和卡尔文循环	在不同时间分别进行 CAM 途径和卡尔文循环
最初 CO_2接受体	RuBP	PEP	光下：RuBP；暗中：PEP
CO_2固定的最初产物	PGA	OAA	光下：PGA；暗中：OAA

（续表）

项 目	C_3植物	C_4植物	CAM 植物
PEP 羧化酶活性（$\mu mol \cdot mg^{-1} Chl \cdot min^{-1}$）	0.30～0.35	16～18	19.2
光合速率（$mg\ CO_2 \cdot dm^{-2} \cdot h^{-1}$）	15～35	40～80	1～4
CO_2补偿点（$mg \cdot L^{-1}$）	30～70	<10	暗中：<5
饱和光强	全日照1/2	无	同C_4植物
光合最适温度（℃）	15～25	30～47	≈35
蒸腾系数（g水分·g^{-1}干重）	450～950	250～350	18～125
气孔张开	白天	白天	晚上
光呼吸	高，易测出	低，难测出	低，难测出
耐旱性	弱	强	极强

注：引自潘瑞炽，2008。

3.3.4.1 叶片结构

结构与功能是有密切关系的，是统一的。C_4植物叶片的维管束鞘薄壁细胞较大，叶绿体较大，叶绿体没有基粒或基粒发育不良；维管束鞘的外侧密接一层成环状或近于环状排列的叶肉细胞（图3-27），组成“花环型”（Kranz type）结构。这种结构是C_4植物的特征。叶肉细胞内的叶绿体数目少，个体小，有基粒。C_4植物维管束鞘薄壁细胞与其邻近的叶肉细胞之间有大量的胞间连丝相连（图3-28）。C_3植物的维管束鞘薄壁细胞较小，不含或有很少的叶绿体，没有“花环型”结构，维管束鞘周围的叶肉细胞排列松散（图3-27）。

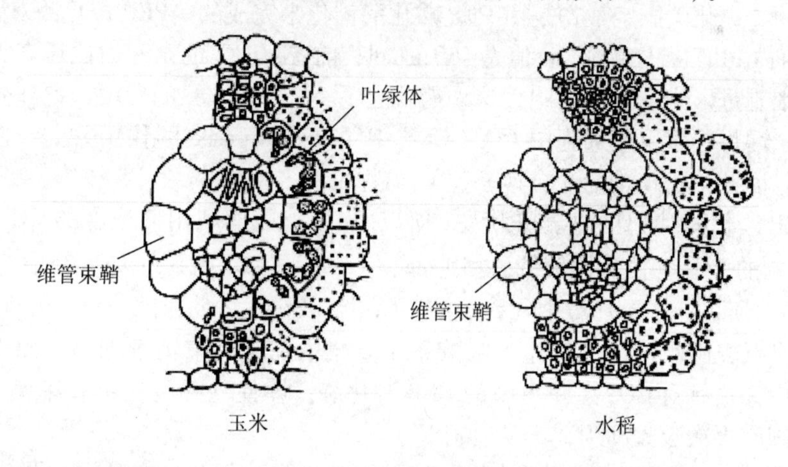

图3-27 C_4植物（玉米）与C_3植物（水稻）叶片的解剖结构

（引自潘瑞炽，2008）

前面说过，C_4植物通过叶肉细胞细胞质的PEP羧化酶固定二氧化碳，生成的C_4酸转移到维管束鞘薄壁细胞中，放出二氧化碳，参与卡尔文循环，形成糖类。所以，C_4植物进行光合作用时，只有维管束鞘薄壁细胞内形成淀粉，在叶肉细胞中没有淀粉。而C_3植物由于仅有叶肉细胞含有叶绿体，整个光合过程都是在叶肉细胞里进行，淀粉也只是积累在叶肉细胞中，维管束鞘薄壁细胞不积存淀粉。

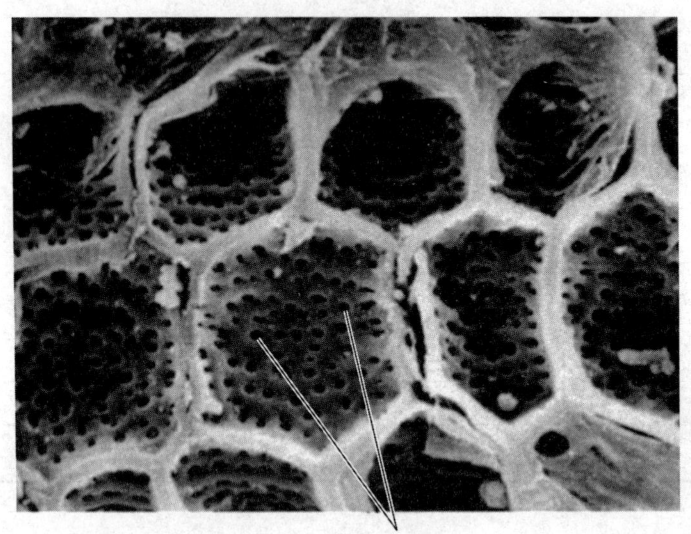

图3-28 C_4植物维管束鞘细胞具有大量胞间连丝的电镜照片

（引自 Taiz and Zeiger，2002）

3.3.4.2 生理特征

在生理上，C_4植物一般比C_3植物的光合作用强，这与C_4植物的PEP羧化酶活性较强及光呼吸很弱有关。

C_4途径的二氧化碳固定最初是由PEP羧化酶催化来完成的。PEP羧化酶对CO_2的*Km*值是7 μmol，而RuBP羧化酶的*Km*值是450 μmol，前者对CO_2的亲和力比后者大很多，加之C_4酸由叶肉细胞进入维管束鞘细胞，这种酶就起了一个"CO_2泵"的作用，把外界的CO_2"压"进维管束鞘，增加维管束鞘细胞中CO_2/O_2比率，改变Rubisco的作用方向，使羧化作用大于加氧作用。因此，C_4植物的光合速率比C_3植物快许多。

由于PEP羧化酶对CO_2的亲和力大，所以C_4植物能够利用低浓度的CO_2，而C_3植物不能。C_4植物的CO_2补偿点比较低（$<10\ mg \cdot L^{-1}$），而C_3植物的CO_2补偿点比较高（30～70 $mg \cdot L^{-1}$）。所以，干旱环境中气孔关闭，CO_2进入少时，C_4植物较C_3植物生长良好。

C_4植物是低光呼吸植物，其光呼吸酶系主要集中在维管束鞘细胞中。而维管束鞘外面的叶肉细胞中又具有对CO_2亲和力高的PEP羧化酶，即使光呼吸在维管束鞘放出CO_2，也很快被叶肉细胞再次吸收利用，不易"漏出"。

此外，C_4植物"热限"高于C_3植物，且无饱和光强，因此，在高温、强光照下，C_4植物比C_3植物具有较强的光合作用。

3.3.5 光合产物及其转化

3.3.5.1 光合作用的直接产物

在前述高等植物二氧化碳同化的3条生化途径中，只有卡尔文循环（C_3途径）才具备合成淀粉、蔗糖、葡萄糖、果糖等产物的能力。在过去相当长的时间内一直认为碳水化合物是光合作用的唯一产物，但在采用$^{14}CO_2$饲喂小球藻后，经照光发现在未形成碳水化合物之前，^{14}C已参与到氨基酸(甘氨酸、丝氨酸等)和有机酸(丙酮酸、苹果酸、乙醇酸等)的合成中。当以^{14}C-醋酸饲喂离体叶片，照光后又发现^{14}C很快参与到叶绿体中的某些脂肪酸(棕榈酸、亚油酸)中。因此，证明光合作用的直接产物包括糖类、氨基酸、蛋白质、脂肪酸和有机酸等。光合产物因植物种类、叶龄、环境而异，大多数植物的光合产物是以淀粉为主，例如，棉花、烟草、大豆等；有些植物如洋葱、大蒜的光合产物是葡萄糖和果糖，不形成淀粉；而小麦、蚕豆等作物的直接产物是蔗糖。幼叶以糖类、蛋白质为主，成熟叶片以糖类为主。强光下有利于蔗糖和淀粉的形成，而弱光则有利于谷氨酸、天冬氨酸和蛋白质等含氮物质的形成。

3.3.5.2 淀粉与蔗糖的合成与调节

(1)淀粉与蔗糖的合成

光合产物淀粉是在叶绿体内合成的。C_3途径合成的磷酸丙糖(TP)、FBP、F6P，可转化为G6P、G1P，然后在ADPG焦磷酸化酶(ADPG pyrophosphorylase)作用下使G1P与ATP作用生成ADPG，然后再由淀粉合酶(starch synthase)催化形成淀粉。

$$\text{G1P} + \text{ATP} \xrightarrow{\text{ADPG 焦磷酸化酶}} \text{ADPG} + \text{PPi}$$

$$(\text{葡萄糖})_n + \text{ADPG} \xrightarrow{\text{淀粉合成酶}} (\text{葡萄糖})_{n+1} + \text{ADP}$$

叶绿体内形成的部分磷酸丙糖(TP)，可通过膜上的磷酸转运器(Pi translocator)或称磷酸丙糖转运蛋白(triose phosphate translocator，TPT，是一种反向运输蛋白)，与Pi对等交换运输，即在将磷酸丙糖运出的同时将Pi等量运入叶绿体。在细胞质中，磷酸丙糖经过FBP、F6P、G1P形成UDPG(尿苷二磷酸葡萄糖)再生成蔗糖。

$$\text{UDPG} + \text{F6P} \xrightarrow{\text{蔗糖磷酸合酶}} \text{蔗糖磷酸} + \text{UDP}$$

$$\text{蔗糖磷酸} + H_2O \xrightarrow{\text{蔗糖磷酸酯酶}} \text{蔗糖} + \text{Pi}$$

(2)蔗糖与淀粉合成的调节

光对酶活性的调节 在叶绿体内淀粉的合成中，ADPG焦磷酸化酶是合成葡萄糖供体ADPG的关键酶。照光时，随着光合磷酸化的进行，Pi参与ATP的形成；Pi浓度降低，则ADPG焦磷酸化酶活性增大，暗中，Pi浓度升高，酶活性下降。此外，照光时，C_3途径运转，其中间产物PGA、PEP、F6P、FBP及TP都对ADPG焦磷酸化酶有促进作用。光照同样也激活蔗糖磷酸合酶(sucrose phosphate synthase，SPS)，促进蔗糖的合成。

代谢物对酶活性的调节 细胞质中蔗糖合成的前体是F6P，F6P可在PPi-F6P激酶催化下合成F-2,6-BP。Pi促进PPi-F6P激酶而抑制F-1,6-BP磷酸(酯)酶活性，TP则抑制前者的活性。当细胞质中TP/Pi低时，则可通过促进F-2,6-BP的合成而抑制F-1,6-BP的水解，F6P含量降低，从而抑制蔗糖的合成。当细胞质合成的蔗糖磷酸水解并装入筛管运向其他器官时，则由于Pi的浓度升高，有利于叶绿体内的TP的运出，从而使细胞质中TP/Pi比值升高。而叶绿体中TP/Pi比值降低，这样便促进了细胞质中的蔗糖合成，从而抑制了叶绿体中淀粉的合成(图3-29)。

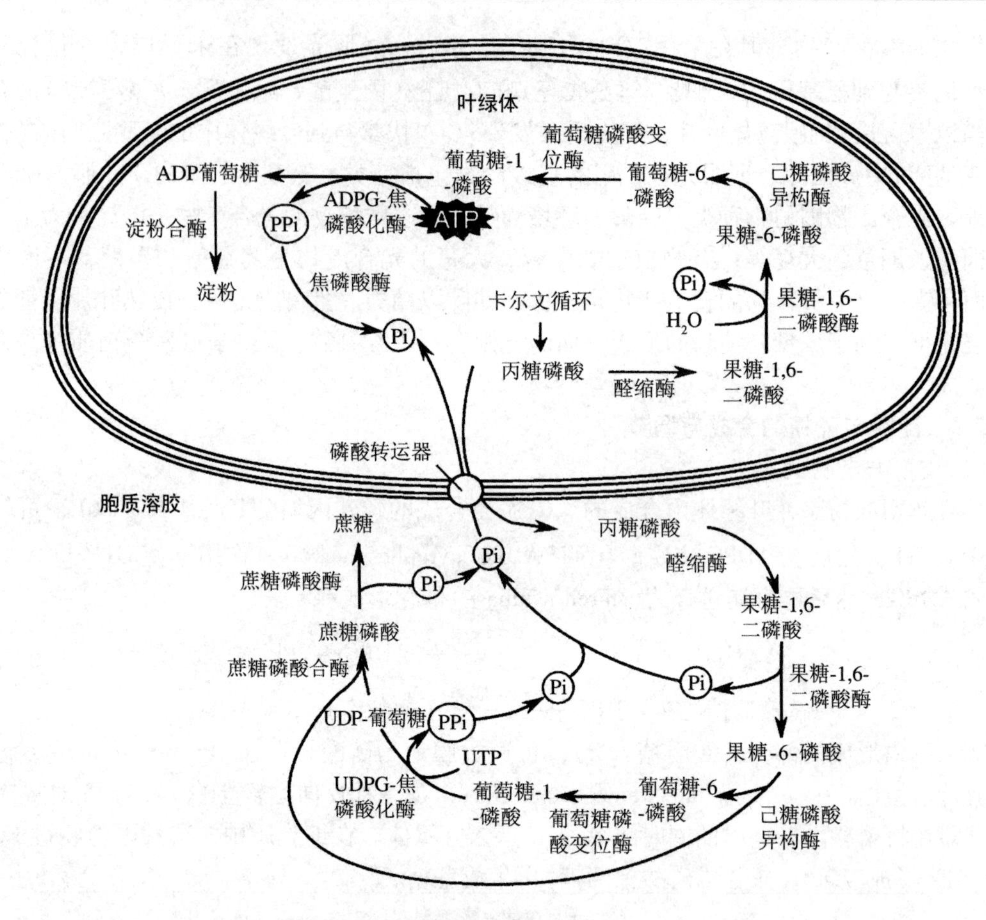

图 3-29 淀粉和蔗糖分别在叶绿体和胞质溶胶中的合成(引自 Taiz and Zeiger, 2002)

3.4 光呼吸

植物的绿色细胞依赖光照，吸收氧和放出二氧化碳的过程，称为光呼吸(photorespiration)。植物的绿色细胞在光照下，一方面进行光合作用，吸收二氧化碳，放出氧气；另一方面也吸收氧气，放出二氧化碳，进行呼吸作用。植物的呼吸作用在光下增强很多，有时增强达 2~3 倍，这里增强的呼吸主要是光呼吸。

而一般生活细胞在光照下和黑暗中都可进行的呼吸被称为暗呼吸，对光照没有特殊要求。1920 年，Warburg 用小球藻做试验时发现，氧对光合有抑制作用，这种现象称为“瓦博格效应”(Warburg effect)，实际上是氧气促进了光呼吸的缘故。自从发现 Rubisco 具有双重功能后，这个答案得到了肯定。

3.4.1 光呼吸的途径

光呼吸是一个生物氧化过程，被氧化的底物是乙醇酸(glycolate)。乙醇酸的产生则以 RuBP 为底物，催化这一反应的酶是 Rubisco。这种酶是一种双功能酶，具有催化羧化反应和加氧反应2种功能。其催化方向取决于 CO_2 和 O_2 的分压。当 CO_2 分压高，而 O_2 分压低时，RuBP与 CO_2 经此酶催化生成2分子的PGA；反之，则RuBP与 O_2 在此酶催化下生成1分子PGA和1分子磷酸乙醇酸（C_2 化合物），后者在磷酸乙醇酸磷酸(酯)酶的作用下变成乙醇酸。在叶绿体中形成的乙醇酸转至过氧化物酶体，由乙醇酸氧化酶催化，被氧化成乙醛酸和过氧化氢，后者由过氧化氢酶催化分解成水和氧气。乙醛酸经转氨酶作用变成甘氨酸，进入线粒体。2分子甘氨酸在线粒体中发生氧化脱羧和羟甲基转移反应转变为1分子丝氨酸，并产生NADH、NH_3，放出 CO_2。丝氨酸转回到过氧化物酶体，并与乙醛酸进行转氨作用，形成羟基丙酮酸，后者在甘油酸脱氢酶作用下，还原为甘油酸。最后，甘油酸再回到叶绿体，在甘油酸激酶的作用下生成PGA，进入卡尔文循环，再生RuBP。

光呼吸的全过程需要由叶绿体、过氧化物酶体和线粒体3种细胞器协同完成，这是一个环式变化过程（图3-30）。光呼吸的底物和许多中间产物都是 C_2 化合物，因此，光呼吸途径又称 C_2 循环（C_2 cycle）。在这一循环中，氧的吸收发生于叶绿体和过氧化物酶体内，二氧化碳的释放发生在线粒体内。

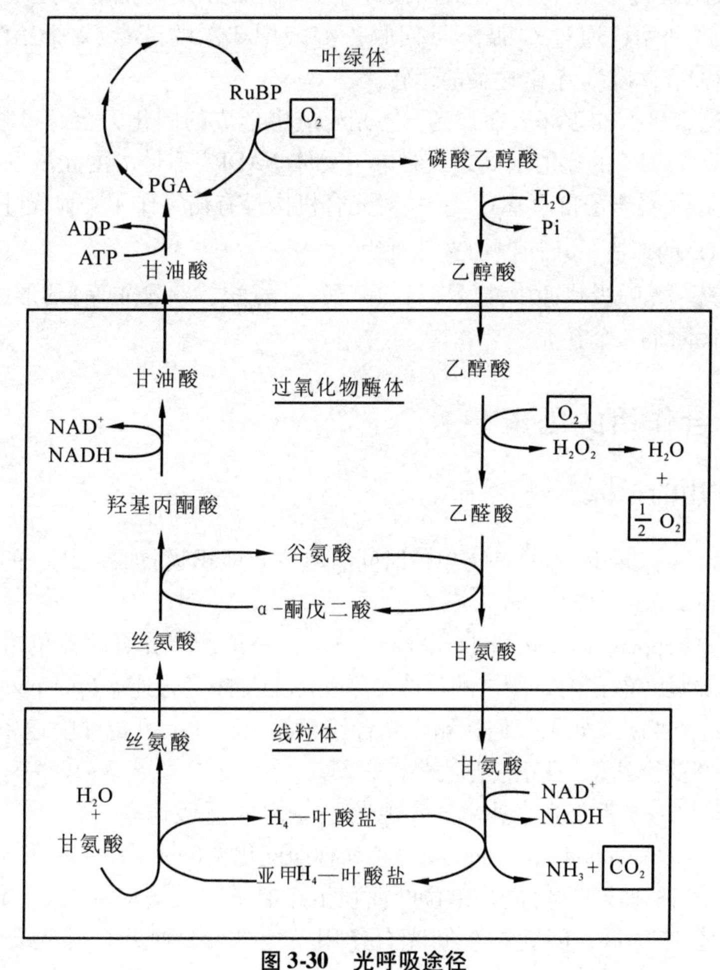

图3-30 光呼吸途径

（整个途径在3种细胞器中合作进行）

3.4.2　光呼吸的生理功能

从碳素同化的角度看，光呼吸往往将光合作用固定的20%~40%的碳素变为二氧化碳放出(但 C_4植物的光呼吸很低，一般检测不出，因此又称低光呼吸植物)；从能量转化的角度看，每释放 1 分子二氧化碳需要消耗 6.8 个 ATP，3 个 NADPH。显然，光呼吸是一种浪费。但在长期的进化过程中，光呼吸为什么未被消除掉？这可能与 Rubisco 的性质有关。

在人为提供相同浓度 CO_2和 O_2的条件下，Rubisco 的羧化活性是加氧活性的 100 倍。在绿色细胞光合作用的初期阶段，大气中 CO_2/O_2比值很高，加氧酶活性被抑制，随着绿色植物光合作用的进行，大气中 CO_2/O_2比值降低，加氧酶活性不可避免地表现出来，光呼吸就不可避免，那它在生理上有什么意义呢？目前认为其主要生理功能表现在以下 4 个方面。

消除乙醇酸的毒害　乙醇酸的产生在代谢中是不可避免的。光呼吸可消除乙醇酸的毒害作用。

维持 C_3 途径的运转　在叶片气孔关闭或外界二氧化碳浓度降低时，光呼吸释放的二氧化碳能被 C_3途径再利用，通过 C_2循环可回收乙醇酸中 3/4 的碳素(2 个乙醇酸转化 1 个 PGA，释放 1 个 CO_2)，以维持 C_3途径的运转。

防止强光对光合机构的破坏　在强光下，光反应中形成的同化力会超过暗反应的需要，叶绿体中 $NADPH/NADP^+$ 的比值增高，最终电子受体 $NADP^+$不足，由光激发的高能电子会传递给 O_2，形成超氧阴离子自由基 O_2^-，O_2^- 对光合机构具有伤害作用，而光呼吸可消耗过剩的同化力，减少 O_2^- 的形成，从而保护光合机构。

氮代谢的补充　光呼吸代谢中涉及多种氨基酸(甘氨酸、丝氨酸等)的形成和转化过程，对绿色细胞的氮代谢是一个补充。

3.5　影响光合作用的因素

3.5.1　光合作用的指标

光合速率(photosynthetic rate)是指单位时间、单位叶面积吸收二氧化碳的量或放出氧的量。一般使用单位为 $\mu mol\ CO_2 \cdot m^{-2} \cdot s^{-1}$。

表观光合速率(apparent photosynthetic rate，AP)，一般测定光合速率的方法都没有把叶片的暗呼吸和光呼吸考虑在内，所以测得的结果实际上是净光合速率(net photosynthetic rate，Pn)，也称表观光合速率。如果我们在测定光合速率的同时加上测定呼吸速率，则表观光合速率加上呼吸速率就得到总(真正)光合速率。

真正光合速率 = 表观光合速率 + 呼吸速率

光合生产率(photosynthetic produce rate)，又称净同化率(net assimilation rate，NAR)，指植物在较长时间(1 昼夜或 1 周)内，单位叶面积生产的干物质量。常用 $g \cdot m^{-2} \cdot d^{-1}$表示。光合生产率比光合速率低，因为在夜间光合作用不能进行，而叶片呼吸要消耗部分光合产物。

光合速率可采用改良半叶法、红外线二氧化碳分析仪法和氧电极法等方法测定。

3.5.2 内部因素对光合作用的影响

(1)叶龄

叶片的光合速率与叶龄密切相关。幼叶净光合速率低，需要功能叶片输入同化物；叶片全部展开后，光合速率达最大值(叶片光合速率维持较高水平的时期，称为功能期)；叶片衰老后，光合速率下降(表3-3)。

表3-3 不同叶龄叶片的光合作用特征

项 目	嫩 叶	功能叶	老 叶
光合速率	很 低	最 大	降 低
叶绿体	小，片层不发达	大，多，发达	分 解
光合色素	少	多	降 解
光合酶类	少	多	降 解
气孔开度	低	高	中
呼吸消耗	大	中	中

(2)叶片结构

C_4植物比C_3植物光合速率高，与其叶片解剖结构(花环结构、栅栏组织与海绵组织的结构)及叶绿素含量密切相关；在相同的光强下，叶腹面的光合速率要高于叶背面。

(3)光合产物输出

光合产物从叶片中输出的快慢影响光合速率。如摘去花或果实使光合产物输出受阻，叶片光合速率随之降低。反之，摘除其他叶片，只留1个叶片和所有花果，留下叶片的光合速率会增加。光合产物积累影响光合速率可能是以下2种原因。

反馈抑制 蔗糖积累会抑制磷酸蔗糖合成酶活性。

淀粉粒的影响 过多的淀粉粒一方面会压迫和损伤叶绿体；另一方面淀粉粒对光有遮挡，从而阻碍光合膜对光的吸收。

同化产物输出快，促进叶片的光合速率；反之，同化产物的累积则抑制光合速率。

3.5.3 外界条件对光合作用的影响

3.5.3.1 光照

光是光合作用的能量来源，是形成叶绿素的必要条件。此外，光还调节着许多碳同化酶的活性和气孔开度。因此，光是影响光合作用的重要因素。

(1)光强

光强—光合速率曲线 也称需光量曲线，在暗中叶片无光合作用，只有呼吸作用释放二氧化碳，随着光强的增高，光合速率相应提高。

当叶片的光合速率与呼吸速率相等(净光合速率为0)时的光照强度，称为光补偿点(light compensation point，LCP)。

在一定范围内，光合速率随着光强的增加而呈直线增加；但超过一定光强后，光合速率增加转慢。在一定条件下，光合速率开始达到最大时的光照强度，称为光饱和点(light saturation point，LSP)(图3-31)。这种现象称为光饱和现象(light saturation)。

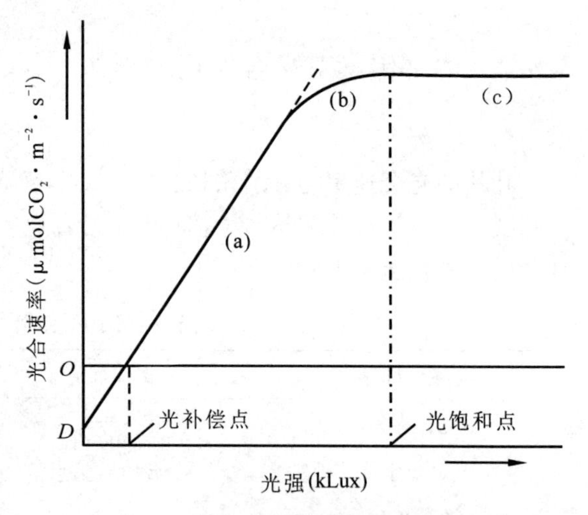

图3-31　光照强度与光合速率的关系

(a)比例阶段；(b)过渡阶段；(c)饱和阶段

出现光饱和点的原因：一是强光下光反应系统跟不上，来不及吸收和利用那么多光；二是碳反应系统不能配合，酶促反应受限制，例如，二氧化碳供应不足，酶促反应周转不快等。

一般来说，光补偿点高的植物其光饱和点也高。例如，草本植物的光补偿点与光饱和点大于木本植物；阳生植物的大于阴生植物；C_4植物的大于C_3植物。C_4植物一般不会出现光饱和现象，其原因是：①C_4植物同化二氧化碳消耗的同化力比C_3植物高；②PEP羧化酶对二氧化碳亲和力高，加之C_4途径的"CO_2泵"的作用，使维管束鞘细胞内有较高CO_2浓度。所以，空气中CO_2浓度通常不会成为C_4植物光合作用的限制因素。

从光合机理来看，C_3植物的量子效率应比C_4植物的大，因为C_4植物每固定1分子CO_2要比C_3植物多消耗2个ATP。但实际上C_4植物的表观量子产额常等于或高于C_3植物，这是由于C_3植物光呼吸强的缘故。

光补偿点和光饱和现象在实践中具有重要意义。间作套种时作物种类的搭配，林带树种的配置，间苗、修剪、采伐的程度，冬季温室栽培蔬菜时的照光，种植密度、肥水管理程度的确定等均要以保证透光良好，合理利用光能为前提。例如，光补偿点低的植物较耐阴，适于和光补偿点高的植物间作(豆类与玉米间作等)。又如，栽培作物由于密度太大或肥水过多，容易造成徒长，过早封行，中下层叶片所受的光照往往在光补偿点以下，这些叶子不但不能制造养分，反而消耗养分，变成"消耗"器官。再如，喜光植物光饱和点较高，充分直射阳光才能生长良好；耐阴植物基粒大，叶绿素含量高，能在较低光照强度下充分吸收光线，同时其叶绿素b含量相对较多，能有效利用蓝紫光，适于阴处生长。

光合作用的光抑制　光能过剩导致光合效率降低的现象称为光合作用的光抑制(photoinhibition of photosynthesis)。光抑制现象在自然条件下是经常发生的，因为晴天中午的光强往往超过植物的光饱和点，如果强光与其他不良环境(如高温、低温、干旱等)同时存在，光抑制现象更为严重。

光抑制主要发生在PSⅡ。主要是光能过剩时，过多还原力的形成引起$NADP^+$不足，使电子传递给O_2，形成超氧阴离子自由基$O_2^{\cdot-}$。另外会导致还原态电子的积累，形成三线态叶绿素(chlT)，chlT与分子氧反应生成单线态氧$^1O_2^{\cdot}$，破坏叶绿素和PSⅡ反应中心的D_1蛋白，从而损伤光合机构。在特殊情况下，例如，低温弱光也会导致PSⅠ发生光抑制。

(2)光质

光质也影响植物的光合效率。对光合作用有效的是可见光，光合作用的光谱与叶绿素的吸收光谱大体吻合，在红光区(600~680 nm)和蓝紫光区(435 nm)分别出现大峰和小峰。红光下，光合效率高，蓝紫光次之，绿光的效果最差。树木叶片吸收红光和蓝光较多，故树冠下光线富含绿光。大树底下无丰草即是这个道理。

(3)光照时间

从黑暗转到光照后，光合速率起初很低，过一段时间才逐渐升高并趋于稳定，该段时间为光合滞后期(lag phase of photosynthesis)或称光合诱导期，一般为30~60 min，这是因为光对酶活性诱导、气孔张开以及光合碳循环中间产物的增生需要一个过程。

3.5.3.2 二氧化碳

(1)CO_2—光合曲线

CO_2—光合速率曲线(图3-32)也存在比例阶段和饱和阶段。光下CO_2浓度为零时，叶片只进行光、暗呼吸并释放CO_2。光合速率随CO_2浓度增高而增加，当光合速率与呼吸速率相等时，环境中的CO_2浓度即为CO_2补偿点(CO_2 compensation point)。

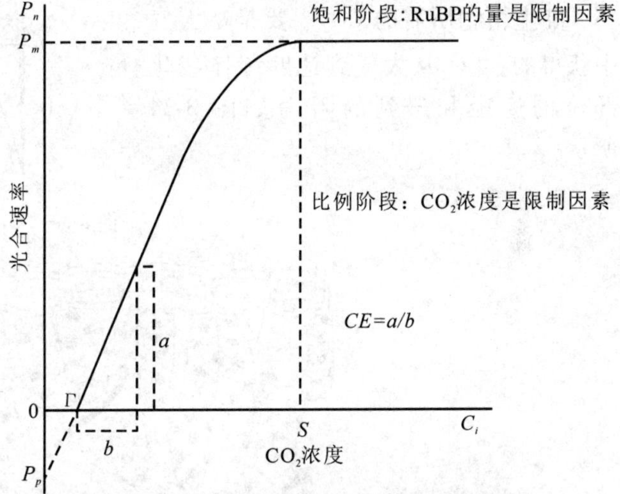

图3-32 CO_2浓度与光合速率的关系

P_n为净光合速率；C_i为胞间CO_2浓度；*CE*是羧化效率

当CO_2浓度接近或超过300 μL·L^{-1}时，光合速率随CO_2浓度的增加变慢，当达到某一浓度(*S*)时，光合速率达到最大值(*Pm*)，开始达到最大光合速率时的CO_2浓度称为CO_2饱和点(CO_2 saturation point)。

在CO_2—光合速率曲线的比例阶段，CO_2浓度是光合作用的限制因子，直线的斜率(*CE*)受Rubisco量和活性的限制。因而，*CE*被称为羧化效率。从*CE*的变化可推测Rubisco的量及活性，*CE*值大，则表示在较低的CO_2浓度下就有较高的光合速率，即Rubisco的羧化效率较高。

在饱和阶段，CO_2已不是光合作用的限制因子，而CO_2受体的量，即RuBP的再生速率成了影响光合的因素。由于RuBP的再生受ATP供应的影响，所以饱和阶段光合速率反映了光合电子传递和光合磷酸化活性，因而*Pm*被称为光合能力。比较C_3植物与C_4植物CO_2—光合速率曲线(图3-33)，可见C_4植物的CO_2补偿点和CO_2饱和点均低于C_3植物。即C_4植物可利用较低浓度的CO_2；C_3植物的CO_2饱和点不明显，在高浓度下，光合速率仍随CO_2浓度提高而增加。C_4植物饱和点低的原因，可能与C_4植物的气孔对CO_2浓度敏感有关。当CO_2浓度超过空气水平时，C_4植物气孔就趋于关闭。另外，C_4植物PEPC的*Km*低，对CO_2亲和力高，并具有浓缩CO_2及抑制光呼吸的机制。

植物对CO_2的利用与光强有关；光弱，CO_2补偿点升高，光强，饱和点升高。

CO_2补偿点、CO_2饱和点知识在生产实践中具有重要应用价值。目前大气中的CO_2实际含量为350～400 μL·L^{-1}，低于多数植物光合作用最适的CO_2浓度，所以进行CO_2施肥可提高光合强度，增加产量。例如，温室栽培中，增施CO_2，可防止植物出现CO_2饥饿；作物栽培中，增施有机肥，经土壤微生物分解释放CO_2，能有效提高光合效率。

(2)CO_2供应

陆生植物所需的CO_2主要是从大气中获得的。CO_2从大气到达叶绿体羧化部位的途径和遇到的阻力如图 3-34 所示。

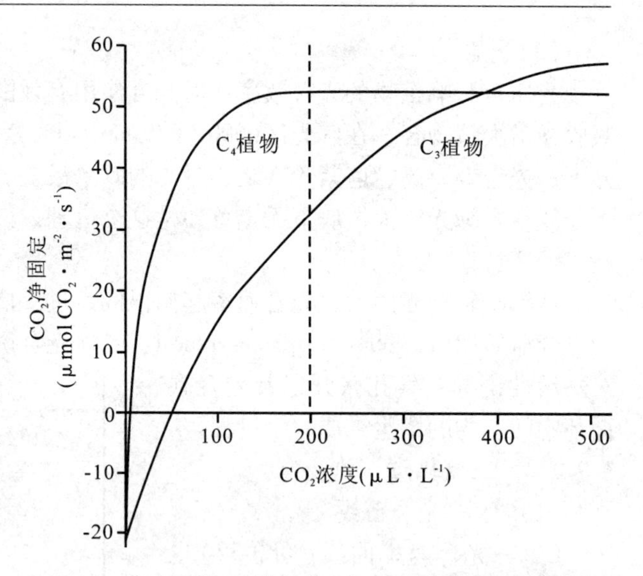

图 3-33 C_3植物与C_4植物的CO_2—光合速率曲线比较

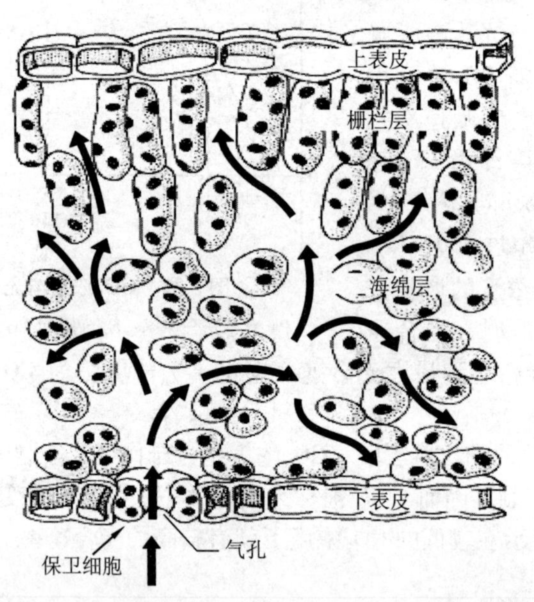

大气中的CO_2 $\xrightarrow{r_e}$ 气孔 $\xrightarrow{r_s}$ 叶肉细胞间隙 $\xrightarrow{r_i}$ 叶肉细胞原生质 $\xrightarrow{r_m}$ 叶绿体基质

（扩散层阻力）（气孔阻力） （叶肉阻力） （羧化阻力）

大 大

←——气相扩散——→←——液相扩散——→

扩散的动力：CO_2浓度差

图 3-34 CO_2从大气扩散进入叶肉组织的途径及阻力分析

CO_2流通速率(光合速率)可用下式表示：

$$P = \frac{Ca - Cc}{\sum r} = \frac{Ca - Cc}{r_e + r_s + r_i + r_m}$$

式中，r_e为扩散层阻力；r_s为气孔阻力；r_i为叶肉阻力；r_m为羧化阻力；P为光合速率；Ca与Cc分别为大气和叶绿体基质中CO_2浓度。其中较大的阻力为r_s和r_m。CO_2从大气至叶肉细胞间隙为气相扩散。而从叶肉细胞间隙到叶绿体基质为液相扩散。扩散的动力为CO_2浓度差。

由上式可见，光合速率P与大气至叶绿体间的CO_2浓度差成正比，而与大气至叶绿体间的总阻力成反比。所以，凡是能提高CO_2浓度差和减少阻力的因素都可以促进CO_2流通从而提高光合速率。例如，建立合理的作物群体结构，加强通风，增施CO_2肥料等，均能显著提高作物光合速率。增施CO_2对C_3植物的效果优于C_4植物，这是由于C_3植物的CO_2补偿点和饱和点较高的缘故。

3.5.3.3 温度

碳反应是由酶催化的化学反应，而温度直接影响酶的活性。光合作用有温度三基点。光合作用的最低温度（冷限）和最高温度（热限）是指表观光合速率为零时的临界温度。而能使光合速率达到最高值的温度称为最适温度。低温抑制光合的原因主要是导致膜脂的凝固、叶绿体超微结构破坏以及酶的钝化。产生热限的原因一方面是膜脂和酶蛋白的热变性；另一方面是高温下光暗呼吸加强，表观光合速率下降。

C_4植物的光合最适温度一般为40 ℃左右，明显高于C_3植物的最适温度（25 ℃左右），这与PEPC的最适温度高于Rubisco的最适温度有关。

昼夜温差对光合净同化率有很大的影响。白天温度较高，日光充足，有利于光合作用进行；夜间温度较低，降低呼吸消耗。因此，在一定温度范围内，昼夜温差大有利于光合产物积累。海拔较高或沙漠周边的地域（如新疆），种植的瓜果含糖量高与当地昼夜温差大是有关系的。

3.5.3.4 水分

水分对光合的影响有直接原因和间接原因。直接原因是水为光合作用的原料。但是用于光合的水只占蒸腾失水的1%，因此，缺水影响光合主要是间接原因。水分亏缺导致光合速率降低的原因主要有以下4种。

第一，气孔运动对叶片缺水非常敏感，轻度水分亏缺就会引起气孔导度下降，导致进入叶内的二氧化碳减少。

第二，光合产物输出减慢，光合产物在叶片中积累，对光合作用产生反馈抑制作用。

第三，光合机构受损，叶绿体的电子传递速率降低，光合磷酸化解偶联，同化力形成减少。严重缺水时，甚至造成叶绿体类囊体结构破坏，不仅使得光合速率下降，而且在供水后光合能力也很难恢复。

第四，叶片生长受抑，叶面积减小，群体光合速率降低。

水分过多也会影响光合作用。土壤水分过多时，通气状况不良，根系活力下降，间接影响光合作用。

3.5.3.5 矿质营养

矿质营养在光合作用中的功能极为广泛。氮、磷、硫、镁是叶绿体结构中组成叶绿素、蛋白质和片层膜的成分；铜、铁是电子传递体的重要成分；磷酸基团在光、暗反应中均具有重要作用，它是构成同化力ATP和NADPH以及光合碳还原循环中许多中间产物的成分；锰和氯是光合放氧的必需因子；钾和钙对气孔开闭和同化物运输具有调节作用。

因此，在农业生产中，合理施肥的增产作用主要是靠调节植物的光合作用而实现的。

3.5.3.6 光合作用日变化

外界的光强、温度、水分、二氧化碳浓度等每天都在不断变化着，因此，光合作用也呈现明显的日变化。在温暖、晴朗、水分供应充足时，光合速率随光强而变化，日变化呈单峰曲线。日出后光合速率逐渐提高，中午前后达到高峰，以后降低，日落后净光合速率出现负值。光强相同的情况下，一般下午的光合速率低于上午，这是由于经上午光合后，叶片中的光合产物有所积累，发生反馈抑制的缘故。

如果气温过高、光照强烈时，光合速率日变化呈双峰曲线。较大的峰出现在上午，较小的峰出现在下午，中午前后光合速率下降，呈现光合“午休”现象(midday depression of photosynthesis)。引起光合“午休”的原因可能是：①中午前后温度高，光照强，叶片蒸腾失水加剧，加上大气干旱和土壤干旱，导致植物蒸腾失水大于根系吸水，引起气孔导度下降，叶片内二氧化碳供应不足；②光合产物来不及运走，累积在叶肉细胞中，阻碍细胞内的物质运输；③光照强度超过饱和光强，光合活性降低，甚至出现光抑制；④光呼吸增强。光合“午休”造成的损失可达光合生产量的 30% 以上，在生产上可通过适时灌溉等措施避免或减轻光合“午休”现象。

3.6 植物对光能的利用

植物 90%~95% 的干物质来自叶片的光合作用，如何提高作物的光能利用率，制造更多的光合产物，是生产中要解决的一个根本性问题。

3.6.1 植物的光能利用率

气象学把地球外层垂直于太阳光线的平面上接受到的太阳能量称为“太阳常数”(solar constant)，为 $8.21\ J \cdot min^{-1} \cdot cm^{-2}$。由于大气中水汽、灰尘、$CO_2$、$O_3$等的吸收，到达地面的辐射能即使在夏季晴天的中午也不会超过 $6.28\ J \cdot min^{-1} \cdot cm^{-2}$，照射到地面上的太阳光能，只有可见光的一部分能被植物吸收利用。同时，落在叶面上的太阳能量，并不是全部被叶子吸收。其中有一部分被反射并散失到空间中，有一部分透过叶子而没有被吸收。被叶子吸收的太阳能量，大部分转变为热能并使得水分变成水蒸气蒸腾到空气中去，或增高了叶片的温度而散失能量，只有极少部分能量被光合作用所利用(图 3-35)。

对光合作用有效的可见光又称为光合有效辐射(PAR)。如果把到达地面的全部日光辐

落在叶面的太阳光能 100%
- 不能吸收的波长，丧失能量 60%
- 反射和透光，丧失能量 8%
- 散热，丧失能量 8%
- 代谢用，丧失能量 19%
- 转化，贮存于糖类的能量 5%

图 3-35 植物对太阳光能的散失和利用情况

射能作为100%，那么，经过如图3-35所示的若干难免的损失之后，最终转变为贮存在碳水化合物中的光能最多只有5%。通常把单位土地面积上植物光合作用积累的有机物中所含的化学能占入射光能量的百分率称为光能利用率(Eu)。

$$Eu(\%) = \frac{\Delta W \cdot H}{\sum S} \times 100$$

即　　光能利用率(%)＝(光合产物中积累的能量/辐射总量)×100

式中，ΔW为测定期间干物质的增量，单位为$g \cdot m^{-2}$；H为每克干物质所含能量，可按碳水化合物所含能量的平均值$17.2\ kJ \cdot g^{-1}$计算；$\sum S$为测定期间太阳辐射能的累计值，单位为$kJ \cdot m^{-2}$。

【例】 以年产量为$15\ t \cdot hm^{-2}$的粮田为例，计算其光能利用率。已知太阳辐射能为$5.0 \times 10^{10}\ kJ \cdot hm^{-2}$，假定经济系数为0.5，那么每公顷生物产量30 t(3×10^7 g，忽略含水量)，光能利用率(Eu)为：

$$Eu(\%) = \frac{3 \times 10^7\ g \times 17.2\ kJ/g}{5.0 \times 10^{10}\ kJ} \times 100 \approx 1.03\%$$

按上述方法计算，光能利用率只有1%左右，如果作物最大光能利用率按4%计算，每公顷可年产粮食58 t。但实际上，作物光能利用率很低，即便高产田也只有1%~2%。

3.6.2 作物光能利用率低的主要原因

从上述的讨论中我们了解到，作物光能利用率之所以很低，其主要原因如下。

(1)漏光损失

作物生长初期，植株小，叶面积系数小，日光大部分直射地面而损失掉。估计小麦、水稻等作物田间漏光损失在50%以上。若土地空闲时间较长，则漏光损失会更大。

(2)光饱和浪费

夏季太阳有效辐射可达1 800~2 000 $\mu mol \cdot m^{-2} \cdot s^{-1}$，多数植物的光饱和点为540~900 $\mu mol \cdot m^{-2} \cdot s^{-1}$，有50%~70%的太阳辐射能被浪费掉。

(3)环境条件不适及栽培管理不当

干旱、水涝、高温、低温、强光、盐渍、缺肥、病虫、草害，等等，这些都会导致作物光能利用率的下降。

3.6.3 提高光能利用率的途径

提高作物产量的根本途径是改善植物的光合性能。光合性能是决定作物光能利用率高低及获得高产的关键。光合性能是指光合系统的生产性能，包括光合能力、光合面积、光合时间、光合产物的消耗和光合产物的分配利用。所以，作物经济产量的形成就可具体表述为：

经济产量＝[(光合能力×光合面积×光合时间)－有机物消耗]×经济系数

(1)提高光合能力

光合能力一般用光合速率表示。光合速率受作物本身光合特性和外界光、温、水、气、肥等因素的影响，综合地调控这些因素才能提高光合速率。

第一，选育叶片挺厚，株型紧凑，光合效率高的品种，在此基础上创造合理的群体结构，改善作物冠层的光、温、水、气条件。

第二，早春采用大棚栽培、铺设塑膜、增施有机肥提高温度，促进光合作用。

第三，利用调亏灌溉和交替灌溉等灌溉方法保证作物的适量水分供应，提高光合机构的活性。

第四，使用干冰或利用二氧化碳加浓技术增加二氧化碳浓度，提高 CO_2/O_2 比值，使 Rubisco 的羧化反应占优势，抑制光呼吸。

(2) 增加光合面积

光合面积是指以叶片为主的植物绿色面积。在作物的生长前期铺设黑色地膜、增施较多的肥水，促进作物的营养生长，以尽快地形成较大的光合面积。

合理密植　表示密植程度的指标常用叶面积系数(leaf area index，LAI)，即作物叶面积与土地面积的比值。一般水稻的 $LAI_{(max)}$ 约为 7；小麦约为 6；玉米以 6～7 较为适宜。

改变株型　在农作物栽培上用紧凑的株型来代替开张的株型，从而提高单位面积的光合面积。

(3) 延长光合时间

在采取综合措施促使作物形成光合面积后，也就是在根本上延长了光合时间，在此基础上采取下述方式，也能增加光合时间：

第一，提高复种指数，延长生育期；

第二，人工补充光照，例如，温室中通过人工补光来延长光照时间；

第三，做好病虫害防治，保护叶片的健康，防止功能叶的早衰。

(4) 减少有机物质消耗

采用合理的修剪或综合管理技术，塑造作物的高光效冠层结构，减少无效枝叶的数量以减少同化物的消耗。

(5) 提高经济系数

经济系数又称收获指数。作物产量的增加有赖于收获指数的提高，而选育收获指数较高的品种，具有根本性的意义。例如，现代六倍体小麦与原始二倍体小麦相比，其高产的主要原因是其收获指数较高。在生产上从调控器官建成和有机物运输分配，协调“源、库、流”关系入手，使收获产品器官得到更多的同化产物。

本章小结

光合作用是地球上最重要的化学反应。

叶绿体是进行光合作用的细胞器。类囊体(光合膜)是光反应的主要场所，基质是碳反应的场所。叶绿体的色素有 2 类：①叶绿素，主要是叶绿素 a 和叶绿素 b；②类胡萝卜素，包括胡萝卜素和叶黄素。叶绿素的生物合成是以谷氨酸或 α-酮戊二酸为原料，在光照条件下还原而成。光照、温度、矿质元素等影响叶绿素的形成。

光合作用是光反应和碳反应的综合。整个光合作用大致可分为三大步骤：即原初反应、电子传递和光合磷酸化、碳同化。

光能的吸收、传递和转换过程是通过原初反应完成的。聚光色素吸收光能后，通过诱导共振方式传递到反应中心，反应中心色素分子的状态特殊，能引起由光激发的氧化还原，电荷分离，将光能转换为电能，传送给原初电子受体。

电能转变为活跃化学能过程是通过电子传递和光合磷酸化完成的。电能经过一系列电子传递体传递，通过水的裂解和光合磷酸化，最后形成 ATP 和 NADPH，这样就把电能转变为活跃的化学能，贮存于这 2 种物质中。

活跃化学能转变为稳定化学能过程是通过碳同化完成的。碳固定的生化途径有 3 条：即卡尔文循环、C_4途径和景天酸代谢(CAM)途径。卡尔文循环是碳同化的主要形式，通过羧化阶段、还原阶段和更新阶段，合成淀粉、蔗糖等多种有机物。C_4途径和 CAM 途径只不过是二氧化碳固定方式不同，最后都是在植物体内再次把二氧化碳释放出来，参与卡尔文循环，合成淀粉等。所以，这 2 种碳固定方式可以比喻为卡尔文循环的"预备工序"。

C_4植物比 C_3植物具有较强的光合作用，主要原因是 C_4植物叶肉细胞中的 PEP 羧化酶活性比 C_3植物的高许多倍，而且 C_4途径是把二氧化碳运入维管束鞘细胞内释放，供卡尔文循环同化，因此起了"CO_2泵"的功能，把外界 CO_2"压"到维管束鞘，光呼吸降低，光合速率增快。

在干旱地区生长的景天科植物有一种特殊的二氧化碳固定方式，气孔晚上开放，白天关闭。晚上有机酸十分丰富，糖类含量较少；白天则相反。这种有机酸合成日变化的代谢类型，称为景天酸代谢(CAM)途径。

光合作用的主要产物是淀粉和蔗糖，前者是在叶绿体内合成，后者是在细胞质中合成。两者合成都需要磷酸丙糖为前体。

光呼吸是将 RuBP 加氧形成乙醇酸，进一步分解有机碳化物，释放二氧化碳和耗能的过程。整个乙醇酸途径是叶绿体、过氧化物酶体和线粒体 3 种细胞器协同完成的。光呼吸的生理功能是消耗多余能量，对光合器官起保护作用；同时还可收回 75% 的碳，避免损失过多。

光合作用的进行受光照、二氧化碳和温度等影响。

植物的光能利用率理论上约为 5%，实际上只有 1%~2%。要提高作物的光能利用率，主要通过延长光合时间、增加光合面积和提高光合效率等途径。

思 考 题

1. 试述光合作用的重要意义。
2. 如何证明叶绿体是光合作用的细胞器？
3. 如何证明光合作用中释放的氧来源于水？
4. 如何证明光合电子传递由 2 个光系统参与，并接力进行？
5. C_3途径分为哪 3 个阶段？各阶段的作用是什么？C_3植物、C_4植物和 CAM 植物在碳代谢上各有何异同点？
6. 光呼吸是如何发生的？有何生理意义？
7. 试绘制一般植物的光强—光合曲线，并对曲线的特点加以说明。
8. 目前大田作物光能利用率不高的原因有哪些？
9. "光合速率高，作物产量一定高"，这种观点是否正确？为什么？
10. C_4植物光合速率为什么在强光、高温和低二氧化碳浓度条件下比 C_3植物的高？

11. 提高作物光能利用率的途径有哪些？

推荐阅读书目

1. 地球上最重要的化学反应——光合作用(院士科普书系). 沈允钢. 暨南大学出版社, 2000.

2. 光合作用的限制因素. 许大全, 沈允钢. 植物生理与分子生物学. 2版. 余叔文, 汤章城. 科学出版社, 1998.

3. 诺贝尔奖百年鉴——新陈代谢：物质代谢与光合作用. 陈耀全, 陈沛然. 上海科技教育出版社, 2001.

第4章 植物的呼吸作用

生物的新陈代谢可以概括为两类反应——同化作用(assimilation)和异化作用(disassimilation)。光合作用属于同化作用，呼吸作用属于异化作用。植物通过光合作用捕获太阳能合成有机物；而通过呼吸作用将有机物氧化分解，释放能量用于生命活动。呼吸作用是一切生活细胞所共有的生命活动，是植物新陈代谢的一个重要组成部分，与植物的全部生理活动有极其重要而密切的关系。了解植物呼吸作用的规律，对于调控植物的生长发育、农林产品的贮藏加工、抗病免疫及指导农林业生产等方面具有重要的理论价值和实践意义。

4.1 呼吸作用的概念和生理意义

4.1.1 呼吸作用的概念

呼吸作用(respiration)是生物体将细胞内的有机物氧化分解并释放能量的过程。高等植物的呼吸作用包括有氧呼吸和无氧呼吸2种类型。

4.1.1.1 有氧呼吸

有氧呼吸(aerobic respiration)是指生活细胞在氧气的参与下，将某些有机物质彻底氧化分解，放出二氧化碳并形成水，同时释放能量的过程。有氧呼吸是高等植物进行呼吸作用的主要形式，因此，通常所说的呼吸作用就是指有氧呼吸。一般来说，葡萄糖是细胞进行有氧呼吸时最常利用的底物，因此，呼吸作用总反应式可表示如下：

$$C_6H_{12}O_6 + 6O_2 \rightarrow 6CO_2 + 6H_2O + \text{能量} \quad (\Delta G^{\circ\prime} = -2\ 870\ kJ \cdot mol^{-1})$$

($\Delta G^{\circ\prime}$是指pH值为7时标准自由能的变化)

4.1.1.2 无氧呼吸

无氧呼吸(anaerobic respiration)是指生活细胞在无氧条件下，把某些有机物分解成为不彻底的氧化产物，同时释放能量的过程。无氧条件下高等植物的呼吸，习惯上称为无氧呼吸；如果应用于微生物，则惯称为发酵(fermentation)。高等植物无氧呼吸可产生乙醇，例如，甘薯、苹果、香蕉贮藏久了，稻种催芽时堆积过厚，都会产生酒味，这便是酒精发酵的结果。其反应式如下：

$$C_6H_{12}O_6 \rightarrow 2C_2H_5OH + 2CO_2 + \text{能量} \quad (\Delta G^{\circ\prime} = -226\ kJ \cdot mol^{-1})$$

除了乙醇以外，高等植物的无氧呼吸也可以产生乳酸，例如，马铃薯块茎、甜菜块根、玉米胚和青贮饲料在进行无氧呼吸时就产生乳酸。其反应式如下：

$$C_6H_{12}O_6 \rightarrow 2CH_3CHOHCOOH + \text{能量} \quad (\Delta G^{\circ\prime} = -197\ kJ \cdot mol^{-1})$$

从上可见，无氧呼吸所释放的能量远不能满足高等植物进行各种生理活动的需要，仅靠无氧呼吸不可能维持植物的正常生长。同时，无氧呼吸还产生乙醇，长期进行无氧呼吸会因累积过多乙醇使植物中毒。因此，有氧呼吸是高等植物进行呼吸的主要形式。事实上，通常所说的呼吸作用就是指有氧呼吸。尽管高等植物的呼吸类型主要是有氧呼吸，但仍保留无氧呼吸的能力，在缺氧的情况下，高等植物可进行短期的无氧呼吸，以度过不良环境。

4.1.2 呼吸作用的生理意义

呼吸作用具有很重要的生理意义，主要表现在以下 4 个方面。

(1)呼吸作用为植物生命活动提供大部分能量

呼吸作用能量的释放是逐步进行的，速度较慢，一部分转移到 ATP 和 NADH 等分子中，成为随时可利用的贮备能；另一部分则以热的形式放出。ATP 分解释放贮存的能量，供植物物质代谢和生理活动需要，植物对矿质营养的吸收和运输、有机物的运输和合成、细胞的分裂与伸长、植株的生长和发育等无一不需要能量。呼吸放热，可提高植物体温，有利于种子萌发、开花传粉、受精等。

(2)呼吸作用为生物合成提供还原力

植物的生长发育过程以物质合成为基础，而这些合成过程常需要还原力。呼吸过程中形成的 NAD(P)H、$FADH_2$等可为一些还原过程提供还原力。例如，糖酵解途径为硝酸盐的还原和氨基酸的合成提供 NADH；磷酸戊糖途径为脂肪合成提供 NADPH。

(3)呼吸过程为其他化合物合成提供原料

呼吸过程中产生一系列中间产物，这些产物很不稳定，是进一步合成植物体内各种重要化合物的原料。例如，核酮糖-5-磷酸是合成核苷酸的原料；丙酮酸是合成氨基酸和蛋白质的原料；乙酰 CoA 是合成脂肪酸、萜类和甾类的原料。所以，呼吸代谢在植物体内有机物转变方面起着枢纽作用。

(4)呼吸作用在植物抗病免疫方面具有重要意义

植物感病后，在与病原微生物相互作用过程中，依靠呼吸作用氧化分解病原微生物分泌的毒素，消除其毒害。同时通过旺盛的呼吸作用，促进伤口愈合，加速木质化或栓质化，以减少病菌的侵染。其次，呼吸作用还可以促进绿原酸、咖啡酸等具有杀菌作用的物质的合成，以增强植物的免疫力。

4.2 植物的呼吸代谢途径

在高等植物中存在着多条呼吸代谢的生化途径，这是植物在长期进化过程中，对多变环境适应的表现。在缺氧条件下进行酒精发酵和乳酸发酵，在有氧条件下进行三羧酸循环和戊糖磷酸途径，还有脂肪酸氧化分解的乙醛酸循环以及乙醇酸氧化途径等。根据呼吸底物的不同，可以将上述代谢途径分为两大类：一类是以糖类为呼吸底物，呼吸代谢途径包括糖酵解、三羧酸循环和戊糖磷酸途径以及水稻根系特有的乙醇酸氧化途径；另一类是以脂肪为呼吸底物的乙醛酸循环途径。植物体内多条呼吸代谢途径之间的相互联系如图 4-1 所示。

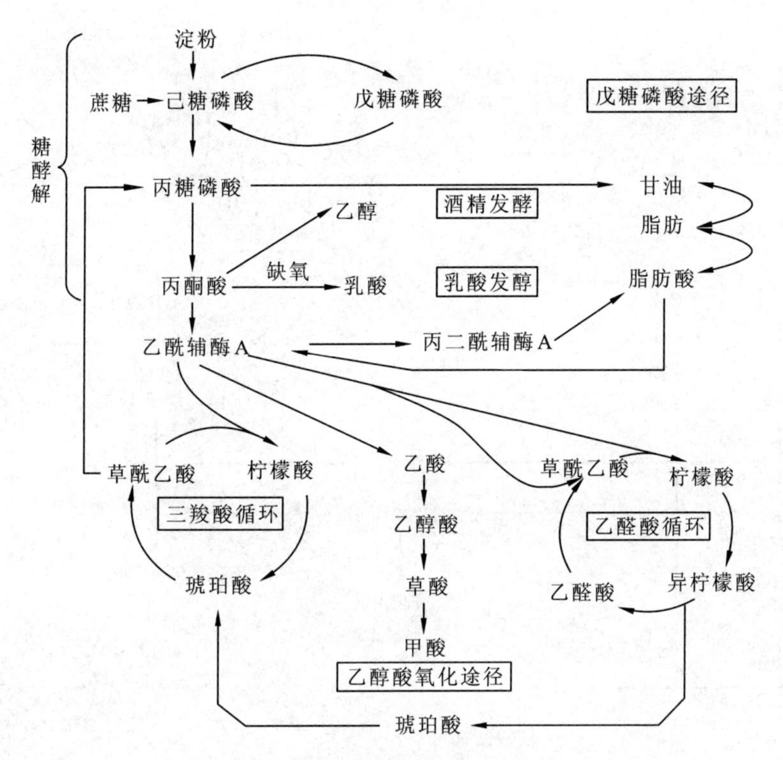

图4-1　植物体内呼吸代谢多条途径示意(引自李合生，2011)

4.2.1　糖酵解

糖酵解(glycolysis)是指胞质溶胶中的己糖分解成丙酮酸的过程。为纪念在研究这一途径中有突出贡献的3位德国生物化学家(G. Embden、O. Meyerhof 和 J. K. Parnas)，糖酵解又称为Embden-Meyerhof-Parnas途径，简称EMP途径。糖酵解生成的丙酮酸在有氧条件下进入三羧酸循环被彻底氧化分解成二氧化碳和水，在无氧条件下则进行无氧呼吸，产生乙醇或乳酸(图4-2)。

4.2.1.1　糖酵解的化学历程

糖酵解途径可分为3个阶段，如图4-2所示。

己糖的活化　己糖消耗2分子的ATP逐步转化成果糖-1,6-二磷酸(FBP)，为裂解成2分子的丙糖磷酸做准备；如以淀粉作为底物，首先淀粉被降解为葡萄糖。

己糖磷酸的裂解　果糖-1,6-二磷酸裂解为2分子丙糖磷酸，即甘油醛-3-磷酸(PGAld)和二羟丙酮磷酸(DHAP)，两者之间可以相互转化。

ATP和丙酮酸的生成　甘油醛-3-磷酸氧化释放能量，经过磷酸甘油酸、磷酸烯醇式丙酮，形成ATP和NADH + H^+，最终生成丙酮酸。在这一阶段中，由于底物的分子磷酸直接转到ADP形成ATP，这种形成ATP的方式称之为底物水平磷酸化(substrate level phosphorylation)。

糖酵解的总反应过程用下式表示：

$$C_6H_{12}O_6 + 2NAD^+ + 2ADP + 2Pi \rightarrow 2CH_3COCOOH + 2NADH + 2H^+ + 2ATP + 2H_2O$$

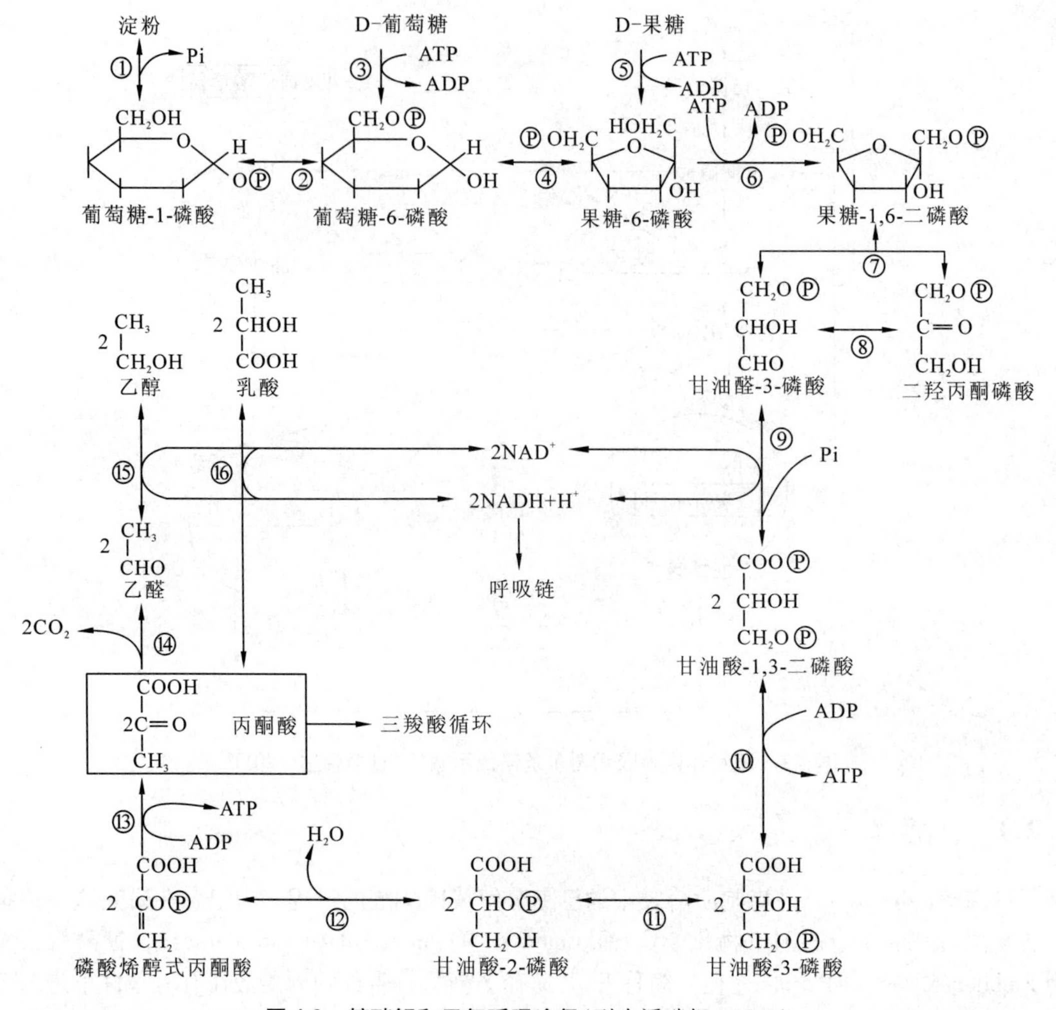

图 4-2 糖酵解和无氧呼吸途径(引自潘瑞炽，2012)

参加各反应的酶：①淀粉磷酸化酶；②葡萄糖磷酸变位酶；③己糖激酶；④葡萄糖磷酸异构酶；⑤果糖激酶；⑥果糖磷酸激酶；⑦醛缩酶；⑧丙糖磷酸异构酶；⑨甘油醛磷酸脱氢酶；⑩甘油磷酸激酶；⑪甘油酸磷酸变位酶；⑫烯醇酶；⑬丙酮酸激酶；⑭丙酮酸脱羧酶；⑮乙醇脱氢酶；⑯乳酸脱氢酶

4.2.1.2 糖酵解的生理意义

第一，糖酵解是有氧呼吸和无氧呼吸的共同途径，普遍存在于生物体(动物、植物和微生物)中。

第二，糖酵解的一些中间产物，例如，甘油醛-3-磷酸、磷酸烯醇式丙酮酸等和最终产物丙酮酸，化学性质十分活跃，参与不同物质的合成。例如，磷酸烯醇式丙酮酸和 D-赤藓糖-4-磷酸通过莽草酸途径形成各种酚类物质；甘油醛-3-磷酸和丙酮酸通过甲基赤藓醇磷酸途径形成萜类；丙酮酸是合成氨基酸、蛋白质的原料。

第三，糖酵解途径中，除了由己糖激酶、果糖磷酸激酶、丙酮酸激酶所催化的反应不可逆外，其余反应均是可逆的，这为通过非糖物质转变为糖或糖原提供了基本途径。

第四，糖酵解释放一些能量，供生物体需要，对于厌氧生物来说，糖酵解是糖分解和获取能量的主要方式。

4.2.2 无氧呼吸

高等植物的无氧呼吸，包括了从己糖经糖酵解形成丙酮酸，随后进一步产生乙醇或乳酸的全过程。糖类经过糖酵解形成丙酮酸后，在缺氧条件下，会产生乙醇或乳酸(图4-2)。

丙酮酸在丙酮酸脱羧酶作用下，脱羧生成乙醛，进一步在乙醇脱氢酶作用下，被NADH还原为乙醇，反应式如下：

$$CH_3COCOOH \rightarrow CO_2 + CH_3CHO$$

$$CH_3CHO + NADH + H^+ \rightarrow CH_3CH_2OH + NAD^+$$

在缺少丙酮酸脱羧酶而含有乳酸脱氢酶的组织里，丙酮酸会被NADH还原为乳酸。乳酸发酵(lactic acid fermentation)的反应式如下：

$$CH_3COCOOH + NADH + H^+ \rightarrow CH_3CHOHCOOH + NAD^+$$

高等植物在氧气不足条件下，会进行无氧呼吸产生酒精和乳酸。玉米种子在缺氧时，不同时期形成不同的发酵类型：初期发生乳酸发酵，后来转变为酒精发酵。

无氧呼吸对生物体来说，有利的一面在于，在无氧条件下，通过酒精发酵或乳酸发酵，实现了NAD^+的再生，这使糖酵解得以继续进行。而不利的一面在于，植物无氧呼吸耗损大量有机物，只净产生2分子ATP，能量利用效率低，可见高等植物不可能依赖无氧呼吸长期维持生命活动；而且无氧呼吸产物酒精和乳酸的累积，对细胞原生质有毒害作用，酒精累积过多会破坏细胞结构，乳酸累积过多会影响酶代谢。长期进行无氧呼吸，植物会受伤害，甚至会死亡。

4.2.3 三羧酸循环

三羧酸循环(tricarboxylic acid cycle，TCAC)指糖酵解进行到丙酮酸后，在有氧的条件下，通过一个包括三羧酸和二羧酸的循环而逐步氧化分解，直到形成水和二氧化碳为止的过程。三羧酸循环不仅是糖代谢的主要途径，也是蛋白质、脂肪分解代谢的最终途径。三羧酸循环是在细胞的线粒体内进行的，参与三羧酸循环各反应的全部酶存在于线粒体基质中。

三羧酸循环是英国生物化学家H. Krebs首先发现的，所以又称为Krebs循环(Krebs cycle)，又由于该循环的第一个产物是柠檬酸，又称为柠檬酸循环(citric acid cycle)。1953年，Krebs因此被授予诺贝尔生理学或医学奖。

4.2.3.1 丙酮酸的氧化脱羧

丙酮酸的氧化脱羧反应是连接糖酵解和三羧酸循环的桥梁。

丙酮酸在有氧条件下进入线粒体，通过氧化脱羧生成乙酰CoA和NADH，该反应是在丙酮酸脱氢酶复合体(pyruvic acid dehydrogenase complex)催化下完成的。该阶段通过丙酮酸氧化脱羧形成1分子NADH。反应式如下：

$$CH_3COCOOH + CoA\text{-}SH + NAD^+ \rightarrow CH_3CO\text{—}SCoA + CO_2 + NADH + H^+$$

丙酮酸脱氢酶复合体又称丙酮酸脱氢酶系，由3种酶(丙酮酸脱氢酶、二氢硫辛酸转乙酰基酶、二氢硫辛酸脱氢酶)和6种辅助因子(焦磷酸硫胺素、硫辛酸、FAD、NAD、CoA和

Mg^{2+}）组成，在它们的协同作用下，使丙酮酸转变为乙酰 CoA 和二氧化碳。

4.2.3.2 三羧酸循环的化学历程

三羧酸循环可分为 3 个阶段：柠檬酸的生成、氧化脱羧和草酰乙酸的再生（图 4-3）。各阶段反应的内容如下。

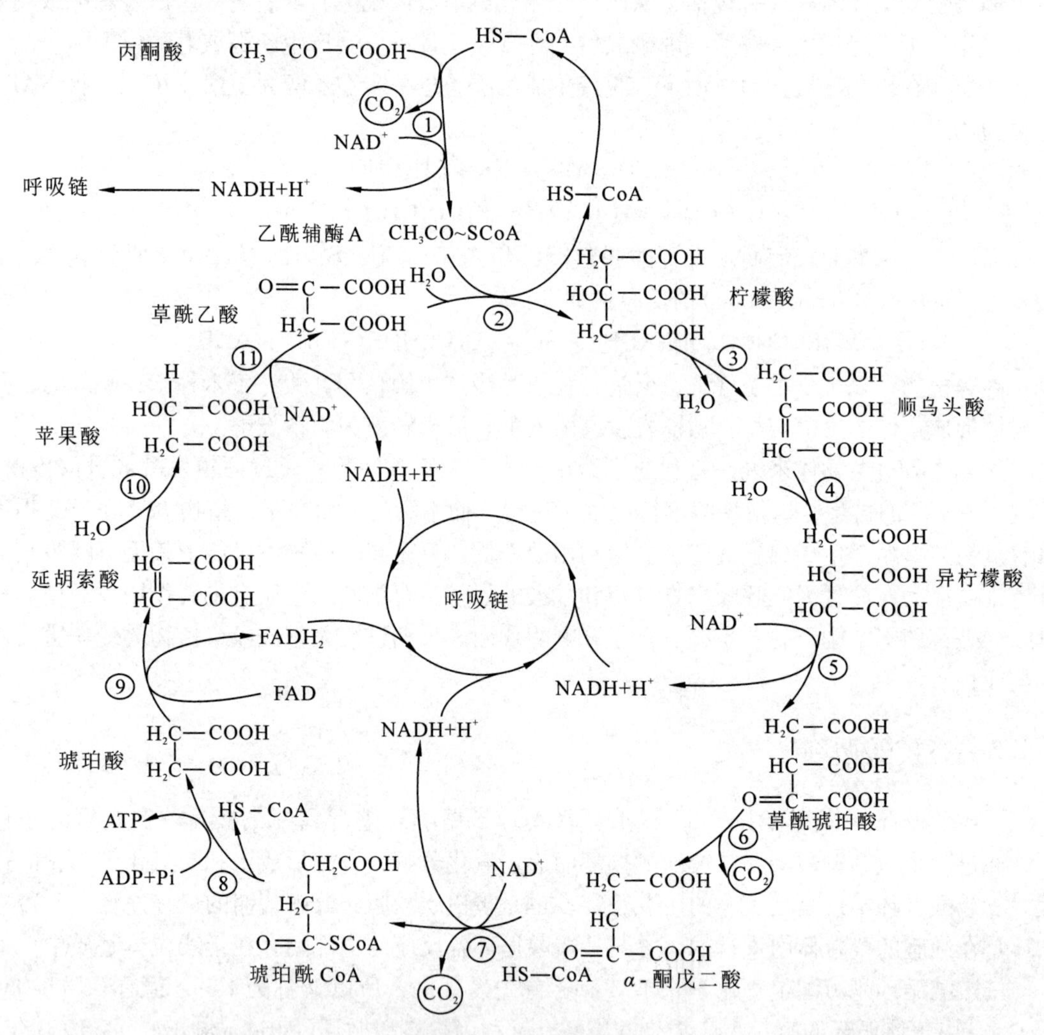

图 4-3 三羧酸循环

除了①、②、⑦、⑧反应外，其他反应是可逆的。参与各反应的酶：①丙酮酸脱氢酶复合体；②柠檬酸合成酶；③、④顺乌头酸酶；⑤异柠檬酸脱氢酶；⑥脱羧酶；⑦α-酮戊二酸脱氢酶复合体；⑧琥珀酸硫激酶；⑨琥珀酸脱氢酶；⑩延胡索酸酶；⑪苹果酸脱氢酶

柠檬酸生成阶段 乙酰 CoA 和草酰乙酸在柠檬酸合成酶催化下，形成柠檬酸并放出CoA～SH。

氧化脱羧阶段 这个阶段包括 4 个反应，即异柠檬酸的形成、异柠檬酸的氧化脱羧、α-酮戊二酸氧化脱羧和琥珀酸生成。此阶段通过 2 次氧化脱羧释放 2 分子的二氧化碳，通过 2 次脱氢形成 2 分子的 NADH，通过 1 次底物水平磷酸化使含有高能硫酯键的琥珀酰 CoA 转化为琥珀酸时形成1分子的ATP。

草酰乙酸的再生阶段 这个阶段包括3个反应，为保证后续的乙酰CoA能继续被氧化脱羧，琥珀酸经过延胡索酸生成苹果酸，最后生成草酰乙酸。在该阶段通过脱氢分别形成1分子的$FADH_2$和1分子的NADH。

由于糖酵解中1分子葡萄糖产生2分子丙酮酸，所以三羧酸循环总反应式为：

$$2CH_3COCOOH + 8NAD^+ + 2FAD + 2ADP + 2Pi + 4H_2O \rightarrow 6CO_2 + 2ATP + 8NADH + 8H^+ + 2FADH_2$$

4.2.3.3 三羧酸循环的生理意义

(1)三羧酸循环是提供生命活动所需能量的主要来源

三羧酸循环生成的NADH和$FADH_2$进入电子传递链，与氧化磷酸化偶联生成ATP，加之底物水平磷酸化产生的ATP，远比无氧呼吸产生的能量多，因此三羧酸循环是生物体从有机物中获得能量的主要途径。

(2)三羧酸循环是生物体各有机物质代谢的枢纽

糖、脂肪、蛋白质的彻底分解都需通过三羧酸循环途径，而三羧酸循环中的许多中间产物(如草酰乙酸、α-酮戊二酸、琥珀酰CoA等)又是合成糖、脂肪和蛋白质等的原料，因此，三羧酸循环不仅是生物体有机物分解代谢的共同途径，而且也是各有机物互相转变的纽带。

4.2.4 戊糖磷酸途径

戊糖磷酸途径(pentose phosphate pathway，PPP)是指葡萄糖在胞质溶胶和质体中直接氧化脱羧，产生NADPH和以戊糖磷酸为重要中间产物的呼吸途径。由Racker(1954)和Gunsalus(1955)等人发现，该途径又称己糖磷酸途径(hexose monophosphate pathway，HMP)。

4.2.4.1 戊糖磷酸途径的化学历程

该途径可分为2个阶段(图4-4)。

氧化阶段 葡萄糖-6-磷酸(G6P)经2次脱氢氧化和1次脱羧生成1个核酮糖-5-磷酸(Ru5P)和2个NADPH(不是NADH)并释放CO_2，这些反应是不可逆的。

$$G6P + 2NADP^+ + H_2O \rightarrow Ru5P + CO_2 + 2NADPH + 2H^+$$

非氧化阶段 以Ru5P为起点，经过异构化、基团转移、缩合等反应，非氧化地重组为C_3、C_4、C_5、C_7等糖，最终形成糖酵解中间产物F6P和PGAld，该阶段的反应是可逆的。经过一系列糖之间的转化，最终可将6个Ru5P转变为5个F6P。

从整个磷酸戊糖途径来看，6分子的F6P经过2个阶段的运转，可以释放6分子的CO_2、12分子NADPH，并再生5分子F6P。戊糖磷酸途径总的反应是：

$$6G6P + 12NADP^+ + 7H_2O \rightarrow 5F6P + 6CO_2 + 12NADPH + Pi + 12H^+$$

4.2.4.2 戊糖磷酸途径的生理意义

第一，该途径产生大量NADPH，作为主要供氢体，为细胞各种合成反应提供主要的还原力。NADPH为脂肪酸、固醇等的生物合成，非光合细胞中的硝酸盐、亚硝酸盐的还原，以及氨的同化，丙酮酸羧化还原成苹果酸等过程中所必需。

第二，该途径的中间产物为许多重要化合物合成提供原料。例如，Ru5P和R5P是合成

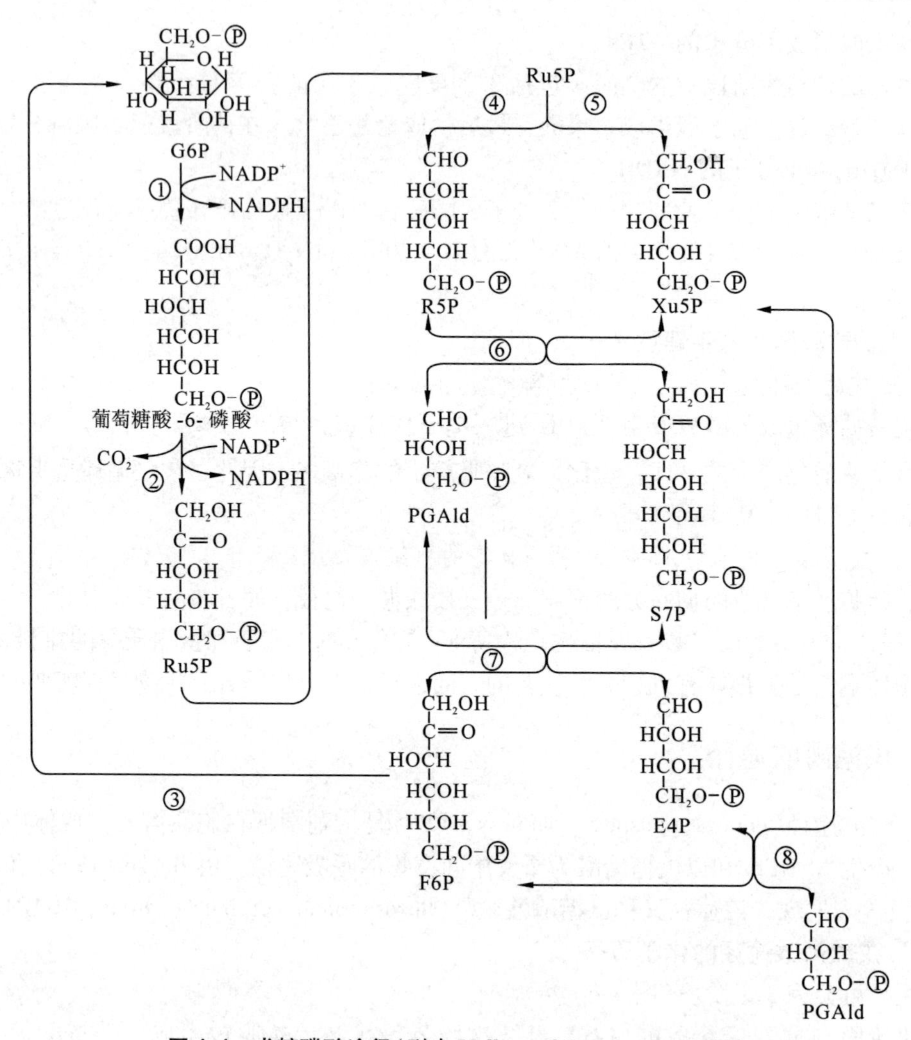

图 4-4　戊糖磷酸途径(引自 Moller and Rasmusson, 2002)

①葡萄糖-6-磷酸脱氢酶；②葡萄糖酸-6-磷酸脱氢酶；③己糖磷酸异构酶；④戊糖磷酸异构酶；⑤戊糖磷酸表异构酶；⑥转酮醇酶；⑦转醛醇酶；⑧转酮醇酶

核苷酸的原料，也是 NAD、FAD、NADP 等辅酶的组分。赤藓糖-4-磷酸(E4P)与糖酵解的 PEP 可合成莽草酸，进一步合成芳香族氨基酸，也可合成与植物生长、抗病有关的生长素、木质素、绿原酸、咖啡酸等，三磷酸甘油醛在萜类合成的代谢过程中起着重要作用。

第三，该途径在逆境条件下发挥着特殊的作用。在抵抗不良环境侵扰(如植物感病、受伤、干旱等)的保护反应中该途径明显加强。

第四，该途径己糖重组阶段的一系列中间产物(如甘油醛磷酸、赤藓糖磷酸、核酮糖磷酸、果糖磷酸、景天庚酮糖磷酸及酶)，与光合作用中卡尔文循环的大多数中间产物和酶相同，所以戊糖磷酸途径可与光合作用联系起来，并实现某些单糖间的互变。如光合作用中氢的最终受体是 $NADP^+$，在接受 H 后形成 NADPH，NADPH 在光合作用和呼吸作用中可以共用。

需要注意的是，虽然 PPP 和 EMP 都是在细胞质中进行的，但它们之间的一个重要区别是氧化—还原辅酶不同。EMP 是 NAD^+，而 PPP 是 $NADP^+$，因此，当 EMP-TCAC 途径受到抑制时，PPP 能替代正常的有氧呼吸。在正常情况下，植物细胞内葡萄糖降解主要通过 EMP-TCAC 途径，PPP 所占比重较小(一般只占百分之几到 30%)，两条途径在葡萄糖降解中所占的比例，随植物的种类、器官、年龄和环境而异。

4.2.5 乙醇酸代谢途径

乙醇酸代谢途径(glycolic acid oxidate pathway, GAP)是水稻根系特有的糖降解途径。具体反应如图 4-5所示。它的主要特征是具有关键酶——乙醇酸氧化酶(glycolate oxidase)。水稻一直生活在供氧不足的淹水条件下，当根际土壤存在某些还原性物质时，水稻根呼吸产生的部分乙酰 CoA 不进入 TCA 循环，而是形成乙酸。乙酸在乙醇酸氧化酶(glycolate oxidase)及多种酶类催化下依次形成乙醇酸、乙醛酸、草酸和甲酸及 CO_2，并且每次氧化均形成 H_2O_2。而 H_2O_2 又在过氧化氢酶(catalase, CAT)催化下分解释放氧，在根的周围，形成一层氧化圈，以氧化水稻根系周围的各种还原性物质(如 H_2S、Fe^{2+} 等)，抑制土壤中还原性物质对水稻根的毒害，从而保证根系旺盛的生理机能，使水稻能在还原条件下的水田中正常生长发育。

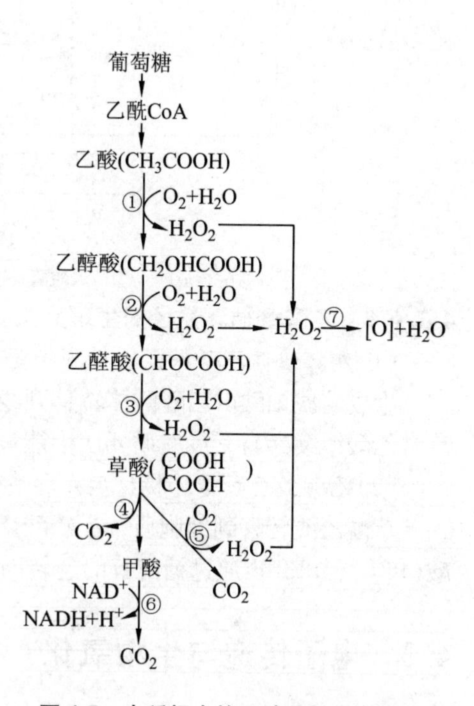

图 4-5 水稻根中的乙醇酸氧化途径

①、②乙醇酸氧化酶；③黄素氧化酶；④草酸脱羧酶；⑤草酸氧化酶；⑥甲酸脱氢酶；⑦过氧化氢酶

4.2.6 乙醛酸循环途径

在植物体内脂肪酸降解产生的乙酰 CoA 可以进入三羧酸循环完全降解放出能量，但不能直接异生成糖，只有通过乙醛酸循环才能将脂肪酸转变成糖。因为该循环中出现乙醛酸，所以称为乙醛酸途径，也称为乙醛酸循环(glyoxylic acid cycle, GAC)。

在发芽的油料种子中，乙醛酸体(glyoxysome)中含有 β 氧化和乙醛酸循环的所有酶，因此，脂肪酸在乙醛酸体内氧化产生的乙酰 CoA 可直接进入乙醛酸循环。乙醛酸循环是富含脂肪的油料种子所特有的一种呼吸代谢途径。

4.2.6.1 乙醛酸循环途径的化学历程

乙醛酸循环的化学反应如图 4-6 所示。

乙醛酸的生成阶段 脂肪酸经过 β 氧化分解为乙酰 CoA，与草酰乙酸缩合形成柠檬酸、异柠檬酸，异柠檬酸分解为琥珀酸和乙醛酸。

草酰乙酸的再生阶段 乙醛酸与另一个乙酰 CoA 生成苹果酸；苹果酸进入细胞质中氧化成草酰乙酸；草酰乙酸可经糖异生途径转变成葡萄糖。琥珀酸可进入线粒体中，通过三羧酸循环形成草酰乙酸，从而形成乙醛酸循环。

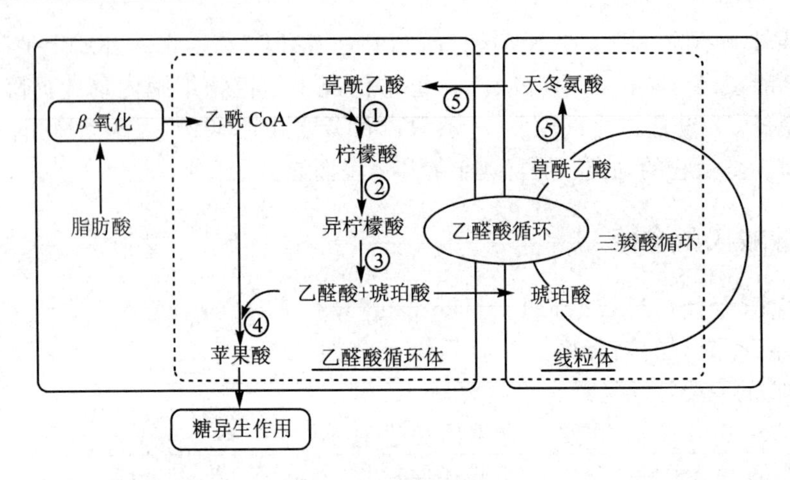

图 4-6 乙醛酸循环

①柠檬酸合成酶；②乌头酸酶；③异柠檬酸裂解酶；④苹果酸合成酶；⑤谷草转氨酶

4.2.6.2 乙醛酸循环途径的生理意义

(1)乙醛酸循环可保证油料种子萌发时的能量供应

生成的琥珀酸由乙醛酸体转移到线粒体，通过三羧酸循环的部分反应转变为草酰乙酸，草酰乙酸继续参与三羧酸循环产生能量。

(2)乙醛酸循环是连接糖代谢和脂代谢的枢纽

草酰乙酸转移到细胞质，在磷酸烯醇式丙酮酸羧激酶的催化下脱羧生成磷酸烯醇式丙酮酸(PEP)，PEP 再通过糖酵解的逆转而转变为葡萄糖-6-磷酸并形成蔗糖。

4.3 电子传递与生物氧化

有机物在生物活细胞中所进行的一系列传递氢和电子的氧化还原过程，称为生物氧化(biological oxidation)。生物氧化是在活细胞内，在一系列酶、辅酶和中间传递体的共同作用下逐步完成的。生物氧化合成 ATP 的方式有两种，即底物水平磷酸化和氧化磷酸化。

4.3.1 呼吸链

糖酵解、三羧酸循环中所产生的 $NADH + H^+$ 不能直接与游离的氧结合，需要经过呼吸电子传递链(electron transport chain of respiration)传递后，才能与氧结合。呼吸电子传递链，亦称呼吸链(respiratory chain)，即按氧化还原电位高低有序排列的、能够传递呼吸代谢中间产物的电子和质子到氧的一系列传递体组成的电子传递总轨道。

组成呼吸链的传递体可分为氢传递体和电子传递体。

氢传递体既能传递质子又能传递电子(以 $2H^+ + 2e^-$ 表示)，它们是脱氢酶的辅助因子，包括 NAD(辅酶Ⅰ)、NADP(辅酶Ⅱ)、黄素单核苷酸(FMN)和黄素腺嘌呤二核苷酸(FAD)等。

电子传递体是指细胞色素体系和铁硫蛋白(Fe-S)，它们只传递电子。细胞色素(cytochrome)是一类以铁卟啉为辅基的血红素蛋白，根据吸收光谱的不同分为 a、b、c 3 类。细胞色素传递电子的机理，主要是通过铁卟啉辅基中的铁离子完成的，Fe^{3+}在接受电子后还原为Fe^{2+}，Fe^{2+}传出电子后又氧化为Fe^{3+}。

植物线粒体的电子传递链位于线粒体的内膜上，由5种蛋白复合体(protein complex)组成，包括复合体Ⅰ、复合体Ⅱ、复合体Ⅲ、复合体Ⅳ和复合体Ⅴ(图4-7)。

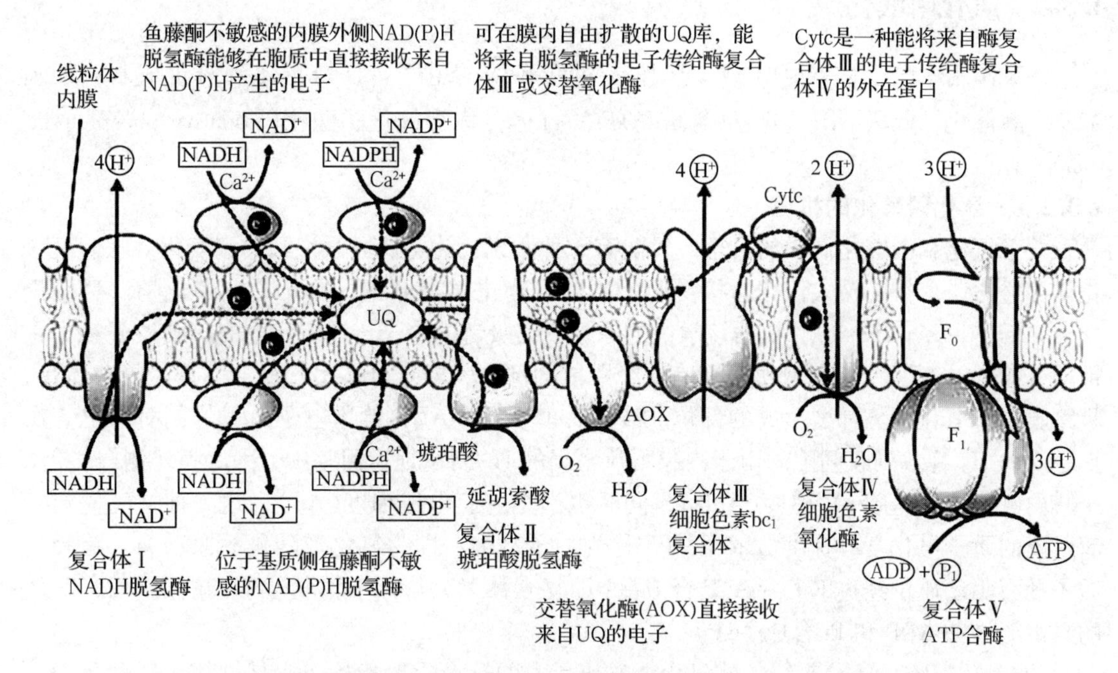

图4-7 植物线粒体内膜上分布的5个酶复合体(引自Taiz and Zeiger，2010)

(1)复合体Ⅰ(complex Ⅰ)

复合体Ⅰ也称NADH脱氢酶(NADH dehydrogenase)，由结合紧密的辅因子FMN和几个Fe-S中心组成，其作用是将线粒体基质中的质子泵到膜间隙(intermembrane space)，同时也将电子转移给泛醌(ubiquinone，UQ或Q)。泛醌的结构与功能类似于叶绿体类囊体膜的质体醌(PQ)。此复合体泵出质子到膜间间隙。

(2)复合体Ⅱ(complex Ⅱ)

复合体Ⅱ又称琥珀酸脱氢酶(succinate dehydrogenase)，由FAD和3个Fe-S中心组成。它的功能是催化琥珀酸氧化为延胡索酸，并把H转移到UQ生成UQH_2。此复合体不泵出质子。

(3)复合体Ⅲ(complex Ⅲ)

复合体Ⅲ又称细胞色素c还原酶(cytochrome c reductase)，含Fe-S、Cytb565、Cytb560和$Cytc_1$，它氧化还原泛醌(UQH_2)，把电子传给Cytc，此复合体泵出质子到膜间间隙。

(4)复合体Ⅳ(complex Ⅳ)

复合体Ⅳ又称细胞色素c氧化酶(cytochrome c oxidase)，含铜、Cyta和$Cyta_3$。复合体Ⅳ是末端氧化酶(terminal oxidase)，把Cytc的电子传给氧，激发氧并与基质中的H^+结合形成水。此复合体泵出质子到膜间间隙。

(5)复合体Ⅴ(complex Ⅴ)

复合体Ⅴ又称 ATP 合酶(ATP synthase)，由 CF_0 和 CF_1 2 部分组成，所以亦称为 FoF_1-ATP 合酶，它能催化 ADP 和 Pi 转变为 ATP。

4.3.2　氧化磷酸化

呼吸作用中电子从 NADH 或 $FADH_2$ 经过线粒体的电子传递链传递到氧生成水，伴随 ATP 合酶催化，偶联 ADP 和磷酸合成 ATP 的过程，称为氧化磷酸化(oxidative phosphorylation)。

4.3.2.1　氧化磷酸化的机理

关于氧化和磷酸化偶联的机理，目前有 3 种假说：化学偶联假说和构象变化偶联假说和化学渗透假说。目前被人们普遍接受的是英国生物化学家 P. Mitchell 提出的化学渗透假说(chemiosmotic hypothesis)。根据该学说的原理，呼吸链的电子传递所产生的跨膜质子动力是推动 ATP 合成的原动力。呼吸链上有 3 个贮能的部位，即复合体Ⅰ、复合体Ⅲ、复合体Ⅳ，是跨膜质子电化学势梯度形成的部位。线粒体基质的 NADH 传递电子给氧的同时，也 3 次把基质的 H^+ 释放到膜间隙。由于内膜不让泵出的 H^+ 自由地返回基质，因此膜外侧[H^+]高于膜内侧而形成跨膜 pH 梯度(ΔpH)，同时也产生跨膜电位梯度(ΔE)，这 2 种梯度便建立起跨膜的质子电化学势梯度($\Delta\mu\ H^+$)，称为质子动力，即为氧化磷酸化的原动力。跨膜的质子动力驱动质子经过 F_0F_1－ATP 合成酶(即复合体Ⅴ)从膜间隙进入到线粒体基质，释放的自由能推动 ADP 和 Pi 合成 ATP。

磷/氧比(P/O ratio)是线粒体氧化磷酸化活力的一个重要指标，它是指氧化磷酸化中每吸收一个氧原子所酯化无机磷酸分子数或产生 ATP 分子数。氧化磷酸化生成 ATP 的数目依赖于电子供体的性质。如果呼吸链电子供体是 NADH，电子就经过呼吸链复合体Ⅰ、Ⅲ、Ⅳ，形成 3 分子的 ATP，理论上 P/O 比是 3，该值的试验数据为 2.5；如电子供体是从琥珀酸脱氢生成的 $FADH_2$ 通过泛醌进入呼吸链，电子就只经过复合体Ⅲ和Ⅳ，形成 2 分子的 ATP，理论上 P/O 比是 2，该值的试验数据为 1.5。具体反应式如下：

$$NADH + H^+ + 3ADP + 3Pi + 1/2O_2 \longrightarrow NAD^+ + 3ATP + H_2O$$

$$FADH_2 + 2ADP + 2Pi + 1/2O_2 \longrightarrow FAD + 2ATP + H_2O$$

4.3.2.2　氧化磷酸化的抑制

抑制氧化磷酸化的方式有两种。

(1)解偶联

解偶联(uncoupling)指呼吸链与氧化磷酸化的偶联遭到破坏的现象。氧化磷酸化是氧化(电子传递)和磷酸化(形成 ATP)的偶联反应。氧化磷酸化是植物维持生命活动的最关键的反应，磷酸化作用利用氧化作用提供的能量，使得 ADP 和 Pi 形成 ATP，氧化作用所产生的能量通过磷酸化作用贮存，二者相互依赖。如果偶联脱节，电子传递仍然进行，但不合成 ATP，氧化释放的自由能都变成热能。

2,4-二硝基苯酚(dinitrophenol，DNP)等药剂可阻碍磷酸化而不影响氧化，使磷酸化和氧化作用解偶联，一般称这类物质为解偶联剂(uncoupling agent)。干旱、寒害或缺钾等都使得磷酸化过程受阻，不能形成高能磷酸键，而氧化过程不受影响，照常进行，白白浪费能量，是“徒劳”的呼吸。

(2)阻断电子传递

有些化合物会阻断呼吸链中某一部位的电子传递，破坏氧化磷酸化。例如，鱼藤酮(rotenone)、安米妥(amytal)等阻断电子由NADH向UQ传递，这种抑制剂主要抑制复合体Ⅰ的电子传递；丙二酸(malonate)阻断电子由琥珀酸传至FAD，这种抑制剂主要抑制复合体Ⅱ的电子传递；抗霉素A(antimycin A)抑制电子从Cytb传递到$Cytc_1$，这种抑制剂主要抑制复合体Ⅲ的电子传递；氰化物、叠氮化物和一氧化碳阻止电子由$Cyta/a_3$传到氧，这种抑制剂主要抑制复合体Ⅳ的电子传递，水杨酸氧肟酸(salicylhydroxamic acid，SHAM)阻止电子由UQ向交替氧化酶传递。

4.3.3 底物水平磷酸化

底物水平磷酸化(substrate level phosphorylation)指在分解代谢过程中，底物因脱氢、脱水等作用而使能量在分子内部重新分布，形成高能磷酸化合物，然后将高能磷酸基团转移到ADP形成ATP的过程。例如，糖酵解途径中产生的高能磷酸化合物甘油酸-1,3-二磷酸和磷酸烯醇式丙酮酸在酶的作用下，高能磷酸基团转移到ADP分子上生成ATP。又如，三羧酸循环中产生的高能硫酯化合物琥珀酰辅酶A在酶的作用下水解成琥珀酸，同时使GDP磷酸化为GTP，GTP将高能磷酸基团转给ADP生成ATP。这些都是底物水平磷酸化的实例。底物水平磷酸化没有共同的作用机制。

4.3.4 末端氧化酶

末端氧化酶(terminal oxidase)是把底物的电子传递到分子氧并形成水或过氧化氢的酶类。由于这类酶是在生物氧化的末端起作用，故称为末端氧化酶。末端氧化酶包括在线粒体膜上的细胞色素c氧化酶和交替氧化酶，还有在线粒体外即在胞质溶胶和其他细胞器中的酚氧化酶、抗坏血酸氧化酶和乙醇酸氧化酶等。植物体内的末端氧化酶和呼吸代谢的多条途径相一致，适应不同的底物和不断变化的外界环境，保证植物正常的生命活动。

4.3.4.1 细胞色素c氧化酶

细胞色素c氧化酶(cytochrome oxidase)(即复合体Ⅳ)是植物体内最主要的末端氧化酶，在植物组织中普遍存在，承担细胞内约80%的耗氧量。该酶是一种含铁卟啉的结合蛋白，含有铁原子和铜原子，包括Cyta和$Cyta_3$。其作用是接受Cytc传来的电子，经过Cyta和$Cyta_3$再将电子传给氧，使氧被激活，再与质子(H^+)结合形成水。细胞色素c氧化酶与氧的亲和力极高，易受氰化物、一氧化碳和叠氮化物的抑制。

4.3.4.2 交替氧化酶

交替氧化酶(alternative oxidase，AO)又称抗氰氧化酶，是一种非血红素铁蛋白，它不受氰化物的抑制，但容易受氧肟酸(如水杨酸氧肟酸、苯基氧肟酸等)的抑制。在氰化物存在下，某些植物呼吸不受抑制，所以把这种呼吸称为抗氰呼吸。抗氰呼吸电子传递途径与正常的NADH电子传递途径交替进行，因此抗氰呼吸途径又称为交替呼吸途径，简称为交替途径。交替氧化酶是抗氰呼吸的末端氧化酶，可把电子传给氧。交替途径 NADH 脱下的电子只通过复合体Ⅰ，而不经过复合体Ⅲ和Ⅳ，因而被鱼藤酮抑制，而不被抗霉素 A 和氰化物抑制。交替途径放出的电子不与磷酸化偶联，所以不产生 ATP，只能放热，或者只能产生 1 个 ATP，P/O 为 0 或 1(图 4-8)。交替氧化酶以二聚体的形式存在。二聚体有 2 种状态，即以二硫键共价结合(—S—S—)的氧化型二聚体和非共价结合(—SHHS—)的还原态二聚体。因此，交替氧化酶二聚体间的二硫键可能有调节其酶活性的作用。

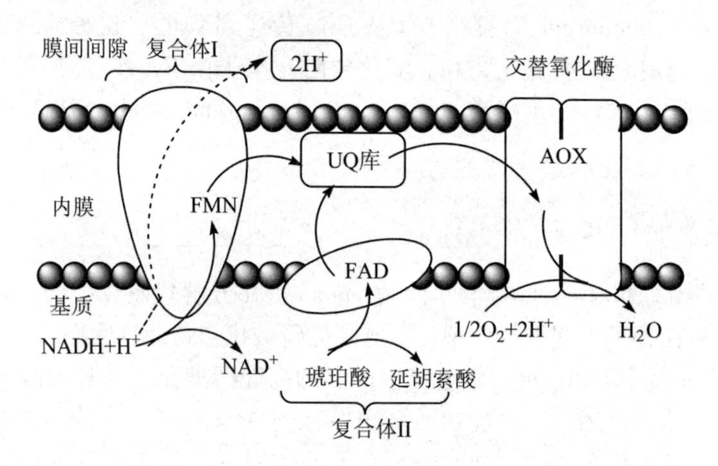

图 4-8 交替途径(引自 Hopkins *et al.*, 2004)

从 UQ 传来的电子被交替氧化酶(AOX)截住，交给分子氧

抗氰呼吸的生理功能如下：

(1)促进细胞分化和果实成熟

在植物愈伤组织培养中，观察到未发生分化的烟草组织培养物生长期间细胞色素主途径和交替途径运行程度无明显变化，而发生分化和芽原基形成的烟草愈伤组织，其交替途径由占总呼吸的 29%~38% 上升至 41%~47%，甚至更高，而主途径由大约 44%~51% 降至 30% 左右。研究发现白兰瓜、哈密瓜和樟梨果实成熟期的呼吸跃变依赖于抗氰的交替途径，外源乙烯是诱导交替途径运行的必需条件。

(2)利于授粉

抗氰呼吸是一个放热呼吸，有利于许多低温沼泽地区植物开花。例如，天南星科植物的佛焰花序早春开花时，花序呼吸速率迅速升高，组织温度随之亦提高，高出环境温度 25 ℃左右，此种情况可维持 7 h 左右，该时气温低，温度升高有利于花序发育。抗氰呼吸发出的热量使刺激性的化学物质(如胺和吲哚等)挥发出来，吸引昆虫帮助授粉，促进了物种的繁衍。

(3)分流电子的作用

当光合作用速率增快、碳水化合物过剩，细胞色素电子传递途径的电子呈饱和状态时，抗氰呼吸就比较活跃，即可以分流电子。交替途径耗去过多碳的累积，使大部分能量以热的形式散发出去，起到能量溢流作用，以免干扰源—库关系，抑制物质运输。

(4)增强抗逆性

交替途径是植物对各种逆境(缺磷、冷害、旱害、病害等)的反应，这些逆境大部分会抑制线粒体呼吸。交替途径从电子传递链送出电子，会阻止UQ库电位过度产生，阻止产生活性氧，如超氧离子等。因此，交替途径会减少胁迫对植物的不利影响。实验证明，甘薯块根组织受到黑斑病菌侵染后抗氰呼吸成倍增长，抗氰呼吸的强弱与甘薯块根组织对黑斑病菌的抗性有密切关系。

4.3.4.3 酚氧化酶

酚氧化酶(phenol oxidase)是含铜的酶，存在于质体和微体中，主要有单酚氧化酶(monophenol oxidase)(亦称酪氨酸酶，tyrosinase)和多酚氧化酶(polyphenol oxidase)(亦称儿茶酚氧化酶，catechol oxidase)。在正常情况下，酚氧化酶和底物在细胞质中是分隔开的。当细胞受伤或组织衰老，细胞结构有轻微破坏或有些解体时，酚氧化酶和底物接触发生反应，将酚氧化成棕褐色的醌。醌对微生物有毒，可防止植物感染。

酚氧化酶在植物体内普遍存在。茶叶的多酚氧化酶的活力很高，制茶时可根据它的特性加以利用。制红茶时，利用多酚氧化酶的作用，通过揉捻，使酶和底物充分接触，将茶叶的儿茶酚(邻苯二酚)和鞣质氧化并聚合成红褐色的色素，从而制得红茶。制绿茶时，抑制酚氧化酶起作用，把采下的茶叶立即焙火杀青，破坏多酚氧化酶，才能保持茶叶的绿色。苹果、梨、马铃薯块茎削皮或受伤后出现褐色，荔枝摘下时间过久，果皮变为暗褐色，就是酚氧化酶作用的结果。

4.3.4.4 抗坏血酸氧化酶

抗坏血酸氧化酶(ascorbic acid oxidase)存在于细胞质中，也是一种含铜的氧化酶。它可以催化抗坏血酸的氧化。抗坏血酸氧化酶在植物中普遍存在，其中蔬菜和果实(特别是葫芦科果实)中含量较多。这种酶有利于胚珠的发育，与植物的受精过程有密切关系。

4.3.4.5 乙醇酸氧化酶

乙醇酸氧化酶(glycolate oxidase)存在于过氧化物酶体中，是一种黄素蛋白，不含金属。该酶在光呼吸中起作用，催化乙醇酸氧化为乙醛酸，并产生过氧化氢。该酶与氧的亲和力极低，不受氰化物和一氧化碳抑制。

4.4 植物呼吸代谢的多样性

植物呼吸代谢多样性论点是汤佩松先生提出来的。呼吸代谢的多样性是在长期进化过程中，植物形成的对多变环境的一种适应性，具有重要的生物学意义，使植物在不良的环境中仍能进行呼吸作用，维持生命活动。植物呼吸代谢的多样性，表现在呼吸底物氧化降解途径的多样性、电子传递途径的多样性以及末端氧化酶系统的多样性。

4.4.1 底物氧化降解途径的多样性

呼吸底物氧化降解途径的多样性，即糖酵解、三羧酸循环、戊糖磷酸途径、乙醛酸循环和乙醇酸氧化等，这是植物在长期进化过程中对多变环境适应的表现。然而，植物体内存在着的多条化学途径并不是同等运行的。随着不同的植物种类、不同的器官、不同的组织、不同的发育时期、不同的生理状态和环境条件而有很大的差异。在正常情况下以及在幼嫩的部位、生长旺盛的组织中均是三羧酸循环途径占主要地位，糖、脂肪、蛋白质的彻底分解都需通过三羧酸循环途径。在缺氧条件下，植物体内糖酵解产生的丙酮酸有氧分解被抑制而积累，并进行无氧呼吸，其产物也是多种多样的，或者产生乙醇，或者产生乳酸。糖酵解是有氧呼吸和无氧呼吸的共同途径。而在衰老、感病、干旱、受伤的组织中，则戊糖磷酸途径加强。富含脂肪的油料种子在吸水萌发过程中，则会通过乙醛酸循环将脂肪酸转变为糖。水稻根系在淹水条件下则有乙醇酸氧化途径运行。

4.4.2　电子传递途径的多样性

电子传递主路，即细胞色素系统途径，在生物界分布最广泛，为动物、植物及微生物所共有。这条途径的特点是电子传递通过复合体Ⅰ、复合体Ⅲ及复合体Ⅳ，电子最终传递给氧，生成水。该途径对鱼藤酮、抗霉素 A、氰化物、一氧化碳、叠氮化物敏感。

电子传递支路之一，这条途径的特点是电子通过复合体Ⅱ、复合体Ⅲ及复合体Ⅳ，最终传递给分子氧。该途径对丙二酸、抗霉素 A、氰化物、一氧化碳、叠氮化物敏感。

电子传递支路之二，这条途径的特点是电子从 NADH 上脱下后直接传递到 UQ，通过复合体Ⅲ及复合体Ⅳ，最终传递给分子氧。该途径不被鱼藤酮抑制，对抗霉素 A、氰化物敏感。

电子传递支路之三，交替途径，即抗氰呼吸，电子从 NADH 经复合体Ⅰ和泛醌 UQ，由交替氧化酶传至氧，交替途径 NADH 脱下的电子只通过复合体Ⅰ，而不经过复合体Ⅲ和Ⅳ，因而被鱼藤酮抑制，而不被抗霉素 A 和氰化物抑制。抗氰呼吸电子传递途径与正常的 NADH 电子传递途径交替进行。

以上 4 条途径是电子部分或全部经过呼吸电子传递链上的复合体最终传给氧的过程，还有 3 条途径是电子不经过电子传递链，直接经线粒体外的末端氧化酶作用传给氧的过程。

电子传递支路之四，NADH 或 NADPH 脱下的电子经乙醇酸氧化酶作用传递给氧。

电子传递支路之五，NADH 或 NADPH 脱下的电子传给酚，经酚氧化酶作用传递给氧。

电子传递支路之六，NADH 或 NADPH 脱下的电子传给谷胱甘肽，进一步转化为抗坏血酸，经抗坏血酸氧化酶作用传递给氧。

植物电子传递途径的多样性，使呼吸能适应环境的变化，是进化的表现。

4.4.3　末端氧化酶系统的多样性

植物体内的末端氧化酶是具有多样性的系统，主要体现在 4 个方面：存在部位不同、对氧的亲和力不同、对温度敏感程度不同、受抑制物不同。

细胞色素氧化酶是最重要的末端氧化酶，它和交替氧化酶都在线粒体膜上，细胞色素氧化酶与磷酸化偶联，产生大量能量；在细胞溶胶和微粒体中还存在酚氧化酶、抗坏血酸氧化酶、乙醇酸氧化酶等。这些线粒体外的末端氧化酶一般均不产生可供利用的能量。

就对氧浓度的要求来说，细胞色素氧化酶对氧的亲和力大，所以在低氧浓度时仍能发挥作用。酚氧化酶、乙醇酸氧化酶对氧的亲和力较低，故只能在高氧时起作用。在苹果果肉表层以酚氧化酶和乙醇酸氧化酶为主，而内部以细胞色素氧化酶为主。

就对温度敏感程度而言，细胞色素氧化酶对低温敏感，乙醇酸氧化酶对低温不敏感，故低温、成熟时苹果以乙醇酸氧化酶为主，未成熟或气温高时以细胞色素氧化酶为主。

细胞色素氧化酶易受氰化物、一氧化碳、叠氮化物的抑制；而交替氧化酶、多酚氧化酶、抗坏血酸氧化酶、乙醇酸氧化酶不受氰化物等因素的抑制。

4.5 呼吸代谢与其他物质代谢

4.5.1 呼吸过程中的物质代谢与能量代谢

4.5.1.1 呼吸过程中的主要物质代谢

糖酵解过程是从葡萄糖开始的，有氧条件下彻底氧化分解成二氧化碳和水，无氧条件下丙酮酸还原成乙醇或者乳酸。糖酵解途径中形成的许多中间产物，可作为合成其他物质的原料，如磷酸二羟丙酮可转变为甘油，丙酮酸可转变为丙氨酸或乙酰 CoA，后者是脂肪酸合成的原料，这样使糖酵解与蛋白质代谢及脂肪代谢途径联系起来，实现物质间的相互转化。

三羧酸循环不仅是糖类物质彻底氧化分解的重要途径，而且还是生物体内脂肪、蛋白质及氨基酸等有机物彻底氧化分解的重要途径。生物体内脂肪、氨基酸的氧化分解都将产生乙酰 CoA 及三羧酸循环的中间产物，它们都能通过三羧酸循环进行彻底降解。

三羧酸循环为生物体内多种物质的合成提供了碳骨架。三羧酸循环过程中由于糖的氧化，生成了许多三羧酸和二羧酸化合物。它们是生物体内多种物质(如糖、氨基酸、辅酶等)合成的前提，如通过草酰乙酸等可转变为葡萄糖和天冬氨酸；α-酮戊二酸可转变成谷氨酸，所以三羧酸循环沟通了糖、脂肪、氨基酸代谢的联系，在三大物质代谢中处于枢纽的地位。

磷酸戊糖途径是体内葡萄糖转变成核糖-5-磷酸的唯一途径；核糖-5-磷酸是合成核苷酸的原料，也是合成 NAD^+、$NADP^+$、FAD 等辅酶的组分。磷酸戊糖途径的重要中间产物 4-磷酸赤藓糖可与糖酵解产生的中间产物磷酸烯醇式丙酮酸合成莽草酸，最终合成苯丙氨酸、酪氨酸和色氨酸。因此，磷酸戊糖途径沟通了糖代谢与核苷酸、核酸代谢及氨基酸代谢的联系。

乙醛酸循环中，脂肪酸 β 氧化分解产生的乙酰 CoA 可经乙醛酸循环转化成苹果酸，苹果酸生成草酰乙酸，通过糖异生作用生成葡萄糖或糖原。可见脂肪酸转变成糖要经过脂肪酸 β 氧化、乙醛酸循环及三羧酸循环的途径或这些途径的部分反应步骤才能完成。因此，乙醛酸循环是连接糖代谢和脂代谢的枢纽。

通过多条呼吸代谢途径不仅实现了糖类、脂肪、蛋白质及核酸的物质代谢，而且为植物体的生命活动提供大量能量及还原力，满足植物生长发育的需要，伴随着物质间的相互转化实现糖再生的同时，也为植物体提供了大量合成新物质的原料，从而使得植物体能适应各种外界环境。

4.5.1.2 呼吸过程的能量代谢

(1)贮存能量

呼吸作用通过一系列酶促反应把贮存在有机物中的化学能释放出来，一部分以热的形式散失于环境中，其余大部分能量则为同时发生的吸能反应所利用，并以高能键的形式贮存起来。植物体内的高能键主要是高能磷酸键，其次是硫酯键。

高能磷酸键中以三磷酸腺苷(adenosine triphosphate，ATP)中的高能磷酸键最重要。生成 ATP 的方式有 2 种：一是氧化磷酸化；二是底物水平磷酸化。氧化磷酸化是在线粒体内膜上的呼吸链中进行的，需要氧参加；而底物水平磷酸化是在胞质溶胶和线粒体基质中进行的，没有氧参加。

(2)利用能量

真核细胞中，呼吸作用将 1mol 的葡萄糖通过糖酵解—三羧酸循环和电子传递链被彻底氧化为二氧化碳和水，共计生成 36 mol ATP，其中 32 mol 是氧化磷酸化产生的，4 mol 是底物水平磷酸化产生的。其中在糖酵解途径中通过底物水平磷酸化，可产生 4 mol ATP，但在葡萄糖磷酸化时要消耗掉 2 mol ATP，所以净生成 2 mol ATP；同时在真核细胞中，底物脱氢反应生成的 NADH 必须由细胞质进入线粒体才能进入呼吸链，通过甘油-3-磷酸—二羟丙酮磷酸穿梭往返线粒体(图 4-9)，将 NADH 转变成 $FADH_2$ 进入呼吸链，生成 4 mol ATP，因此，在糖酵解途径中共计生成 6 mol ATP。在三羧酸循环中，生成 8 mol NADH 和 2 mol $FADH_2$，它们进入呼吸链产生 28 mol ATP，加上底物水平磷酸化产生 2 mol ATP，因此，在三羧酸循环中共计生成 30 mol ATP。

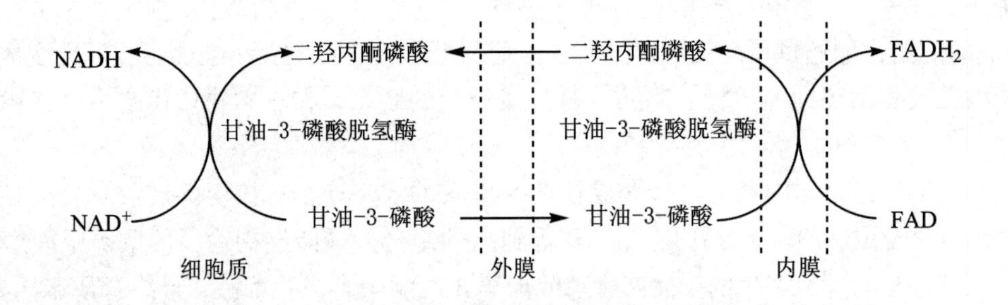

图 4-9 甘油-3-磷酸穿梭机制

对原核生物来说，糖酵解中形成的 NADH 可直接由细胞质进入呼吸链，因此，EMP 途径形成的 2 mol NADH 可直接氧化磷酸化产生 6 mol ATP，因此，1 mol 葡萄糖彻底氧化共生成 38 mol ATP。

真核细胞中 1mol 葡萄糖彻底氧化成二氧化碳和水所释放的自由能是 2 870 kJ，其中 1 145 kJ能量被转化为 ATP 的形式，其能量转换率为 1 145/2 870，即约 40% 的能量转化为有用能，用于其生命过程，其余约 60% 的能量以热的形式散发掉。

线粒体通过呼吸作用将有机物氧化而释放能量，与此同时把能量贮存于 ATP 中，供生命活动需要，这是一个放能过程，也是一个贮能过程。在植物的生命活动过程中，细胞的分裂和分化、水分和矿质营养的吸收和运输、有机物质的合成和运输，以及植物的生长、运动、开花、受精、结果等生理活动都依赖于 ATP 分解所释放的能量。

4.5.2 植物的初生代谢和次生代谢

4.5.2.1 初生代谢

蛋白质、脂肪、糖类及核酸等有机物质代谢称为初生代谢(primary metabolism)。初生代谢是细胞中共有的一些物质代谢过程。初生代谢途径中的产物称为初生代谢产物(primary metabolite)。光合作用、呼吸作用在初生代谢中起着枢纽作用。

卡尔文循环、糖酵解、三羧酸循环和戊糖磷酸途径是有机物代谢的主干，它筑起了生命活动的舞台，是各种有机物代谢的基础。这个主干的物质来源于光合作用形成的蔗糖和淀粉；通过呼吸作用，分解糖类，产生各种中间产物，进一步为脂肪、核酸和蛋白质的合成提供底物。

糖和脂肪是相互转变的，因为甘油可逆转为己糖，而脂肪酸分解为乙酰 CoA 后可再转变为糖。氨基酸的碳架——α-酮酸主要来源于糖代谢的中间产物，糖与蛋白质也可以相互转变。所以糖、脂肪和蛋白质之间可以互相转变，丙酮酸、乙酰 CoA、α-酮戊二酸和草酰乙酸等中间产物在它们之间的转变过程中起着枢纽作用。

核苷酸的核糖来源于戊糖磷酸代谢，碱基则来源于氨基酸及其代谢产物。

4.5.2.2 次生代谢

植物把一些初生代谢产物经过一系列酶促反应转化成为结构更复杂、特殊的物质，这一过程称为次生代谢(secondary metabolism)。次生代谢产物(secondary metabolite)是由次生代谢产生的一类细胞生命活动或植物生长发育正常运行的非必需的小分子有机化合物，其产生和分布通常有种属、器官、组织以及生长发育时期的特异性。次生代谢物是代谢的最终产物，除了极少数外，大部分不再参加代谢活动。

次生代谢产物的功能表现为对植物本身和对人类两方面的作用。对植物本身而言，次生代谢过程被认为是植物在长期进化中对生态环境适应的结果，它在处理植物与生态环境的关系中充当着重要的角色。具体表现为：某些次生代谢物是植物生命活动需要的，例如，吲哚乙酸、赤霉素等植物激素，叶绿素、类胡萝卜素和花色素等色素以及木质素等次生代谢物，这些物质的存在使植物体具有一定的色、香、味，吸引昆虫或动物来传粉和传播种子；某些植物在受到病原微生物的侵染后，产生并大量积累次生代谢产物，以增强自身的免疫力和抵抗力；某些植物产生对植物本身无毒而对动物或微生物有毒的次生代谢物，防御天敌吞食，保存自己。对人类的作用表现为：某些次生代谢物往往是重要的药用或工业原料，如红豆杉醇是强效的抗癌药物，生物碱中的麻黄碱、小檗碱、奎宁碱等是重要药物的有效成分，橡胶是重要的工业原料。

植物的次生代谢物可分为 3 类：萜类、酚类和含氮次生化合物，它们生物合成的主要途径及其与初生代谢物的联系如图 4-10 所示。植物次生代谢途径是高度分支的途径，这些途径在植物体内或细胞中并不全部开放，而是定位于某一器官、组织、细胞或细胞器中并受到独立的调控。

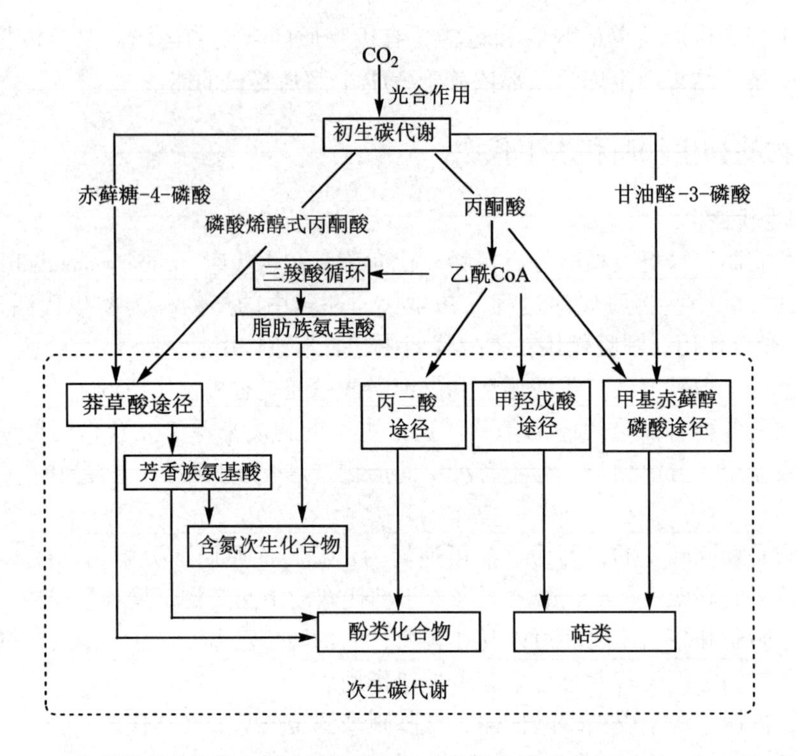

图4-10 次生代谢物合成的主要途径及其与初生代谢物的联系(引自 Gershenzon, 2002)

4.5.3 植物主要次生代谢产物

4.5.3.1 萜类

(1)萜类的种类

萜类是由异戊二烯(isoprene)组成的(图4-11)。萜类(terpene)或类萜(terpenoid)是植物界中广泛存在的一类次生代谢产物,一般不溶于水。萜类化合物的结构有链状的,也有环状的。根据异戊二烯数目的不同,萜类可分为单萜(monoterpene)、倍半萜(sesquiterpene)、双萜(diterpene)、三萜(triterpene)、四萜(tetraterpene)和多萜(polyterpene)6种(表4-1)。

$$CH_2{=}C(CH_3){-}CH{=}CH_2$$

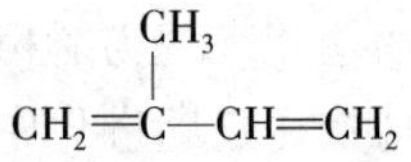

图4-11 异戊二烯结构

表4-1 萜类种类

异戊二烯单位数	种类	例子
2	单萜	樟脑、除虫菊酯
3	倍半萜	薄荷醇、法尼醇、棉酚
4	双萜	赤霉素、植醇、冷杉醇
6	三萜	固醇
8	四萜	胡萝卜素、叶黄素
>8	多萜	橡胶

萜类的功能主要表现在:对植物而言,有2个方面的作用。一方面是影响植物的生长发育,例如,

属于双萜的植物激素赤霉素影响茎的伸长；属于三萜的固醇与磷脂是膜的必需组成成分；四萜的衍生物类胡萝卜素（胡萝卜素、叶黄素、番茄红素等）影响花、叶和果实的颜色，胡萝卜素和叶黄素参与光合作用。另一方面对植物起保护作用，防止哺乳动物和昆虫吞食，例如，菊的叶和花含有的单萜酯拟除虫菊酯是极强的杀虫剂；薄荷、柠檬等植物含有挥发油（多是单萜和倍半萜），有气味，防止害虫侵袭；松树的树脂含有冷杉醇，当害虫取食穿刺到树脂道时，树脂流出，阻止害虫取食。对人类而言，有些萜类是药用或工业原料，例如，红豆杉醇（taxol，亦称紫杉醇）是强效的抗癌药物；橡胶是重要的工业原料；樟脑可用来防虫、防蛀、防霉。

（2）萜类的生物合成

萜类的生物合成有2条途径：甲羟戊酸途径（mevalonic acid pathway）和甲基赤藓醇磷酸途径（methylerythritol phosphate pathway），两者都形成异戊烯焦磷酸（isopenteny diphosphate，IPP），异戊烯焦磷酸进一步合成萜类，所以IPP亦称为“活跃异戊二烯”（active isoprene）。

4.5.3.2 酚类

（1）酚类的种类

酚类（phenol）是芳香族环上的氢原子被羟基或功能衍生物取代后生成的化合物，种类繁多，是重要的次生代谢产物之一，以糖苷或糖脂状态积存于液泡中。根据芳香环上带有的碳原子数目的不同可分为简单酚类、木质素、类黄酮类和鞣质等种类（表4-2）。

表4-2 酚类化合物的种类

种　类	碳　架	例　子
简单苯丙酸类	苯环-C_3	桂皮酸、香豆酸、咖啡酸、阿魏酸
苯丙酸内酯	苯环-C_3	香豆素
苯甲酸衍生物类	苯环-C_1	水杨酸、没食子酸、原儿茶酸
木质素	[苯环-C_3]$_n$	木质素
类黄酮类	[苯环-C_3-苯环]	花色素苷、黄酮、黄酮醇、异黄酮
鞣　质	[苯环-C_3-苯环]$_n$	缩合鞣质、可水解鞣质

简单酚类结构有3类：①简单苯丙酸（phenyl propanoid）类化合物，具苯环-C_3的基本骨架。②苯丙酸内酯（phenyl propanoic lactone）（环酯）类化合物，亦称香豆素（coumarin）类，也具苯环-C_3的基本骨架，但C_3与苯环通过氧环化。③苯甲酸（benzoid acid）衍生物类，具苯环-C_1的基本骨架。简单酚类在植物防御食草昆虫和真菌侵袭中起着重要功能。

木质素(lignin)是构成植物细胞壁的成分之一，存在于木质组织中，主要位于纤维素之间，起抗压作用。在木本植物中，木质素占25%，是世界上第二丰富的有机物(纤维素是第一)。木质素的生物合成是以苯丙氨酸为起点的。经系列反应后，由 3 种木质醇单体(如香豆醇、松柏醇、芥子醇)聚合而成的复杂酚类聚合物。木质素成分因植物种类不同而异，蕨类植物和裸子植物的木质素主要由松柏醇聚合而成，双子叶植物主要由松柏醇与芥子醇聚合而成，而单子叶植物则由香豆醇、松柏醇、芥子醇 3 种单体聚合而成。

类黄酮(flavonoid)是 2 个芳香环被三碳桥连起来的 15 碳化合物。根据三碳桥的氧化程度，类黄酮类可分为 4 种，即花色素苷(anthocyanin)、黄酮(flavone)、黄酮醇(flavonol)和异黄酮(isoflavone)。在植物呈现不同颜色和防御伤害方面起重要作用。类黄酮包含各种有色的物质，其中最普遍的有色类黄酮是花色素苷。花、果大部分呈红、淡红、紫和蓝等色，都与花色素苷有关。花色鲜艳可吸引昆虫而帮助传粉，果实鲜艳可吸引动物食用而传播种子。黄酮类和黄酮醇类不只存在于花器官，也存于绿叶中，由于这 2 类物质积累在叶和茎的表皮层，吸收紫外线 B(UV-B，280～320 nm)，因此，避免了细胞受到强烈 UV-B 的伤害。

鞣质(tannin)又称单宁，是由类黄酮或类黄酮与其他物质聚合形成的物质，包括缩合鞣质(condensed tannin)和可水解鞣质(hydrolyzable tannin)2 类。缩合鞣质是由类黄酮单位聚合而成，相对分子质量较大，可被强酸水解为花色素。可水解鞣质是由类黄酮与其他物质(没食子酸、单糖等)聚合形成的物质，相对分子质量较小，易被稀酸水解。鞣质具涩味，进入动物体内可与蛋白质结合形成不易消化的蛋白质—鞣质复合物，可防止动物取食；树干心材中鞣质丰富，能防止因病菌侵染而引起的腐烂。

(2)酚类的生物合成

植物的酚类化合物是通过多条途径合成的，其中以莽草酸途径(shikimic acid pathway)和丙二酸途径(malonic acid pathway)为主。高等植物大多数通过前一种途径合成酚类；真菌和细菌通过后一种途径合成酚类。

莽草酸途径是酚类合成的中心。莽草酸生物合成由最初的底物赤藓糖-4-磷酸(E4P)和磷酸烯醇式丙酮酸(PEP)结合，形成重要的中间产物莽草酸。莽草酸再经过几步反应，形成分支酸(chorismic acid)。由分支酸分别形成色氨酸、苯丙氨酸和酪氨酸。莽草酸途径的重要作用之一就是形成了苯丙氨酸。苯丙氨酸解氨酶是形成酚类化合物中的一个重要调节酶和限速酶。苯丙氨酸在苯丙氨酸解氨酶(phenylalanine ammonia-lyase，PAL)作用下，形成桂皮酸(cinnamic acid)，进一步转化形成香豆酸、咖啡酸和阿魏酸。这 4 种简单苯丙酸类经过后续较复杂的变化形成了香豆素、木质素、鞣质、类黄酮和异黄酮等。此外，莽草酸转变为烯醇丙酮酸莽草酸-5-磷酸(EPSP)是 EPSP 合酶催化的，广谱除草剂草甘膦(glyphosate)能抑制此酶的活性，施用此除草剂后，植物即不能合成芳香族氨基酸及其衍生物。

4.5.3.3　含氮次生化合物

植物许多次生代谢产物中都含有氮原子，主要有生物碱、含氰苷、非蛋白氨基酸、甜菜素、芥子油苷等，它们都具有防御功能。这里着重介绍生物碱和含氰苷 2 类含氮次生化合物。

生物碱(alkaloid)是植物体氮素代谢的中间产物，是一类含氮杂环化合物，其碱性即来自含 N 的环。目前已发现 3 000 多种，例如，吗啡、尼古丁、可卡因、咖啡因、秋水仙素、麻黄素等。生物碱在植物器官中的含量很低，一般在万分之几到百分之一二(像金鸡纳树皮那样含奎宁碱12%是极少的)。

生物碱是重要药物的有效成分，在医药上甚为重要，例如，有平喘作用的麻黄，其有效成分是麻黄碱；有抗菌效果的黄连，其有效成分是小檗碱。现在西药常用的重要药品，最初也是从植物分离出来证实有效后通过化学方法合成的，例如，从金鸡纳树皮分离出来的奎宁。在抗癌药物中有从长春花中分离出来的长春新碱，从粗榧分离的三尖杉酯碱，从美登木分离的美登木碱等。另外，生物碱是核酸、维生素 B_1、叶酸和生物素的组成成分，具有重要的生理意义；生物碱对动物有毒，是植物的防御物质。

含氰苷(cyanogenic glycoside)是由氨基酸脱羧后与糖结合形成的一类物质。广泛分布于植物界，其中以豆类、禾谷类和玫瑰一些种类中最多，现已鉴定结构的有30多种。含氰苷本身无毒，当植物被动物咬碎后，存在于叶肉中的含氰苷酶则与存在于叶表皮液泡中的含氰苷混合，含氰苷酶将含氰苷水解为氰氢酸，使动物的呼吸作用受抑制。木薯(*Manihot esculenta*)块茎含较多含氰苷，一定要去除大部分含氰苷后，才能食用。

4.5.4　植物次生代谢工程的应用前景

植物次生代谢物的应用，其历史悠久，各民族传统草药和香料的有效成分大多是植物次生代谢物。现在，这些天然产物仍在人们的生活中起着重要的作用，尤其是医药、轻工、化工、食品及农药等工业的发展必不可少的。近年来，随着对植物代谢生理生化及生态适应方面认识的深入，以及分子生物学的渗透，将外源新基因转入已属常规操作，基因枪轰击和根癌农杆菌介导是最常用的方法，植物次生代谢分子生物学研究发展迅速。以基因工程大规模生产次生代谢产物，具有诱人的前景。

应用次生代谢工程改良植物性状的可能性有多种。例如，使内源性抗性化合物(如植物抗菌素)在高水平上表达，表现出更高的抗虫抗病能力，提高产量和质量；在花卉中培育出新的花色、花香的品种；提高水果的口感；降低食品和饲料中有毒成分的含量；提高有益成分的含量等。药用植物的代谢工程主要针对提高某种次生代谢物或者其前体含量，以期解决药源问题，如果能够用基因工程的方法提高其含量，将具有巨大的经济效益和社会效益。

4.6　呼吸作用的调节和控制

生物体都具有自体调节的功能，这是生物在长期进化过程中适应环境所形成的一种自我调节机制。细胞内呼吸代谢的调节机理主要是反馈调节。反馈调节(feedback regulation)是指反应体系中的某些中间产物或终产物对其前面某一步反应速度的影响。凡是能加速反应的称为正效应物(positive effector)；凡是能使反应速度减慢者称负效应物(negative effector)。对于呼吸代谢来说反馈调节主要是效应物对酶的调控。

4.6.1　巴斯德效应和糖酵解的调节

巴斯德(B. L. Pasteur)早就观察到氧有抑制酒精发酵的现象，这种现象被称为巴斯德效应(Pasteur effect)。对这种效应的解释，正说明糖酵解的调节机理(图 4-12)。糖酵解的调节酶是磷酸果糖激酶和丙酮酸激酶。

磷酸果糖激酶的活性受 Mg^{2+} 和 Pi 的促进，而受 ATP 和柠檬酸的抑制，即 ATP 和柠檬酸是负效应物。丙酮酸激酶除受到 ATP 和柠檬酸的抑制外，还受 Ca^{2+} 的抑制，而 ADP、Mg^{2+} 和 K^+ 对其活性都起促进作用，即 ADP、Mg^{2+} 和 K^+ 是正效应物。有氧条件下糖酵解速度减慢的原因是该途径中的 2 个调节酶——磷酸果糖激酶和丙酮酸激酶在有氧条件下受到抑制的缘故。有氧条件下，NADH 进入呼吸链，产生的 ATP 和柠檬酸的浓度都较高，ADP 浓度低，这样磷酸果糖激酶和丙酮酸激酶的活性受到抑制，糖酵解的速度减慢。当植物组织从有氧条件转到无氧条件下，代谢调控作用刚好相反，柠檬酸和 ATP 合成减少，ADP 和 Pi 积累较多，促进了这 2 种酶的活性，糖酵解的速度加快。

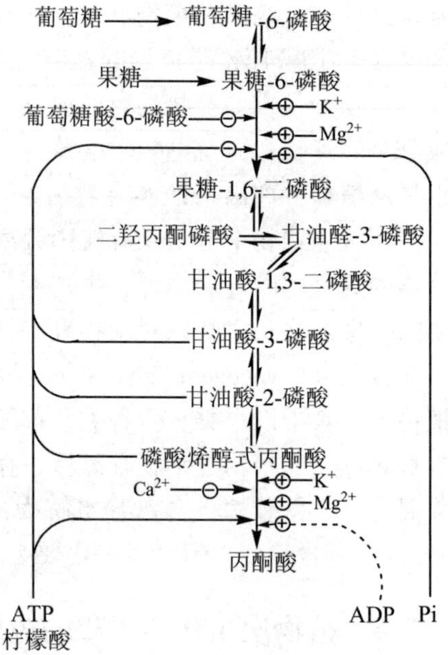

图 4-12 糖酵解的调节

⊕正效应物；⊖负效应物；

ADP 作为底物参与，以虚线表示

4.6.2 三羧酸循环的调节

三羧酸循环中多种酶促反应受到反馈调节。丙酮酸氧化脱羧酶系的催化活性受到乙酰 CoA 和 NADH 的抑制。在整个三羧酸循环过程中，NADH 是主要负效应物，NADH 水平过高，会抑制丙酮酸脱氢酶复合体、异柠檬酸脱氢酶、α-酮戊二酸脱氢酶复合体和苹果酸脱氢酶的活性。NADH 进入呼吸链产生 ATP，ATP 也是负效应物之一。ATP 浓度过高，对异柠檬酸脱氢酶、α-酮戊二酸脱氢酶复合体、琥珀酸脱氢酶和苹果酸脱氢酶起抑制作用。三羧酸循环代谢的中间产物(如乙酰 CoA、琥珀酰 CoA 和草酰乙酸)的浓度过高时也会抑制各自有关酶的活性。α-酮戊二酸对异柠檬酸脱氢酶的抑制和草酰乙酸对苹果酸脱氢酶的抑制则属于终点产物的反馈调节(图 4-13)。

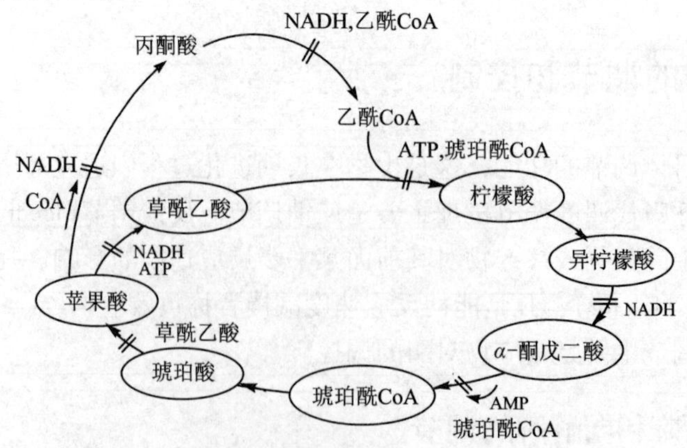

图 4-13 三羧酸循环的调节部位和效应物的图解

—⊪ 抑制；⟶促进

4.6.3 磷酸戊糖途径的调节

磷酸戊糖途径的关键调节酶是葡萄糖-6-磷酸脱氢酶。该酶受 $NADPH/NADP^+$ 比率调节，NADPH 为负效应物，$NADP^+$ 为正效应物，当 $NADPH/NADP^+$ 比率高时，可抑制葡萄糖-6-磷酸脱氢酶和葡萄糖酸-6-磷酸脱氢酶的活性，抑制磷酸戊糖途径进行；反之，$NADPH/NADP^+$ 比率低时，促进磷酸戊糖途径进行。

4.6.4 腺苷酸能荷的调节

腺苷酸(adenylic acid)对呼吸的正常进行至关重要。细胞中由 ATP、ADP 和 AMP 3 种腺苷酸组成的腺苷酸库是相对稳定的，它们在腺苷酸激酶催化下进行可逆的转变，$ATP + AMP \rightleftharpoons ADP$，保持这些腺苷酸的平衡。1968 年，D. E. Atkinson 提出“能荷”(energy charge，EC)这个概念来说明腺苷酸系统的能量状态。能荷即 ATP-ADP-AMP 系统中可利用的高能磷酸键的度量。能荷可用下式表示：

$$能荷(EC) = \frac{[ATP] + \frac{1}{2}[ADP]}{[ATP] + [ADP] + [AMP]}$$

从上式可以看出，如果细胞的腺苷酸全部为 ATP，则能荷为 1.0；如果细胞的腺苷酸全部为 ADP，则能荷为 0.5；如果细胞的腺苷酸全部为 AMP，则能荷为 0。能荷的大小不仅说明生物体中 ATP-ADP-AMP 系统的能量状态，而且还表明 ATP 的生成和利用效率。能荷高时能抑制细胞内 ATP 的生成，促进 ATP 的利用，说明高能荷促进有机物合成代谢抑制有机物分解代谢。当能荷小时，生成 ATP 的速率高，细胞可以通过有机物的降解产生能量。通过反馈调节，活细胞的能荷一般稳定在0.75～0.95。能荷是细胞中 ATP 合成反应和利用反应的调节因素，细胞内的能荷水平可以调节呼吸代谢的全过程。

呼吸的顺序是由 EMP 到 TCA，最后通过氧化磷酸化生成 ATP，这个过程是由最终产物 ATP 的底物(ADP 和 Pi)通过关键性代谢物由底向上调节电子传递链到 TCA，最后调节 EMP。如图 4-14 所示，氧化磷酸化形成的 ATP 抑制电子传递链，导致累积 NADH。NADH 抑制三羧酸循环中的酶。于是三羧酸循环的中间产物(如柠檬酸)抑制胞质溶胶中的丙酮酸激酶，影响磷酸烯醇式丙酮酸(PEP)的生成，后者又抑制磷酸果糖激酶的活性，果糖-6-磷酸就不能

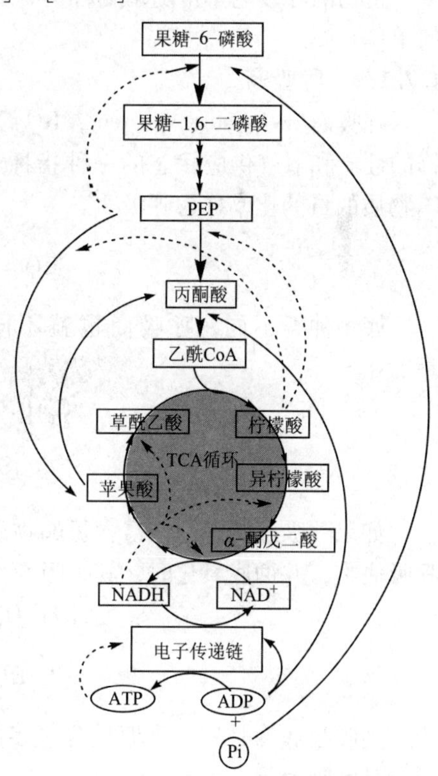

图 4-14 植物呼吸由底向上调节的示意

(引自 Moller and Rasmusson，2002)

----► 抑制 ——→促进

转变为果糖-1，6-二磷酸，EMP 就不能进行下去。总之，植物呼吸速率是从 ADP 细胞水平由底向上控制，ADP 起始调节电子传递和 ATP 形成，继而调节三羧酸循环活性，最后调节糖酵解反应速率。

4.7　呼吸作用的指标及影响因素

4.7.1　呼吸作用的指标

呼吸作用是植物重要的生命活动之一，呼吸指标的测定，可反映植物的生理状态，常用的指标有 2 个，即呼吸速率和呼吸商。

4.7.1.1　呼吸速率

呼吸速率(respiratory rate)也称呼吸强度，是最常用的生理指标。植物的呼吸速率可以用植物的单位鲜重、干重或原生质(以含氮量计)，在一定时间内所放出的二氧化碳或所吸收的氧的数量或气体体积的变化来表示。

呼吸速率的单位可以用 $\mu mol\ CO_2$(或 $\mu mol\ O_2$)·g^{-1}(FW 或 DW)·h^{-1}或者 $\mu L\ CO_2$(或 $\mu L\ O_2$)·g^{-1}(FW 或 DW)·h^{-1}表示。

植物的呼吸速率常随植物种类、器官、组织不同有很大差异，应根据具体情况选用适宜的单位。

4.7.1.2　呼吸商

呼吸商(respiratory quotient，RQ)又称为呼吸系数(respiratory coefficient)，是表示呼吸底物的性质和氧气供应状态的一种指标。植物组织在一定时间内，放出 CO_2物质的量与吸收 O_2物质的量的比率称为呼吸商。

$$RQ = \frac{\text{放出 } CO_2 \text{ 的物质的量}}{\text{吸收 } O_2 \text{ 的物质的量}}$$

底物种类不同，呼吸商也就不同。当呼吸底物是糖类，而又完全氧化时，呼吸商是 1.0。

$$C_6H_{12}O_6 + 6O_2 \rightarrow 6CO_2 + 6H_2O$$

$$RQ = \frac{6\ molCO_2}{6\ molO_2} = 1.0$$

如果呼吸底物是一些富含氢的物质(如脂肪或蛋白质)，则呼吸商小于 1.0。以棕榈酸为呼吸底物，并彻底氧化时，其呼吸商为 0.7。

$$C_{16}H_{32}O_2 + 23O_2 \rightarrow 16CO_2 + 16H_2O$$

$$RQ = \frac{16\ molCO_2}{23\ molO_2} \approx 0.7$$

当呼吸底物是一些比糖类含氧多的物质(如有机酸)，则呼吸商大于 1.0。以苹果酸来说，其呼吸商是 1.3。

$$C_4H_6O_5 + 3O_2 \rightarrow 4CO_2 + 3H_2O$$

$$RQ = \frac{4\ molCO_2}{3\ molO_2} \approx 1.3$$

可见呼吸商的大小和呼吸底物的性质关系密切，故可根据呼吸商的大小大致推测呼吸作用的底物及其性质的改变。

4.7.2　呼吸速率的影响因素

4.7.2.1　内部因素对呼吸速率的影响

不同植物具有不同的呼吸速率。一般来说，凡是生长快的植物呼吸速率就快，生长慢的植物呼吸速率就慢。阔叶树种杨树、柳树的呼吸速率比针叶树种油松、侧柏快。

同一植株不同器官呼吸速率也有很大差别。生长旺盛、幼嫩的器官(根尖、茎尖、嫩根、嫩叶)的呼吸速率比生长缓慢、年老的器官(老根、老茎、老叶)快。生殖器官呼吸速率比营养器官快，花的呼吸速率比叶片要快3～4倍。

同一器官的不同组织，在呼吸速率上彼此也不相同。茎维管组织中的形成层呼吸速率最高，生理活性最旺盛，韧皮部次之，木质部则较慢。

同一器官在不同的生长过程中，呼吸速率亦有很大的变化。以种子来说，正在发育的种子呼吸很强，成熟时呼吸减弱，休眠种子呼吸极弱，萌发时呼吸速率比休眠时提高几十倍到几百倍。呼吸跃变型果实(如苹果、香蕉、芒果)的呼吸速率在发育期间，呼吸速率下降至最低水平后又出现急剧上升，经过一定时间后又下降，直至很低的水平。

4.7.2.2　外界条件对呼吸速率的影响

植物的呼吸作用受外界环境影响较大，其中最主要的环境因素是温度、水分、氧气、二氧化碳、机械损伤等。

(1)温度

温度之所以能影响呼吸速率，主要是因为它能影响呼吸作用中酶的活性。温度对呼吸的影响有明显的三基点现象，即最低点、最适点和最高点。在最低点与最适点之间，呼吸速率总是随温度的增高而加快。超过最适点，呼吸速率则会随着温度的增高而下降。

植物呼吸作用最适温度是25～35 ℃，最高温度是35～45 ℃。最低温度和最高温度的范围，与植物种类和生理状态有关。例如，一些多年生耐寒植物越冬器官(落叶树的休眠芽和针叶树的针叶)，冬天在-25 ℃仍未停止呼吸，但是，如果在夏季，温度降低到-5～-4 ℃，针叶呼吸便会停止。应当指出，确定呼吸最适点时，必须考虑到时间因素，只有较长期维持最快呼吸速率的温度，才算是最适温度(如图4-15的25～35 ℃)，那些使呼吸速率短时期升高，以后又急剧

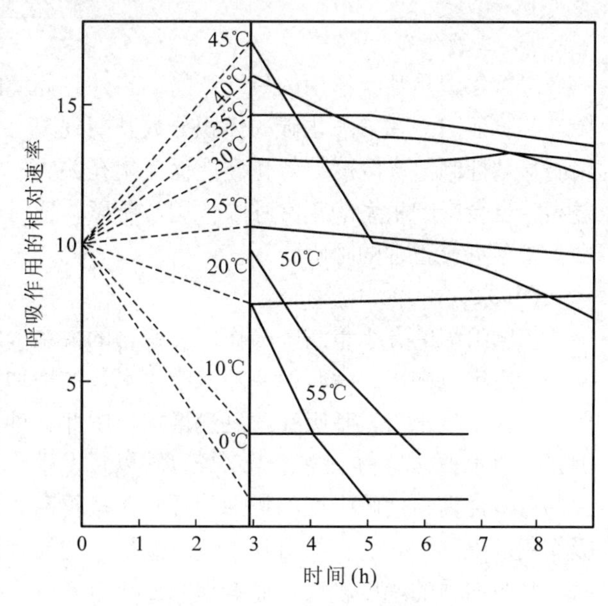

图4-15　不同温度对豌豆幼苗呼吸速率的影响

(预先将豌豆幼苗放在25 ℃下)

下降的温度，不能算是最适温度(如图 4-15 的 35～45 ℃)。最高温度之所以导致呼吸速率最终急剧下降，是因为高温引起了原生质结构、酶和代谢的破坏，温度越高，时间越长，破坏就越大，呼吸速率下降得也越快。

温度波动对呼吸速率也有明显的影响，因温度可影响植物体内淀粉与糖的平衡。当温度降低时，淀粉水解为糖，使可溶性糖的含量增加，而呼吸速率下降不大；当温度再升高时，由于可溶性糖的累积，呼吸速率迅速上升。为此，贮藏新鲜果蔬时，尽量避免温度波动，更不能由低温移至高温。

在某种情况下，当温度增高 10 ℃时，呼吸速率增加 2～2.5 倍。这类由于温度升高 10 ℃而引起的反应速率增加的倍数，通常称为温度系数(temperature coefficient，Q_{10})。

$$Q_{10} = \frac{(t+10)\text{℃时的速率}}{t\text{℃时的速率}}$$

不同植物种类，或同一植物同一器官处在不同发育时期，其 Q_{10}的变化范围很大。

(2)氧气

氧气是进行有氧呼吸的必要条件。氧气不足，直接影响呼吸速率和呼吸性质。在氧气浓度下降时，有氧呼吸降低，而无氧呼吸则较高。短时期的无氧呼吸对植物的伤害还不大，但无氧呼吸时间一久，植物就会受伤死亡，其原因有 3 个：①无氧呼吸产生酒精和乳酸，酒精对细胞有害，乳酸累积使胞质溶胶酸化，影响酶代谢；②无氧呼吸产生的能量少，植物要维持正常生理需要，就要消耗更多的有机物，同时 ATP 供应不足，限制了许多耗能反应。例如，矿质吸收受抑制，有机物的合成和运输受阻，根部产生的细胞分裂素向茎叶运输受阻，水分进入根的透性降低等；③没有丙酮酸氧化过程，许多由这个过程的中间产物形成的物质就无法继续进行。因此，在植物生长期间经常中耕松土以保持土壤良好的结构和通气状况是非常必要的。

(3)二氧化碳

二氧化碳是呼吸作用的最终产物，当外界环境的二氧化碳浓度增加时，呼吸速率便会减慢。实验证明，在二氧化碳的体积分数升高到 1%～10%(因植物不同而异)以上时，呼吸作用明显被抑制。高浓度二氧化碳能促使气孔关闭，抑制叶片呼吸作用。土壤中二氧化碳浓度过高，也会影响根系的正常呼吸作用。所以，适时中耕，有助于促进土壤和大气的交换，有助于根系进行正常的呼吸作用。

(4)水分

植物组织的含水量与呼吸作用有密切的关系，环境中水分和空气湿度直接影响组织含水量。在一定范围内，呼吸速率随组织含水量的增加而升高。例如，干燥种子的呼吸作用很微弱，当种子吸水后，呼吸速率迅速增加。因此，种子含水量是制约种子呼吸作用强弱的重要因素。对于整株植物来说，当水分亏缺以致发生或接近萎蔫时，酶的水解活动加强，淀粉水解为可溶性糖，使呼吸底物增加，呼吸速率提高，如果萎蔫时间较长，细胞含水量则成为呼吸作用的限制因素。植物对缺水情况的反应与器官及组织年龄也有关系，通常幼嫩组织萎蔫时，呼吸增强的幅度较大，而老组织变化范围较小。

(5)机械损伤

机械损伤会显著加快组织的呼吸速率。机械损伤会使细胞内呼吸末端氧化酶与底物接触，生物氧化过程加强；机械损伤使某些细胞转变为分生组织状态以形成愈伤组织，这两种状况导致组织的呼吸速率加快。因此，在收获和运输多汁果实和蔬菜时，应尽可能防止机械损伤。

4.8 呼吸作用与农业生产

4.8.1 呼吸作用与作物栽培

呼吸作用不仅提供植物生命活动所需要的大部分能量，而且其中间产物在作物体内各主要有机物之间的转变起着枢纽作用，因此，呼吸作用在作物的生长发育、物质吸收、运输和转变方面起着十分重要的作用。所以，许多栽培措施都是为了直接或间接地保证作物呼吸作用的正常进行。

例如，早稻浸种催芽时，用温水淋种和时常翻种，目的就是控制温度和通气，使呼吸顺利进行，加快萌发。水稻育秧通常采用湿润育秧，寒潮来时灌水护秧，寒潮过后，适时排水，都是使根系得到充分氧气，以达到培育壮秧防止烂秧的目的。水稻虽然有通气系统可以从地上部运送氧气到根部，但仍不能保持根系正常呼吸，所以水稻田要及时中耕和露田、晒田增加土壤氧气。因此，水稻的露田、晒田，作物的中耕松土，黏土的掺沙等，都是为了改善土壤通气条件，增加土壤中的氧气，促进作物呼吸作用正常进行。

由于光合作用的最适温度比呼吸作用的最适温度低，因此，作物种植不能过密，封行不能过早，在高温和光线不足的情况下，呼吸消耗过大，净同化率降低，影响产量的提高。温室或塑料薄膜覆盖栽培中，如果温度高，光照不足，则呼吸作用大于光合作用，作物体内有机物消耗过多，导致减产；温室或棚内通风不良致使氧气浓度低，温度增高，抑制正常呼吸代谢。

作物栽培中出现的许多生理障碍，也是与呼吸直接相关的。涝害淹死植株，是因为无氧呼吸进行过久，累积酒精而引起原生质中毒。干旱和缺钾能使作物的氧化磷酸化解偶联，导致生长不良甚至死亡。低温导致烂秧，原因是低温破坏线粒体的结构，引起代谢紊乱。水田中还原性有毒物质(如 H_2S)过多，会破坏呼吸过程中的细胞色素 c 氧化酶和多酚氧化酶的活性，抑制呼吸作用。

4.8.2 呼吸作用与粮食(种子)贮藏

影响种子贮藏或粮食贮藏的因素很多，都直接或间接与呼吸代谢有关，从而影响种子贮藏寿命和粮食的品质。粮食呼吸速率高会大量消耗有机物；呼吸放出的水分又会使粮堆湿度增大，粮食“出汗”，呼吸加强；呼吸放出的热量又使粮温增高，反过来又促进呼吸增强，同时高温、高湿使微生物迅速繁殖，最后导致粮食变质。因此，在贮藏过程中，必须降低呼吸速率，确保贮粮安全。

要使粮食安全贮藏，控制种子含水量有重要意义，入库前要使种子的含水量控制在种子安全含水量范围之内。含水量对呼吸的影响与温度有密切关系，温度越高，安全含水量应越低。长江下游地区，小麦种子含水量是12.5% 以下，稻谷是14.5% 以下；在广东省，稻谷是 13.5% 以下，因为南方高温高湿，要求含水量更低一些。稻谷等种子含水量超过 14.5% 时，呼吸速率即骤然上升。油料种子的安全含水量比淀粉种子的安全含水量要低。在粮食贮藏方面，除了控制安全含水量，保持通风散热和使水分蒸发以外，还采用充氮保粮法，即把散装和袋装粮食用塑料帐幕密封，由开口处抽出内部空气，在接近真空时再充入氮气，内部缺氧气，抑制呼吸，减少消耗。

4.8.3 呼吸作用与果蔬贮藏

有一类果实在成熟期发生呼吸速率急剧上升的现象，称为呼吸跃变，又称呼吸高峰。此生理变化对果实的贮藏影响很大，进入跃变期的果实均不能贮藏，因此，推迟跃变型果实的呼吸高峰的来临，在果实的贮藏保鲜上具有重要意义。生产上常采用的措施是：①在呼吸跃变期出现前采收，同时避免伤呼吸的产生；②降低温度，不同种类的果实对温度反应不同，一般果实贮藏期间的适宜温度为：苹果 1℃，柑橘 2～3℃，柠檬 6～7℃，香蕉 12～15℃；③增加二氧化碳浓度，降低氧气浓度。番茄装箱罩以塑料帐幕，抽出空气，补充氮气，把氧的体积分数调节至3%～5%，这样可贮藏 1 个月甚至 3 个月以上；④“自体保藏法”是一种简便的果蔬贮藏法。由于果实蔬菜本身进行呼吸作用时可降低室内氧气浓度增加二氧化碳浓度（但容器中二氧化碳的体积分数不能超过 10%，否则，果实会中毒变质），可以稍微延长贮藏时间。如果能密封加低温（1～5℃），贮藏时间会更长。自体保藏法现已广泛被利用。例如，四川南充果农将甜橙贮藏于密闭的土窖中，贮藏时间可以达到 4～5 个月之久；哈尔滨等地利用大窖套小窖的办法，使黄瓜贮藏 3 个月不坏。

块根和块茎的贮藏原理和果实差不多，主要是控制温度和气体成分。红薯块根在贮藏期间的呼吸速率高于马铃薯块茎，但小于果实。红薯块根贮藏期如果温度超过 15℃，会引起发芽和病害，如果低于 9℃ 又会受冻害，因而其安全贮藏温度为 10～14℃，而马铃薯则为 2～3℃，相对湿度 90% 左右。另外，利用块根、块茎自体呼吸降低室内氧浓度，增加二氧化碳浓度，即所谓“自体保藏法”，也有很好的贮藏效果。

本章小结

呼吸作用是高等植物的重要生理功能。它为植物生命活动提供了所需的能量，其中间产物又是合成多种有机物的原料，还可增强植物的抗病免疫力，所以呼吸作用是植物体内的代谢中心。

植物的呼吸作用分为有氧呼吸和无氧呼吸两大类型。两者开始具有共同的反应途径，在产生丙酮酸后才“分道扬镳”。高等植物以有氧呼吸为主，但仍保留无氧呼吸的能力。

高等植物呼吸作用中糖的分解代谢途径主要有糖酵解、三羧酸循环和戊糖磷酸途径。呼吸链除了主途径外，还有抗氰呼吸等多条电子传递途径和多种末端氧化酶系统，它们功能不同，特点各异。这种不同水平的呼吸代谢多样性，使得高等植物能适应复杂的环境条件，维持其生命活动。

呼吸作用的能量代谢包括贮存能量和利用能量的过程。呼吸作用释放的能量一部分以热的形式散失于环境中，其余则贮存在某些高能键的化合物中。ATP 是细胞内能量转变的“通货”。生成 ATP 的方式有氧化磷酸化（占大部分）和底物水平磷酸化 2 种。细胞能量利用率约为 40%。

呼吸代谢与植物体内的初生代谢物和次生代谢物的合成及转化有密切关系。植物次生代谢物质分为3类，即萜类、酚类和含氮次生化合物。次生代谢物一般不再参加代谢，主要具有调节自身代谢、增强自身免疫力和防御天敌的作用，也是人类所需的药物和工业原料。

呼吸代谢途径无论是糖酵解、三羧酸循环，还是戊糖磷酸途径，细胞都能自动调节和控制，使代谢维持平衡。

植物的呼吸速率受内外因素的影响。一般来说，凡是生长迅速的植物、器官、组织和细胞，其呼吸均较旺盛。外界条件以温度、氧气、二氧化碳影响为主，水分和机械损伤也会对呼吸速率产生影响。

呼吸作用影响植物生命活动的全局，与作物栽培、粮食及果蔬贮藏都有密切的关系。一般来说，在作物栽培过程中，都应使呼吸过程正常进行；对贮藏粮食和果蔬来说，应该降低呼吸速率，以利安全贮存。

思考题

1. 简述植物呼吸作用的概念、类型及其生理意义。
2. 试比较真核细胞与原核细胞中1mol蔗糖在有氧和无氧条件下生成的ATP数目有什么不同。
3. EMP产生的丙酮酸可能进入哪些反应途径？
4. TCA循环、PPP、EMP等途径各发生在细胞的什么部位？各有何生理意义？
5. 植物的呼吸代谢途径多样性体现在哪些方面？
6. 植物呼吸链上的复合体Ⅰ、复合体Ⅱ、复合体Ⅲ和复合体Ⅳ结构和功能有什么区别，与氧化磷酸化的关系如何？
7. 制作绿茶时，为什么要把摘下的茶叶立刻焙火杀青？
8. 试全面分析植物的光合电子传递链与呼吸链的异同点。
9. 植物的光合磷酸化与氧化磷酸化有什么异同？
10. 简述呼吸作用与农业生产的关系，并举实例说明。
11. 为什么说呼吸作用既是一个放能过程，又是一个贮存能量的过程？

推荐阅读书目

1. 植物生物化学与分子生物学. B. B. 布坎南，W. 格鲁依森姆，等. 瞿礼嘉，顾红雅，等译. 科学出版社，2004.
2. 植物生理学. 6版. 潘瑞炽. 高等教育出版社，2008.

第5章　植物体内同化物的运输与分配

绿色植物根系吸收的水分和矿质营养元素通过木质部运输到植物代谢需要的部位，以满足物质合成的需要；叶片吸收的光、二氧化碳在叶绿体中进行光合作用，形成同化产物，并通过韧皮部的筛管、筛胞向外运输(图5-1)。植物体内合成并输出有机物的部位称作源器官，简称源。相应的接受并储存或者是消耗有机物的器官称作库器官，简称库。成熟的叶片是植物体主要的源器官，幼嫩的叶片、衰老的叶片、发育的花、果、块根、块茎等属于库器官。同化物的运输与分配过程直接关系到作物产量的高低和品质的好坏。作物的经济产量不仅取决于光合作用合成有机物的总量，而且还取决于同化物向经济器官运输与分配的比例。所以，研究同化物的运输与分配不仅具有理论意义，而且具有重要的实践意义。

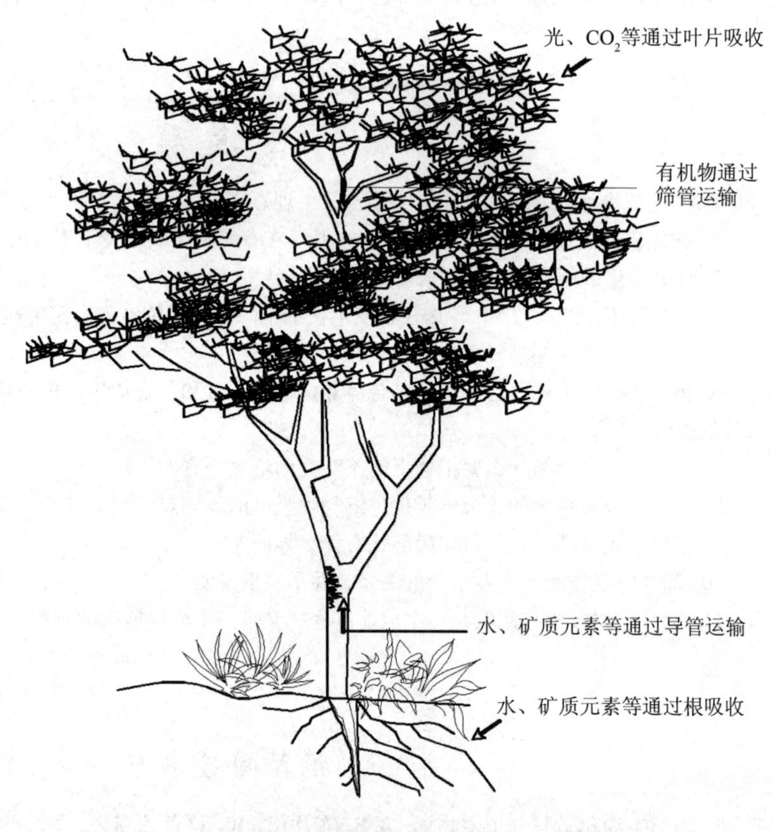

图5-1　物质吸收与运输示意

5.1　同化物的运输系统

植物体内的有机物运输系统包括短距离运输系统与长距离运输系统。短距运输系统又包括胞内运输系统和涉及几个细胞距离的胞间运输系统；长距离运输系统是指同化物从源器官向库器官的运输系统。

5.1.1 同化物的短距离运输系统

5.1.1.1 胞内运输

顾名思义这种运输发生在单个细胞中。这是因为光合作用合成的有机物需要及时向外运输，否则会抑制光合作用的持续进行。这个运出过程首先发生在叶肉细胞中。如图 5-2 所示，光合产物从叶绿体运出的形式主要有 2 种：一是三磷酸甘油醛或者是磷酸二羟丙酮(PGAld/DHAP)；二是葡萄糖(G)。前者借助磷酸转运器通过反向共运输，运出到细胞质；后者通过 G 运输载体从叶绿体基质运出到细胞质。运输到细胞质的 PGAld、葡萄糖在细胞质中作为合成蔗糖的原料，最后蔗糖作为叶肉细胞的光合产物向外输出。

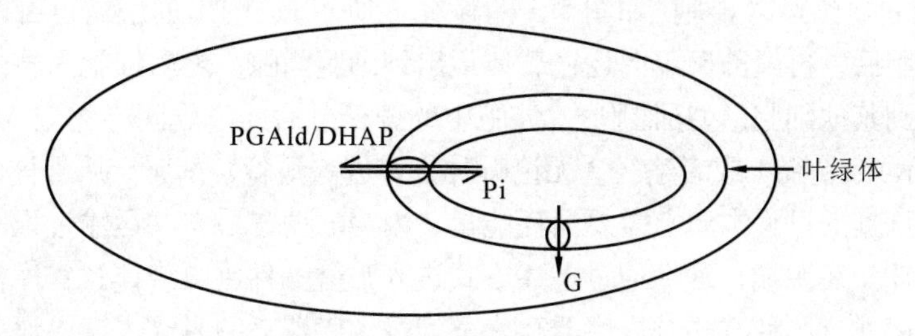

图 5-2 胞内有机物运输示意

5.1.1.2 胞间运输

胞间运输既可以是叶肉细胞合成的蔗糖运入到筛管—伴胞复合体的过程；也可以是筛管—伴胞复合体中蔗糖等同化物向库器官的运输过程。胞间运输主要起沟通源器官与筛管—伴胞复合体之间，筛管—伴胞复合体与库器官之间有机物运输的作用。通过胞间运输，同化物才能从叶肉细胞运入到筛管—伴胞复合体，筛管—伴胞复合体中的有机物也才能运输到库器官。胞间运输有质外体运输和共质体运输 2 种形式，如图 5-3 所示。

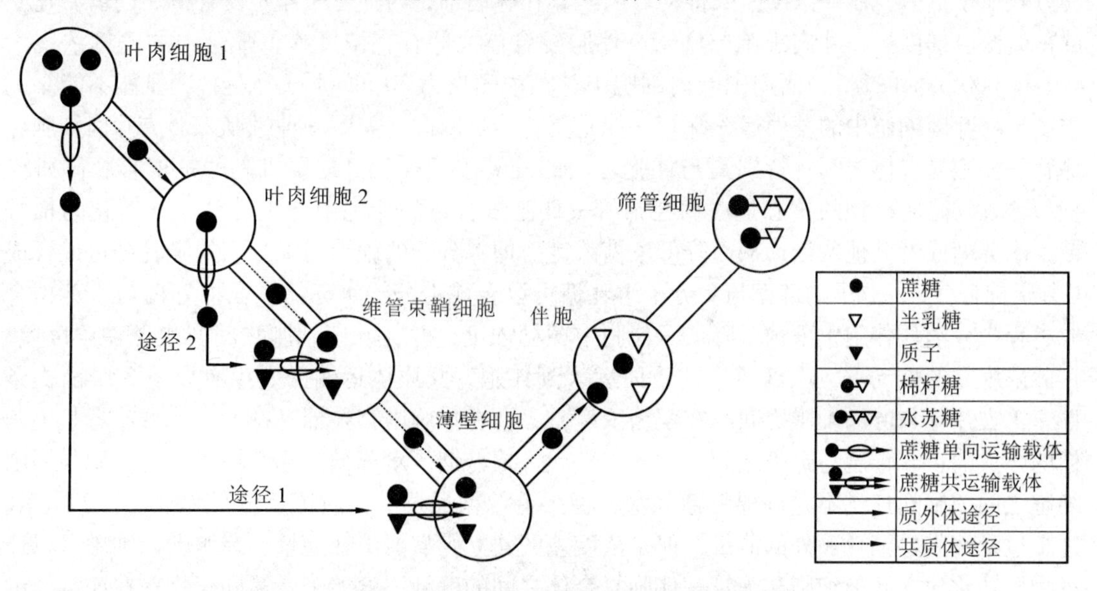

图 5-3 蔗糖胞间运输及装载机制示意

(1) 质外体运输

质外体指的是由细胞壁与细胞间隙组成的系统。物质经过质外体空间的运输称为质外体运输。叶肉细胞合成的蔗糖通过质外体运输进入筛管—伴胞复合体的途径是多样的，如图 5-3 所示，质外体运输途径既可以是途径 1 也可以是途径 2。从中可以看出质外体运输有跨原生质体膜的物质运输过程。质外体运输的物质是蔗糖，所以在跨原生质体膜的运输过程中需要运输蔗糖的载体。跨原生质体膜运输的载体种类包括蔗糖的运出载体与运入载体，负责叶肉细胞蔗糖运出的是蔗糖单向运输载体，负责将细胞间隙蔗糖运入细胞的是蔗糖同向共运输载体(蔗糖—质子同向运输器)。质外体运输中蔗糖先通过单向共运输载体运出，经过细胞间隙扩散到伴胞附近的维管束薄壁细胞后，再通过同向共运输载体运入到薄壁细胞；薄壁细胞中的蔗糖通过胞间连丝运入伴胞(如图 5-3 的途径 1 所示)。输出的蔗糖也可以先通过胞间连丝运输到其他细胞后，再经蔗糖单向运输载体运出到细胞间隙，之后细胞间隙的蔗糖通过蔗糖共运输载体运入到其他细胞(包括伴胞)，伴胞中的蔗糖最后经过胞间连丝进入到筛管之中(如图 5-3 途径 2 所示)。途径 1 或者途径 2 无论哪种方式进入筛管，都属于质外体的运输方式。向细胞内跨膜运入蔗糖的过程本质上需要消耗能量，因为蔗糖—质子共运输过程的电化学势差的建立需要消耗 ATP。在源端，蔗糖通过上述方式进入筛管—伴胞复合体；在库端，筛管分子中的蔗糖同样也可以通过此种方式进入库器官。蔗糖运入库器官的时候也需要消耗能量。

(2) 共质体运输

共质体是由胞间连丝联系的原生质体所组成的体系。只通过共质体的物质运输方式才是共质体运输。对于共质体运输来讲，胞间连丝的作用显得尤其重要。胞间连丝通常存在 3 种状态，即正常状态、开放状态和封闭状态。正常状态允许相对分子质量小于 1 000 的物质通过；开放状态其通道扩大允许相对分子质量高的物质通过；封闭状态下物质运输呈暂时或者永久停滞状态。叶肉细胞运出的蔗糖通过共质体进入筛管—伴胞复合体的过程中，物质的运动方式属于扩散，需要浓度差来推动。因此，在叶肉细胞与筛管—伴胞复合体之间需要建立蔗糖的浓度梯度。在叶肉细胞与筛管—伴胞复合体之间存在浓度差，筛管中的蔗糖浓度为 800 ~ 1 000 $mmol \cdot L^{-1}$，而周围叶肉细胞中蔗糖浓度仅为 50 $mmol \cdot L^{-1}$ 左右。显然不能靠此浓度差将叶肉细胞中的蔗糖运入筛管—伴胞复合体。因此，需要一种机制来形成叶肉细胞与筛管—伴胞复合体之间，特别是与伴胞之间的蔗糖浓度梯度。这种机制就是聚合物陷阱模型。聚合物陷阱模型的核心是蔗糖在筛管—伴胞复合体的伴胞中与半乳糖一起转化为棉籽糖、水苏糖或者其他的糖，从而降低蔗糖浓度。即 1 分子的蔗糖与 1 分子的半乳糖可以合成 1 分子棉籽糖，1 分子的蔗糖与 2 分子半乳糖可以合成 1 分子水苏糖。在棉籽糖与水苏糖合成过程中，消耗伴胞中蔗糖，降低了伴胞中蔗糖浓度，并与叶肉细胞之间产生蔗糖浓度差。在此浓度差的推动下，蔗糖通过共质体运入到伴胞。共质体运输的发生有以下 3 个前提条件：①在伴胞与叶肉细胞之间存在蔗糖浓度差；②在伴胞中存在棉籽糖、水苏糖或者是毛蕊糖的合成酶；③伴胞与筛管之间的胞间连丝允许棉籽糖、水苏糖、毛蕊糖通过，伴胞与周围细胞之间的胞间连丝不允许棉籽糖、水苏糖、毛蕊糖通过。共质体运输过程如图 5-3 所示。这个过程不需要消耗额外的能量，但是浓度差的建立则需要消耗能量。在源端，细胞可以通过物质转化建立叶肉细胞和筛管—伴胞复合体之间的蔗糖浓度差来运输同化物；在库端，细胞同样也可以通过相似方式将筛管分子中的同化物运出并进入库器官。

5.1.2 同化物的长距离运输系统

同化物的长距离运输是依靠韧皮部(phloem)进行的，但具体的运输任务又是筛分子来执行的。证明同化物长距离运输的主要部位是植物韧皮部的经典实验——环割试验(girdling experiment)。环割是将树干(或枝条)上的树皮(韧皮部)剥去，而保留树干(木质部)的一种处理方法。此处理主要阻断了叶片合成的有机物通过韧皮部的向下运输，导致环割上端韧皮部组织中有机物的积累引起膨大，环割下端的韧皮部因为得不到有机物的供应而死亡。实验结果证明植物体内有机物运输依靠韧皮部进行。同化物的长距离运输可以是从植物的树冠到根尖的运输过程，也可以是从成熟叶片到相邻的幼嫩叶片、花、果实的运输过程；距离可以长达数百米，也可以短到数厘米。长距离运输与短距离运输相比较，长距离运输必须是通过韧皮部的筛管进行运输，也必须是从源器官到库器官的运输，即通过筛管的同化物运输是长距离运输的特征。植物体内筛管与筛管分子之间的连通方式有2种，如图5-4所示，在竖直方向上筛管分子之间通过筛板上的筛孔连接，这种筛管之间的连接属于完全连通，物质运输速率快。但是在水平方向上筛管分子之间通过筛管细胞壁上的纹孔相连接，这种筛管之间的连接属于没有直接连通，物质运输速率慢。水平方向上筛管之间的物质运输需要跨过两层原生质体膜和两层初生壁。

5.1.2.1 运输的部位

(1)筛分子

筛分子(sieve element)包括被子植物的筛管分子(sieve tube element)与裸子植物的筛胞(sieve cell)。无论是被子植物还是裸子植物，有机物的运输功能都是通过筛分子来执行的。筛管分子之间通过筛板上的筛孔连接，使整个植物的筛管得以连通。筛管与其他植物细胞有很大区别，如图5-4所示。筛管虽然是活细胞，但没有细胞核，也没有中央大液泡。

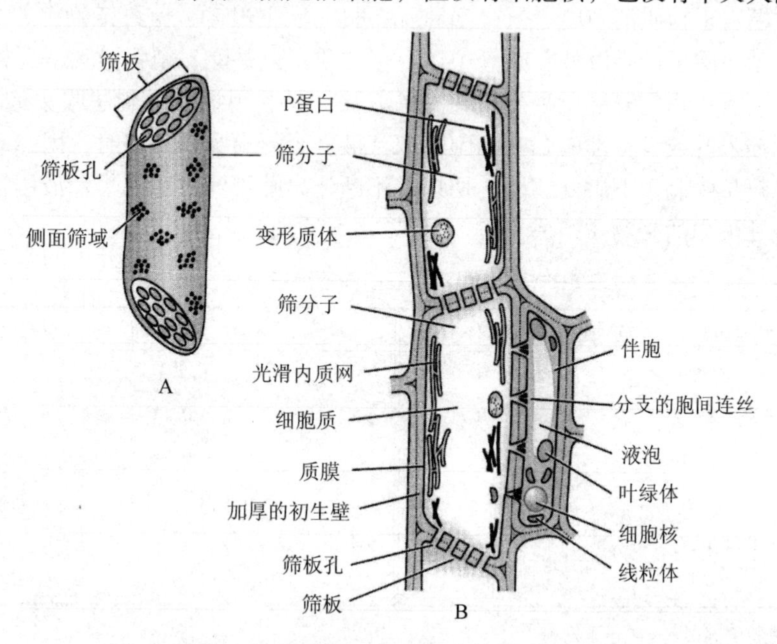

图5-4 筛管—伴胞结构示意(引自 Taiz and Zeiger, 2006)

(2)筛管—伴胞复合体

每个筛管分子周围都有伴胞，伴胞与筛管分子都是同一形成层细胞产生的。形成层细胞分裂形成的 2 个子细胞：一个发育成筛管分子；另一个发育成伴胞。正因为筛管分子与伴胞是同一个细胞分裂形成的，所以它们之间有大量胞间连丝连接，在结构上是相连的。又由于都是执行有机物运输的功能，所以在功能上是相关的。这种结构上相连、功能上相关的筛管分子与伴胞分子可以看成一个功能单位，称为筛管—伴胞复合体，如图 5-4 所示。有机物要运入筛管分子首先得运入到伴胞，再通过伴胞与筛管分子之间的胞间连丝运入筛管分子。有机物运输到伴胞的速率与伴胞的类型有关。

(3)伴胞的类型

依据伴胞与周围的薄壁细胞之间的联系将伴胞分为 3 种类型，即普通伴胞、转移细胞和中间细胞。

普通伴胞　指与筛管分子间有大量胞间连丝联系，与其他细胞没有或者很少有胞间连丝联系的伴胞。通常这类伴胞具有叶绿体和完整的类囊体。因为叶肉细胞运输到筛管的有机物必须要通过质外体途径进入筛管伴胞复合体。

转移细胞　指与筛管细胞有胞间连丝联系，与周围其他细胞无胞间连丝联系，但与周围其他细胞相邻的细胞壁具有强烈褶皱的伴胞。细胞壁的褶皱增加了与周围空间的接触面积，增强了物质吸收的能力。但是，有机物要运输到筛管仍然只能通过质外体途径。

中间细胞　指与筛管细胞有胞间连丝，同时与周围其他细胞也有胞间连丝的伴胞。中间细胞因此可以与周围细胞通过共质体的运输途径进行物质运输。

5.1.2.2　运输的物质、方向及速率

(1)运输的物质

筛管主要运输的是光合产物糖类。通过对筛管汁液分析发现，干物质占汁液的 10%~25%；其中蔗糖占干物质的 70% 左右，最高的可以达到 90%。少数植物筛管中有棉籽糖、水苏糖、毛蕊糖。除了糖类以外，筛管中还有蛋白质、氨基酸、植物激素、有机酸及多种矿质元素等。研究有机物运输溶质种类较理想的方法，是利用蚜虫吻刺法收集韧皮部的汁液。蚜虫以其吻刺插入叶或者茎部的筛管细胞吸取汁液。当蚜虫吸取汁液时，用二氧化碳麻醉蚜虫，用激光将蚜虫吻刺于下唇处切断，切口处不断流出筛管汁液；收集汁液用于汁液成分分析。筛管细胞汁液中的干物质组成见表 5-1。

表 5-1　烟草和羽扇豆的筛管汁液成分含量

成分	烟草($mmol \cdot L^{-1}$)	羽扇豆($mmol \cdot L^{-1}$)	成分	烟草($mmol \cdot L^{-1}$)	羽扇豆($mmol \cdot L^{-1}$)
蔗糖	460.0	490.0	钙	2.1	1.6
氨基酸	83.0	115.0	铁	0.17	0.13
钾	94.0	47.0	锌	0.24	0.08
钠	5.0	4.4	硝酸盐	* *	极微
磷	14.0	*	pH	7.9	8.0
镁	4.3	5.8			

注：* 表示未检测到，* * 表示未发现。引自李合生，2012。

(2) 物质运输方向及其研究方法

叶合成的同化物运输到筛管—伴胞复合体后，既可以通过筛管向上运输，也可以通过筛管向下运输。研究有机物运输方向的方法主要有同位素示踪法，让叶片固定$^{14}CO_2$，通过分析含^{14}C的糖的分布可以确定有机物运输的方向。

(3) 同化物运输速率

筛管中同化物运输的速率通常为$0.2 \sim 2\ m \cdot h^{-1}$，平均为$1 m \cdot h^{-1}$。由于在测定运输速率时筛管的截面积在不同植物、不同植株之间变化较大，运输速率不能准确反映运输物质的数量。因此，在同化物运输过程中常常采用质量运输速率来表示。质量运输速率是指单位截面积的筛管或韧皮部在单位时间内运输同化物的质量，单位为$g \cdot m^{-2} \cdot h^{-1}$或$g \cdot mm^{-2} \cdot s^{-1}$。

5.2 同化物运输的过程和机理

源器官合成的同化物除了少数满足自身代谢的需要以外，多数需要向外运出。同化物由源器官向库器官运输包括以下 3 个过程：源端的韧皮部装载、筛管内的运输和库端的韧皮部卸出过程。

5.2.1 韧皮部装载

韧皮部装载是指同化物从叶片运出进入筛管—伴胞复合体的整个过程。韧皮部装载方式有质外体装载与共质体装载途径。装载途径示意如图 5-3 所示。

(1) 质外体装载

质外体装载途径指同化物通过质外体运输方式进入筛管—伴胞复合体的过程。质外体装载借助于原生质膜上的蔗糖运输载体进行同化物的运输。装载过程需要消耗能量。

(2) 共质体装载

共质体装载途径指同化物通过共质体运输进入筛管—伴胞复合体的整个过程。共质体运输途径依靠叶肉细胞与伴胞之间的浓度差来运输同化物，因此，在运输过程中不需要消耗能量，但在维持浓度差上需要消耗能量。

5.2.2 筛管中同化物运输的机理

关于同化物运输的机理，目前有多种学说，包括压力流动学说、细胞质泵动学说、收缩蛋白学说等，其中以压力流动学说较受人们重视。

5.2.2.1 压力流动学说

压力流动学说(pressure flow theory)是德国人明希(E. Münch)于 1930 年提出的。该学说认为，韧皮部运输是依靠源端和库端渗透作用所建立起来的压力梯度推动的溶液集体流动。如图 5-5 所示，在源端筛管分子一侧通过同化物的运入，筛管分子中的同化物浓度升高，细胞的渗透势降低，细胞水势降低，筛管分子吸水。吸水后的筛管分子原生质体膨胀，膨压升高，细胞壁对筛管分子的压力增加。在库端筛管分子一侧筛管分子中的同化物被运出，筛管分子的同化物浓度降低，渗透势升高，水势升高，细胞失水，原生质体收缩，细胞膨压降

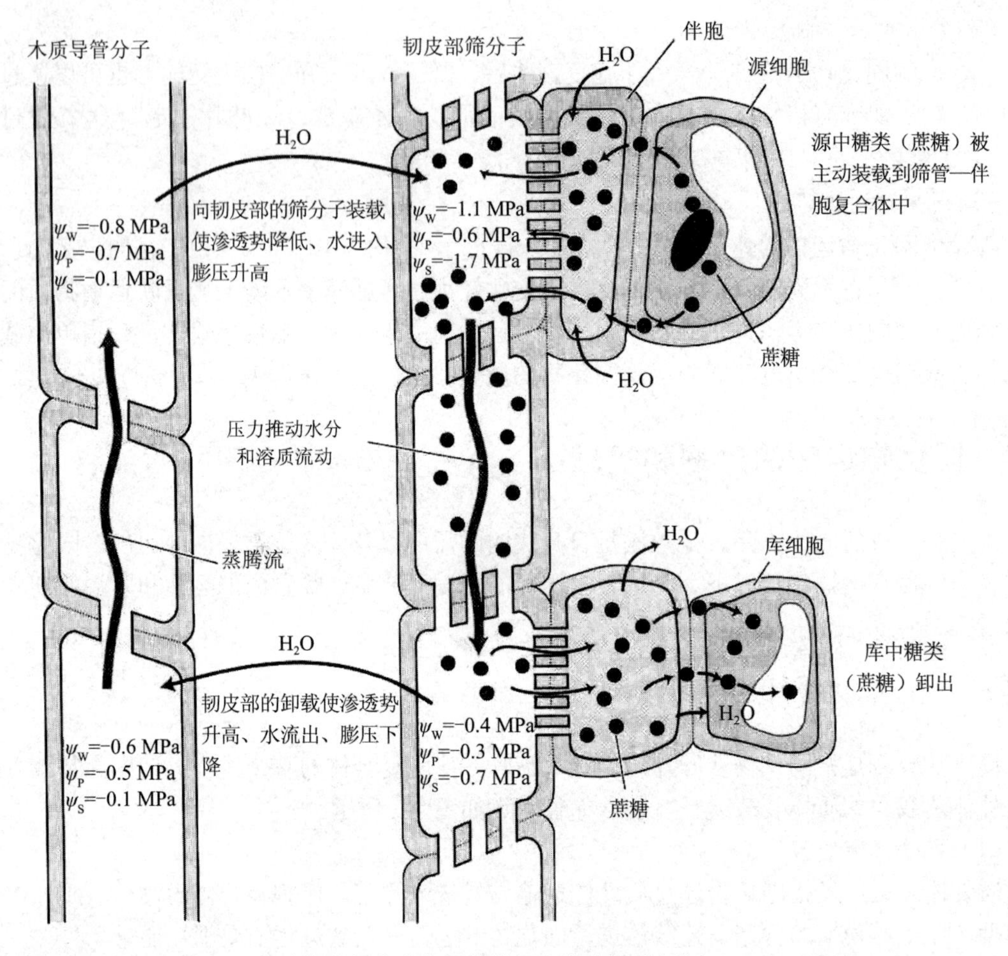

图 5-5　韧皮部内同化产物运输的压力流动学说(引自 Nobel，1991)

低，细胞壁对筛管分子的压力减小。因此，在源端筛管分子与库端筛管分子之间产生压力差。在压力差的推动下筛管分子中的基质从源器官向库器官流动。溶解在基质中的同化物也随之向库端运输。以压力流动学说来解释同化物在筛管中运输的过程需要满足以下条件。首先，需要源端与库端筛管分子之间的连通，这是该学说成立的首要条件。其次，在源端筛管分子与库端筛管分子之间产生压力差。最后，在筛管分子中进行的同化物运输是不需要消耗能量的单向运输。目前能够证明筛管分子之间确实是连通的，而且也存在一定的压力差。但在韧皮部筛管分子中运输同化物是否单向运输尚有争议。另外，同化物的运输是一种消耗代谢能的主动过程，用压力流动学说无法合理解释。裸子植物筛胞的筛区域分化较差，也不适宜用压力流动学说解释其同化物运输。

5.2.2.2　细胞质泵动学说

20 世纪 60 年代，英国人 R. Thaine 等提出了细胞质泵动学说。该学说的主要内容为：筛管分子内腔的细胞质呈数条长丝状，形成胞纵连束(transcellular strand，TS)，纵跨筛分子，每束直径 1μm 到几微米。在胞纵连束内呈环形的蛋白质丝反复地、有节奏地收缩和扩张，从而产生蠕动，通过这种蠕动推动筛分子中细胞质的长距离运输。这一学说可以解释同化物的双向运输问题，因为同一筛管中的不同胞纵连来可以同时进行相反方向的运动，使糖分向相反方向运输。但对胞纵连束是否存在尚有争议。

5.2.2.3 收缩蛋白学说

该学说由 Fensom 和 William 于 20 世纪 70 年代提出。根据筛管分子腔内有许多具有收缩能力的韧皮蛋白(P 蛋白)，认为是 P 蛋白的收缩推动了筛管汁液的流动，因此称该学说为收缩蛋白学说(contractile protein theory)。该学说的基本要点是，筛管分子内腔有一种由微纤丝相连的网状结构，微纤丝的长度超过筛管分子，直径为 6～28 nm。该纤丝的一端固定，另一端游离于筛管的细胞质中，微纤丝上含有一种由 P 蛋白收缩丝组成的颗粒，该颗粒的跳动比布朗运动快，需要消耗代谢能量，推动筛管内汁液集体流动。阎隆飞(1963)证明，烟草、南瓜的微管组织中含有收缩蛋白，能分解 ATP，释放无机磷。但一些实验结果不支持 P 蛋白有收缩性这一观点。

5.2.3 韧皮部卸出

韧皮部卸出是指库端筛管分子中的同化物从筛管分子运出被消耗或者是储存的整个过程。韧皮部的卸出也分为质外体途径与共质体途径。通常认为韧皮部卸出与装载过程刚好相反。

5.3 同化物的配置与分配

光合产物转移到植物体的不同部位进行代谢转化称作配置(allocation)。将植物体内光合产物有规律地向库器官转移称作分配(partitioning)。植物同化物来源于光合作用，光合产物向各个器官的运输与分配关系到植物体的生长与经济产量。因此，对于光合产物转移的调节机制的研究具有重要意义。

5.3.1 同化物的配置

同化物在植物体的配置可以分为在源器官叶肉细胞的配置和库器官(如种子、果实、块根、块茎等)的配置，还包括在韧皮部装载与卸出过程的配置。但在此只是介绍在源器官与库器官的配置途径。

5.3.1.1 光合叶片中的配置

叶肉细胞中合成的同化物配置途径有 3 种情况。一是光合作用合成的部分同化物用于合成临时性的储藏性化合物，如在叶肉细胞中合成淀粉。白天合成的淀粉在叶绿体基质中储藏起来，在夜间淀粉降解又被运出叶绿体。这样既可以降低叶绿体白天光合产物向外运输的压力，又可以维持光合作用的持续进行。二是光合作用合成的同化物部分用于合成自身的结构物质和用于自身代谢。例如，用于合成膜结构物质，修复损伤的膜结构；部分合成的碳水化合物用于呼吸消耗等。三是部分光合产物通过筛管运出到其他部位，以满足植物体生长和发育的需要。

5.3.1.2 库中的配置

对于库器官接受的同化物配置途径也有 3 种情况。一是用于消耗维持库器官的代谢。输入到库器官的同化物部分用于维持库器官的代谢，因此需要消耗部分输入的营养物质。二是用于合成库器官的结构物质。库器官的生长、发育过程需要消耗大量的营养物质来合成结构物质。例如，器官扩大过程中需要合成大量的纤维素和木质素等结构物质。三是用于合成储藏性的物质。例如，用于淀粉、蛋白质、脂肪等的合成。

5.3.2 同化物的分配

5.3.2.1 同化物分配的规律

植物体内同化物运输的总规律是由源到库。一株植物的源与库是相对的，随着生育期的改变，源库的地位有时会发生变化。源制造的光合产物主要供应相应的库，相应的源与对应的库以及二者之间的输导系统构成一个源—库单位(source-sink unit)。一般而言，同化物的分配遵循以下规律。

(1)优先供应生长中心

生长中心通常是指在植物的某一发育时期，一些代谢旺盛、生长迅速的部位。生长中心是同化物分配的中心。植物的不同发育时期有不同的生长中心。例如，水稻、小麦分蘖期的蘖节、根和新叶，抽穗期的穗子，都是当时的生长中心。

(2)就近供应，同侧运输

功能叶片连接多个库器官，该叶片合成的同化物首先分配给最近的生长中心(库器官)，且向同侧分配较多。例如，果树上，叶片同化物主要供应同侧邻近果实。同侧运输可能与维管束走向有关。

(3)功能叶之间不进行同化物运输

叶片一旦长成，即可合成大量光合产物向外运输，不再接受外来同化产物，即功能叶片之间没有同化产物的分配关系。

(4)运输路径的改变

当植株受伤或修剪使维管束被切断时，韧皮部的运输路径也会发生改变。如果源库间直接的维管束被切断，维管束间就会发生并接，使源库间的运输可以继续进行。例如，去除甜菜一侧的源叶可以导致对侧光合产物交叉转运到被剪除侧的幼叶(库叶)。

5.3.2.2 影响同化物分配的因素

(1)影响同化物分配的内因

如图 5-5 所示，同化物运输的决定因素是源与库筛管分子的连通程度，源与库筛管分子之间的压力差大小，以及源与库筛管分子之间距离的远近。

源、库筛管分子之间如果是直接连通的，同化物的运输路径畅通，有利于同化物向库器官分配；如果连通程度较差，物质运输路径受阻则不利于同化物向库器官的运入；如果完全隔离，同化物将无法运入库器官。当然对于整个植物体(除了衰老、死亡的组织和器官外)，都可以看成是一个由胞间连丝连通的整体，可以看成是连通的。只是不同器官之间的连通程度不同，有的是直接的连通，有的是间接的连通。因此，同化物可以向整个植物共质体系统运输，只是运入库器官的量多少有差异。

通常单个源器官不只与一个库器官相连，而是与多个库器官直接相通。因此，源器官合成的同化物可以向多个库器官运输。决定同化物从源器官向库器官运输量多少的因素是二者之间压力差的大小和二者之间距离的远近。与源器官压力差大的获得同化物较多，反之则少。相同的库器官距离源器官较近的，获得的同化物多，反之则少。影响源端筛管与库端筛管分子之间压力差的因素很多。可以是源器官的代谢，也可以是库器官的代谢；可以是影响叶片光合速率的因素，也可以是影响库细胞呼吸的因素；可以是影响韧皮部装载的因素，也可以是影响韧皮部卸出的因素。总之，这些因素都会影响同化物向库器官的运入。

在分析影响同化物运输的因素时，首先应该考虑的是源和库之间连通的程度，其次是考虑源和库之间压力差的大小，最后才考虑距离的远近。这是由植物同化物运输的机理决定的。如果需要人为改变同化物运输方向，则可以通过调节以上因素来实现。

(2)影响同化物分配的外因

凡是影响源与库筛管分子之间压力差大小的因子都会影响植物的同化物分配。源、库器官之间的压力差受外界环境影响。例如，光照充足、气温较高，源器官光合速率快，合成同化物多，源端装载速率快，使源端筛管分子中膨压升高，源端筛管分子与库端筛管分子之间的压力差增加，促进筛管中同化物的运输。当然除了通过影响源器官的装载可以影响同化物的运输和分配外，还可以通过影响库器官的卸出来影响同化物的运输和分配。概括起来，影响同化物分配的外因主要有以下五个方面。

光照 可以为光合作用提供能量，也可以活化各种酶，还可以影响光合器官的形态建成。光照充足，光合器官发育充分，酶活化充分，植物光合速率快，合成的同化物多，可以为同化物向外运输提供充足的原料。光照充足，源端筛管分子装载速率快，筛管分子膨压高，有利于同化物的运出。因此，与之相连通的库器官得到的同化物多，有利于库器官的生长与发育，以及经济产量的形成。同时光照还可以促进库器官代谢，降低库端筛管分子的膨压，促进同化物从源器官向库器官的运输。这也是果树上向阳一侧果实较大的原因。

温度 适宜的温度有利于源器官合成同化物，也有利于同化物从源器官向库器官的运输。因为适宜的温度可以维持较高的酶活性，提高碳同化速率，合成更多的同化物。温度过高或过低都不利于维持较高的酶活性，也不利于同化物的合成。同时适宜的温度也有利于叶片合成的同化物向外运出。因为叶肉细胞中的同化物向外运输需要运输蛋白的参与，这些运输蛋白也是在适宜的温度下活性较高，运输能力较强。此外，同化物的运输需要韧皮部的装载，韧皮部的装载需要消耗能量。如果温度过高或者过低都会影响到能量的供应，也会影响到韧皮部的装载。同化物合成较少，装载速率降低使得筛管分子中同化物浓度降低，源端筛管分子内的膨压降低。筛管分子膨压降低又会降低源端与库端筛管分子之间的压力差，同化物在筛管分子中的运输速率较小，不利于同化物向库器官的运输，也不利于植物产量的提高。因此，在水稻生产中，低温不利于水稻的灌浆和产量的提高。低温下同化物运输速率下降导致叶片积累糖分，这也是低温下植物叶片变红或者变成紫色的原因。

水分 供应充足，植物生长旺盛，合成较多的同化物，也有利于同化物的运出。水分供应不足，光合速率下降，同化物合成速率下降。水分亏缺时植物一方面利用同化物合成一些物质来降低叶肉细胞和叶片组织水势，另一方面又要运出同化物满足其他组织代谢的需要。这样通过韧皮部装载的同化物数量减少，同化物运输速率减慢，不利于同化物向库器官的运输。植物体水分供应不足，不仅会影响同化物在植物体的分配，影响农作物的产量，还会影响农作物的质量。植物体水分供应不足是干热风导致小麦减产的主要原因。

植物激素 较高的生长素、细胞分裂素、赤霉素浓度可以增加源端与库端的代谢速率，相应地就会增加筛管分子之间的压力差，有利于促进同化物的运输。源器官植物激素浓度高，有利于提高光合速率和同化物的装载速率。库器官中植物激素浓度高促进库器官的代谢，有利于同化物从库端筛管分子的运出。源端与库端筛管分子之间的压力差增大，促进同化物从源向库的运输。

矿质营养元素 氮、磷、钾等矿质元素均会影响同化物的运输与分配。氮过多，营养生长旺，同化物输出少；氮过少，引起功能叶早衰。磷促进同化物的运输，可能是由于磷促进光合作用，形成较多的同化物；磷促进蔗糖合成，提高可运态蔗糖浓度；磷是 ATP 的重要组分，同化物运输离不开能量。所以，作物成熟期追施磷肥可以提高产量；棉花开花期喷施过磷酸钙，能减少幼铃脱落。钾促进库内糖分转变成淀粉，维持源库两端的压力差，有利于同化物运输。

5.3.3 同化物的再分配

植物合成的同化物除了构成细胞壁的物质外，多数都可以参与再循环利用，转运到其他代谢的部位去。例如，衰老的组织器官中的氮、磷和钾元素需要参与再循环利用。此外就是部分碳、氢和氧元素也要参与循环利用。叶片衰老时，80% 的氮和 90% 的磷都会转移到小麦籽粒中。植物遭受水分胁迫时成熟的叶片脱落，其细胞内含物也要转移到上部幼嫩细胞。植物在缺氮时老叶片变黄，也是部分因为其中的氮素向幼嫩叶片运输的结果。这些都是植物体内同化物再分配的重要表现。

同化物再分配不仅可以通过质外体途径进行，也可以通过共质体途径进行。在水稻抽穗时，浆片、花丝和花柱在完成开颖、授粉和举药之后细胞解体，物质通过筛管向颖花基部转移。娄成后等研究指出，在蒜薹中有机大分子从细胞中撤离时可以通过胞间连丝进行。

同化物的再分配对植物净生物量的形成和农作物经济产量的形成有重要意义。对于植物来讲，通过同化物的再利用可以降低无机离子、二氧化碳和水的吸收压力，同时也可以增加植物体的净生物量的积累。北方农民发明的玉米“蹲棵”正是使用了这一原理，所以通过“蹲棵”可以提高玉米产量。

从本质上来讲，同化物的再利用过程是一个细胞程序性死亡过程。整个过程受细胞程序性死亡机制的调控。影响程序性死亡的因素都会影响同化物的再利用。例如，活性氧代谢、自由基清除、激素调节和各种逆境因子等都会影响同化物的再利用。

本章小结

植物吸收的水分、矿质营养元素通过导管向上运输，光合作用合成的同化物通过筛管从叶片运出。在源端，通过共质体与质外体装载途径同化物进入筛管—伴胞复合体。这个过程需要消耗能量。同化物从源向库的运输常用压力流动学说来解释，其要点为：在源端，通过韧皮部的装载，同化物大量运入源端筛管分子，筛管分子中同化物浓度升高，水势降低，细胞吸水，原生质体膨胀，细胞壁对原生质体的压力增加。在库端，通过韧皮部的卸出，同化物从库端筛管分子运出，使库端筛管分子同化物浓度降低，水势升高，细胞失水，原生质体收缩，细胞壁对原生质体的压力减小。连通的源端与库端筛管分子之间产生压力差，在压力差的作用下，溶解在筛管分子中的同化物随着筛管中的溶液一起从源端筛管分子向库端筛管分子运输，这个过程不需要消耗能量。

叶片合成的同化物只能供应与其相连的库器官；竞争力大的库器官获得的同化物多，竞争力小的获得同化物少；竞争力相当的时候同化物向更近的库器官运入。植物组织器官衰老时，细胞内溶物回收并加以再利用。

思考题

1. 如何证明叶片合成的同化物是通过韧皮部向外运输的？运出的同化物主要是什么？
2. 同化物在筛管中的运输依靠的是压力，筛管中压力是怎样产生的？
3. 哪些外界因素可以影响同化物在植物体内的运输？它们是通过什么样的机制来影响同化物的运输的？
4. 为什么幼嫩叶片相对于幼果的竞争力小？衡量库器官竞争力大小的指标是什么？
5. 试述同化物的分配规律。

推荐阅读书目

1. 植物生理学．7版．潘瑞炽．高等教育出版社，2012.
2. Plant Physiology. 5th ed. Lincoln Taiz and Eduardo Zeiger. Sinauer Associates Inc. Publishers，2010.
3. 植物生物化学与分子生物学．B. B. 布坎南，W. 格鲁依森姆．科学出版社，2004.

第6章　植物体内的细胞信号转导

生物所处的环境时刻都在变化，机体功能上的协调统一要求有完善的细胞间相互识别、相互反应和相互作用的机制，这一机制称为细胞通信(cell communication)。细胞通信有3种方式：①通过相邻细胞间表面分子的黏着或连接；②通过细胞与细胞外基质的黏着；③通过信号分子。前两种方式都需要通过细胞的接触传递信息，第三种方式不需要细胞的直接接触，完全靠配体与受体的结合传递信息。在第三种方式中，细胞识别周围环境中存在的各种信号，并将其转变为细胞内各种分子活性的变化，以及将这种变化依次传递至效应分子，以改变细胞功能的过程称为信号转导(signal transduction)，其最终目的是使机体在整体上对外界环境的变化发生最为适宜的反应。细胞通信的信息多数是通过信号分子来传递的。

植物细胞信号转导(plant cell signal transduction)主要研究植物细胞感受、传导细胞内和细胞外各种刺激信号的分子途径及其引起的特定生理生化反应。细胞接受胞间信号进行信号转导可以分为4个步骤：①信号分子与细胞表面受体的结合；②跨膜信号转换；③在细胞内通过信号转导网络进行信号传递、放大与整合；④细胞的生理生化变化。如果细胞接收的细胞内信号或细胞外信号分子可以直接进入细胞，则前2个步骤可省略。胞内信号或直接进入细胞内的胞外信号一般也需要通过识别细胞内受体进行信号传递。本章主要介绍植物细胞感受细胞外信号的主要途径和调控过程。

6.1　信号与受体结合

6.1.1　信号

6.1.1.1　信号的概念

信号(signal)是信息的物质体现形式和物理过程。生物的生长、发育除了受遗传因素支配外，也受周围环境的调控。动物通过神经和内分泌系统进行自身调节适应环境，而植物没有这2个系统，只能通过对各种外界环境信号精确、完善的信号转导系统来调节自身，适应环境。因此，对植物来讲，各种环境变化和刺激因子都是信号。

6.1.1.2　信号的种类

生物细胞所接受的信号多种多样。根据环境刺激的作用位点与效应位点是否位于同一细胞，可分为胞间信号和胞内信号。当环境刺激的作用位点与效应位点处于植物的不同部位时，需要作用位点细胞产生信号，再传递到效应位点细胞，这个作用位点细胞产生的信号就是胞间信号。根据信号刺激所导致的细胞行为，可分为细胞代谢信号、细胞分裂信号、细胞分化信号、细胞功能信号和细胞死亡信号等。根据信号的自然性质，可以分为物理信号(physical signal)和化学信号(chemical signal)，包括光、热、电流、水压、紫外线、X-射线、离子、过氧化氢、一氧化氮、不稳定的氧化还原化学物质、生长因子、分化因子、激素和各种寄生生物等。

物理信号是指细胞感受到刺激后产生的能够起传递信息作用的电信号和水力学信号等物理性因子。电信号(electrical signal)指的是植物体内能够传递信息的电位波动。短暂的冲击(如机械震击、电脉冲或局部温度的升降等)均可激发动作电波的传递。捕虫植物的动作电位幅度为110~115 mV，传递速度可达6~30 $cm \cdot s^{-1}$。水信号(hydraulic signal)指能够使植物做出适应性反应的植物体内水流(water mass flow)或水压(hydraustatic pressure)的变化。植物细胞对水信号很敏感，例如，玉米叶片木质部水压的微小变化就能迅速影响叶片气孔的开度，即压力势降低时气孔开放，反之亦然。

细胞感受刺激后合成并传递到作用部位引起生理反应的化学物质称为化学信号。根据化学结构，植物的化学信号分子可分为植物激素类(主要包括生长素、赤霉素、细胞分裂素、乙烯、脱落酸和油菜素内酯等)、寡聚糖类(主要包括1，3-β-D-葡聚糖、半乳糖、聚氨基葡萄糖等)和多肽类(如系统素)。根据溶解性，植物的化学信号分子可分为脂溶性和水溶性2类。脂溶性信号分子可直接穿膜进入靶细胞，而水溶性信号分子不能穿过靶细胞膜，只能与膜受体结合，经信号转换机制，通过胞内信号引起细胞的应答反应。根据化学信号的作用方式，可分为正化学信号(positive chemical signal)和负化学信号(negative chemical signal)。随着刺激强度的增加，细胞合成量及向作用位点输出量也随之增加的化学信号物质称之为正化学信号；反之，则称为负化学信号。例如，对植物进行水分胁迫时，随着土壤水分的亏缺，植物木质部汁液中阴离子、氨基酸、细胞分裂素(CTK)的浓度下降，但脱落酸(ABA)的含量却上升。因此，CTK等为负化学信号，而ABA为正化学信号。

化学信号是细胞通讯过程中最普遍、最广泛的信号，其共同特点是：①特异性，只能与特定的受体结合；②高效性，几个分子即可发生明显的生物学效应，这一特性有赖于细胞的信号逐级放大系统；③可被灭活，完成信息传递后可被降解或修饰而失去活性，保证信息传递的完整性，使细胞免于疲劳。

6.1.1.3 胞间信号的传递

当环境信号刺激的作用位点与效应位点处在植物不同部位时，胞间信号就要做长距离的传递。高等植物胞间信号的长距离传递，主要有以下几种。

(1)易挥发性化学信号在体内气相的传递

易挥发性化学信号可通过在植株体内的气腔网络(air space network)中的扩散而迅速传递，通常这种信号的传递速度可达2 $mm \cdot s^{-1}$左右。植物激素乙烯和茉莉酸甲酯(MeJA)均属此类信号，而且这2类化合物在植物某器官或组织受到刺激后可迅速合成。在大多数情况下，这些化合物从合成位点迅速扩散到周围环境中，因此，它们在植物体内信号的长距离传递中的作用不大。然而，若植物生长在一个密闭的条件下，这些化合物可在植物体内积累并迅速到达作用部位而产生效应。自然条件下发生涝害或淹水时植株体内就经常存在这类信号的传递。

(2)化学信号在韧皮部的传递

韧皮部是同化物长距离运输的主要途径，也是化学信号长距离传递的主要途径。植物体内许多化学信号物质，如ABA、MeJA、寡聚半乳糖、水杨酸等都可通过韧皮部途径传递。

一般韧皮部信号传递的速度在 0.1 ~ 1 $mm \cdot s^{-1}$之间，最高可达 4 $mm \cdot s^{-1}$。

(3) 化学信号在木质部的传递

化学信号通过集流的方式在木质部内传递。近年来这方面研究较多的是植物在受到土壤干旱胁迫时，根系可迅速合成并输出某些信号物质，如 ABA。合成的 ABA 可通过木质部蒸腾流进入叶片，并影响叶片中的 ABA 浓度，从而抑制叶片的生长和气孔的开放。根系合成 ABA 的量与其受的胁迫程度密切相关。

(4) 电信号的传递

植物电波信号的短距离传递需要通过共质体和质外体途径，而长距离传递则是通过维管束。对草本非敏感植物来讲，电波信号的传播速度在 1 ~ 20 $mm \cdot s^{-1}$之间；但对敏感植物而言，电波信号的传播速度高达 200 $mm \cdot s^{-1}$。

(5) 水力学信号的传递

水力学信号是通过植物体内水连续体系中的压力变化来传递的。水连续体系主要是通过木质部系统而贯穿植株的各部分，植物体通过这一连续体系一方面可有效地将水分运往植株的大部分组织，同时也可将水力学信号长距离传递到连续体系中的各部分。

6.1.2　受体

6.1.2.1　受体的概念

受体(receptor)是存在于细胞表面或亚细胞组分中的天然分子，可特异地识别并结合化学信号物质(配体)，并在细胞内放大、传递信号，启动一系列生化反应，最终导致特定的细胞反应。

6.1.2.2　受体的种类

细胞受体分为细胞内受体和细胞表面受体。细胞表面受体主要是与大的信号分子或小的亲水性的信号分子作用，传递信息；而细胞内受体主要是与脂溶性的小信号分子作用，传递信息(图 6-1)。膜受体多为镶嵌糖蛋白，胞内受体全部为 DNA 结合蛋白。受体在细胞信息传递过程中起着极为重要的作用，是它首先识别和接受外来信号，启动整个信号转导过程。

位于细胞表面的受体称为细胞表面受体(cell surface receptor)。在多数情况下，信号分

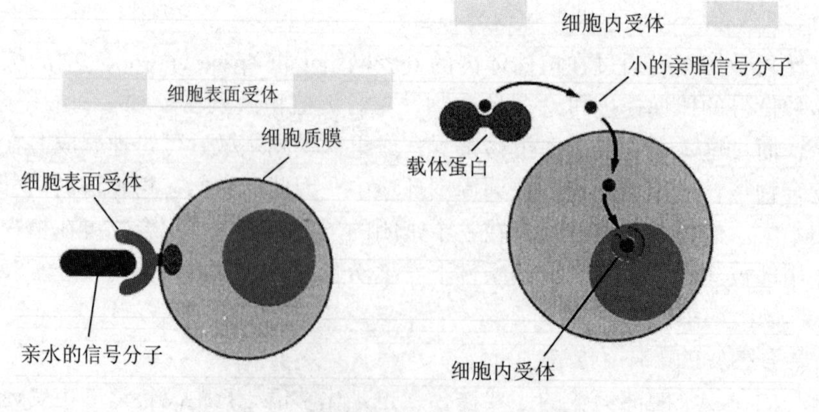

图 6-1　细胞表面受体与细胞内受体

子不能跨过细胞膜，它们必须与细胞表面受体结合，经过跨膜信号转换，将胞外信号转入胞内，并进一步通过信号转导网络来传递和放大信号。例如，细胞分裂素受体就是细胞表面受体。细胞表面受体一般是跨膜的蛋白质，由胞外与配体相结合的区域、跨膜区域以及胞内与下游组分相结合的区域3部分构成，因此有时也称为膜受体(membrane receptor)。

根据作用方式，膜受体可分为离子通道连接受体(ion-channel-linked receptor)、G蛋白连接受体(G-protein-linked receptor)和酶连接受体(enzyme-linked receptor)(图6-2)。离子通道连接受体除了含有与配体结合部位外，受体本身就是离子通道。G蛋白连接受体是一种与三聚体G蛋白偶联的细胞表面受体，含有7个穿膜区(图6-3)，与配体结合后通过激活所偶联的G蛋白，启动不同的信号转导通路并导致各种生物效应，是迄今发现的最大的受体超家族，其成员有1 000多个。酶连接受体本身是一种酶蛋白，当细胞外区域与配体结合时，可激活酶，通过细胞内侧酶的反应传递信号。

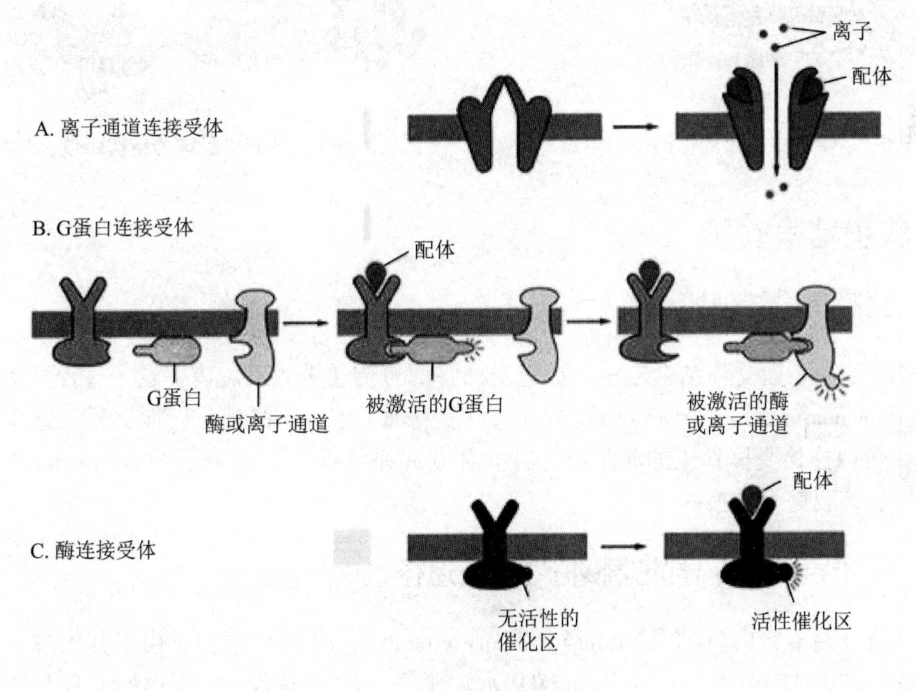

图6-2 膜表面受体的类型

位于亚细胞组分如细胞核、液泡膜上的受体称为细胞内受体(intracellular receptor)。疏水性小分子信号，可以不经过跨膜信号转导，而直接扩散入细胞，与细胞内受体结合后，在细胞内进一步传递和放大。

细胞内受体通常有2个不同的结构域，一个是与DNA结合的结构域，另一个是激活基因转录的N端结构域。此外，还有2个结合位点：一个是与配体结合的位点，位于C末端；另一个是与抑制蛋白结合的位点，在没有与配体结合时，则由抑制蛋白抑制了受体与DNA的结合，若是有相应的配体，则释放出抑制蛋白(图6-4)。

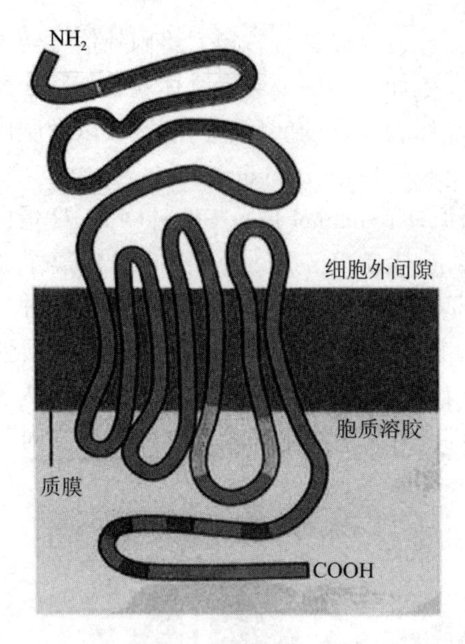

图 6-3 G 蛋白连接受体的结构示意

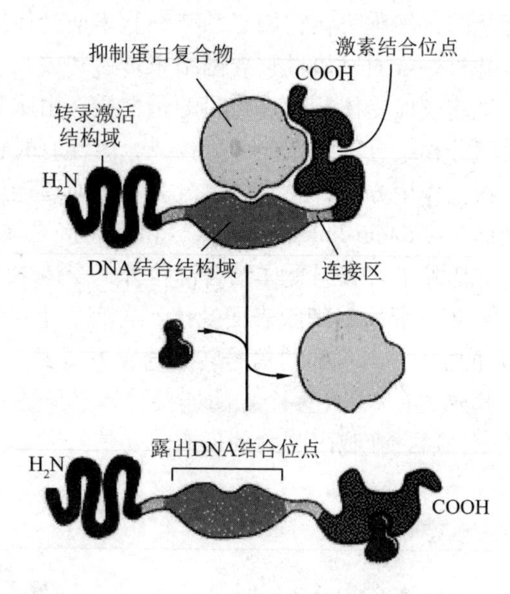

图 6-4 细胞内受体的结构示意

6.2 跨膜信号转换

6.2.1 跨膜信号转换概念

信号与细胞表面受体结合之后，通过受体将信号传递进入细胞内，这个过程称为跨膜信号转换(transmembrane signal transduction)。目前发现了多种跨膜信号转换途径，这里着重介绍通过 G 蛋白连接受体发生的跨膜信号转换和双元系统或二元组分系统(two-component system)介导的跨膜信号转换。

6.2.2 G 蛋白及其介导的跨膜信号转换途径

GTP 结合调节蛋白(GTP binding regulatory protein)，简称 G 蛋白，由于其生理活性有赖于三磷酸鸟苷(GTP)的结合以及具有 GTP 水解酶的活性而得名。G 蛋白的发现是生物学一重大成就，M. Rodbell 和 A. G. Gilman 因此获得 1994 年诺贝尔生理学医学奖。

G 蛋白属外周蛋白，它们在质膜内侧通过脂肪酸链锚定在质膜上。G 蛋白是一个大家族，目前研究较多的是 Gs(转导激素对腺苷酸环化酶的活化过程)和 Gi(转导激素对腺苷酸环化酶的抑制作用)。G 蛋白有多种调节功能，包括 Gs 和 Gi 对腺苷酸环化酶的激活和抑制、对 cGMP 磷酸二酯酶的活性调节、对磷脂酶 C 的调节、对细胞内 Ca^{2+} 浓度的调节、参与门控离子通道的调节等。从组成上看，有单体 G 蛋白(1 条多肽链)和多亚基 G 蛋白(多条多肽链组成)。单体形式的 G 蛋白，因相对分子质量只有 20 ~ 30 kDa，又称为小 G 蛋白(small G protein)，主要分布于胞质或质膜内侧，已发现有 60 多种。小 G 蛋白同样具有 GTP 酶活性，在多种细胞反应中具有开关作用。第一个被发现的小 G 蛋白是 Ras，它是 *ras* 基因编码产物。其他的还有 Rho、SEC4、YPT1 等微管蛋白 β 亚基也属于小 G 蛋白。

G 蛋白偶联系统中的 G 蛋白是由 3 个不同亚基组成的异源三体，3 个亚基分别是 α、β、γ，总相对分子质量在 100 kDa 左右，β 亚基为 36 kDa 左右，γ 亚基为 8～11 kDa 左右。β、γ 2 个亚基通常紧密结合在一起，只有在蛋白变性时才分开，鸟苷结合位点位于 α 亚基上。此外，G 蛋白 α 亚基(Gα)还具有 GTPase 的活性结构域和 ADP 核糖化位点。G 蛋白的 α 亚基与小 G 蛋白的共同特点是：当结合了 GTP 时即成为活化形式，这时可作用于下游分子使之活化，而当 GTP 水解成为 GDP 时(自身为 GTP 酶)则回复到非活化状态。在细胞中存在着一些专门控制 Gα 和小 G 蛋白活性的调节因子，有的可以增强它们的活性，如鸟苷酸交换因子(guanine nucleotide exchange factor，GEF)和鸟苷酸解离抑制因子(Guanine nucleotide dissociation Inhibitor，GDI)，有的可以降低它们的活性，如 GTP 酶活化蛋白(GTPase activating protein，GAP)。

G 蛋白在生物进化过程中比较保守，利用已知的 G 蛋白保守氨基酸序列合成的寡聚核苷酸为探针，结合 PCR 技术，可以克隆未知生物中的 G 蛋白基因。到目前为止，利用分子生物学技术已从植物细胞中分离出了 Gα、Gβ 和 2 个 Gγ 基因，以及几十种小 G 蛋白基因，它们与动物中 G 蛋白和小 G 蛋白有很高的同源性。

迄今，人们发现 G 蛋白在植物细胞信号转导中的作用主要有：①参与光刺激的信号转导；②参与调控 K^+ 通道；③参与植物激素信号转导；④参与病原信号转导；⑤参与调节根瘤菌中结瘤因子的信号转导；⑥参与花粉萌发和花粉管伸长及细胞外钙调素跨膜信号转导。

与动物细胞中的 G 蛋白相同，植物细胞中的 G 蛋白介导的跨膜信号转换也是依赖于自身的活化和非活化状态循环来实现的。当细胞受到刺激，信号分子与膜上的 G 蛋白连接受体结合后，受体羧基端构象发生变化，与胞内 G 蛋白结合，形成受体—G 蛋白复合体，使 G 蛋白 α 亚基上的 GDP 磷酸化为 GTP，构象发生变化，α 亚基脱离 β 和 γ2 个亚基，与下游组分结合，活化下游组分分子。此后，与 GDP 结合的 α 亚基又重新与其他 2 个亚基结合，准备进行下一个循环(图 6-5)。

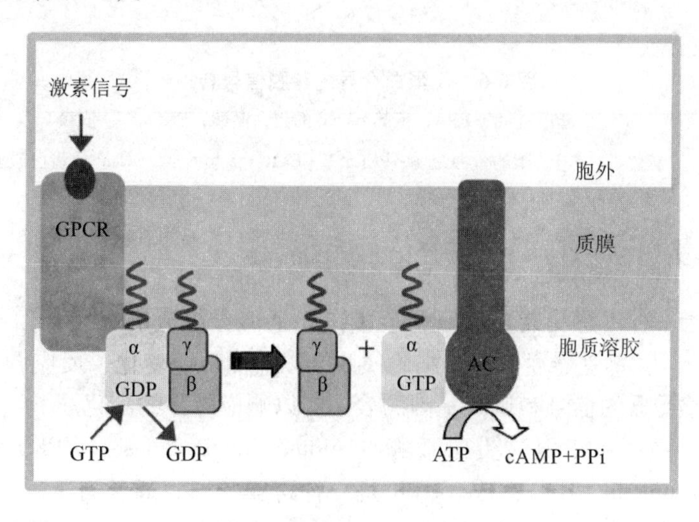

图 6-5　G 蛋白的活性调节模型

G 蛋白介导的跨膜信号转换同时还起放大信号的作用(图 6-6)。放大信号是指每个与信号分子结合的受体可以激活多个 G 蛋白，每个 G 蛋白又可激活多个下游组分并进一步放大信号。目前还没有发现小 G 蛋白参与植物跨膜信号转换。小 G 蛋白结合 GDP 而钝化，结合 GTP 又活化，在细胞骨架的运动、细胞扩大、根毛发育以及细胞极性生长的信号转导网络中起着重要的分子开关作用。

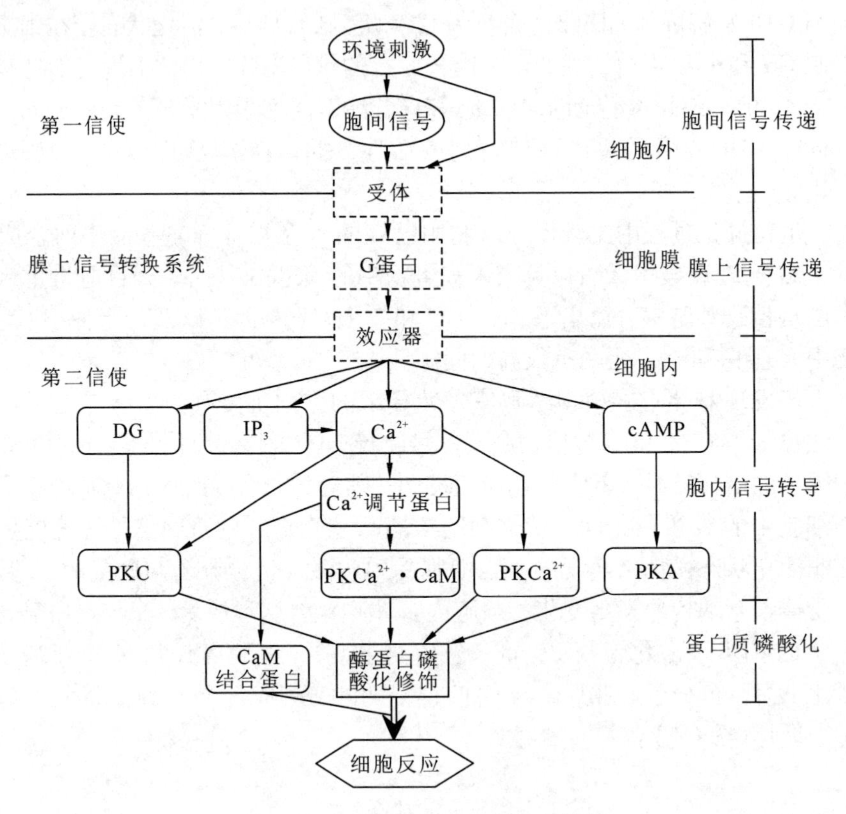

图 6-6　G 蛋白介导的跨膜信号转换

IP_3：三磷酸肌醇；DG：二酯酰甘油；PKA：依赖 cAMP 的蛋白激酶；$PKCa^{2+}$：依赖 Ca^{2+} 的蛋白激酶；PKC：依赖 Ca^{2+} 与磷脂的蛋白激酶；$PKCa^{2+}$ · CaM：依赖 Ca^{2+} · CaM 的蛋白激酶

6.2.3　类受体蛋白激酶与二元组分信号系统

植物中存在着一种由感受器和反应调节蛋白 2 个部分组成的双组分信号系统(two-component signal system)，感受器通常位于细胞质膜上以监测环境变化，反应调节蛋白位于细胞质中并传递来自感受器的信号和调节基因的表达，以响应外界的变化。

简单的双组分系统由组氨酸蛋白激酶(histidine protein kinase，HPK)和反应调节蛋白(response-regulator protein，RR)组成。HPK 是一种跨膜蛋白，通常有 1 ~ 2 个跨膜区，以二聚体的形式起作用，并发生自体磷酸化。HPK 有一个能够感受外界信号的输入模件(input module)，并与蛋白激酶的催化模件(catalytic module)相连接，这一结构特点使得 HPK 能很灵敏地感受外界环境的变化。此外，每个 HPK 分子都有一个由约 250 个氨基酸残基组成的传递模件(transmitter module)，该模件是自体磷酸化的作用部位，磷酸化的位点一般是保守的 His 残基。RR 具有一个称为接受模件(receiver module)的结构域，大约由 110 个氨基酸组成。Asp 为磷酸化位点，还有一个输出结构域(output domain)。这样信号转导就由信号输入、HPK 自体磷酸化、RR 磷酸化和信号输出组成(图 6-7，A)。有些 RR 是转录因子，输出结构域作为 DNA 模件与 DNA 结合；接受模件则通过 Asp 的磷酸化调节其自身的活性，从而决定它是与 DNA 模件结合还是与转录结构的其他组分结合。但有的 RR 与转录无关，只是将外界信号继续向下传递，仅仅作为整个信号级联放大系统中的一个上游组分。

复杂的双组分系统在 HPK 结构中除了输入模件和传递模件外，还有一个接受域模件融合到组氨酸激酶的 C 端，称为杂合型组氨酸激酶(hybrid histidine kinase)。这个接受域模件称为含有组氨酸的磷酸转移结构域(histidine-containing phosphotransfer domain)，即 Hpt 结构域(图 6-7，B)。原核生物的 Hpt 结构域一般连接在相应的双组分系统上，而真核生物中的 Hpt 结构域是单独存在的蛋白。在复杂的双组分系统中，磷酸基团要经过多步骤的转移。如酵母渗透调节复杂双组分系统：SLN1、YPD1 和 SSK1。SLN1 是杂合型组氨酸激酶，既有激酶域又有受体域。正常渗透条件下，SLN1 自体磷酸化，磷酸基团转移到受体域的 Asp 上，再向下传递至中间分子 YPD1 的 His，最后传递到反应调节物 SSK1 的 Asp 上。磷酸化的 SSK1 不能激活一种渗透感受的 HOC1 MAPK 级联系统，不能合成甘油。高渗条件下，SLN1 失活，使未磷酸化的 SSK1 积累，活化 HOG1 MAPK 途径，从而诱导 gpd1(3-磷酸甘油醛脱氢酶)的基因表达，合成甘油以调节渗透势。此外，一些 HPK 还具有磷酸酶活性，即 HPK 可以催化 RR 去磷酸化，而且 HPK 的输入模件一般都抑制 HPK 的激酶活性。

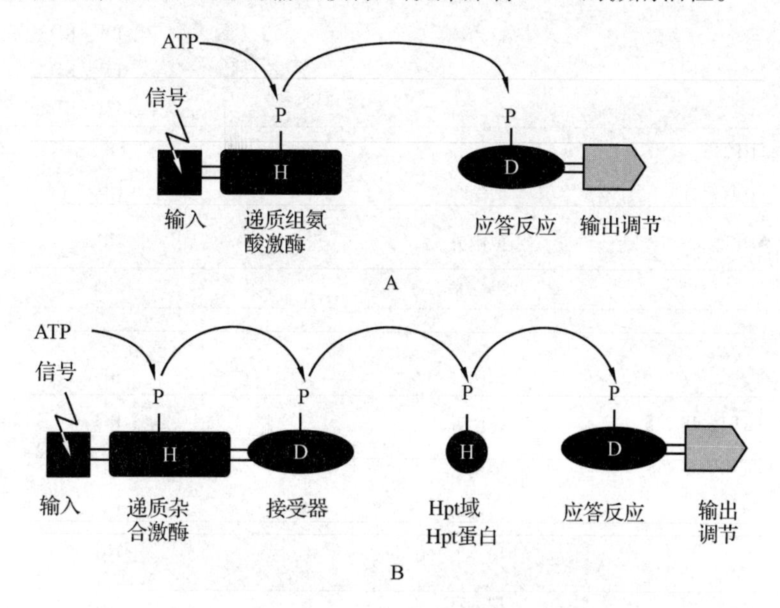

图 6-7　简单的(A)和多步骤(B)双组分信号系统的图解和基本特征

(引自 Lohrmann and Harter，2002)

由组氨酸或者杂合的激酶的输入域感受信号，在保守的组氨酸残基(H)上诱导传递域的自动磷酸化。磷酸(P)被传递到保守的相同类型的反应调控因子的接受域(A)，或者杂合的激酶，或者附着的接受域(B)的天冬氨酸残基上(D)。在多步骤双组分信号系统中，含有组氨酸的磷酸转移(Hpt)域在杂合激酶与反应调控因子之间作为磷酸—组氨酸的中间体

已经证明植物激素受体、渗透感受器和光敏素受体都属于杂合型组氨酸激酶，植物激素的信号转导、光形态建成和渗透胁迫适应也都与双组分信号系统有关(表 6-1)。

表 6-1　植物双组分信号系统

双组分元件		植　物	输入信号	结　构
组氨酸激酶	ETR1	拟南芥	乙　烯	TM－KD－RD
	ETR2	拟南芥	乙　烯	TM－KD(H/E)－RD
	EIN4	拟南芥	乙　烯	TM－KD－RD
	ERS1	拟南芥	乙　烯	TM－KD
	ERS2	拟南芥	乙　烯	TM－KD(H/D)
	CKI1	拟南芥	细胞分裂素	TM－KD－－RD
	ATHK1	拟南芥	渗透胁迫	TM－KD－－RD
	NR	番　茄	乙　烯	TM－KD
	LeETR1(＝eTAE1)	番　茄	乙　烯	TM－KD－RD
	LeETR2(＝TFE27)	番　茄	乙　烯	TM－KD－RD
	Cm-ETR1	菜　瓜	乙　烯	TM－KD－RD
	Cm-ETR2	菜　瓜	乙　烯	TM－KD－RD
	RP-ERS1	沼生酸模	乙　烯	TM－KD
	DC-ERS1	石　竹	乙　烯	TM－KD
	DC-ERS2	石　竹	乙　烯	TM－KD
磷酸传递中间体	ATHP1(＝AHP2)	拟南芥		HPt
	ATHP2(＝AHP3)	拟南芥		HPt
	ATHP3(＝AHP1)	拟南芥		HPt
	ZmHP2	玉　米		HPt
反应调控因子	A 型 Type A			
	ARR3	拟南芥		RD－
	ARR4(＝ATRR1，IBC7)	拟南芥		RD－
	ARR5(＝ATRR2，IBC6)	拟南芥		RD－
	ARR6	拟南芥		RD－
	ARR7	拟南芥		RD－
	ARR8(＝ATRR3)	拟南芥		RD－
	ARR9(＝ATRR4)	拟南芥		RD－
	ZmRR1	玉　米		RD－
	ZmRR2	玉　米		RD－

（续）

双组分元件		植　物	输入信号	结　构
反应调控因子	B 型 Type B			
	ARR1	拟南芥		RD－－－
	ARR2	拟南芥		RD－－－
	ARR10	拟南芥		RD－－－
	ARR11	拟南芥		RD－－－
	ARR12	拟南芥		RD－－－
	ARR13	拟南芥		RD－－－
	ARR14	拟南芥		RD－－－

注：TM：跨膜域；KD：激酶域；RD：接受域；HPt：含有组氨酸的磷酸转移域；－：表示 50～100 个氨基酸的长度；H/D：组氨酸为天冬氨酸替代；H/E：组氨酸为谷氨酸替代。引自 Urao *et al.*，2000。

6.3 细胞内信号转导及信号网络

当环境刺激的作用位点与效应位点处在不同部位时，就必然发生信号的产生和传递。这些胞间信号（化学信号和物理信号）及某些环境刺激信号就是细胞信号转导过程中的初级信号，即第一信使（first messenger）。

初级信号（配体）与细胞表面受体相结合后并不进入细胞内，但间接激活细胞内其他可扩散、并能调节信号转导蛋白活性的小分子或离子，即第二信使（second messenger）。第二信使亦称细胞信号传导过程中的次级信号。第二信使是第一信使作用于靶细胞后在胞浆内产生的信息分子，第二信使将获得的信息增强、分化、整合并传递给效应器才能发挥特定的生理功能。第二信使在细胞内的浓度受第一信使的调节，它可以瞬间升高或降低，并由此调节细胞内代谢系统的酶活性，参与基因转录的调节，控制细胞的增殖、分化、生存，以及葡萄糖的摄取和利用、脂肪的储存和移动、细胞产物的分泌等生命活动。

第二信使的作用方式一般有 2 种：①直接作用，例如，Ca^{2+}能直接与钙调素结合后调控植物体多种代谢过程；②间接作用，通过活化蛋白激酶，诱导一系列蛋白质磷酸化，最后引起细胞效应。间接作用是植物体内第二信使的主要作用方式，它可以激活各种各样、专一的蛋白质磷酸化酶。已经发现的第二信使主要有：1,2-二酯酰甘油（diacylglycerol，DAG）、肌醇-1,4,5-三磷酸（inositol 1,4,5-trisphosphate，IP_3）、钙离子（Ca^{2+}）、环腺苷酸（cAMP）、环鸟苷酸（cGMP）、环腺苷二磷酸核糖、花生四烯酸、一氧化氮（NO）和一氧化碳（CO）等。其中 DAG 和 IP_3是由磷脂酰肌醇-4,5-二磷酸（phosphatidylinositol-4,5-bisphosphate，PIP_2）水解产生的。

6.3.1 以肌醇磷脂代谢为基础的信号系统

生物膜由双层磷脂及膜蛋白组成。对于它在信号转导中的作用，多年来人们把注意力集中在功能繁多的膜蛋白上，而脂质组分仅被看成是一种惰性基质。20 世纪 80 年代后期的研究表明，质膜中的某些磷脂，在植物细胞内的信号转导过程中起了重要作用。

肌醇磷脂(inositol phospholopid，IP)是一类由磷脂酸与肌醇结合的脂质化合物，是一种具有极性头和非极性尾的两性酯类，分子中含有甘油、脂酸、磷酸、肌醇等基团。IP 是细胞膜的基本组成成分，主要分布于质膜内侧，其总量约占膜磷脂总量的 10%。细胞膜上有 3 种主要的肌醇磷脂：磷脂酰肌醇(phosphatidylinositol，PI)、磷脂酰肌醇-4-磷酸(phosphatidylinositol-4-phosphate，PIP)和磷脂酰肌醇-4,5-二磷酸(phosphatidylinositol-4,5-bisphosphate，PIP_2)。

植物细胞的肌醇磷脂信使系统作用模式是：植物细胞感受外界刺激信号后，经过信号的跨膜转换，激活质膜内侧锚定的磷脂酶 C(Phospholipase C，PLC)，活化的 PLC 水解质膜上的 PIP_2产生 2 种第二信使：二酯酰甘油(DAG)和三磷酸肌醇(IP_3)。因此，该系统又称双信号系统：IP_3通过调节 Ca^{2+}浓度，而 DAG 则通过激活蛋白激酶 C(PKC)来传递信息(图 6-8)。

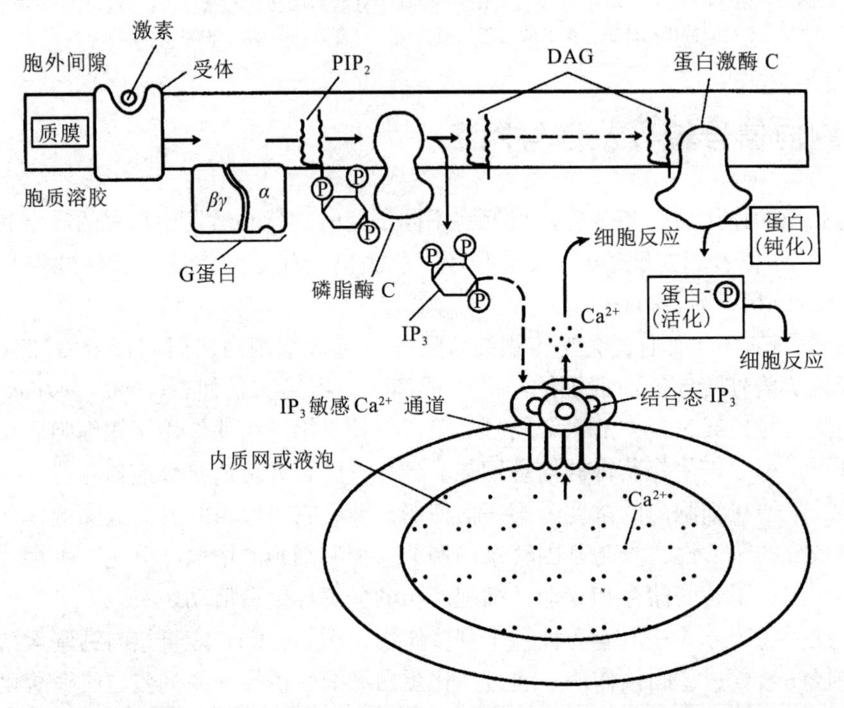

图 6-8 肌醇磷酸代谢循环过程(引自 Taiz and zeiger，2006)

由磷酸脂酶 C 的活化到引起胞质钙增加的传导顺序。与质膜结合的磷酸脂酶 C 由 G 蛋白活化，磷脂酰-4,5-二磷酸由磷酸脂酶 C 水解产生第二信使肌醇-1,4,5-三磷酸和二酰甘油，肌醇-1,4,5-三磷活化与肉质网或液泡连接的肌醇-1,4,5-三磷酸受体，而开始释放 Ca^{2+}。磷脂化合物磷脂酰肌醇、磷脂酰肌醇-4-磷酸、肌醇-1,4-二磷酸和肌醇单磷酸循环使用

在植物中，IP_3的主要作用靶位为液泡。液泡是植物细胞中重要的贮钙体。IP_3作用于液泡膜上的受体后，可影响液泡膜形成离子通道，使 Ca^{2+}从液泡中释放出来，引起胞内 Ca^{2+}浓度升高，从而启动胞内 Ca^{2+}信号系统来调节和控制一系列的生理反应。已有证据证明 IP3/Ca^{2+}系统在干旱和 ABA 引起的气孔开闭、植物对病原微生物侵染及激发子诱导等环境刺激、快速反应中起信号转导作用。

DAG 的受体是 PKC。在一般情况下，质膜上不存在自由的 DAG。在有 DAG、Ca^{2+}时，磷脂与 PKC 分子相结合，PKC 被激活，使某些酶类磷酸化，导致细胞反应；当胞外刺激信

号消失后，DAG 首先从复合物上解离下来，而使酶钝化，与 DAG 解离后的 PKC 可以继续存在于膜上或进入细胞质里备用。

6.3.2 Ca^{2+}信号系统

在高度区域化的植物细胞结构中，其质膜、液泡膜和内质网膜上都存在着跨膜的 Ca^{2+} 电化学势梯度，在细胞质、细胞器及细胞核内也呈现不均匀分布。细胞中 Ca^{2+} 含量较高的部位又被称为钙库，液泡、内质网是主要的胞内钙库，细胞壁是胞外钙库。植物细胞中 Ca^{2+} 梯度在静止状态下是相对稳定的，该状态被称为钙稳态。在处于钙稳态的细胞内，游离 Ca^{2+} 的浓度是 10^{-8}~10^{-7} mol · L^{-1}，而细胞外的 Ca^{2+} 浓度是 10^{-5}~10^{-3} mol · L^{-1}。这样，在细胞内外 Ca^{2+} 浓度存在有 10^{2}~10^{5} 倍的梯度。植物细胞在受到刺激时 Ca^{2+} 梯度会出现显著变化，该状态被称为受激态。在信号刺激后，细胞内游离 Ca^{2+} 的浓度上升到 10^{-6} mol · L^{-1} 的水平。造成这种上升的原因是细胞内储存的 Ca^{2+} 被释放，以及细胞外的 Ca^{2+} 流入细胞。只有在细胞膜上的钙通道被打开，或者细胞被激活时，细胞内的 Ca^{2+} 浓度才会瞬时上升（图 6-9）。

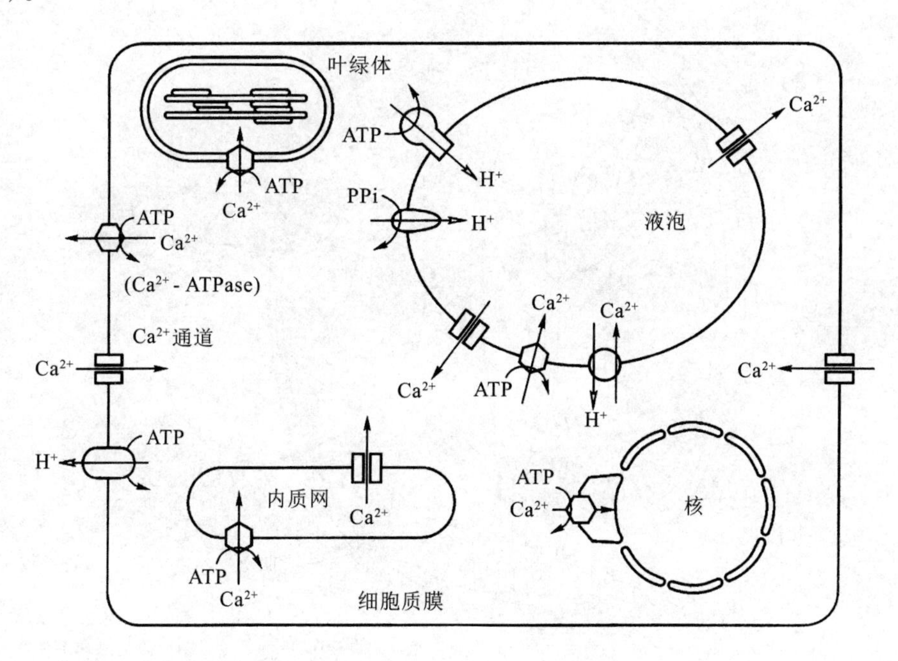

图 6-9 植物细胞中 Ca^{2+} 的运输系统

Ca^{2+} 在植物细胞的多种信号转导过程中都有非常重要的调节作用，Ca^{2+} 梯度是钙信号产生的基础。受到刺激时，信号分子与受体作用，细胞的一个最迅速的反应就是跨越原生质膜的离子流动，包括质膜电位的去极化、Ca^{2+}、H^+ 内流和 Na^+、Cl^- 外流，以及胞外 pH 值升高，此时跨越细胞质膜的钙离子电化学梯度最为明显。

Ca^{2+} 浓度变化信号能对不同的胞外刺激起反应，而最终导致对特定刺激的特定生理反应，把这一现象称为 Ca^{2+} 信号特异性。胞内 Ca^{2+} 信号的特异性有可能通过 Ca^{2+} 浓度变化的不同频率特点和区域特异性体现。例如，在生长的花粉管顶端区域的最顶端的 Ca^{2+} 浓度最高，而这一 Ca^{2+} 浓度梯度的存在是花粉管持续伸长的必要条件。在花粉管持续伸长过程中，顶端 Ca^{2+} 浓度还呈现出周期性的上升和回落，每一变化周期的时间为 25～30 s。而豆科植物根毛细胞在根瘤菌作用下发生弯曲反应及后来根瘤的形成过程中，根毛细胞中 Ca^{2+} 浓度的变化也呈现出以 1 min 为周期的周期性的上升与回落。推测产生 Ca^{2+} 信号特异性的模式可能有 2 种：①Ca^{2+} 可以独立诱导细胞反应，本身具有特异性，特异性的 Ca^{2+} 变化决定生理反应的特异性；②刺激因素除引起钙信号外还可以产生胞质中下游的其他多种信号转导因子，由它们的不同组合来决定反应特异性。

在气孔关闭过程中，Ca^{2+} 信号反应与多个离子通道的活性及 H^+ 泵相协调(图 6-10)。在这个模型中，受体(R)感受 ABA 的作用导致了 Ca^{2+} 的输入或 Ca^{2+} 从内部储存中的释放，从而使得细胞质中的自由 Ca^{2+} 浓度促进了质膜上阴离子与 K^+-out 通道的开放，并抑制了 K^+-in 通道的开放。当离开细胞的离子比进入细胞的多时，流出细胞的水量就会超过进入的水量，细胞就会失去膨胀作用，从而使得气孔关闭。

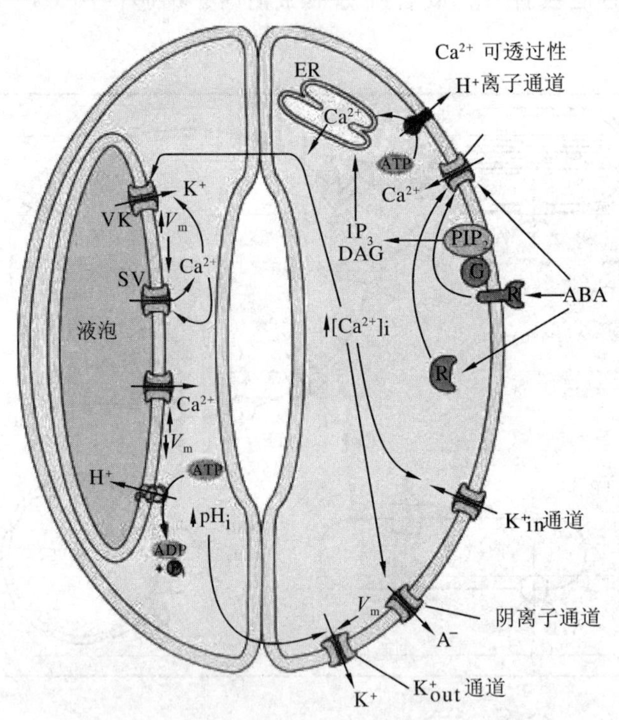

图 6-10　钙离子信号反应调节气孔关闭模型

细胞内的 Ca^{2+} 必须与蛋白质结合才能发挥作用。Ca^{2+} 信号通过其受体——钙调节蛋白传递信息。植物中的钙调节蛋白主要有 2 种：钙调素(Calmodulin，CaM)与钙依赖而钙调素不依赖的蛋白激酶(calcium-dependent and calmodulin-independent protein kinase，CDPK)。

CaM 是一种耐热的球蛋白，等电点 4.0，相对分子质量约为 16.7 kDa，是具有 148 个氨基酸的单链多肽。它作为 Ca^{2+} 的受体，在 Ca^{2+} 信号系统传导中起着关键作用，它通过和 Ca^{2+} 的结合而激活一系列的靶酶和非酶蛋白质，从而调控生理代谢及基因表达。

拟南芥和许多高等植物中都含有编码 CaM 的多拷贝基因，并且单子叶植物和双子叶植物的 CaM 有高度的保守性。在酶活性调节、细胞分裂与分化、细胞骨架与细胞运动、孢子与花粉萌发、激素反应、核内酶系统及基因表达等生理过程中，都有 CaM 的参与。这说明 CaM 对植物的作用是相当重要的。

CaM 有 2 种作用方式：一是直接与靶酶结合，通过诱导靶酶的活性构象调节靶酶的活性，如质膜 Ca^{2+}-Mg^{2+} ATPase，NAD 激酶；二是与 Ca^{2+} 结合，形成活化态的 Ca^{2+}·CaM 复合体，然后再与靶酶结合将靶酶激活。CaM 与 Ca^{2+} 有很高的亲和力，1 个 CaM 分子可与 4 个 Ca^{2+} 结合。当外界信号刺激引起胞内 Ca^{2+} 浓度上升到一定阈值后(一般≥10^{-6}mol·L^{-1})，Ca^{2+} 与 CaM 结合，引起 CaM 构象改变。而活化的 CaM 又与靶酶结合，使其活化而引起生理反应。

类似钙调素结构域的蛋白激酶(calmodulin-like protein kinase，CDPK)，广泛分布于植物、藻类和一些原生动物中，但高等动物中没有 CDPK。CDPK 在细胞内的亚细胞定位也几乎涉及了所有的细胞器。经分析，CDPK 具有 3 个功能区，即催化区、连接区和调控区。CDPK 与 Ca^{2+} 的调控区结合后而被活化。在催化区前端有一段长短不一的序列，它们在不同植物间很少有同源关系，称为可变区。

CDPK 的底物可能有：①质膜质子泵(H^+-ATPase)。由它产生对细胞生长所必需的 pH 梯度和电势梯度，CDPK 对其产生的磷酸化可能发生在 C_2末端区域，但不能排除多种调节机制存在的可能性。②细胞骨架。这是植物细胞中发现的 CDPK 最有意义的功能，它表明 CDPK 与胞质环流、器官运动关系密切。③结瘤素(nodulin)，它可能在代谢物跨越豆科根瘤共生膜运输时起作用。

6.3.3 环腺苷酸信号系统

环腺苷酸(cyclic AMP，cAMP)信使系统主要由 3 部分组成，环腺苷酸酶、cAMP 和蛋白激酶。在这个信使系统中环腺苷酸酶是跨膜蛋白，它催化 ATP 环化为 cAMP，而后 cAMP 将蛋白激酶活化。

cAMP 信使系统有如下几个作用：①在糖代谢中的作用是促进糖元的分解；②可活化 K^+ 和 Ca^{2+} 通道；③通过激活蛋白激酶使特定的转录因子磷酸化，从而调节特定基因的表达。

受动物细胞信号的启发，人们最先在植物中寻找的胞内信使是环腺苷酸(cAMP)，但这方面的进展较缓慢。虽然在一部分植物中已经检测到 cAMP 或其合成和降解系统的相关成分(腺苷酸环化酶、磷酸二酯酶)，但目前仍无确切证据表明在高等植物细胞中普遍存在 cAMP。在已检测到的有 cAMP 的植物中，cAMP 的浓度低于 0.5 pmol·g^{-1}FW。有试验证明在叶绿体光诱导花色素苷合成过程中，cAMP 参与受体 G 蛋白之后的下游信号转导过程，在合成完整叶绿体过程中与 Ca^{2+}-CaM 信号转导系统协同起作用。

6.4 信号转导中的蛋白质可逆磷酸化

植物体内许多功能蛋白需经共价修饰才能发挥其生理功能，蛋白质磷酸化就是其中一种重要的共价修饰类型，植物可以通过胞内信号调节胞内蛋白质的磷酸化和去磷酸化，调控生理反应中重要酶或转录因子的活性，进一步转导、放大信号。蛋白质磷酸化和去磷酸化分别由蛋白激酶(protein kinase)和蛋白磷酸酯酶(protein phosphatase)所催化，它们是胞内信使进一步作用的靶酶。

胞外信号与相应的受体结合，会导致后者构象发生变化，随后就可通过引起第二信使的释放而作用于蛋白激酶(或磷酸酯酶)，或者因有些受体本身就具有蛋白激酶的活性，所以与信号结合后可立即得到激活。蛋白激酶(或磷酸酯酶)可对其底物蛋白质所特定的氨基酸残基进行共价修饰，从而引起相应的生理反应，以完成信号转导过程。此外，由于蛋白激酶(或磷酸酯酶)的底物既可以是酶，也可以是转录因子(transcription factors)，因而它们既可以直接通过对酶的共价修饰来改变酶的活性，也可以通过修饰转录因子而激活或抑制基因的表达，从而使细胞对外来信号做出相应的反应。

6.4.1 蛋白激酶

蛋白激酶又称蛋白质磷酸化酶(protein phosphakinase)，是一类催化蛋白质磷酸化反应的酶。蛋白激酶是一个大家族，植物中有 3%~4% 的基因编码蛋白激酶。

根据其底物蛋白被磷酸化的氨基酸残基种类，可将蛋白激酶分为 5 类：①丝氨酸/苏氨酸(Ser/Thr)蛋白激酶，蛋白质的羟基被磷酸化；②酪氨酸(Tyr)蛋白激酶，蛋白质的酚羟基作为磷受体；③组氨酸蛋白激酶，蛋白质的组氨酸、精氨酸或赖氨酸的碱性基团被磷酸化，主要出现于“双组分信号系统”；④色氨酸蛋白激酶，以蛋白质的色氨酸残基作为磷受体；⑤天冬氨酰基/谷氨酰基蛋白激酶，以蛋白质的酰基为磷受体。目前发现的植物蛋白激酶以前 3 类为主。

根据催化区域氨基酸序列的相似性，将植物蛋白激酶分为 5 大组：①AGC 组，以 cAMP 依赖的蛋白激酶 PKA、cGMP 依赖的蛋白酶 PKG 及钙和磷脂依赖的蛋白激酶 PKC 为代表，以受第二信使(如 cAMP、cGMP、DAG 和 Ca^{2+})激活为特征；②CaMK 组，包括 Ca^{2+}/CaM 依赖的蛋白激酶 CaMK、Ca^{2+}依赖而 CaM 不依赖的蛋白激酶 CDPK 等，依赖第二信使是该组蛋白激酶的普遍特性；③CMGC 组，包括 MAPK(分裂原激活的蛋白激酶)、CDK(周期素依赖的蛋白激酶)等，相对于前 2 组蛋白激酶依赖于第二信使，该组激酶作用于下游的磷酸化级联系统；④传统的 PTK 组，为酪氨酸蛋白激酶，目前在植物中尚未发现纯粹的酪氨酸蛋白激酶，但二重特异性蛋白激酶如 MAPKK 在植物中的发现，证明了 Tyr 残基的磷酸化可能在高等植物中具有重要的生理作用；⑤其他组，如类受体蛋白激酶 RLKs 及乙烯信号转导元件 CTR1 等。

根据有无调节物，将蛋白激酶分为信使依赖的蛋白激酶和非信使依赖的蛋白激酶。有些信使依赖的蛋白激酶的首字母缩略词已为人们所接受，例如，PKA(cAMP 依赖的蛋白激酶)、PKC(钙和磷脂依赖的蛋白激酶)、CDPK(钙依赖钙调素不依赖的蛋白激酶)等。

真核生物蛋白激酶都有 1 个由 250~300 个氨基酸残基组成的催化区，该区可分为 11 个或 12 个亚区(其中Ⅵ亚区又分为 a 和 b)。某些亚区的氨基酸顺序可用来判断蛋白激酶的酶特异性。例如，亚区Ⅵ的交感序列(consensus sequence，也称为共有顺序，一致序列，共有序列 DLKPEN)一般存在于对 Ser/Thr 进行磷酸化的激酶催化区中，而 DLRAAN 或 DLAARN 则多发现于 Tyr 激酶的催化区。同样，亚区Ⅷ的 GT/SXXYXAPE 多见于 Ser/Thr 激酶中，而

PI/VK/RWT/MAPE 则多存在于 Tyr 激酶中(此处所用单个字母为氨基酸代号，X 则代表任何氨基酸)。各个亚区的具体功能还不清楚，只有亚区Ⅰ通过突变分析被证实与将磷酸根从 ATP 转移到蛋白质底物上的过程有关。蛋白激酶除了具有同源性的催化区外，还都有一个调节区。无活性的蛋白激酶全酶是由调节亚基和催化亚基构成的四聚体，当调节因子与调节区结合后，就把催化区暴露或游离出来，以磷酸化细胞质中的底物。另外，游离的催化亚基还可迁移到细胞核内，介导基因的表达。

在植物中，蛋白激酶的作用表现在多个方面，包括向光性、抗寒、抗病、根部的向地性、光合作用、自交不亲和性以及细胞分裂等。下面介绍几种典型的植物蛋白激酶。

(1)依赖于钙离子的蛋白激酶(calcium dependent protein kinase，CDPK)

CDPK 属于丝氨酸/苏氨酸激酶，是植物细胞中特有的蛋白激酶家族，大豆、玉米、胡萝卜、拟南芥等植物中都存在 CDPK。从拟南芥中已发现了至少 30 种 CDPK 基因，机械刺激、激素和胁迫都可引起 CDPK 基因表达。一般来说，CDPK 在其氨基端有一个激酶催化区域，在其羧基端有一个类似 CaM 的结构区域，在这两者之间还有一个抑制区。类似 CaM 结构区域的钙离子结合位点与 Ca^{2+} 结合后，抑制被解除，酶就被活化。现已发现，被 CDPK 磷酸化的靶蛋白有质膜 ATP 酶、离子通道、水孔蛋白、代谢酶以及细胞骨架成分等。

(2)类受体蛋白激酶(receptor-like protein kinase，RLK)

在动物细胞表面有一类受体称为受体蛋白激酶，后来在植物中发现了与之同源的基因，由于基因产物的受体功能未能得到证实，故称之为类受体蛋白激酶。研究表明，植物中的 RLK 大多属于丝氨酸/苏氨酸激酶类型，由胞外结构区(extracellular domain)、跨膜螺旋区(membrane spanning helix domain)及胞内蛋白激酶催化区(intracellular protein kinase catalytic domain)3 部分组成。根据胞外结构区的不同，将 RLK 分为 3 类：①含 S 结构域(S domain)的 RLK，这类 RLK 在胞外具有一段与调节油菜自交不亲和的 S-糖蛋白同源的氨基酸序列；②富含亮氨酸重复(leucine-rich repeat)的 RLK，这类 RLK 的胞外结构域中有重复出现的亮氨酸。最近发现，油菜素内酯的受体就属于这种 RLK；③类表皮生长因子(epidermal growth factor like repeat)的 RLK，其胞外结构域具有类似动物细胞表皮生长因子的结构。

(3)分裂原活化蛋白激酶(mitogen-activated protein kinase，MAPK)

MAPK 信号转导级联(MAPK signaling cascades)反应途径，是由 MAPK、MAPKK 和 MAPKKK3 个激酶组成的一系列蛋白质磷酸化反应。每次反应就产生一次放大作用。在植物细胞中，MAPK 级联途径可参与生物胁迫、非生物胁迫、植物激素和细胞周期等信号的传导，被认为是一种普遍存在的信号转导途径(图 6-11)。植物中的 MAPKKK 和 MAPK 是 Ser/Thr 类蛋白激酶，MAPKK 是 Ser/ Thr/ Tyr 双重特异性蛋白激酶，MAPK 的激活发生在 MAP-KK 激酶的 Tyr 和 Thr2 个残基位点被磷酸化的条件下。

自 20 世纪 90 年代以来，人们已发现了大量 MAPK 家族成员，而且在植物中识别出的 MAPK 数量比在动物和酵母中还多。现已从拟南芥、苜蓿、豌豆、烟草和小麦等多种植物中分离到大量 MAPK 同源 cDNA。

植物多种胞外信号在胞内的传递也有 MAPK 级联系统的参与。目前已发现乙烯和生长素的信号转导均涉及 MAPK 级联途径。此外，ABA 能诱导大麦糊粉层原生质体中 MAPK 的活性，水杨酸(SA)可激活烟草中的 MAPK。可见，它们在植物细胞有丝分裂、细胞伸长与

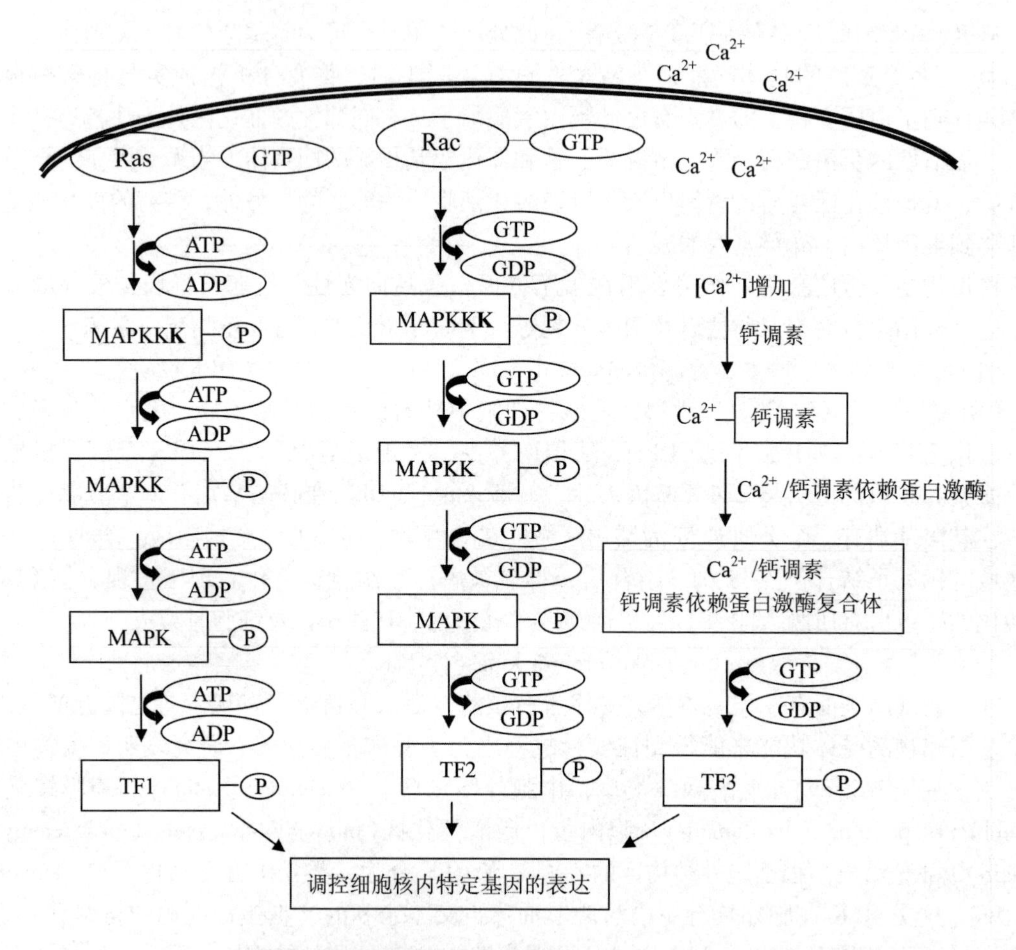

图6-11 MAPK与其他信号途径间的相互作用(引自 Buchanan 等，2000)

膨大、胞质酸化即质子(pH)第二信使信号的进一步传递中也起着很重要的作用。

(4)其他蛋白激酶

At-DBF2是从拟南芥果实中分离鉴定出的一种蛋白激酶，其氨基酸序列与酵母(*Saccharomyces cerevisiae*)*dbf* 2基因编码的氨基酸序列具有很高的同源性。该酶的同源物酵母DBF2蛋白激酶是酵母CCR4转录复合物的重要组分，此转录复合物参与多种生命活动相关基因的表达(如酵母生长、细胞周期、染色体正常结构维持、氨基酸合成等)，同时还影响TFIIB、RPBl、SRB2、SRB4等一系列转录因子的活性。所以，据推测在转录水平上，At-DBF2很可能是植物的一种转录调控蛋白激酶，位于信号传递的下游，是转录复合物的重要组分。

6.4.2 蛋白磷酸酯酶

蛋白磷酸酯酶的脱磷酸化作用是终止信号或一种逆向调节，与蛋白激酶有同等重要意义。现在植物中鉴定出几种不同的蛋白磷酸酯酶。例如，豌豆、胡萝卜中的Type1蛋白磷酸酯酶，豌豆、胡萝卜、小麦中的Type2A和Type2C蛋白磷酸酯酶等。有研究表明，Type1蛋白磷酸酯酶可能与植物细胞的有丝分裂过程的调控有关。在豌豆保卫细胞中存在一种依赖钙离子的蛋白磷酸酯酶，它与 K^+ 的转移和气孔的开闭有关。

虽然磷酸化或去磷酸化的过程本身是单一的反应，但多种蛋白质的磷酸化和去磷酸化的结果是不同的，很可能与实现细胞中各种不同刺激信号的转导过程有关。事实上，正是蛋白质磷酸化的可逆性为细胞的信息提供了一种开关作用。在有外来信号刺激的情况下，通过去磷酸化或磷酸化再将其关闭。这就使得细胞能够有效又经济地调控对内外信息的反应。

本章小结

细胞信号转导是指外界信号(如光、电、化学分子)作用于细胞表面受体，引起胞内信使的浓度变化，进而导致细胞应答反应的一系列过程，其最终作用是使机体在整体上对外界环境的变化做出最为适宜的反应。当环境刺激的作用位点与效应位点处于植物的不同部位时，需要作用位点细胞产生信号，这个作用位点细胞产生的信号就是胞间信号。植物胞间信号分物理信号和化学信号 2 种。物理信号是指细胞感受到刺激后产生的能够起传递信息作用的电信号和水信号。细胞感受刺激后合成并传递到作用部位引起生理反应的化学物质称为化学信号。植物的化学信号分子主要有 3 类，即植物激素类、寡聚糖类和多肽类，它们参与植物防御系统的信号转导，诱导防卫基因的表达。植物细胞信号转导系统包括膜上的受体、G 蛋白、效应器、胞内信号(钙信号系统、肌醇磷脂信号系统和环腺苷酸信号系统等)、蛋白激酶和蛋白磷酸酯酶，最终通过活化转录因子而调节基因的表达。

思 考 题

1. 什么叫细胞信号转导？细胞信号转导包括哪些过程？
2. 什么是钙调蛋白？它有什么作用？
3. 蛋白质可逆磷酸化在细胞信号转导中有什么作用？
4. 植物细胞内钙离子浓度变化是如何完成的？

推荐阅读书目

1. 植物生理学 . 2 版 . 武维华 . 科学出版社，2008.
2. 细胞信号转导 . 3 版 . 孙大业 . 科学出版社，2002.
3. 植物生理与分子生物学 . 余叔文，汤章城 . 科学出版社，1999.

第 7 章　植物生长物质

植物的生长发育除了需要大量的水分、矿质元素和有机物质作为细胞生命的结构物质和营养物质外，还受到遗传信息和环境信息的调节控制。遗传信息决定个体发育的基本潜在式，环境信息对遗传信息的表达起着重要的调节作用。除此之外，调控植物基因表达和生长发育的还有一类非常重要的微量生理活性物质，即植物生长物质。为了适应千变万化的环境条件，高等植物在长期的进化过程中形成了复杂而精细的适应机制。越来越多的证据表明，植物生长物质是高等植物感受外部环境变化，调节自身生长状态来抵御不良环境、维持生存必不可少的信号分子。

7.1　植物生长物质的概念及其种类

植物生长物质(plant growth substance)是指具有调节控制植物生长发育作用的微量生理活性物质。可分为两大类：一类是植物激素(plant hormone，或 phytohormone)，又称植物荷尔蒙；另一类是植物生长调节剂(plant growth regulator)。

7.1.1　植物激素的概念、特点和分类

7.1.1.1　植物激素的概念

植物激素这个名词是从动物激素衍用过来的，植物激素与动物激素有相似之处，然而它们的作用方式和生理效应却有明显差异。动物激素有很强的专一性，有专门产生激素的腺体，激素在血液中被运输到特定的靶细胞，用浓度变化的方式控制生理反应。植物激素不仅能够运输到靶部位发挥作用，还可以直接作用于其合成的组织或细胞。另外，植物激素的作用不仅依赖浓度的变化，还依赖靶细胞对激素的敏感性。而且，同一植物激素有多种不同的生理效应，不同种植物激素之间还有相互促进或相互颉颃的作用。

对植物激素的研究可追溯到 1758 年，D. du Monceau 等发现：木本植物茎的环割区上方的凸起部位会形成须状根；1860 年，J. Sachs 认为此现象的发生是因为植物中有特定的器官形成物质。1872 年，Ciesielski 对根尖控制根的伸长与向重力性进行了研究。然而，植物激素研究真正的开端是 C. Darwin(1880)做的向光性实验。1928 年，F. W. Went 通过燕麦胚芽鞘试验提出了生长素的概念。同年，H. Fitting 正式将"激素"一词引进到植物生理学中。

植物激素是指在植物体内合成的、通常从合成部位运往作用部位、对植物的生长发育产生显著调节作用的微量(1 $\mu mol \cdot L^{-1}$以下)小分子有机物质。一般通过合成、修饰、转运、降解等代谢过程维持其在植物体内的动态平衡，进而发挥其生物学功能。

7.1.1.2 植物激素的特点

植物激素是植物体的正常代谢产物，又称为内源激素或天然激素。植物激素有 4 个特征：①内生，是植物生命活动的正常代谢产物；②可移动，由某些器官或组织产生后运至其他部位而发挥调控作用；③微量，通常在极低浓度下产生生理效应；④有机物质，这些激素类物质不是营养物质，而是信号。

7.1.1.3 植物激素的种类

目前，在植物体内已发现的植物激素有生长素类(IAA)、赤霉素类(GA)、细胞分裂素类(CTK)、脱落酸(ABA)、乙烯(ETH)和油菜素内酯(BR)。这 6 类物质并称为六大类植物激素。除了这六大类激素外，还发现了一些内源性、具有类似植物激素生理作用的物质，例如，植物各器官中都存在的茉莉酸(jasmonic acid，JA)、水杨酸(salicylic acid，SA)、多胺(polyamine，PA)、茉莉酸甲酯(methyl jasmonate，MeJA)、酚类物质中的酚酸和肉桂酸族以及苯醌中的胡桃醌等。独角金内酯(strigolactones)是 2008 年发现的一种植物激素或其前体，能够抑制植物的分枝和侧芽的生长，与生长素和细胞分裂素一起调控植物的分枝数量。独角金内酯类化合物还能促进可与植物共生的真菌(枞枝真菌，Arbucular Mycorrhizal Fungi)的菌丝分枝生长以促进共生关系的建立，而枞枝真菌则可帮助植物吸收土壤中的营养物质特别是无机磷。独角金内酯还能刺激寄生植物如独角金(striga)和列当(orobanche)等种子的萌发，这种激素在植物的根中合成，既可以向地上部位输送以调节植物的生长，也可直接释放到土壤中以介导植物与土壤微生物及寄生植物的信号交换。其生物合成还受到植物营养水平的调节，当植物处于磷饥饿状态时，它的合成水平会升高。还有一些特殊物种产生的物质，例如，月光花叶中的月光花素(colonyctin)、菊芋叶中的菊芋素(heliangint)、半支莲叶中的半支莲醛(potulai)、罗汉松中的罗汉松内酯(podolactone)等。虽然这些物质还没被公认为植物激素，但在调节植物生长发育的过程中起着不可忽视的作用。图 7-1 列出了部分植物激素及其代表性结构。

$CH_2=CH_2$ 乙烯　生长素　细胞分裂素　茉莉酸

油菜素内酯　赤霉素　脱落酸

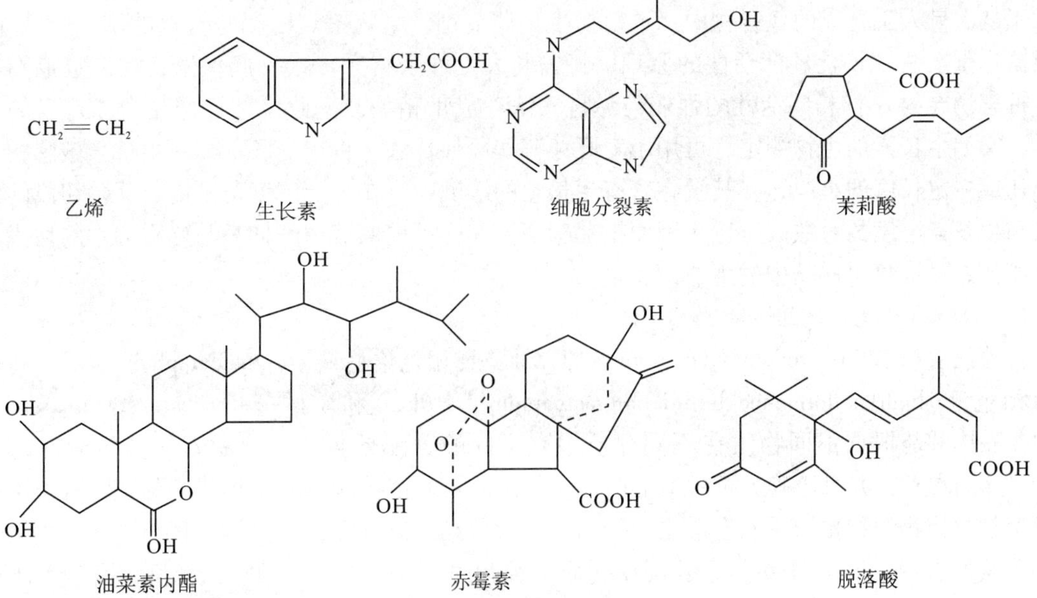

图 7-1 植物激素及其代表性结构

7.1.2 植物生长调节剂

植物生长调节剂是指一些具有植物激素活性的人工合成的物质。

植物生长调节剂同植物激素一样，在低浓度下对植物生长发育表现出促进或抑制作用，从功能上可分为生长促进剂、生长抑制剂、生长延缓剂。有的植物生长调节剂的分子结构和生理效应与植物激素类似，如吲哚丙酸、吲哚丁酸等；有的植物生长调节剂的结构与植物激素完全不同，但具有类似的生理效应，如萘乙酸、矮壮素、三碘苯甲酸、乙烯利、多效唑、烯效唑等。植物生长调节剂广泛应用于促进种子萌发、促进插条生根、促进开花、促进结实、疏花疏果、保花保果、防止脱落、促进果实成熟、延缓衰老、防除杂草等方面。

7.1.3 研究植物生长物质的方法

研究植物生长物质可以从以下 2 个方面展开：一是测定植物体内激素的含量，分析其剂量效应；二是确定植物激素调控植物生长发育的机制及其信号转导网络模式的建立。

7.1.3.1 植物激素水平的测定方法

激素在植物中的含量极低、性质不稳定，而且细胞中其他化合物也对激素的测定有干扰，所以测定的方法必须十分灵敏和专一。首先选用合适的有机溶剂来提取，原则是既要避免其他物质干扰，又要防止激素被破坏。其次采用各种萃取或层析步骤纯化激素。最后用生物、物理或化学的方法测定其含量。目前植物激素的测定有生物测定法、物理和化学方法，以及免疫分析法。

(1)生物测定法

通过测定激素作用于植株或离体器官后所产生的生理生化效应的强度，推算植物激素含量。早期激素的鉴定几乎全靠生物测定法，但其灵敏度及专一性均不够高，已渐渐少用。但对于从大量人工合成的化合物中筛选植物生长调节剂，生物鉴定法仍是有效的手段。例如，根据赤霉素诱导 α-淀粉酶活性的原理，将去胚大麦种子与赤霉素一起保温，在一定范围内赤霉素诱导的 α-淀粉酶活性的强弱与赤霉素浓度成正相关，据此来估计样品中赤霉素的含量。又如生长素的生物测定，可用小麦胚芽鞘切段伸长法。将小麦胚芽鞘对生长素敏感的部分切成一定长度的小段，将其浸在含有生长素的溶液中，在一定浓度范围内，芽鞘切段的伸长与生长素浓度的对数成正比，因而把芽鞘切段在样品提取液中的伸长与标准液中的切段伸长相比，可推算出样品中的生长素含量。

(2)物理和化学方法

薄层层析(thin layer chromatography，TLC)、气相色谱(gas chromatography，GC)、高效液相色谱(high performance liquid chromatography，HPLC)和质谱分析(mass spectrography，MS)等技术是根据不同物质在不同介质中有不同的分配系数，可使激素的分析测定达到 10^{-12}g 的水平，并可正确分析激素的前体、代谢以及在植物体中的分布等。首先，需先用有机溶剂从植物组织提取游离态激素，因为激素常以结合态存在，在操作过程中必须防止结合态激素的水解。为了避免内源激素在提取与纯化过程中的损失，可以放射性同位素 ^{3}H 或 ^{14}C，或以稳定性同位素 ^{2}H 或 ^{13}C 标记的激素作为内在标准物。气相色谱—质谱联用仪(GC-

MS)是一种更精确测定激素水平的方法，比如赤霉素的测定，先用气相色谱分离提取出混合物中的组分，然后将赤霉素组分再进入质谱仪进行定性定量分析，质谱专一性很强，所以不会造成对非赤霉素物质的错误判断。乙烯是一种气态激素，可用气相色谱仪进行测定，此方法灵敏、准确、时间短，测定一个样品只要几分钟。

(3)免疫分析法

免疫分析法有放射免疫检测法(radioimmunoassay，RIA)和酶联免疫吸附检测法(enzyme linked immunosorbent assay，ELISA)。优点是专一性强，灵敏性高，操作简便，样品往往只需初步纯化。多克隆抗体(polyclonal antibody，PAb)与单克隆抗体(monoclonal antibody，MAb)不仅可用于激素的纯化，还可用于植物激素在组织与细胞内的定位研究(与酶或胶体金(银)标记技术相结合)。每一个植物细胞含有许多区间，激素集积的位置可能与产生效应的位置不同，真正能发挥作用的激素可能只是细胞内激素总量的极小部分，植物器官或组织中激素的总量，往往不能代表代谢调控的情况，不能建立植物激素与细胞反应的相关性。所以这种微量定位技术对于认识激素生理作用的实质非常重要。免疫技术除用于激素纯化、定量与定位分析外，在研究激素作用机理、合成、代谢、结合态的形成与水解等领域中也非常有效。

7.1.3.2 植物激素的作用及其信号转导网络模式的建立

传统的方法都是通过外源施加植物激素所产生的生理效应来推测其作用。目前大量植物激素合成与信号途径突变体的分离鉴定，使得人们对参与激素调控的基因的表达调控模式和生理生化特征展开详细深入分析。从激素信号的感知到信号在细胞质的传递，再到在核内引起特异基因的表达和酶活性等各个层次上分析激素信号转导模式图是研究激素作用机理的基础。可通过各种方法(T-DNA 插入、物理化学方法诱变、激活标签法)获得大量的突变体，根据突变体对植物激素的反应确定植物激素信号转导途径的组分及其生理功能。例如，通过 EMS 诱变得到的拟南芥突变体 *bri*1 表现为矮化、叶色暗绿、叶片上卷、育性降低、发育延迟等性状。外源油菜素内酯(BR)可以部分或者完全恢复突变体的表型，而 BR 合成抑制剂 brassinazole 或 brz2001 可以模拟 BR 合成突变体的表型。说明 BRI1 在 BR 信号转导过程中起着非常重要的作用，后来进一步证实 BRI1 是 BR 的受体。

7.2 生长素

7.2.1 生长素的种类和化学结构

7.2.1.1 生长素的发现

生长素(auxin，AUX)是发现最早的一类植物激素。“auxin”是从希腊语“aux-ein”派生而来的，意思是“生长”。生长素是一种与色氨酸有关的小分子有机物质。达尔文父子(Darwin)在 1880 年发现金丝雀草(*Phalaris canariensis*)胚芽鞘朝着从窗口射入房间的光线方向弯曲生长，即向光性现象。但是，如果切去胚芽鞘的尖端或将胚芽鞘罩住，用单侧光照射，则不发生向光弯曲。相反，如果鞘尖受光照而胚芽鞘下部不受光照射，胚芽鞘仍会向光弯曲(图 7-2)。因此，他认为，胚芽鞘在单侧光下能产生某种物质，并由鞘尖向下传递，这样就引起胚芽鞘的背光面和向光面生长不均匀，而导致向光弯曲。1910 年，丹麦的博伊森-詹森

(Boysen-Jensen)证明，上述刺激物能够透过琼脂块，其本质是某种化学物质。1913 年，Boysen-Jensen 发现，胚芽鞘尖端产生的物质能穿透明胶薄片而不能穿过不透水的云母片，如果云母片只嵌入向光的半侧，则单侧光仍能引起胚芽鞘向光弯曲，而嵌入背光半侧时，则尖端所产生的与向光性有关的物质不能下传。1918 年，Paal 发现，切去顶芽并将其不对称地重新放回切口处，即便在黑暗下也会使胚芽鞘弯曲。1928 年荷兰的 Went 用琼脂收集自燕麦胚芽鞘尖端输出的生长物质，然后把琼脂切成小块，放在去顶胚芽鞘的一侧，该胚芽鞘即使在黑暗中也会向没有琼脂块的一侧弯曲，其弯曲程度在一定限度内与收集的生长物质的量呈正相关(图 7-3)。Went 工作的重要性表现在 2 个方面：一是证实了胚芽鞘顶端存在调节物质；二是建立了提取和定量分析活性物质的方法，即大家现在所熟知的“燕麦弯曲测试法”。其中的活性物质被称为“生长素”。

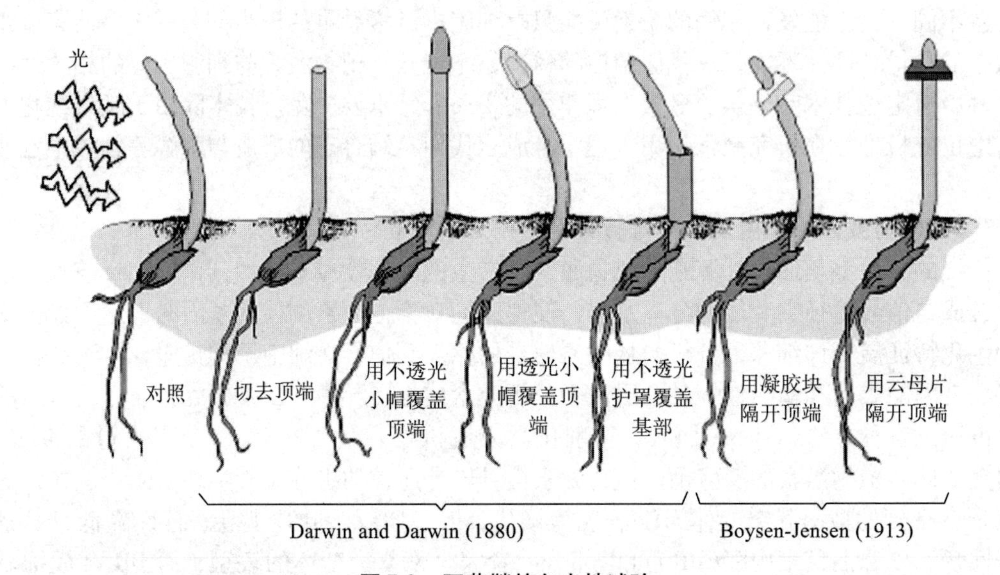

图 7-2　胚芽鞘的向光性试验

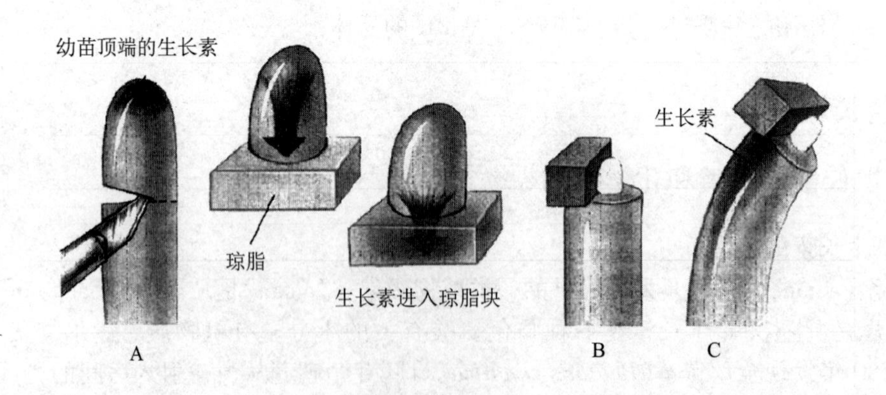

图 7-3　Went 的胚芽鞘去顶试验(引自 Went，1928)

吲哚乙酸(indole-3-acetic acid，IAA)是植物体内普遍存在的生长素，Kögl 和 Haagen-Smit (1934)首先从人尿中提取出了 IAA。同年，柯葛小组和西曼在植物中鉴定出了吲哚乙酸。

1942 年，Haagen-Smit 等从碱性水解的玉米粉和未成熟的玉米籽粒中分别提取了 IAA。以后在高等植物中，相继发现了含吲哚环的一些物质，如吲哚乙醛、吲哚丙酮酸、吲哚乙腈、吲哚乙醇、4-氯吲哚乙酸等，这些物质有的是 IAA 生物合成的前体，有的是其降解产物，或者是其卤代衍生物，均具有一定的生理活性。1982 年，万特曼(Wightman)等人发现了一种非吲哚类的苯乙酸(phenylacetic acid，PAA)，也具有类似 IAA 的生理活性。吲哚丁酸(indole-3-butyric acid，IBA)也是吲哚衍生物，具有较强的刺激生根作用，它在玉米叶片和各种双子叶植物中均为天然存在，而且很可能在植物界也广泛分布着。由于 IAA 是植物体内普遍存在的生长素，而且它的发现和研究历史较早，通常利用 IAA 作为生长素的代表。

7.2.1.2 生长素的种类和化学结构

IAA 是高等植物体内最主要的生长素，其分子式为 $C_{10}H_9O_2N$，相对分子质量 175.19，化学结构包括吲哚核和侧链乙酸(图 7-4)。其他几种天然存在的吲哚衍生物，如吲哚-3-乙醇、吲哚-3-乙醛和吲哚-3-乙腈，也表现出生长素的活性，它们均是合成 IAA 的前体物质，可能是通过转化为 IAA 而发挥作用。

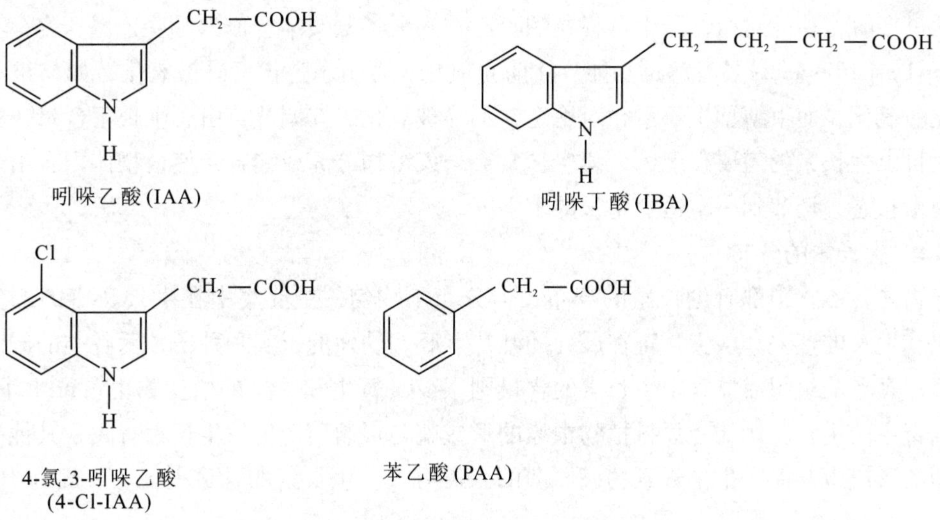

吲哚乙酸(IAA)　　吲哚丁酸(IBA)

4-氯-3-吲哚乙酸(4-Cl-IAA)　　苯乙酸(PAA)

图 7-4 几种生长素的分子结构(引自张立军 等，2007)

虽然芳香环是结构所必需的，但是吲哚环不是生长素活性所必需的。1994 年，Edgerton 和他的同事基于生长素同生长素结合蛋白 auxin-binding protein 1(ABP1)的结合实验，提出生长素活性所必需的分子结构，提出了结合位点所必需的 3 个结构域：一个平面芳香环，一个羧酸结合位点，一个分开 2 个结合位点的疏水域。

用人工合成的方法也可以合成具有 IAA 效应的一系列物质，如吲哚丁酸(indole-3-butyric acid，IBA)、萘乙酸(naphthalene acetic acid，NAA)和 2,4-二氯苯氧乙酸(2,4-dichlorophenoxy acetic acid，2,4-D)，这些人工合成的生长素已广泛应用于农业生产。1989 年从玉米和其他植物的种子和叶片中提取出了 IBA，因此 IBA 也是一种天然状态存在的生长素。1986 年，在豆类种子中发现了 IAA 的一种氯化类似物——4-氯-3-吲哚乙酸(4-chloro-3-indole acetic acid, 4-Cl-IAA)。此外，1990 年报道苯乙酸(phenylacetic acid, PAA)具有生长素的活性。IBA、4-Cl-IAA 和 PAA 的结构和生理活性均类似于 IAA，因此也属于天然的生长素类(AUXs)。

7.2.2 生长素在植物体内的分布和运输

7.2.2.1 生长素的存在状态

生长素在植物体内以 2 种形式存在：一是自由态生长素(free auxin)；另一种是结合型生长素(bound auxin)，也叫束缚型生长素。自由态生长素和束缚型生长素可以互相转化，但发挥生理效应的主要是自由态生长素。束缚型生长素生物活性极低或无活性，通常是生长素的储存形式。束缚型生长素在植物体内的主要作用如下：①作为贮藏形式，如吲哚乙酸与葡萄糖形成吲哚乙酰葡萄糖(indole acetyl glucose)，适当时释放出游离型生长素，在种子和贮藏器官中非常丰富；②作为运输形式，吲哚乙酸与肌醇结合形成吲哚乙酰肌醇(indole acetyl inositol)储存于种子中，发芽时，比吲哚乙酸更易于运输到地上部；③解毒作用，自由态生长素过多时，往往对植物产生毒害，吲哚乙酸和天冬氨酸结合成的吲哚乙酰天冬氨酸(indole actyl aspartic acid)具有解毒功能；④防止氧化，自由态生长素易被氧化，如易被吲哚乙酸氧化酶氧化，而束缚型生长素相对稳定，不易被氧化。⑤调节自由态生长素含量，根据植物体对自由生长素的需要程度，束缚生长素会与束缚物分离或结合，使植物体内自由态生长素呈稳衡状态，调节到一个适合生长的水平。

7.2.2.2 生长素的分布

植物体各器官中都有生长素的分布，但分布不均匀，主要集中在生长旺盛的部位，例如，正在生长的茎尖和根尖，正在展开的叶片、胚、幼嫩的果实和种子，禾谷类的居间分生组织等；衰老的组织或器官中生长素的含量则很少。寄生和共生的微生物也可产生生长素，并影响寄主的生长。例如，豆科植物根瘤的形成就与根瘤菌产生的生长素有关，其他一些植物肿瘤的形成也与能产生生长素的病原菌的入侵有关。生长素的含量很低，一般为 10～100 $ng \cdot g^{-1}$FW。

7.2.2.3 生长素的运输

在高等植物中，生长素有 3 种运输方式：①横向运输，横向运输是单侧光照引起的胚芽鞘尖端中的生长素背光运输、横放时植物根与茎中生长素的近地侧运输；②非极性运输，是通过韧皮部运输的方式，与其他同化产物一样，运输速度为 1～2.4 $cm \cdot h^{-1}$，运输方向决定于两端有机物浓度差等因素，成熟叶片合成的 IAA 可能就是通过韧皮部进行非极性的被动运输；③极性运输，仅局限于胚芽鞘、幼茎、幼根的薄壁细胞之间的短距离单方向运输，是生长素所特有的运输方式，通常生长素的极性运输是需能的主动过程。

生长素的极性运输是指生长素只能从植物的形态学上端向形态学下端运输，而不能向相反的方向运输(图 7-5)。到目前为止，还未发现其他植物激素有极性运输的特点。

Goldsmith(1977)提出化学渗透极性扩散假说(chemiosmotic polar diffusion hypothesis)来解

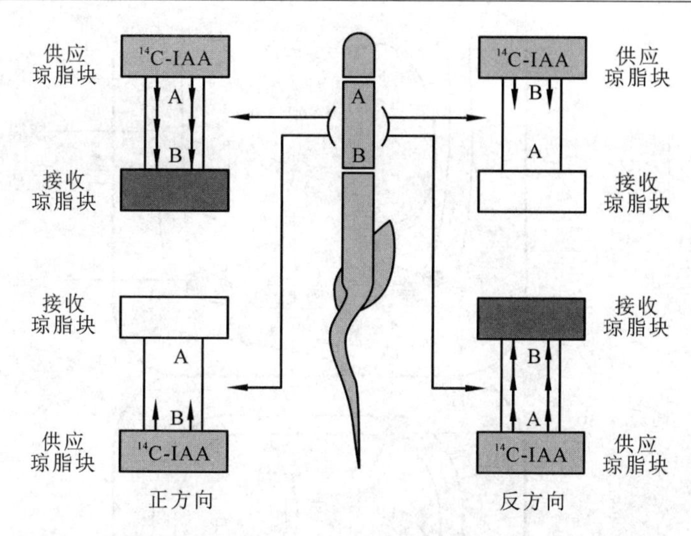

图 7-5 燕麦胚芽鞘切断后 IAA 的极性运输(引自李合生，2010)

释生长素极性运输的机理。如图 7-6 所示，质膜上的质子泵把 ATP 水解，放出能量，把 H^+ 从细胞质释放到细胞壁，H^+ 的增加造成细胞壁 pH 值较低，pH 值约为 5.0。而生长素的解离常数 p*K*a 是 4.75，在酸性环境中羧基不易解离，主要呈非解离型(IAAH)，亲脂性强。IAAH 被动地透过质膜扩散进入胞质溶胶；而阴离子型生长素(IAA^-)则通过透性酶主动地与 H^+ 协同转运进入胞质溶胶。IAA 就通过上述 2 种方式进入到细胞质中。胞质溶胶的 pH 值高，约为 7.0，所以胞质溶胶中大部分 IAA 呈阴离子型(IAA^-)，IAA^- 较难透过质膜。细胞基部的质膜上有专一的生长素输出载体(auxin efflux carrier)，这些生长素输出载体集中在细胞基部，在此位置把 IAA^- 输出到细胞壁，继而进入下一个细胞，这就形成了极性运输方式。这种极性运输方式被免疫荧光显微试验所证实，萘基邻氨甲酰苯甲酸(naphthyphthalamic acid，NPA)是生长素极性运输的抑制剂，其作用机理是 NPA 能与生长素输出载体蛋白结合，从而抑制了生长素输出载体运输生长素，阻止了 IAA^- 的极性运输。

生长素的极性运输是一种可以逆浓度梯度的主动运输过程，因此，在缺氧的条件下会严重地阻碍生长素的运输。另外，除 NPA 外，一些抗生长素类化合物，如 2,3,5-三碘苯甲酸(2,3,5-triiodobenzoic acid，TIBA)也能抑制生长素的极性运输。生长素的极性运输与植物的发育密切相关。例如，植物顶芽产生的生长素以极性运输的方式运到基部，造成基部生长素浓度太高而抑制生长，所以植物表现为顶芽生长旺盛的顶端优势现象。对植物茎尖用人工合成的生长素处理时，生长素在植物体内的运输也是极性的。扦插枝条不定根形成所需要的生长素也依赖生长素以极性运输方式提供。

人工合成的生长素类的化学物质，在植物体内也表现出极性运输，例如，α-萘乙酸(α-naphthalene acetic acid，α-NAA)具有类似生长素的活性，从而也具有极性运输的性质，而β-萘乙酸(β-NAA)无活性，因此也不表现出极性运输。生长素类物质极性运输强弱与其活性相关，活性越强，极性运输能力也越强。如 2,4,5-三氯苯氧乙酸(2,4,5-trichlorophenoxyacetic acid，2,4,5-T)的活性比 2,4,6-三氯苯氧乙酸强，所以其运输的极性也强。

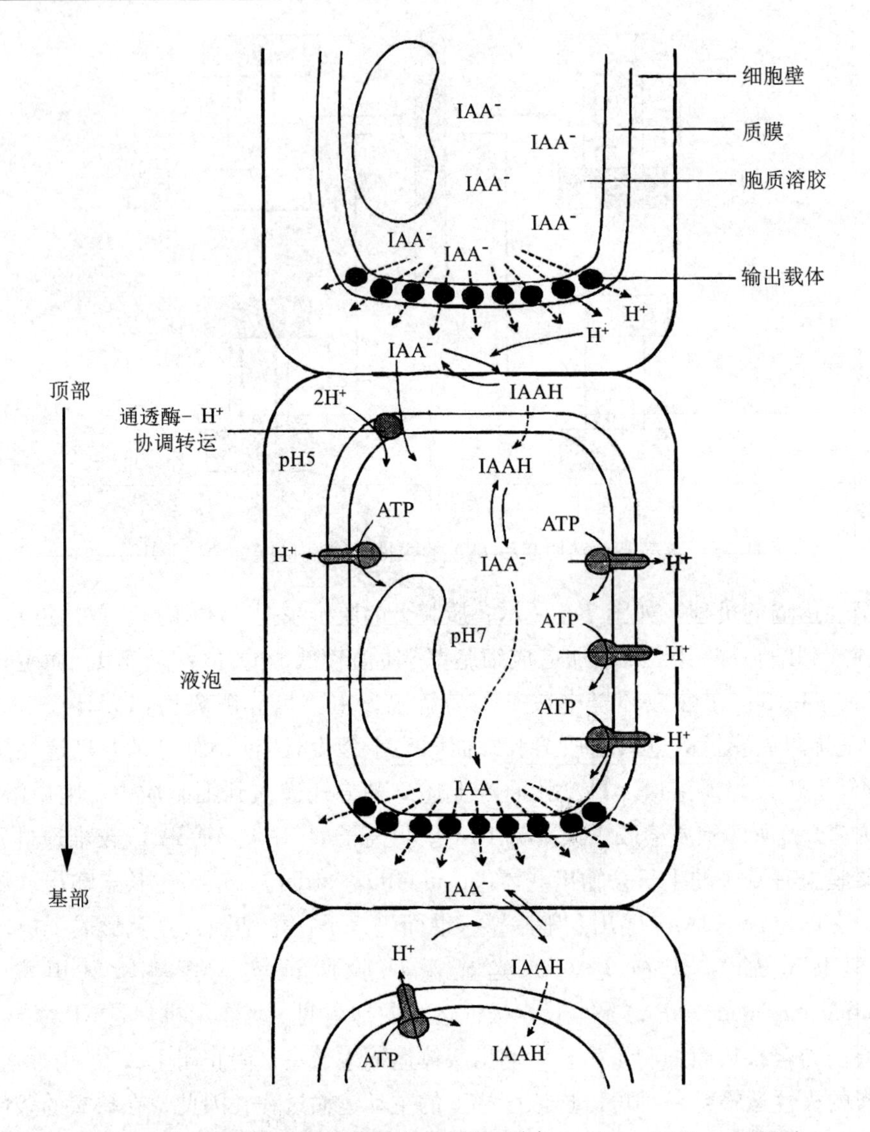

图 7-6　生长素的化学渗透极性扩散假说(引自 Jacobs and Gibert, 1983)

7.2.3　吲哚 3-乙酸的生物合成和降解

7.2.3.1　生长素的生物合成

生长素在植物体中的合成部位主要是较幼嫩部位，如叶原基、发育中的种子、茎端分生组织、禾本科植物的芽鞘尖端、胚(是果实生长所需 IAA 的主要来源)和正在扩展的叶等是 IAA 的主要合成部位。成熟叶片和根尖也产生生长素，但数量极微。

生长素合成的前体物是色氨酸(tryptophan)。锌是色氨酸合成酶的组分，缺锌时，导致由吲哚和丝氨酸结合而形成色氨酸的过程受阻，使色氨酸含量下降，从而影响 IAA 的合成。色氨酸的侧链要经过转氨、脱羧、氧化等反应，最终转变为生长素。

生长素合成的途径如图 7-7 所示，主要有以下 4 条支路。

吲哚丙酮酸途径 色氨酸通过转氨作用，形成吲哚丙酮酸(indole pyruvic acid)，再脱羧形成吲哚乙醛(indole acetaldehyde)，吲哚乙醛经过脱氢变成吲哚乙酸。本途径是高等植物中合成生长素的主要途径。在许多高等植物组织和组织匀浆提取物中都发现上述各步骤的酶，特别是将色氨酸转化为吲哚丙酮酸的色氨酸转氨酶。

色胺途径 色氨酸脱羧形成色胺(tryptamine)，色胺再氧化转氨形成吲哚乙醛，吲哚乙醛经过脱氢变成吲哚乙酸。本途径在植物中占少数。有些植物可以同时通过上述2条途径合成生长素，如大麦、燕麦、烟草和番茄等。

吲哚乙腈途径 一些十字花科、禾本科和芭蕉科中，色氨酸首先转化为吲哚-3-乙醛肟(indole-3-acetalcloxime)，进一步形成吲哚乙腈(indole acetonitrile)，在腈水解酶的作用下吲哚乙腈转变成IAA。

吲哚乙酰胺途径 吲哚乙酰胺在吲哚乙酰胺水解酶作用下水解生成IAA，此途径主要存在于细菌中，形成根瘤和冠瘿瘤的植物组织中也通过此途径合成生长素。

IAA的生物合成途径具有多样性。现有研究表明，IAA的合成不一定要经过色氨酸，用拟南芥(*Arabidopsis thaliana*)的营养缺陷型进行的试验揭示：IAA可以由吲哚直接转化而来。色氨酸途径和非色氨酸途径可能并存于植物体内。

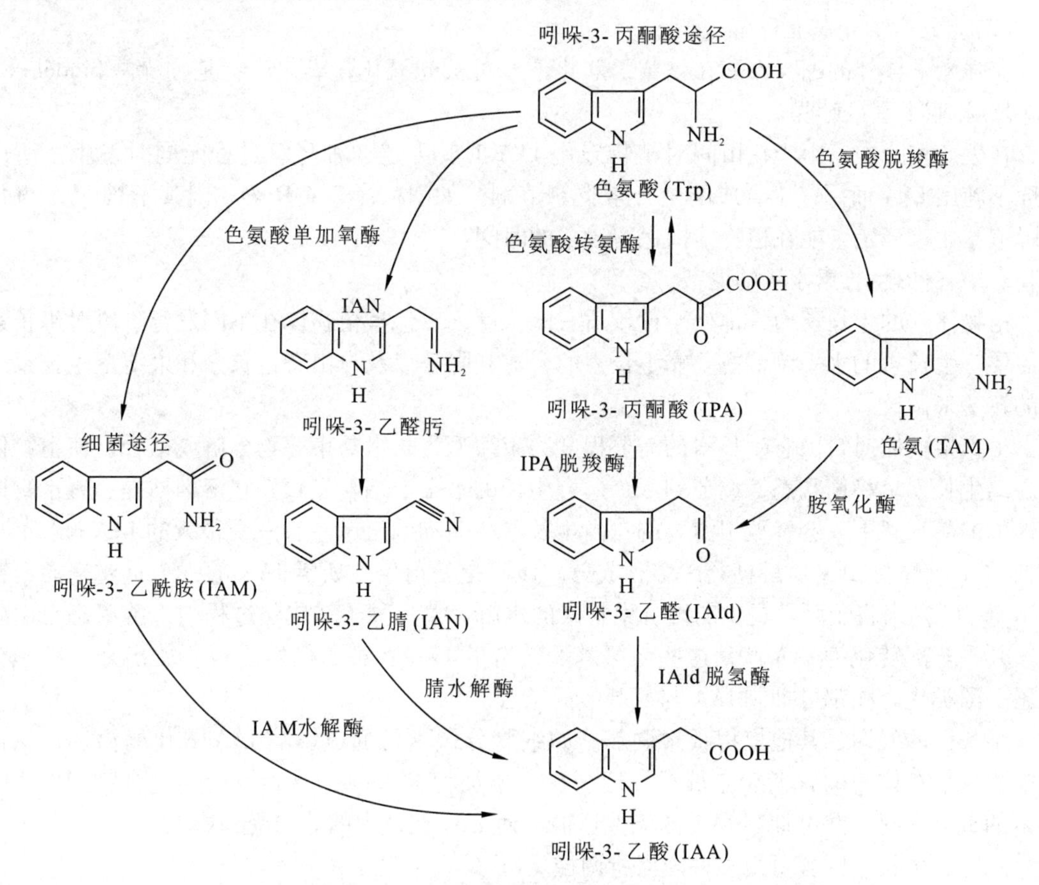

图7-7 植物和细菌中的吲哚乙酸生物合成途径(引自潘瑞炽，2012)

7.2.3.2 生长素的降解

植物体内的生长素不断地进行着合成和降解过程，从而调控生长素的水平，进而调节着植物的生长发育。生长素的降解主要有 2 个途径：酶促降解途径和光氧化降解途径。

(1)生长素的酶促降解

生长素的酶促降解可分为脱羧降解(decarboxylated degradation)和不脱羧降解(non-decarboxylated degradation)2 种方式。

生长素的脱羧降解 IAA 在吲哚乙酸氧化酶(IAA oxidase)作用下降解产生 3-亚甲基羟吲哚(3-methylene oxindole)和二氧化碳等，IAA 氧化酶广泛分布于高等植物中。

生长素的不脱羧降解 不脱羧的降解物仍然保留 IAA 侧链的 2 个碳原子，例如，羟吲哚-3-乙酸(oxindole-3-acetic acid)和二羟吲哚-3-乙酸(dioxindole-3-acetic acid)等。

IAA 氧化酶的活性需要 2 个辅助因子，即 Mn^{2+} 和一元酚化合物，邻二酚则起抑制作用。植物体内天然的 IAA 氧化酶辅助因子有对-香豆酸、4-羟苯甲酸和堪非醇等；抑制剂有咖啡酸、绿原酸、儿茶酚和栎精等。IAA 氧化酶在植物体内的分布与生长速度有关。一般生长旺盛的部位 IAA 氧化酶的含量比老组织中少，而茎中又常比根中少。

人工合成的生长素类物质，如 NAA、2,4-D 等不被 IAA 氧化酶降解，有较大的稳定性。

(2)生长素的光氧化降解

在强光下体外的吲哚乙酸在核黄素催化下，可被光氧化，氧化产物是吲哚醛(indole aldehyde)和亚甲基羟吲哚。

在生产实践中，由于在田间对植物施用 IAA 时，上述 2 种降解过程能同时发生。所以一般不施用 IAA 而用人工合成的生长素类调节剂，如 NAA、2,4-D 等，因其不被 IAA 氧化酶降解，比较稳定，能在植物体内保留较长的时间。

7.2.3.3 自由生长素水平的调节

植物体内的生长素通常都处于比较适宜的浓度，以保持植物体在不同发育阶段对生长素的需要。生长素的水平调节主要靠生长素的合成和降解以及自由态生长素和束缚型生长素之间的转变来调控。

根据植物体对自由态生长素的需要程度，束缚型生长素与束缚物分解或结合，使植物体内游离生长素呈稳衡状态，调节到一个适合生长的水平。结合生长素在溶剂抽提、碱水解以及体内的酶水解下，会释放出游离的自由生长素。萌动的玉米含有一个很大的 IAA 酯“库”，包括 IAA-肌醇及 IAA-肌醇糖类等多种成分。该库是幼苗生长所需 IAA 的一个重要来源，其中 20%~60% 来自于胚乳提供的结合生长素的水解。菜豆种子在成熟过程中，游离态自由生长素几乎全部转化为 IAA 肽，这些与氨基酸结合的 IAA 在种子萌发后被释放出来。细胞分裂素、酚类化合物都可抑制 IAA 与氨基酸的结合。

生长素的代谢受其他植物激素调节。如细胞分裂素可通过影响 IAA 氧化酶活性，从而影响生长素在体内的含量。赤霉素处理往往可增加植物 IAA 的含量。酚类化合物影响 IAA 侧链的氧化进程，并可抑制 IAA 的极性运输，使 IAA 在体内的分布受到影响。

总之，生长素的含量由多种因素所调控。

7.2.4　生长素的生理作用和应用

(1)促进生长

生长素对营养器官的伸长生长有明显的促进作用。用生长素处理胚芽鞘、下胚轴、茎切段，可发现生长素明显促进伸长生长；生长素突变体表现为明显的矮小症状，用生长素处理后可恢复突变体表现为野生型表型，充分地说明了生长素对植物伸长生长的作用。

生长素对生长的作用有以下几个特点。

双重作用　生长素在较低浓度可促进生长，在高浓度时则抑制生长。实验表明，用低浓度的生长素处理根切段，根切段的伸长随浓度的增加而增加；当生长素浓度大于 10^{-10} mol · L^{-1}时，对根切段伸长的促进作用逐渐减少；当浓度增加到 10^{-8} mol · L^{-1}时，反而对根切段的伸长表现出明显的抑制作用。生长素对茎和芽生长的效应与根相似，只是浓度不同。因此，任何一种器官，生长素对其促进生长时都有 1 个最适浓度，低于这个浓度时，对生长的促进作用随浓度的增加而加快；高于最适浓度时，其促进生长的效应随浓度的增加而逐渐下降。当浓度高到一定值后会抑制生长，这是由于高浓度的生长素诱导了乙烯的产生。

不同器官对生长素的敏感性不同　根对生长素最敏感，促进生长的最适浓度约为 10^{-10} mol · L^{-1}；促进芽生长的最适生长素浓度相对较高，约为 10^{-8} mol · L^{-1}；茎生长的最适生长素浓度最高，约为 2×10^{-5} mol · L^{-1}。由于根对生长素十分敏感，所以浓度稍高就会超过最适浓度而起抑制作用。

不同年龄的细胞对生长素的反应也不同　幼嫩细胞对生长素反应灵敏，而老的细胞敏感性则下降。

植物的不同部位对生长素的敏感程度也不同　高度木质化和其他分化程度较高的细胞对生长素都不敏感，如黄化茎组织比绿色茎组织对生长素更为敏感。

对离体器官和整株植物效应不同　生长素对离体器官的生长具有明显的促进作用，而对整株植物往往效果不太明显，原因可能是对整株植物施用生长素后可能被运输到其他部位或者被结合为束缚态而降低了生长素的生理效应。

(2)引起顶端优势

在木本植物和草本植物中都存在顶端优势现象，即正在生长的顶端对侧芽有抑制作用。切去正在生长的顶端，侧芽就开始萌发，如果在切口处涂上一定浓度的 IAA 羊毛脂膏，则可以代替顶芽对侧芽起抑制作用(图 7-8)。

(3)促进插条不定根的形成

生长素可以促进插条不定根的形成，原因是生长素刺激插条基部切口处细胞的分裂与分化，诱导再分化的细胞形成根原基。用生长素类物质促进插条形成不定根的方法已广泛应用在苗木的无性繁殖上。

(4)吸引和调运养分

M. Penot 等(1978)在天竺葵叶片上的不同部位滴上 IAA、水和用 ^{14}C 标记的葡萄糖，48 h 后通过放射自显影观察，可以看出，^{14}C 标记的葡萄糖向着 IAA 浓度高的地方移动(图 7-9)，这说明生长素具有很强的吸引与调运养分的效应。

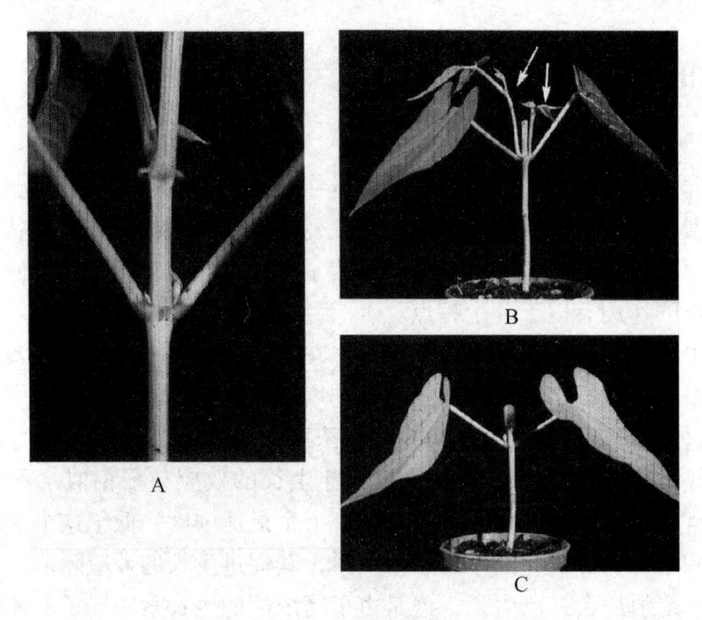

图 7-8 生长素抑制了菜豆植株中腋芽的生长(引自王忠，2009)

A. 完整植株中的腋芽由于顶端优势的影响而被抑制 B. 去除顶芽后腋芽生长
C. 对顶芽切面用含 IAA 的羊毛脂膏处理，从而抑制了腋芽的生长

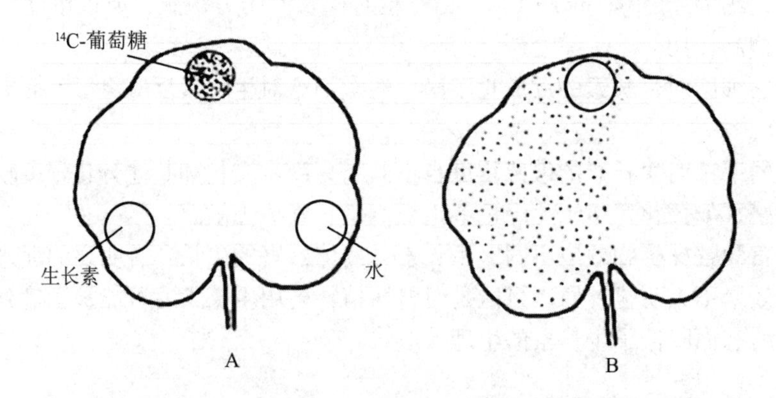

图 7-9 生长素调运养分的作用(引自 Penot，1978)

A. 在天竺葵的叶片不同部位滴上 IAA、水和^{14}C 葡萄糖 B. 48 h 后同一叶片的放射性自显影
原来滴加^{14}C 葡萄糖的部位已被切除，以免放射自显影时模糊

(5)诱导单性结实

柱头未经授粉而子房膨大并发育成果实的现象称为单性结实。果实的生长是靠子房及其周围组织的膨大，授粉之后，子房中的生长素含量大大增加，因而可以吸引和调运养分到子房，促进果实膨大。如果在授粉之前，用生长素处理柱头，可以不经授粉而引起子房膨大，由此获得的果实为无籽果实。

(6)促进雌花增加

试验表明，生长素有促进雌花分化的作用。当黄瓜植株长出 4 片以上真叶、瓜蔓长出约 300 cm 时，每亩可用萘乙酸 5 ~ 10 g，然后加水 50 ~ 70 kg，在黄瓜地里均匀喷施 1 ~ 2 次，即可促进黄瓜植株细胞正常分裂，增强雌雄花同株并开的能力，有效解决黄瓜因只开雄花而引发的“不育症”。

(7)参与植物向性反应的调节

例如，向光性和向重力性。植物生长器官受单方向光照射而引起生长弯曲的现象称为向光性。对高等植物而言，向光性主要指植物地上部分茎叶的正向光性。以拟南芥为研究材料，发现根有负向光性。王忠(1999)用透明容器(如玻璃缸)水培刚萌发的水稻等，并以单侧光照射根，也观察到根具有负向光性，即种子根向背光的一面倾斜生长(与水平面夹角约60°)。植物的向光性以嫩茎尖、胚芽鞘和暗处生长的幼苗最为敏感。生长旺盛的向日葵、棉花等植物的茎端还能随太阳而转动。向重力性是植物在重力影响下，保持一定方向生长的特性。目前，对向重力性的研究已发展成为重力植物生理学。重力植物生理学在当代空间生命科学中具有举足轻重的地位，肩负阐明地球重力在生物进化进程中的作用和空间不同重力环境中发展植物栽培技术的双重任务。向重力性分为正向重力性、负向重力性和横向重力性(地下茎水平方向生长)。

此外，生长素还能引起菠萝开花、防止器官脱落等。

7.2.5 生长素的作用机理

7.2.5.1 酸生长理论

生长素可以促进植物生长的机理一直是植物学家们关注的问题，Rayle 和 Cleland 在1970 年提出了生长素作用机理的酸生长理论(acid growth theory)。他们认为：原生质膜上存在着非活化的质子泵，即 H^+-ATP 酶，生长素可以与泵蛋白结合使其活化；活化了的 H^+-ATP 酶消耗 ATP 释放能量，将细胞内的 H^+泵到细胞壁中，导致细胞壁基质溶液的 pH 值下降；在酸性条件下，细胞壁中对酸不稳定的键(如氢键)断裂，同时细胞壁中的某些多糖水解酶(如纤维素酶)活化或增加，从而使连接木葡聚糖与纤维素微纤丝之间的键断裂，细胞壁松弛；细胞壁松弛后，细胞的压力势下降，导致细胞的水势下降，细胞吸水，体积增大而发生不可逆增长。

生长素或 H^+引起细胞生长主要是纵向伸长而不是宽度的伸展，这是因为细胞壁中纤维素微纤丝是纵向螺旋排列的，当细胞壁松弛后，细胞的伸长生长会优于径向生长。

生长素促进的细胞壁酸化和单纯的酸处理造成的细胞生长并不完全相同，表现为以下 3 点：第一，由于生长素与 H^+-ATP 酶的结合和随之带来的 H^+的主动分泌都需要一定的时间，所以生长素所引起伸长的滞后期(10~15 min)比酸所引起伸长的滞后期(1 min)长；第二，由于有 H^+-ATP 酶的参与，所以生长素诱导的细胞伸长生长是一个需能过程，一些呼吸抑制剂，如氰化物(CN^-)和二硝基酚(DNP)可抑制生长素的这种效应，但对 H^+诱导的伸长则无影响；第三，生长素所诱导的细胞壁可塑性的增加只有对活细胞才有效，对死细胞不起作用；而 H^+所引起的这种效应对死、活细胞都有效。这是因为质膜上的质子泵是一种蛋白质，只有活细胞并在 ATP 的参与下才具活性，使得 H^+泵出细胞进入细胞壁，酸生长反应才可进行。

7.2.5.2 基因活化学说

“酸生长理论”虽能解释生长素所引起的快速反应，但生长素所诱导的细胞生长过程中不断有新的原生质成分和细胞壁物质合成，且这种过程能持续几个小时，而完全由 H^+ 诱导的生长只能进行很短时间。

基因活化学说解释了生长素所诱导生长的长期效应：植物细胞具有全能性，在一般情况下，绝大部分基因处于被抑制状态，生长素可以解除这种抑制，使某些处于"休眠"状态的基因活化，从而转录并翻译出新的蛋白质。当 IAA 与质膜上的激素受体蛋白(可能就是质膜上的质子泵)结合后，激活细胞内的第二信使，并将信息转导至细胞核内，使处于抑制状态的基因解阻遏，基因开始转录和翻译，合成新的 mRNA 和蛋白质，为细胞质和细胞壁的合成提供原料，并由此产生一系列的生理生化反应。

实验表明，生长素与受体结合后，会诱发形成肌醇三磷酸(IP_3)，肌醇三磷酸打开细胞器的钙通道，释放液泡等细胞器中的 Ca^{2+}，增加细胞溶质中 Ca^{2+} 水平，Ca^{2+} 进入液泡，置换出 H^+，刺激质膜 ATP 酶活性，使蛋白质磷酸化，于是活化的蛋白质因子与生长素结合，形成了蛋白质—生长素复合物，再移到细胞核，合成特殊 mRNA，最后在核糖体上形成蛋白质。

7.2.5.3 生长素受体

受体蛋白在信号转导系统中是一个极关键的成分，在经典的激素反应途径中，激素和受体结合是第一步。所谓激素受体(hormone receptor)，是指能与激素特异结合的、并能引发特殊生理生化反应的蛋白质。然而，能与激素结合的蛋白质却并非都是激素受体，只可称其为某激素的结合蛋白(binding protein)。作为生长素受体，生长素—受体的相互作用必须能将刺激传递到已知的生长素反应中去。目前已知存在 2 种不同的生长素信号转导途径：一种依赖于 ABP1(生长素结合蛋白 1)；另一种依赖于 TIR1，在 IAA 低的生理学浓度水平上应答(图 7-10)。

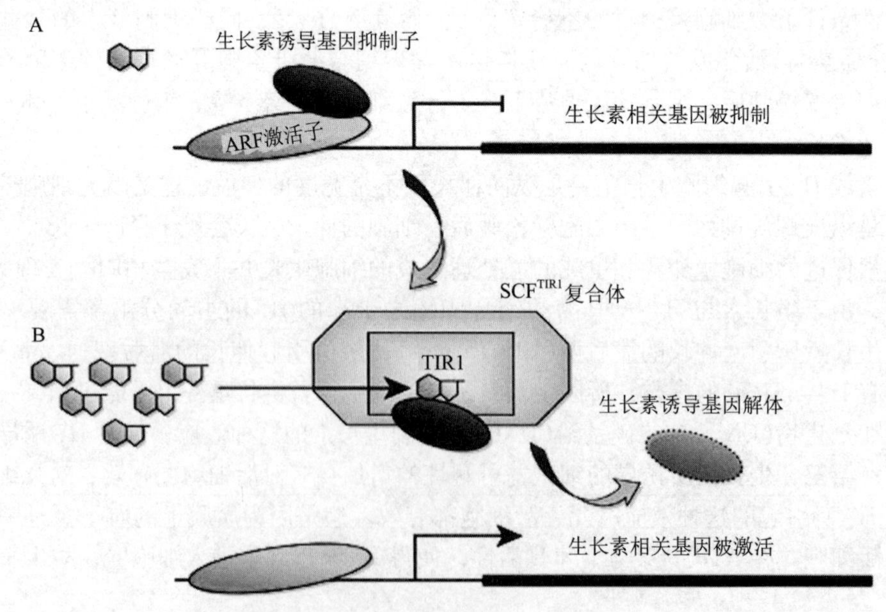

图 7-10 生长素信号转导途径模式图(引自 Woodward *et al.*, 2005)

（1）生长素结合蛋白1（auxin-binding protein1，ABP1）

最早从玉米胚芽鞘中分离出来，它可通过光亲和标记到生长素。ABP1无疏水区，因此其作为受体，可能与一个膜结合的停靠蛋白质（docking protein）相结合。尽管ABP1已从玉米、拟南芥、烟草和萝卜等多种植物中鉴定出来，但它与动物系统中的任何一个重要激素受体都无相似性，也与哺乳动物基因无相似性。

遗传学研究表明，ABP1可能有如下功能：①介导细胞伸长和胚胎发生的反应。拟南芥有单个基因编码的ABP1。利用T-DNA插入破坏*ABP1*基因会有致死效应，而增加1个转基因的功能拷贝则会挽救这种胚胎致死表型，表明正常的胚胎发生需要至少1个*ABP1*拷贝。②介导细胞体积增大。*ABP1*基因在一个诱导型启动子控制下转化烟草细胞，在对照植株中生长素只能诱导叶尖生长，而过量产生的转基因植株中，生长素可诱导整个叶片生长。③参与生长素诱导的细胞分裂。④引发质膜电反应，ABP1可能是通过与其他蛋白质的互作将生长素信号转导给质膜影响其超极化。

（2）生长素运输抑制剂反应1（transport inhibitor response 1，TIR1）

*TIR*1基因是最早对拟南芥耐生长素运输抑制剂如萘基酞氨酸（naphthylphthalamic acid，NPA）遗传检测时鉴别出来的，因此得名“生长素运输抑制剂反应1”。但其后发现TIR1并不参与生长素的运输，而是与生长素作用有关。很多生长素生理学家和发育生物学家多年寻找该途径中的生长素受体，直到2005年，才由Mark Estelle研究小组和Ottoline Leyser研究小组在多年研究工作的基础上发现TIR1及相关F-box蛋白就是生长素受体。

在生长素信号转导中起作用的一类E3酶是SCF复合体。它由SKP1、cullin/Cdc53p、F-box及RBX1/ROC1/HRT1 4个亚基组成。SCF就是前3个亚基的首字母缩写。cullin亚基作为复合体的支架，并与SKP1和RBX1结合。RBX1的功能是结合E2，并将其带至E3附近；RBX1与cullin形成二聚体，具有泛素化活性，介导E2与cullin互作，促进E2转移到靶蛋白。SKP1蛋白将RBX1/cullin二聚体与F-box蛋白接合在一起。F-box蛋白与SKP1通过氨基末端约40个氨基酸的F-box结构域（或F-box基序）互作。此外，F-box蛋白还直接与SCF底物互作，并且赋予SCF酶复合体底物特异性。

7.2.5.3　生长素信号转导机制

生长素反应受AUX/IAA和ARF（auxin response factor）两大蛋白质家族调控。此外，泛素介导的蛋白质降解途径也在生长素反应中发挥作用。

（1）AUX/IAA

很多实验都表明，生长素可刺激数百个基因表达。其中研究最清楚的是包括3个基因家族：*GH3*、*SAUR*（small auxin upregulated RNA）和*AUX/IAA*（auxin/indole-3-acetic acid inducible gene）。这些基因家族的每个成员在受到生长素刺激后，会不依赖于蛋白质合成迅速上调，因此称它们为原初生长素反应基因（primary auxin responsive genes）。实际上用蛋白质合成抑制剂放线菌酮或环己酰亚胺（cycloheximide）单独处理也可诱导这些基因的表达，表明它们是在迅速周转的抑制物蛋白调控下转录的。*GH3*编码生长素结合酶，可减少自由生长素的水平。*SAUR*基因最初从大豆中分离出来，主要在特异组织和特异的发育阶段表达，如正在伸长的上胚轴或下胚轴中。SAUR蛋白功能不明，但其氨基端区域并不是高度保守的，推测的碱性两亲性螺旋区可能为蛋白质提供钙调素结合点，有可能涉及钙和钙调蛋白的生长素信号转导。*AUX/IAA* 编码生长素诱导基因的迅速周转的转录抑制因子。

AUX/IAA 基因已经在双子叶植物如豌豆、蚕豆、拟南芥、烟草、棉花、番茄和苜蓿(*Medicago truncatula*)中发现。另外，在玉米、水稻等禾本科及松树等植物中也有发现。但没有在细菌、动物或真菌基因组种发现，说明 *AUX/IAA* 基因可能只存在于植物中。

(2) ARF

对 *AUX/IAA* 基因的启动子区域分析鉴定出了生长素反应原件(*ARE* 或 *AuxRE*)。*ARF* 在不同生长过程中发挥作用，如胚胎发生(*ARF5/MONPTEROS* 或 *MP*、*ARF17*)、根发育(*ARF7/NPH4/TIR5/MSG1*、*ARF10*、*ARF16*、*ARF19*)、花发育(*ARF1*、*ARF2*、*ARF3/ETTIN*、*ARF6*、*ARF8*)和老化(*ARF2*)。由于存在功能简并性，许多单个 *ARF* 基因突变往往不会表现明显的突变表型，但一些突变体组合则加重突变体的生长缺陷。其中 *arf5/mp* 突变体的影响最大，它会产生胚胎生长缺陷，并引起实生苗致死。

(3) 生长素调控蛋白降解途径

生长素到基因表达之间的信号转导是以泛素化途径进行的。生长素通过调控 AUX/IAA 转录抑制子蛋白降解途径来实现对基因表达调控。具有富谷酰胺转录激活结构的 ARF 家族成员可激活生长素反应基因。而 AUX/IAA 具有强有力的转录抑制结构域，它与富谷酰胺 ARF 异源二聚化可阻断这种激活。因此，AUX/IAA 蛋白作为短命蛋白，它的累积会引起很多生长素相关缺陷。SCFTIR1 复合体就是以 AUX/IAA 蛋白为靶蛋白，并将这些蛋白聚泛素化，从而被 COP9 信号体(COP signalosome)招募到 26S 蛋白酶体中降解。生长素可促进 AUX/IAA 蛋白的降解，从而释放富谷酰胺 ARF，启动基因转录。

泛素首先被泛素激活酶(ubiquitin-activating enzyme，E1)激活，之后转移给泛素结合酶(ubiquitin-conjugating enzyme，E2)，通过与 RBX1 的 RING finger(环指)结构域互作，将泛素带到底物 AUX/IAA 附近。激活后的 SCFTIR1 复合体加入到顺序泛素链中。一旦聚泛素化后，COP9 信号体就招募底物 AUX/IAA 到 26S 蛋白酶体中降解。生长素可通过与 F-box 蛋白(TIR1 其相关蛋白)直接结合，促进 AUX/IAA 与 F-box 蛋白的互作及 AUX/IAA 的降解，从而释放出 ARF 使其形成同源二聚体，促进基因转录。SCFTIR1 复合体的装配可通过 RUB1 调控。如同泛素化一样，RUB1 结合需要激活酶(E1)、接合酶(E2)和底物特异性连接酶(E3)的活性。AXR1-ECR1 二聚体(E1)激活并转移 RUB1 到 RCE1(E2)。RUB1 通过 RBX(E3)的活性结合到 CUL1 上，并导致 CAND1 分离，从而容许 SCFTIR1 复合体的形成。若干个底物泛素化循环后，RUB1 被 COP9 信号体除去。COP9 信号体还将释放 E2 酶，ASK1 和 TIR1 并刺激 CAND1 重新结合。当生长素刺激得不到维持时，AUX/IAA 与 ARF 结合，阻遏转录，反应停止。

7.3 赤霉素类

7.3.1 赤霉素的化学结构和种类

7.3.1.1 赤霉素的发现

赤霉素是在研究水稻恶苗病时发现的。水稻病害中有一种能使水稻疯长的病害，称为水稻恶苗病，该病是由赤霉菌引起的，所以又称赤霉病。1926 年日本病理学家黑泽英一发现，把从赤霉菌中提取的物质施到水稻上，也可以使水稻疯长，因此认为是一种化学物质引起水稻徒长。1938 年日本科学家薮田从水稻赤霉菌中分离并结晶出这种物质，命名为“赤霉素 A”(gibberellins A)，1959 年确定其化学结构，即赤霉酸(gibberellic acid，GA)。

7.3.1.2 赤霉素的化学结构和种类

在植物激素中，仅有赤霉素类(gibberellins，GAs)是根据其化学结构而不是生理功能来确定的，它们是一种双萜，由 4 个异戊二烯单位组成，均具有赤霉素烷(gibberelane)的基本结构，有 4 个环。在赤霉素烷上，由于双键、羟基数目和位置的不同，形成了各种赤霉素。赤霉素右下角的数字代表该赤霉素发现早晚的顺序，如 GA_1为第一个得到鉴定的赤霉素。根据赤霉素分子中碳原子总数的不同，可分为 C_{19}和 C_{20}2 类赤霉素。$GA_{1,2,3,7,9,22}$等属于 C_{19}赤霉素，$GA_{12,13,25,27}$等属于 C_{20}赤霉素。前者的生理活性高，而后者生理活性低。各类赤霉素都含有羧基，所以赤霉素呈酸性。几种常见的赤霉素的结构如图 7-11 所示。

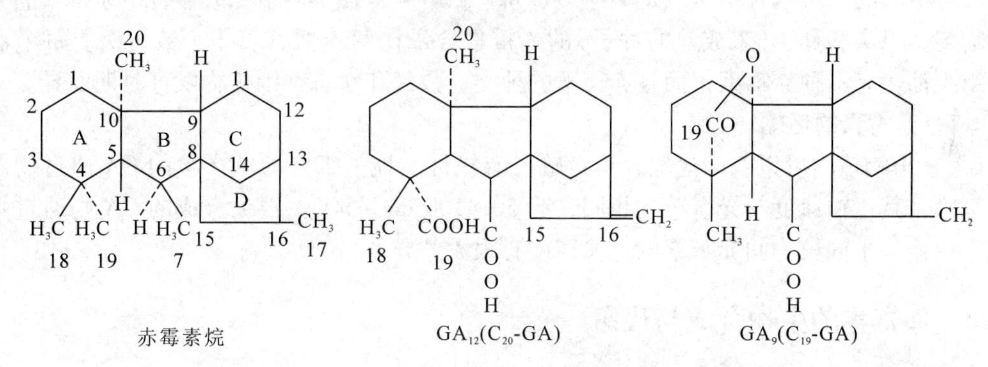

图 7-11 赤霉素烷、C_{20}-GA 和 C_{19}-GA 的结构(引自张立军 等，2007)

目前已知的赤霉素有 120 余种，其中有 80 余种来自于高等植物，有 10 多种来自于微生物，还有 10 多种为植物和微生物所共有。约 1/3 以上的 GAs 具有全部的 20 个碳原子，称为 C_{20}-GAs，其他的 GAs 则失去了第 20 位的碳原子，因此称为 C_{19}-GAs。同一种植物中可能含有多种 GAs，如菜豆至少含有 16 种，南瓜种子中至少含有 20 种，但有活性的很少。GAs 分子上一些特定的基团决定了其生物活性的有无或强弱。第 7 位碳原子上的羧基是 GAs 所共有的，同时也是产生活性所必需的，决定了赤霉素呈酸性。C_{19}-GAs 比 C_{20}-GAs 具有更强的生物学活性。另外，凡是具有 3-β-羟化、3-β 和 13-双羟化、或 1,2-不饱和键的 GAs 均具有更高的活性，其中兼具 3-β-羟化和 1,2-不饱和键的 GAs 表现出最强的活性。在第 2 位引入 1 个羟基，就会导致活性的丧失。

在 GAs 家族中，大多数成员没有生物活性或活性很低。其中一部分是合成活性 GAs 的前体物质，另一部分是活性 GAs 的代谢产物。在高等植物中，GA_1可能是最主要的调控茎伸长生长的物质。

在所有的 GAs 中，GA_3可以从赤霉菌发酵液中大量提取，是目前主要的商品化和农用形式，其研究也最为透彻。而 GA_1和 GA_{20}活性非常强，可能是高等植物中起主要作用的 GAs。

7.3.1.3 赤霉素的存在形式

植物体内赤霉素有 2 种存在形式：一是游离型，易被有机溶剂提取出来，不以键的形式与其他物质结合，具有生物活性；二是结合型，赤霉素可以与糖类结合成 GA 葡萄糖苷，与乙酸结合成GA乙酸乙酯，也可以与氨基酸和蛋白质结合。结合型GA暂时失去活性，在一定条件下，可以通过酸水解或蛋白酶分解释放出有活性的游离赤霉素。结合型GA可能是赤霉素的贮藏形式。在植物的不同发育时期，游离型与束缚型GA可相互转化。例如，在种子成熟时，游离型的GA不断转变成束缚型的GA而贮藏起来；而在种子萌发时，束缚型的GA又通过酶促水解转变成游离型的GA而发挥其生理调节作用。

7.3.2 赤霉素的分布和运输

7.3.2.1 赤霉素的分布

赤霉素广泛分布于被子植物、裸子植物、蕨类、藻类、细菌和真菌中。高等植物主要存在于生长旺盛的嫩叶、根尖、茎尖和果实及未成熟种子之内。

高等植物的赤霉素含量一般是1~1 000 $ng \cdot g^{-1}$FW，在不同组织或器官中赤霉素的分布很不均匀，果实和种子(未成熟的种子)的赤霉素含量比营养器官多2个数量级。每个器官或者组织都含有多种赤霉素，而且赤霉素的种类、数量和状态都因植物发育时期而异。

7.3.2.2 赤霉素的运输

GA在植物体内可以双向运输，其运输没有极性。地上部叶原基产生的GA通过韧皮部向下运输，其运输速度与光合产物相同，为50~100 $cm \cdot h^{-1}$；根尖合成的GA则通过木质部向上运输。不同植物间赤霉素的运输速度有很大差异。

7.3.3 赤霉素的生物合成与代谢

7.3.3.1 赤霉素的生物合成

高等植物体内GAs的合成部位主要是生长中的种子和果实、幼茎顶端和根部，具体是在细胞内的质体、内质网和胞基质中合成。

赤霉素的合成和植物的发育时期密切相关。其中，在2个时期赤霉素的合成明显增加：一是在开花初期；二是在种子生长期间。这说明GAs合成可能与果实生长及种子发育有关。

赤霉素的生物合成可分为3个步骤(图7-12)：

步骤1：在质体进行，由牻牛儿牻牛儿焦磷酸(GGPP)转变为内根—贝壳杉烯。

步骤2：在内质网中进行，内根—贝壳杉烯转变为GA_{12}-醛，接着转变为GA_{12}或GA_{53}，依赖于GA的C-13是否羟基化。

步骤3：在胞质溶胶中进行，GA_{12}和GA_{53}转变为其他GA。这些转变是在C_{20}处进行一系列氧化。在β羟基途径中产生GA_{20}。GA_{20}于是氧化为活化的GA_1，如果C-3羟基化则成为GA_4，最后GA_{20}和GA_1的C-2羟基化，则分别形成不活化的GA_{29}和GA_8。

7.3.3.2 赤霉素的降解

赤霉素的失活代谢有3种方式：一是通过2-β-羟化反应，使活性赤霉素以及活性赤霉素前体不可逆地失去生物活性；二是形成糖基结合物，使赤霉素失活；三是外施赤霉素进入植物体后，发生缓慢的酶降解而失活。

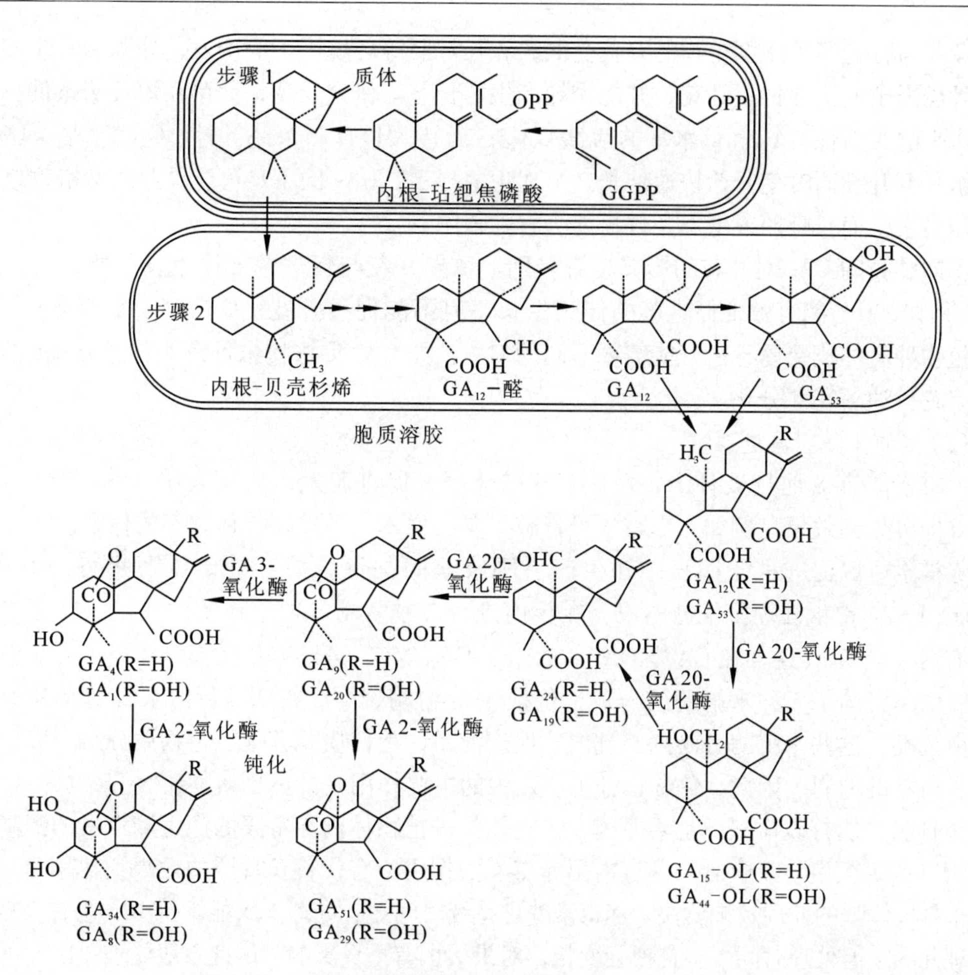

图 7-12 赤霉素的生物合成(引自 Taiz and Zeiger, 2002)

7.3.4 赤霉素的生理作用和应用

(1)促进茎的伸长生长

玉米中存在 30 余种矮生型突变体，均表现为节间缩短的性状，成熟时的高度只能达到正常植株的 20%~25%。其中至少有 5 种突变体，在 GA_3处理后能恢复到正常植株的高度，但它们对其他的激素和生长调节剂均不产生响应，这 5 个位点的突变分别阻断了 GA_1生物合成途径中 5 个不同的步骤。

B. O. phinney 和 P. W. Brian 研究组用玉米和豌豆的矮生型突变体以及随后用水稻、大豆、拟南芥等植物的矮生型突变体所做的实验，都有力地证明，施用外源 GA_3能使矮生型突变体恢复正常的野生性状。

这些均说明赤霉素能明显促进茎的伸长生长。

(2)诱导开花

GAs 对植物开花的诱导效应视不同植物反应型而异。施用 GAs 能促进多种长日照植物或需低温的植物在不适宜的环境下开花，但对短日照及中间性植物一般没有效果。

菠菜与甘蓝等莲座型植物的开花受低温和长日照等环境因子的诱发，外源 GA_3能够代替上述环境因子而诱导抽薹开花，并能诱导产生超长茎。研究发现，菠菜在短日照条件下，含有高水平的无活性 GA_{19}和低水平的活性 GA_{20}；当转入长日照条件下时，GA_{19}水平下降，而 GA_{20}水平上升，同时茎开始快速伸长。上述现象提示，GAs 的不足可能是莲座型植物茎伸长的限制因素，而长日照或低温条件可能会解除该限制。

不同种类的 GAs 对开花的影响也有差别。诱导开花与促进营养体生长可能需要不同的 GAs，例如，GA_1能有效地促进茎的伸长生长，但不能促进开花；GA_{32}能有效地促进开花。不同植物种类的成花诱导也可能需要不同的 GAs，如 GA_{47}促进松柏科植物花芽分化，GA_5促进十字花科油菜花芽分化。

(3)打破休眠，促进萌发

赤霉素能有效地打破种子、块茎、芽的休眠，促进萌发，研究表明，赤霉素处理后，2~3 d 即可见到效果。例如，赤霉素可打破人参、树木、马铃薯等休眠芽的休眠。

赤霉素可以促进种子萌发。在生产上刚收获的马铃薯块茎处于休眠状态，用 0.5~1.0mg·L^{-1}赤霉素处理可促进萌发，在年内进行二季栽培。种子在萌发初期，胚芽中主要产生有活性的 GA_1(还存在 GA_3、GA_{27}、GA_{19}及 GA_{48}等)，分泌并扩散至糊粉层。在糊粉层细胞中，GAs 启动了多种水解酶的合成，包括 α-淀粉酶、β-淀粉酶、蛋白水解酶及其他的淀粉降解酶类，这些水解酶分泌到胚乳内，促进淀粉、蛋白质及其他贮存物质分解，以提供幼苗生长所需的原料。因此，GAs 在种子萌发中的主要作用是动员贮藏物质。

长日照也能打破休眠，主要原因在于它能促进植物体内赤霉素的产生和水平的提高。外部使用赤霉素被植物吸收后，具有内源赤霉素的作用，有代替长日照的效果，比用延长日照时数来打破休眠的处理效果要快。赤霉素处理持续时间短，处理1次能维持10d左右，需要重复处理几次。但处理时间太多花梗会变长，对果形也有不良影响，因此一般处理2次即可。

(4)促进雄花分化

GAs 对花的性别分化以及随后的果实发育起调节作用。在黄瓜等葫芦科植物花芽分化初期施用 GAs 能促进雄花发育，施用 GAs 合成抑制剂有促进雌花发育的趋向。雄花植株的内源 GAs 含量较雌花植株高。

(5)诱导单性结实

赤霉素与生长素都可使未受精的子房膨大，发育成无籽果实。生产上用赤霉素可以使葡萄、草莓、杏、梨、番茄等得到无籽果实。

(6)其他生理效应

赤霉素可以促进细胞的分裂与分化。在组织培养中，与生长素共同诱导木质部与韧皮部的分化，但与生长素不同，赤霉素对不定根的形成起抑制作用。

赤霉素能提高植物的坐果率。例如，用 10~20 mg·L^{-1}赤霉素于花期喷施，可以提高苹果和梨的坐果率。棉花于盛花期使用 20~50 mg·L^{-1}赤霉素点涂在花冠或开花 1~2 d 的幼铃上，可防止落花落铃。

当晚稻遇阴雨低温而抽穗迟缓时，用赤霉素处理能促进抽穗；或在杂交水稻制种中调节花期以使父母本花期相遇等。

7.3.5 赤霉素的作用机理

7.3.5.1 赤霉素与酶的合成

GA 可以促进无胚大麦种子合成 α-淀粉酶，在一定浓度范围内，α-淀粉酶的产生与外源 GA 的浓度成正比。大麦种子内的贮藏物质主要是淀粉，发芽时淀粉在 α-淀粉酶的作用下水解为糖以供胚生长的需要。如果种子无胚，则不能产生 α-淀粉酶，但外加 GA 可代替胚的作用，诱导无胚种子产生 α-淀粉酶。如果既去胚又去糊粉层，虽然用 GA 处理，淀粉仍不能水解(图 7-13)，这证明糊粉层细胞是 GA 作用的靶细胞。籽粒在萌发时，贮藏在胚中的束缚型 GA 水解释放出游离的 GA，通过胚乳扩散到糊粉层，并诱导糊粉层细胞合成 α-淀粉酶，酶扩散到胚乳中催化淀粉水解(图 7-14)，水解产物供胚生长需要。

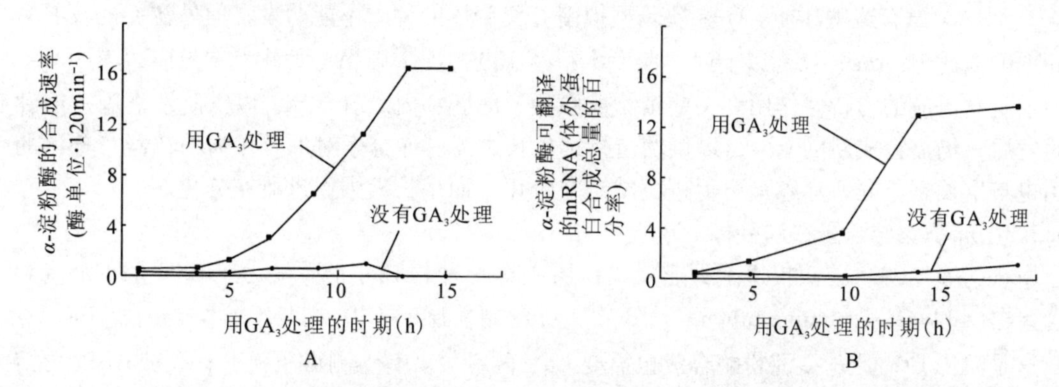

图 7-13 GA 对大麦糊粉层产生的 α-淀粉酶的影响(引自 Ritchie *et al.*，2000)

A. 酶合成 B. mRNA 合成

GA 不但诱导 α-淀粉酶的合成，也诱导其他水解酶(如蛋白酶、核糖核酸酶、β-1，3 葡萄糖苷酶等)的形成，但以 α-淀粉酶为主，占新合成酶的 60%~70%。

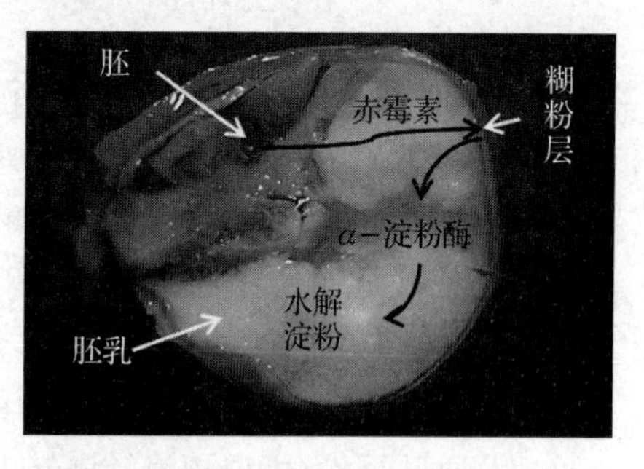

图 7-14 玉米籽粒纵剖面示意及水解酶的合成与 GA 的关系

7.3.5.2 GA 调节 IAA 水平

GA 和 IAA 在促进生长、诱导单性结实等方面具有相似的效应，原因是 GA 可使内源 IAA 的水平增高。①GA可以降低 IAA 氧化酶的活性，所以减少了生长素的降解；② GA 可以增加蛋白酶的活性，降解蛋白质，释放游离态氨基酸，使 IAA 的合成前体色氨酸增多；③ GA 还促进束缚型 IAA 释放出游离型 IAA。以上这 3 个方面都增加了细胞内 IAA 的水平，从而促进生长(图 7-15)。

但 GA 和 IAA 的生理效应并不完全相同，例如，GA 能打破芽和种子的休眠、诱导禾谷类种子 α-淀粉酶的合成、促进未春化的二年生及长日植物成花，以及促进矮生植株节间的

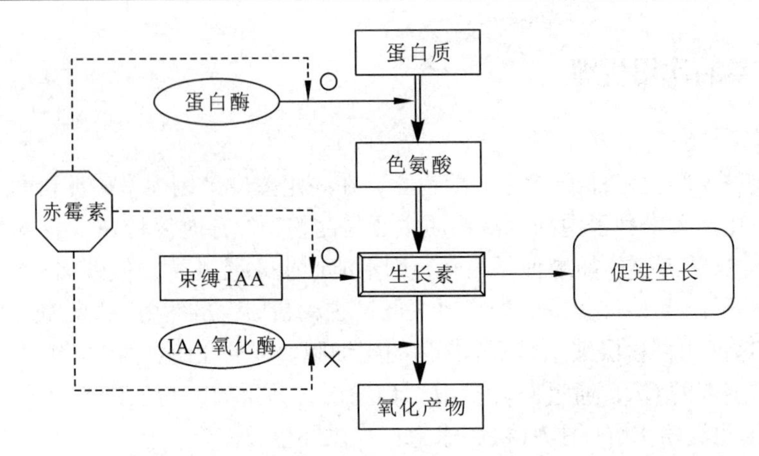

图 7-15 GA 与 IAA 形成的关系(引自 Davies, 2004)

双线箭头表示生物合成;虚线箭头表示调节部位。○表示促进;×表示抑制

伸长,而 IAA 没有这些功能。GAs 缺乏型拟南芥突变体的种子不能萌发,但外源 GA_4 及 GA_7 的处理浓度达 10 μmol · L^{-1}以上时,萌发率可达 100%。外源 IAA 对此没有效应,表明 GAs 对种子萌发效应的独特性作用。一些植物成熟种子的胚芽内贮有 GAs,以供萌发之用,但种子萌发后,仍需合成新的 GAs,以供幼苗持续生长之需。赤霉素对瓜类作物的花器官分化的作用也与生长素不同,赤霉素可促进黄瓜雄花分化,而生长素则促进雌花分化。

7.3.5.3 赤霉素结合蛋白和受体

Hooley 等(1993)首次报道了野燕麦糊粉层中有一种相对分子质量为 60 000 的 GA 特异结合蛋白(gibberellin binding protein, GBP)。小麦糊粉层的 GBP 在与 GA_1 结合时需 Ca^{2+} 参与,这是因为 GA_1 促进 α-淀粉酶合成也需要 Ca^{2+} 的缘故。有人测得质膜上有 2 种 GBP(可溶多肽和膜结合多肽)介导了 GA 诱导的 α-淀粉酶基因表达的调节过程。有人在黄瓜下胚轴及豌豆上胚轴的胞液内发现少量的 GBP 具有可饱和性和可逆性,能与具有强生物活性的 GA_4 和 GA_7 结合。

Ueguchi-Tanaka 等(2005)发现了一类新的 GA 不敏感的矮小水稻突变体 *gid*1。相对于其他突变体来说,*gid*1 突变体表现出对外源 GA 完全不响应的种种特征。GA 响应的一个明显特征是诱导谷类植物糊粉层中 α-淀粉酶的合成,但在 *gid*1-1 突变体中即使外施 100 倍的 GA_3,此种诱导过程也未检测到。GID1 蛋白位于 GA 信号转导途径的起始接收 GA 信号,GID1 蛋白是 GA 的一种可溶性受体。

7.3.5.4 赤霉素诱导 DELLA 蛋白的降解

GA 通过泛素/蛋白酶途径诱导 DELLA 蛋白降解,解除 DELLA 蛋白对下游因子的抑制。DELLA 区缺失或发生点突变导致突变的蛋白对 GA 诱导的降解不敏感。缺少 DELLA 区的 SLRl1 不为 GA 诱导而降解。但经 GA 处理后的 RGL1 或 GAJ 依然保持稳定,说明 GA 可能是通过不同的机制调节 DELLA 蛋白降解。

7.3.5.5 赤霉素信号转导

在水稻、拟南芥和大麦中,GA 信号均导致 DELLA 降解,DELLA 蛋白通过作用于 SCF 复合体的 F-box 蛋白而与泛素结合,随后经泛素/26S 蛋白酶体途径降解,解除其对下游 GA

响应基因的抑制。水稻和拟南芥的 F-box 蛋白 GID2/SLYl/SNE 均参与这个过程。在水稻 GA 信号途径中(图 7-16)，GA 与质膜外受体结合，通过 G 蛋白或 Ca^{2+} 以及 GID1 将信号传到胞内，SLRl 即与 SCF 饼 D2 复合体作用，从而为泛素/26S 蛋白酶体途径降解，解除 DELLA 蛋白的抑制作用，进而调节植物的生长发育。马铃薯的 U-box 蛋白 PHORl 也可能通过泛素/E3 连接酶参与 DELLA 蛋白的降解。拟南芥 SPY 则通过激活 DELLA 蛋白参与 GA 的信号调节植物的发育。

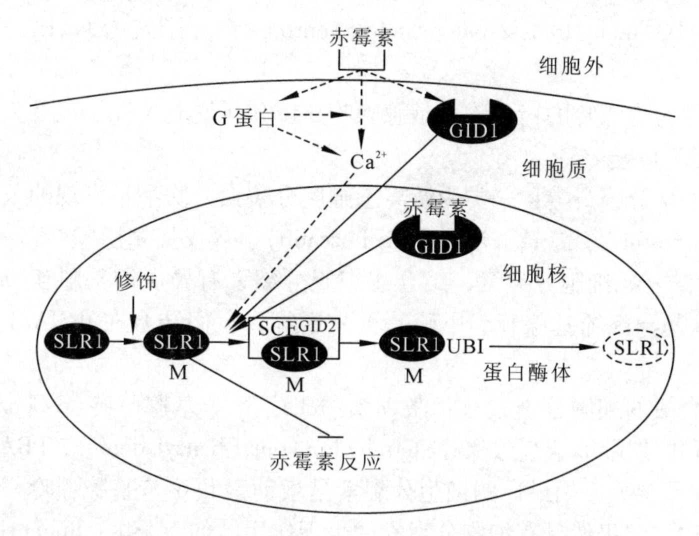

图 7-16　赤霉素信号转导模式图(引自 Hartweck and Olszewski，2006)

7.4　细胞分裂素类

7.4.1　细胞分裂素的种类和化学结构

7.4.1.1　细胞分裂素的发现

F. Skoog 等(1948)在寻找促进组织培养中细胞分裂的物质时，发现生长素存在时腺嘌呤具有促进细胞分裂的活性。J. R. Jablonski 和 F. Skoog 等(1954)发现烟草髓组织在只含有生长素的培养基中细胞不分裂只长大，如果将髓组织与维管束接触，则细胞分裂。后来他们发现维管组织中有可以诱导细胞分裂的物质。1955 年，C. O. Miller 和 F. Skoog 等偶然将存放了 4 年的鲱鱼精细胞 DNA 加入到烟草髓组织的培养基中，发现能显著诱导细胞的分裂，但用新提取的 DNA 却不能促进细胞分裂，如果将新鲜 DNA 在 pH <4 的条件下进行高压灭菌处理后加入培养基，则可促进细胞分裂。他们分离出这种活性物质，命名为激动素(kinetin，KT)。激动素并非 DNA 的组成部分，它是 DNA 在高压灭菌处理过程中发生降解后的重排分子。激动素只存在于动物体内，在植物体内迄今为止还未发现。

植物体内广泛分布着能促进细胞分裂的物质。1963 年，D. S. Letham 从未成熟的玉米籽粒中分离出了一种类似于激动素的细胞分裂促进物质，命名为玉米素(zeatin，Z，ZT)，玉米素是最早发现的植物天然细胞分裂素，其生理活性远强于激动素。

1965 年，F. Skoog 等提议将来源于植物的、其生理活性类似于激动素的化合物统称为细胞分裂素(cytokinin，CTK，CK)，目前在高等植物中已至少鉴定出了 30 多种细胞分裂素。

7.4.1.2　细胞分裂素的种类和结构特点

1956 年，C. O. Miller 等从高压灭菌处理的鲱鱼精细胞 DNA 分解产物中纯化出了激动素结晶，并鉴定出其化学结构(图 7-17)为 6-呋喃氨基嘌呤(N6-furfurylaminopurine)，分子式为 $C_{10}H_9N_{50}$，相对分子质量为 215.2。

玉米素的结构也于 1964 年确定，其化学结构为 6-(4-羟基-3-甲基-反式-2-丁烯基氨基)嘌呤[6-(4-hydroxyl-3-methy-trans-2-butenylamino)purine]，分子式为 $C_{10}H_{13}N_{50}$，相对分子质量为 129.7(图 7-17)。

细胞分裂素都为腺嘌呤的衍生物，是腺嘌呤 6 位和 9 位上 N 原子以及 2 位 C 原子上的 H 被取代的产物(图 7-17)。

天然细胞分裂素分为 2 类：一类为游离态细胞分裂素，除最早发现的玉米素外，还有玉米素核苷(zeatin riboside)、二氢玉米素(dihydrozeatin)、异戊烯基腺嘌呤(isopentenyladenine，iP)等；另一类为结合态细胞分裂素，结合态细胞分裂素有异戊烯基腺苷(isopentenyl adenosine，iPA)、甲硫基异戊烯基腺苷、甲硫基玉米素等，它们结合在 tRNA 上，构成 tRNA 的组成成分。

常见的人工合成的细胞分裂素有：激动素(KT)、6-苄基腺嘌呤(6-benzyl adenine，BA，6-BA)(图 7-17)和四氢吡喃苄基腺嘌呤(tetrahydropyranyl benzyladenine，PBA，又称多氯苯甲酸)等。在农业和园艺上应用最广的细胞分裂素是激动素和 6-苄基腺嘌呤。有的化学物质虽然不具腺嘌呤结构，但仍然具有细胞分裂素的生理作用，如二苯脲(diphenylurea)。

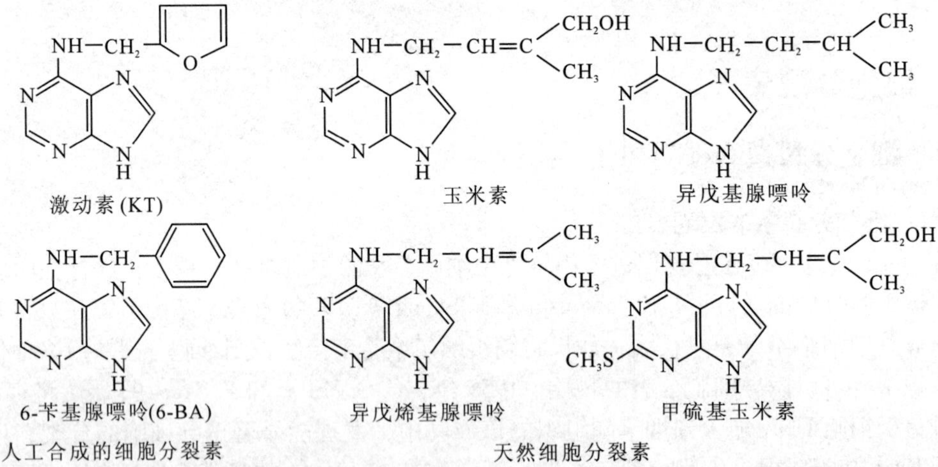

图 7-17　常见的天然细胞分裂素和人工合成的细胞分裂素的结构式(引自张立军 等，2007)

7.4.2　细胞分裂素的分布与运输

7.4.2.1　细胞分裂素的分布

细胞分裂素分布于细菌、真菌、藻类和高等植物中。

细胞分裂素广泛存在于高等植物的根、茎、叶、果实、种子中。正在进行细胞分裂的部位(如根尖、茎尖)，正在发育与萌发的种子和发育中的果实，细胞分裂素含量较高。通常细胞分裂素含量在 1 ~ 1 000 ng · g^{-1}FW。

7.4.2.2 细胞分裂素的运输

根系是细胞分裂素合成的主要场所，所合成的细胞分裂素通过木质部向上运输。细胞分裂素的运输形式主要是玉米素和玉米素核苷。在韧皮部中只检测到少量的细胞分裂素，施到叶片上的放射性细胞分裂素也几乎不向外运输。

7.4.3 细胞分裂素的生物合成和代谢

7.4.3.1 细胞分裂素的合成部位

细胞分裂素的主要合成部位是在细胞分裂旺盛的根尖、茎端及生长中的种子和果实的细胞内微粒体。根尖合成的细胞分裂素经木质部运到地上部分，在伤流液或木质部汁液中均检测出细胞分裂素。

植物细胞内细胞分裂素与细胞鲜重的质量比为 1 ~ 1 000 ng · g^{-1}。根癌农杆菌中的 *T-DNA* 基因可以诱发冠瘿瘤细胞中产生大量的细胞分裂素，因此，冠瘿瘤是提取细胞分裂素及研究其合成途径的有用材料。

7.4.3.2 细胞分裂素的合成途径

细胞分裂素可以由 tRNA 水解产生，也可以从头合成(高等植物)。

tRNA 水解产生的是顺式玉米素，在顺反异构酶的作用下，能转变为有活性的反式玉米素。然而 tRNA 的代谢速率很低，对于形成植物体内大量的细胞分裂素是不够的，这说明由 tRNA 水解产生细胞分裂素在植物体内是条次要途径。

在高等植物中，合成细胞分裂素的主要途径是从头合成途径。合成细胞分裂素的前体物是甲瓦龙酸。甲戊烯转移酶(isopentenyl transferase，IPT)把二甲烯丙基二磷酸(dimethylallyl diphosphate，DMAPP)的异戊烯基转移到腺苷部分，与植物的 ATP/ADP 或细菌的 AMP 分别合成异戊烯腺苷-5′-三磷酸(iPTP)/异戊烯腺苷-5′-二磷酸(iPDP)或异戊烯腺苷-5′-磷酸(iPMP)，它们经过水解酶转变为反式玉米素(图 7-18)。

7.4.3.3 细胞分裂素的分解

细胞分裂素在细胞内的降解主要是由细胞分裂素氧化酶催化的。它以分子氧为氧化剂，催化玉米素、玉米素核苷、异戊烯基腺苷(iP)及它们的 N-葡糖苷的 N^6 上不饱和侧链裂解，释放出腺嘌呤等，彻底失去生物活性(图 7-19)。

细胞分裂素氧化酶不可逆地钝化细胞分裂素，因此它调节或限制该激素的生理作用。结合在细胞分裂素侧链上的有机物，也可以被葡糖苷酶(glucosidase)脱去，产生游离细胞分裂素。

植物体就是通过细胞分裂素的生物合成、降解，结合态、游离态等的转变，维持体内的细胞分裂素水平，适应生长发育的需要。

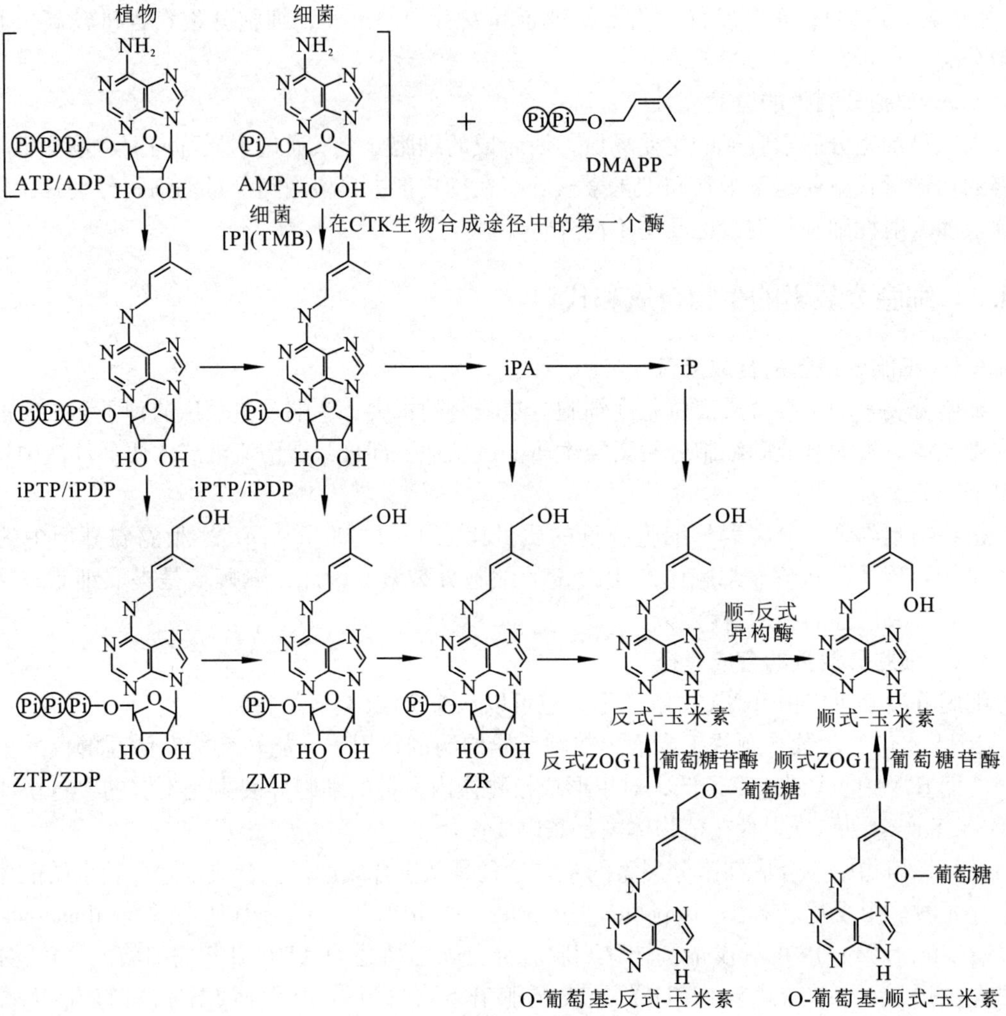

图 7-18　细胞分裂素生物合成途径(引自 J. Kieber，2002)

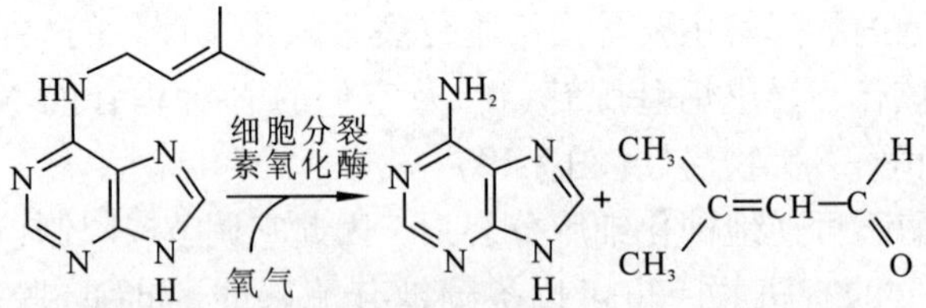

图 7-19　异戊烯腺嘌呤(iP)被细胞分裂素氧化酶不可逆地分解(引自张立军 等，2007)

7.4.4　细胞分裂素的生理作用和应用

(1)促进细胞分裂与扩大

细胞分裂素的主要生理功能就是促进细胞的分裂。生长素、赤霉素和细胞分裂素都有促进细胞分裂的效应，但它们各自所起的作用不同。细胞分裂包括核分裂和胞质分裂 2 个过程，生长素只促进核的分裂(因促进了DNA的合成)，而与细胞质的分裂无关。所以长素处理后容易产生多核细胞。而细胞分裂素主要是对细胞质的分裂起作用，所以细胞分裂素促进细胞分裂的效应只有在生长素存在的前提下才能表现出来。而赤霉素促进细胞分裂主要是缩短了细胞周期中的G_1期(DNA合成准备期)和S期(DNA合成期)的时间，从而加速了细胞的分裂。

(2)诱导芽的分化

促进芽的分化是细胞分裂素最重要的生理效应之一。细胞分裂素和生长素的相互作用控制着愈伤组织根、芽的分化。当培养基中[CTK]/[IAA]的比值高时，愈伤组织形成芽；当[CTK]/[IAA]的比值低时，愈伤组织形成根；如果二者的浓度相等，则愈伤组织保持生长而不分化。所以，通过调整二者的比值，可诱导愈伤组织形成完整的植株。

(3)延缓叶片衰老

细胞分裂素的主要生理功能之一是延缓叶片衰老。衰老与光信号也密切相关。通常，离体叶片在黑暗中会加速衰老。在筛选可以延缓黑暗诱导的离体叶片衰老的突变体时，Kim等(2006)分离鉴定了1个AHK3的功能获得型突变体。进一步研究发现，过量表达*AHK3*的转基因植物同样可以延缓黑暗诱导的离体叶衰老，而AHK3的功能缺失型突变体则会加速离体叶的衰老，同时细胞分裂素对叶片衰老的抑制作用在*ahk*3突变体中也出现了大幅的减弱，说明AHK3在细胞分裂素调节的叶片衰老过程中起到了正调控作用。

细胞分裂素延缓衰老是由于细胞分裂素能够延缓叶绿素和蛋白质的降解速度，稳定多聚核糖体(蛋白质高速合成的场所)，抑制DNA酶、RNA酶及蛋白酶的活性，保持膜的完整性等；细胞分裂素还可以促进核酸和蛋白质的合成；而且，同生长素一样，细胞分裂素还可调动多种养分向处理部位移动，促进物质的积累。例如，在离体叶片上局部涂以激动素，则在叶片其余部位变黄衰老时，涂抹激动素的部位仍保持鲜绿。

(4)促进侧芽发育

细胞分裂素可以解除顶端优势，促进侧芽生长发育。若以细胞分裂素滴加到豌豆幼苗第一片真叶(叶腋呈潜伏状)的侧芽上，腋芽生长发育加快，这是由于细胞分裂素作用于侧芽后，使侧芽加快向茎维管束分化成输导组织的速度，使营养物质快速运到侧芽而导致侧芽生长发育。

(5)打破种子休眠

细胞分裂素可以打破种子休眠。例如，需光种子莴苣和烟草等在黑暗中不能萌发，细胞分裂素则可代替光照打破这类种子的休眠，促进其萌发。

7.4.5 细胞分裂素的作用机理

近年来的研究表明，在植物体内细胞分裂素是利用了一种类似于细菌中双元组分系统的途径将信号传递至下游元件的。在拟南芥中，首先是作为细胞分裂素受体的组氨酸激酶(histidine kinases，AHKs)与细胞分裂素结合后自磷酸化，并将磷酸基团由激酶区的组氨酸转移至信号接收区的天冬氨酸，天冬氨酸上的磷酸基团被传递到胞质中的磷酸转运蛋白，磷酸化的 AHPs 进入细胞核并将磷酸基团转移到 A 型和 B 型反应调节因子上，进而调节下游的细胞分裂素反应。B 型 ARR 是一类转录因子，作为细胞分裂素的正调控因子起作用，可激活 A 型 *ARR* 基因的转录。A 型 ARR 作为细胞分裂素的负调控因子可以抑制 B 型 ARR 的活性，从而形成了一个负反馈循环。细胞分裂素受体 CRE1/AHK4/WOL 除激酶活性外还同时具有磷酸酶的活性，可以将磷酸基团从磷酸化的 AHPs 上转移回 CRE1 的天冬氨酸上，说明细胞分裂素介导的磷酸基团传递是一个双向可逆的过程。在拟南芥中发现了 3 个作为细胞分裂素受体的 AHK、5 个 AHP 以及 23 个 ARR。分子生物学和遗传学研究表明，不同的 AHK、AHP 和 ARR 之间在序列上有着很高的同源性，并存在高度的功能冗余现象。最近的研究发现它们同时也具有一定的功能特异性，不同的 AHK、AHP 和 ARR 可能在特定的细胞分裂素反应或与其他信号途径的交叉反应中起主要作用。这些功能冗余又不失特异性的蛋白一起组成了细胞分裂素的信号转导网络。

7.4.5.1 细胞分裂素对转录和翻译的控制

利用基因芯片技术检测拟南芥对细胞分裂素的早期反应和延迟反应的基因表达，结果表明，5 日龄的拟南芥幼苗，用细胞分裂素处理 15 min 后，有 71 个基因的表达上调，有 11 个基因的表达下调。早期表达基因中有高比例的转录因子基因，包括 5 个质粒基因转录产物，说明细胞分裂素信号可以迅速传递到质粒，或者质粒可直接感受细胞分裂素。激素处理 2 h 后，编码转录调节蛋白、信号蛋白、发育和激素调节蛋白、基本代谢(primary metabolism)和次生代谢(secondary metabolism)、能量产生和胁迫响应的基因占主要地位。有显著数量的基因是已知的调节依赖光(PHYA、PSK1、CIP8、PAT1、APRR)、生长素(Aux/IAA)、乙烯(ETR2、EIN3、ERFs/EREBPs)、赤霉素(GAI、RGA1、GA20 oxidase)、硝酸盐(NTR2、NIA)和糖(STP1、SUS1)的反应过程的基因。这表明在环境因子、植物激素和代谢物之间存在着强烈的交叉作用。

激动素能与豌豆芽染色质结合，调节基因活性，促进 RNA 合成。6-BA 加入到大麦叶染色体的转录系统中，增加了 RNA 聚合酶的活性。在蚕豆细胞中，6-BA 或受体蛋白单独存在时，都不能促进 RNA 合成，只有两者同时存在下，3H-UTP 掺入核酸中的量才显著增多。这表明细胞分裂素有促进转录的作用。

多种细胞分裂素是植物 tRNA 的组成成分，占 tRNA 结构中约 30 个稀有碱基的小部分。这些细胞分裂素成分都在 tRNA 反密码子(anti-codon)的 3′ 末端的邻近位置，由于 tRNA 反密码子与 mRNA 密码子之间相互作用，因此曾设想，细胞分裂素有可能通过它在 tRNA 上的功能，在翻译水平发挥调节作用，由此通过控制特殊蛋白质合成来发挥作用。但是，玉米种子 tRNA 含有顺式玉米素，而游离玉米素则是反式的，这使人们怀疑细胞分裂素与 tRNA 的关系。然而现已从菜豆(*Phasolus vulgaris*)种子中分离出玉米素顺反异构酶(zeatin cis-trans-isomerase)，暗示了细胞分裂素和 tRNA 之间确实存在某种关系。

细胞分裂素可以促进蛋白质的生物合成。因为细胞分裂素存在于核糖体上，促进核糖体与 mRNA 结合，形成多核糖体，加快翻译速度，形成新的蛋白质。试验证实，细胞分裂素可诱导烟草细胞的蛋白质合成，形成新的硝酸还原酶。此外，细胞分裂素还促进 mRNA 的合成，Crowell(1990)从大豆细胞得到 20 种 DNA 克隆及所产生的 mRNA，细胞分裂素处理后

4 h 内，这些 mRNA 明显增加，比对照高 2~20 倍。不同的细胞分裂素表现相似的效果。这些 mRNA 的变化发生在生长反应之前，且受生长素的影响。

7.4.5.2 细胞分裂素与钙信使的关系

细胞分裂素的作用可能与钙密切相关。在多种依赖细胞分裂素的植物生理试验中，钙与细胞分裂素表现相似的或相互增强的效果，例如，延缓玉米叶片老化，扩大苍耳子叶面积等。Sunders and Hepler(1982)用葫芦藓丝体为试验材料，测定细胞分裂素促进芽分化效果与钙分布的相关性，发现在细胞分裂素处理 12 h 后原丝体尖端细胞中钙含量显著增加，后来芽即从这个钙累积部位分化。Sunders(1990)用免疫技术显示了细胞分裂素在丝体内的分布。在不能分化成芽的丝体尖端细胞内没有细胞分裂素积累，但在具有芽分化能力的丝体尖端却呈现强烈的荧光，这表明细胞分裂素在该处明显地累积。细胞分裂素在可分化成芽的靶细胞内可能与受体结合。免疫荧光技术已证实钙离子最初在靶细胞的核中累积，然后转移到特定的分裂位置，可能在染色体移动时起重要作用。细胞分裂素与钙在分布上的相关性提示钙可能是细胞分裂素信息传递系统的一部分。

钙往往通过钙—钙调素复合体而作为第二信使。一些研究表明，细胞分裂素作用还与钙调素活性有关。此外，细胞分裂素与钙的关系还可因细胞发育阶段而变化。例如，大豆下胚轴质膜中存在依赖 ATP 的钙离子泵，这种钙离子泵对细胞分裂素的敏感性会随细胞生长过程而不同。

细胞分裂素及其结合蛋白存在于核糖体，能调节基因活性，促进 mRNA 和新的蛋白质的合成。在培养的大豆细胞中，CTK 能引起蛋白质合成总速率增加，并可改变^{35}S-甲硫氨酸掺入蛋白质的方式。其作用还体现在能引起培养细胞中多聚核糖体含量增加，这可能是由于 CTK 促进了 mRNA 的转录速率或增加了 mRNA 的稳定性。E. Tobin 等(1987)报道，在浮萍中 CTK 可以增加转录后 mRNA 的稳定性。在提供蔗糖作为碳源的情况下，浮萍可以在暗中进行异养生长。但是在黑暗中，2 种核编码叶绿体蛋白(Rubisco 的小亚基，聚光复合体中叶绿素 a/b 的结合多肽)的 mRNA 丰度会逐渐下降到很低的水平。用短暂的红光照射，或在培养基中加入 CTK，都能增加 2 种蛋白的 mRNA 丰度。有实验证明，CTK 的作用与钙分布和钙调素活性有关。

目前已发现在拟南芥细胞分裂时，CTK 有 2 个受体：一是 CTK 独立 1(cytokinin independent 1，CKI1)蛋白，二是 CTK 受体 1(cytokinin receptor 1，GRE1)蛋白。*GRE*1 基因能编码一种具有组氨酸激酶(HPK)活性的蛋白组分，其 N 末端为信号感受区域，随后是信号的接受区与传递区。当 CTK 与 CRE1 结合之后，会激发组氨酸蛋白激酶(HPK)将磷酸基团传递到细胞核里，由拟南芥反应调节蛋白(*Arabidopsis* response regulator，ARR)接收磷酸基团输出的信号，2 种类型(A、B)ARR 与各种效应物相互作用，产生细胞反应，如细胞分裂。细胞分裂素的信号转导模式图如下(图 7-20)。

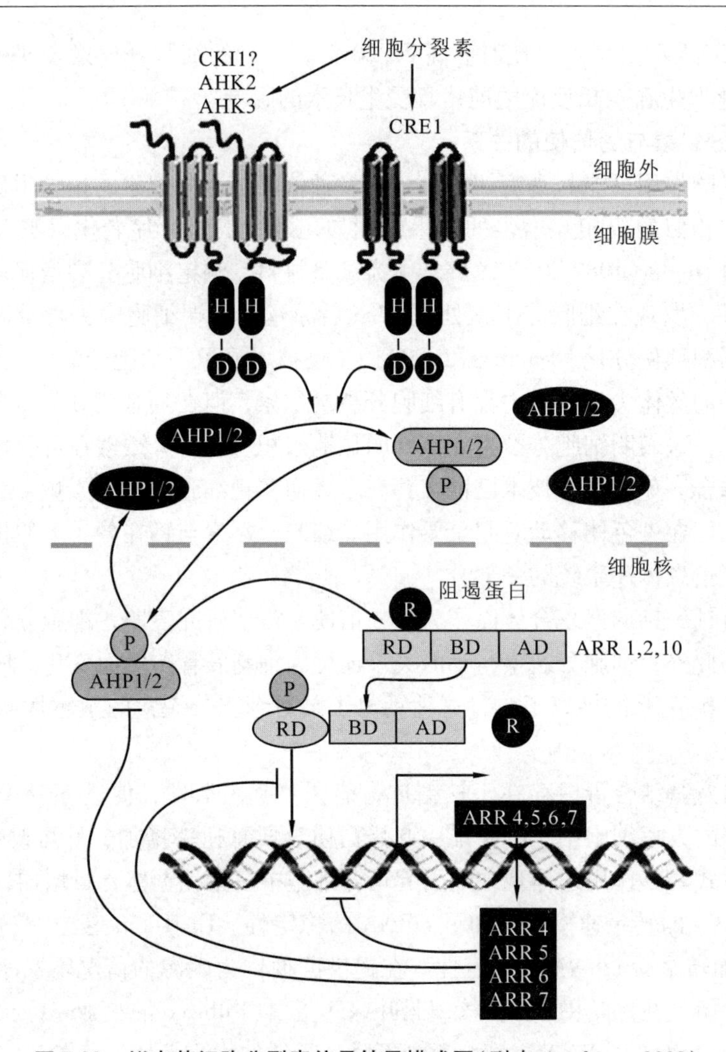

图 7-20 拟南芥细胞分裂素信号转导模式图(引自 Atsuhiro, 2003)

7.5 乙烯

7.5.1 乙烯的发现和化学性质

7.5.1.1 乙烯的发现

早在1864年，Girardin就记载了由照明煤气灯漏出的气体能促进植物落叶，暗示某种气体可影响植物老化。1901年，俄国植物学家Neljubow首先证实是照明气中的乙烯在起作用，他比较了煤气中的不同成分对黄化豌豆幼苗上胚轴的伸长生长、侧向加粗生长及负向地性生长的影响，发现乙烯有最强的生物活性。1910年，Cousins发现成熟的苹果对青香蕉的成熟有促进效果。1934年，Gane证实乙烯就是植物果实产生的天然成分，Clark等提出乙烯是植物成熟激素的概念。1965年，乙烯被确认为植物内源激素之一。

7.5.1.2 乙烯的结构及化学性质

乙烯(ethylene，ET，ETH)是一种不饱和烃，结构简式为 $CH_2{=}CH_2$，相对分子质量只有28，是各种植物激素中分子结构最简单的一种。乙烯是一种轻于空气的气体，在极低浓度(0.01~0.1$\mu L \cdot L^{-1}$)时就对植物产生生理效应。

乙烯能促进植物器官成熟与衰老和脱落。乙烯已广泛应用于香蕉等水果在贮运期间的成熟调节。由于乙烯是气体，不便于大田应用。乙烯利、乙烯硅等是乙烯释放剂，在一定条件下可以释放乙烯，便于农业生产上的使用。而高锰酸钾等可以吸收乙烯，硝酸银、硫代硫酸银等是乙烯的颉颃剂，在实践中经常在降低乙烯作用时使用。

7.5.2 乙烯的分布、生物合成及调节

7.5.2.1 乙烯的分布

种子植物、蕨类、苔藓、真菌和细菌都可产生乙烯。

在植物正常生长发育的某些时期，如种子萌发、果实后熟、叶的脱落和花的衰老等阶段都会诱导乙烯的产生。成熟组织释放乙烯量一般为每克鲜重0.01~10 $nL \cdot h^{-1}$。对于具有呼吸跃变的果实，当后熟过程一开始，乙烯就大量产生，这是由于ACC合成酶和ACC氧化酶的活性急剧增加的结果。在植物的所有活细胞中都能合成乙烯。

7.5.2.2 乙烯的生物合成

乙烯合成的前体物为蛋氨酸(甲硫氨酸，methionine，Met)，其直接前体物是1-氨基环丙烷-1-羧酸(1-aminocyclopropane-1-carboxylic acid，ACC)。乙烯生物合成的场所为细胞的液泡膜的内表面，并需要完整的膜结构，其合成过程如图7-21所示。

蛋氨酸在ATP的参与下转变为S-腺苷蛋氨酸(S-adenosyl methionine，SAM)，然后在ACC合成酶的催化下转变为ACC，ACC在ACC氧化酶(ACC oxidase)的催化下形成乙烯。ACC除了合成乙烯外，还可以转变为没有生理活性的N-丙二酰-ACC(N-malonyl-ACC，MACC)，这是个不可逆反应，因此MACC的生成具有调节乙烯生物合成的作用。

在植物组织内，蛋氨酸的水平很低，要维持正常的乙烯产生量，需要硫的再循环。蛋氨酸的 CH_3S- 基保留在植物组织内，在SAM转变为ACC时，形成的5′-甲硫基腺苷(5′-methylthioadenosine，MTA)再循环生成蛋氨酸。

7.5.2.3 乙烯的运输

乙烯在植物体内易于移动，并遵循扩散定律。此外，乙烯还可穿过被电击死亡的茎段。这些都证明乙烯的运输是被动的扩散过程。

一般情况下，乙烯就在合成部位起作用。乙烯的前体ACC可溶于水溶液，因而推测ACC可能是乙烯在植物体内远距离运输的形式。

7.5.2.4 乙烯生物合成的调节

乙烯的生物合成和生理效应受到许多因素的调节，包括发育因素和环境因素。

影响乙烯生物合成的环境条件有 O_2、AVG(氨基乙氧基乙烯基甘氨酸，aminoethoxyvinyl glycine)、AOA(氨基氧乙酸，aminoxyacetic acid)、某些无机元素和各种逆境。因为ACC形成乙烯是一个双底物(O_2 和ACC)反应的过程，所以缺少氧气将阻碍乙烯的形成。AVG和

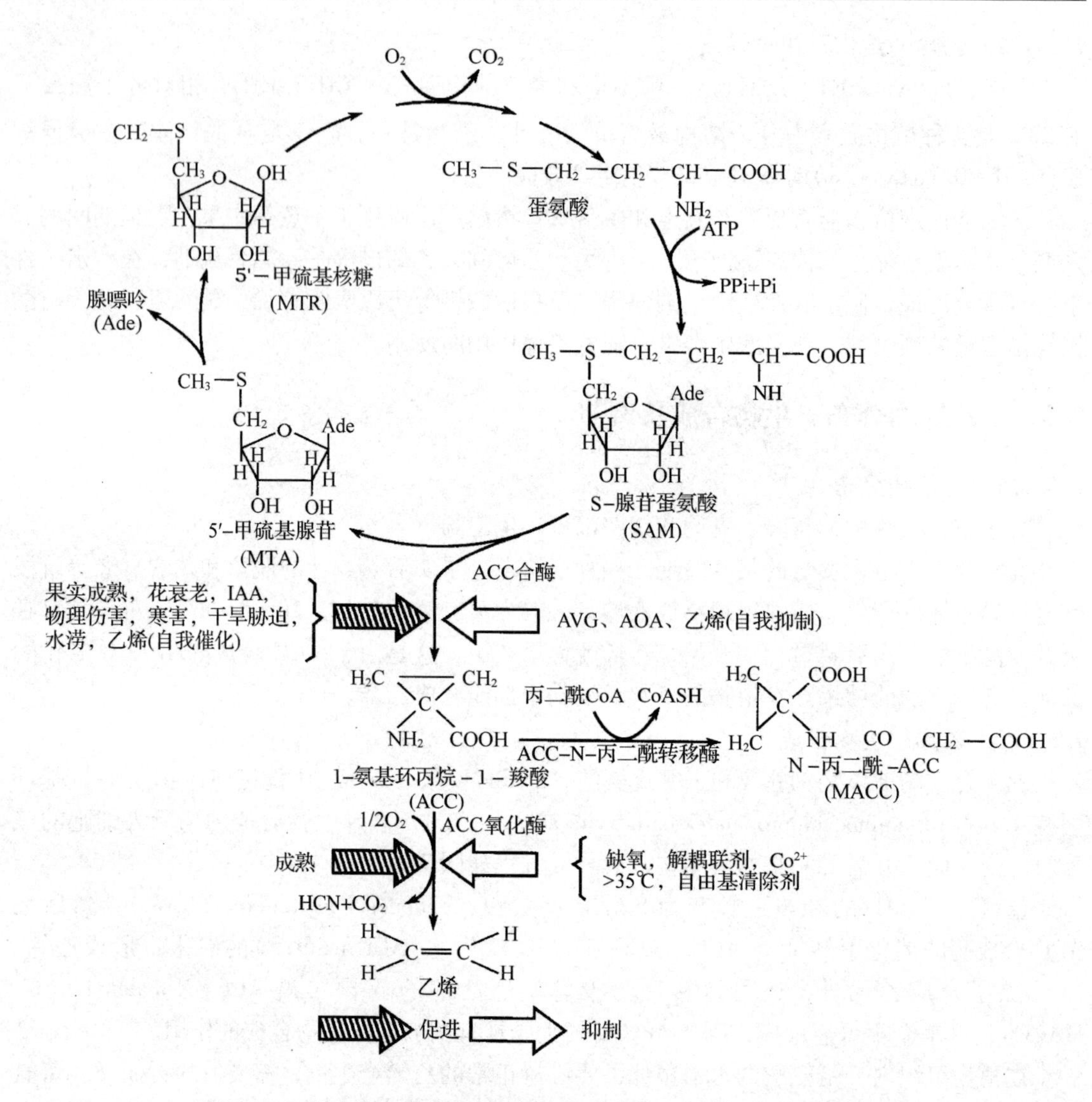

图 7-21　乙烯生物合成的蛋氨酸循环及其调节(引自张立军 等，2007)

AOA 能通过抑制 ACC 的生成来抑制乙烯的形成。所以在生产实践中，可用 AVG 和 AOA 来减少果实脱落，抑制果实后熟，延长果实和切花的保存时间。在无机离子中，Co^{2+}、Ni^{2+}和 Ag^{+}都能抑制乙烯的生成。

各种逆境如低温、干旱、水涝、切割、碰撞、射线、虫害、真菌分泌物、除草剂、臭氧、二氧化硫和一定量二氧化碳等化学物质均可诱导乙烯的大量产生，这种由于逆境所诱导产生的乙烯叫逆境乙烯(stress ethylene)。

在乙烯生物合成调节中一些关键酶发挥着重要的作用。因此，可以利用这些酶的激活剂或抑制剂来调控乙烯的产生。

(1)ACC 合成酶

ACC 合成酶存在于细胞质中，是乙烯生物合成的关键酶，它催化 SAM 转变为 ACC，其活性受发育时期、环境变化和激素的影响。在种子萌发、果实成熟和器官衰老过程中，ACC

合成酶的活性升高，乙烯的产生量增加。环境胁迫，例如，机械伤害、干旱、水涝、低温、有毒物质、病原物侵染等也会诱导ACC合成酶的合成或活化，增加乙烯的产生。生长素在转录水平上诱导ACC合酶的合成，促进乙烯的产生。例如，施用生长素可使绿豆和豌豆幼苗的乙烯释放量增加几百倍。

ACC合成酶需要磷酸吡哆醛为辅基，所以对磷酸吡哆醛的抑制剂很敏感，特别是AOA和AVG。

(2)ACC氧化酶

ACC氧化酶存在于液泡膜内表面，在有氧气条件下，将ACC氧化为乙烯。该酶活性极不稳定，其活性依赖于膜的完整性，膜结构一经破坏，催化乙烯生成的作用便停止。Co^{2+}、氧化磷酸化解耦联剂(如2,4-DNP和CCCP)、自由基清除剂(没食子酸丙酯)等，以及能够改变膜性质的理化处理(如去垢剂)都能抑制乙烯的合成。ACC氧化酶也有自催化特性，外施少量乙烯于甜瓜和番茄等跃变型果实，经过一段时间，ACC氧化酶活性剧烈升高，大量合成乙烯。

(3)ACC丙二酰基转移酶

ACC丙二酰基转移酶(ACC N-malonyl transferase)的作用是使ACC发生丙二酰化反应(malonylation)，从而形成N-丙二酰ACC(MACC)。MACC是在胞质溶胶里合成的，储存于液泡中。在水分胁迫下小麦叶片积累大量MACC。ACC丙二酰基转移酶活性强时，促进MACC的合成，减少乙烯的释放。

(4)乙烯的自我催化作用

乙烯自我催化是跃变型果实和花卉的一个重要特征。将乙烯施于发生呼吸跃变开始后的苹果果实，将促进ACC合成酶的活性，从而产生大量的乙烯。ACC氧化酶也受其产物乙烯的诱导，外施少量乙烯于甜瓜和番茄等跃变型果实，经过一段时间，ACC氧化酶活性剧烈升高，大量合成乙烯。

(5)乙烯的自我抑制作用

外施乙烯将抑制营养组织和非跃变果实的乙烯生物合成。与自我催化作用相比，乙烯自我抑制作用更具普遍性。乙烯自我抑制的原因是抑制ACC合酶的合成或促进这种酶的降解。

(6)乙烯生理效应的调节

乙烯形成以后，还需要与金属(可能是Cu^{+})蛋白质结合，才能起生理作用。所以影响金属蛋白质的结构和乙烯与蛋白质的因子都抑制乙烯的生理效应。Ag^{+}抑制乙烯的效应，其原因可能是影响乙烯与受体结合后的构象变化。金属螯合物EDTA可能通过螯合金属蛋白中的金属而抑制乙烯的效应。二氧化碳与乙烯竞争同一作用部位，也抑制乙烯的效应。

(7)乙烯的降解和钝化

乙烯在植物体内可分解为二氧化碳和乙烯氧化物等气体代谢物，也能形成没有生物活性的可溶性代谢物，例如，乙烯乙二醇(ethylene glycol)和乙烯葡萄糖结合体等。

7.5.3 乙烯的生理作用和应用

(1)三重反应

乙烯对植物生长的典型效应是：抑制茎的伸长生长、促进茎或根的横向增粗及茎的横向生长(即使茎失去负向重力性)，这就是乙烯所特有的“三重反应”(triple response)(图7-22，A～C)。

乙烯促使茎横向生长是由于它引起偏上生长所造成的。所谓偏上生长，是指器官的上部生长速度快于下部的现象。乙烯对叶柄也有偏上生长的效应，从而造成了叶片下垂(图7-22，D)。

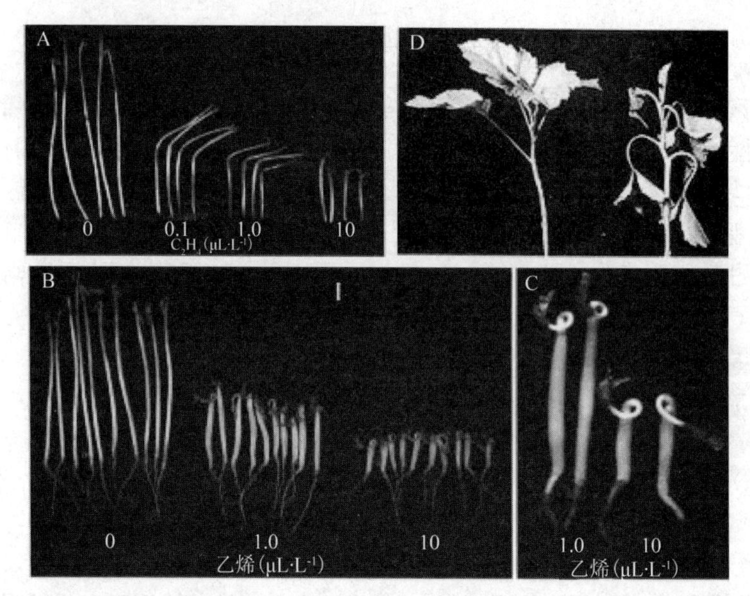

图7-22 乙烯的“三重反应”(A～C)和偏上生长(D)(引自张立军 等，2007)

A～C. 不同乙烯浓度下黄化豌豆幼苗生长的状态 D. 用10 μL·L^{-1}乙烯处理4 h后番茄苗的形态，由于叶柄上侧的细胞伸长大于下侧，叶片下垂

(2)促进果实成熟

催熟是乙烯最主要和最显著的效应，已在生产上广泛应用。如柿子，即使在树上已成熟，但仍很涩口，不能食用，只有经过后熟才能食用。由于乙烯是气体，易扩散，故散放的柿子后熟过程很慢，放置十天半月后仍难食用。若将容器密闭(如用塑料袋封装)，果实产生的乙烯就不会扩散掉，再加上自身催化作用，后熟过程加快，一般5 d后就可食用了。整箱存放的苹果，一旦箱里出现了一只烂苹果，它会很快使整箱苹果都烂掉。因为腐烂苹果产生的乙烯比正常苹果要多，触发了附近的苹果也大量产生乙烯，使箱内乙烯的浓度在较短时间内剧增，诱导呼吸跃变，加快苹果完熟和贮藏物质消耗。

因此，乙烯也被称为催熟激素。用乙烯释放剂——乙烯利溶液浸泡番茄、西瓜、苹果、梨、香蕉、柑橘和菠萝等果实能显著促进成熟。

(3)促进脱落与衰老

乙烯是控制叶片脱落的主要激素。脱落过程中离区细胞内的乙烯含量增加。在农业生产上，棉花、马铃薯、甜菜等作物在喷施脱叶剂后叶子在短期内脱落，便于机械采收，常用的脱叶剂有氯酸镁、硫氰化铵、2,3-二氯异丁酸等。它们能诱导植物体内乙烯的合成，或加强吲哚氧化酶活性，从而破坏生长素，促进脱落。

(4)促进菠萝开花与雌花分化

与生长素一样，乙烯促进菠萝开花，可使芒果的幼树提早进入开花期，可诱导瓜类作物的雌花分化。例如，黄瓜、南瓜苗期(1~4 叶期)用适当浓度的乙烯处理，可增加雌花数目，并降低雌花着生节位，提高早结瓜，增加产量。

(5)其他生理效应

乙烯还可诱导插枝不定根的形成，促进根的生长和分化，打破种子和芽的休眠，诱导次生物质(如橡胶树的乳胶)的分泌等。

乙烯在水稻中的生理效应同拟南芥中的不同，水稻胚芽鞘的伸长生长受乙烯诱导，这种生长促进作用与拟南芥三重反应中乙烯抑制下胚轴伸长的作用完全相反。水稻特别是深水水稻在水淹条件下茎秆迅速伸长，这样可使其上部叶片露出水面保持与空气接触。研究表明，乙烯是淹水诱导伸长生长的起始调节因子。研究发现用乙烯或其前体物 ACC 处理水稻节间或幼苗可引发类似淹水诱导的伸长反应，而施加乙烯作用抑制剂(如 Ag^+ 等)则抑制其伸长。近年来，基于乙烯和乙烯反应抑制剂处理的研究显示，水稻根内通气组织形成受乙烯诱导且呈现剂量效应，而该诱导作用可被乙烯作用抑制剂抑制，表明乙烯介导了水稻根内通气组织的形成过程，进一步研究发现乙烯诱导的根皮层细胞的程序化死亡启动了通气组织形成。

(6)乙烯在农业生产中的应用

乙烯目前已制成乙烯利，也称一试灵，在生产中不断得到应用和推广。

乙烯利在棉花上的应用。每亩以 100~150 mL 乙烯利兑水 30 kg，喷施在贪青晚熟的棉田里。喷施时间可在霜前 20 d 左右，能使霜前花提高 70% 左右。对未开絮的棉桃进行离体喷施也可收到较好的效果。

乙烯利在番茄上的应用。把转色期的果实采下，放在 2 000~4 000 $mL \cdot L^{-1}$ 的乙烯利水溶液中浸泡 1 min，并在 20~25 ℃的环境中催熟，2~3 d 转红成熟。如果大多数果实快要成熟，植株将要拉秧时，为集中上市，可用 1 000 $mL \cdot L^{-1}$ 的乙烯利水溶液喷洒植株。

乙烯利在黄瓜上的应用。在黄瓜二叶期喷 200~300 $mL \cdot L^{-1}$ 的乙烯利水溶液，叶面布满雾滴不流下为宜。间隔 1 周后再喷 1 次，可有效提高雌花着生率，提高黄瓜前期产量。

7.5.4 乙烯的作用机理

7.5.4.1 乙烯效应的生理机制

乙烯处理对植物具有短期和长期效应，因此，有人认为乙烯的作用机制与 IAA 的相似，其短期快速效应是对膜透性的影响，而长期效应则是对基因表达的调节。

乙烯促进果实成熟的生理机制是乙烯增大细胞膜，特别是液泡膜的透性，使大量水解酶外渗，呼吸代谢加强，引起果实果肉内有机物的强烈转化，从而达到可食状态。但若用 AVG、AOA 等乙烯合成的抑制剂或用二氧化碳、Ag^+ 等乙烯生理作用的抑制剂时，则会延缓果实的成熟。

在诱导植物器官脱落过程中，乙烯促进细胞壁降解酶——纤维素酶的合成并且促进纤维素酶由原生质体释放到细胞壁，从而促进细胞壁的分解，引起离区近茎侧的细胞膨胀，从而迫使叶片、花或果实脱离母体。

7.5.4.2　乙烯的信号转导途径

(1) 乙烯的受体

拟南芥有 2 类三重反应突变体：一类是乙烯不敏感型突变体，它对外源乙烯没有三重反应；另一类是组成型三重反应突变体，它在没有外源乙烯存在时也有三重反应。从乙烯不敏感型突变体中分离出 *ETR1*(ethylene resistant 1)基因，它编码的蛋白质 ETR1 是乙烯的受体之一，它的 C 端与细菌的感受器组氨酸激酶和响应调节物二元组分相似。最近研究表明，ETR1 定位于内质网而不是质膜。至今已在拟南芥发现了包括 ETR1 在内的 4 个乙烯受体(ETR2、ETS1、ERS2、EIN4)。它们共同的特征是：①N 端至少跨膜 3 次，并具有乙烯结合位点；②都具有与细菌二元组分相似的组氨酸激酶催化区域。

乙烯与受体的结合，通过 1 个过渡金属辅因子，大多数是铜或锌，它们对烯烃(如乙烯)有高亲和力，银离子也能替代铜产生乙烯与受体的高亲和力结合。这就说明银离子之所以阻抑乙烯的生理效应不是由于干扰乙烯与受体的结合，而可能是影响了乙烯与受体结合时受体蛋白的变化。

(2) 乙烯的信号转导途径

目前对拟南芥的乙烯信号转导途径已有初步认识。乙烯首先与内质网上的受体 ETR1 结合，激活 RAF(serine/threonine kinase，丝氨酸/苏氨酸激酶)激酶 CTR1(constitutive triple response，组成型三重反应)，然后通过下游的 MAPK(mitogen-activated protein kinase，分裂原激活蛋白激酶)级联途径，将信号传递给 EIN2(ethylene insensitive，乙烯不敏感)。EIN2 蛋白有 12 个跨膜区，具有通道的作用，它再将信号传递到细胞核中，激活转录因子 EIN3，后者与 ERF1(ethylene response factor，乙烯响应因子)的启动子结合，激活该基因的转录。ERF1 基因编码一种属于 EREBP(ERE-binding protein)转录因子家族的蛋白。ERE 是指基因的乙烯响应元件。转录因子 ERF1 调控其他乙烯反应基因的表达，从而引起细胞的生理反应(图 7-23)。

7.5.4.3　乙烯调节的基因表达

乙烯可以诱导很多基因的表达，例如，纤维素酶、几丁质酶、β-1,3-葡聚糖酶、过氧化物酶、查尔酮合成酶、许多病程相关蛋白以及成熟相关蛋白等。另外，乙烯甚至还能促进与自身生物合成有关的多种酶的基因表达，如 ACC 合成酶、ACC 氧化酶，这与果实成熟过程中乙烯的自催化性质有关。

7.6　脱落酸

7.6.1　脱落酸的化学结构和分布

7.6.1.1　脱落酸的发现

脱落酸(abscisic acid，ABA)是指能引起芽休眠、叶子脱落和抑制生长等生理作用的植物激素。它是人们在研究植物体内与休眠、脱落和种子萌发等生理过程有关的生长抑制物质时发现的。

1953 年，Bennet-Clark 和 Kefford 在燕麦胚芽鞘弯曲实验中发现，植物提取液中除含有 IAA 外，还有一种抑制胚芽鞘切段生长的物质，他们称之为“抑制剂-β(inhibitor-β)”。Os-

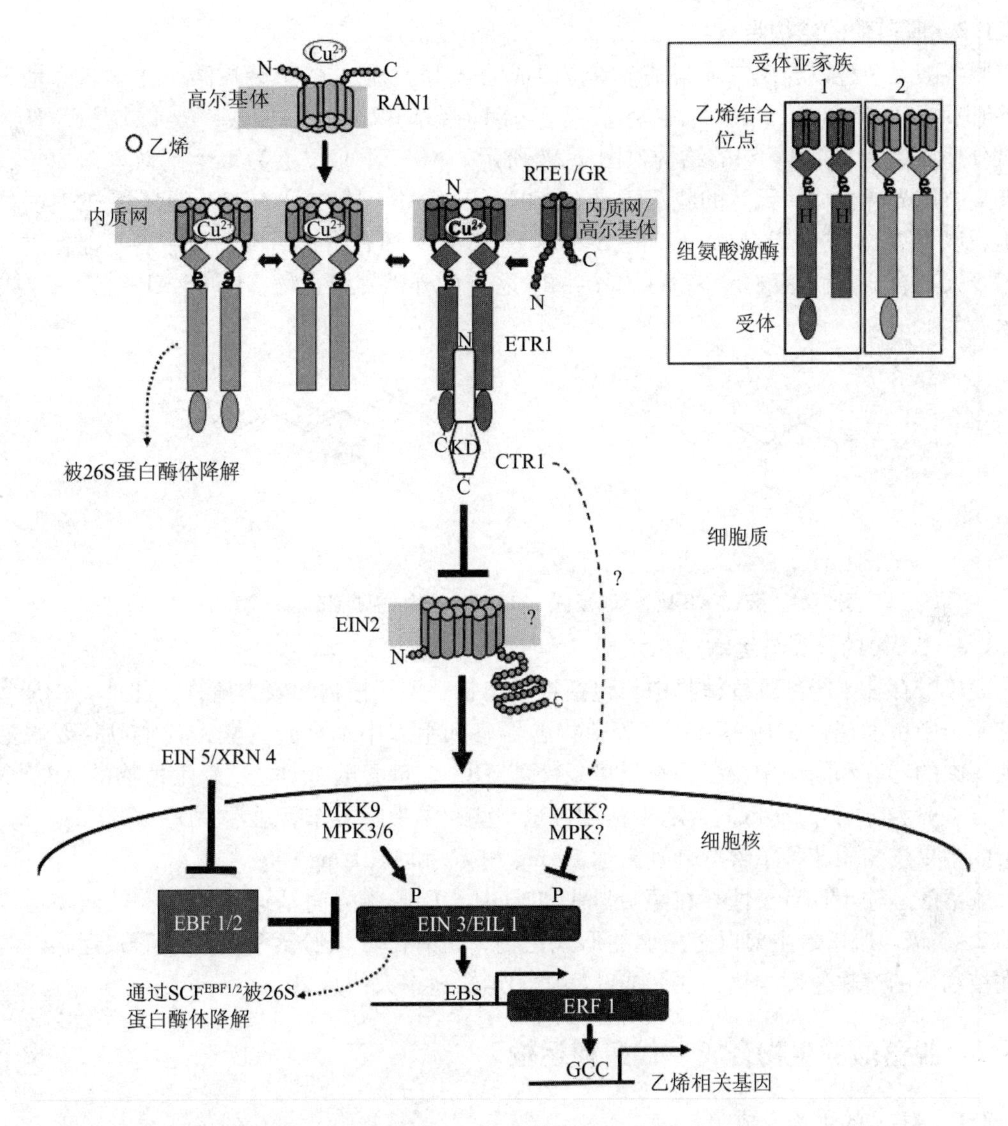

图 7-23 拟南芥中乙烯信号转导模式图(引自 M. D. Kendrick *et al.* 2008)

borne(1955)从黄化的菜豆叶柄提取液中发现一种能促进菜豆外植体第一叶的叶枕形成离层的物质，称为“衰老因子(SF)”。1963 年，P. F. Wareing 等从槭树将要脱落的叶子中提取了一种能抑制生长并诱导旺盛生长的枝条进入休眠的物质，他们把这种促进芽休眠的激素称之为“休眠素(dormin)”(脱落素Ⅰ)。1963 年，K. Ohkuma 和 F. T. Addicott 等从 225 kg 4～7 d 龄的鲜棉铃中分离纯化出了 9 mg 具有高度活性的促进脱落的物质，命名为脱落素Ⅱ(abscisin Ⅱ)。1965 年，康福思等从 28 kg 秋天的干槭树叶中得到了 260 μg 的休眠素纯结晶。通过与脱落素Ⅱ的相对分子质量、红外光谱和熔点等的比较鉴定，确定抑制剂-β、休眠素和脱落素Ⅱ具有相同的化学结构，是同一物质。1967 年，在渥太华召开的第六届国际生长物质会议上，这种生长调节物质正式被定名为脱落酸(abscisic acid，ABA)。

7.6.1.2　脱落酸的结构特点

脱落酸是一种以异戊二烯为基本单位组成的含 15 个碳的倍半萜羧酸，化学名称是 3-甲基-5-(1′-羟基-4′-氧-2′,6′,6′-三甲基-2′-环已烯-1′-烃基)-2,4-戊二烯酸，分子式是 $C_{15}H_{20}O_4$，相对分子质量为 264.3。它的结构如图 7-24 所示。ABA 环 1′位上为 1 个不对称碳原子，所以有 2 个旋光异构体。天然的脱落酸是右旋的，以 *S*-ABA 或(+)-ABA 表示；它的对映体为左旋，以 *R*-ABA 或(−)-ABA 表示。*S*-ABA 和 *R*-ABA 都有生物活性，但后者不能促进气孔关闭。人工合成的脱落酸是 *S*-ABA 和 *R*-ABA 各半的外消旋混合物，以 *RS*-ABA 或(±)-ABA 表示。

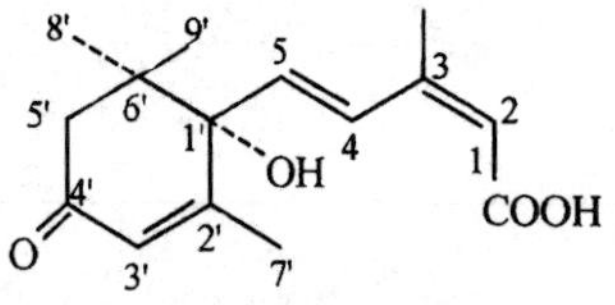

图 7-24　顺式-ABA(A)和反式-ABA(B)结构(引自张立军 等，2007)

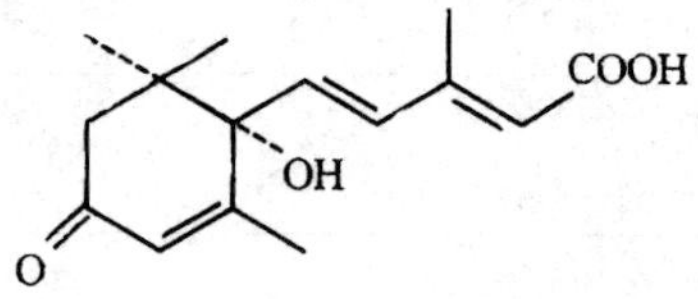

7.6.1.3　ABA 的分布与运输

脱落酸存在于全部维管植物中，包括被子植物、裸子植物和蕨类植物。此外，在某些苔藓和藻类中也发现存在有 ABA。高等植物各器官和组织中都有脱落酸，其中以将要脱落或进入休眠的器官和组织中较多，在逆境条件下 ABA 含量会迅速增多。水生植物的 ABA 含量很低，一般为 3 ~ 5 $\mu g \cdot kg^{-1}$；陆生植物含量高些，温带谷类作物通常含 50 ~ 500 $\mu g \cdot kg^{-1}$，鳄梨的中果皮与团花种子含量分别高达 10 $mg \cdot kg^{-1}$和 11.7 $mg \cdot kg^{-1}$。

脱落酸运输不具有极性。在菜豆叶柄切段中，^{14}C-脱落酸向基运输的速度是向顶运输速度的 2 ~ 3 倍。脱落酸主要以游离型的形式运输，也有部分以脱落酸糖苷的形式运输。脱落酸在植物体的运输速度很快，在茎或叶柄中的运输速率大约是 20 $mm \cdot h^{-1}$。

7.6.2　脱落酸的生物合成、代谢和运输

7.6.2.1　ABA 的生物合成

植物体中根、茎、叶、果实和种子都可以合成脱落酸。ABA 是弱酸，而叶绿体的基质 pH 高于其他部分，所以，ABA 以离子化状态大量积累在叶绿体中。

脱落酸在根细胞的前质体和绿色细胞的叶绿体中合成。脱落酸的生物合成可通过 2 条途径：一条为直接途径，由甲瓦龙酸(MVA)经法呢基焦磷酸形成脱落酸，需要在短日照条件下进行；另一条为间接途径，是从甲瓦龙酸经紫黄质通过光氧化或生物氧化形成叶黄氧化素而合成脱落酸。这条途径是干旱胁迫下 ABA 生物合成的主要途径。在秋天，许多富含类胡萝卜素的植物叶片也可能主要通过这条途径合成脱落酸。

7.6.2.2　脱落酸的代谢

脱落酸主要通过以下 2 条途径丧失生物活性。

(1)氧化降解途径

ABA 在单加氧酶作用下，首先氧化成略有活性的红花菜豆酸(phaseic acid，PA)，进一

步还原为完全失去活性的二氢红花菜豆酸(dihydrophaseic acid, DPA), DPA在成熟菜豆中的浓度比ABA高出100倍。

(2)结合失活途径

ABA和糖或氨基酸结合形成没有活性的结合态ABA，其中主要是ABA葡糖酯(ABA-GE)和ABA葡糖苷，它们是ABA在筛管或导管中的运输形式。游离态ABA定位于胞质溶胶，结合态ABA-GE则累积于液泡。游离态ABA和结合态ABA在植物体中可相互转变。在正常条件下，游离态ABA极少，而环境胁迫时大量结合态ABA转变为游离态，但胁迫解除后则重新形成结合态ABA。

以上可看出，甲瓦龙酸代谢在植物激素生物合成过程中起着重要作用，它的中间产物——异戊烯基焦磷酸(IPP)在不同条件下，可分别转变为赤霉素、细胞分裂素和脱落酸，同时也形成类胡萝卜素。因此，甲瓦龙酸在植物激素生物合成过程中的代谢方向对植物生长发育及对环境的适应具有重要的意义。

7.6.3 脱落酸的生理作用和应用

(1)抑制生长

脱落酸可抑制整株植物或离体器官的生长。试验表明，天然的或人工合成的脱落酸对小麦胚芽鞘或豌豆幼苗的生长均产生抑制作用，当去掉外施的脱落酸时，植株又能恢复生长。其主要原因是脱落酸能阻止细胞的H^+分泌，从而阻止了细胞壁的酸化和细胞伸长。

(2)促进休眠，抑制种子萌发

施用外源ABA时，可使旺盛生长的枝条停止生长而进入休眠。在秋天的短日条件下，叶片中的甲瓦龙酸合成为GA的量减少，而合成的ABA量不断增加，使芽进入休眠状态，以便越冬。种子的休眠也与种子含有的脱落酸有关，例如，桃、蔷薇的休眠种子的外种皮中存在大量脱落酸。

(3)促进脱落

脱落酸具有明显促进器官脱落的作用，如将带第一对叶的棉花幼苗茎切下来，用注射器把含有脱落酸的琼脂注于茎的切面或叶柄的切面，经过一段时间后，在叶柄上施加一定的外力，叶柄就会脱落。但近来实验证明，决定植物器官脱落的内源激素主要是乙烯，脱落酸通过增加乙烯的生成，从而间接地促进叶片等器官的脱落。

(4)提高抗逆性

一般来说，干旱、寒冷、高温、盐渍和水涝等逆境都能使植物体内ABA迅速增加，研究表明植物的抗逆性与ABA增加有关。例如，ABA可显著降低高温对叶绿体超微结构的破坏，增加叶绿体的热稳定性，ABA还可诱导某些酶的重新合成而增加植物的抗冷性、抗涝性和抗盐性。因此，ABA被称为应激激素或胁迫激素(stress hormone)。ABA在生物胁迫中起正调控作用，主要是通过调控胼胝质的沉积而实现的。

(5)促进气孔关闭

在水分胁迫下，叶片保卫细胞中的ABA含量大量增加，可达正常水分条件下的18倍。施用外源ABA也可引起气孔关闭，降低蒸腾作用。ABA调控气孔开度的模式为：① ABA

与其保卫细胞上受体相结合；②ABA 调控了保卫细胞细胞质中 Ca^{2+} 浓度的增加；③胞质中 Ca^{2+} 浓度的增加抑制了质膜上的 H^+ 泵，抑制了控制 K^+ 内流的通道，激活了控制 Cl^- 外流的通道，最终导致质膜的去极性化；④质膜的去极性化激活了控制 K^+ 外流的通道，进一步抑制了控制 K^+ 内流的通道；⑤ABA 诱导了 PA 的产生，后者使控制 K^+ 内流的通道失活；⑥ABA引起了胞质中 pH 值的升高；⑦胞质中 pH 值的升高激活了控制 K^+ 外流的通道，抑制了质膜上的 H^+ 泵；⑧ K^+ 和 Cl^- 由液泡进入胞质中。以上步骤的结果即是保卫细胞中 K^+ 和 Cl^- 流出胞外，保卫细胞的膨胀程度降低，气孔关闭。

(6)影响开花

当用脱落酸溶液喷施短日植物黑醋栗、牵牛、草莓以及藜属等植物的叶片时，可使植株在长日条件下开花。但用脱落酸处理毒麦、菠菜等长日植物，则明显地抑制开花。

此外，脱落酸还能抑制地下匍匐茎的伸长生长，促进马铃薯等的块茎形成。

(7)其他生理作用

适宜浓度的 ABA 能够促进多种植物胚状体的正常化、同步化以及提高成株率；对人工种子生产而言，ABA 是不可缺少的。此外，ABA 对植物器官分化具有调节作用，并且可以大大提高生长素，类诱导松树、欧洲山杨、菊花插枝以及番茄、大丽菊、豇豆等茎切段产生不定根的效率。ABA 抑制 GA 诱导的 α-淀粉酶和其他水解酶(如蛋白酶、核糖核酸酶等)在大麦糊粉层细胞中的合成。ABA 在种子的成熟和萌发中主要是通过调节基因表达来发挥其直接颉颃 GA 的效应。ABA 不仅可在转录水平上阻遏 GA 诱导的 α-淀粉酶 mRNA 的积累，而且在成熟的胚乳中还发现 ABA 能诱导生成抑制 α-淀粉酶活性的抑制剂。因此，ABA 一方面通过阻遏 α-淀粉酶基因的转录；另一方面通过抑制胚乳中水解酶的活性来达到调控的目的。

7.6.4　脱落酸的作用机理

7.6.4.1　ABA 受体

目前发现的 ABA 受体有 3 种：①RNA 结合蛋白 FCA，是一种参与调控植物开花时间和根形成的脱落酸受体(图 7-25)；②Mg^{2+} 螯合酶 H 亚基(ABAR/CHLH)，是调控种子萌发、幼苗生长和气孔运动的脱落酸受体(图 7-26)；③G 蛋白偶联受体 GCR2，是一种与 G 蛋白α亚基直接相互作用的受体，它可传递脱落酸信号并调控下游的众多反应(图 7-27)。

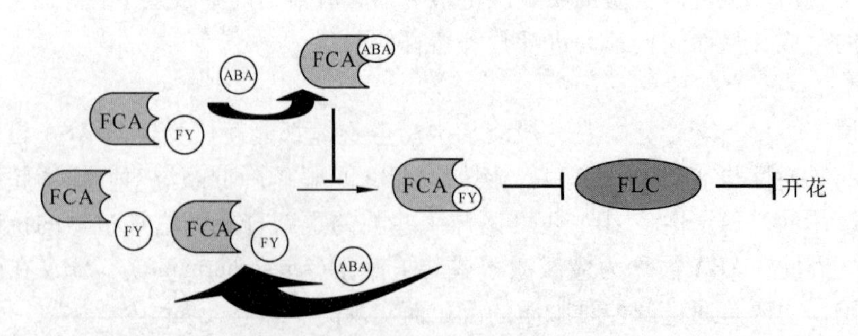

图 7-25　FCA 介导的脱落酸信号转导(引自 Wang Xiao Fang *et al.*, 2008)

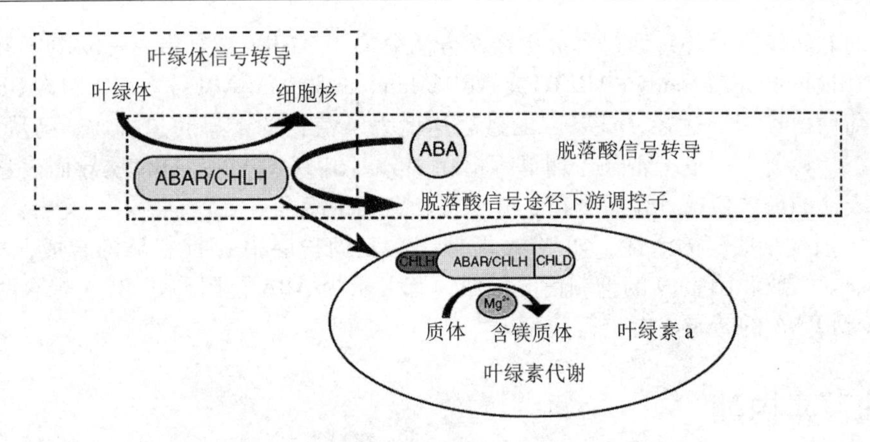

图 7-26 ABAR/CHLH 介导的脱落酸信号转导(引自 Wang Xiao Fang *et al.*, 2008)

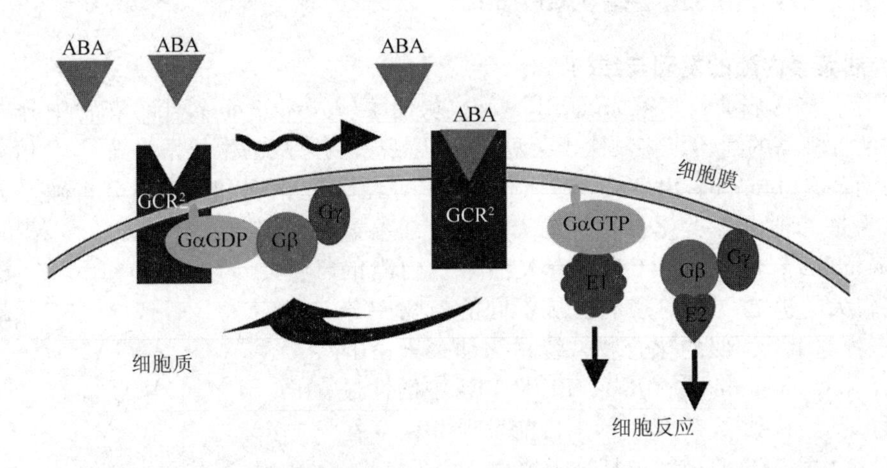

图 7-27 GCR2 介导的脱落酸信号转导(引自 Wang Xiao Fang *et al.*, 2008)

7.6.4.2 ABA 与 Ca^{2+} · CaM 系统的关系

Ca^{2+}信号转导途径在植物抗病性和 ABA 调控的气孔关闭过程中发挥着重要作用，并且烟草中很多 Ca^{2+}依赖的蛋白激酶受到 ABA、病原物、真菌和非生物胁迫的诱导表达。

Ca^{2+}是 ABA 诱导气孔关闭过程中的一种第二信使。当鸭跖草的下表皮受到 10^{-6}mol · L^{-1}ABA 处理时，不到 2 min，保卫细胞胞液的 Ca^{2+}水平由静息态的 70 nmol · L^{-1}上升至第一个高峰，随后，其峰值愈来愈高，10 min 时达到 1 μmol · L^{-1}，而气孔开度在 5 min 后才开始变小，当气孔接近完全关闭时，Ca^{2+}水平早已上升至最高值并开始下降。由此可确认 Ca^{2+}是 ABA 诱导气孔关闭过程中的第二信使。所以，ABA 促进气孔关闭有赖于可利用 Ca^{2+}的存在，在缺钙条件下，ABA 几乎不抑制气孔开放。ABA 可诱导大麦糊粉层细胞原生质胞液 Ca^{2+}浓度变化，胞液静息态 Ca^{2+}浓度约为 200 nmol · L^{-1}。经 200 μmol · L^{-1}ABA 处理，可在 5 s 内降至 50 nmo · L^{-1}左右。Ca^{2+}浓度的下降值与外源 ABA 剂量之间存在良好的线性关系。

7.6.4.3 ABA 调控基因的表达

植物体内 ABA 含量的增加，引起一些胁迫反应基因表达量的增加。在 ABA 诱导表达基因的启动子中存在 1 个保守序列：PyACGTGGC（ABRE），ABRE 是依赖于 ABA 表达基因的一种主要的顺式作用元件，通过酵母单杂交方法分离了 ABRE 结合蛋白—bZIP 类转录因子，又称为 ABRE-binding proteins（AREB）或 ABRE-binding factors（ABFs）。AREB1/ABF2 基因主要参与葡萄糖信号转导途径，该基因的过表达增强了植物的干旱胁迫抗性。已从水稻、棉花、小麦、马铃薯、萝卜、番茄、烟草等植物中分离出 10 多种受 ABA 诱导而表达的基因，这些基因表达的部位包括种子、幼苗、叶、根和愈伤组织等。

ABA 可改变某些酶的活性，如 ABA 能抑制大麦糊粉层中 α-淀粉酶的合成，这与 RNA 合成抑制剂——放线菌素 D 的抑制情况相似。有人认为 ABA 是阻碍了 RNA 聚合酶的活性，致使 DNA 到 RNA 的转录不能进行。

7.7 油菜素内酯

7.7.1 油菜素内酯的化学结构和分布

7.7.1.1 油菜素内酯的发现与结构

1970 年，美国农业科学家 Mitchell 等首次从油菜（*Brassica napus* L.）花粉中分离提取出一种生物活性极高的物质，将其涂于菜豆，4 d 后观察到菜豆的生长率提高了 10 倍。该提取物被称为油菜素（brassin，BK）。1979 年，Grove 等经 X 光衍射和超微量分析确定了其分子结构，认为是一种甾醇类化合物，正式定名为油菜素内酯（brassinolide，BL）。近年来，有关油菜素内酯的研究有了较大的进展，科学家们已从不同的植物中分离出 60 多种与 BR 类似的化合物，统称为油菜素甾醇类化合物（vrassino-steroids，BRs）。BL 是 BRs 中活性最强的一种，其结构如图 7-28 所示。目前发现 BRs 存在于 50 多种植物中，这些植物包括被子植物、裸子植物、蕨类植物、苔藓类植物及绿藻。植物的不同器官，如根、茎、叶、花粉、雌蕊、果实和种子等均含有 BRs。

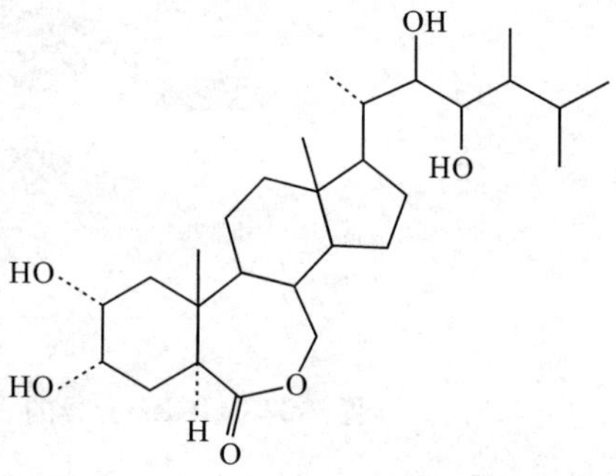

图 7-28 BL 的结构（引自 Altmann，1998）

7.7.1.2 BR 的分布

BR 在植物界中普遍存在。虽然 BR 在植物体内各部分都有分布，但不同组织中的含量不同。在植物体内 BRs 的含量为：花粉和种子 1 ~ 1 000 ng · kg^{-1}，枝条 1 ~ 100 ng · kg^{-1}，果实和叶片 1 ~ 10 ng · kg^{-1}。某些植物的虫瘿中 BR 的含量显著高于正常植物组织。

BRs 的生理活性很强，人工合成的 BR 以及多种类似化合物已在生产中应用。

7.7.2 油菜素内酯的生物合成、代谢和运输

7.7.2.1 油菜素内酯的生物合成和代谢

BRs 生物合成突变体的发现，进一步证实 BR 是植物生长发育的必需物质。已知 BR 在植物体内浓度极低，Takatsuto 等发展了 BR 的 GC-MS 和 GC-MS-SIM 技术，可监测 10^{-12} g 水平的 BR，从而极大地促进了对 BR 生物合成途径的研究及 BR 生物合成突变体中所影响合成步骤的确定。

BR 是 28C 的类固醇，以固醇为底物合成。以油菜甾醇（campesterol，CR）为原料能大规

模人工合成 BR 类似物 24-表油菜素内酯(eBL)和高油菜素内酯。Fujioka 等利用悬浮培养的长春花(*Catharanthus Roseus*)细胞系统，以 CR 作为 BR 生物合成的起始物，用放射性标记前体，以 GC-MS 分析 BR 及其各前体的含量，提出植物中至少存在 2 条 BR 生物合成途径：早期 C-6 氧化途径和晚期 C-6 氧化途径。已证实拟南芥、烟草、水稻中同时存在这 2 条途径。而且光照下，晚期 C-6 氧化途径的合成活性高；黑暗中，早期 C-6 氧化途径的合成活性高。

由甲瓦龙酸合成 24-亚甲基胆固醇，由 24-亚甲基胆固醇合成油菜甾醇（CR），由油菜甾醇合成油菜烷醇(CN)，由油菜烷醇合成油菜素内酯。从油菜烷醇开始，由于 C-6 氧化的时间不同，BR 的合成出现了分支，即形成了早期 C-6 氧化途径和晚期 C-6 氧化途径。

(1)早期 C-6 氧化途径

在早期 C-6 氧化途径中，CN 的 C-6 立即氧化形成 6-氧油菜烷醇，羟化成长春花甾酮(cathasterone，CA)，进一步再羟化成茶甾酮(Teasterone，TE)，经脱氢、再氢化为香蒲甾酮(Typhasterol，TY)，接着转化为栗甾酮(Castasterone，CS)和 BR。

(2)晚期 C-6 氧化途径

通过饲喂实验，长春花培养细胞的 CN 除了立即氧化，经早期 C-6 氧化途径合成 BR 外，还可能依次羟基化形成 6-脱氧长春花甾酮、6-脱氧茶甾酮，然后脱氢，再氢化成 6-脱氧香蒲甾醇，其转化形成的 6-脱氧栗甾酮氧化为栗甾酮，再形成 BR，形成晚期 C-6 氧化途径。

水稻中 BR 生物合成途径与拟南芥中的相似，但水稻中没有检测到 BL，CS 是水稻中活性最高的 BR。

综上所述，可将目前对 BR 生物合成的认识概括如图 7-29 所示。

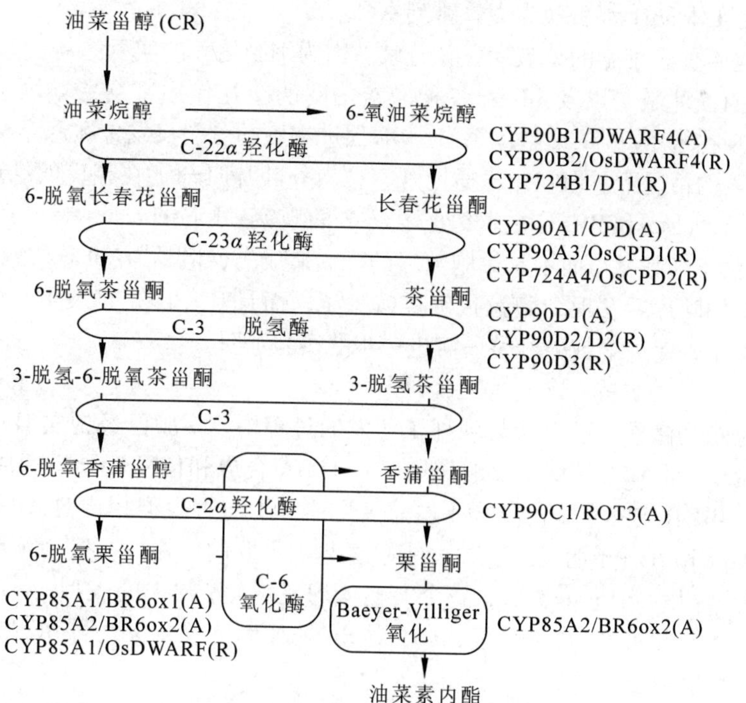

图 7-29 拟南芥和水稻的 BR 的生物合成途径和相关的酶(引自 Tomoaki *et al.*，2006)

A：拟南芥；R：水稻

7.7.2.2 油菜素内酯的运输

所有的植物器官(如茎、叶、花粉、种子中等)都含有 BRs，但其含量差别较大。一般来讲正在生长的幼嫩组织比成熟组织中 BRs 的含量相对较高。Symons and Reid 等用 H^3 标记 BR 发现在豌豆中 BR 不能进行长距离运输。

7.7.3 油菜素内酯的生理作用

BR 在植物的生长、发育和繁殖过程中都起着非常重要的作用。在 BR 合成或信号接收方面存在缺陷的突变体 *det*2 和 *bri*1 均表现为矮化、叶色暗绿、叶片上卷、育性降低、发育延迟等性状。外源 BR 可以部分或者完全恢复 BR 合成缺陷型突变体的表型，而 BR 合成抑制剂 brassinazole 或 brz2001 可以模拟 BR 合成突变体的表型。对 BR 突变体的分析对 BR 在植物体生长、发育过程中的功能提供了强有力的证据。

(1)影响细胞的伸长、分裂及维管束发育

BR 促进细胞的伸长。实验表明，BRs 处理可以增加大豆上胚轴和玉米根系的 ATPase 活性，导致 H^+-ATPase 释放 H^+ 酸化非质体进而增加细胞壁的可塑性。BR 促进大豆、拟南芥、番茄、水稻中木质素内转糖基酶(XTHs)的表达，XTHs 参与细胞壁的合成和修饰。

BR 影响细胞的形状。BR 通过调节微管的动态分布影响细胞的形状和扩大。BL 可以诱导豌豆上胚轴皮层微管方向发生改变。拟南芥 BR 缺失突变体 *bul*1 表现为细胞小、微管排列紊乱，外源 BR 可以恢复微管的排列和细胞的伸长。水稻 BR 不敏感突变体 *d*61(*Osbri*1)和 BR 合成缺失突变体 *brd*1 都表现为微管排列紊乱。

关于 BR 是否促进细胞的分裂还存在分歧。因为细胞培养的实验系统比较复杂，培养液的浓度、加入的各种激素以及 BR 和各种激素之间的交互作用都会影响实验结果的判断。Miyazawa 等发现在烟草 BY-2 细胞体系中，BL 促进细胞的分裂只发生在悬浮系早期阶段和不存在外源生长素的情况下。但在用显微镜观察拟南芥叶片时却存在相反的结论：通过对 BR 缺失突变体 *cbb*1、*cbb*3 和 BR 不敏感突变体 *cbb*2 的观察，Kauschmann 等得到的结论为植株矮小的表型是由于细胞变小而不是细胞数目的降低造成的；但是，Nakaya 观察 BR 合成突变体 *det*2 和 *dwf*1 的叶片后发现细胞数目确实减少了，而且叶片停止扩展也比野生型的要早。由此可见，BR 是否促进细胞的分裂还需进一步的实验证明。

(2)对种子萌发的影响

BR 同其他植物激素一样也参与到种子萌发的过程中。实验已经证实 GA 可以促进种子萌发和打破休眠，而 ABA 具有相反的作用。几个 GA 合成和信号转导突变体的萌发可以被 BR 部分恢复，BR 合成突变体 *det*2 和不敏感突变体 *bri*1 与野生型相比对 ABA 更敏感。G 蛋白的 α 亚基(GPA1)在种子萌发过程中可能起着非常重要的作用，有实验证明用 GA 合成抑制剂 PAC 处理 *gpa*1、*bri*1、*det*2 后，各个突变体均呈现 GA 缺失的表型，*det*2 可以用 BL 完全恢复，而 *gpa*1 只能被 BL 部分恢复，*bri*1 对 BL 处理无反应。这说明 BL 和 GPA1 都是 GA 促进种子萌发所必需的。

(3)影响气孔的开张和关闭

BR 可能调节气孔的开张和关闭，因为 2 个 BR 相关突变体(*sax*1，*det*3)在气孔的开张和关闭方面与野生型相比发生了明显的改变。*sax*1 是 BR 合成缺陷突变体，此突变体加强了

ABA 促进气孔关闭的效应。氧化胁迫和 Ca^{2+} 能促进野生型气孔的关闭，但不能诱发 *det*3 气孔的关闭，而 ABA 和冷处理却能诱发 *det*3 气孔关闭。BR 合成突变体 *bul*1/*dwf*7 的单位叶片的气孔比野生型多5~6倍。这些都说明 BR 参与了调节气孔的开张和关闭及气孔的发生过程，但其作用机制还需进一步的实验来证实。

(4)可以提高植物对逆境的抵抗能力

已有实验结果表明，BR 可以提高水稻、番茄、玉米、黄瓜、雀麦草等对低温的抵抗能力，还可以提高小麦和雀麦草对高温的忍耐力，提高甜菜对干旱和小麦对潮湿的抵抗力，也可以缓解盐害对桉树和水稻的毒害。这些实验表明 BR 可以提高植物对各种逆境的适应。BR 之所以具有这些功能，可能是因为可以激活植物中的抗氧化酶保护系统，从而尽快消除植物体内由于逆境而产生的过多有害自由基，提高植物的抵抗逆境的能力。

(5)可以调节植物的育性

BR 和植物的育性有很大的关系，如拟南芥中 BR 信号转导缺陷型的突变体(如 *bin*2，*bri*1-116 等)很多是不育的或者育性下降。水稻中 *d*61，*Osbrd*1 等 BR 信号转导缺陷型的突变体也是育性极低，甚至不育。

(6)参与光形态建成

光对生物的作用不止是提供光合作用的能量，对植物和微生物来说还是一个重要的光形态建成信号。*det*2，*cpd*，*dwf*4 等 BR 合成突变体暗生长表现为下胚轴短、子叶张开、脱黄化等光形态建成。同时，用 BR 合成抑制剂处理暗中生长的拟南芥幼苗可以诱导光形态建成。马力耕等的基因芯片结果表明，有 4 个 BR 合成基因被光下调。这些结果说明 BR 在调控植物的光形态建成方面起着重要的作用。高水平的 BR 是暗形态建成所必需的，而光又抑制 BR 的合成。

7.7.4 油菜素内酯的信号转导

BR 信号转导在拟南芥中研究得相对比较清楚，并概括出了信号转导模式图(图 7-30)。

7.7.4.1 细胞表面 BR 信号的感知

BR 在细胞表面被其受体 BRI1 接受，外源 BR 可以激活 BRI1 的活性，但激活 BRI1 活性的生物化学机制还不清楚。一种理论认为：BRI1 的激活包括 BR 诱导 BRI1 和 BRI1-ASSOCIATED RECEPTOR KINASE 1(BAK1)形成异二聚体，然后在 BRI1 和 BAK1 之间发生相互磷酸化。BAK1 是用酵母双杂交技术筛选同 BRI1 相互作用的蛋白时鉴定到的，与 BRI1 有类似的结构构成和亚细胞定位，二者在体内和体外都可以相互作用。另一种理论认为：BRI1 和 BAK1 之间的相互作用更类似于动物细胞中转化生长因子 β(TGF-β)的

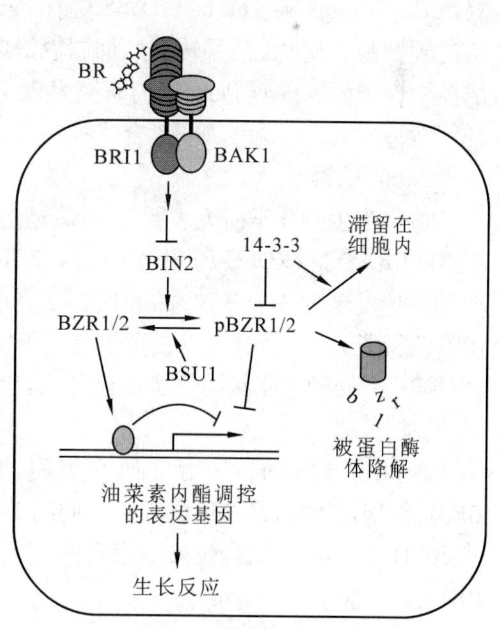

图 7-30 油菜素内酯信号转导模式

(引自 Wang *et al.*，2010)

信号转导途径，即 BR 与 BRI1 的同型二聚体结合，诱导二聚体构象发生变化激活它的活性，然后磷酸化 BAK1，使之活化，而被活化的 BAK1 进而使下游元件磷酸化。Karlova 等用蛋白组学的方法发现，在一个蛋白质复合体中包括 BRI1、BAK1 和 SOMATIC EMBROGENESIS RECEPTOR KINASE 1（SERK1），SERK1 是 BAK1 非常同源的蛋白。但 BAK1 和 SERK1 的确切功能还不十分清楚。

7.7.4.2 BRI1 信号的传出

BR 信号从 BRI1 传到细胞内这个过程中可能起作用的蛋白有 BAK1、BKI1（BRI1 KINASE INHIBITOR1）、TTL（TRANSTHYRETIN LIKE protein）、TRIP1（TGFß-RECEPTOR INTER ACTING PROTEIN 1）。BR 可以诱导 BRI1 和 BAK1 相互作用。Eugenia Russinova 等的研究表明在原生质体系统中过表达 BAK1 可以诱导 BRI1 的内吞现象，这暗示着 BAK1 可能在 BR 信号转导过程中把 BRI1 从细胞表面带到细胞质内，然后 BRI1 在细胞质内直接同它的靶蛋白相互作用。另一个可能调节 BR 信号由 BRI1 输出的蛋白是 BKI1。过表达 *BKI1* 导致植株矮小，BR 敏感性降低，RNAi 造成的 *BKI1* 沉默导致下胚轴伸长。这说明 BKI1 是 BR 信号转导过程中的负调节因子。BR 处理可以迅速使 BKI1 从细胞膜分离下来。所以，BKI1 的作用是同 BRI1 相互作用以阻止 BRI1 同 BAK1 结合，从而阻止信号从 BRI1 传出。另外 2 个可能在信号由 BRI1 输出过程中起作用的蛋白是 TTL 和 TRIP1，它们在体外能被 BRI1 磷酸化，这 2 个蛋白如何在 BR 信号转导过程中起作用还不是十分清楚。

7.7.4.3 细胞内 BR 信号转导

BRASSINOSTEROID-INSENSITIVE 2（BIN2）调节细胞内 BR 信号转导。*BIN2* 基因编码一种胞质丝氨酸/苏氨酸激酶，其催化功能域与果蝇的 SHAGGY 和哺乳动物的糖元合成酶激酶 3（glycogen synthase kinase-3，GSK3）有 70% 的同源性。当 BR 信号被感知时，BIN2 的激酶活性受到抑制，使 BR 信号转导的抑制也得以解除。对 BIN2 激酶活性的抑制是 BR 信号转导中的关键性步骤，Peng Peng 等的研究发现 BIN2 激酶活性受抑制是因为蛋白酶体介导的 BIN2 的降解造成的，外源施加 BR 合成抑制剂会增加 BIN2 的积累，而外源施加有活性的 BR 会减少 BIN2 的积累。

遗传和生物化学研究表明，BIN2 通过磷酸化几个核内的蛋白来调节 BR 信号转导过程，BZR1（BRASSINAZOLE-RESISTANT1）和 BES1（BRI1-EMS- SUPPRESSOR1）是通过 2 个独立的遗传筛选发现的 2 个 BIN2 的底物，二者的序列同源性为 88%。外源 BR 不但抑制 BES1 和 BZR1 的磷酸化，而且可以提高蛋白的稳定性和在核内的积累。BSU1 能对抗 BIN2 的作用而调控 BES1 的磷酸化状态，从而提高去磷酸化 BES1 的水平，进而在核中活化 BR 诱导基因的表达。

Srinivas S. Gampala 等的研究表明，BIN2 磷酸化 BZR1 和 BES1 不仅抑制了 BZR1 和 BES1 和 DNA 的结合，还促进了它们同 14-3-3 蛋白的结合，导致 BZR1 在细胞质积累。而去除 BZR1 上 14-3-3 结合位点的突变体，不仅导致 BZR1 在细胞核积累，还增强转基因植株的 BR 应答反应。

7.8 其他天然的植物生长物质

随着人们对植物激素研究的深入，除了上述介绍的六大类植物激素外，又相继发现了其他一些与植物激素有类似生理作用的物质，如多胺、茉莉酸、水杨酸和多肽等。

7.8.1 水杨酸

7.8.1.1 水杨酸的发现

水杨酸(salicylic acid，SA)(图7-31)化学名称邻羟基苯甲酸，是一种广泛存在于植物中的一类小分子酚类物质。首先在柳树皮中发现。SA一般在产热植物的花序中含量较高，如天南星科的一种植物花序，含量达3 $\mu g \cdot g^{-1}$FW，西番莲花为1.24 $\mu g \cdot g^{-1}$FW。在不产热植物的叶片等器官中也含有SA，在水稻、大麦、大豆中均检测到SA的存在。

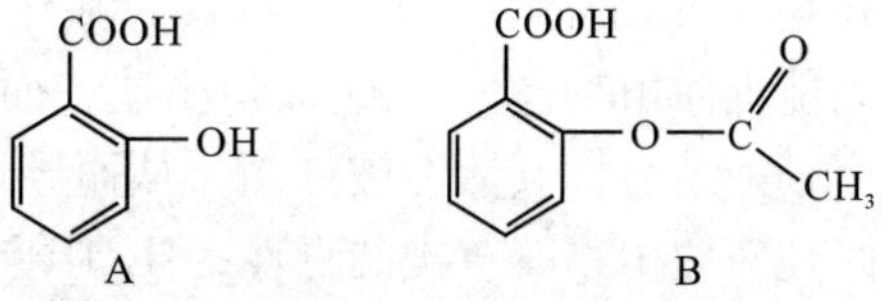

COOH OH A　　COOH O—C(=O)CH$_3$ B

图7-31 水杨酸(A)和乙酰水杨酸(B)

水杨酸是苯丙氨酸代谢途径的中间产物，属于肉桂酸(trans-cinnamic acid)的衍生物。由莽草酸(shikimic acid)经苯丙氨酸(phenylalanine)形成的反式肉桂酸可经邻香豆酸(ocoumaric acid)或苯甲酸转化成SA。SA也可被UDP-葡萄糖：水杨酸葡萄糖转移酶催化转变为β-O-D-葡萄糖水杨酸，这个反应可防止植物体内因SA含量过高而产生不利影响。水杨酸能溶于水，易溶于极性的有机溶剂。在植物组织中，非结合态SA能在韧皮部中运输。

7.8.1.2 水杨酸的生理效应和应用

水杨酸参与植物的蒸腾、种子萌发、开花、结实、气孔关闭、产热等多种生理生化过程；诱导植物产生抗病、抗盐、耐冷等多种生理性状，还可参与植物细胞线粒体抗氰呼吸和非磷酸化途径，提高植物体内茉莉酸代谢水平。

(1)生热效应

水杨酸产热效应是因为诱导植物体内交替氧化酶基因表达的结果。天南星科植物佛焰花序的生热现象由SA引起的。外源施用SA可使成熟花上部佛焰花序的温度增高12 ℃，巫术百合在水杨酸的诱导下产热效果可使其花序比周围环境温度高14 ℃。2,6-二羟苯甲酸和乙酰水杨酸(图7-31)也有SA同样的作用。SA诱导的生热效应是植物对低温环境的一种适应。

(2)诱导开花

水杨酸与诱导开花有关，如今被证实能被水杨酸诱导开花的植物有几十种，其中对许多有观赏价值植物的诱导开花作用，为园艺植物的生理调控提供了新的思路。用SA处理可诱导浮萍开花。这一诱导是依赖光周期的，即是在光诱导以后的某个时期与开花促进或抑制因子相互作用而促进开花。SA还可显著影响黄瓜的性别表达，抑制雌花分化，促进较低节位上分化雄花，并且显著抑制根系发育。

(3)增强抗性

水杨酸是一种植物胁迫反应的信号分子，例如，植物在受病毒、真菌或细菌侵染后，侵染部位的SA水平显著增加，同时出现坏死病斑，即过敏反应(hypersensitive reaction，HR)，并引起非感染部位SA含量的升高，作为一种信号分子，传递到全株引发植物的抗性反应。

SA还可诱导植物产生某些病程相关蛋白(pathogenesis related protein，PRs)。

另外，SA还可抑制大豆的顶端生长，促进侧枝生长，增加分枝数量、单株结荚数及单荚重。SA(0.01~1 mmol·L^{-1})可提高玉米幼苗硝酸还原酶的活性，还颉颃ABA对萝卜幼苗生长的抑制作用。SA还被用于切花保鲜、水稻抗寒等方面。

7.8.1.3 水杨酸的作用机制

(1)水杨酸诱导植物抗病机制

水杨酸是诱导植物抗病反应的一个重要信号分子。许多植物感病后，其体内都会有大量水杨酸积累。水杨酸可以直接激活许多与抗性有关的酶系统活性，能显著提高SOD(超氧化物歧化酶)的活性，抑制CAT(过氧化氢酶)、APX(抗坏血酸过氧化物酶)活性；SOD活性提高能促使植物体内H_2O_2大量生成，而CAT、APX是植物体内重要的H_2O_2的清除剂，通过与水杨酸结合，其活性被抑制，从而导致H_2O_2积累。H_2O_2诱导植物细胞过敏性坏死反应，同时还对微生物有直接的毒性，H_2O_2还参与细胞壁蛋白(如富经糖蛋白)的氧化交联和木质素的形成，木质素能加固细胞壁，作为一种结构性防御屏障，阻止微生物进一步侵染。同时水杨酸还参与植物体内茉莉酸代谢调节，后者可增强植物对多种胁迫的抗逆能力。

烟草中水溶性水杨酸的受体是SABP。SABP是一种过氧化氢酶，与水杨酸结合后即失去酶活性。1997年，Du等在烟草和拟南芥中发现另一种与水杨酸具有高度亲和性、低丰度的可溶性SABP2。与过氧化氢酶相比，SABP2更有可能在水杨酸的信号传导中起作用。另外，植物体内的离子流、蛋白磷酸化/去磷酸化反应、一氧化碳产生、脂质过氧化等相互配合同样可以激活植物的抗病性反应，与水杨酸也有一定的关系。因此，水杨酸介导的植物抗病反应的机制是多途径的。

(2)水杨酸诱导植物耐冷机制

低温胁迫条件下，水杨酸可提高水稻胚乳内淀粉酶、蛋白酶活性及可溶性糖含量，一方面为新物质的合成和积累提供充分的底物；二是提高细胞内溶质的浓度，降低细胞中溶质渗透势，提高其渗透调节作用，缓解因冷害胁迫给细胞带来的生物物理和生物化学变化，例如，生物膜相变、电解质外渗、细胞内物质积累，从而相对提高耐冷性。

(3)水杨酸诱导植物耐铝胁迫机制

水杨酸作为信号分子参与调节铝胁迫反应。1~10 μmol·L^{-1}的水杨酸能促进并调节根系由铝诱导的柠檬酸分泌，从根系分泌的有机酸能与根际的Al^{3+}结合，形成无毒性的螯合物，从而减轻了铝对根际细胞的毒害。

7.8.1.4 水杨酸在农业上的应用

(1)促进作物优质高产

低浓度水杨酸处理作物，合成代谢显著加强，粒重粒数增加，产量提高，品质改善。

(2)外施水杨酸可提高作物对逆境的抗性和耐性

5~50 μg·mL^{-1}L水杨酸诱导水稻幼苗产生对抗白叶枯病的抗性；0.01~0.1 mmoL·L^{-1}水杨酸诱导产生对水稻稻瘟病抗性；乙酰水杨酸(ASA)能有效缓解镍胁迫对稻苗的毒害，可通过施用乙酰水杨酸减轻镍污染土壤对作物的毒害；外源水杨酸能够降低低温胁迫对水稻的伤害，在4 ℃冷害条件下，低浓度(<0.8 mol·L^{-1})可提高其对低温胁迫的适应性，提高发芽率、发芽指数和活性指数；水杨酸溶液可提高黄瓜四叶期的幼苗对高温胁迫的

抗性。

(3)提高水果的贮藏性

水杨酸能抑制乙烯的生成，水杨酸处理苹果后，细胞膜透性和丙二醛含量均降低，呼吸速率明显下降，果实衰老推迟。

(4)对鲜切花保鲜作用

水杨酸对鲜花保鲜有一定的作用，并能够明显抑制细菌的生长。月季经处理后花朵开放时间显著延长。多数鲜切花表现相似的结果。

(5)诱导水稻不育系闭颖，提高杂交种种子活力

在水稻杂交制种生产上，授粉结束后，施用水杨酸可极大地提高水稻杂交种的活力及种子的耐储性，减少损失。茉莉酸甲酯(MeJA)显著诱导水稻开颖，但裂颖率的升高，使水稻杂交种子的种子活力严重降低，水杨酸能逆转 MeJA 诱导的水稻开颖，而 MeJA 再次处理能解除水杨酸对不育系开颖的抑制效应。

(6)诱导雌花形成

喷施水杨酸可减少黄瓜雄花数目，诱导雌花形成。

7.8.2 茉莉酸

茉莉酸类化合物(jasmonates，JAs)包括茉莉酸(jasmonate，JA)、茉莉酸甲酯(methyl jasmonates，MeJA)以及其他衍生物，广泛存在于自然界，是许多植物体内产生的天然化合物。

7.8.2.1 茉莉酸的分布和代谢

早在 1971 年人们就已分离出了茉莉酸，但直到 1980 年才开始注意到这类化合物具有生长物质活性。而茉莉酸甲酯(methyl jasmonate，MeJA)于 1980 年从蒿属植物苦艾中分离出来。茉莉酸类化合物广泛存在于植物体内，现已发现了 30 多种，其中，茉莉酸和茉莉酸甲酯是最重要的代表(图 7-32)。茉莉酸的化学名称是 3-氧-2-(2′-戊烯基)-环戊烯乙酸。

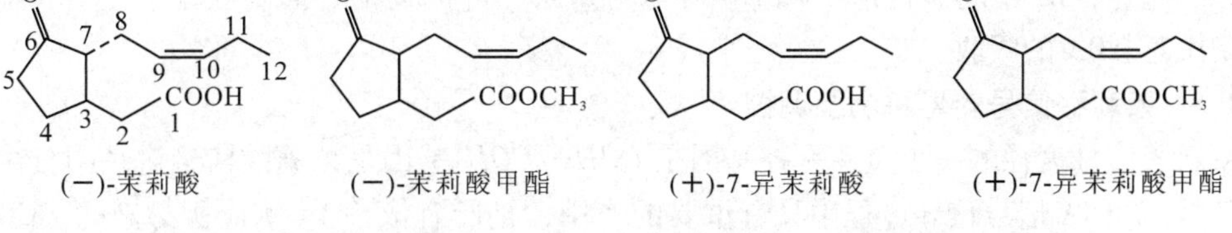

(−)-茉莉酸　(−)-茉莉酸甲酯　(+)-7-异茉莉酸　(+)-7-异茉莉酸甲酯

图 7-32 代表性的茉莉酸类化合物的分子结构(引自李合生 等，2002)

茉莉酸生物合成的最初前体是 α-亚麻酸，α-亚麻酸从植物细胞膜上释放后，在质体中经脂氧合酶途径氧化为 13 (S)-氢过氧-亚麻酸，之后在丙二烯氧化合成酶(AOS)和丙二烯氧化环化酶(AOC)的作用下生成 12-氧-植物二烯酸(12-OPDA)进入细胞质中，经 12-氧-植物二烯酸还原酶(OPR)作用，再进入到过氧化物体中经 3 次 β 氧化最后形成茉莉酸。之后，在茉莉酸羧基甲基转移酶(JMT)的作用下生成具有挥发性的化合物茉莉酸甲酯。

JA 在茎端、嫩叶、未成熟果实、根尖等处含量较高，生殖器官特别是果实比营养器官(如叶、茎、芽)的含量丰富，例如，大豆种子中 JA 含量为 1 260 $ng \cdot g^{-1}$ FW，而其营养器

官 JA 含量为 10～100 ng · g^{-1} FW。

JAs 通常在植物韧皮部系统中运输，也可在木质部及细胞间隙运输。

7.8.2.2 茉莉酸类的生理效应及应用

茉莉酸是抑制生长、促进衰老的一类活性物质，JAs 可引起多种形态或生理效应，这些效应大多与 ABA 的效应相似，但也有独特之处。

(1)抑制生长和萌发

JA 能显著抑制水稻幼苗第二叶鞘长度、莴苣幼苗下胚轴和根的生长以及 GA_3 对它们伸长的诱导作用，MeJA 可抑制珍珠稗幼苗生长，离体黄瓜子叶鲜重和叶绿素的形成，以及细胞分裂素诱导的大豆愈伤组织的生长。

用 10μg · L^{-1} 和 100 μg · L^{-1} 的 JA 处理莴苣种子，45 h 后萌发率分别只有对照的 86% 和 63%。茶花粉培养基中外加 JA，则能强烈抑制花粉萌发。

(2)促进生根

MeJA 能显著促进绿豆下胚轴插条生根，10^{-8}～10^{-5} mol · L^{-1} 处理对不定根数量无明显影响，但可增加不定根干重；10^{-4}～10^{-3} mol · L^{-1} 处理则显著增加不定根数，但根干重未见增加。

(3)促进衰老

从苦蒿中提取的 MeJA 能加快燕麦叶片切段叶绿素的降解。用高浓度乙烯利处理后，MeJA 能促进豇豆叶片离层的产生。MeJA 还可使郁金香叶的叶绿素迅速降解，叶片黄化，叶形改变，加快衰老进程。

(4)抑制花芽分化

烟草培养基中加入 JA 或 MeJA，则抑制外植体花芽形成。

(5)提高抗性

经 MeJA 预处理的花生幼苗，在渗透逆境下，植物的外渗电导率降低，干旱对其质膜的伤害减轻。MeJA 预处理也能提高水稻幼苗对低温(5～7 ℃，3 d)和高温(46 ℃，24 h)的抵抗能力。此外，JA 还能抑制光和 IAA 诱导的含羞草小叶的运动，抑制红花菜豆培养细胞和根端切段对 ABA 的吸收。

7.8.2.3 茉莉酸信号转导机制及调控

茉莉酸信号途径的一个重要调控基因是 *COI1*。*COI1* 基因是茉莉酸信号途径中分离的第一个基因，在 JA 信号传导过程中具有重要的作用，是所有依赖 JA 响应所必需的。COI1 在植物体内具有 E3 型泛素连接酶的功能。

SCF^{COI1} 和调节生长素信号传导的 SCF^{TIR1} 复合体拥有相同的组成蛋白。这 2 种蛋白复合体可能相互作用共同调节 JA 信号和生长素信号途径。

7.8.3 多胺类

7.8.3.1 多胺的种类和分布

多胺(ployamines，PA)是一类脂肪族含氮碱，包括二胺、三胺、四胺及其他胺类，广泛存在于植物体内。20 世纪 60 年代人们发现多胺具有刺激植物生长和防止衰老等作用，能够调节植物的多种生理活动。高等植物的二胺有腐胺(putrescine, Put)和尸胺(cadaverine, Cad)等,三胺有亚精胺(spermidine, Spd),四胺有精胺(spermine, Spm),还有其他胺类。通常胺基数目越多,生物活性越强。

高等植物的多胺不但种类多,而且分布广泛。多胺的含量在不同植物间及同一植物不同器官间、不同发育状况下差异很大,可从每克鲜重几个纳摩尔到几百个纳摩尔。通常,细胞分裂最旺盛的部位也是多胺生物合成最活跃的部位。

7.8.3.2 多胺的生理效应

(1)促进生长

多胺能促进植物的生长。例如,休眠菊芋的块茎不能进行细胞分裂,它的外植体中内源性多胺、生长素、细胞分裂素的含量都很低,但在培养基中只加入10~100 $\mu mol \cdot L^{-1}$的多胺而不加其他生长物质,块茎细胞则能分裂和生长,同时,还能诱导形成层的分化与维管组织的分化。亚精胺还刺激菜豆的不定根增加及加快其生长。

(2)延缓衰老

凡被多胺处理的燕麦、豌豆、菜豆、油菜、烟草、萝卜等叶片,在暗中均有延缓衰老的作用。同时发现,前期多胺能抑制蛋白酶与RNA酶活性的提高,减慢蛋白质降解速率;后期延缓叶绿素的分解,但对老叶则无效。

(3)提高植物的抗性

高等植物中多胺代谢对各种不良环境十分敏感,当植物遭遇水分胁迫、寒冷、渗透胁迫和矿质元素缺乏等影响时,往往大量积累腐胺。腐胺在逆境下增加的生理意义是:①它作为pH值的缓冲剂,或有助于H^+或其他阳离子通过质膜;②腐胺能抑制酸性蛋白酶和RNA酶的活性,可稳定膜结构和原生质不被分解破坏。

(4)其他作用

多胺还可调节与光敏色素有关的生长和形态建成,调节植物的开花过程,参与光敏核不育水稻花粉的育性转换,并能提高种子活力和发芽力,促进根系对无机离子的吸收。

7.8.4 多肽

7.8.4.1 多肽激素的发现

胰岛素作为动物中第一个被发现的多肽激素在动物的生理调节过程中起重要的作用,随后的研究发现动物中存在众多的多肽激素,这些多肽类激素在信号转导方面起着非常重要的作用。然而,高等植物中的多肽激素研究仅有20年的历史。系统素(systemin)作为植物中的第一个多肽激素,是由Pearce等人于1991年在番茄中发现的。目前被普遍认可的多肽激素有:系统素、PSK、CLV3和SCR。另外,还有一些植物中发现的多肽分子(如ENOD40和RALF等)由于其受体未知而功能尚有争议。与传统的6种非多肽激素生长素、细胞分裂素、赤霉素、乙烯、脱落酸以及油菜素内酯一样,多肽激素参与植物生长、发育及抗逆等许多生命过程,特别是作为信号分子在细胞与细胞之间的短距离的信息交流中起着关键作用。它们以配基的形式与细胞膜表面的相应受体激酶分子相互作用,从而激活通路下游基因或启动相关信号转导过程。

7.8.4.2　多肽激素的生理作用及作用机制

(1)系统素

番茄的叶片在被昆虫咬伤之后能够传递信号给非咬伤叶片，使之产生抗昆虫反应。Pearce 等(1991)从被昆虫攻击的番茄叶中发现了高等植物中第一个多肽激素——系统素。在叶片的受损部位和周边部位都可以检测到这种 18 个氨基酸的多肽化合物(AVQSKPPSKRDPPKMQTD)。系统素作为系统性防御反应的信号分子能够诱导受伤叶片和一定距离之内的未受伤叶片产生蛋白酶抑制剂(proteinase inhibitors)，这些蛋白酶抑制剂在进入昆虫肠道后，能够直接影响到其消化系统的功能，从而能够抑制昆虫对植物的进一步侵害。

利用化学交联的方法人们从番茄中分离得到了系统素的受体 SR160，蛋白质顺序分析表明 SR160 是一个 160 kDa 富含亮氨酸重复序列的类受体蛋白激酶(leucine-rich repeats receptor-like protein kinases，LRR-RLK)。十分有意思的是 SR160 与油菜素内酯的受体 BRI1 相同，这表明在番茄中 SR160/BRI1 受体激酶可能起着双重作用，它可能通过形成不同的受体复合体来分别介导系统素和 BR 的信号转导过程。

(2)Phytosulfokine(PSK)

植物悬浮培养细胞有密度效应。当培养细胞被稀释到一定程度之后很难再进行分裂，甚至在补充植物激素和营养物质之后也难以提高其有丝分裂活性，说明悬浮培养细胞存在一种能够感受培养细胞密度的非激素因子。研究人员采用辅助培养(nurseculture)的方法(即把低密度的靶细胞靠近高密度辅助细胞一起培养，但是不直接接触)，发现低密度的培养细胞能够感受由高密度培养细胞释放到胞外的一个细胞分裂促进因子。纯化分析后发现这种能够促进有丝分裂的因子是一个经过硫化修饰的五肽化合物，即硫化色氨酸—异亮氨酸—硫化色氨酸—苏氨酸—谷氨酰胺[Y(SO3H)-I-Y(SO3H)-T-Q]，因而被称为 phytosulfokine(PSK)。到目前为止 PSK 的中文名字还没有，有人译成植硫肽。

PSK 的浓度在纳摩尔水平便能够促进细胞的脱分化和分裂。利用^{35}S 和^{3}H 标记的方法，人们观察到 PSK 总是与悬浮培养细胞匀浆物中富含质膜的组分有很强的结合能力。通过亲和柱层析的方法纯化得到了 2 个大小不同但均能与 PSK 相结合的蛋白组分，相对分子质量分别是 120 kDa 和 150 kDa。通过分析发现它们是来自同一基因的转录产物但经过不同的转录后加工的蛋白质，其基本分子结构形式与系统素的受体一样，也是富含亮氨酸的受体激酶蛋白(LRR-RLK)。此外，人们认为 PSK 与该受体激酶是以配基—受体的方式发挥作用。

(3)SCR/SP11

很多植物特别是芸薹属植物中存在自交不亲和(self-incompatibility，SI)现象，即当一株植物的花粉落到自身的柱头上时不能完成授粉过程，这种防止自交的机制有利于保持物种遗传多样性。经典遗传学的研究表明油菜的 SI 位点在一个群体中有多个等位基因，编码产生不同的 SI 位点产物。因此，当花粉和柱头为同一基因型时则会相互识别，从而发生排斥。分子生物学的证据表明雌蕊中存在 2 个 SI 位点蛋白：SLG 和 SRK，它们都是在柱头表面乳突中表达，SLG 为糖基化蛋白，SRK 是位于膜上的受体蛋白激酶。在花药中，SI 位点编码 1 个只在绒毡层中表达的富含半胱氨酸的胞外多肽——SCR/SP11。这个多肽的长度从 74 到 77 个氨基酸不等，在群体中有相当高的多态性，并含有可能的信号肽切点。SCR/SP11 由绒毡层产生并被分泌到花粉粒，当花粉粒落到柱头上时，SCR/SP11 就能够与柱头上的受体复合体 SLG/SRK 相互作用，同时，亲和反应实验证明化学合成的 SCR/SP11 多肽能够直接同 SLG/SRK 受体复合物相互作用。

(4)CLV3

CLAVATA3(CLV3)是研究较为清楚的一个调控植物发育的多肽激素，其终产物是一个含有 12 个氨基酸的多肽，由一个 96 个氨基酸的含有分泌肽的前体蛋白经过剪切加工而成，直接参与了植物茎端生长点中干细胞数目的控制。CLV3 多肽最初是通过研究一系列与茎生长点大小相关的拟南芥突变体的过程中发现的。这些突变体种荚呈棒球棍的形状，故被命名为 clavata1(clv1)。此后人们又得到了另外 2 个生长点变大的遗传位点，并分别被定名为 CLV2 和 CLV3。分子克隆结果显示 CLV1 编码 1 个富含亮氨酸重复顺序的受体激酶；CLV2 编码 1 个和 CLV1 类似的富含亮氨酸重复顺序类受体蛋白，但是它不具有胞内激酶区；CLV3 编码 1 个只有 96 个氨基酸的胞外小分子蛋白。

遗传和生物化学证据表明 CLV3 通过与 CLV1/CVL2 受体复合体相互作用，从而将 CLV3 信号从一个细胞传递到邻近的细胞。生物信息学分析发现 CLV3 中含有一个 14 个氨基酸的保守基序，人们将这一高度保守区域命名为 CLV3/ESR(CLE)基序，且将带有这一基序的基因家族命名为 CLE 家族。在拟南芥基因组中 CLE 家族共有 31 个成员，它们都含有可能参与分泌的信号肽，这使人们有理由相信整个 CLE 家族所编码的蛋白或加工后的小分子多肽有可能作为胞外的多肽激素来发挥作用。

7.9 植物激素的相互关系

同一种植物激素控制不同的生物学过程，而同一生物学过程往往受到多种植物激素的控制。不同植物激素在代谢、信号转导直至发挥效应的多个步骤或环节之间存在复杂的相互作用关系，不同激素信号通路之间往往通过共有的信号元件相互连接和交叉，从而形成复杂而精细的植物激素信号转导网络。因此，植物生长发育的任何阶段都不可能是某一种激素单独作用，而是由多种激素相互作用的结果。

7.9.1 激素间的相互作用

7.9.1.1 生长素和赤霉素

生长素和赤霉素均能促进植物营养器官的伸长生长，二者在促进伸长过程中相互促进，相互影响。

(1)*赤霉素的活性需要正常水平的生长素来维持*

赤霉素最突出的生理效应是促进茎的伸长和诱导长日植物在短日条件下抽薹开花。在豌豆茎的伸长过程中，需要有正常水平的 IAA 来维持活性赤霉素(GA_1)的水平。对豌豆进行去顶处理或在完整植株顶芽正下方施用 IAA 极性运输抑制剂，均能有效地使 GA_{20}(GA_1 的前体)转化为 GA_1 的能力消失，揭示了来源于茎尖的 IAA 能促进节间部 GA_1 的生物合成。用传统的方法在去顶植株切口处施用外源 IAA 补充对茎的 IAA 供应，可以完全恢复茎中合成和积累 GA_1 的能力。IAA 还可以促进离体茎中 GA_1 的合成。

IAA 能抑制赤霉素的失活步骤，如 GA_{20} 向 GA_{29}、GA_1 向 GA_8 的转化。催化 GA_{20} 生成 GA_1 的酶由 *LE* 基因（又称 *PsGA3ox1*）编码，该基因由于 Mendel（孟德尔）对遗传学早期的经典实验而著名。孟德尔的豌豆长茎品种具有 *LE* 基因，而短茎品种含 *le* 基因（最近被命名为 *le-1*）。研究发现，对豌豆苗的去顶处理可以显著降低 *LE* mRNA 水平，而恢复补充 IAA 则能提高 *LE* mRNA 水平。催化 GA_{20} 向 GA_{29}、GA_1 向 GA_8 的转化这 2 步失活途径的酶是由基因 *PsGA2ox1* 编码，该基因的 mRNA 水平因去顶处理而升高以及 IAA 施用而降低，上述结果从代谢角度阐明，IAA 从促进合成与抑制降解 2 个方面维持着 GA_1 的水平。

（2）赤霉素促进生长素的活性

GA_3 处理能增加很多植物的 IAA 含量，其原因是 GA_3 促进了 IAA 合成，并抑制了结合态 IAA 的形成。

（3）赤霉素和生长素在生理过程中的相互控制

IAA 和 GA_3 相互控制木质部和韧皮部内木质素的合成，木质素是维管系统中的重要组成物质。据 R. Aloni（1990）报道，使用高浓度 IAA 与低浓度 GA_3 混合液能诱导锦紫苏茎部产生韧皮部短纤维，其木质素含有较高的丁香醇成分；改用高浓度 GA_3 与低浓度 IAA 混合液则促进韧皮部长纤维的合成，其木质素的丁香醇成分也相应减少。

7.9.1.2 生长素和细胞分裂素

（1）代谢上的控制

CTKs 通过对 IAA 氧化酶的调节来影响 IAA 的代谢。在烟草愈伤组织中，低浓度的激动素促进 IAA 氧化酶及过氧化物酶的某些同工酶的产生，但高浓度的激动素对这些同工酶反而有抑制作用。施用较高浓度的激动素于不同植物均可增加其 IAA 含量，这可能是激动素对 IAA 氧化酶的抑制所引起的。

（2）生理作用上的相互影响

IAA 不是唯一控制顶端优势的因子，CTK 在顶端优势的调控中能够颉颃 IAA 的作用。无论是向茎尖还是直接向腋芽施用 CTK，都能解除大多数植物的顶端优势。具有强顶端优势的番茄突变品系的内源 CTK 的含量均会显著低于正常品系。一般认为，根部合成并向上运输的 CTK 在腋芽部位对抗 IAA 的作用，从而促进腋芽生长。IAA 与 CTK 的浓度比值决定顶端优势的强弱，通常植株顶部的比值高，侧芽的生长受到抑制；而基部的比值相对较低，侧芽的生长不受抑制或受抑程度很轻。

7.9.1.3 生长素和乙烯

IAA 对 ETH 合成有促进作用。黄化豌豆上胚轴切段的伸长生长可被低浓度的 IAA 促进，但超过 10^{-6} mol · L^{-1} 时，组织内开始产生 ETH，伸长生长受到抑制，横向膨大加强，且 IAA 浓度越高，ETH 合成越多，这与 IAA 促进 ACC 合成酶活性有密切关系。而 ETH 会抑制 IAA 的生物合成，促进 IAA 氧化酶的活性，使生长素的含量下降。

7.9.1.4 赤霉素、细胞分裂素、脱落酸、油菜素内酯、乙烯和茉莉酸

（1）代谢过程中的相互影响

甲瓦龙酸同是 GAs、CTKs 和 ABA 合成的前体物质。它的中间产物——异戊烯基焦磷酸（iPP）在不同条件下，会分别转变为 GAs，CTKs 和 ABA，同时也形成类胡萝卜素。一般情况是，iPP 在长日下形成 GAs，在短日下形成 ABA。

在 GAs 合成途径中，于 GA_{12}-7-醛合成之前，催化贝壳杉烯转化为贝壳杉烯酸的连续 3 步氧化反应，均由依赖于细胞色素 P450 的单加氧酶催化，而 ABA 氧化降解途径中经 8′-羟化作用生成 PA 也包括一个依赖于细胞色素 P450 的反应。细胞色素 P450 单加氧酶抑制剂嘧啶醇或 PP_{333} 不仅能够阻止 GAs 合成，使异戊二烯原料更多地被用于 ABA 合成，而且能够使 ABA 向 PA 的氧化作用受阻。所以，施用这类生长延缓剂不仅会抑制内源 GAs 水平的升高，还会增加植物内源 ABA 含量。

CTKs 和 ABA 都可促使 GA 转变为束缚型。

ETH 促进 ABA 生物合成。

水稻中受赤霉素诱导的基因 *OsGSR*1 正向调控赤霉素信号途径，但负向调控油菜素内酯的生物合成。

(2)生理作用调控过程中的相互影响

ABA 和 CTK 对气孔运动的调节表现出相互颉颃效应。如上所述，ABA 可能是根部向叶片传送“旱情”的信号物质，引起气孔关闭以降低蒸腾。王永银等(1996)进一步用鸭跖草分析发现，不定根出现后，叶片下表皮中的 iPA 和 ZR 等 CTK 含量显著增加，提示形成的不定根中合成了 CTK，并运输到叶片以促使气孔开放。因此，根系向上传递的土壤水分状况的信息基于正负两方面，其具体形式很可能是 ABA 和 CTK。

在叶片和花、果脱落中，离层细胞对 ETH 的敏感性则受位于离层的远轴端与近轴端所含有的生长素相对浓度的影响。当远轴端的生长素浓度较高而近轴端较低时，离层对 ETH 的敏感性小，叶片保持不落。但当远轴端及近轴端生长素浓度差异减小或逆转时，离层细胞对 ETH 的敏感性增加，叶片容易脱落。生长素促进 ETH 合成，ETH 抑制叶片中生长素合成及干扰生长素从叶片向叶柄运输。这些作用都与促进叶片脱落有关。

在根系发育中，茉莉酸通过激活生长素合成基因 *ASA*1 的表达而促进生长素合成，同时又通过调控生长素转运蛋白 PIN 的胞内运输和降解影响生长素的极性运输。生长素反应因子 ARF2 是连接脱落酸信号途径和生长素信号途径的关键节点，这是植物通过激素信号间的相互作用调控生长发育状况以更好适应环境的典型例子。

7.9.1.5 乙烯和多胺

ETH 合成途径中的中间产物 SAM 也是多胺合成的前体。因此，在多种植物组织内，ACC 与多胺的生物合成表现出互相抑制现象。这对植物有双重影响：一方面降低(或提高) ETH 产量；另一方面提高(或降低)多胺含量，而多胺本身具有与 ETH 相反的生理作用。

此外，植物激素的相互作用还表现在：CTK/IAA 比值控制组织培养中愈伤组织的分化、GA/ABA 对 α-淀粉酶基因表达的调控以及 GA/ETH(IAA)对瓜类性别分化的调控等方面。

7.9.2 激素间的比值对生理效应的影响

由于每种器官都存在着数种激素，因而，决定生理效应的往往不是某种激素的绝对量，而是各激素间的相对含量。

在组织培养中生长素与细胞分裂素不同的比值影响根芽的分化。烟草茎髓部愈伤组织的培养实验证明，当细胞分裂素与生长素的比例高时，愈伤组织就分化出芽；比例低时，有利于分化出根；当二者比例处于中间水平，愈伤组织只生长而不分化，这种效应已被广泛应用于组织培养中。

赤霉素与生长素的比例控制形成层的分化，当 GA/IAA 比值高时，有利于韧皮部分化，反之则有利于木质部分化。

植物激素对性别分化亦有影响，如 GA 可诱导黄瓜雄花的分化，但这种诱导可被 ABA 所抑制。黄瓜茎端的 ABA 和 GA_4 含量与花芽性别分化有关，当 ABA/ GA_4 比值较高时有利于雌花分化，较低时则利于雄花分化。

在自然情况下，植物根部与叶片中形成的激素间是保持平衡的，因此雌性植株与雄性植株出现的比例基本相同。由于根中主要合成细胞分裂素，叶片主要合成赤霉素，用雌雄异株的菠菜或大麻进行试验时发现，当去掉根系时，叶片中合成的 GA 直接运至顶芽并促其分化为雄花；当去掉叶片时，则根内合成细胞分裂素直接运至顶芽并促其分化雌花。可见，赤霉素与细胞分裂素间的比值可影响雌雄异株植物的性别分化。

7.9.3　植物激素影响植物生长发育的顺序性

植物激素对生长发育的调控具有顺序性。例如，种子休眠时，ABA 含量很高，CTK 水平在胚发育早期总是最高的，此时细胞分裂的速率也最高。当种子进入快速生长期时，CTK 水平下降，同时 GA 和 IAA 水平上升，而此时 ABA 几乎检测不到。当胚发育开始进入后期，GA 和 IAA 水平开始下降，ABA 水平却开始上升。在成熟期种子的体积和干重达到最大时，ABA 水平也达到顶峰。这表明，ABA 在胚成熟阶段发挥重要的生理效应，而 GA 和 IAA 则在胚和种子生长阶段发挥作用。当种子完成后熟时，ABA 含量下降到最低点，GA 水平很高，这时种子的休眠被解除，遇适宜条件，随即萌发。

果实的发育也存在类似情况。

总之，植物激素生理作用之间是相互抑制、又相互促进的。例如，ABA 可以抑制 GA 对莴苣种子萌发的促进作用，而 CTK 又可以克服 ABA 对种子萌发的抑制作用，从而又维持了 GA 对种子萌发的促进作用。

7.10　植物生长调节剂

植物内源激素含量非常低，提取困难，而且大部分性质非常不稳定，难以大量用于生产。植物生长调节剂具有同内源激素相同的性质，每种植物生长调节剂都有特定的用途，具有成本低、收效快、效益高以及节省劳力等优点。用植物生长调节剂去调节和控制植物生长发育的手段，简称为植物化学控制。例如，控制萌芽和休眠；促进生根；促进细胞伸长及分裂；控制侧芽或分蘖；控制株型(矮壮防倒伏)；控制开花或雌雄性别，诱导无籽果实；疏花疏果，控制落果；控制果形或成熟期；增强抗逆性(抗病、抗旱、抗盐、抗冻)；增强吸收肥料能力；增加糖分或改变酸度；改进香味和色泽；促进胶乳或树脂分泌；脱叶或催枯(便于机械采收)；保鲜等。某些植物生长调节剂以高浓度使用就成为除草剂，而某些除草剂在低浓度下也有生长调节作用。

7.10.1 植物生长调节剂的类型

植物生长调节剂是指人工合成的具有植物激素活性的一类有机物化合物。根据对植物生长的影响，可分为植物生长促进剂、植物生长抑制剂和植物生长延缓剂。

7.10.1.1 植物生长促进剂

植物生长调节剂可以促进细胞分裂、分化和伸长生长，也可促进植物营养器官的生长和生殖器官的发育。例如，吲哚丙酸、萘乙酸、激动素、6-苄基腺嘌呤、二苯基脲(DPU)等。

(1)生长素类

人工合成的生长素类物质包括3类：一是与生长素结构相似的吲哚衍生物，例如，吲哚丙酸(indole propionic acid，IPA)、吲哚丁酸(indole butyric acid，IBA)；二是萘的衍生物，例如，α-萘乙酸(α-naphthalene acetic acid，NAA)、萘乙酸钠、萘乙酰胺、萘氧乙酸(naphthoxyacetic acid，2,4,5-T)；三是氯代苯的衍生物，例如，2，4-二氯苯氧乙酸(2,4-dichlorophenoxyacetic acid，2,4-D)，2,4-D 丁酯、2,4,5-三氯苯氧乙酸(2,4,5-T)、4-碘苯氧乙酸(4iodophenoxyacetic acid，商品名增产灵)等。

人工合成的生长素类物质，如萘乙酸、2,4-D 等，人工合成容易，又不像IAA 那样在体内会受吲哚乙酸氧化酶的破坏，效果稳定，因此，在农业上得到广泛使用。生理效应参见本章“7.2 生长素”一节。

(2)赤霉素类

生产上应用最多的赤霉素 GA_3是一种固体粉末，难溶于水。使用时，可先用少量乙醇溶解，然后加水稀释至所需浓度。在低温和酸性条件下较稳定，遇碱中和失效，因而不能与碱性农药混用。也可以2 种或几种赤霉素混合使用。

(3)细胞分裂素类

常用的人工合成的 CTK 类物质主要有 3 种：①激动素类(KT)；②6-苄基腺嘌呤(6-BA)；③6-苯基腺嘌呤。这3 种物质均不溶于水，易溶于强酸、强碱。使用时可用0.1 $mol \cdot L^{-1}$ HCl 溶解，加水稀释。应用最广的是6-BA，其次是激动素(KT)、CPPU[N-(2-氯-4-吡啶基)-N-苯基脲]及玉米素。玉米素的生物活性比激动素高10倍，但因价格昂贵供应不普遍而受到限制。

7.10.1.2 植物生长抑制剂

植物生长抑制剂(plant growth inhibitors)的共同特征是抑制顶端分生组织细胞的伸长和分化，影响处理当时生长和分化的侧枝、叶片和生殖器官，因此破坏顶端优势，增加侧枝数目，植株变矮，叶片变小，生殖器官发育也受影响。外施生长素一般可以逆转这类调节剂的抑制效应，而外施 GA_3无效。目前在生产中应用较为普遍的植物生长抑制剂类物质有三碘苯甲酸、整形素(2-氯-9-羟基芴-9-羧酸甲酯)、青鲜素(顺丁烯二酸酰肼，又名马来酰肼)和增甘膦[N,N-双(膦酰基甲基)甘氨酸]等。其中青鲜素有致癌作用，不宜用于食用植物。

下面简要介绍几种常用的植物生长抑制剂。

(1)三碘苯甲酸(2,3,5-triiodobenzoic acid，TIBA)

TIBA 微溶于水，溶于乙醇、丙酮等有机溶剂。它可以阻止生长素运输，抑制顶端分生组织分裂，促使植株矮化，消除顶端优势，增加分枝。在农业生产上 TIBA 多用于大豆，促进花芽分化，提高结实率，增加产量。

(2)整形素(morphactin)

整形素溶于乙醇，抑制生长素的极性运输和颉颃赤霉素。施用整形素抑制顶端分生组织细胞分裂与伸长，从而抑制主茎生长，促进腋芽萌生，使植株矮化成灌木状，所以常用来塑造木本盆景。整形素还抑制种子发芽，抑制甘蓝、莴苣抽薹，促进结球。此外，整形素还有使植物不受地心引力与光照影响的特性。

(3)青鲜素

青鲜素(maleic hydrazide，MH)，其作用与生长素相反，抑制茎的伸长。由于其结构类似尿嘧啶，进入植物体后可以代替尿嘧啶，阻止 RNA 的合成，干扰正常代谢，从而抑制生长。MH 可用于控制烟草侧芽生长，抑制鳞茎和块茎在贮藏中发芽。有报道，较大剂量的 MH 可以引起实验动物的染色体畸变，不宜施用于食用作物。

(4)增甘膦

增甘膦溶于水，难溶于苯等非极性溶剂。增甘膦抑制植株生长，也能抑制酸性转化酶活性，增加糖分的积累和贮藏，主要用于甘蔗和甜菜的催熟增糖作用。

7.10.1.3 植物生长延缓剂

植物生长延缓剂(plant growth retardants)的共同特征是抑制内源 GAs 的生物合成，因此抑制茎尖伸长区中的细胞伸长，使节间缩短而达到矮化效果。这类物质不减少细胞数目和节间数目，不影响顶端分生组织的生长，因此也不会影响叶片的发育和叶片的数目，一般也不影响花的发育。外施 GAs 通常可以逆转生长延缓剂的抑制效应。

根据作用机理不同，植物生长延缓剂分为 2 类，分别抑制 GAs 生物合成的环化和氧化步骤。抑制环化步骤的延缓剂中应用最为广泛的是矮壮素，化学名称为 2-氯乙基三甲基氯化铵(chlorocholine chloride，CCC)，其有效用量低，可由根及茎叶吸收，施用方便，毒性小，已大规模应用多年。此外，缩节安(Pix)及 Phosphon-D 也应用于作物生产。缩节安又名助壮素，其效果与矮壮素相似，但药效期较长。抑制氧化步骤的生长延缓剂开发较晚，其中三唑类得到广泛的应用，其代表物质有多效唑(氯丁唑，paclobutrazol，PP_{333})，烯效唑(uniconazol，S-3307)和 Triapenthenol 等。它们除了能矮化植株和改善株型之外，还能提高植物对逆境(干旱、高温和低温等)的适应能力、促进次生根分化、增强根部吸收能力、增加或保持叶绿素、蛋白质及核酸含量，以及促进光合产物向种子及果实运输。其中，PP_{333} 在田间施用后，残效期过长，为其弱点。

(1)矮壮素(CCC)

矮壮素(商品名 cycocel)是胆碱的衍生物，易溶于水，吸湿性强，遇碱分解，不可与碱性农药混用。CCC 在许多方面表现出与赤霉素相反的作用。CCC 的作用机理是阻碍赤霉素的生物合成，抑制贝壳杉烯之后的转变过程。CCC 可使节间变粗，茎秆粗壮，叶色变深，防止倒伏。

(2)缩节安(Pix)

Pix 与 CCC 相似。生产上主要用于控制棉花徒长，使其节间缩短，叶片变小，并减少蕾铃脱落，从而增加产量。

(3)比久(B_9)

比久是二甲胺琥珀酰胺酸(dimethyl aminosuccinamic acid)的俗称，也称为B_9。它对双子叶植物敏感，具有良好的内吸、传导性能，能控制作物徒长，调节营养分配，使作物健壮高产，对作物有增加耐寒、耐旱能力，防止落花落果及促进结实增产等效果。

B_9抑制果树顶端分生组织的细胞分裂，使枝条生长缓慢，抑制新梢萌发，因而可代替人工整枝。同时有利于花芽分化，增加开花数和提高坐果率。B_9可防止花生徒长，使株型紧凑，荚果增多。B_9残效期长，影响后茬作物生长，有人还认为B_9有致癌的危险，因此不宜在食用作物上应用。

(4)多效唑(PP_{333})

PP_{333}不仅阻碍赤霉素的生物合成，同时加速生长素的分解，从而延缓和抑制植株的营养生长。具有延缓植物生长，抑制茎秆伸长，缩短节间，促进植物分蘖，增加植物抗逆性能，提高产量等效果。适用于水稻、麦类、花生、果树、烟草、油菜、大豆、花卉、草坪等作(植)物，使用效果显著。PP_{333}广泛用于果树、花卉、蔬菜和大田作物。另外，还可用于海桐、黄杨等绿篱植物的化学修剪。

(5)优康唑(S-3307)

优康唑（Uniconazole)，又称烯效唑、高效唑，作为一种高效植物生长延缓剂，能提高作物抗逆性，抑制植物纵向伸长，促进果树花芽分化，抗倒伏、增产、除杂草和杀菌(黑粉菌、青霉菌)等作用。有报道指出优康唑浸种后烟草的叶绿素含量、过氧化物酶、过氧化氢酶及硝酸还原酶活性都有提高。

7.10.1.4 乙烯释放剂

ETH是气体，在田间大规模施用不便，乙烯释放剂能释放乙烯，便于应用。乙烯利(ethephon)是应用最广泛的乙烯释放剂，化学名称为2-氯乙基膦酸(2-chlorothyl phosphonic acid，CEPA)。乙烯利在 $pH<3$ 的水溶液中较为稳定，在被植物吸收后，因植物细胞的 $pH>4.1$，则水解而释放ETH。乙烯利在施用时如遇到酸度或温度变化时效果不稳定，以硅取代磷酸就较稳定，如乙烯硅(通用名 Etacelasil，商品名 Alsol)及脱果硅(商品名 Silaid)。这些硅化物受酸度和温度变化的影响较小，喷施后能在植物体内运输到适当部位分解而释放ETH，效果较为稳定。

7.10.2 应用生长调节剂的注意事项

自从植物生长调节剂问世以后，就被迅速应用在作物、果树、蔬菜、花卉和林业等方面，获得了巨大的社会效益和经济效益。

在实践中合理地应用植物生长调节剂顺利解决生产中的问题，是一个不容易掌握的难题。这是由于生产中的许多问题，都可能选择多种不同种类的调节剂加以解决；一些调节剂之间既有着某些相似的生理效应，又有着各自独特的作用方式；即使是同一种调节剂，也会因其使用浓度、部位、方法和时期不同，而产生不同甚至相反的效果。因此，在实际应用中，除了熟悉各种调节剂的基本知识和性能外，还需要掌握生长调节剂的应用策略。

(1)明确生长调节剂的性质

首先要明确选用的生长调节剂是哪种类型的。生长素类主要用于促进插枝生根、疏花疏果、防止采前落果、诱导菠萝开花以及阔叶杂草的防除等。GA_3用于杂交水稻制种中父母本花期的调节、形成无籽果实、打破芽和种子的休眠及提高作物的产量等。矮壮素与多效唑等用于作物的矮壮、促进分蘖与生根、改善棉花株型、增加产量及提高作物的抗逆能力等。细胞分裂素类用于组培中诱导细胞分化、增加果树结果率、促进果实生长及改善果实外观、切花保鲜等。乙烯利用于经济作物的生产及品质的改进、促进果实成熟、促进橡胶树胶乳等次生物质生成等。

(2)要根据不同对象(植物或器官)和不同的目的选择合适的药剂

如果为了使生长在地下的花生荚果得到更多的光合产物，最佳的选择是用生长延缓剂控制营养生长，改变光合产物运输的方向，使其集中运输到正在生长的荚果中。

例如，抑制生长以ABA效果显著且安全，但目前ABA的价格仍很高，不适宜大规模应用；改用生长延缓剂就可达到延缓生长的作用，同时也可提高内源ABA的水平。

在生产中常采取生长调节剂混合使用的方式，以达到取长补短、更完善地发挥它们的调节作用。例如，乙烯利可以矮化玉米株高，促进根系发育，抗倒伏，但副作用是果穗发育受到明显抑制，但若与BR混合喷施于雌穗小花分化末期的玉米植株，不仅保留了乙烯利的优点，同时促进了玉米果穗的发育，减少秃尖。

(3)决定施用时期

外源施用的调节剂从被植物吸收到诱导一系列生理生化反应，最终实现对生长发育的调控效应，这个过程需要一定的时间，因此，实际应用时根据待解决问题的发生时间，需要提早几天喷施调节剂；土壤施用则需要提前更长时间，施用过早或过迟都难以达到效果。

(4)确定处理部位

如用NAA或乙烯利刺激菠萝开花，一般直接将药液灌入筒状心叶中以刺激花序分化，而不是全株喷洒或土壤浇灌。又如，用2,4-D防止落花落果，应该将药液涂抹于花朵上以抑制花柄中离层的形成，如果将药液处理幼叶，就会造成伤害。

(5)选择施用方式

正确掌握生长调节剂的使用方法十分重要，因为同一品种如使用浓度不同，产生的效果即有差异，甚至会有相反的效果。植物生长调节剂常用的方法有：

喷洒法 这是植物生长调节剂使用的最普遍的方法。可以根据不同种类和不同浓度对花、果实或全株进行喷施。最好使用气体压缩型的喷雾器，避免泼施。对于叶面和花器附有蜡质层的植物，可加入0.2%的中性皂或洗衣粉作为表面吸附剂。喷施时间要避开烈日、下雨，最好在清晨或黄昏时喷施。

浸渍法 这是利用生长调节剂促进插条生根的一种方法。浸渍时间的长短视药液浓度的高低而定。

蘸点、涂抹法 此法通常用于茎顶端生长点或休眠芽的处理。这种方法可定量操作，准确度高。对一些容易造成药敏感的植株也应采取这种方法。

土壤浇灌法 将生长调节剂溶液定量浇施在植物根际，通过植物根系吸收。也可以与肥料、土壤拌和后施入土中。2,4-D、矮壮素均可采用此法，但在酸性土壤中使用，效果降低。

粉剂蘸黏法 主要是用于插条生根。此法有处理时间短、药效期长等特点。粉剂的主要成分随植物种类、插条部位、处理季节有很大关系。

TIBA、2,4-D 主要由叶面吸收，所以一般采用喷施而不宜施用于土壤中。而 PP_{333} 通过叶片吸收的量很少，主要是由根部吸收，可以选择将 PP_{333} 施入土壤中。

(6)拟定施用浓度和次数

2，4-D 同 IAA 一样存在剂量效应，即低浓度促进生长而高浓度抑制植物生长，所以会因施用浓度的高低，表现出促进生长、促进单性结实乃至杀死植物(作为除草剂)等不同效应，这就要求根据应用目的拟定出合适的浓度范围。又如，施用生长延缓剂时，必须根据作物的长势，生长旺盛的作物，施用生长延缓剂的浓度要高些，如果仍抑制不住徒长，还要增施 1~2 次；对于长势一般的作物，可能 1 次施用即可。

(7)进行预备试验

同一调节剂因生产厂家、批号及存放时间的不同而存在差异。作物的种类、品种、所处的土壤和气候环境等的不同均会影响调节剂的效果。因此，在大规模应用前必须进行小规模或局部的预备试验。通常先处理 3~4 株供试植株，3~5 d 后观察，若无异常现象，即可用于大田。

(8)配合其他栽培耕作措施

植物生长调节剂是调节植物生长发育的非营养化合物，它不能代替肥料、农药。要使调节剂获得理想的结果，一定要有其他措施的配合。如 2,4-D 处理番茄可防止落花落果，但是如果不配合整枝施肥，果实虽多但瘦小，产量和价值均不高。又如，NAA 和 IBA 处理插条后，苗床内要保持一定的湿度和温度，才能使插条顺利生根。

生长调节剂应避免在高温下使用。因为高温条件下水分蒸发快，造成药剂相对浓度增高，容易引起药害。一旦发生药害，应及时喷洒清水，可以减少损失。

本章小结

植物的生长物质是植物体内产生的或人工合成的，在低浓度下对植物生长发育起调节作用的有机物质，包括植物激素和其他植物生长调节剂。植物激素主要有：生长素、赤霉素、细胞分裂素、脱落酸、乙烯和油菜素内酯。

生长素是发现最早的一类植物激素，其活性形式存在于植物体内生长代谢旺盛的部位，合成的前体物质是色氨酸。可以进行极性运输和非极性运输。具有促进伸长生长、引起顶端优势、促进器官和组织分化、引起单性结实、影响性别分化和促进开花、防止器官脱落、疏花疏果等生理作用。其作用机制可能是通过调节酶活性诱导快速生长，通过调节基因表达诱导缓慢生长。生长素的受体是 ABP1，调节的基因分为早期基因和晚期基因。

赤霉素生物合成的主要部位是植物的幼芽、幼根、正在发育的果实和种子。合成的前体物质是甲瓦龙酸(甲羟戊酸)。赤霉素的生理作用有：促进茎的伸长生长、打破休眠，促进萌发、促进抽薹开花、促进坐果等。赤霉素促进淀粉分解的原因是 α-淀粉酶的合成和 α-淀粉酶 mRNA 的合成。GA_3 是生理活性最强的赤霉素。禾谷类种子赤霉素的受体位于糊粉层细胞表面，其诱导 α-淀粉酶基因表达的效应由特异的转录因子 GA-MYB 的转录所介导。

细胞分裂素广泛存在于高等植物体内，生长旺盛的部位含量最高。合成的主要场所是根尖，前体物质是甲瓦龙酸。细胞分裂素可以促进细胞分裂与扩大、影响组织分化、延迟叶片衰老、促进叶绿素的生物合成、促进侧芽发育、促进果树花芽分化、促进雌花分化、促进气孔开放。细胞分裂素通过抑制自由基产生，并加速其分解，防止膜脂过氧化分解，防止水解酶产生，吸引营养物质等方式延迟衰老。并可通过调节 mRNA 和蛋白质的合成促进细胞分裂。现已证实 CRE1 是细胞分裂素的受体之一。

脱落酸广泛存在于植物界，在植物体内，在正常生长的组织中脱落酸含量很低，在成熟和衰老组织，或休眠组织中含量升高，在逆境条件下，ABA 含量剧烈升高。脱落酸的生理作用是：抑制生长、促进休眠、抑制萌发、促进脱落、促进衰老、促进气孔关闭、影响开花、促进根系的生长和吸收。ABA 的受体既存在于质膜外侧，又存在于细胞内。FCA 是 ABA 的受体之一。

在果实成熟过程中或各种器官组织衰老过程中，乙烯含量升高，器官受到机械损伤，或在逆境条件下，乙烯含量也大幅度提高。乙烯生物合成的前体物质是甲硫氨酸，乙烯可促进果实的成熟、引起三重反应和偏上生长、促进脱落与衰老、促进开花和促进雌花分化、促进次生物质分泌、打破休眠、促进萌发等。ETR1 是乙烯的受体之一。

油菜素内酯在植物界中普遍存在，但不同组织中的含量不同。BR 可促进细胞伸长和分裂、促进光合作用和提高抗逆性。因此有人将其称为"逆境缓和激素"。

各种激素之间相互促进或相互颉颃，共同调节植物生长发育。

植物生长发育受营养、内源激素和生长环境调控。植物激素几乎参与了调控植物生长发育的每一过程，既包括调控植物自身的生长发育，又通过与植物所生存的外部环境互相作用调节其对环境的适应。植物激素作用分子机理的研究不仅是生命科学领域中的重大课题，也是当前国际基础研究的重点和热点。2005 年 7 月，Science 提出当前挑战全球科学界的 25 个重大科学问题之一就是"单个体细胞如何受植物激素调控变成整株植物"。

因此，激素研究方向应该围绕植物激素作用机理研究的重大科学问题和粮食安全这一最迫切的重大需求，重点加强并系统研究激素在作物，特别是禾本科作物中的代谢途径，信号转导以及和环境相互作用的分子机制，阐明激素调节植物生长发育以及对环境应答的分子机理，从而了解激素控制农作物产量及质量性状形成的分子基础，加速推进"第二次绿色革命"的进程。

思考题

1. 六大类植物激素的主要生理效应是什么？
2. 植物体内的赤霉素、细胞分裂素和脱落酸的生物合成有何联系？
3. 简要说明生长素和乙烯的作用机理。
4. IAA、GA、CTK 和 BR 生理效应有什么异同？ABA、ETH 又有哪些异同？
5. 生长素与赤霉素，生长素与细胞分裂素，赤霉素与脱落酸，乙烯与脱落酸各有什么相互关系？
6. 农业上常用的生长调节剂有哪些？在作物生产上有哪些应用？
7. 应用生长调节剂时要注意的事项有哪些？

推荐阅读书目

1. 植物生长调节的分子及激素基础．雅可夫·莱什姆．科学出版社，1980.
2. 植物激素与蔬菜的生长发育．汪俏梅，郭得平．中国农业出版社，2002.
3. Plant Hormones Davies，Peter J. Kluwer Academic Publishers，2004.

4. springer. Hayat S. and Ahmad A. Salicylic Acid：A Plant Hormone，2007.

5. springer. Hayat S. and Ahmad A. Brassinosteroids，2004.

6. Plant Hormones and Their Role in Plant Growth and Development. Peter J. Davies. Kluwer Academic Publishers，1988.

第8章　光形态建成

植物在特定环境中通过对环境因子的适应进行生长发育，光是植物生长发育所需的重要环境因子。光通过直接作用和间接作用影响植物的生长发育。光作为能量，通过植物的光合作用(photosynehesis)被吸收、转化为化学能，贮存在有机物中促进植物的生长发育，此为间接作用，该过程是高能反应；光作为信号，通过植物的光形态建成(photomorphogenesis)被感受、转导并引起级联反应，控制植物的生长发育，该过程是光的直接作用，是低能反应。光作为信号主要通过光照强度、光质、光照时间和光的空间分布调控植物的生长发育。

光是由波长范围很广的电磁波组成的，主要波长范围是150~4 000 nm，其中可见光为380~760 nm波长的光，小于380 nm的为紫外光，大于760 nm的为红外光。可见光光谱中根据波长的不同又分为红、橙、黄、绿、青、蓝、紫7种颜色的光。可见光对植物生长发育影响最大，紫外光有强烈的杀菌作用。

太阳辐射是地球获得光的主要来源。由于地理位置、海拔高度和地形特点等的不同，以及由于地球的自转与公转的关系，使地球和太阳的相对位置不断地发生变化，导致地球表面接受太阳辐射的多少也随之变化，表现为不同地区、不同时间的光强、光谱成分、光照周期以及照射方向的不同。而不同地区植物会对太阳辐射的不同做出响应，以调节其生长发育，从而更利于植物光合作用等代谢过程的进行。阳生植物和阴生植物是指植物对不同光照强度的反应；光周期现象是植物对日照长度变化的反应；红光、远红光、蓝光、近紫外光和紫外光等不同波长的光被植物吸收后所调控的信号反应不同，这是植物对光质的适应；植物对不同方向的光做出反应则是向性运动(图8-1)。明确光强、光质、光照时间和光的空间分布对植物形态发生的影响规律，有助于了解不同植物在相同光照条件下或同一植物在不同光照条件下的生长发育规律，调控植物生长发育过程。

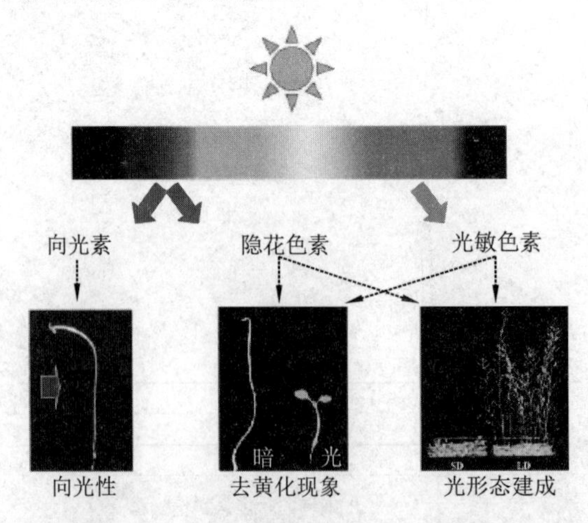

图8-1　光对植物的信号作用：向光性、光形态建成和光周期现象

8.1 光形态建成与光受体

8.1.1 光形态建成与暗形态建成

植物形态建成即植物的个体发育，指植物生命所经历的全过程。从受精卵的最初分裂开始，经过种子萌发、营养体形成、生殖体形成、开花、传粉和受精、结实等阶段，直至衰老和死亡。植物光形态建成(photomorphogenesis)是植物依赖光控制细胞的分化、结构和功能的改变，最终汇集成组织和器官的建成，即光控制植物发育的过程。暗中生长的植物叶绿素不能合成，叶子发黄，茎细而长，顶端呈钩状弯曲，称为暗形态建成(skotomorphogenesis)，也称为黄化现象(etiolation)。黄化现象是光与形态建成的各种关系中最极端的典型例子。

8.1.2 光受体

植物通过接受环境刺激信号(如机械刺激、温度、光照、触摸、病原因子、水分等及体内其他细胞传来的信号)而获得外界环境的信息。植物接受环境刺激信号的物质是细胞受体。受体是存在于细胞表面或亚细胞组分中的天然分子，可特异地识别并结合化学信号物质(配体)，并在细胞内放大、传递信号，启动一系列生化反应，最终导致特定的细胞反应。

植物感受光信号的细胞受体是光受体。目前已知的植物光信号受体主要有光敏色素(phytochrome)、隐花色素(cryptochrome)和向光素(phototropin)、UV-B受体(UV-B receptor)。植物感受红光及远红光区域光的受体是光敏色素，感受蓝光和近紫外区域光的光受体是隐花色素和向光素，感受紫外光B区域光的受体是UV-B受体。其中光敏色素是发现最早、研究最为深入的一种光受体。

8.2 光敏色素

8.2.1 光敏色素的发现

8.2.1.1 红光中断短日植物暗期试验

1920年，美国学者Garner和Allardt通过烟草和大豆在不同日照长度下的开花实验，发现植物开花需要一定的日照长度，即植物开花具有光周期现象。1945年，美国学者Borthwick和Hendricks等利用差示光波仪测定用单色红光(600~680 nm)中断短日植物大豆与苍耳暗期的作用光谱，结果发现红光(red light，R)使其开花延迟，用远红光(far red light，FR)处理则使作用逆转。说明植物体中具有感受红光和远红光的受体，而且该受体有调控植物光周期的作用。

8.2.1.2 莴苣种子萌发试验

1952年，美国学者Borthwick和Hendricks对喜光的莴苣种子发芽进行了研究，发现红光促进莴苣种子萌发，而远红光逆转这个过程。他们还发现莴苣种子萌发率的高低决定于最后一次曝光波长，最后一次曝光为红光时萌发率高，最后一次曝光为远红光时，萌发率低(表8-1)。

表 8-1 交替暴露在红光和远红光下莴苣种子的萌发率

光处理	萌发率(%)	光处理	萌发率(%)
R	70	R-FR-R-FR	6
R-FR	6	R-FR-R-FR-R	76
R-FR-R	74	R-FR-R-FR-R-FR	7

8.2.1.3 黄化玉米幼苗的吸收光谱试验

1959 年，Butler 等用双波长分光光度计检测黄化玉米幼苗体内对红光或远红光的吸收，发现幼苗经红光处理后，红光区域吸收减少，远红光区域吸收增多；如果用远红光处理，则红光区域吸收增多，远红光区域吸收消失；红光和远红光轮流照射后，这种吸收光谱可多次地可逆变化。上述结果说明：这种红光—远红光可逆反应的光受体可能是具有 2 种存在形式的单一色素。1964 年，从黄化的燕麦幼苗中获得并纯化了该色素，定名为光敏色素。

8.2.2 光敏色素的结构、性质和分布

8.2.2.1 光敏色素的结构和性质

光敏色素的结构决定了它的功能。光敏色素的化学结构是色素蛋白复合物二聚体，其单体由一个生色团(发色团，chromophore)及一个脱辅基蛋白(apoprotein)组成。生色团是吸光的部位，包括 4 个吡咯环，与脱辅基蛋白以共价键相连，黑暗条件下在质体中合成，运输到细胞质基质，与核基因编码的脱辅基蛋白组装成光敏色素全蛋白。当生色团吸光后，其构象发生变化，引起脱辅基蛋白构象的改变(图 8-2)。

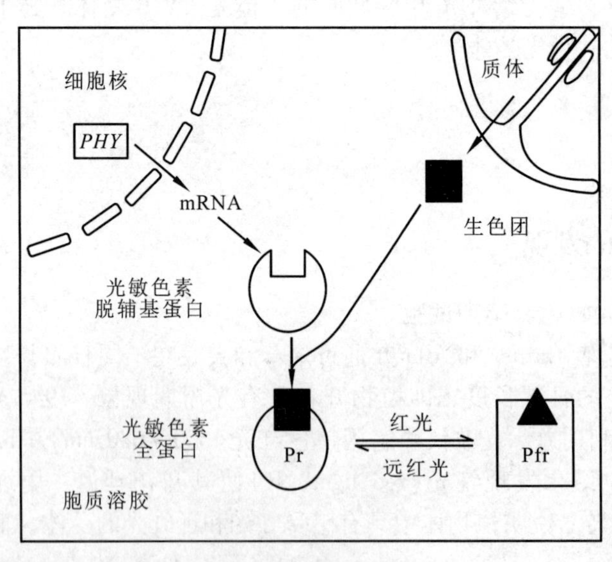

图 8-2 光敏色素生色团与脱辅基蛋白的合成与装配(引自 Kendrick *et al.*，1997)

光敏色素单体的脱辅基蛋白分子量在不同植物中有些不同，例如，燕麦为 124 kDa，黑麦为 120 kDa。光敏色素蛋白质中有很大比例的酸性和碱性氨基酸，以及含硫氨基酸(如半胱氨酸)，所以光敏色素是一个高度带电、非常活泼的蛋白分子，能通过内部重组而改变形

式，等电点为6。燕麦胚芽鞘光敏色素的脱辅基蛋白一级结构含1 128个氨基酸，由于含酸性和碱性氨基酸较多，因此带较多负电荷，N端321位处的半胱氨酸以硫醚键与生色团相连。燕麦胚芽鞘脱辅基蛋白的2级结构有α-螺旋、β-折叠、β-转角、无轨线团等。在2级结构基础上，再形成3级结构。4级结构则为2个脱辅基蛋白单体聚合成的二聚体。光敏色素的蛋白质有不同的功能区域，N末端是与生色团连接的区域，与光敏色素的光化学特性有关，C末端与信号转导有关，2个蛋白质单体的相互连接也发生在C端。

光敏色素生色团由排列成直链的4个吡咯环组成，因此具共轭电子系统，可受光激发，使D环上C15和C16双键旋转，进行顺反异构化，导致4个吡咯环构象变化。光敏色素有2种不同的存在形式，即红光吸收型(red light-asorbing form，Pr)和远红光吸收型(far red light-asorbing form，Pfr)(图8-3)。Pr型为蓝绿色，吸收峰在波长660 nm的红光部分，为稳定型结构，Pr吸收红光后则转变为Pfr型；Pfr型为黄绿色，吸收高峰在波长730 nm的远红光部分。Pfr为生理活化型，Pr为生理钝化型。Pr和Pfr的吸收光谱不同，但2种形式的吸收光谱有部分重叠，重叠部分吸收率不同，所以在不同波长的光下两者进行不同程度的相互转化，形成不同的Pr/Pfr比值(图8-4)。

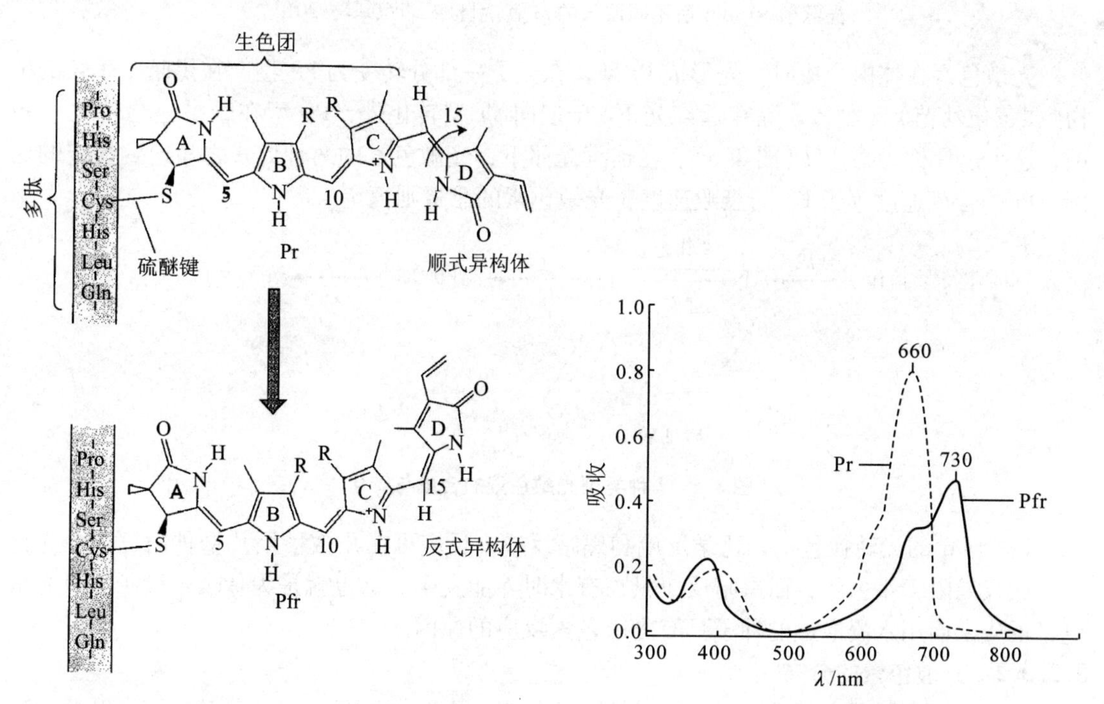

图8-3　光敏色素Pr和Pfr生色团的可能结构以及与肽链的连接(引自Andel *et al.*，1997)

图8-4　光敏色素的吸收光谱
(引自Viestra and Quail，1983)

在活体中，Pr和Pfr 2种类型的光敏色素是平衡的，即总光敏色素(Ptot = Pr + Pfr)比较稳定，Pfr占Ptot的比例称为光稳定平衡(photostationary equilibrium，φ)，即光稳定平衡φ = [Pfr] / [Ptot]，这种平衡决定于光源的光波成分，不同波长的红光和远红光可组合成不同的混合光，能得到各种φ值，因Pr对730 nm或更长远红光吸收极少，故在远红光下Pfr向Pr的转化接近完全；而在Pr的吸收峰660 nm处Pfr却也有少量吸收，所以在红光下最多只能将 80% 左右的 Pr 转化为 Pfr(图 8-5)。自然条件下，决定植物光反应的 φ 值为 0.01 ~ 0.05 时就可以引起很显著的生理变化。

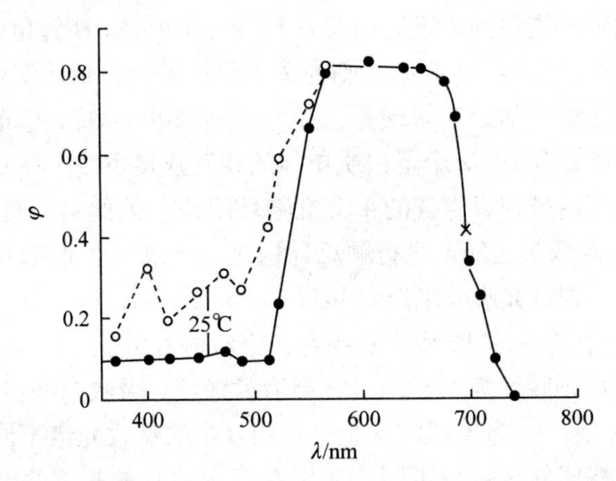

图 8-5 54 h 龄黄化白芥幼苗被 1 W · m^{-2}(实线)和 10 W · m^{-2}(虚线)的光照射 30 min 后不同波长的 φ 值(引自潘瑞炽 等，2012)

光敏色素在体内合成时，先形成 Pr 型，在光下一部分转变为 Pfr 型。在黑暗中生长的植物(如黄化幼苗)只含 Pr。除在远红光下 Pfr 型向 Pr 型转化外，Pfr 型在暗中也会转化为 Pr 型，这个过程称为暗逆转(图 8-6)。在连续光照下，光敏色素的两种形式之间达到恒定的比例，Pr 的合成速度等于 Pfr 的衰败速度，光敏色素的总量则恒定。

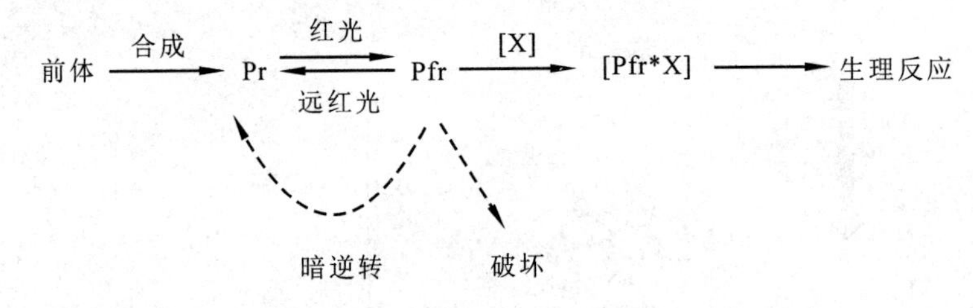

图 8-6 2 种类型光敏色素的合成与转化

Pr 和 Pfr 的光转换包括光化学反应和黑暗反应，反应可在几微秒至几毫秒内完成。光化学反应仅局限于生色团，而黑暗反应只在有水时才能发生。这也就是为什么干种子没有光敏色素反应，而用水浸泡过的种子具有光敏色素反应的原因。

8.2.2.2 光敏色素的分布

光敏色素广泛分布于植物界。在被子植物的根、下胚轴、子叶、胚芽鞘、茎、叶柄、叶片、营养芽、花托、花序、发育中的果实和种子中都存在。在蕨类植物、苔藓植物以及某些藻类中也曾观察到光敏色素所特有的红光—远红光可逆作用。黄化植株所含光敏色素的量比绿色植株高许多倍(可高出绿色苗含量的 20 ~ 100 倍)，但即使在含量最高的黄化幼苗的生长活跃部分中的浓度也只在 10^{-6} mol · L^{-1} 的水平。在绿色组织中，往往由于高浓度叶绿素的掩盖而难于检测。光敏色素在植物体内各器官的分布不均匀，禾本科植物胚芽鞘尖端、黄化豌豆苗的弯钩、含蛋白质丰富的各种分生组织等部位含有较多的光敏色素；在黑暗中生长的植物组织内光敏色素以红光吸收型(Pr)形式均匀分布在细胞质中，照射红光后，Pr转化为Pfr并迅速地与内膜系统(质膜、内质网膜、线粒体膜等)结合在一起。在高等植物中，光敏色素有两种类型，一种是黄化组织中的光敏色素，该类型在黄化组织中含量高，光下不稳定而迅速降解，为黄化组织光敏色素(etiolated tissue phytochrome)或光不稳定光敏色素(light labile phytochrome)，也称为类型Ⅰ光敏色素(type I phytochrome，PhyI)；另一种是绿色组织中的光敏色素，该类型在绿色组织中含量高，在光下相对稳定，为绿色组织光敏色素(green tissue phytochrome)或光稳定光敏色素(light stable phytochrome)，也称为类型Ⅱ光敏色素(type II phytochrome，PhyII)。PhyII的红光吸收峰为652 nm，与PhyI相比向短波方向偏移(蓝移)。

8.2.3 光敏色素基因及其表达调控

8.2.3.1 编码光敏色素的基因及其功能

光敏色素的种类主要取决于脱辅基多肽链(AP)，AP是由多基因家族编码的，不同基因编码的蛋白质有各自不同的时间、空间分布，有不同的生理功能。对拟南芥核基因组DNA的印迹分析表明，其编码AP的多基因家族中至少存在5个成员，分别为*PHYA*、*PHYB*、*PHYC*、*PHYD*和*PHYE*，它们所编码的产物与生色团结合形成5种光敏色素：PHYA、PHYB、PHYC、PHYD和PHYE，各自执行不同的生理功能，PHYA属于类型Ⅰ光敏色素，PHYB~E为类型Ⅱ光敏色素。PHYA促进开花，超表达*PHYA*的转基因植物在短日照(SD)和长日照(LD)下均比野生型开花早；*PHYA*突变体和超表达*PHYA*的转基因植物光周期敏感性都有所下降；PHYA介导的光信号诱导早期表达的大部分基因编码转录调节因子，它们影响着众多有关发育过程的下游效应基因的表达，而且这些基因(如*CCA1*和*LHY*)中都含有与PIF3结合的G-box元件。PHYB抑制开花启动，拟南芥*PHYB*突变体在SD和LD下都比野生型开花早，而且在SD下比LD开花更早；双子叶或单子叶植物中的*PHYB*基因表达基本不受光暗影响；超表达*PHYB*会使幼苗矮化。PHYB含量在受光组织中相对稳定。*PHYA*和*PHYB*双突变体比*PHYA*突变体开花要早，*PHYA*可能抑制*PHYB*的功能。*PHYC*、*PHYD*与*PHYB*相同，均可抑制开花；单基因的*PHYD*突变体没有明显表型异常，而缺损*PHYB*和*PHYD*基因的植物在LD或SD下均比*PHYB*单基因突变体开花早。*PHYE*的功能也与*PHYB*相同，但无*PHYB*突变背景的*PHYE*突变体无表型变化，而*PHYB*和*PHYE*双突变体在SD下比*PHYB*单基因突变表型变化要明显，开花非常早，且对远红光处理也不再敏感。类型Ⅱ光敏色素可以发生同型或异型的二聚化作用，使光敏色素产生不同的活性形式，从而调控不同的生理反应。

8.2.3.2 光敏色素调控植物生长发育的途径

光敏色素感受光信号后调控植物的生长和发育有2条独立的途径：一是细胞质途径，活化态的光敏色素活化相关基因的表达；二是细胞核途径，活化态的光敏色素从胞质转移到细胞核内，与信号转录调节因子相互作用，直接将光信号靶作用于主要反应基因的启动子上，调控相关基因的表达。

(1)光敏色素介导的光信号转导的胞质途径

大多数与光敏色素相互作用的蛋白质都位于细胞质内。通过对光敏色素信号转导的胞质途径研究表明，三聚体的 G 蛋白、环化鸟苷一磷酸(cGMP)、钙离子(Ca^{2+})和钙调蛋白均分别与光敏色素控制的基因表达有关。光敏色素信号传递途径中，钙调蛋白的作用是在三聚体 G 蛋白的下游。在光敏色素调节苋红素合成过程中，证明三聚的 G 蛋白和 cGMP 都参与光敏色素介导的光信号转导。

(2)光敏色素介导的光信号转导的细胞核途径

光信号通路中的元件通常被特异翻译后修饰，光敏色素信号通路中磷酸化修饰是一种重要的机制。PHYA 的一个磷酸化位点位于 PHYA 的 N 端延伸区(N-terminal extension，NTE)，NTE 区域的磷酸化导致了 PHYA 信号衰减，是光敏色素信号转导的脱敏过程。研究表明光敏色素自磷酸化和去磷酸化对光敏色素的功能及其介导的信号通路起着非常重要的作用。

光敏色素互作因子(phytochrome-interacting factors，PIFs)蛋白家族隶属于 bHLH 转录因子家族，参与多种信号转导途径，负向调节光形态建成，在黑暗条件下可以促进暗形态建成，抑制光形态建成。PIF3 能与具有生理活性的远红光吸收型 Pfr 形式的 PHYA 结合，调控下游基因的转录。光激活的光敏色素诱导 PIF 磷酸化，这对于 PIF 的正常降解及光形态建成的起始是必需的。

8.2.4　光敏色素的生理作用及作用机制

8.2.4.1　光敏色素的生理作用

根据红光能否诱导某个反应及紧随其后的远红光能否逆转红光诱导的反应，可判断该反应是否为光敏色素所控制。实验证明，光敏色素的生理作用非常广泛，它影响植物一生的形态建成。目前已知 200 多个形态生理反应受光敏色素调节，包括种子萌发、茎的伸长、气孔分化、花诱导、花粉育性等。在种子萌发期和幼苗发育期以及营养生长向生殖生长转化的时期，光敏色素的调节作用最为明显。除了光形态发生效应以外，光敏色素还参与调节膜的性质、多种酶的活性、叶绿素和花青素的合成、乙酰胆碱的含量等。此外，光敏色素还明显激活 rRNA 顺反子的转录，加强 rRNA 前体的形成，以及控制核糖体的形成和功能(表 8-2)。

表 8-2　高等植物中一些由光敏色素参与控制的生理过程

种子萌发	光周期	核酸合成	酸性磷酸酯酶
弯钩张开	花诱导	脂肪酸合成	苯丙氨酸裂解酶
节间伸长	向光敏感性	乙烯合成	RuBPC 的基因表达
气孔分化	花色素形成	叶绿素合成	节律现象
小叶运动	质体形成	块茎形成	花粉育性

光敏色素可以调节许多酶或蛋白质的活性。受光敏色素调节的酶或蛋白质有 60 多种，包括：①光合作用中的 Rubisco、PGAK、FBPase、SBPase、Ru-5-PK、PEPC、PPDK 及叶绿素脱辅基蛋白等；②核酸及蛋白质代谢中的有关酶，如 RNA 聚合酶、RNAase 等；③与中间代谢及 CaM 调节有关的靶酶，如 PGAld 脱氢酶、NAD 激酶、一些氧化酶、淀粉酶、NR、NiR 等；④与次生物质合成有关的酶，如 PAL 等；⑤信息传递物质，如 G-蛋白、光敏色素本身(自我反馈调节)等。

根据光敏色素参与调控生理过程的反应时间长短，可将其作用分为快反应和慢反应 2 种类型。快反应指从光敏色素吸收光子到诱导出形态变化的反应很迅速，反应时间以分秒计，该类反应可以逆转，例如，光对转板藻叶绿体转动的影响(图 8-7)、棚田效应(图 8-8)等。棚田效应(Tanada effect)是指离体绿豆根尖在红光下诱导膜产生少量正电荷，所以能黏附在带负电荷的玻璃表面，而远红光照射则逆转这种黏附现象。慢反应指光量子通过光敏色素调节生长发育的速度，包括酶诱导和蛋白质合成，反应缓慢，以小时和天数计，该类反应一旦终止，不能逆转，例如，光对种子萌发、开花、幼苗弯钩张开等的影响。

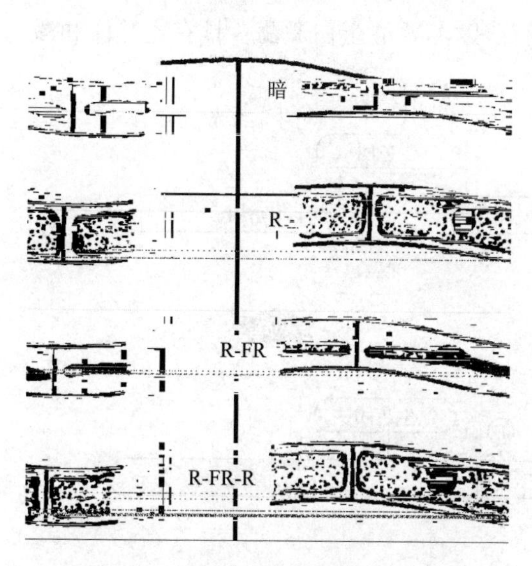

图 8-7 红光和远红光对转板藻叶绿体运动的影响红光使叶绿体面向照光方向

(引自李合生，2012)

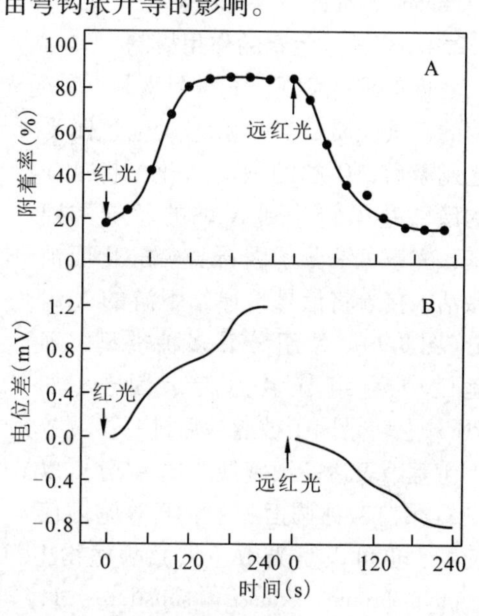

图 8-8 红光和远红光处理后绿豆根尖黏在带负电的玻璃表面的动力学(A)和根尖电位差(B)的变化

(引自李合生，2012)

8.2.4.2 光敏色素的反应类型

根据对光量的需求，将光敏色素参与植物的光形态建成反应分为 3 种类型。

(1)极低辐照度反应(very low fluence response，VLFR)

该反应所需的光量很低，0.000 1～0.1μmol · m^{-2}的光即可启动该反应过程，在 φ 值仅为 0.02% 时就满足反应条件，即使在实验室的安全光下反应都可能发生。遵守反比定律，即反应的程度与光照强度和光照时间的乘积成正比。红光反应不能被远红光逆转(由于远红光使 97% 的 Pfr 正常地转化为 Pr，仍保留 3% 的 Pfr)。例如，刺激燕麦芽鞘伸长，但抑制中胚轴生长；刺激拟南芥种子萌发等。

(2)低辐照度反应(low fluence response，LFR)

可被 1～1 000 μmol · m^{-2}的光诱导。属于典型的红光—远红光可逆反应。在未达到光饱和时，遵守反比定律。例如，转板藻叶绿体运动，莴苣种子萌发，去黄化反应等。

(3)高辐照度反应(high irradiance response，HIR)

被大于 1 000 μmol · m^{-2}的强光诱导，光照时间越长，反应程度越大。不遵守反比定律，红光反应不能被远红光逆转。例如，双子叶植物花色素苷的形成，芥菜、莴苣幼苗下胚轴的延长，莴苣胚芽弯钩的张开等。

对光下生长的植物来说，光敏色素还作为环境中红光/远红光比率的感受器，传递不同光质、不同照光时间的信息，调节植物的发育。例如，植物叶片含有叶绿素而吸收红光，透过或反射远红光，因此，当喜光植物被周围植物遮阴时，环境中远红光比例大，红光吸收型增多，喜光植物在这样的条件下，茎向上伸长速度加快，以获取更多的阳光，这称为避阴反应(shade avoidance response)。

8.2.4.3　光敏色素的作用机制

近年研究发现，光敏色素是一种受光调节的丝氨酸/苏氨酸蛋白激酶，具有光受体和激酶的双重性质。当光敏色素生色团受光刺激后，C 端的激酶活化，将 ATP 的磷酸基团转移到 N 端的丝氨酸残基，光敏色素分子因自身磷酸化而被激活，接着将信号传递给下游的 X 组分(图 8-9)。X 组分有多种类型，细胞核中 X 组分多为转录因子(如 PIF3)，转录因子被激活后进一步调节下游基因表达；细胞质中 X 组分可以是 G 蛋白、钙调素和 cGMP 等胞内信使物，也可以是光敏色素激酶底物 1 (phytochrome kinase substrate 1, PKS1)和二磷酸核苷激酶 2(nucleoside diphosphate kinase 2, NDPK2)，通过它们启动细胞质中信号转导途径，调节膜上离子流动，引发相应生理反应。

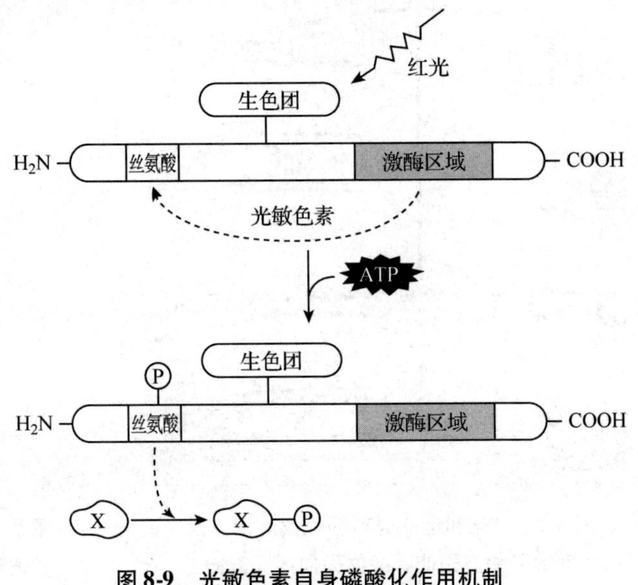

图 8-9　光敏色素自身磷酸化作用机制

(引自 Taiz and Zeiger, 2002)

关于光敏色素对光形态建成的调控机理主要有 2 种假说。

(1)膜假说

Hendricks 和 Borthwick(1967)提出。主要内容是：光敏色素位于膜上，当其发生光化学转换时，Pfr 直接与膜发生物理作用，从而改变膜的透性和膜上酶的分布，进一步影响跨膜离子流动和酶的活性，最终引起植物形态建成的变化。膜假说可用以解释快反应，例如，含羞草叶片运动、转板藻叶绿体运动、棚田效应等。

(2)基因调节假说

Mohr(1966)提出。光敏色素接受红光后，Pfr 经过一系列反应过程，最终通过调节某些基因的表达(主要是调节其转录)而发挥调控植物形态建成的作用。基因调节假说有助于解释光敏色素作用的慢反应，如 Rubisco 小亚基、叶绿素 a/b 脱辅基蛋白、RNA 聚合酶和硝酸还原酶的合成等。基因的活化或抑制是以被束缚于基因启动子区的顺式作用元件的转录因子为中介，通过 Ca^{2+}、钙调素和 G 蛋白等信号与光敏色素作用相连，最终产生光形态建成的变化。

膜假说与基因调节假说 2 种作用机制的比较见表 8-3。

表 8-3 光敏色素的 2 种作用机制比较

比较内容	膜假说	基因调节假说
机制要点	光敏色素 φ 值的变化改变膜的透性，引起跨膜离子流动和膜上酶的分布发生改变，影响代谢和生理活动，最终导致植物的形态改变	光敏色素 φ 值的变化引起一系列的信号转移和放大，活化或抑制某些特定的基因，以致转录的 mRNA 和翻译的酶蛋白发生改变，从而影响代谢和生理活动，最终导致植物的形态改变
假说的提出依据	主要基于光敏色素的快反应提出	主要基于光敏色素的慢反应提出
实例	转板藻叶绿体转动	红光和远红光对莴苣种子萌发的影响

8.3 蓝光和紫外光受体

8.3.1 隐花色素和向光素

隐花色素和向光素是植物体内吸收蓝光(波长 400~500 nm)和近紫外光(UV-A，波长 320~400 nm)的一类光受体，广泛存在于藻类、苔藓、真菌、蕨类和种子植物中。蓝光和近紫外光通过隐花色素和向光素所控制的光形态建成被称为蓝光反应(blue-light response)。高等植物典型的蓝光反应包括向光反应，抑制幼茎伸长，刺激气孔张开，促进花色素苷累积以及调节基因表达等。蓝光反应的作用光谱特征如图 8-10 所示，在 400~500 nm 区域内呈“三指”状态，即在 440~460 nm 时有最大作用，在 420 nm 和 480 nm 处各有一“小肩”和一“陡肩”(图 8-10)。

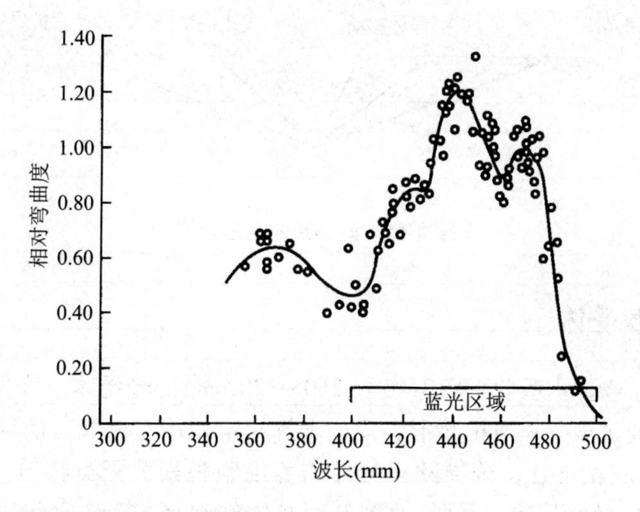

图 8-10 蓝光引起燕麦芽鞘向光性的作用光谱(引自 Thimaun and Curry，1960)

对蓝光受体的研究近年来取得了很大进展。研究发现，真菌中无光敏色素，但具有隐花色素；其他植物中也都有隐花色素。大部分植物中的隐花色素为 70~80 kDa，其蛋白结构的 N 末端具有与光裂解酶类似区域，但它不具有 DNA 修复活性，其中结合有黄素及蝶呤所组成的生色团，C 末端具有一个可变的 DAS 区域，对隐花色素的功能起重要的调节作用。目前，在拟南芥中已发现至少有 2 种同功蛋白：隐花色素 1(CRY1)和隐花色素 2(CRY2)。

向光素是继隐花色素之后发现的另一种蓝光受体。Gallagher 等人于 1988 首次报道了黄化苗生长区有一种能够被蓝光诱导发生磷酸化作用的 120 kD 的质膜蛋白。这种蛋白在离体状态下发生强烈的蓝光依赖型的磷酸化作用，但在缺乏向光性的拟南芥突变体中几乎没有这种蛋白。随后在拟南芥中的研究表明，向光素有 2 种同功蛋白(phot1 和 phot2)，分别含有 2 个重要的多肽区域：一是具有能与 FMN 结合的位于 N 端的 2 个 LOV(light，oxygen，voltage)，即 LOV1 与 LOV2，该功能区与对光照、氧气及电压差敏感的一大类蛋白在序列上相似；另一个是位于 C 末端的 Ser/Thr 蛋白激酶区域。phot1 和 phot2 在植物向光性反应、叶绿体移动反应、气孔运动、叶片的扩展生长和弱光下植物生长等过程中起重要的调节作用，并且在不同的生理反应过程中，phot1 和 phot2 可能采用不同的信号传递载体实现其功能互补(图 8-11)。利用拟南芥相关突变体研究发现，phot1 和 phot2 介导了蓝光诱导的气孔开放过程，并且在 phot1 和 phot2 双突变体中，启动气孔开放的受蓝光激活的质子泵(即质膜 H^+-ATPase)也相应地失去活性。

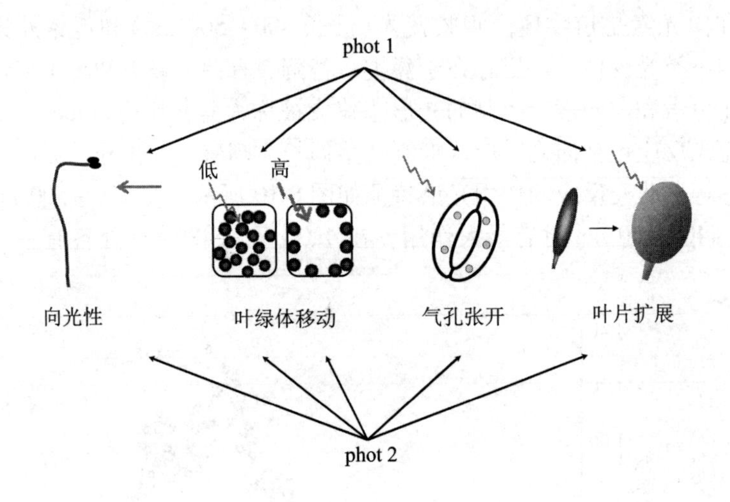

图 8-11 向光素的生理功能

8.3.2 紫外光 B 受体

UV-B 受体是植物体内吸收 UV-B(波长 280 ~ 320 nm)的光受体。该受体的化学属性目前不太清楚。UV-B 通过该受体对植物形态建成发挥一定作用。例如，诱导黄化玉米苗胚芽鞘和高粱第一节间形成花青苷；诱导欧芹悬浮培养细胞积累黄酮类物质[可能通过诱导 PAL(苯丙氨酸解氨酶)起作用]等。另外，UV-B 对植物细胞有一定伤害作用，花青苷和黄酮类物质的产生可能是植物对 UV-B 伤害的一种适应。

本章小结

光强、光质、光照时间和光的空间分布对植物形态发生均有影响，植物光形态建成是植物依赖光控制细胞的分化、结构和功能的改变，最终汇集成组织和器官的建成，即光控制植物发育的过程。

光信号受体有光敏色素、隐花色素和向光素、UV-B受体。

光敏色素广泛分布于植物界。光敏色素是色素蛋白复合物二聚体。光敏色素的单体由1个生色团和1个脱辅基蛋白组成。光敏色素有2种不同的存在形式，即红光吸收型(Pr)和远红光吸收型(Pfr)。Pr是生理钝化型，Pfr是生理活化型，二者吸收光谱不同，吸光后可以发生相互转化。光敏色素调控植物的生长和发育有2条独立途径：一是细胞质途径；二是细胞核途径。解释光敏色素的作用机制主要有2种假说：一是膜假说；二是基因调节假说。

隐花色素和向光素是植物体内吸收蓝光和近紫外光的光受体，UV-B受体是植物体内吸收紫外光B的光受体。

思考题

一、名词解释

1. 光形态建成 2. 光敏色素 3. 蓝光反应 4. 隐花色素

二、论述题

1. 光如何对植物的生长发育发生作用？
2. 植物的光受体有哪些？这些光受体有哪些共同特点？
3. 试述光敏色素分子种类和构型，以及其构型变化与生理作用的可能关系。
4. 如何用实验证明植物的某一生理过程与光敏色素有关？
5. 关于光敏色素作用机理的基因调节假说主要内容是什么？
6. 常见的蓝光反应有哪些？如何判断某生理反应是否为蓝光反应？

推荐阅读书目

1. 现代植物生理学．2版．武维华．科学出版社，2008.
2. 植物生理学．2版．王忠．中国农业出版社，2009.
3. 现代植物生理学．3版．李合生．高等教育出版社，2012.

第9章　植物的生长生理

植物生长(growth)是指植物在体积和质量上的不可逆的增加，主要是通过细胞分裂和细胞伸长完成的，是一种量的变化。植物分化(differentiation)是指植物细胞在结构、功能和生理生化性质方面发生的变化，反映了不同细胞之间质的变化。而发育(development)则是植物生长和分化的总和，是指在生命周期中，组织、器官或整株植物体在形态和功能上的有序变化过程，受遗传信息的控制和环境因素的影响，具有特定的时空性。生长、分化和发育三者之间既有区别又有联系。生长是量变，是基础；分化是质变，是变异生长；发育则是有序的量变与质变。发育包含了生长和分化，生长和分化又受发育的制约。

通常所说的植物生长是指营养生长的过程，即种子萌发后经过生长、发育，分化为形态、功能各异的根、茎、叶等营养器官的过程。但即使在生殖生长阶段，营养生长也从未停止过，生殖生长所需的养料，绝大部分是由营养器官供给的，植物的生长直接关系到作物的产量和品质。因此，了解植物的生长规律及其与外界条件的关系，从而调控植物的生长过程，在农林业生产中具有十分重要的意义。本章将讨论植物生长发育的基本规律以及环境条件对生长的调控作用，最后介绍植物运动方面的有关知识。

9.1　细胞生长的生理

植物的生长建立在各种器官生长的基础上，而器官生长的基础则是细胞的生长和分化。细胞的生长过程始于细胞分裂(数目增加)，经过伸长和扩大(体积增加)，而后分化定型(形态建成)。因此，细胞的发育过程通常分为3个时期，即分裂期、伸长期和分化成熟期，各时期都有其形态和生理上的特点。

9.1.1　细胞分裂的生理

9.1.1.1　细胞周期

处于分裂阶段的分生细胞，原生质稠密，细胞体积小，细胞核大，无液泡或液泡小而少，细胞壁薄，合成代谢旺盛，束缚水/自由水比值较大，细胞亲水力高。这些分生细胞长到一定阶段要发生分裂形成2个新细胞。新生的持续分裂的细胞从第一次分裂形成的细胞到下一次再分裂成为2个子细胞为止所经历的过程，称为细胞周期(cell cycle)。细胞周期包括分裂间期(interphase)和分裂期(mitotic stage，M期)2个阶段(图9-1，A)。间期是从一次分裂结束到下一次分裂开始之间的间隔期。间期是细胞的生长阶段，其体积逐渐增大，细胞内进行着旺盛的生理生化活动，并做好下一次分裂的物质和能量准备，主要是DNA复制、RNA的合成、有关酶的合成以及ATP的生成。细胞周期可分为4个时期(图9-1，A)。

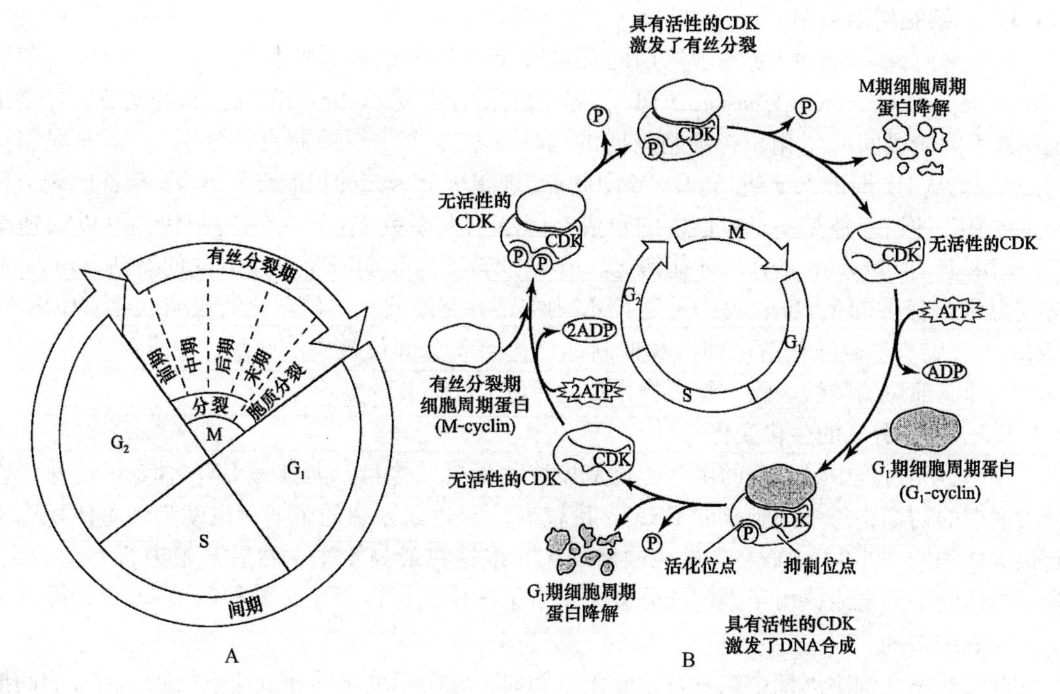

图 9-1　细胞周期(A)和 CDK 调节细胞周期图解(B)(引自 Taiz and Zeiger, 2002)

(1)G_1期

从有丝分裂完成到 DNA 复制之前的这段间隙时间叫 G_1期(gap$_1$, pre-synthetic phase)。在这段时期中有各种复杂大分子，包括 mRNA、tRNA、rRNA 和蛋白质的合成。

(2)S 期

这是 DNA 复制时期，故称 S 期(synthetic phase)。这期间 DNA 的含量增加 1 倍。

(3)G_2期

从 DNA 复制完成到有丝分裂开始的一段间隙称 G_2期(gap$_2$, post-synthetic phase)，此期的持续时间短，DNA 的含量不再增加，仅合成少量蛋白质。

(4)M 期

从细胞分裂开始到结束，也就是从染色体的凝缩、分离并平均分配到 2 个子细胞为止。分裂后细胞内 DNA 减半，这个时期称 M 期(即有丝分裂期，mitosis)或 D 期(division)。

细胞分裂的意义在于 S 期中倍增的 DNA 以染色体形式平均分配到 2 个子细胞中，使每个子细胞都得到一整套和母细胞完全相同的遗传信息。

在 G_1 期，CDK 处于非激活状态，当 CDK 与 G_1-cyclin 结合部位磷酸化后被活化，活化的 CDK-cyclin 复合物使细胞周期进入 S 期；在 S 期末，G_1-cyclin 降解，CDK 去磷酸化而失活，细胞进入 G_2期。在 G_2期，无活性的 CDK 与 M-cyclin 结合，同时 CDK-cyclin 复合物的活化位点和抑制位点被磷酸化，CDK-cyclin 仍未活化，因为抑制位点仍被磷酸化，只有蛋白磷酸酶把磷酸从抑制位点除去，复合物才被激活。活化的 CDK 刺激 G_2期转变为 M 期；在 M 期的末期，M-cyclin 降解，磷酸酶使激活位点去磷酸化，细胞又进入 G_1期(图 9-1，B)。

9.1.1.2 细胞周期控制

近年来研究表明，控制细胞周期的关键酶是依赖于细胞周期蛋白(cyclin)的蛋白激酶(cyclin-dependent protein kinases，CDK)，它们的活性都受 cyclin 调节性亚基的调节，控制细胞周期不同阶段间的转化。在细胞周期的循环中有 2 个主要限制点，分别是 G_1/S 限制点(控制细胞从 G1 期进入 S 期)和 G_2/M 限制点(细胞一分为二的控制点)。CDK 活性的调节机制主要有 2 种：一种是 cyclin 蛋白的合成与降解，大多数 cyclin 的周转很快，可以快速降解。CDK 只有与 cyclin 结合后才能活化。由 G_1期转变为 S 期需要 G_1-cyclin 的激活，由 G_2期转变为 M 期需要 M-cyclin；另一种是 CDK 内关键氨基酸残基的磷酸化与去磷酸化。CDK-M-cyclin 复合物有被磷酸化活化部位和抑制部位，当 2 个部位被磷酸化后，复合物仍不活化，只有把抑制部位的磷酸去除，复合物才被激活(图 9-1，B)。

9.1.1.3 细胞分裂的生化变化

细胞分裂过程中最显著的生化变化是核酸和蛋白质含量，尤其是 DNA 含量的变化。在分裂间期的初期，每个细胞核的 DNA 含量较少，当达到分裂的中期，也就是细胞体积增加到最大体积的一半时，DNA 含量急剧增加，并维持在最高水平，然后开始进行有丝分裂。到分裂期的中期之后，由于细胞核分裂为 2 个子细胞，所以每个细胞核的 DNA 含量显著下降，一直到末期。

呼吸速率在细胞周期中也有较大变化，例如，分裂期细胞的呼吸速率较低，而分裂间期的 G_1期和 G_2期后期呼吸速率都很高。G_2期较高的呼吸速率为分裂期提供了充足的能量。

9.1.1.4 细胞分裂与植物激素

细胞周期受到细胞本身的遗传特性所控制，但外界环境，如温度、水分、化学试剂等均有控制细胞的效应。植物激素在细胞分裂过程中起着重要的作用。研究表明，植物激素主要通过控制 CDK 的活性而调控细胞周期不同阶段间的转化。在烟草细胞培养中，生长素和细胞分裂素刺激 G_1-cyclin 的积累，促进 G_1/S 期转化，缩短细胞周期。外源细胞分裂素可以活化潜在的 DNA 复制，缩短 S 期复制 DNA 的时间。细胞分裂素还通过活化磷酸酶，削弱 CDK 酪氨酸磷酸化的抑制作用，促进 CDK 的激活和 G_2/M 期的转化。干旱胁迫时，根部脱落酸浓度增加，诱导 CDK 抑制蛋白的表达，抑制 CDK 活性，阻止细胞进入 S 期，从而抑制根尖分生组织分裂。赤霉素通过刺激使水稻节间 cyclin 的表达，促进 G_2/M 期的转化，加速细胞分裂和伸长。油菜素内酯处理可以上调拟南芥叶片 cyclin 的表达，从而促进细胞的分裂。

此外，蔗糖、维生素、矿质元素、温度等诸多因素也会影响细胞周期的进程。蔗糖作为能源和信号分子，对细胞周期起重要调节作用。培养基中去除蔗糖可以阻断培养细胞 G_1/S 期和 G_2/M 期的转化，抑制蛋白质的合成，使细胞停止分裂。钙离子作为胞内第二信使在细胞周期的 G_0/G_1、G_1/S、G_2/M 等的转换期及有丝分裂的中期/后期转换等调控点处都发挥作用，缺钙将终止细胞周期的正常运转。维生素 B_1(硫胺素)、维生素 B_6(吡哆醇)等 B 族维生素，也能促进细胞分裂。在一定温度范围内，增温可加速细胞分裂。

9.1.2 细胞伸长的生理

在根和茎顶端的分生区中，只有顶部的一些分生组织细胞保持持久的分裂能力，而它的形态学下端的一些细胞，逐渐过渡到细胞伸长(cell elongation)阶段。

9.1.2.1 细胞伸长的生理变化

在细胞伸长阶段，细胞体积迅速增加。细胞开始伸长生长时，细胞中出现小液泡，然后逐渐增大合并成大液泡，并通过渗透性吸水，显著扩大细胞体积。因此，水分对细胞伸长的影响较大，水分不足，细胞伸长生长就会减慢。与此同时，细胞代谢旺盛，呼吸速率可加快2~6倍，保证生长所需能量的供应；蛋白质、核酸及纤维素等的合成也显著增强，保证了细胞质的增加和新细胞壁的构建。

9.1.2.2 细胞壁

细胞伸长不只增加细胞质，也增加细胞壁，这样才能保持细胞壁的厚度。典型的细胞壁是由胞间层(intercellular layer)、初生壁(primary wall)以及次生壁(secondary wall)组成。构成细胞壁的物质，主要有多糖(90%左右)和蛋白质(10%左右)以及木质素、矿质等。细胞壁中的多糖主要是纤维素(cellulose)、半纤维素(hemicellulose)和果胶类(pectic substances)，它们是由葡萄糖、阿拉伯糖、半乳糖醛酸等聚合而成。初生壁的主要成分是多糖，其中基本结构物质是纤维素，许多纤维素分子构成微纤丝(microfibril)，细胞壁是以微纤丝为基本框架构成的。细胞壁中的纤维素分子是多个D-葡萄糖残基通过α-1,4糖苷键连接成的长链，平行整齐排列，约2 000个纤维素分子聚合成束状，称之为微团(micell)，微团间聚合成束又构成微纤丝。微纤丝借助大量的链间和链内氢键而结合成聚合物。次生细胞壁中还有大量木质素(lignin)(图9-2)。

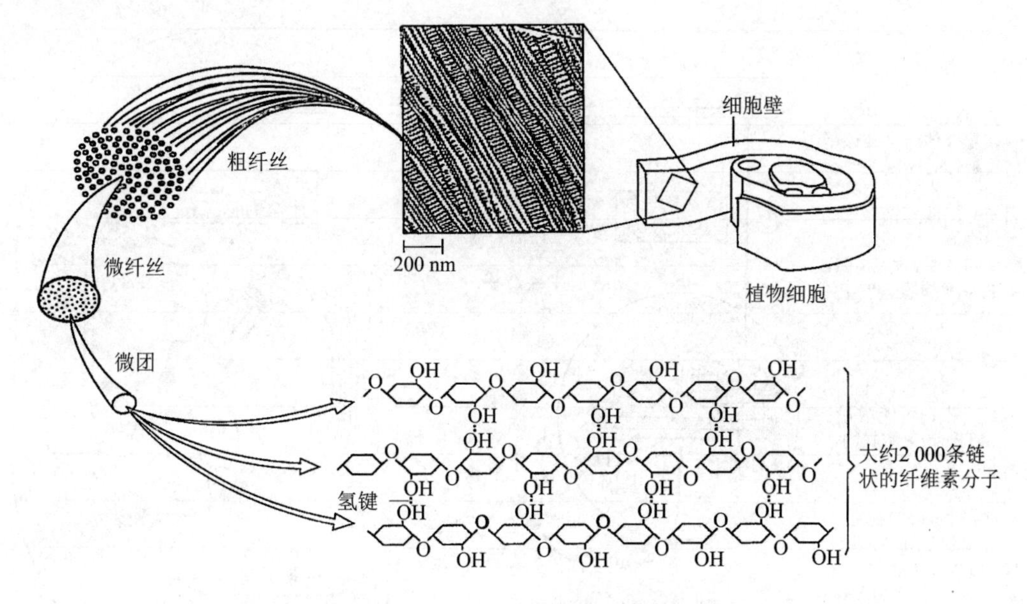

图9-2 细胞壁和纤维素的结构

细胞的生长受细胞壁的限制，因此，在细胞伸长或体积扩大过程中，细胞壁也需相应增长和延伸。首先，需要松弛细胞壁，打破细胞壁原有多糖分子之间的连接，使壁软化，膨压就推动细胞伸长；同时，不断将新合成的细胞壁成分(如纤维素、半纤维素、果胶等)填充或沉淀到正在扩展的细胞壁中，保持细胞壁的厚度。在细胞壁松弛过程中，有2种酶参与重要调节作用。一种是扩张蛋白或膨胀素(expansin)，作用于细胞壁中的纤维或半纤维之间的界面，打断细胞壁多糖之间的氢键，酸性条件可以活化该蛋白；另一种为木葡聚糖内转糖基酶(xyloglucan endotransglycosylase，XET)，可把木聚糖(初生壁的主要组分)切开，然后重新连接和形成新的多糖链，调节细胞生长过程中多糖链的重新排列和在细胞壁中的沉积。XET 有利于扩张蛋白穿入细胞壁。

9.1.2.3 细胞伸长与植物激素

植物的细胞伸长生长受多种内外因素的调节和控制，其中内源激素对植物的调控起重要作用。激素对细胞伸长生长的影响主要表现在：细胞分裂素促进细胞横向生长；生长素和赤霉素影响细胞壁的可塑性，使细胞壁变松弛，从而促进细胞的伸长；乙烯和脱落酸对细胞伸长有抑制作用；低浓度油菜素内酯(BR)促进细胞的伸长，高浓度则抑制细胞的伸长。内源激素间的相互作用也直接或间接地调控着细胞的伸长生长。

生长素和赤霉素虽都能促进细胞伸长生长，但其作用机制不同。生长素(IAA)使细胞壁酸化而松弛(图 9-3)，但赤霉素(GA)没有这种作用，也没有促进质子排出的现象。完全没有 IAA 的组织中也没有 GA，因此 GA 之所以促进细胞伸长可能依赖于 IAA 诱发细胞壁酸化。此外，GA 刺激细胞伸长的滞后期比 IAA 长。这也说明 IAA 和 GA 两者刺激细胞伸长的机制是不同的，但在促进细胞伸长方面有相加作用。近来研究表明，GA 增强细胞壁的伸展性与提高 XET 酶的活性有关，XET 有利于扩张蛋白穿入细胞壁，因此扩张蛋白和 XET 是 GA 促进细胞伸长所必需的。

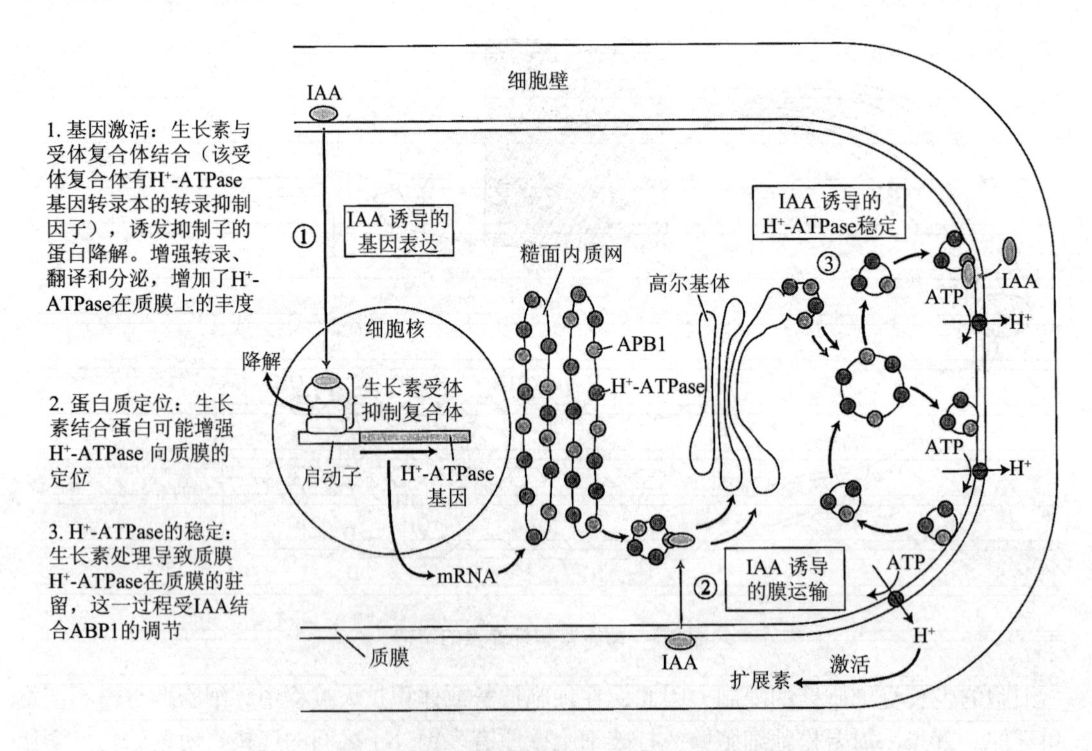

图 9-3 IAA 诱导 H^+ 排出的流行模型(引自 Taize and Zeiger，2006)

油菜素内酯促进细胞伸长主要依赖于 XET 基因的表达，通过对细胞壁进行修饰来调节细胞的伸长，也可以通过对细胞壁合成基因进行调控从而影响细胞壁的合成。例如，在拟南芥中通过激活纤维素合成酶等初级壁合成相关基因的表达促进细胞壁的合成。

赤霉素对根的伸长无促进作用，但显著促进茎叶的生长。在水稻“三系”的制种过程中，不育系往往包穗，影响结实率，可在“破口”到见穗时喷施赤霉素，使节间细胞延长，减少包穗程度，提高制种产量。栽种以切花为生产目的花卉时，如果花轴过短，可喷施赤霉素，以达到规格要求的长度。

9.1.3 细胞分化的生理

细胞分化(cell differentiation)是指由分生组织细胞发育成为具有各种形态结构和生理功能的成熟细胞的过程。高等植物大多是从受精卵开始，不断分化，形成各种细胞、组织、器官，最后形成植物体。细胞分化是细胞间产生稳定差异的过程，也就是一种类型的细胞转变成在形态结构、生理功能和生物化学特性诸方面不同的另一类型细胞的过程。植物体的根、茎、叶、花、果实和种子等各个器官，以及各种组织内的细胞，形态结构、功能和生理生化特性都是各不相同的，这就是细胞分化的结果。多细胞生物体的所有不同类型的细胞都是由受精卵发育而成的，正是在细胞分裂的基础上有了分化，才能使不同类型的细胞执行千差万别的生理代谢，共同完成植物的生命活动。因此，个体发育是通过细胞分化过程实现的，分化是一个非常普遍而又复杂的现象。

根据现代分子生物学的观点，细胞分化的本质是基因按一定程序在不同的时间和空间选择性地活化或阻遏，即选择性表达的结果。植物体中的所有细胞都是由受精卵发育而来，因而具有相同的基因组成。但不同发育时期和部位的细胞在基因表达的数量和种类上并非都相同，即在某一发育时期、某一部位的细胞，其基因只有这一部分表达，另一部分处于关闭状态；而在另一发育时期、处于另一部位的细胞，可能其基因中这一部分关闭而另一部分表达，最终导致细胞的异质性，即细胞的分化。例如，在胚胎中有开花的基因，但在营养生长期，它就处于关闭状态。一定要到达花熟状态，处在生长点的开花基因才表达，即花芽才开始分化。这就是个体发育过程中基因在时间和空间上的顺序表达。

9.1.3.1 细胞全能性

德国植物学家 Haberlandt 于 1902 年就提出了细胞全能性的概念，直至 1958 年，Steward 等利用胡萝卜根韧皮部组织培养出完整的植株，用实验首次证实了这一观点。所谓细胞全能性(totipotency)是指植物体的每一个细胞都携带着一套完整的基因组，具有发育成完整植株的潜在能力。完整植株中的细胞保持着潜在的全能性。当细胞分化完成后，就受到所在环境的束缚，保持稳定。但这种稳定是相对的，一旦脱离原来所在的环境，成为离体状态时，在适宜的营养和外界条件下，就会表现出全能性，生长发育成完整植株。由此看来，细胞全能性是细胞分化的理论基础，而细胞分化是细胞全能性的具体表现。

细胞全能性的实现过程主要包括细胞的脱分化和再分化。已分化的细胞和组织，在培养条件下逐渐丧失其特有的分化能力的过程，称为脱分化(dedifferentiation)。新形成的细胞群称为愈伤组织(callus)。已经脱分化的细胞在一定条件下，又可经过愈伤组织或胚状体，再分化出器官，形成完整植株，这一过程叫再分化(redifferentiation)。植物细胞全能性通过植物组织培养技术得到证明，同时，也是植物组织培养的理论依据(见本章 9.2 节内容)。植物细胞全能性的揭示，不仅推动了细胞生物学的理论研究，并且为生产实践开辟了广阔的途径。

9.1.3.2 极性

极性(polarity)是指细胞(也可指器官和植株)在不同轴向上存在某种形态结构和生理生化上的梯度差异的现象，主要表现在细胞内物质(如代谢物、蛋白质、激素等)、细胞器数量的不均匀分布以及核位置的偏向等方面。极性的建立会引发不均等分裂，使2个子细胞的大小和内含物不等，由此引起分裂细胞的分化。因此，极性是细胞分化的前提。极性一旦建立，便难于逆转。

事实上，受精卵在第一次分裂形成基细胞和顶细胞就是极性现象。受精卵的不均等分裂产生大小不等的2个细胞，靠近珠孔端的基细胞大，将来发育成为胚柄，其对侧的顶细胞小，将来形成胚。在植物整个生长发育期间，细胞不均等分裂现象屡见不鲜。例如，气孔发育、根毛形成和花粉管发育等。

9.1.3.3 影响细胞分化的条件

细胞分化既受遗传基因控制又受外界环境的影响。目前，对控制细胞分化的详细机制尚不清楚，但从细胞的体外培养实验中，已经获得了一些线索。

首先，植物激素可能作为细胞分化的信号在细胞分化中起重要作用。在植物组织培养过程中，愈伤组织分化根和芽，是由细胞分裂素和生长素含量的比值决定的。CTK/IAA比值低时，促进根的形成；CTK/IAA比值高时，促进芽的形成；2种激素含量相当时，则愈伤组织不分化，继续形成新的愈伤组织。除生长素外，乙烯对根的形成也有促进效应，而较高浓度的赤霉素则抑制根的形成。生长素可诱导愈伤组织分化形成木质部。在丁香愈伤组织中插入一小块丁香的茎尖，发现在接触点以下的愈伤组织里有零散的木质部管胞的分化。如果用IAA代替茎尖，也有相同的现象发生。细胞分裂素在诱导木质部分化过程中与生长素有相似效应。

其次，糖浓度与木质部与韧皮部的分化也有关。将丁香茎髓的愈伤组织进行组织培养，培养基中除了必要的养料和生长素外，糖的浓度控制木质部和韧皮部的形成。在低糖浓度时，形成木质部；在高糖浓度时形成韧皮部；糖浓度在中等水平时，木质部和韧皮部都形成，而且中间有形成层。

此外，细胞分化还受光照、温度、营养、地球引力等环境条件的影响。光对植物细胞分化的影响非常复杂：光能影响植物的形态建成，促进细胞分化。例如，短日照处理，可诱导菊花提前开花；遮光处理形成的黄化幼苗组织分化差，薄壁组织较多，输导组织、机械组织很不发达，植物柔嫩多汁。低温处理，能使小麦通过春化而进入幼穗分化。由于地球引力而使植物具有向重力性的特征。

9.1.4 程序性细胞死亡

在高等植物个体生长发育过程中，细胞的死亡是植物体新陈代谢的结果，是生命现象不可逆的停止，与细胞分裂、分化具有同等重要的意义。细胞死亡可分为2种类型，即细胞坏死(necrosis)和程序性细胞死亡(programmed cell death，PCD)。细胞坏死一般是物理、化学损伤的结果，是细胞在遭受极度刺激时引起的以原生质膜的破裂为特征、被动的非正常死亡。而程序性细胞死亡是多细胞甚至单细胞生物体在内外因子的诱导下，由基因控制的一种细胞主动死亡过程，是植物发育过程中的一种普遍现象，也是细胞生命活动的基本特征之一。

9.1.4.1 程序性细胞死亡发生的种类

程序性细胞死亡发生可以分为2类。一类是植物体发育过程中必不可少的部分，例如，种子萌发后糊粉层细胞死亡，根尖生长时根冠细胞死亡，导管分化时内容物自溶等。另一类是植物体对环境的反应，包括病原物侵入、低氧、低温、铝、盐、活性氧等诱导。例如，玉米等因水涝和供氧不足，导致根和茎基部的部分皮层薄壁细胞死亡，形成通气组织，这是对低氧的适应。下面介绍几种研究较多的植物程序性细胞死亡现象(图9-4)。

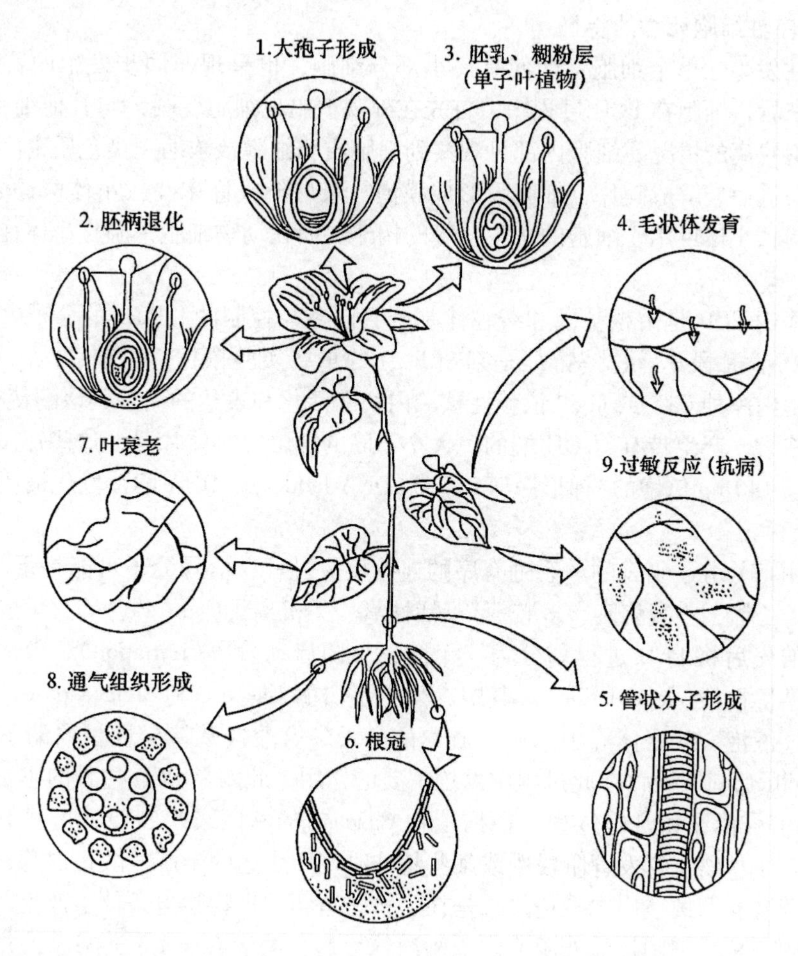

图9-4 植物程序性细胞死亡(引自 Dangl *et al.*，2000)

例一，导管的形成。导管分子分化过程中，随着细胞延长和次生壁加厚，细胞开始自溶，细胞质和核发生浓缩，接着破裂成许多小块，DNA片段化，最后变成管状的死细胞。

例二，雌配子的形成。在高等植物雌配子的发育过程中，大孢子母细胞经过减数分裂形成4个子细胞，其中3个细胞退化死亡，只有1个细胞能发育成为雌配子体。

例三，糊粉层细胞的退化。谷物成熟后，所有胚乳细胞都死亡，只有糊粉层细胞还存活。它在种子发芽时，能合成和分泌水解酶到胚乳，水解淀粉等，提供养分给胚后，糊粉层细胞立即死亡。

例四，过敏反应的防护作用。植物受到病原物侵染时，导致细胞死亡，这就是过敏反应。在此反应中，细胞核和细胞质浓缩，DNA 片段化，细胞死亡，于是阻断病原菌继续侵入。

有人认为叶片的衰老也是一种细胞程序性死亡的过程。叶片衰老时，在一定的时空顺序上会发生营养物质的有序转移和再分配现象。

由此可见，程序性细胞死亡对维持植物的正常生长发育非常重要，没有程序性细胞死亡就不能形成植物体，就不能进行正常的生命活动。

9.1.4.2 程序性细胞死亡的特征

PCD 往往发生在单个细胞，即使是一小部分细胞，也呈现非同步发生的特点。从细胞形态学方面来看，细胞在 PCD 过程中，首先在外观上出现细胞变圆，与其他细胞失去连接，并与周围细胞脱离的情况。细胞内部可观察到细胞质和细胞核浓缩、染色质密度增加并凝聚在核膜周围，进而裂解成碎片，细胞膜形成膜泡，最后形成许多凋亡小体(apoptosis body)。在植物中，凋亡小体可用于细胞的次生壁等的构建，而在动物细胞中凋亡小体往往被其他细胞吞噬。

在植物体内 PCD 是由核基因和线粒体基因共同参与控制的。PCD 的分子生物学特征是细胞染色质 DNA 片段化，这一特征是判断 PCD 的重要实验依据。目前认为，染色质 DNA 片段化是细胞内一种 Ca^{2+} 或 Mg^{2+} 依赖性核酸内切酶活化和表达的结果，该酶使核 DNA 从核小体间降解断裂，产生带有 3′-OH 端的、大小不同的寡聚核小体片段，这些片段在凝胶电泳上可以见到以 140 bp 倍增的“梯形”DNA 条带(DNA ladder)。DNA 的片段化被认为是动植物 PCD 的“真质标记”。

PCD 是由信号分子引发的一系列有序的连续反应过程，信号分子可能是蛋白(细胞色素 c 等)、激素(乙烯、一氧化氮、多胺等)、活性氧、无机离子(如 Ca^{2+})等化学成分。根据分子过程发生的先后将 PCD 过程划分为 3 个阶段，即启动阶段(initiation)、效应阶段(effection)和降解清除阶段(degradation)。其中，死亡蛋白酶 Caspase 和 Metacaspase，即一组存在于胞质溶胶、液泡、叶绿体等中具有半胱氨酸—天冬氨酸残基特异性蛋白酶系统(cysteinyl aspartate-specific proteinase)在此过程中发挥重要的作用。此酶是 PCD 过程的主要执行者，控制着 PCD 的信号传导和实施过程。根据植物 Caspase 的基因表达特点，可将其分为以下 3 类：一是存在于植物正常发育阶段中或某些特殊时期所表达的半胱氨酸蛋白酶，例如，水稻未成熟的花药及花药绒毡层中表达；二是在生物胁迫和非生物胁迫条件下产生；三是在衰老的植物组织中。植物细胞接受外源或内源刺激信号后，激活 Caspase 类酶原，并作用于细胞的不同位置(液泡、内质网等)，不同的类 caspase 蛋白酶被活化后，相应的底物蛋白或靶标蛋白发生水解，导致细胞结构和代谢发生改变，从而引起 PCD。Caspase 蛋白家族一旦被激活后，便不可逆地执行 PCD 的执行阶段。在植物细胞中也可能存在不依赖类 Caspase 的其他调控途径。线粒体是细胞程序性死亡过程中起关键作用的细胞器。叶绿体，植物细胞的内膜系统包括内质网、高尔基体以及液泡膜等作为一个庞大的分子互联网基地，通过集合、分散、运输若干信号分子也参与了植物 PCD 的过程。

9.2 植物组织培养

9.2.1 植物组织培养的概念与种类

植物组织培养(plant tissue culture)是指植物的离体器官、组织或细胞在人工控制的无菌环境下培养发育再生成完整植株的技术。通过组织培养产生的植株称为试管植物，用于离体培养进行无性繁殖的各种植物材料称为外植体(explant)。外植体的第一次培养(第一代)称为初代培养，第二次及以后的培养称为继代培养。根据外植体的种类及性质，通常将组织培养分为器官培养、组织培养、细胞培养以及原生质体培养等类型。

(1)器官培养

包括根、茎、叶、胚、花药、子房等的培养。其中茎尖培养由于芽尖生长迅速、无维管束，病毒扩展缓慢，具有去除病毒的优点。

(2)组织培养

包括分生组织、形成层组织、愈伤组织和其他组织的培养。愈伤组织(callus)培养是最常见的培养形式。愈伤组织原指植物受伤后于伤口表面形成的一团薄壁细胞，在组织培养中则指在培养基上由外植体长出的一团无序生长的薄壁细胞。

(3)细胞培养

也称细胞克隆(cell clone)技术，包括单细胞培养和悬浮细胞培养。

(4)原生质体培养

原生质体培养包括原生质体、原生质融合体和原生质体的遗传转化体的培养。常应用于体细胞杂交和转基因的研究。

根据培养基及培养方式，组织培养常分为固体培养和液体培养；后者又可分为静止培养和振荡培养等方式。

9.2.2 植物组织培养的条件及程序

植物组织培养的理论依据是植物细胞具有全能性，植物组织培养技术正是利用细胞全能性以及细胞极性和再生特性，将其从植物体中分离出来并给予一定的刺激和培养条件(植物生长调节物质，营养，适宜的光照、温度、水分及无菌条件等)，使这些已分化的细胞脱分化，然后在一定条件下再分化，最后形成再生植株(图9-5)。组织培养的结果与外植体本身的遗传、生理状态及培养环境条件有关。组织培养的基本程序包括以下几个方面。

(1)外植体的选择与消毒

植物细胞虽然具有全能性，但全能性表达与否及表达的难易程度因外植体遗传特性及生理状态而异。一般来说，草本植物比木本植物易表达；与分化程度较高的成熟组织细胞相比，分生组织和胚性细胞具有较强的再生能力。由根、下胚轴及茎形成的愈伤组织分化成根的频率很高；由叶或子叶形成的愈伤组织分化成叶的频率很高；由茎端形成的愈伤组织分化成芽与叶的频率亦很高；靠近上部的茎段与接近基部的茎段相比能形成较多的花枝和较少的营养枝。因此，在组织培养中，要根据研究目标，有针对性地选择外植体。

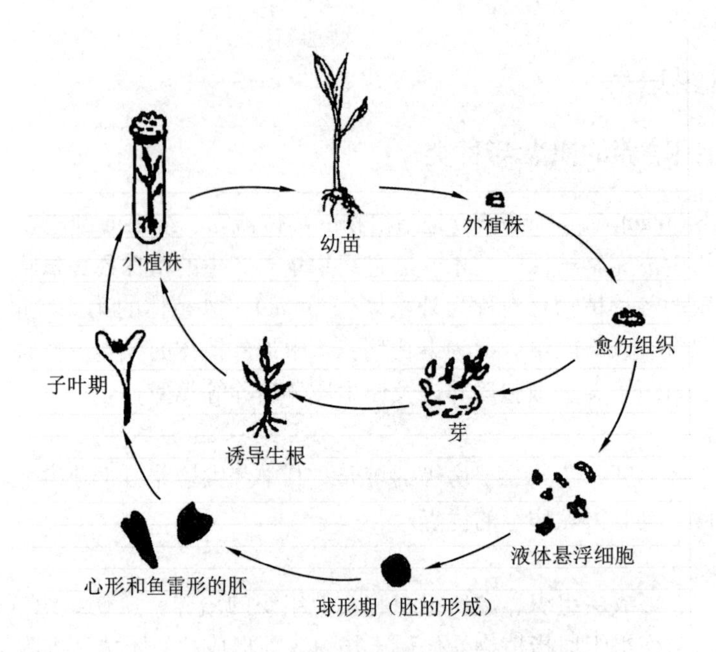

图 9-5 植物组织培养的过程

通常采集来的材料都带有各种微生物，故在培养前必须进行严格的消毒处理。常用的消毒剂有 70% 酒精、次氯酸钠、氯化汞等，消毒后需用无菌水充分清洗。

(2) 培养基制备

培养基(medium)中含有外植体生长所需的各种营养物质。通常根据不同的外植体、培养方法、培养目的等要求选用不同的培养基。现有的培养基种类很多，其中 White 培养基是最早的植物组织培养基之一，被广泛用于离体根的培养；MS(Murashige 和 Skoog，1962)培养基含有较高的硝态氮和铵态氮，营养元素均衡，适合于多种培养物的生长，是目前应用最广泛的培养基；N_6培养基含适合于禾本科花粉的培养；B_5培养基则适合于十字花科植物的培养；WPM 培养基适合于木本植物的培养。总之，应根据培养的具体要求选择适宜的培养基。

各种培养基配方虽有所不同，但其主要成分是相同的，均由五大类物质组成[参见路文静、李奕松主编《植物生理学实验教程》(第 2 版)，2017]。

水 一般用蒸馏水或去离子水配制培养基，煮沸过的自来水也可利用。

无机营养 包括植物生长发育所必需的大量元素和微量元素。由于铁盐易于沉淀，一般用乙二胺四乙酸二钠(Na_2-EDTA)与铁盐配制成铁盐螯合物。

有机营养 主要有糖、氨基酸和维生素。糖为培养物提供所需要的碳源，并有调节渗透压的作用。常用的是 2%~4% 的蔗糖，有时也加入葡萄糖和果糖等。维生素和氨基酸类的物质，主要有硫胺素(维生素 B_1)、吡哆素(维生素 B_6)、烟酸(维生素 B_3)、泛酸(维生素 B_5)，以及甘氨酸、天冬酰胺、谷氨酰胺、肌醇、水解酪蛋白和水解乳蛋白等。

天然附加物 如椰子乳、酵母提取物、玉米胚乳、麦芽浸出物或番茄汁等。它们能促进外植体细胞的分化和生长，但若培养基配方适当，大多情况下是不需要的。

植物生长物质 常用的有生长素类和细胞分裂素类。生长素类如2,4-D、萘乙酸、吲哚乙酸、吲哚丁酸等，被用于诱导细胞的分裂和根的分化。细胞分裂素类如激动素、6-苄基腺嘌呤、异戊烯基腺嘌呤、玉米素等，可以促进细胞分裂和诱导愈伤组织或器官分化不定芽。离体培养物的根芽分化取决于生长素/细胞分裂素的比值。吲哚乙酸、玉米素等激素因在高温高压灭菌时易遭破坏，故使用时以过滤或抽滤灭菌为好。生长素一般溶于95%乙醇或0.1 $mol \cdot L^{-1}$的氢氧化钠，细胞分裂素一般溶于0.1 $mol \cdot L^{-1}$的盐酸。

由于培养基成分复杂，微量元素、生长物质等含量又较低，因此，在实际应用中，往往按照一定的浓缩倍数先配制成母液(stock solution)，储存于冰箱中，需用时再按比例稀释。

(3)灭菌

由于培养基的营养十分丰富，微生物极易滋生而造成污染，因此，在接种培养前需经过严格的灭菌。培养基及用具一般通过高温高压灭菌法，在高压灭菌锅内，121 ℃和0.11 MPa压强下保持20~25 min，即可杀死微生物的营养体及其孢子。

(4)接种与培养

植物组织培养是一种无菌培养技术，因此，要求操作人员在操作过程中遵守无菌操作规程。接种时，在接种室的超净工作台上，用无菌镊子将灭过菌的材料放在无菌培养皿或铺垫上，用无菌解剖刀或剪刀切成适当大小的组织块，再转移到预先准备好的培养基中，密封培养瓶待培养。

无菌培养是将接种在无菌培养基中的外植体，置于培养室的专用培养架上培养。要求培养室清洁少菌，能够调控温度、光照、通气等环境因子。温度一般控制在23~28 ℃，人工光照采用日光灯，光周期和光照强度依据实验目的而定。培养方式有固体培养和液体培养2种。通常在液体培养基中加入0.7%~1%的琼脂做凝固剂，便成了固体培养基。用液体培养基时，特别是细胞悬浮培养，一般用振荡法通气。

在特定培养条件下，外植体经过脱分化、再分化，由器官发生方式或体胚途径再生形成植株。根据是否经过愈伤组织阶段，又可分为直接发生和间接发生2类。前者指从外植体不经愈伤组织阶段直接产生器官或体胚；后者指通过愈伤组织阶段再形成不定器官或体胚。

(5)试管苗移栽

当试管苗具有4~5条根后，即可移栽。移栽前应先去掉试管塞，在光线充足处炼苗。移栽时先将小苗根部的培养基洗去，减少细菌繁殖污染机会。苗床土可采用通气性较好的基质，如泥炭土、珍珠岩、蛭石、砻糠灰等调配成的混合培养土。用塑料薄膜覆盖并经常通气，小苗长出新叶后，去掉塑料薄膜就能成为正常的田间植株。

9.2.3 植物组织培养的特点及应用

通过植物组织培养可以研究被培养部分在不受植物体其他部分干扰下的生长与分化的规律，并且可以利用各种培养条件影响它们的生长与分化，以解决理论和生产上的问题。与常规无性繁殖相比，组织培养具有以下优点：①繁殖快，繁殖系数高、周期短；②用材少，占用空间小，不受环境场地限制；③可脱去自然无性繁殖的植物体内感染的病毒，使之复壮；④用于常规方法难以繁殖的材料；⑤便于种质资源的保存、交流和创新。但组织培养由于在无菌条件下进行，易发生外植体污染等问题，从而造成组培成本偏高。随着组织培养技术的发展，开放式组织培养、无糖培养等新技术的运用有望从根本上简化组培环节，降低组培成本。所谓开放式组织培养(open tissue culture)是指在抑菌剂的作用下，使植物组织培养脱离严格无菌的操作环境，不需高温高压灭菌，同时改变光照条件、培养环境中的二氧化碳浓度、湿度，以促进外植体的光自养能力，在自然、开放的有菌环境中进行的组织培养。

植物组织培养的应用十分广泛，主要表现在以下领域。

(1)无性系的快速繁殖

快速繁殖是组织培养在生产上应用最广泛、最成功的一个领域。自 20 世纪 60 年代在兰花工业上应用获得成功以来，已在香蕉、苹果、甘蔗、葡萄、草莓、甜瓜、牡丹、香石竹、唐菖蒲、菊花、菠萝、柑橘、樱桃、桉树、杨树、杉木等经济作物和林木的无性系快速繁殖方面取得了成功，带来了巨大的经济效益。特别对于名贵品种、稀优种质、优良单株或新育成品种的繁殖推广应用具有重要的意义。

(2)培养无病毒种苗

自然条件下生长的植物常常带有病毒，例如，草莓能感染 60 多种病毒和菌类物质，母体的病毒可以通过代代相传，造成产量下降、品质劣化、抗病能力下降。病毒病害与细菌和真菌病害不同，不能通过化学药剂进行防治。依据感病植株的不同部位病毒分布不一致的特点，通过茎尖培养可以获得无病毒苗。此法已在马铃薯、香蕉、苹果、甘蔗、葡萄、桉树、毛白杨、草莓、康乃馨等经济作物和林木上应用，产生了明显的经济效益。

(3)新品种的选育

花药培养和单倍体育种 花药和花粉培育的主要目的是诱导花粉发育形成单倍体植株，以便快速地获得纯系，缩短育种周期且有利于隐性突变体筛选，提高选择效率。中国科学院遗传与发育生物学研究所于 1970 年获得第一批水稻花药培养形成的幼苗，1971 年又获得小麦花药培养的单倍体植株。近年来已有烟草、水稻、小麦、大麦、玉米和甜椒等一大批花培优良新品种在生产上大面积推广。

离体胚培养和杂种植株获得 用于克服远缘杂交不亲和的一种有效方法。至今，用胚培养技术已得到许多栽培种与野生种的种间杂种，并选育出一批高抗病、抗虫、抗旱、耐盐、优质品系或中间材料，从而扩充了作物的基因库。

体细胞诱变和突变体筛选 植物细胞在离体培养条件下，不受整体的调控，直接与环境接触，易受培养条件和外加压力(物理、化学因素)的影响而产生诱变，从中可以筛选出有用的突变体，培育新品种。

细胞融合和杂种植株的获得 利用去除细胞壁后的原生质体，易于诱导融合，也易于摄取外源遗传物质、细胞器的特点，通过原生质体融合，可部分克服有性杂交不亲和性而获得体细胞杂种，从而创造和培育优良品种。

(4)人工种子和种质保存

人工种子(artificial seeds)又称人造种子、超级种子，是指将植物组织培养产生的胚状体、芽体及小鳞茎等包裹在含有养分的胶囊内，具有种子的功能并可直接播种于大田的颗粒。人工种子具有巨大的应用潜力，它在快速繁殖优良品种与无性系、固定杂种优势、简化育种程序、去病毒技术及与其他生物技术相结合等方面，均有非常诱人的前景。

利用组织和细胞培养法低温保存种质，给保存和抢救有用基因带来希望和可能。超低温植物材料的保存可以减少培养物的继代次数，节省人力物力，解决培养物因长期继代培养而丧失形态建成能力的问题。

(5)药用植物和次生物质的工业化生产

药用植物的有效成分(如抗癌药物、生物碱、调味品、香料、色素等)都是一些次生代谢物，而这些化合物都是在细胞内合成的。利用次生物质的细胞工程来开发天然植物资源，可以克服植物本身有用成分含量低、生产速度慢、资源稀缺等缺点，并且不受地区、季节、气候等限制，便于进行代谢调控和工厂化生产。例如，人参、紫草、洋地黄、黄连等通过细胞培养生产药用成分以实现工业化生产，具有广阔的发展前景。

9.3 种子的萌发

植物个体的生命周期是从受精卵分裂形成胚开始的，但人们习惯上还是以种子萌发作为个体发育的起点，因为农业生产是从播种开始的。所谓种子萌发(seed germination)是指种子从吸水到胚根突破种皮所发生的一系列生理生化变化过程。在农业生产实践中，种子萌发是指从播种到幼苗出土之间所发生的一系列生理生化变化。种子萌发过程大致可分为3个步骤：种子吸水萌动；内部物质与能量转化；胚根突破种皮形成幼苗。

种子萌发必须具备2方面的条件：一是种子本身具有生活力并完成了休眠；二是有适当的外界条件，如水分、温度、气体和光照等。

9.3.1 种子萌发的生理生化变化

种子萌发过程中的生理生化变化主要包括种子的吸水、呼吸作用的变化、酶系统的活化与形成以及种子中储存物质的动员与转化等过程。

9.3.1.1 种子的吸水

种子的吸水可分为3个阶段，即急剧吸水、吸水停止和胚根长出后的重新迅速吸水(图9-6)。种子吸水的第一阶段是吸胀作用(物理过程)，此阶段的吸水与种子代谢无关。无论种子是否通过休眠，是否有生活力，同样都能吸水。通过吸胀吸水，活种子中的原生质胶体由凝胶状态转变为溶胶状态，使那些原在干种子中结构发生改变的细胞器和不活化的高分子得到伸展与修复，表现出原有的结构和功能。

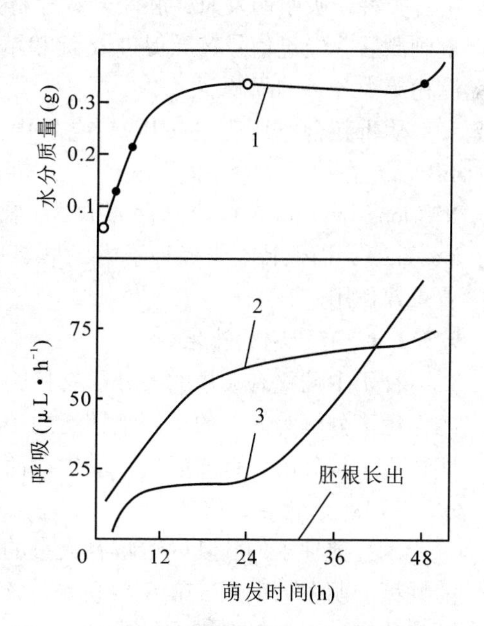

图9-6 豌豆种子萌发时吸水和呼吸的变化

(引自李合生 等，2012)

1. 种子吸水过程的变化；2. 二氧化碳释放的变化；3. 氧气吸收的变化

经过第一阶段的快速吸水，原生质的水合程度趋向饱和；细胞膨压增加，阻碍了细胞的进一步吸水，进入吸水暂停或速度变慢的第二阶段。在此阶段，细胞利用已吸收的水分进行代谢。酶促反应与呼吸作用增强，子叶或胚乳中的贮藏物质开始分解，转变成简单的可溶性化合物，为胚的生长提供养分。

至第三阶段，由于胚的迅速生长及细胞体积增大，重新大量吸水，这时的吸水是与代谢活动密切相关的渗透性吸水。因此，只有具萌发力的种子才进入第三阶段，死种子和休眠种子只有吸水的第一、第二阶段。

9.3.1.2　呼吸作用的变化

种子萌发过程中呼吸作用和吸水过程相似，也分为 3 个阶段(图 9-6)。种子吸水的第一阶段，呼吸作用也迅速增加，这主要是由已经存在于干种子中并在吸水后活化的呼吸酶及线粒体系统完成的，可能与三羧酸循环及电子传递有关的线粒体酶的活化有关。在吸水的迟滞期，呼吸作用也停滞在一定水平，这一方面是因为干种子中已有的呼吸酶、线粒体系统已经活化，而新的呼吸酶和线粒体还没有大量形成；另一方面，此时胚根还没有突破种皮，氧气的供应也受到一定限制。吸水的第三阶段，呼吸作用又迅速增加，因为胚根突破种皮后，氧气供应得到改善，而且此时新的呼吸酶和线粒体系统已经大量形成。在吸水的第一和第二阶段，二氧化碳的产生大大超过氧的消耗，呼吸商 $RQ>1$，而第三阶段，氧的消耗则大大增加。这说明种子萌发初期的呼吸作用主要是无氧呼吸，而随后进行的是有氧呼吸。

9.3.1.3　酶系统的活化与形成

种子萌发时酶的形成有 2 个来源：一是由已经存在于干燥种子中的酶活化而来；二是种子吸水后重新合成。干燥种子中已经存在许多酶原(包括呼吸系统的酶、蛋白质合成系统中的酶以及一些水解酶等)，它们一经水合后，活性可立即得到恢复，如 β-淀粉酶(β-amylase)。种子萌发所需的大多数酶需要在吸水后重新合成，如 α-淀粉酶(α-amylase)。例如，禾谷类种子吸水萌发时，胚能合成赤霉素并将其释放到胚乳和糊粉层，糊粉层细胞接受赤霉素刺激后，经过信号转导促进 α-淀粉酶等水解酶的表达，产生的水解酶再释放到胚乳促进淀粉等大分子的降解。

酶重新合成所需的 mRNA 或是由 DNA 转录而来，或已经存在于干燥种子中，这类 mRNA是在种子发育期间形成的，负责编码种子萌发初期所需蛋白质的合成，称为长命 mRNA(long livid mRNA)或储存 mRNA。长命 mRNA 可与细胞质中的蛋白质合成信息体(informosome)，而保持在干燥种子中，早期几种水解酶的合成对种子萌发以及胚根的发育可能起着重要作用。

9.3.1.4　有机物的转化

种子中贮藏有大量的大分子有机物，如淀粉、脂肪、蛋白质等。这些大分子有机物在酶的作用下分解为简单的、便于转运的小分子化合物，供给正在生长的幼胚，一方面作为呼吸底物进一步分解，释放能量，供生命活动需要；另一方面作为新建器官的各种原料。

(1)碳水化合物的转化

禾谷类种子的胚乳内贮藏有大量的淀粉。种子萌发后，在淀粉酶作用下淀粉被水解为可溶性糖。萌发初期主要靠 β-淀粉酶。该酶为淀粉外切酶，从直链淀粉的非还原端开始，按顺序分解 α-1,4-糖苷键，每次切下 1 个麦芽糖分子。该酶在干种子中呈束缚态，吸水后活化，随着种子的萌发又逐渐形成 α-淀粉酶。该酶为淀粉内切酶，将淀粉水解为糊精和麦芽糖；麦芽糖在麦芽糖酶(maltase)作用下再进一步水解为葡萄糖。实验证明，糊粉层中 α-淀粉酶的合成需要赤霉素的诱导，而赤霉素是在胚中合成后再运输到糊粉层中的。此外，淀粉还可以通过磷酸化酶的作用水解，在禾谷类和豆类种子的萌发初期，淀粉的降解主要是依靠淀粉的磷酸化作用，到后期，淀粉的水解作用才成为淀粉降解的主要途径。淀粉降解的产物以蔗糖的形式从胚乳或子叶运输到生长中的胚根和胚芽中。

(2)脂肪的转化

油料作物的种子萌发时，在脂肪酶(lipase)的作用下，将脂肪水解为甘油和脂肪酸。脂肪酶在酸性条件下水解作用较强，又因脂肪酶水解产生脂肪酸，增加环境酸度，促进脂肪酶的活性，因而脂肪酶的作用具有自催化的性质，所以油料种子储藏时间过长或在高温、高湿条件下，常易发生酸败。

脂肪酸经β氧化途径分解为乙酰 CoA，再经乙醛酸循环(glyoxylic acid cycle)转变为蔗糖。甘油则在酶的催化下变成磷酸甘油，再转变成磷酸二羟丙酮参加糖酵解反应，或进一步经糖异生途径(gluconeogenic pathway)转变为葡萄糖、蔗糖，转运至胚轴供生长用。

(3)蛋白质的转化

萌发的种子靠种子中贮藏的蛋白质来满足氮素的需要。水解蛋白质的酶有两大类：蛋白酶(protease)和肽酶(peptase)。蛋白质在蛋白酶的作用下分解为许多小肽，而后在肽酶作用下完全水解为氨基酸。种子萌发时，贮藏蛋白质在蛋白酶和肽酶的作用下，分解为游离氨基酸，并主要以酰胺(谷氨酰胺和天冬酰胺)的形式运输到胚轴供生长用。最近发现，在豌豆种子萌发过程中，丝氨酸可能担负着氨基的运输。蛋白质水解产生的氨基酸，除了可作为再合成蛋白质的原料，也可以通过脱氨基作用转变为有机酸或游离的氨(NH_3)。有机酸可以进入呼吸代谢途径彻底氧化分解或转化为糖，也可作为形成氨基酸的碳架。氨以酰胺的形式贮存起来，即可消除氨态氮大量积累而造成的毒害作用，又可供新的氨基酸合成之用。

综上所述，幼胚(苗)生长所需的养分最初都是靠种子内贮藏物转化的，种子内贮藏物质的分解和转运可使幼苗从异养顺利地转入自养。种子萌发时各种贮藏物质的转化和利用可归纳为如图 9-7 所示。

(4)植物激素的变化

种子萌发过程中有许多激素的参与。未萌发的种子通常不含自由态的生长素，萌发初期种子内束缚态的生长素转为自由态(图 9-8)，并且合成新的生长素。落叶松种子经层积处理后，种子吸水萌发时，生长抑制剂含量逐渐下降，而赤霉素含量逐渐升高。大麦种子萌发时胚细胞的赤霉素浓度增加，赤霉素从胚细胞分泌到糊粉层细胞，诱导 α-淀粉酶和其他酶的形成。此外，在种子萌发早期，细胞分裂素和乙烯都有所增加，而 ABA 和其他抑制剂则明显下降。

9.3.2 影响种子萌发的环境条件

影响种子萌发的主要环境条件有水分、温度、氧气，有些种子的萌发还受光的影响。

(1)水分

水分是种子萌发的先决条件，种子只有吸收一定量的水分才能萌发。干燥种子的含水量极低(一般只有 5%~14%)，这些水分都属于被蛋白质等亲水胶体吸附住的束缚水，不能作为反应的介质。只有吸水后，种子细胞中的原生质胶体才能由凝胶转变为溶胶，使细胞器结构恢复，基因活化，转录萌发所需要的 mRNA 并合成蛋白质。同时吸水能使种子呼吸上升，

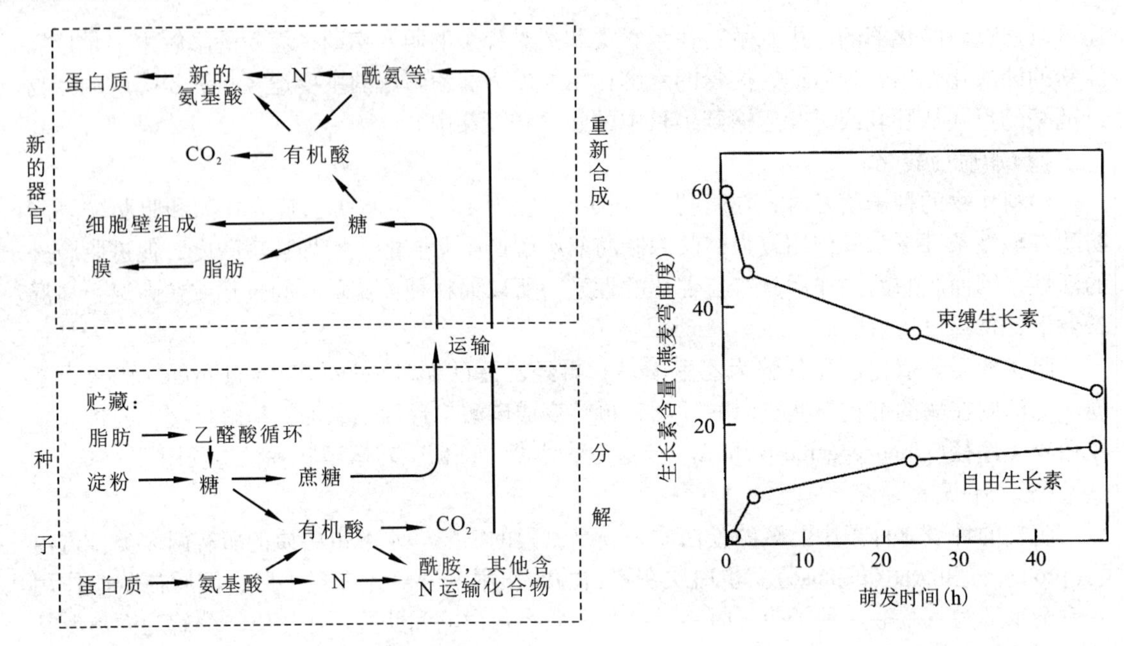

图 9-7 萌发种子中贮藏物质的降解转化

图 9-8 玉米种子萌发时，自由生长素增多而束缚生长素减少

代谢活动加强，让贮藏物质水解成可溶性物质供胚发育所需要。另外，吸水后种皮膨胀软化，有利于种子内外气体交换，也有利于胚根、胚芽突破种皮而继续生长。

干燥种子吸胀作用的大小与原生质凝胶物质对水的亲和性有关，蛋白质、淀粉和纤维素对水的亲和性依次递减，因此，含蛋白质较多的豆类种子的吸胀作用大于含淀粉较多的禾谷类种子。种子吸水的程度和速率还与温度以及环境中水分的有效性有关。在一定温度范围内，温度高时，吸水快，萌发也快。例如，早春水温低，早稻浸种要 3 ~ 4 d，而夏天水温高，晚稻浸种 1 d 就能吸足水分。土壤中有效水含量高时有利于种子的吸胀吸水。土壤干旱或在盐碱地中，种子不易吸水萌发。土壤水分过多，会使土温下降、氧气缺乏，对种子萌发也不利，甚至引起烂种。

(2) 温度

种子萌发是在一系列酶参与下的生理生化过程，因而受温度影响很大，因为温度能影响酶的活性，从而影响贮藏物质的转化和运输。温度对种子萌发的影响存在三基点，即最适温度、最低温度和最高温度。最适温度是指在短时间内使种子萌发达到最高百分率的温度。原产于南方低纬度地区的植物(如水稻、玉米等)要求较高温度；原产于北方高纬度地区的植物(如麦类等)要求较低温度。常见作物种子萌发的温度范围见表 9-1。

萌发的最适温度尽管是生长最快的温度，但由于种子消耗的有机物较多，往往使幼苗生长快但不够健壮，抗逆性不强，因此，生产上常采用比最适温度稍低的协调最适温度。变温处理(通常低温 16 h，高温 8 h，变温幅度大于 10 ℃)有利于种子萌发，而且还可提高幼苗的抗寒力。自然界中的种子大都是在变温情况下萌发的。

(3) 氧气

休眠种子的呼吸作用很弱，需氧量很少，但种子萌发时，旺盛的物质代谢和活跃的物质

表 9-1 几种作物种子萌发温度的三基点

作物种类	最低温度(℃)	最适温度(℃)	最高温度(℃)
冬小麦、大麦	0~5	25~31	31~37
玉　米	5~10	37~44	44~50
水　稻	10~13	25~35	38~40
黄　瓜	15~18	31~37	38~40
番　茄	15	25~30	35
大　豆	10~12	30	40
棉　花	12~15	25~30	40

运输等需要有氧呼吸来保证。因此，氧对种子萌发极为重要。环境缺氧(如土壤板结，水分过多，播种太深等)，则萌发种子进行无氧呼吸。长时间的无氧呼吸消耗过多的贮藏物，同时，产生大量酒精，致使种子中毒，因而不利于种子萌发。

一般作物种子要求氧浓度在10%以上才能正常萌发，当氧浓度在5%以下时，很多作物种子不能萌发。尤其是含脂肪较多的种子在萌发时需氧更多，如花生、大豆和棉花等种子。因此，这类种子宜浅播。水稻种子萌发时虽然有一定的耐缺氧能力，但在缺氧时会造成只长胚芽鞘，而根及真叶生长缓慢的状况，易发生烂秧。原因是胚芽鞘的生长只有细胞伸长没有细胞分裂；而根的生长既有细胞伸长又有细胞分裂，对能量和物质的需求量高，尤其是细胞分裂，必须依赖有氧呼吸。

(4)光照

不同种类植物的种子萌发对光的需求不同，据此可将种子分为3种类型：①中性种子(non-hotoblastic seed)，萌发时对光无严格要求，在光下或暗中均能萌发，大多数种子属于此类；②需光种子(light seed)，又称喜光种子，如莴苣、紫苏、胡萝卜、桦木以及多种杂草种子，它们在有光条件下萌发良好，在黑暗中则不能发芽或发芽不好；③需暗种子(dark seed)，又称嫌光种子，萌发时有光受抑制，只能在黑暗处萌发，如茄子、番茄、韭菜、瓜类等。种子的需光或嫌光程度又因品种不同而有差异，且还与环境条件的变化以及种子内部的生理状况有关。另外，发现赤霉素能代替光照使需光种子在暗中发芽，而光照也可提高种子中赤霉素的含量。光对种子萌发的影响与光的波长有关，并通过光敏色素(详见第8章内容)实现。

种子萌发对光的需求是植物在进化过程中发展起来的一种保护机制，具有重要的生物学意义。例如，需光种子一般体积比较小，假如种子在埋土太深的黑暗条件下萌发，幼苗出土前就可能发生将储存物质耗尽的情况。种子萌发对光的需求可以防止这种情况的发生。

9.4 植物营养器官的生长

植物体是由细胞组成的，而植物的生长实际上就是细胞数目的增多和体积的增大，因此，植物生长是一个体积或质量的不可逆的增加过程。植物生长的性质和动物的有本质上的区别，这一点在种子植物和脊椎动物尤为明显。脊椎动物在出生后已具备了成年动物的一切主要器官，并且生长迟早会达到一定的限度。但种子植物在整个生活过程中，都在继续不断地产生新的器官，可以不断地生长(加长和加粗)，在百年甚至千年的老树上，也有生长出仅数月或数天的幼嫩部分。

9.4.1　营养器官生长的周期性

植物的整体、器官或组织在生长过程中常常遵循一定的规律，表现出特有的周期性。

9.4.1.1　植物生长大周期

在植物的生长过程中，细胞、器官及整个植株的生长速率都表现出“慢—快—慢”的基本规律，即开始时生长缓慢，以后逐渐加快，至最高点再逐渐减慢，最后停止生长。我们把生长的这 3 个阶段总和起来，称作生长大周期(grand period of growth)。

如果以植物(或器官)体积对时间作图，可得到植物的生长曲线。生长曲线表示植物在生长周期中的生长变化趋势，典型的有限生长曲线呈“S”形(图 9-9，上半图)。如果用干重、高度、表面积、细胞数或蛋白质含量等参数对时间作图，也可得到类似的生长曲线。以植株的净增长量变化(生长速率)为纵坐标作图，可得到一条抛物线(图 9-9，下半图)。生长曲线反映了植物生长大周期的特征，由 3 部分组成：对数期(logarithmic phase)、线性期(linear phase)和衰减期(senescence phase)。

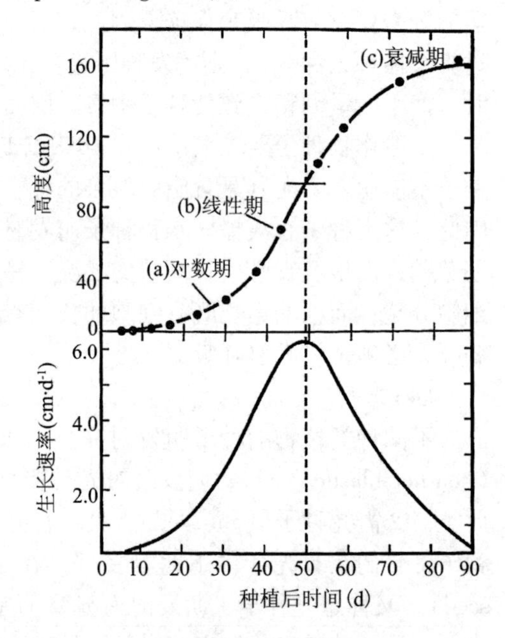

图 9-9　典型的植物生长曲线

(引自李合生 等，2012)

上图. S 形生长曲线；下图. 由上图的生长曲线斜率推导的绝对生长速率曲线。

(a)对数期；(b)线性期；(c)衰减期

植物生长大周期的产生与细胞生长过程有关，因为器官或整个植株的生长都是细胞生长的结果，而细胞生长的 3 个时期，即分生期、伸长期、分化期呈“慢—快—慢”的生长规律。器官生长初期，细胞主要处于分生期，这时细胞数量虽能迅速增多，但物质积累和体积增大较少，因此表现出生长较慢；到了中期，则转向以细胞伸长和扩大为主，细胞内的 RNA、蛋白质等原生质和细胞壁成分合成旺盛，再加上液泡渗透吸水，使细胞体积迅速增大，因而这时是器官体积和重量增加最显著的阶段，也是绝对生长速率最快的时期；到了后期，细胞内 RNA、蛋白质合成停止，细胞趋向成熟与衰老，器官的体积和重量增加逐渐减慢，以致最后停止。

另一方面，从整个植株来看，初期植株幼小，光合面积小，合成干物质少，生长缓慢；中期产生大量绿叶，使光合能力加强，制造大量有机物，干重急剧增加，生长加快；后期因植物的衰老，光合速率减慢，有机物积累减少，同时还有呼吸消耗，使得干重非但不增加，甚至还会减少，表现为生长变慢或停止。

生长大周期是植物生长的固有规律，研究和了解生长大周期对生产实际有重要指导意义。由于植物生长是不可逆的，为促进或抑制植物生长，必须在生长速率最快期到来之前采取措施才有效。

9.4.1.2 植物生长的温周期性

活跃生长的植物器官，其生长速率有明显的昼夜周期性(daily periodicity)。这主要是由于影响植株生长的因素，如温度、湿度、光强以及植株体内的水分与营养供应在一天中发生有规律的变化。通常把这种植株或器官的生长速率随昼夜温度变化而发生有规律变化的现象称为温周期现象(thermoperiodicity)。

一般来说，植株生长速率与昼夜的温度变化有关。例如，越冬植物，白天的生长量通常大于夜间，因为此时限制生长的主要因素是温度。但是在温度高、光照强、湿度低的日子里，影响生长的主要因素则为植株的含水量，此时在日生长曲线中可能会出现2个生长峰：一个在午前，另一个在傍晚。如果白天蒸腾失水强烈，造成植株体内的水分亏缺，而夜间温度又比较高，日生长峰会出现在夜间。

植物生长的昼夜周期性变化是植物在长期系统发育中形成的对环境的适应性。例如，番茄虽然是喜温作物，但系统发育是在变温下进行的。在白天温度较高(23~26 ℃)，而夜间温度较低(8~15 ℃)时生长最好，果实产量也最高。若将番茄放在白天与夜间都是26.5 ℃的人工气候箱中或改变昼夜的时间节奏(例如，连续光照或光暗各6 h交替)，植株生长得不好，产量也低。如果夜温高于日温，则生长受抑更为明显。水稻在昼夜温差大的地方栽种，不仅植株健壮，而且籽粒充实，米质也好，这是因为白天气温高，光照强，有利于光合作用以及光合产物的转化与运输；夜间气温低，呼吸消耗下降，则有利于糖分的积累。

9.4.1.3 植物生长的季节周期性

植物的生长在一年四季中也会发生规律性的变化，称为植物生长的季节周期性(seasonal periodicity of growth)。这是因为一年四季中，光照、温度、水分等影响植物生长的环境因素是不同的。春季日照不断延长，温度不断回升，植株上的休眠芽开始萌发生长；夏季日照进一步延长，温度不断提高，雨水增多，植物旺盛生长。秋季日照逐步缩短，气温下降，生长逐渐停止，植物逐渐进入休眠。

树木的长高和加粗均具有季节周期性的变化规律，并基本上呈"S"形的季节性生长曲线。树木的直径生长是构成木材的主要生长过程，而年轮的形成体现了树木形成层周期性生长的结果。在每年生长季节的早期，由于气温温和，雨量充沛，形成层活动旺盛，所形成的木质部细胞较大，且壁较薄，材质疏松，颜色较浅，称"早材"。到了秋季，形成层细胞分裂减弱以致停止，所形成的木质部细胞小而壁厚，材质紧密，颜色较深，称"晚材"。早材和晚材构成一个年轮。在具有显著季节性变化的温带和寒带地区，树木的年轮较为明显，生长在热带和亚热带地区的木本植物，由于一年内无明显的四季之分，形成层活动整年不停，年轮的界限就不明显。

因此，年轮的形成与环境条件具有明显的相关性。例如，在半干旱地区，树木的生长受降水量的限制，在降雨充沛的年份，树木年轮就较宽；反之，就形成较窄的年轮。在高纬度和高海拔地区，温度一般是树木生长的主要限制因子。通过年轮分析，可以推测历史上的气候变化情况，获得历史气象信息。

植物生长的周期性除受环境条件的影响外，还受植物内部生长节律的影响，例如，生长在稳定条件下的人工气候室中的树木也表现出间歇性生长的规律。

9.4.2　影响营养器官生长的条件

植物的生长除受到内部因素的影响外，还受到外界环境条件的影响和调节，影响植物生长发育的环境因素可概括为 2 类：理化因子和生物因子。其中以光、温、水、肥等理化因子为主要影响因子。

(1)温度

温度能影响光合、呼吸、矿质与水分的吸收、物质合成与运输等代谢功能，从而影响细胞的分裂、伸长、分化以及植物的生长。研究表明，影响树木生长及木材形成的诸多气候因子中，温度最重要，尤其是在干旱、半干旱地区或高纬度地区。温度不仅影响树木的生长和木材产量，还明显影响木材材质。

植物的生长要在一定的温度范围内才能进行。每种植物的生长都有温度三基点，即生长的最低温度、最适温度和最高温度。最适温度一般是指生长最快时的温度，而不是生长最健壮的温度，因为生长最快时，物质较多用于生长，消耗太快，其他代谢(如细胞壁的纤维素沉积、细胞内含物的积累等)就不能与细胞伸长相协调地进行，没有在较低温度下生长壮实。在生产实践中，培育健壮的植株，常常要求在比生长最适温度略低的温度即所谓的“协调最适温度”下进行。

温度三基点因植物原产地不同而有很大差异。北极或高山上的植物，可在 0 ℃或 0 ℃以下生长，最适温度很少超过 10 ℃。大部分原产温带的植物，在 5 ℃或 10 ℃以下不会有明显的生长，其最适温度通常在 25～35 ℃，最高生长温度在 35～40 ℃；大多数热带和亚热带植物生长温度范围更高些，最适温度 30～40 ℃，最高温度 45 ℃；有些沙漠地区的灌木，60 ℃仍能生存。同一植物的不同器官对温度的要求也不同，一般来说，根生长的温度都比地上部分低，其土壤最适温度通常在 20～30 ℃，温度过高或过低吸水减少，生长缓慢甚至停滞。即使地上部分保持适宜的温度，但根系温度不适宜，也影响地上部分生长。可见，土壤温度对根系和地上部分生长都是十分重要的。

由于人工气候室(climatron)的建立，人们能够在控制条件下，研究昼夜温差对植物生长的影响。研究表明，在存在适度昼夜温差的条件下，植物生长更快。例如，紫果云杉日温为 23 ℃时，以夜温 10 ℃时生长最快。在自然条件下，日温较高而夜温较低有利于植物的生长，因为白天温度高，光照强，光合作用合成的有机物多；晚间温度降低，呼吸作用减弱，物质消耗减少，积累增加。较低的夜温还有利于根系的生长以及细胞分裂素的合成，从而有利于植物的生长。

在影响植物昼夜生长的温度、水分和光照等诸因素中，以温度的影响最明显。了解植物生长的温周期现象，在温室及大棚栽培中调节昼夜温度变化，对提高作物产量具有重要意义，例如，通过夜间适度降温，不仅可提高果实产量，还能改善果实品质。

小麦叶片面积在一定范围内随温度的增加而增大。水稻叶片生长以气温 32 ℃、土温 30～32 ℃最适宜。适宜温度加快作物出叶速度，缩短生长期，因此，人们常常用积温来预测作物成熟期。

(2)光

光是植物生长的必需条件之一。一方面，光通过光合作用制造有机物为植物生长发育提供物质和能量，间接影响植物的生长；另一方面，光还可以作为一种重要的环境信号调节植物基因的表达、直接影响植物的形态建成(详见第8章内容)。光强、光质和光周期(详见第10章内容)皆能影响植物的生长发育。

光照强度直接影响植物的形态和组织的分化。在足够的光照下，植物生长得粗壮结实，结构紧密，形成的叶片较厚。光线不足时(例如，植株群体过密，株间郁闭缺光)，叶片较薄，机械组织分化较差，茎秆脆弱、纤细，易倒伏，易受病虫害侵袭。强光中生长的树木较矮，但干重大，根冠比高，叶片厚，栅栏组织层数多。在蔬菜生产中，可利用黄化植株组织分化差、薄壁细胞多、机械组织不发达的特点，用遮光或培土的方法来生产柔嫩的韭黄、蒜黄、豆芽菜、葱白等。

在林业生产中，应根据不同树种、生长期对光强的需要，确定合理的造林密度和抚育强度，注意不同树种及植物间的搭配。例如，红松幼苗在弱庇荫(全光照的35%~50%)时生长较好，但几年以后，林分郁闭度增加，冠下光照减弱，便产生不良影响，导致生长衰弱，一旦森林采伐就能很快生长起来。香榧、玉桂早期要庇荫，光照充足生长反而不好，但进入结果期后要求光照充足。在混交林栽培中，喜光树种和耐阴树种应合理搭配，喜光树种作为上木，耐阴树种作为下木。

不同波长的光对植物生长的影响也不相同，红光对促进叶片伸展、抑制茎的过度伸长、促使黄化苗恢复正常最有效；蓝紫光明显抑制生长；紫外光抑制伸长作用最明显。海拔较高地区，大气稀薄，紫外光强，因此，高山上生长的树木相对矮小。光对茎伸长的抑制作用与光对生长素的破坏有关。光可使自由型的生长素转变为无活性的生长素，并促进IAA氧化酶的活性，降低植物体内自由态IAA水平。在生产中，采用浅蓝色塑料薄膜育出的苗木矮壮，是因为浅蓝色薄膜可大量透过蓝紫光，抑制茎的伸长生长，提高根冠比；而温室植物生长得细长，原因之一是由于玻璃吸收了部分光波，尤其是短波光。

植物在受到紫外光照射后，会增加抗紫外光色素(如黄酮、黄酮醇、肉桂酰酯及肉桂酰花青苷等)的合成，这些抗紫外光色素分布于叶的上表皮，能吸收紫外光而使植株免受伤害，这也是植物的一种保护反应。

(3)水分

植物的生长对水分供应非常敏感。原生质的代谢活动，细胞的分裂、生长与分化等都必须在细胞水分接近饱和的情况下才能顺利进行。细胞分裂和伸长均需要充足的水分，但细胞伸长对缺水更为敏感。细胞的扩展主要受膨压的控制，植物缺水后膨压下降，细胞生长受阻，因此，供水不足，植株的体积增长会提早停止。生产上，控制小麦、水稻茎部过度伸长的根本措施就是控制第二、三节间伸长期间的水分供应。研究表明，在控水条件下，许多树木在叶水势 $-0.4 \sim -0.2$ MPa时生长就迅速下降，而光合速率在 $-1.2 \sim -0.8$ MPa时才开始下降。水分胁迫对树木生长的影响是多方面的，可使树木茎的生长、根系生长、叶片数、叶面积、生物量和树冠结构等受到抑制。充足的水分加快叶片的生长速率，叶大而薄；相反，水分不足，叶小而厚。在植物生长水分敏感期，例如，禾谷类植物拔节和抽穗期供水不足，会严重影响产量。

土壤水分过多时，比如，淹水条件下，通气不良，根尖细胞分裂明显被抑制。此外，无氧条件还使土壤积累还原物质，如 NO_2^-、Mn^{2+}、Fe^{2+}、H_2S 等，对根生长产生危害。但根在通气不良条件下会形成通气组织或不定根以适应环境，通气组织的产生与乙烯诱发有关。在水分供应充足的条件下，植物生长快，茎叶柔软，机械组织和保护组织不发达，抗逆能力降低。因此，在生产上，苗期适度控制水分，是培育壮苗的主要手段之一。

(4)矿质营养

植物缺乏生长所必需的矿质元素时，会引起生理失调，影响生长发育，并出现特定的缺素症。此外，有益元素促进植物生长，有毒元素则抑制植物生长。

氮肥能使出叶提早，叶片增大和叶片寿命相对延长，所以氮肥也称为叶肥。但施用量过多，叶大而薄，易干枯，寿命反而缩短。氮肥同样能促进茎的生长，氮肥过多，植株易徒长倒伏。

(5)植物激素

生长调节物质对植物的生长有显著的调节作用(详见第7章内容)。例如，赤霉素能显著促进茎的伸长生长，因而在杂交水稻制种中，在抽穗前喷施GA_3能促进父母亲本穗颈节的伸长，便于亲本间传粉，提高制种产量。矮壮素等生长延缓剂抑制菊花近顶端分生组织的细胞分裂和茎的生长，外施GA_3可抵消它们的抑制效果。

9.4.3 植物生长分析指标

植物的生长是有规律的动态变化过程。为了准确地描述和分析植物的生长状态，比较不同植物、发育时期和环境条件下的生长差异，常通过量化的指标进行植物生长分析。常用的生长分析指标包括以下几项。

9.4.3.1 生长积量

生长积量是指生长积累的数量，即试验材料在测定时的实际数量，可用长度、面积、重量(干重、鲜重)等表示。

9.4.3.2 生长速率

生长速率是表示植物生长快慢的量，一般有2种表示方法。

(1)绝对生长速率

单位时间内植株或器官的绝对增加量，称为绝对生长速率(absolute growth rate，AGR)。如以t_1、t_2分别表示最初与最终2次测定的时间(可用s、min、h、d等表示)，以Q_1、Q_2分别表示最初与最终2次测得的数量，则

$$AGR = \frac{Q_2 - Q_1}{t_2 - t_1}$$

某一短时间内(瞬间)的生长速率可用$AGR = \mathrm{d}Q / \mathrm{d}t$表示。植物的绝对生长速率，因物种、生育期及环境条件等不同而有较大的差异，例如，雨后春笋的生长速率每天可达50～90 cm；而生长在北极地区的北美云杉生长速率仅为每年0.3 cm。

(2)相对生长速率

在比较不同材料的生长速率时，绝对生长常受到限制，因为材料本身的大小会显著地影响结果的可比性，为了充分显示幼小植株或器官的生长程度，常用相对生长速率表示(relative growth rate，RGR)，即单位时间内植物绝对增加量占原来生长量的相对比例。可用下式表示：

$$RGR = \frac{Q_2 - Q_1}{Q_1(t_2 - t_1)}$$

或

$$RGR = \frac{1}{Q} \cdot \frac{dQ}{dt}$$

式中，Q 为原有物质的数量；dQ/dt 为瞬间增量。例如，竹笋的高生长相对生长速率约为0.005 $mm \cdot cm^{-1} \cdot min^{-1}$。

在试验期间的平均相对生长速率(RGR)可用下式表示：

$$RGR(k) = \frac{\ln Q_2 - \ln Q_1}{t_2 - t_1}$$

式中，Q_1 为第一次取样时(t_1)的植物数量；Q_2 为第二次取样时(t_2)的植物数量；ln 为自然对数；*RGR* 或 *R* 的单位依 *Q* 的单位而定，*Q* 如果以干重表示，*RGR* 或 *R* 的单位为 $mg \cdot g^{-1} \cdot d^{-1}$。

9.4.3.3 净同化率

单位叶面积、单位时间内的干物质增量，称为净同化率(net assimilation rate，NAR)。以 *L* 表示叶面积，则

$$NAR = \frac{W_2 - W_1}{L \cdot t}$$

NAR 的常用单位为 $g \cdot m^{-2} \cdot d^{-1}$。

9.4.3.4 叶面积比

总叶面积除以植株干重，称为叶面积比(leaf area ratio，LAR)，即

$$LAR = \frac{L}{W}$$

从相对生长速率、叶面积比和净同化率三者之间的关系可以看出：

$$RGR = LAR \times NAR$$

RGR 可以作为植株生长能力的指标；*LAR* 代表了植物光合组织与呼吸组织之比，在植物生长早期比值最大，可以作为光合效率的指标，但不能代表实际的光合效率，因其数值随呼吸消耗量和植株年龄而变化。光照、温度、水分、二氧化碳、氧气和无机养分等影响光合作用、呼吸作用和器官生长的环境因素都能影响 *RGR*、*LAR* 和 *NAR*，因此，这些参数可以用来分析植物生长对环境条件的反应。决定 *RGR* 的主要因素是 *LAR* 而不是 *NAR*。生长分析参数值在不同植物间存在差异。以 *RGR* 为例，低等植物通常高于高等植物；在高等植物中，C_4 植物高于 C_3 植物；草本植物高于木本植物；在木本植物中，落叶树高于常绿树，阔叶树高于针叶树。NAR 也有类似倾向，但差异较小(表9-2)。

表9-2 几种植物的 *RGR* 和 *NAR*

类　型	物　种	$RGR(mg \cdot g^{-1} \cdot d^{-1})$	$NAR(g \cdot m^{-2} \cdot d^{-1})$
草　本	玉米(C_4)	330	22
	绿苋(C_4)	370	21
	大麦(C_3)	116	10
落叶木本	欧洲白蜡(C_3)	43	4
常绿木本	酸橙(C_3)	20	3
	云杉(C_3)	8	3

9.5 植物生长的相关性

高等植物是由各种器官组成的统一的有机体，因此，植物各部分间的生长有着极密切的关系。植物各部分间相互协调与制约的现象称作相关性(correlation)。这种相关性是通过植物体内的营养物质和信息物质在各部分之间的相互传递或竞争来实现的。

9.5.1 地下部(根)和地上部(冠)的相关性

9.5.1.1 地上部分与地下部分的关系

植物的地上部分和地下部分功能及所处的环境不同，在营养物质与信息物质的交流和供求关系上就存在着相互依赖和相互制约。根部的活动和生长有赖于地上部分所提供的光合产物、生长素、维生素等，其中叶片合成的化学信号以及细胞膨压等水分状况信号传送至根系，调节地下部分的生长和生理活动；同时，地上部分的生长和活动则需要根系提供水分、矿质、氮素以及根中合成的植物激素(细胞分裂素、赤霉素与脱落酸)、氨基酸等，其中的脱落酸被认为是一种逆境信号，在水分亏缺时，根系快速合成并通过木质部蒸腾流将其运输到地上部分，调节地上部分的生理活动。图9-10概括了土壤干旱时根冠间的物质与信息交流情况。所以，地上部分和地下部分存在相互依赖的关系。所谓“根深叶茂”“本固枝荣”就是这个道理。一般根系生长良好，其地上部分的枝叶也较茂盛；同样，地上部分生长良好，也会促进根系的生长。

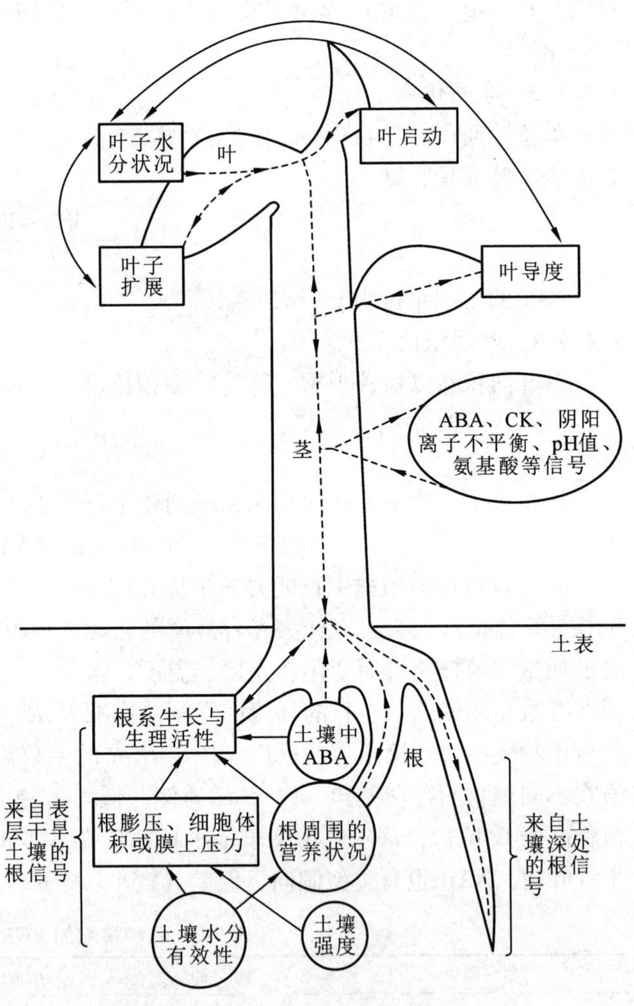

图9-10 土壤干旱时根中化学信号的产生以及根冠间的相关性(引自 Davies *et al.*, 1991)
虚线箭头表示化学信号传递；圆圈表示土壤作用；矩形表示植物生理过程

然而，当环境条件不利时(主要表现在对水分、营养的争夺上)，则地下部分(根)和地上部分(冠)的生长就会表现出相互制约的一面，并可从根/冠比(root/top ratio, R/T)的变化上反映出来。

9.5.1.2 根冠比及影响因素

(1)根冠比的概念

所谓根冠比是指植物地下部分与地上部分重量(干重或鲜重)的比值，可以反映地下部分与地上部分相对生长情况及环境条件对它们生长的影响。不同物种有不同的根冠比，同一物种在不同的生育期根冠比也有变化。环境条件、栽培措施、生长调节剂等都会影响植物的根冠比。例如，一般植物在开花结实后，同化物多用于繁殖器官，加上根系逐渐衰老，使根冠比降低；而甘薯、甜菜等作物在生育后期，因大量养分向根部运输，贮藏根迅速膨大，根冠比反而增高；多年生植物的根冠比还有明显的季节变化。

(2)影响根冠比的因素

土壤水分 根系是植物吸收水分的主要器官，而地上部分是消耗水分的主要部位，当土壤水分供应不足时，根系吸收有限的水分，首先满足自身的需要，因此对地上部位生长的影响比地下部分更大。另外，适度的干旱还会刺激根系纵深的生长，使根冠比增大。反之，若土壤水分过多，土壤通气条件差，对地下部分生长的影响更大，根冠比降低。所谓“旱长根、水长苗”就是这个道理。水稻栽培中的“落干烤田”以及旱田雨后的排水松土，由于能降低地下水位，增加土中含氧量而有利于根系生长，因而能提高根冠比，有利于提高抗寒能力。

矿质营养 矿质元素中，以氮素对根冠比的影响最大。氮素充足，蛋白质合成旺盛，有利于枝叶生长，减少光合产物向根系的运输，使根冠比减小；反之，氮素不足，有利于地下部分生长，根冠比增大。磷和钾在糖类的转化和运输中起重要作用，可促进光合产物向根部的运输，使根冠比增大。

光照 在一定范围内，光照强度提高使光合产物增多，对地上和地下部分生长都有利，但在强光下，植物蒸腾作用增强，往往产生水分亏缺和光抑制，加之强光对生长素的破坏，使地上部分受影响更大，根冠比增大。光照不足时，地上部分合成的光合产物首先满足自身需要，输送至根部减少，使根冠比降低。

温度 通常根系生长的最适温度比地上部分低，所以秋末早春气温较低时不利于冠部生长，而根系仍有不同程度的生长，使根冠比增大。当气温升高时，地上部分生长加快，根冠比下降。

修剪整枝 合理的修剪整枝有减缓根系生长而促进地上部分生长的作用，使根冠比降低。这是由于修剪或整枝去除了部分枝叶，减少了光合面积，使地上部分供给根系的光合产物减少，而地上部分从根系得到的水分和矿质相对增加。此外，修剪和整枝还促进了侧枝和侧芽的生长。

中耕与移栽 中耕引起部分断根，降低了根冠比，并暂时抑制了地上部分的生长。但由于断根后地上部分对根系的供应相对增加，土壤又疏松通气，这样为根系生长创造了良好的条件，促进了侧根与新根的生长，因此，其后效应是增加根冠比。苗木、蔬菜移栽时也有暂时伤根，以后又促进发根的类似情况。

生长调节剂 矮壮素、多效唑等生长延缓剂和生长抑制剂均能抑制植物顶端或亚顶端分生组织细胞的分裂和生长，增加植物的根冠比，而赤霉素等生长促进剂能降低植物的根冠比。

维持合理的根冠比是植物健壮生长的重要因素。在农业生产上，常通过肥水来调控根冠比，对甘薯、胡萝卜、甜菜、马铃薯等这类以收获地下部分为主的作物，在生长前期应注意氮肥和水分的供应，以增加光合面积，多制造光合产物，中后期则要施用磷、钾肥，并适当控制氮素和水分的供应，以促进光合产物向地下部分的运输和积累。

9.5.2　主茎(主根)和侧枝(侧根)生长的相关性

9.5.2.1　顶端优势

植物的顶芽(或主茎)生长占优势，并抑制侧芽(或侧枝)生长的现象，称为顶端优势(apical dominance 或 terminal dorminance)。顶端优势现象普遍存在于植物界，但是不同植物顶端优势的强弱有所不同。在树木中，特别是针叶树，如松、杉、柏类，顶芽生长很快，分枝生长受顶端优势的抑制，使侧枝从上到下的生长速度不同，距茎尖愈近，被抑制愈强，整个树形呈宝塔形。草本植物中如向日葵、麻类，以及禾谷类作物玉米、高粱等的顶端优势也明显。而灌木以及草本植物(如水稻、小麦等)的顶端优势则较弱。顶端优势现象也在根中存在，主根生长旺盛，侧根生长受抑，通常双子叶植物的直根系具有明显的顶端优势。

同一植物在不同生育期，其顶端优势也有变化。例如，稻、麦在分蘖期顶端优势弱，分蘖节上可多次长出分蘖。进入拔节期后，顶端优势增强，主茎上不再长分蘖；许多树木在幼龄阶段顶端优势明显，树冠呈圆锥形，成年后顶端优势变弱，树冠变为圆形或平顶。由此也可以看出，植物的分枝及其株型在很大程度上受到顶端优势强弱的影响。

9.5.2.2　产生顶端优势的原因

对顶端优势产生的原因有多种解释，一般认为与营养物质的供应和内源激素的调控有关。K. Goebel 于 1900 年提出了营养假说，该学说认为顶芽构成了“营养库”，垄断了大部分营养物质。顶端分生组织先于侧芽分生组织形成，具有竞争优势，优先利用营养物质，造成侧芽营养的缺乏。从解剖结构来看，侧芽与主茎之间无维管束连接，不易得到充足的营养供应，而顶芽是生长中心，且输导组织发达，因而竞争营养的能力强。

1934 年，K. V. Thimann 和 F. Skoog 提出的“生长素”假说，认为顶端优势是由于生长素对侧芽的抑制作用产生的。植物顶芽产生的生长素向下极性运输到侧芽，而侧芽对生长素的敏感性强于顶芽，从而使侧芽生长受到抑制。距顶芽越近的侧芽，生长素浓度越高，其受到的抑制作用也就越强。除去顶芽可使侧芽从顶端优势中解放出来；但在去除顶芽的切口处如果涂上含有生长素的羊毛脂，则侧芽的生长又会被抑制，与顶芽存在时的情况相同(图 9-11)。

F. Went 结合以上 2 种假说，提出了“营养转移假说”，认为生长素既能调节生长，又能控制代谢物的定向运转，顶芽产生高浓度的生长素不仅形成很强的代谢库，促进营养物质调运到顶芽，同时，通过极性运输又抑制了侧芽的生长。

优势现象不仅存在于植物的营养器官，也存在于花、果实和种子等繁殖器官。为了解释众多的优势现象，F. Bangenth(1989)提出了原发优势(primigenic dominance)假说。认为器官发育的先后顺序可以决定各器官间的优势顺序，即先发育的器官的生长可以抑制后发育器官的生长。顶端合成并且向外运出的生长素可以抑制侧芽中生长素的运出，从而抑制其生长。由于这一假说中所提到的优势是通过不同器官所产生的生长素之间的相互作用来实现的，所以也称为生长素的自动控制(autoinhibition)假说。这一假说也可以解释植物生殖生长中众多的相对优势现象。例如，苹果树的落果大多是侧位果；将菜豆植株的老豆荚中的种子去除，

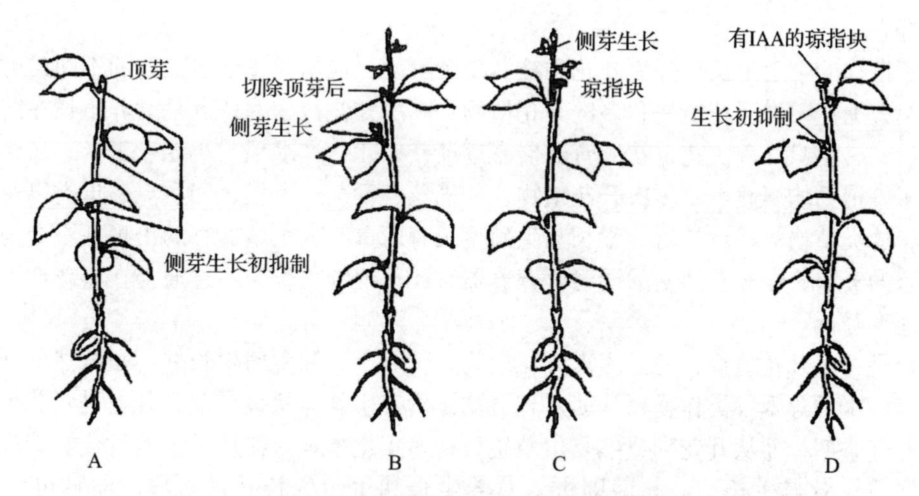

图 9-11　顶端优势(引自王忠 等，2008)

A. 具有顶芽的植株，侧芽生长被抑制　B. 去掉顶芽后侧芽开始生长　C. 在茎尖切口处涂以不含IAA 的羊毛脂，侧芽能生长　D. 在茎尖切口处涂以含 IAA 的羊毛脂，则侧芽不能生长

会刺激幼嫩豆荚及其中种子的生长。此外，用豌豆、番茄等植物作为实验材料，也证明了先期发育的器官可以通过其向外运输的生长素抑制后发育的器官中生长素的向外运输，从而抑制它的生长。

植物顶端优势的研究已有 100 多年的时间，其间提出了多种假说，众说不一，但有一点是共同的，即都认为顶端是信号源。顶端产生的生长素极性向下运输，直接或间接地调节其他激素、营养物质的合成、运输与分配，从而调节植物的顶端优势。其他植物激素也与顶端优势有关。细胞分裂素可促进侧芽的生长，抑制或解除顶端优势；生长素与细胞分裂素浓度的比值往往决定了顶端优势的强弱；赤霉素有增强植物顶端优势的作用，但在顶芽被去除的情况下，赤霉素不能代替生长素来抑制侧芽的生长，相反会引起侧芽的强烈生长。

9.5.2.3　顶端优势的应用

生产上可以根据不同的需要，利用顶端优势控制植物的生长，以达到增产目的。例如，麻类、向日葵、烟草、玉米、高粱等作物以及用材树木松、杉等需要控制其侧枝生长，而使主茎强壮、挺直，因而要保持顶端优势。有时需要打破顶端优势，促进侧芽生长。例如，棉花打顶和整枝、瓜类摘蔓等可调节营养生长，合理分配养分；对一些经济林树种(如茶树、桑树、香椿等)需要抑制顶端优势，以便得到较多的枝叶而增加产量；果树及园林植物栽培中进行去顶、修剪整形，抑制顶端优势，促进侧枝生长，形成合理的冠形结构，调节生长和开花结果；苗木培育时，常采取断根移栽的方法，切断主根，促进侧根及根蘖苗的萌发生长。采用抗生长素类生长抑制剂(如三碘苯甲酸)处理，可消除顶端优势，促进侧枝生长，提高分枝数。

9.5.3　营养生长和生殖生长的相关性

9.5.3.1　营养生长与生殖生长

营养生长和生殖生长是植物生长周期中的 2 个不同阶段，通常以花芽分化作为生殖生长开始的标志。

种子植物的生殖生长可分为开花和结实 2 个阶段。根据开花结实次数的不同，可以把植物分为两大类：一次开花植物和多次开花植物。一次开花植物的特点是营养生长在前，生殖生长在后，一生只开一次花，花后营养器官逐渐衰老死亡。水稻、小麦、玉米、高粱、向日葵、竹子等植物均属此类。多次开花植物，如棉花、番茄、大豆、四季豆、瓜类以及多年生果树等，这类植物的特点是营养生长与生殖生长有所重叠，生殖器官的出现并不会马上引起营养器官的衰竭，在开花结实的同时，营养器官还可继续生长。不过通常在盛花期以后，营养生长速率降低。

无论是一次开花植物，还是多次开花植物，营养生长和生殖生长并不是截然分开的。例如，小麦、水稻等禾谷类作物，从萌发到分蘖是营养生长，从拔节前到开花是营养生长与生殖生长并进时期，而从开花到成熟是生殖生长；多年生木本果树从种子萌发或嫁接成活到花芽分化之前为营养生长期，此后即进入营养生长和生殖生长并进阶段，而且可以持续很多年。

9.5.3.2 营养生长与生殖生长的关系

营养生长与生殖生长之间的关系表现为既相互依赖，又相互对立的关系。

良好的营养生长是植物生殖生长的基础，生殖生长所需要的养分，大部分由营养器官所提供。没有健壮的营养器官，生殖器官就不可能获得足够的养分。同样，生殖器官的存在，成为生命活动旺盛的代谢库，对营养器官和代谢有促进作用，有利于光合产物输出，缓解光合产物积累对光合作用的反馈抑制。此外，生殖器官产生的赤霉素等激素对营养器官有促进和调节作用。

营养器官的生长过于旺盛，消耗营养物质过多，会抑制生殖器官的生长。在自然界，常常可以看到许多枝叶长得极其茂盛的果树，往往不能正常开花结实，即使开花结实也会因营养的不足而出现落花落果现象。

生殖器官生长对营养器官生长的影响也十分明显，通常从花芽分化开始，生殖器官就消耗营养器官的营养物质。生殖生长时，根部及枝叶得到的糖分减少，例如，生殖器官过于旺盛，会制约营养器官的生长。植株大量开花结果，很多的养分为花果消耗，枝叶等营养器官的生长会趋于停滞、衰退，甚至死亡。例如，黄桦和白桦树在大量形成种子的年份，其叶子细小或易脱落，枝条生长下降。如果摘去正在发育中的果实，则枝叶等营养器官就能继续健壮生长。

一年生、二年生作物及多年生一次结实的植物(如竹子)，进入生殖生长便意味着植株即将死亡。多年生多次结实植物，开花虽不能引起植物体衰老死亡，但如果一年结果过多，将会消耗大量的营养贮备，造成植株体内养分积累不足，不但影响当年生长，还会影响第二年花芽的分化，使花果减少；反之，结果情况正好相反，即形成所谓“大小年”现象。

9.5.3.3 营养生长与生殖生长相关性在生产上的应用

在协调营养生长和生殖生长的关系方面，生产上积累了很多经验。例如，合理的肥水管理，既可防止营养器官的早衰；又不至于使营养器官生长过旺；在果树生产中，适当疏花、疏果以使营养收支平衡，并有积累，以便年年丰产，消除“大小年”现象；对于以营养器官为收获物的植物，如茶树、桑树、麻类及叶菜类，则可通过供应充足的水分，增施氮肥，摘除花芽等措施来促进营养器官的生长，从而抑制生殖器官的生长；如果以收获生殖器官为主，则在生育前期应促进营养器官的生长，为生殖器官的生长打下良好的基础，后期则应注意增施磷、钾肥，以促进生殖器官生长。

9.6 植物的运动

植物虽然不能像动物那样自由地移动整体的位置，但是它的某些器官在内外因素的作用下能发生空间位置的有限移动，此即为植物运动(plant movement)。高等植物的运动可分为向性运动(tropic movement)、感性运动(nastic movement)和具有周期性或节奏性的生物运动(生理钟，physiological clock)。向性运动由光、重力等外界刺激产生，运动方向取决于外界的刺激方向。感性运动由外界刺激(如光暗转变、触摸等)或内部时间机制而引起，外界刺激方向不能决定运动方向。生物钟受季节和昼夜周期的影响。

9.6.1 向性运动

向性运动包括3个步骤：①感受刺激(perception)，感受器官感受外界刺激；②信号转导(signal transduction)，感受部位的细胞将刺激转换为细胞内的物理化学信号；③运动反应(motor response)，生长部位发生不均匀生长。植物对刺激的感受器官和生长部位往往是分开的。所有的向性运动都是生长性运动，都是由于生长器官不均等生长所引起的。因此，当器官停止生长或者除去生长部位时，向性运动随即消失。

依据外界因素的不同，向性运动可分为向光性、向重力性、向化性、向水性等。

9.6.1.1 向光性

植物生长器官受单方向光照射而引起生长弯曲的现象称为向光性，蓝光是诱导向光弯曲最有效的光谱。植物各器官的向光性有正向光性(positive phototropism，器官生长方向朝向射来的光)、负向光性(negative phototropism，器官生长方向与射来的光相反)及横向光性(diaphototropism，器官生长方向与射来的光垂直)之分。

植物感受光的部位是茎尖、芽鞘尖端、根尖、某些叶片或生长中的茎。一般来说，地上部器官具有正向光性，根部为负向光性。

关于植物向光性运动的机理，20世纪20年代提出的Cholodny-Went模型认为，生长素在向光和背光两侧分布不均匀，导致向光性生长。以玉米胚芽鞘为实验材料得知，其胚芽鞘尖端1~2 mm处是产生IAA的地方，而尖端5 mm处是对光敏感和侧向运输的地方。在单侧光下，IAA较多分布于背光一面，胚芽鞘就向光弯曲(图9-12)。

为什么IAA横向背光一侧运输？近年来研究得知，高等植物对蓝光信号转导的光受体是向光素1(phot1)和向光素2(phot2)，它们是黄素蛋白，表现出丝氨酸/苏氨酸激酶活性。phot1既能调节低照度光下植物的向光性反应，又能调节高照度光下的向光性反应，phto1除了在胚轴向光性反应中起作用外，还能调节根系的负向光性反应；而phto2仅调节高照度光下植物的向光性反应。照射蓝光时，激酶部分发生自身磷酸化而激活受体，其作用光谱与向光性反应的作用光谱一致。在单侧蓝光照射下，向光素磷酸化呈侧向梯度，于是诱发胚芽鞘尖端的IAA向背光一侧运输，当IAA一旦运输到顶端背光一侧时，就运到伸长区，刺激细胞伸长，导致背光一侧生长快于向光一侧。

质外体的酸化似乎在向光性生长中起作用。胚芽鞘背光侧的质外体的 pH 值比向光侧低，一方面通过增加 IAA 进入细胞的速度及受外流机制驱动的渗透势而促进 IAA 的运输；另一方面通过酸生长反应促进了向光弯曲。

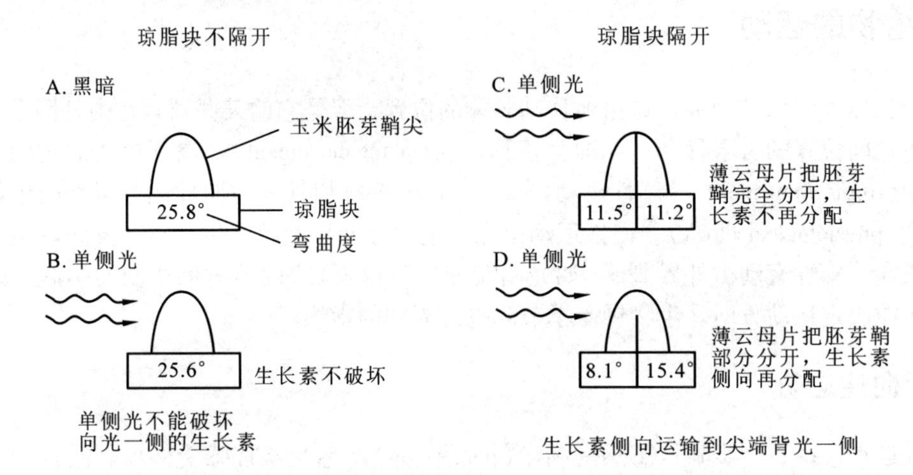

图 9-12 玉米胚芽鞘中，生长素侧向再分布受单侧光促进的证据（引自 Murphy，2002）

在胚芽鞘弯曲生物测定中，测得的琼脂块弯曲角度表示琼脂块中生长素的含量。A. 在黑暗中扩散到琼脂块的 IAA 含量 B. 在单侧光下，扩散到琼脂块的生长素含量 C. 在用云母片障碍物分割开的胚芽鞘顶端中，光没能诱导 IAA 向背光侧转移 D. 在未破坏的顶端中，光诱导 IAA 向背光侧转移

向光性反应中生长素分布的变化可以通过生长素响应的报告基因 DR5∶GUS 观察到。另外，利用生长素信号转导突变体（如拟南芥 *np*4 突变体）进一步证明，向光反应需要生长素信号，生长素是参与向光性反应的主要调控因子。

20 世纪 80 年代以来，许多学者提出向光性的产生是由于抑制物质分布不均匀的看法。他们用物理、化学的方法，测得单侧光照后，黄化燕麦芽鞘、向日葵下胚轴和萝卜下胚轴都会向光弯曲，但两侧的 IAA 含量没有什么差异（表 9-3）。相反，却发现向光一侧的抑制物质含量多于背光一侧。萝卜下胚轴的生长抑制物质是萝卜宁（raphanusanin）和萝卜酰胺（raphanusamide），向日葵下胚轴的抑制物质是黄质醛等。还发现这些抑制剂的浓度不仅在向光侧增加，而且与光强呈正相关。由此表明，向光性产生的原因是由于向光侧的生长抑制物质多于背光侧，向光侧生长受到抑制的缘故。

表 9-3 向日葵、萝卜和燕麦向光性器官中的 IAA 分布

器 官	IAA 分布（%）			测定方法
	向光一侧	背光一侧	黑暗（对照）	
绿色向日葵下胚轴	51	49	48	分光荧光法
绿色萝卜下胚轴	51	49	45	电子俘获检测法
黄化燕麦胚芽鞘	49.5	50.5	50	电子俘获检测法

向光性在植物生长中具有重要的意义。由于叶子具有向光性的特点，叶子能尽量处于最适宜利用光能的位置。例如，用锡箔把在光下生长的苍耳叶片一半遮住后，叶柄相应的一侧

延长，向光源方向弯曲，这样叶片就会从阴处移到光亮处，叶片不易重叠。这种同一植株的许多叶片做镶嵌排列的现象，称作叶镶嵌(leaf mosaic)。推测可能由于叶片遮蔽部分运输较多的生长素到该侧的叶柄，因此，该侧叶柄生长较快，使叶柄向有光一侧弯曲。另外，棉花、花生、向日葵等植物顶端在一天中随阳光而转动，呈所谓“太阳追踪”(solar tracking)，叶片与光垂直，即横向光性(diaphototropism)，这种现象是由于溶质(包括 K^+)控制叶枕的运动细胞引起的。

9.6.1.2　向重力性

植物感受重力的刺激，在重力方向上发生生长反应的现象，称为向重力性(gravitropism)。种子或幼苗在地球上受到地心引力影响，不管所处的位置如何，始终表现为：形态学的上端出芽向上生长，形态学的下端生根向下生长。这种顺着重力作用方向的生长称为正向重力性(positive gravitropism)；逆着重力作用方向的生长称为负向重力性(negative gravitropism)；侧枝、叶柄、地下茎、次生根等以垂直于重力的方向水平生长称为横向重力性(diagravitropism)。

重力的感受部位在离根尖 1.5~2.0 mm 的根冠、离茎端约 10 mm 的幼嫩组织，以及其他尚未失去生长机能的节间、胚轴、花轴等。感受重力的受体是含淀粉体或叶绿体的细胞。植物对重力的反应，受重力加速度、重力方向和持续时间的影响。在地球上，重力加速度和重力方向是恒定的，因而向重力性反应主要受持续时间影响。

(1)根的正向重力性

Cholodny-Went 的生长素学说认为，植物的向重力性生长是由于重力诱导对重力敏感的器官内生长素不对称分布而引起的器官两侧的差异生长。按照这个假说，生长素是植物的重力效应物，在平放的根内，由于向地一侧浓度过高而抑制根的下侧生长，以致根向地弯曲(图 9-13)。虽然早期的研究认为，根冠产生的根生长抑制剂 ABA 参与根的向重力性反应，当根水平放置时，根冠合成的 ABA 向下侧积累，从而抑制根下侧的生长。但后来的研究证明，ABA 在根的向重力性反应中不是主要的调控物质，用 ABA 合成的抑制剂抑制根中 ABA 的合成后，根仍然有向重力性反应；不能合成 ABA 的玉米突变体幼苗仍具有向重力性反应。实验表明，拟南芥生长素信号转导和生长素运输突变体对生长素的敏感性和向重力性反应降低；用生长素极性运输抑制剂处理野生型植物，也使根失去向重力性，说明 IAA 是根向重力性反应的主要调控物质。

根中感受重力最敏感的部位是根冠，去除根冠，横放的根就失去向重力性反应。根冠的柱细胞中感受重力的细胞器是淀粉体(amyloplast)，被称为“平衡石”(statolith)。

实验表明，Ca^{2+} 对 IAA 运输及分布起重要作用。玉米根冠部预先用 Ca^{2+} 螯合剂 EGTA 处理后，重力影响 IAA 极性运输的现象也会随之消失，但若在根横放前先用 Ca^{2+} 处理根冠，IAA 极性运输则恢复。当把含有 Ca^{2+} 的琼脂块置于垂直方向放置的玉米根冠一侧时，根会被诱导转向放琼脂块的一侧而弯曲生长。进一步研究表明，玉米根内有钙调素，根冠中的钙调素浓度是伸长区的 4 倍。外施钙调素的抑制剂于根冠，则根丧失向重力性反应，通道阻断剂和 ATP 酶抑制剂也使根的向重力性反应消失。说明 Ca^{2+} 和钙调素在向重力反应中起第二信使的作用。

综合相关研究，根对重力感受及信号转导机制如下：① 重力刺激使柱细胞的淀粉体和

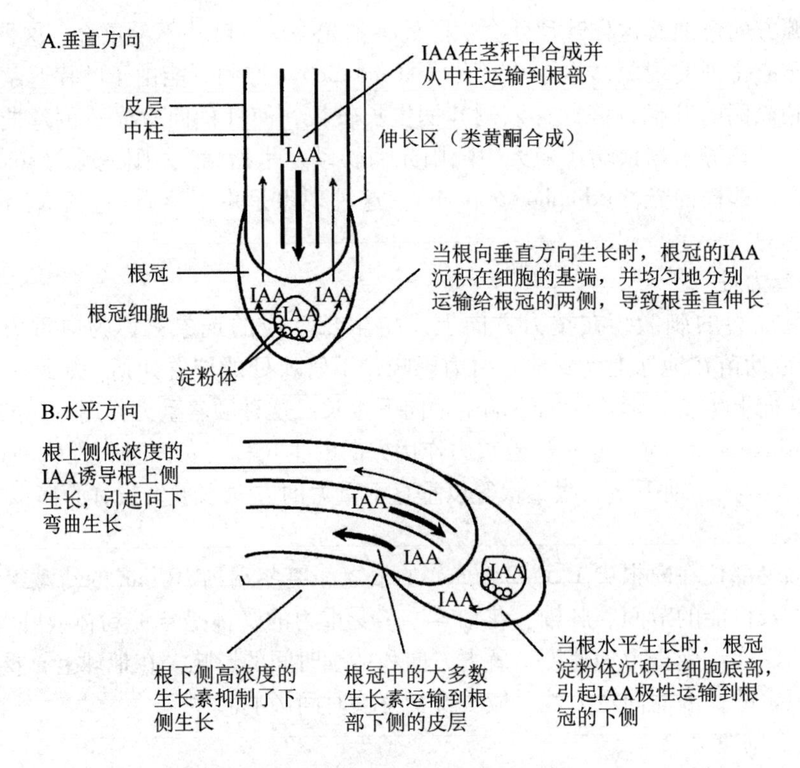

图 9-13 根在向重性反应中生长素的重新分布(引自 Hasenstein and Evans，1988)

A. 根尖方向与重力方向平行 B. 根尖方向与重力方向垂直

细胞器随重力发生沉降；②淀粉体的沉降触及内质网，打开细胞膜上的 Ca^{2+} 通道和钙泵，Ca^{2+} 扩散到细胞质中；③胞质中的 Ca^{2+} 浓度局部增加，活化胞质中的钙调素(CaM)，活化的 CaM 与 Ca^{2+} 结合；④Ca^{2+} · CaM 复合体激活质膜 ATPase；⑤活化的 ATPase 激活细胞下侧的钙泵和生长素泵，把 Ca^{2+} 和 IAA 从不同通道运出柱细胞，并向根尖运输，细胞下侧积累过多钙和生长素，影响该侧细胞的生长(图 9-14)。

在拟南芥无淀粉体的突变体中，尽管植株对重力的敏感性降低，但若延长重力刺激时间，根依然能发生一定程度的弯曲。因此，有人认为除淀粉体外，植物的原生质体本身也可以感受重力刺激。当植物的原生质体在重力场中的取向发生改变时，原生质体上部的细胞膜与细胞壁之间的张力增强。这种张力的改变通过特异的区域，即细胞膜与细胞壁通过细胞骨架相连接的区域，传递到细胞膜上改变细胞膜的张力，从而活化质膜上的离子通道，特别是钙离子通道，胞质中钙离子浓度的改变引发下游的信号传导，最终引起植物器官的向重力性弯曲。

(2)茎的负向重力性

茎的负向重力性反应机理可能与根的正向重力性机理大体相似。通常认为，地上部分弯曲部位就是重力感受部位。谷类作物的重力感受中心可能是节间基部皮层组织中含淀粉体的薄壁细胞，以及叶鞘基部含叶绿体的细胞。感受重力的受体是淀粉体或叶绿体。淀粉体或叶绿体在细胞内的位置，会因茎的倒伏而很快发生变化。淀粉体或叶绿体的重新分布刺激液泡

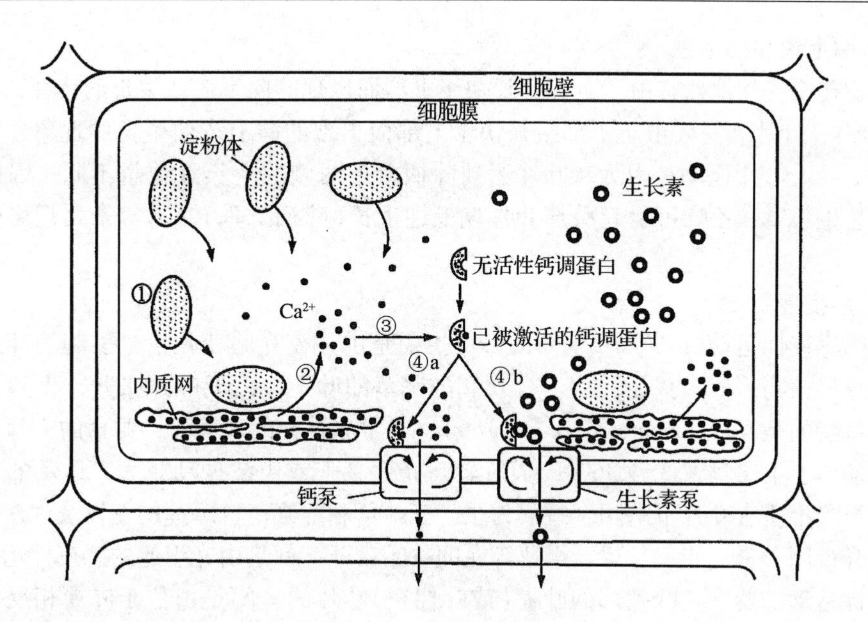

图 9-14 根向重力性反应在柱细胞中的信息感受与传导(引自 Evans，1986)

或内质网，促进 Ca^{2+} 的释放。胞液内 Ca^{2+} 浓度的增加促进一系列的反应，并引起生长类激素的不均等分布。与茎的负向重力性有关的激素可能有 IAA 及 GA。这 2 种激素均能促进细胞伸长生长。茎横放时，下侧有效浓度高，促进茎细胞伸长，从而使茎向上弯曲。

植物的向重力性具有重要的生物学意义。根的正向重力性有利于根向土壤中生长，以固定植株并摄取水分和矿物质。茎的负向重力性则有利于叶片伸展，并从空间获得充足的空气与阳光。种子播种到土壤中，不管胚的方向如何，总是根向下生长，茎向上生长，方位合理，有利于植物的生长发育。

9.6.1.3 向化性

根的向化性(chemotropism)是由某些化学物质在植物周围分布不平均引起的定向生长。植物根部生长的方向就有向化现象，它们是朝向肥料较多的土壤生长的。深层施肥的目的之一，就是为了使作物根向土壤深层生长，以吸收更多的肥料。高等植物花粉管的生长也表现出向化性。花粉落到柱头上后，受到胚珠细胞分泌物(如退化助细胞释放的 Ca^{2+})的诱导，就能顺利地进入胚囊。

根的向水性(hydrotropism)也是一种向化性。当土壤干燥而水分分布不均时，根总是趋向潮湿的地方生长，干旱土壤中根系能向土壤深处伸展，其原因是土壤深处的含水量较表土高。香蕉、竹子等以肥引芽，也是利用了根和地下茎在水肥充足的地方生长较为旺盛的生长特点。

9.6.2 感性运动

感性运动的方向与外界刺激方向无关。感性运动有 2 类：①生长性运动(growth movement)，不可逆的细胞伸长，如偏上性运动等；②膨压运动(或称紧张性运动)(turgor movement)，由叶枕膨压变化产生，是可逆性变化，如叶片感夜运动等。感性运动多数属膨压运动，是由细胞膨压变化所导致的。

9.6.2.1　偏上性和偏下性

叶片、花瓣或其他器官由于上部生长快于下部而出现的向下弯曲生长的特性，称为偏上性(epinasty)；叶片和花瓣由于下部生长快于上部而出现的向上弯曲生长的现象，称为偏下性(hyponasty)。叶片运动是因为从叶片运到叶柄上下两侧的生长素数量不同，因此引起生长不均匀。生长素和乙烯可引起番茄叶片偏上性生长(叶柄下垂)。赤霉素处理可引起偏下性生长。

9.6.2.2　感夜性

植物的感夜性运动(nyctinasty movement)主要是由昼夜光暗变化信号引起的叶片开合运动。一些豆科植物，如大豆、花生、合欢和酢浆草的叶子，白天叶片张开，夜间合拢或下垂；特别奇特的是舞草(*Codariocalyx motorius*)，在常温强光的环境下，舞草的 2 片侧小叶会不停地摆动，上下飞舞，或做 360°的大旋转。光照越强或声波振动越大，运动的速度就会越快，直至晚上所有叶片下垂闭合睡眠为止。三叶草和酢浆草、睡莲的花以及许多菊科植物的花序昼开夜闭；月亮花、甘薯、烟草等花的昼闭夜开，都是由光引起的感夜性运动。

感夜性运动的器官是叶基部的叶褥(或叶枕)。叶片的开闭是由位于叶褥相反侧称为腹侧运动细胞(ventral motor cell)和背侧运动细胞(dorsal motor cell)膨压的变化所致(图 9-15)。而膨压的变化依赖于细胞渗透势变化导致的细胞水分的变化。目前提出的可能机制为：在光调控小叶张开过程中，腹侧运动细胞受光的刺激而使质膜质子泵活化，泵出质子，建立跨膜质子梯度，促进 K^+ 与 Cl^- 的吸收，细胞渗透势下降，细胞吸水，运动细胞膨胀而张开，同时，背侧运动细胞质子泵处于去活化状态。在小叶关闭过程中，变化过程处于相反的变化模式。研究表明，光敏色素和蓝光受体参与小叶开闭的调控，在白天，红光和蓝光能使闭合的叶片张开，远红光可消除红光的作用。

此外，感夜运动可以作为判断一些植物生长健壮与否的指标。例如，花生叶片的感夜运动很灵敏，健壮的植株一到傍晚小叶就合拢，而当植株有病或条件不适宜时，叶片的感夜性就表现得很迟钝。

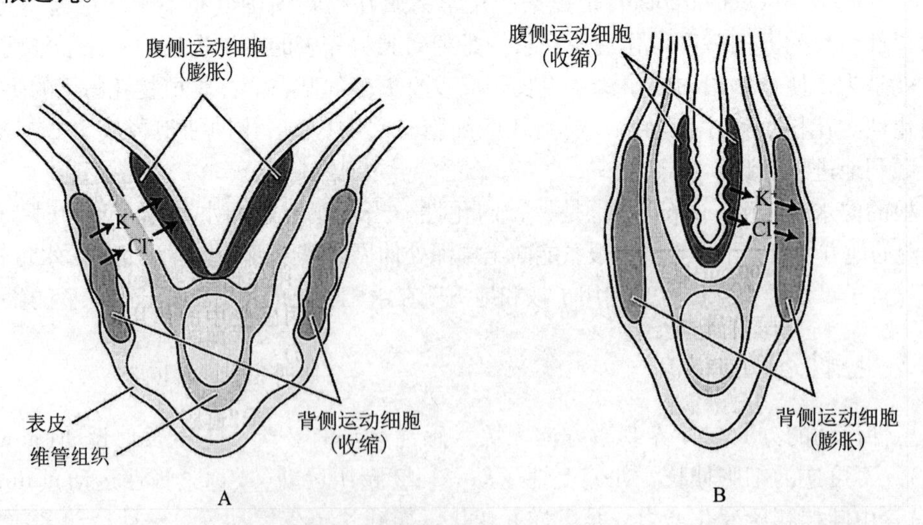

图 9-15　合欢叶枕运动细胞间的离子流调控小叶的张开和闭合(改自 Galston，1994)

A. 张开　B. 闭合

9.6.2.3 感热性

由温度变化引起的生长运动，称为感热性运动(thermonasty movement)。例如，郁金香和番红花的花，通常在白天温度升高时，适于花瓣的内侧生长，而外侧生长减少，花朵开放。夜晚温度降低时，花瓣外侧生长而使花瓣闭合，这样，随着每天内外侧的昼夜生长，花朵增大。如果将番红花和郁金香从较冷处移至温暖处，很快又会开花。花的这种感热性是不可逆的生长运动，是由花瓣上下组织生长速率不同所致。这类运动产生的原因可能是由于温度的变化引起生长素在器官不同面分布不均匀而引起生长不平衡所致。花的感热性对植物具有重要的意义，可使植物在适宜的温度下进行授粉，还可保护花的内部免受不良条件的影响。

9.6.2.4 感震性

感震性(sesmonasty movement)是由于机械刺激而引起的植物运动。含羞草(*Mimosa pudica*)在感受刺激的几秒钟内就能引起叶褥和小叶基部的膨压变化，使叶柄下垂，小叶闭合，其膨压变化情况及机制类似合欢的感夜运动。有趣的是含羞草的刺激部位往往是小叶，而发生动作的部位是叶褥，两者之间虽隔一段叶柄，但刺激信号可沿着维管束传递。它还对热、冷、电、化学等刺激做出反应，并以1~3 $cm \cdot s^{-1}$(强烈刺激时可达20 $cm \cdot s^{-1}$)的速度向其他部位传递。另外，食虫植物的触毛对机械触动产生的捕食运动也是一种反应速度更快的感震性运动。

含羞草叶子下垂的机制，在于复叶叶柄基部的叶褥中细胞膨压的变化。从解剖上来看，叶褥上部的细胞壁较厚而下部的较薄，下部组织的细胞间隙也比上部的大。在外界震动刺激下，叶褥下部运动细胞的透性增大，水分和溶质由液泡中排出，进入细胞间隙，因此，下部组织运动细胞的膨压下降，组织疲软；而上部组织仍保持紧张状态，复叶叶柄即下垂。小叶运动的机制与此相同(图9-16)。只是小叶叶褥的上半部和下半部组织中细胞的构造，正好与复叶叶柄基部叶褥的相反，所以当膨压改变，部分组织疲软时，小叶即成对地合拢起来。

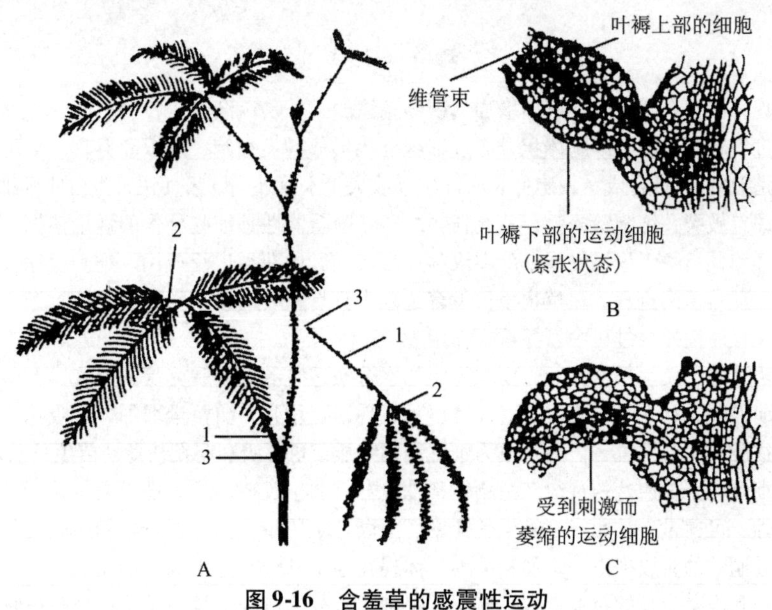

图9-16 含羞草的感震性运动

A. 一片叶子受到刺激后下垂 B. 总叶柄的叶褥结构(未受刺激) C. 受刺激后叶子下垂的叶褥细胞
1. 总叶柄；2. 小叶柄；3. 叶褥

关于感受刺激后转换成什么样的信号会引起动作部位的膨压变化，有 2 种看法：一种认为是由电信号的传递，诱发了感震性运动；另一种认为，信号为化学物质。现已清楚，含羞草的小叶和捕虫植物的触毛接受刺激后，其中感受刺激的细胞的膜透性和膜内外的离子浓度会发生瞬间改变，即引起膜电位的变化。感受细胞的膜电位的变化还会引起邻近细胞膜电位的变化，从而引起动作电位的传递。当其传至动作部位后，使动作部位细胞膜质子泵活性、膜透性和离子浓度改变，从而造成膨压变化，引起感震运动。有人测到含羞草的动作电位为 103 mV，传递速度在 1 ~ 20 $cm \cdot s^{-1}$之间。对于引起膨压变化的化学信号，已有人从含羞草、合欢等植物中提取出一类叫膨压素(turgorins)的物质，它是含有 β-糖苷的没食子酸，可随着蒸腾流传到叶褥，迅速改变叶褥细胞的膨压，导致小叶合拢。然而从感震性反应的速度来看，似乎动作电位更能作为刺激感受的传递信号。

9.6.3 生理钟

植物的一些生理活动具有周期性或节奏性。植物对昼夜的适应而产生生理上有周期性波动的内在节奏，称为近似昼夜节奏(circadian rhythm)的生理钟(physiological clock)，也称为生物钟。菜豆叶片的运动就是一种近似昼夜节奏。在白天，菜豆叶片呈水平方向排列，夜晚则呈下垂状态，这种周期性的运动在连续光照或连续黑暗以及恒温的条件下仍能持续进行，而且运动的周期约为 27 h 。此外，气孔的开闭、蒸腾速率的变化、膜的透性、细胞分裂等也具有近似昼夜节奏的特性。

生物节奏的引起必须有一个启动信号(菜豆叶子的运动中，这个信号就是暗期跟随着一个光期)，而且一旦节奏开始，就会以大约 24 h 的节奏运行，并且具有自调重拨功能。

本章小结

植物生长表现为体积和质量的不可逆增加。植物整体的生长是以细胞生长为基础，即通过细胞分裂增加细胞数目，通过细胞伸长增大细胞体积，通过细胞分化形成各类细胞、组织和器官。细胞分裂期代谢旺盛，原生质特别是 DNA 大量合成；细胞伸长时除了吸收大量水分外，呼吸加快，蛋白质等细胞质增多，细胞壁的微纤丝交织点破裂，细胞壁松弛，填充新物质；细胞全能性是细胞分化的理论依据，可通过植物组织培养技术得到证明，植物组织培养技术已在农林业生产实际中获得广泛应用。细胞程序性死亡是由胞内基因控制的细胞主动自杀的过程，在植物生长发育过程中具有重要的生物学意义。植物激素在调节细胞分裂、伸长、分化及程序性死亡过程中发挥重要作用。

种子萌发作为植物营养生长的开始，要求一定的水分、适宜的温度和充足的氧气，有些种子还需要光照或黑暗。种子萌发时，首先吸水膨胀，透气性增加，酶活性增强，酶数量增加，呼吸速率提高，储存的有机物降解，运往胚的生长部位，再度合成为细胞结构物质或供呼吸和萌发初期幼苗生长利用。

植物生长周期是一个普遍性的规律。植物体整株及器官的生长速率均表现出生长大周期和昼夜周期性以及季节性周期性。可通过生长曲线以及生长速率、净同化率等量化指标进行植物生长分析。植物的生长是相互依赖和相互制约的，表现出一定的相关性。体现在地下部分与地上部分的相关性，主茎和侧枝的相关性以及营养生长和生殖生长的相关性等。光照、温度、水分、植物生长物质等均影响植物体及其器官的生长，掌握和利用植物的生长规律在生产上具有重要的意义。

高等植物的运动可分为向性运动、感性运动和具有周期性或节奏性的生物运动(生理钟)。向性(向光性、向重力性和向化性等)运动是受外界刺激产生的，是植物的某些部位接受环境刺激后，经过一系列信号传递，产生不均匀生长的结果，其运动方向取决于外界刺激方向。向性运动是生长性运动。感性(如偏上性、感震性等)运动与外界刺激或内部节奏有关，刺激方向与运动方向无关，感性运动有些是生长性运动，有些是紧张性运动。

思考题

一、名词解释

1. 细胞周期 2. 分化 3. 脱分化 4. 再分化 5. 细胞全能性 6. 组织培养 7. 极性 8. 细胞程序性死亡 9. 需光种子 10. 需暗种子 11. 长命mRNA 12. 生长大周期 13. 温周期现象 14. 季节性周期 15. 协调最适温度 16. 相对生长速率 17. 净同化率 18. 叶面积比 19. 顶端优势 20. 根冠比 21. 相关性 22. 向性运动 23. 向光性 24. 向重力性 25. 向化性 26. 感性运动 27. 偏上(下)性 28. 感夜性 29. 感热性 30. 感震性

二、论述题

1. 试述生长、分化和发育三者之间的区别与联系。
2. 生长素与赤霉素在诱导细胞伸长机制上有何不同？油菜素内酯又是如何诱导细胞伸长生长的？
3. 试述植物细胞分化的本质及影响因素。
4. 试述植物组织培养的原理、一般程序及其应用。
5. 试述细胞程序性死亡的类型及其生物学意义。
6. 植物生长周期性表现在哪些方面？植物为何表现生长大周期的特征？
7. 常见的植物生长分析指标有哪些？简述其生理意义及应用。
8. 种子萌发过程中，其吸水过程和种子内的有机物是如何变化的？
9. 用植物生理学知识解释高山上的树木比平地生长矮小的原因。
10. 分析植物顶端优势产生的原因，如何利用顶端优势指导生产实践？
11. 试述植物器官的相关性及其在农林业生产中的应用。
12. 试用植物生理学的知识解释“根深叶茂”“本固枝荣”“旱长根、水长苗”。
13. 简述植物向光性和向重力性的机制及其生物学意义。
14. 简述含羞草小叶与复叶运动的机制。

推荐阅读书目

1. 现代植物生理学 . 3版 . 李合生 . 高等教育出版社，2012.
2. 植物生理学 . 7版 . 潘瑞炽 . 高等教育出版社，2012.
3. 植物生理学 . 2版 . 武维华 . 科学出版社，2008.
4. 植物生理学 . 2版 . 王忠 . 中国农业出版社，2008.
5. 植物生理学 . 3版 . 郑彩霞 . 中国林业出版社，2013.
6. Plant Physiology. 5th ed. Lincoln Taiz and Eduardo Zeiger. Sinauer Associates Inc. Publishers, 2010.

第10章　植物的生殖生理

大多数种子植物在种子萌发后需要经过一个幼年期（童期），才能在适宜的外界条件下开花结实。种子植物开花之前必须达到的生理状态称为花熟状态（ripeness to flower state）。植物在达到花熟状态之前的生长阶段称为幼年期（juvenile phase）或童期。处于幼年期的植物，即使满足其开花所需的外界条件（温度和日照等）也不能开花。草本植物的幼年期一般较短，只需几天或几个星期；果树为3～15年；有些木本植物的幼年期可长达几十年（如水杉）；部分植物没有童期，如花生在种子形成过程中已经具备花序原基。人类可通过改善肥水条件、用矮化砧木嫁接等措施来缩短植物的童期。

高等植物的成花过程可分为3个阶段：一是成花诱导（flower induction）或称成花转变（flowering transition），即适宜的环境刺激诱导植物从营养生长向生殖生长转变，也就是顶端分生组织转变为花或花序分生组织；二是成花启动（floral evocation）或花发端（flower initiation），即处于成花决定态的分生组织，经过一系列内部变化分化成形态上可辨认的花原基（floral primordia）或花序原基；三是花的发育（floral development）或称花器官的形成，即花原基进一步分化形成花或花序。植物茎尖从营养生长到花形成的过程可简括如下（图10-1）：

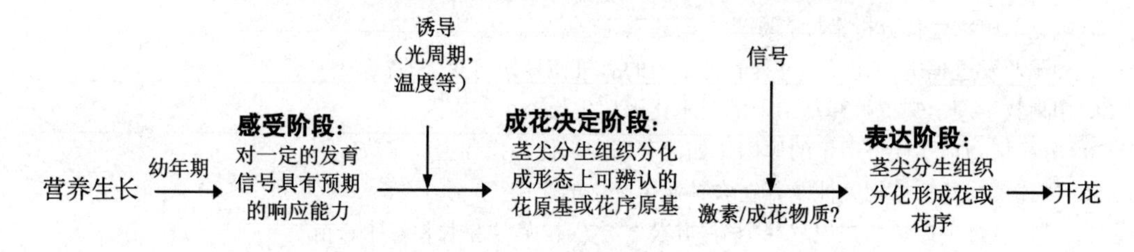

图10-1　植物从营养生长到花形成过程的简单模式图（引自McDaniel *et al.*，1992）

在植物的生活周期中，花芽分化是营养生长到生殖生长的转折点。所谓花芽分化（flower bud differentiation）是指成花诱导之后，植物茎尖分生组织（meristem）不再产生叶原基和腋芽原基，而分化形成花或花序原基的过程。营养生长到生殖生长的转变过程是一个非常复杂的过程，形态上发生巨大变化，体内发生一系列复杂的生理生化变化。

研究植物的开花规律，利于人工杂交和新品种培育，利于通过采取相应栽培措施提高产量和品质。

10.1 花器官形成与性别分化

10.1.1 花器官原基的形成

(1)形态分化

在形态上，茎尖分生组织即生长锥伸长、表面积增大。例如，小麦春化后，生长锥开始伸长，由外向内逐渐分化形成若干轮突起，在原来形成叶原基的位置，分别形成花被原基、雄蕊原基和雌蕊原基；短日植物苍耳在接受短日照诱导后，生长锥膨大，自基部周围形成球状突起并逐渐向上部推移，形成花原基(图 10-2)。需要指出的是，伞形科植物的生长锥不伸长而是变为扁平状。

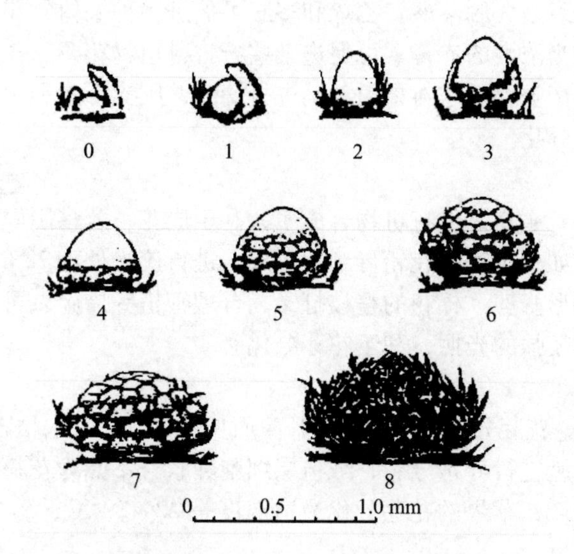

图 10-2 苍耳接受短日诱导后生长锥的变化(引自 Salisbury and Ross，1992)
图中数字为发育阶段，“0”为营养生长时的茎尖

(2)生理分化

花芽分化过程中，细胞代谢明显加快，有机物发生剧烈转化。氨基酸和蛋白质含量增加，葡萄糖、果糖和蔗糖等可溶性糖含量增加，核酸合成速率加快，特异的 mRNA 发生转录等。用 RNA 合成抑制剂 5-氟尿嘧啶或蛋白质合成抑制剂亚胺环己酮处理植物的芽，均能抑制营养生长锥分化成为生殖生长锥，表明生长锥的分化需要核酸和蛋白质的代谢变化。

10.1.2 影响花器官形成的因素

(1)营养

营养是花芽形成的物质基础，其中碳水化合物和蛋白质尤为重要。适当的碳氮比(C/N)利于花芽形成。碳氮比是指有机物中碳的总含量与氮的总含量的比值，一般用“C/N”表示。氮素过多时，碳氮比偏小，植株易贪青徒长，花芽形成少或晚；氮素营养不足时，碳氮比偏大，花芽分化慢且花少。张韶杰(2010)实验表明大量开花的秦岭箭竹的竹叶、竹茎和竹鞭中碳氮比高于零星开花的；番茄的碳氮比高时促进开花，反之延迟开花或不开花。人类应用碳氮比理论来调控生产，提高经济效益。例如，采用环割、环剥等措施，阻止部分光合产物的向下运输，提高地上部的碳氮比，增加花芽数量和提高花芽质量；以收获种子为主的作物生育的中后期要少施氮肥，提高地上部分的碳氮比，避免贪青晚熟；叶菜类则在生育中后期多施氮肥，降低地上部的碳氮比，推迟开花，从而增产增收。需指出的是，碳氮比理论无法解释短日植物的开花。由于含磷化合物和核酸也参与花芽分化，因此磷在花器官形成过程中也起着重要作用。微量元素(如 Mo、Mn、B 等)缺乏，也会引起花发育受阻。因此，生产上要注意氮、磷、钾肥和微量元素的均衡使用。此外，有机酸、多胺、寡糖素、多酚等都影响植物的成花过程。

(2)植物生长物质

适当浓度的细胞分裂素、脱落酸、乙烯和多胺可促进多种果树的花芽分化，低浓度的生长素利于花芽分化，适当浓度的赤霉素可促进某些石竹科植物花萼、花冠的生长，但抑制多种果树花芽的分化。生产上，夏季对果树新梢进行摘心，则赤霉素和生长素减少，细胞分裂素含量增加，促进花芽分化。

(3)光照

花芽分化期间，若光照充足，有机物合成多，利于成花；若多阴雨，则营养生长时间延长，花芽分化受阻。例如，小麦的花粉母细胞形成前进行遮光处理 72 h，花粉全部败育。在生产上，通过果树的整形修剪、棉花的整枝打叉、合理密植等措施，可以避免枝叶的相互遮阴，使各层叶片都得到较强的光照，利于花芽分化。

(4)温度

在一定温度范围内，花芽分化速度随温度升高而加快。例如，水稻在减数分裂期遇 17 ℃ 以下低温时，花粉母细胞进行异常分裂，绒毡层细胞肿胀且不能为花粉粒输送营养，形成不育花粉粒，造成严重减产；苹果的花芽分化最适温度是 22 ~ 30 ℃，若平均气温低于 10 ℃，花芽分化停滞。

(5)水分

在禾谷类植物的雌、雄蕊分化期和减数分裂期严重缺水会引起颖花退化，但夏季的适当干旱可提高果树的碳氮比从而促进花芽分化。

10.1.3 成花诱导的途径

目前，以拟南芥为材料，通过现代遗传学技术对成花进行研究，提出成花诱导存在 4 条途径(图 10-3)。

(1)自主/春化途径

达到一定生理年龄的植株即可开花，称之为自主途径(autonomous pathway)。春化途径(vernalization pathway)是指低温诱导或促进植物开花的途径(详见本章 10.2 内容)。在自主/春化途径中，都是通过控制成花抑制基因 *FLOWERING LOCUS C* (*FLC*)的表达而诱导成花的，可能其作用的机制不同。拟南芥的自主途径基因突变产生的晚花突变体经春化作用能恢复正常的开花时间，表明春化和自主途径对开花抑制基因 *FLC* 表达的抑制作用是平行的，在自主途径功能缺失时植物能通过春化作用诱导开花，而在春化途径功能缺失时植物能通过

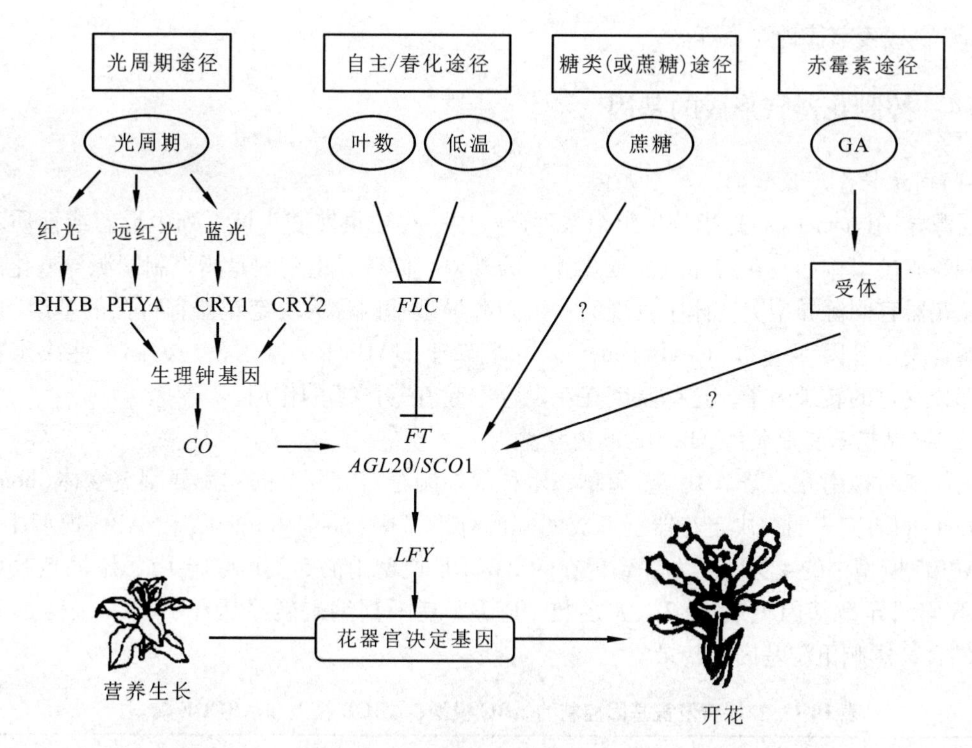

图 10-3 拟南芥开花的 4 条发育途径(引自 Blazquez, 2000)

→促进 ┤抑制

自主途径开花。

(2)光周期途径(photoperiod pathway)

红光—远红光的受体光敏色素和蓝光的受体隐花色素参与了该途径(详见本章 10.3.2.3 内容),不同光受体之间相互作用通过生理钟促进 *CONSTANS* 基因(*CO*)的表达,编码一个具有锌指结构的转录因子,再通过诱导其他基因的表达而启动成花过程。

(3)糖类(或蔗糖)途径(trehalose-6-phosphate pathway)

植物体内的糖类水平可影响成花,如蔗糖可能通过促进 *SUPRESSOR OF OVEREXPRESSION OF CO 1*(*SCO 1*)表达而促进拟南芥开花。

(4)赤霉素途径(GA pathway)

赤霉素促进拟南芥提前开花以及在非诱导条件下开花。在拟南芥中,赤霉素生物合成缺失和不敏感突变体则推迟开花,这些迟开花表型在短日照条件下比在长日照条件下表现更显著。

上述 4 种途径中的核心都是通过促进关键的花分生组织决定基因 *AGAMOUS LIKE 20*(*AGL20*)的表达,*AGL20* 是一个具有 MADS-盒(MADS box)的转录因子,整合了来自上述 4 条成花途径的信号,而调节下游花分生组织决定基因 *LEAFY*(*LFY*)和花器官决定基因(同源异型基因)*APETALA1* (*AP1*)、*APETALA2*(*AP2*)、*APETALA3*(*AP3*)、*PISTILLATA*(*PI*)、*AGAMOUS*(*AG*)的表达,当 4 条成花途径的信号同时表达时,成花效应最强。

除了这 4 条经典途径之外,还有常温途径(ambient temperature pathway)、年龄途径(age

pathway)、昼夜节律钟途径等。

10.1.4　控制花器官形成的基因

(1)同源异型现象和同源异型基因

同源异型(homeosis)是指分生组织系列产物中一类成员转变为该系列中形态或性质不同的另一类成员。例如，花瓣部位被雄蕊替代的现象。同源异型基因是指控制同源异型化的基因。从花器官同源异型突变体中发现的一组同源异型基因称为决定花器官特征的基因(或称为花器官决定基因，organ identity genes)。它们属于 MADS box 基因，是编码一些决定花器官各部分发育的转录因子，这些基因在花发育中起着“开关”的作用。

(2)控制花器官形成的 ABCDE 基因模型

近年来对拟南芥、矮牵牛、金鱼草、水稻等控制花器官发育的同源异型突变体(homeotic mutant)的研究表明，决定花器官形成的同源异型基因(homeotic gene)由 ABC 模型中的 3 类、ABCD 模型中的 4 类，已发展到现在的 ABCDE 模型中的 5 类(表 10-1)，不同植物中的 ABCDE 同源异型基因见表 10-2。大多数 ABCDE 基因都编码转录因子，以二聚体形式与 DNA 结合，影响下游基因的转录。

表 10-1　花器官发育基因控制的 ABC 模型、ABCD 模型和 ABCDE 模型

花器官	ABC 模型	ABCD 模型	ABCDE 模型
萼　片	A	A	A
花　瓣	AB	AB	ABE
雄　蕊	BC	BC	BCE
心　皮	C	C	CE
胚　珠	—	CD	CDE

表 10-2　不同植物中的 ABCDE 模型同源异型基因

植物种类	A 类基因	B 类基因	C 类基因	D 类基因	E 类基因
拟南芥	*AP3/PI*	*AP1/AP2*	*AG*	*STK*；*SHP1/2*	*SEP1/2/3*
水　稻	*SPW/*O_S*M4*(*O_SM2*)	?	*O_SM3*	*O_SM13*	*LHS1*(*O_SM24/ O_SM45*)
金鱼草	*DEF/GLO*	*LIP1/2*	*PLE/FAR*	*DEFH9*	*DEFH200/72/84*
矮牵牛	*GP/FBP1*(*PhTM6/Pm2*)	?	*Pm3*(*FBP6*)	*FBP7*；*FBP11*	*FBP2/FBP5*
山茶花	*CjAPL1/CjAPL2/ CjAGL6*		*CjAG1*		

注：引自 Ferrario *et al.*，2004。

ABCDE 模型的要点：花萼由 A 类基因控制，花瓣由 A 类、B 类和 E 类基因控制，雄蕊由 B 类、C 类和 E 类基因控制，心皮由 C 类和 E 类基因控制，胚珠由 C 类、D 类和 E 类基因控制，A 类和 B 类、B 类和 C 类基因作用可相互重叠，但 A 类与 C 类基因有颉颃作用、不重叠，D 类基因突变体缺乏胚珠，E 类基因突变体的全部花器官发育为萼片。以上各类基因突变产生的突变体如图 10-4 所示。

此外，关于花器官形成的模型还有四因子模型、边界滑动模型、边界衰减模型等。

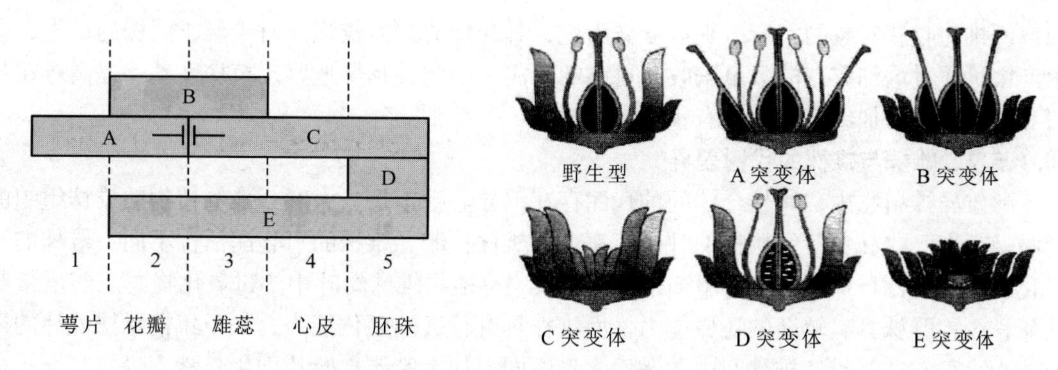

图 10-4 花器官发育的 ABCDE 模型(引自 Ferrario *et al.*, 2004)

A. 突变体没有花瓣和萼片 B. 突变体没有花瓣和雄蕊 C. 突变体没有雄蕊和雌蕊
D. 突变体没有胚珠 E. 突变体只有萼片

10.1.5 植物的性别分化

10.1.5.1 植物的性别类型

植物的性别有雌雄同花植物、雌雄异花同株植物、雌雄异株植物、雄全同株植物、雌全同株植物、三性花同株植物等 8 种类型。

雌雄同花植物(hermaphroditic plant)是指在同一花中分化出正常可育的雌蕊和雄蕊的两性花的植物。例如，番茄、水稻、小麦、棉花、大豆、苹果、梨、桃、拟南芥等。

雌雄异花同株植物(monoecious plant)是指在同一植株上有雄花和雌花的植物。例如，玉米、黄瓜、南瓜、蓖麻、核桃、沙冬青等。

雌雄异株植物(dioecious plant)是指在同一植株上只有雄花或雌花的植物。例如，银杏、杜仲、千年桐、芦笋、杨、柳、麦瓶草、石刁柏等。

雄全同株植物是指在同一植株上有雄花和两性花的植物。例如，澜沧舞花姜、多伞阿魏、文冠果等。

雌全同株植物是指在同一植株上有雌花和两性花的植物。例如，藜科、菊科、石竹科、败酱科、柳叶菜科、车前科、马尾树科、木犀科、景天科、牻牛儿苗科、天南星科、唇形科等。

雌全异株植物是指在同一植株上只有雌花或两性花的植物。例如，小蓟。

雄全异株植物是指在同一植株上只有雄花或两性花的植物。例如，柿树。

三性花同株植物是指在同一植株上有雌花、雄花和两性花的植物。例如，番木瓜、细枝柃等均有此类型的花。

有些植物的性别是多型的。例如，黄连木、菠菜、大麻等有雌雄异株、雌雄异花同株；番木瓜有雌株、雄株、两性株和三性花同株；高山红景天有雄全同株、雌株、雄株；甜瓜有雌雄异花同株、雄全同株；姜科植物中存在着雌全异株、雄全同株；细枝柃具有以上 6 种性别类型的植株。

雌雄异株植物的雌株、雄株用途不同，其经济价值不同。例如，以收获果实或种子为栽培目的的植物(如银杏、千年桐、番木瓜)以及留种用的大麻和菠菜等，需要大量的雌株；

而以纤维为收获对象的大麻，则以雄株为优，其纤维的拉力较强。对于雌雄同株的瓜类，在生产中可通过增加雌花的数量来收获更多的果实。因此，及早地鉴定植株性别、提高雌花数目和质量，对增加经济效益具有重要意义。

10.1.5.2　雌株与雄株的代谢差异

雌雄异株植物中，雌雄个体间的代谢存在差异。番木瓜、大麻、桑等植物的雄株组织的呼吸速率高于雌株，芦笋雌株的呼吸速率大于雄株；雌、雄株的氧化酶活性不同，雄株的过氧化氢酶活性比雌株高 50%~70%，银杏、菠菜等植物雄株幼叶中的过氧化物同工酶谱带数比雌株少；雌株具有较高的还原能力，而雄株具有较高的氧化能力，如千年桐雌株叶片的还原能力大于雄株；雌、雄株间内源激素含量不同，如大麻雌株叶片中生长素含量较高而雄株叶片中赤霉素含量较高，玉米的雌穗原基中生长素含量较高、赤霉素含量较低，而雄穗原基与此相反，野生葡萄雌株中细胞分裂素含量高于雄株；雌株的 RNA 含量、RNA 与 DNA 的比值高于雄株。在其他物质方面，雌株的叶绿素、胡萝卜素和碳水化合物的含量高于雄株。目前，雌、雄株代谢差异的生物学意义尚不清楚。如果根据这些差异能及早地鉴定植物的性别，将对栽培生产有重要意义。

10.1.5.3　影响植物性别分化的因素

(1) 植株年龄

雌雄异花同株植物的雌花和雄花出现早晚不同，通常是雄花早于雌花。例如，西葫芦最初只形成雄花，以后雌花、雄花都有，然后只形成雌花；玉米的雄花先抽出，而后在茎秆的一定部位出现雌花；黄瓜、丝瓜植株从下部花到上部花，雌花比例逐渐增加，即雌花在开花阶段较晚时才出现。

(2) 矿质营养

对于大多数植物而言，水分充足、氮肥较多时促进雌花分化，水分和氮肥较少时促进雄花分化。在一些雌雄异株植物中，碳氮比低时雌花数目增加。

(3) 植物生长物质

外施生长素可促进雌花分化。例如，用生长素处理黄瓜，可降低第一朵雌花的着生节位且增加雌花数目，生产中使用三碘苯甲酸和马来酰肼可抑制黄瓜雌花的分化。

赤霉素对性别决定的影响因植物而异。例如，用赤霉素处理大麻可增加雄株数而降低雌株数，赤霉素可促进黄瓜等瓜类雄花分化，抗赤霉素的矮壮素抑制雄花的分化；但赤霉素促进玉米雌花分化。

细胞分裂素和乙烯有利于雌花的形成，如促进黄瓜增加雌花数量。

(4) 光周期

长日照促进长日植物多开雌花、短日植物多开雄花，短日照促进短日植物多开雌花、长日植物多开雄花。例如，长日植物蓖麻在花芽形成前 10 d，如果每天光照延长至 22 h，雌花数量大大增加。光周期可使某些植物性别发生改变，如长日植物菠菜在光周期诱导后给予短日照，雌株上也可形成雄花；雌雄同株的短日植物玉米在光周期诱导后继续处于短日照条件下，雄花序上也能形成小雌穗。光周期还影响花的育性，如中国学者石明松发现农垦 58 水稻的突变体在短日照下花粉可育，而长日照下花粉败育，其育性随光照长度变化而发生改变的现象称作育性转化(fertility change, fertility alteration)，其光受体是光敏色素。

(5)温度

较低的夜温与较大的昼夜温差对许多植物的雌花发育有利。例如，番木瓜在低温下雌花多，中温下雌雄同花比例增加，高温下雄花多；夜间低温促进南瓜、菠菜、大麻、葫芦等植物的雌花形成；但黄瓜在夜温低时雌花减少。

(6)栽培措施

熏烟可增加雌花的数量，其原因是烟中含有乙烯、一氧化碳。用0.3%一氧化碳处理黄瓜幼苗可增加雌花比例且雌花出现提早，一氧化碳的作用是抑制生长素氧化酶的活性、减少生长素的降解、保持较高水平的生长素、促进雌花分化。机械损伤会改变某些植物的性别、增加雌花数量，例如，折伤番木瓜雄株的根或地上部后，新长出的都是雌株，黄瓜的茎折断后长出的新枝全开雌花，这可能与受伤后产生乙烯有关。

10.2 春化作用

1928年，苏联的李森科(Lysenko)将吸胀萌动的冬小麦种子经低温处理后春播，可在当年夏季抽穗开花，他将这种方法称为春化，意指冬小麦春麦化了。现在春化的概念不仅限于种子对低温的要求，还包括成花诱导中植物在其他时期对低温的感受。自然界中，有些植物必须在某个时期经过一定时间的低温才能开花，有些植物经过一定时间的低温可使其提前开花或增加花的数量与质量。

10.2.1 春化作用的基本概念

(1)春化作用

低温诱导或促进植物开花的过程，称为春化作用(vernalization)。如北方冬小麦在秋季播种，出苗越冬后，翌年春末夏初开花结实；如果改在春天播种则不能顺利开花结实。

(2)脱春化作用(去春化作用)

在植物春化过程结束之前，把植物放到较高的生长温度下，低温的效果被减弱或消除的现象，称为脱春化作用(devernalization)。脱春化作用的温度一般为25~40 ℃，如冬黑麦在35 ℃下4~5 d即可解除春化作用；冬小麦在30 ℃以上3~5 d即可解除春化作用。通常，植物经过低温春化的时间越长，春化效应越强，解除越困难，春化过程结束后，春化效应稳定，高温不能解除春化作用。

(3)再春化作用

脱春化的植物返回低温下被重新春化，而且低温的效果可以累加的现象，称为再春化作用(revernalization)。

(4)抗春化或预先脱春化

有的植物在春化前进行热处理会降低其随后感受低温的能力，这种作用称为抗春化或预先脱春化(anti-vernalization or pre-devernalization)。

10.2.2 春化作用的反应类型

根据植物开花对低温需要程度的要求，将植物分为绝对低温型和相对低温型。

(1) 绝对低温型

植物开花对低温的要求是绝对的，若不经过低温诱导，植物就不能开花。二年生植物(如芹菜、胡萝卜、萝卜、白菜、油菜、洋葱等)和多年生草本开花植物(如菊花)多属于这种类型。

(2) 相对低温型

植物开花对低温的要求是相对的，低温可促进这类植物开花，不经低温处理时，这类植物开花时间推迟或结实率降低。冬性一年生植物(冬小麦、冬黑麦、冬大麦等冬性禾谷类作物)多属于此种类型。例如，冬黑麦湿种子经几周低温处理，于7周后开花；而不经低温处理也能开花，只是开花时间延至14周以后。

10.2.3 春化作用的条件

(1) 低温

低温是春化作用的主要条件，通常春化作用的有效温度为0～15 ℃，最适温度为1～7 ℃。对低温的具体要求及低温持续的时间因物种而异，如禾谷类植物的春化温度可低至－6 ℃，而热带植物橄榄的春化温度则高达10～13 ℃。此外，在一定的发育时期，即使不在最适低温下，只要有足够的持续时间，春化也能完成。如将冬黑麦的种子在湿沙中1 ℃处理不同天数后移到温室生长，随冷处理时间加长，从种植到开花的时间缩短(图10-5)。

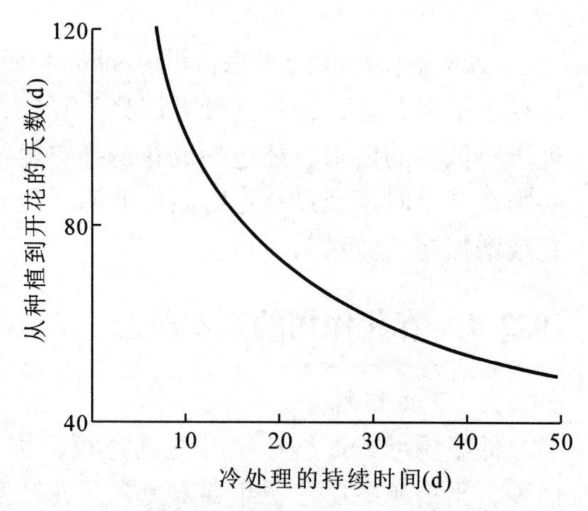

图10-5 春化天数对冬黑麦开花时间的影响
(引自Hopkins，1995)

同一物种通过春化时所要求的温度因原产地而异，根据原产地的不同，可将小麦分为冬性、半冬性和春性品种3种类型。一般冬性越强，要求的春化温度越低，春化所需的时间也越长(表10-3)。我国华北地区的秋播小麦多为冬性品种，黄河流域一带的多为半冬性品种，而华南一带的则多为春性品种。

表10-3 三种类型小麦通过春化需要的温度及天数

类 型	春化温度范围(℃)	春化天数(d)
冬 性	0～3	40～45
半冬性	3～6	10～15
春 性	8～15	5～8

(2) 水分

植物感受低温诱导时需要有适量的水分，尤其是种子。实验表明，吸胀的冬小麦种子可感受低温通过春化；如将已萌动的冬小麦种子失水干燥，当其含水量低于40%以下时，用低温处理种子则不能通过春化。

(3)氧气

在低温春化期间，呼吸作用增强，氧化还原反应加强，氧气是必需的。缺氧条件下萌发的冬小麦种子即使含水量超过40%并给予必要的低温仍不能完成春化。

(4)营养

通过春化时还需要足够的营养物质。例如，将去掉胚乳的冬小麦种胚培养在含2%蔗糖的培养基中，在低温下可通过春化，但若培养基内缺乏蔗糖则不能通过春化。

(5)光照

一般在春化之前，充足的光照可以促进二年生和多年生植物通过春化，这可能与充足的光照可缩短植物的幼年期、有利于贮备充足的营养有关。

许多植物在感受低温后，还需经长日照诱导才能开花。如二年生的天仙子在完成春化处理后，在短日照下则不能开花且春化的效应逐步消失，在长日照下植株才能抽薹开花(图10-6)。此类植物还有甜菜、月见草、桂竹香等。由此看来，春化过程只是对开花起诱导作用，还不能直接导致开花。

在冬黑麦等某些冬性禾谷类品种中，短日照(short day, SD)处理可以部分或全部代替春化处理的现象称为短日春化现象(SD vernalization)。关于日照长短对植物开花的影响见本章10.3节内容。

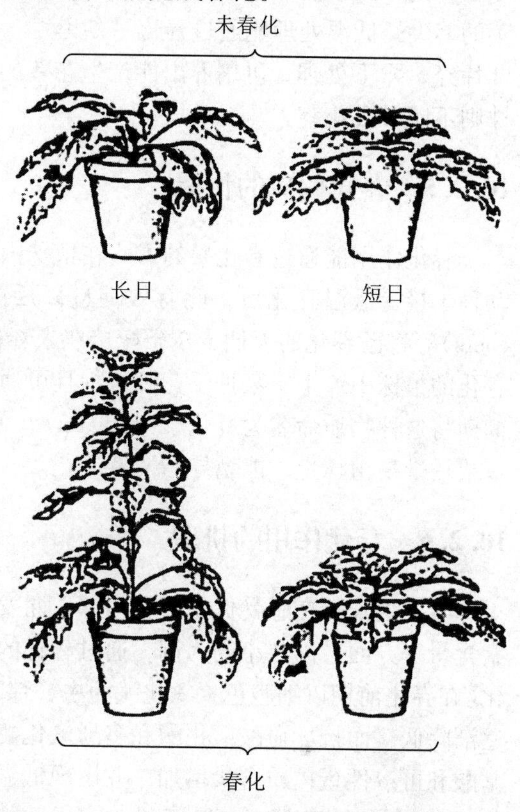

图10-6 天仙子成花诱导对低温和长日照的要求

(引自王忠，2000)

10.2.4 春化作用的时期和部位

(1)春化作用的时期

大多数需要春化的植物从种子吸胀(萌动)到苗期都可感受低温通过春化。例如，冬黑麦、冬小麦等冬性一年生植物可以在种子萌动时进行，也可在苗期(以三叶期为最快)进行；萝卜、白菜等从种子萌动起就可感受低温的影响。

有些需要低温的二年生和多年生草本植物只有在幼苗长到一定大小时才能感受低温通过春化，如甘蓝(幼苗在茎粗0.6 cm，叶宽5 cm时才可感受低温诱导)、月见草(幼苗在具有6~7片叶时才可感受低温诱导)、胡萝卜、芹菜、洋葱等。低温诱导春化需要一定量的营养体(最低数量的叶子)，这可能和积累一些对春化敏感的物质有关。以营养体越冬经过春化后，翌年开花是植物自我保护的机制。

(2)春化作用的部位

能够发生春化作用的植物感受低温的部位是茎尖生长点和嫩叶，即分生组织和某些能进行细胞分裂的部位。例如，温室中栽培的芹菜不开花结实；用橡皮管将芹菜茎的顶端缠起来，管内不断通过冷水，芹菜能开花结实；将芹菜放在低温下，而茎尖处在25 ℃左右的温度下，则芹菜不能开花结实，表明茎尖是芹菜感受低温通过春化的部位。离体的胡萝卜和苞菜的茎尖经低温处理能通过春化。冬黑麦、冬小麦的一部分胚组织能感受低温。椴花的离体叶片经5 ℃下处理，可培养出能产生花茎的植株，如果将叶柄基部0.5 cm切除，再生的植株则不能形成花茎。

10.2.5 春化效应的传递

春化作用能通过春化素的方式在植株内、植株间传递并保持到植物开花。如冬黑麦的萌动种子接受低温春化后，能有效促进以后的各级分蘖顺利开花。德国学者梅尔彻斯(Melchers)等将已春化的天仙子枝条嫁接在未春化的植株上使未春化的植株开了花，因而推测在春化的植株中产生了某种开花刺激物且可通过嫁接传递给未春化的植株并诱导其开花，梅尔彻斯将这种物质命名为春化素(vernalin)。另有研究表明，将已春化的天仙子枝条嫁接到烟草或矮牵牛植株上，能诱导后两者开花。

10.2.6 春化作用的机理

茎尖生长点在感受低温后，内部代谢发生明显变化，包括呼吸速率、核酸、蛋白质和激素含量等方面。以冬小麦为例，通过春化的冬小麦种子呼吸速率增高，呼吸末端氧化酶多样化(在春化前期以细胞色素氧化酶为主，伴随着低温处理时间的延长，细胞色素氧化酶活性逐渐降低，而抗坏血酸氧化酶和多酚氧化酶活性不断增高)，体内赤霉素含量增加，游离氨基酸和可溶性蛋白质含量增加，并出现低温诱导的特异蛋白质，核酸(特别是RNA)含量增加，而且有新mRNA合成，已发现4个与冬小麦春化相关的基因，它们是*vrn*1、*vrn*3、*vrn*4和*vrn*5，分别定位于5A、5B、5D染色体的长臂和7B染色体的短臂上。

低温可导致DNA去甲基化(demethylation)而开花。例如，用DNA去甲基化剂5-氮胞苷(5-azacytidine)处理拟南芥晚花型突变体和冬小麦，使植株总DNA甲基化水平降低且开花提早，而拟南芥早花型突变体和春小麦对5-氮胞苷不敏感，认为拟南芥晚花型突变体是由于其基因被DNA甲基化不能表达而晚开花。

低温诱导能抑制开花抑制基因的表达。例如，拟南芥在低温处理之前，开花抑制基因*FLOWERINGLOCUS C*(*FLC*)在茎端分生组织中强烈表达；低温处理后，随处理时间延长，*FLC*表达逐渐减弱，直至被抑制，植物进入生殖生长。

Melchers和Lang(1965)根据二年生天仙子的嫁接试验及高温解除春化的试验，提出春化作用由2个阶段组成：第一阶段是春化作用的前体物在低温下转变为不稳定的中间产物，这种中间产物在高温下会遭到破坏或钝化而解除春化；第二阶段是在低温下，中间产物转变为热稳定的最终产物，从而促进或诱导春化植物的开花。

赤霉素参与植物的春化作用。使用赤霉素可以使天仙子、白菜、甜菜、胡萝卜(图10-7)等植物不经低温处理就能开花；冬小麦、油菜、燕麦等植物经低温处理后体内赤霉素含量增加，用赤霉素生物合成抑制剂处理植株会抑制春化作用。需要指出的是，赤霉素并不能诱导

图 10-7 低温和外施赤霉素对胡萝卜开花的效应(引自 Lang, 1957)

左：对照；中：未冷处理，每天施用 10 μg 赤霉素；右：冷处理 8 周

所有需春化的植物开花，植物对赤霉素的反应也不同于低温，被低温诱导的植物抽薹时就出现花芽，而赤霉素可诱导多种植物茎伸长或抽薹但不一定开花。

玉米赤霉烯酮(zearaienone)也参与了春化作用。在春化过程中，冬小麦等冬性植物体内会出现玉米赤霉烯酮含量的高峰，而外施玉米赤霉烯酮可部分代替低温，关于调控机制尚需进一步研究。

10.2.7 春化作用在生产中的应用

(1) 调节播期

使萌动种子通过春化的低温处理，称为春化处理。我国劳动人民利用闷麦法(又称罐埋法，即将萌动的冬小麦种子闷在罐中，放在 0~5 ℃低温下处理 40~50 d，使其通过春化)、七九小麦(即从冬至起将种子浸在井水中，次晨取出阴干，每 9 d 处理 1 次，共 7 次)等方法，实现冬麦春播或春季补苗。对春小麦种子进行人工春化处理后，适当晚播，可避开倒春寒。在冬性作物的育种工作中，利用春化处理，可在一年中培育 3~4 代，加速育种进程。

(2) 控制开花

利用春化作用促进花芽分化，提早开花。例如，用 0~5 ℃低温处理石竹可促进花芽分化，低温处理可使秋播的一年生和二年生草本花卉改为春播且当年开花。

利用解除春化的措施来抑制或减少开花。例如，四川省种植的二年生药用植物当归在第二年栽种时易抽薹开花而降低块根品质，若在第一年将其块根挖出，贮于高温下使其不通过低温春化，可减少第二年的抽薹率且提高块根的产量和药用价值；又如，越冬贮藏的洋葱鳞茎在春季种植前用高温处理以解除春化，可防止在生长期抽薹开花从而提高鳞茎产量和经济效益。

(3) 指导引种

在引种需要经过低温才能开花的植物时，必须了解其对低温的要求。北种南引时，会因温度较高而无法满足对低温的要求，植株只进行营养生长而不开花结实(或仅有少部分开花)，例如，把河南省的冬小麦引到广东省栽培，结果只有营养生长而不抽穗结实。南种北引时，会使南方早春开花或晚秋开花的植株受低温伤害而败育。

10.3　光周期现象

我国地处北半球，北半球不同纬度地区日照长度的季节性变化如图 10-8 所示。自然界中，多数植物的开花具有明显的季节性。同一品种在不同纬度地区种植时，开花期呈现规律性变化。需春化的植物在完成低温诱导后，也是在适宜的季节才进行花芽分化和开花。

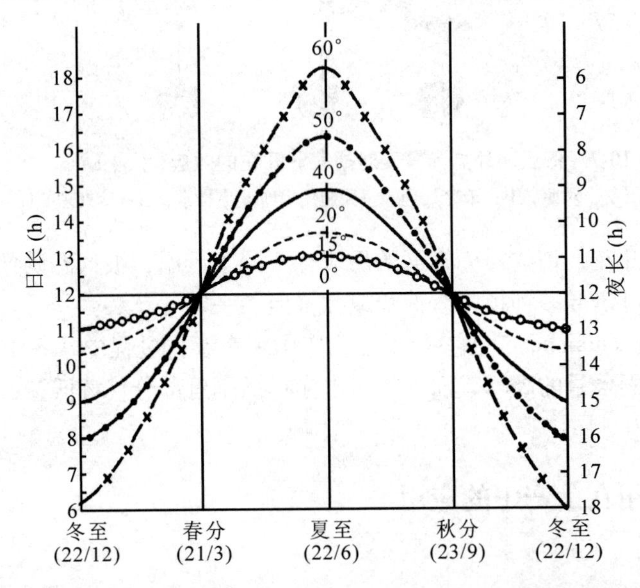

图 10-8　北半球不同纬度地区昼夜长度的季节性变化(引自李合生，2012)

1914 年，Tournois 发现蛇麻草和大麻的开花受到日照长度的控制。美国园艺学家加纳(Garner)和阿拉德(Allard)观察到在美国南部正常开花的烟草的一个变种(Maryland mammoth)移栽到美国北部华盛顿附近地区，夏季生长时(日照长度超过 14 h 的条件下)株高达 3～5 m 时仍不开花；在冬季(短日照)温室中栽培时，株高不到 1 m 即可开花，人工补光延长光照时间后不开花；在夏季用黑布遮光缩短日照长度后，烟草开花，进而提出短日照是烟草成花的关键因素。此外，苍耳、大豆、水稻、紫苏、菊花等都有类似现象。菠菜、萝卜、冬小麦等植物在日照长度超过一定阈值时才能开花。这些现象使人类认识到光不但为植物光合作用提供能量，而且还作为环境信号调节着植物的开花，这对人类更好地调控植物开花、提高产量和质量有很重要的意义。

10.3.1　光周期的概念和光周期的反应类型

10.3.1.1　光周期的概念

在一天之中，白天和黑夜的相对长度，称为光周期(photoperiod)。

植物对白天和黑夜相对长度的反应，称为光周期现象(photoperiodism)。

10.3.1.2 光周期的反应类型

根据植物开花对光周期的反应，将植物分为以下6种类型。

(1)长日植物

长日植物(long day plant, LDP)是指在一定的发育时期内，每天光照时间必须长于一定时数并经过一定天数才能开花的植物。例如，小麦、天仙子、大麦、黑麦、燕麦、白菜、油菜、菠菜、豌豆、胡萝卜、芹菜、甜菜、萝卜、洋葱、杜鹃、苜蓿、甘蓝、毒麦等。适当延长日照长度可提早开花，适当延长黑暗则推迟开花或不能开花。

(2)短日植物

短日植物(short day plant, SDP)是指在一定的发育时期内，每天光照时间必须短于一定时数并经过一定天数才能开花的植物。例如，菊花、大豆、苍耳、晚稻、玉米、高粱、紫苏、黄麻、大麻、日本牵牛、美洲烟草、一品红、秋海棠、高凉菜、浮萍、藜等。适当延长黑暗或缩短光照，可提早开花；相反，则延迟开花或者不能开花。

(3)日中性植物

日中性植物(day neutral plant, DNP)是指在任何日照条件下都能开花的植物。这类植物一年四季均能开花。例如，番茄、黄瓜、茄子、辣椒、四季豆、菜豆、月季等属于此类。

(4)双重日长植物

双重日长植物(dual daylight plant, DDP)是指成花诱导和花器官形成要求不同日照长度的植物。包括长—短日植物和短—长日植物2种类型。

长—短日植物(long-short day plant, LSDP) 即成花诱导要求长日照，而花器官形成要求短日照的植物。例如，大叶落地生根、芦荟、夜香树等。

短—长日植物(short-long day plant, SLDP) 即成花诱导要求短日照，而花器官形成要求长日照的植物。例如，鸭茅、风铃草、白三叶草、瓦松等。

(5)中日性植物(中日照植物)

中日性植物(intermediate day plant, IDP)是指只能在某一特定的日照长度下开花，延长或缩短日照长度均抑制其开花的植物。例如，甘蔗只在11.5~12.5 h的日照长度下开花。

(6)两极光周期植物

两极光周期植物(amphophoto periodism plant)是指在某一日照长度下不开花，较长或较短日照下均能开花的植物。与中日性植物相反，例如，狗尾草等。

需要指出的是，有些植物开花对日照长短的要求因品种而异。例如，烟草中有短日植物、长日植物、日中性植物等不同类型，通常晚熟品种多为短日植物，早熟品种多为长日植物或日中性植物。

10.3.2 临界日长、临界暗期和暗期间断

10.3.2.1 临界日长

临界日长(critical day length)是指在昼夜周期中，诱导短日植物开花所需的最长日照长度或诱导长日植物开花所需的最短日照长度。根据植物对临界日长要求的严格程度，分为绝对长日植物或绝对短日植物、相对长日植物或相对短日植物。绝对长日植物或绝对短日植物

是指开花对日长要求严格，有明确的临界日长，在不适宜的日照长度下绝对不能开花的植物。相对长日植物或相对短日植物是指开花对日长要求不严格，没有明确的临界日长，在不适宜的日照长度下，经过相当长的时间后，也能或多或少地开花的植物。部分植物开花时所需的临界日长见表10-4，表明临界日长会因物种而异，也会因品种而异。

表10-4 一些短日植物和长日植物在24 h周期中的临界日长

短日植物	临界日长(h)	长日植物	临界日长(h)
菊花	15	小麦	12以上
苍耳	15.5	大麦	10~14
美洲烟草	14	天仙子	11.5
裂叶牵牛	14~15	燕麦	9
早熟大豆“曼德临(Mandarin)”	17	甜菜	13~14
中熟大豆“北京(Peking)”	15	菠菜	13
一品红	12.5	拟南芥	13
晚稻	12	白芥	约14
红叶紫苏	约14	毒麦	11
厚叶高凉菜	12	红三叶草	12
晚熟大豆“比洛克西(Biloxi)”	13~14	意大利黑麦草	11

植物的临界日长在低温下会发生改变。例如，长日植物豌豆、黑麦和苜蓿在较低的夜温下，对日照长度不敏感，成为日中性植物；临界日长为13~14 h的长日植物甜菜在10~18 ℃的较低夜温下，给予8 h的短日照即可开花；牵牛花在21~23 ℃下需要短日照才能开花，而在13 ℃低温下需要长日照才能开花；短日照的烟草品种在18 ℃夜温下需短日照才能开花，当夜温为13 ℃时在16~18 h的长日照下也能开花。

此外，对于短日植物而言，光期过短也不能成花或使开花推迟，原因可能是光照时间不足，导致营养物质缺乏。如菊花在日照长度只有5~7 h时，开花明显延迟。

10.3.2.2 临界暗期(critical dark period)

临界暗期(或称临界夜长，critical night length)是指在昼夜周期中，长日植物能够开花的最大暗期长度或短日植物能够开花的最小暗期长度。

1938年，Hamner和Benner发现短日植物苍耳只有当暗期长度超过8.5 h时才能开花，在4 h光期和8 h暗期处理时不能开花，在16 h光期和23 h暗期处理后能开花，表明在光暗周期中，只有当暗期超过一定的临界值时，才引起短日植物的成花反应。临界日长为13~14 h的短日植物晚熟大豆品种“比洛克西”在光期长度固定为16 h或4 h时，在4~20 h范围内改变暗期长度，结果只有当暗期长度超过10 h以上时才开花，表明暗期长度比日照长度对植物开花更为重要。因此，短日植物又可称为“长夜植物”（long night plant)，而长日植物又称“短夜植物”（short night plant)。

10.3.2.3 暗期间断(暗期闪光)

暗期间断对植物开花的影响，表明连续的暗期对植物成花起着决定性作用。Hamner等发现苍耳植株在16 h暗期中间用1 min的照光处理(暗期间断)则不开花，而间断白昼则开花。Borthwick等研究表明暗期间断能显著促进长日植物大麦开花。用短时间的黑暗间断光期，光周期诱导不受影响，能分化花芽；如果用闪光处理间断暗期，会使短日植物不开花而

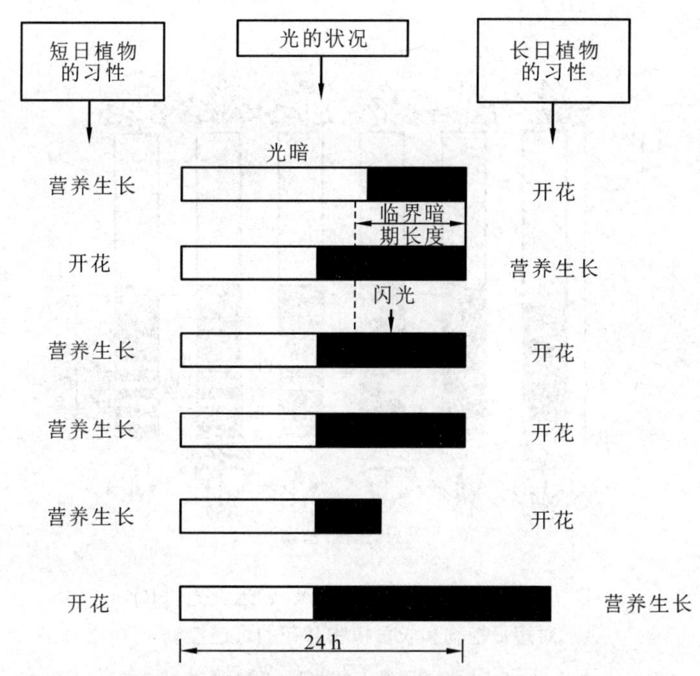

图 10-9 暗期长短及暗期间断对开花的影响(引自李合生，2012)

长日植物开花(图 10-9)。植物成花需要连续的黑暗条件，暗期的长度决定植物是否产生花原基，光期的长度则决定花原基的数量。

光照时间和光照强度会影响暗期间断效果。一般认为植物通过光周期诱导(详见本章 10.3.4 内容)所需的光照强度较低，为 50～100 Lux，而暗期间断所需要的光照强度更低。暗期间断所需要的光照时间一般也比较短，如几分钟(最多不超过 30 min)的低强度光照(暗期闪光)就可阻止大豆、紫苏、苍耳和高凉菜等这些敏感的短日植物开花；暗期被 30 min 或更短时间的光照间断时，促进天仙子、大麦、毒麦等长日植物成花；水稻对夜间 8～10 Lux 的闪光就有反应，这表明光周期诱导是一个低能反应。

用不同波长的光间断暗期的试验表明，光周期诱导以红光最有效，蓝光效果差，绿光几乎无效。在暗期先用红光再用远红光照射时无间断暗期的作用，即远红光可抵消红光的作用，暗期间断的效果取决于最后一次照射的是红光还是远红光。红光阻止短日植物开花但促进长日植物开花，远红光促进短日植物开花，但阻止长日植物开花(图 10-10)。植物成花对红光—远红光的可逆反应，表明光敏色素系统参与了成花诱导过程。光敏色素对植物成花的作用取决于光稳定平衡值的大小(Φ = [Pfr]/[Pr])，短日植物开花要求低的[Pfr]/[Pr]值，而长日植物开花要求较高的[Pfr]/[Pr]值。用红光或白光间断暗期，可使植物体内[Pfr]/[Pr]值升高，从而抑制短日植物开花，促进长日植物开花，用远红光间断暗期，可使植物体内[Pfr]/[Pr]值降低，从而抑制长日植物开花，促进短日植物开花。此外，蓝光受体(由 *CRY1* 和 *CRY2* 编码)在植物的光周期反应中可能也发挥着重要的调节作用。有研究表明，*CRY2* 基因促进拟南芥开花且开花促进功能依赖于蓝光和红光；用红光间断暗期可诱导光敏核不育水稻农垦 58S 高度不育，用含有部分蓝光的红光间断暗期可诱导其完全不育，说明 2 种光受体共同参与植物对光周期的反应过程。

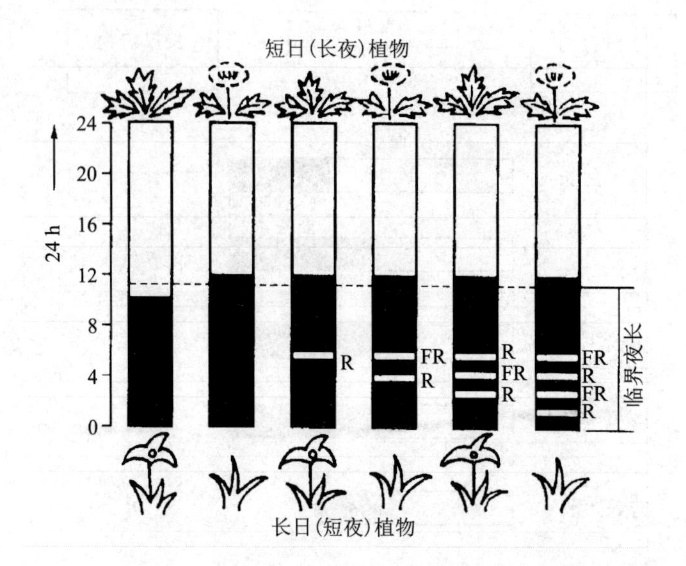

图 10-10 暗期间断时红光(R)和远红光(FR)对短日植物和长日植物开花的可逆控制

(引自 Taiz and Zeiger, 2006)

10.3.3 光周期刺激的感受和传递

10.3.3.1 光周期刺激的感受

植物感受光周期刺激的部位是叶片。例如，前苏联学者柴拉轩(Chailakhyan)发现菊花植株在长日照下无花，在短日照下有花，当顶芽(去掉附近的叶片)接受长日照而全部叶片短日照(遮光)时开花，当顶芽(去掉附近的叶片)接受短日照(遮光)而全部叶片长日照时不开花，证明植物感受光周期的部位是叶片(图 10-11)。Hamner 和 Bonner 将长日照下生长的苍耳的一片叶进行短日照后形成了花原基。Lona 将短日植物紫苏的离体叶片给予合适的光周期后，嫁接到在长日照条件下进行营养生长的植株上，使植株开花，证明叶片是感受光周期刺激的主要部位。

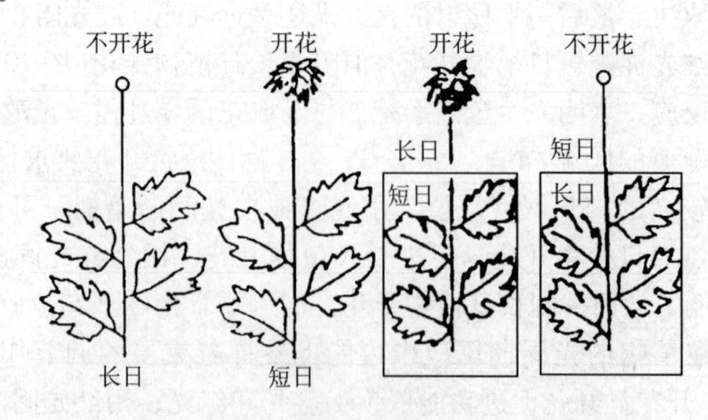

图 10-11 叶在植物光周期反应中的作用

(引自李合生，2012)

植物需要达到一定年龄后，叶才能接受光周期的诱导，所需株龄因物种而异。如水稻在7叶期左右，大豆是在子叶伸展期，红麻在6叶期，苍耳在4~5叶期。在合适的株龄内，光周期诱导所需的天数随株龄的增加而减少。

叶片对光周期刺激的敏感性与叶龄有关，幼叶和老叶的敏感性差，成龄叶(即叶片刚充分展开至衰老前)敏感性高。

此外，在一定条件下，茎或顶芽也能感受光周期的刺激。如将紫雪花的无芽茎段进行短日照处理4周能产生花芽；苋色藜(*Chenopodium anranticolor*)在去叶有顶芽的情况下接受短日照而成花。

10.3.3.2 光周期刺激的传递

叶片感受到光周期的刺激后需要将此信号传递给成花部位即茎尖端的生长点。1937年，前苏联学者柴拉轩把5株苍耳顺次嫁接在一起，让一端的一棵植株的一片叶接受适宜的光周期(短日照)诱导，该植株的其他部分和其他4株都处于不适宜的光周期(长日照)下，结果所有的植株都能开花(图10-12)，说明叶片中产生的开花刺激信号可以在同一种植物的植株内、植株间进行传递并发挥作用。大量试验表明，不同光周期类型的植物嫁接后能相互影响开花，表明开花刺激能在不同种植物间进行传递，推测开花刺激信号(或开花刺激物)在物种间无本质区别。例如，长日植物景天属的蝎子掌(*Sedum spectabile*)嫁接到短日植物高凉菜的茎上后，在短日条件下蝎子掌能开花；把短日植物高凉菜嫁接到长日植物大叶落地生根的茎上后，在长日照条件下高凉菜可大量开花，反之也可以；长日植物天仙子与短日植物烟草嫁接，不论在长日照条件下或短日照条件下两者都开花。

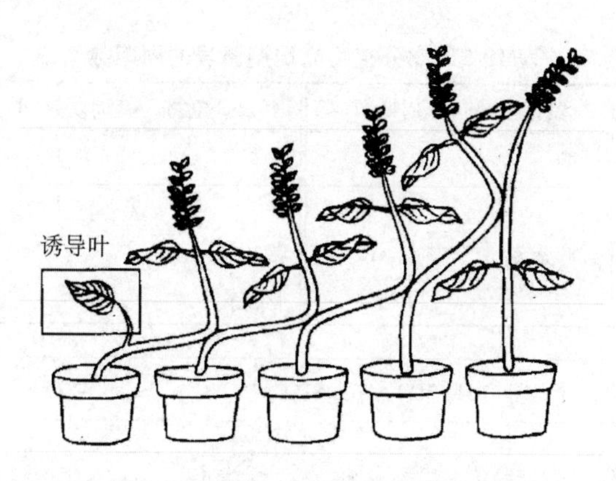

图10-12 苍耳嫁接实验(引自李合生，2012)

利用环割、局部冷却或蒸汽热烫以及麻醉剂处理叶柄或茎，以阻止韧皮部物质的运输，可抑制开花，说明开花刺激物的运输途径是韧皮部。埃文斯(Evans)在苍耳植株接受暗期诱导后立即去掉叶片则不开花，若在暗期结束数小时后再去掉叶片则植株开花，若在暗期结束1~2 d后再去掉叶片，可获得最大的开花效果，说明从叶片感受光周期诱导到成花启动、成花信号的传递、成花刺激物的合成与运输需要时间。

成花刺激物的运输速度因植物种类而异，每小时几厘米到几十厘米。如毒麦开花刺激物的运输速度为1~2.4 cm·h^{-1}；黑麦草为2 cm·h^{-1}，其标记的光合同化物的运输速度为

77 ~ 105 cm · h^{-1}；日本牵牛为 24 ~ 33 cm · h^{-1}，其标记的光合同化物的运输速度为 33 ~ 77 cm · h^{-1}。此外，强光下叶片中的开花刺激物运出叶片的数量多于黑暗中。

10.3.4 光周期诱导

10.3.4.1 光周期诱导的概念和影响因素

光周期诱导(photoperiodic induction)是指达到一定生理年龄的植株，只要得到足够日数的适合光周期，以后即使处于不适合的光周期条件下仍可开花的现象。

影响光周期诱导的因素主要有光照(见本章 10.3.2 节内容)、株龄和叶龄(见本章 10.3.3 节内容)、温度(见本章 10.2 节内容)、通过光周期诱导所需的时间(即光周期诱导的周期数)等。

光周期诱导的周期数即进行光周期诱导所需要的天数，多数植物光周期诱导需要几天、十几天到几十天(表 10-5)。例如，临界日长为 15.5 h 的短日植物苍耳的 6 棵植株在非光诱导周期(16 h 光照和 8 h 黑暗，16L-8D)下长出 4 ~ 5 个完全展开的叶片时，将植株 A、B(去掉所有叶片)、C(仅留一片叶)用一个光诱导周期(15L-9D)处理后在 16L-8D 条件下生长，植株 A 和 C 开了花，将植株 D、E(去掉所有叶片)、F 用非光诱导周期处理，植株 F 中有 1 片叶用一个适宜的光周期处理，结果是植株 F 开了花，表明苍耳的一片叶即足以完成诱导的作用，苍耳只要一个循环的 15 h 光期和 9 h 黑暗处理(15L-9D)就可开花，即光周期诱导的周期数是 1 d(图 10-13)。一般增加光周期诱导的天数，可加速花原基的发育，增加花的数目。

表 10-5 部分植物光周期诱导的周期数

短日植物	周期数(d)	短日植物	周期数(d)	长日植物	周期数(d)	长日植物	周期数(d)
日本牵牛	1	苎麻	7	油菜	1	拟南芥	4
菠菜	1	菊花	12	白芥	1	胡萝卜	15 ~ 20
“比洛克西”大豆	3	红叶紫苏	12	毒麦	1	甜菜	15 ~ 20
大麻	4			天仙子	2 ~ 3		

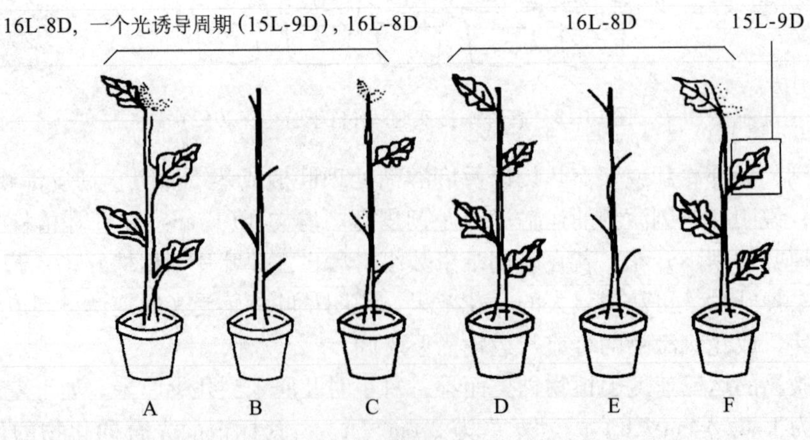

图 10-13 苍耳的光诱导周期实验(引自潘瑞炽，2012)

10.3.4.2 光周期诱导的成花刺激物

(1)成花素

1958年，柴拉轩提出了成花素(florigen)假说，即假定成花素由赤霉素和开花素(anthesins)组成，开花素必须与赤霉素结合才表现活性，在适宜的光周期诱导下，叶片产生成花素，经韧皮部传递到茎尖分生组织，引起开花。长日植物在短日条件下缺乏赤霉素，而短日植物在长日条件下缺乏开花素，所以都不能开花。

(2)开花抑制物质

长日植物天仙子、短日植物藜在不合适的光周期下不能开花，连续去掉所有叶片并供给糖分时，这些植物在任何日照长度下都能开花。短日植物紫苏在长日条件下，将1片叶进行遮光短日处理(合适的光周期)时不开花，在此基础上将其他叶片去掉时能开花。保留长日植物菠菜的非诱导叶片，虽不干扰开花促进物质的运输但抑制开花。这些实验表明叶片在不合适的光周期下可能产生开花抑制物质，而在合适的光周期下不产生开花抑制物质或通过开花促进物质进行颉颃，植株能否开花取决于开花抑制物质与开花促进物质的比例。

(3)植物激素

赤霉素能诱导一些长日照植物在短日照下成花，GA_4和GA_7能有效促进高山勿忘我等植物的成花，施用抗赤霉素的矮壮素(CCC)则抑制长日植物开花。对某些冬性长日植物，GA_3处理可代替低温的作用，使其不经春化而开花。

细胞分裂素对植物成花有促进作用。如烟草花梗在含有1 $mmol \cdot L^{-1}$ 6-苄基腺嘌呤(6-BA)或二氢玉米素的培养基中花芽分化最多，当缺少细胞分裂素时则不分化花芽，浓度过高时只分化营养芽而不分化花芽。紫罗兰属植物在适宜光周期诱导后体内的细胞分裂素含量增加，外施细胞分裂素能促进拟南芥及紫罗兰属、牵牛属、浮萍属、藜属等植物的成花。

外施生长素会抑制某些短日植物成花，促进一些长日植物(天仙子、毒麦)开花。例如，将苍耳插枝浸入一定浓度的生长素溶液中会抑制成花；用生长素极性运输的抑制剂三碘苯甲酸处理可促进苍耳成花。一般来说，高浓度生长素处理，对植物成花都表现为抑制效应。

脱落酸可代替短日照诱导浮萍、红藜等短日植物在长日照下开花，但在严格的非诱导条件下脱落酸不能促进短日植物成花。脱落酸能抑制毒麦、菠菜等长日植物开花。

乙烯具有促进菠萝成花和调节瓜类雌花分化的作用。

(4)其他物质

在植物中发现多种雌性激素、雄性激素等甾类化合物在成花诱导中起重要作用。例如，在适宜的光周期下，短日植物白苏和红叶藜、长日植物天仙子的雌性激素含量增加。外施甾类化合物能促使某些植物开花，如从经过长日处理的毒麦中提取甾类化合物能促进在试管中培养的藜芽开花，而从经过短日处理的毒麦中得到的提取物则无此作用。外施甾类化合物的生物合成抑制剂能抑制花芽的形成。

10.3.5 光周期理论在生产中的应用

10.3.5.1 指导引种

在北半球，低纬度地区多为短日植物，高纬度地区多为长日植物，中纬度地区则长日植物、短日植物共存。在同一纬度地区，短日植物多在日照较短的秋季开花，如苍耳、菊花等；而长日植物多在日照较长的春末和夏季开花，如天仙子、小麦等。在不同纬度地区之间引种对日照要求严格的植物时，要考虑引种地区的日照条件是否适合该植物的光周期特性，最好先进行引种试验，否则会造成开花提早或推迟，严重时引起减产，甚至颗粒无收。

(1)以收获果实或种子为主的植物

在我国将需要收获果实或种子的长日植物从南方引种到北方，会提早开花，生育期缩短，应选择晚熟品种；从北方引种到南方，会延迟开花，生育期延长，应选择早熟品种。短日植物的引种则与此相反。以 4 种大豆在北京种植时的开花情况为例(表 10-6)，南方大豆品种引至北京时，因短日照比原产地来得晚，开花推迟，生育期延长，为避免北京秋季低温影响，最好引种早熟品种；而北方例如佳木斯大豆品种引至北京种植时，因短日照比原产地来得早，开花提前，生育期缩短，为避免植株很小就开花降低产量，最好引种晚熟品种。

表 10-6 4 种大豆在北京种植时的开花情况

品种名称	原产地及大约纬度	原产地播种期—开花期	原产地播种到开花的天数(d)	北京播种期—开花期	原产地播种到开花的天数(d)
金大 532	南京 32°	5 月 26 日~8 月 23 日	90	4 月 30 日~9 月 1 日	124
本地大豆	北京 40°	4 月 30 日~7 月 19 日	80	4 月 30 日~7 月 19 日	80
平顶香	锦州 41°	5 月 19 日~7 月 29 日	72	4 月 30 日~7 月 2 日	63
满仓金	佳木斯 47°	5 月 17 日~7 月 5 日	55	4 月 30 日~6 月 5 日	36

(2)以收获营养体为主的植物

对以收获营养体为主的短日植物，通过南种北引，延迟开花，延长生育期，可以提高产量和质量。例如，短日植物麻类在南种北引时，开花推迟，植株高度增加，纤维产量和质量提高；原产热带或亚热带的短日植物烟草向温带引种时，提前到春季播种，利用夏季的长日照和高温多雨，延长生育期，促进营养生长，提高烟叶产量和质量；通过南种北引的方法，可抑制甘蔗开花，增加产量。

10.3.5.2 调节花期

(1)提早开花

采用人工延长光照或暗期间断的措施，满足杜鹃等长日植物的长日照要求，使其提早开花。通过人工遮光对菊花进行短日处理使花期由秋季提前到 6~7 月。

通过人工调节光周期来提早开花，解决杂交育种工作中的花期不遇问题。例如，对处于 4~7 叶期的晚稻秧苗进行遮光处理使其提早开花，与早稻杂交授粉，培育新品种。

(2)推迟开花

秋季开花的短日植物菊花，在短日来临之前，通过人工补光延长光照时间或暗期间断的措施使其推迟到春节开花。利用夜间闪光处理抑制甘蔗开花，从而提高茎秆和蔗糖的产量。

10.3.5.3 加速育种进程

在我国通过南繁北育，满足作物对日照和温度的要求，1 年内可繁殖 2~3 代，加速育种进程。例如，长日植物小麦，夏季在黑龙江、冬季在云南繁育种子；冬季可在海南岛繁育短日植物水稻和玉米种子。此外，通过人为缩短光照使甘薯开花整齐，也可缩短杂交育种的时间。

10.4　植物的授粉受精生理

对于以收获种子或果实为栽培目的的农作物或果树而言，授粉受精的好坏直接影响产量、品质和经济效益。如空秕粒现象、落花落果现象等，多是由于受精不良或未完成受精造成的，而花粉和柱头的生活力、亲和性是影响授粉受精的直接因素。

10.4.1　花粉的特点

成熟的花粉粒即雄配子体，在花药的花粉囊中形成。根据成熟花粉粒中细胞(核)的数量，将花粉粒分为三细胞花粉(三核花粉粒)、二细胞花粉(二核花粉粒)2 种类型。三核花粉粒有 1 个营养核、2 个生殖核，如十字花科(油菜等)、禾本科(水稻、小麦、玉米等)植物等；二核花粉粒有 1 个营养核、1 个生殖核，在花粉萌发、花粉管伸长生长到受精之前，生殖核完成一次分裂形成 2 个生殖核，如黄连木、木兰科、百合科、蔷薇科(桃、梨等)植物等。在营养细胞的细胞质中由质膜包裹生殖核和部分细胞质。

10.4.1.1　花粉粒的结构与成分

(1)花粉壁

成熟的花粉粒通常由内壁和外壁组成。

花粉外壁由角质、纤维素、孢粉素(或称花粉素)和外壁蛋白构成。孢粉素(sporopollenin)是花粉特有的、类胡萝卜素和类胡萝卜素内酯的氧化多聚化的衍生物，能抗酸和微生物分解，使花粉外壁的特征非常稳定。花粉外壁的特征常因物种而异且稳定，故花粉外壁是植物分类的重要标准，也是古植物分类鉴定的重要依据。孢粉素有很强的吸水性，利于花粉吸水萌发。花粉外壁含有的糖蛋白，多来自花药绒毡层的细胞(属于孢子体细胞，sporophytic cell)，常具有物种特异性，参与授粉时花粉粒与柱头之间的相互识别。

花粉内壁主要由纤维素、果胶质和内壁蛋白组成。花粉内壁含有的蛋白是在雄配子体发育过程中形成的，主要包括参与花粉萌发和花粉管伸长有关的水解酶类、参与花粉与花柱识别的糖蛋白。纤维素使花粉内壁对水有较大的亲和力且易膨胀。

花粉外壁间断处，内壁增厚，形成萌发孔(萌发沟)。花粉萌发时，花粉内壁吸水膨胀穿过萌发孔(萌发沟)形成花粉管伸出。

(2)花粉内含物

花粉内含物主要由蛋白质、糖、脂、色素、矿质元素、激素、维生素、脯氨酸、水等物质组成。花粉中的脯氨酸和淀粉含量与花粉的可育性密切相关；花粉中的色素可吸引昆虫传粉、防止紫外线伤害、保持花粉生活力，部分植物花粉中的色素与自花授粉不亲和性有关。花粉从花药中散出后，经自然干燥或阴干或灯下烘干后的干花粉粒具有较低的水势，可提高花粉的抗逆性(抗低温、抗干旱等)，利于授粉后花粉的吸水萌发。总之，花粉内含物对花粉萌发、花粉管生长、受精、结实等起重要作用。

10.4.1.2　花粉的生活力

在自然条件下，花粉的生活力因物种而异。如玉米花粉的生活力为 1～2 d，小麦花粉的生活力约为数小时。一般从花药中刚散出来的成熟花粉粒生活力最强，随时间延长花粉生活力下降，如水稻花药开裂5 min后50%以上的花粉失去生活力，花药开裂10～15 min后所有的花粉丧失生活力。

影响花粉生活力的外界条件如下：

(1)温度

常用的花粉贮藏温度为1～5 ℃，高温下花粉易丧失生活力，低温对保持花粉生活力有利。例如，棉花的花粉粒在40 ℃以上的高温下不萌发；小麦花粉在20 ℃、0 ℃下分别存活15 min、48 h；玉米花粉在20 ℃、5 ℃、2 ℃下分别存活25 h、56 h、120 h；苹果花粉在－15 ℃下贮藏9个月，萌发率为95%；黄连木花粉在－20 ℃贮藏30 d，萌发率为33.08%。

(2)空气相对湿度

花粉贮藏的空气相对湿度为10%～50%。果树花粉要求的较低，如苹果花粉在相对湿度为10%～25%、温度为3 ℃时，保存350 d，萌发能力仍在60%以上。禾本科植物花粉贮藏时要求空气相对湿度在40%以上，如玉米花粉在干燥空气中存活24 h，而在潮湿空气中存活48 h。

(3)二氧化碳和氧气的相对浓度

利用干冰(固态二氧化碳)等措施增加贮藏容器中二氧化碳的含量可延长花粉寿命。减少氧气分压可延长花粉的贮存寿命，如苜蓿花粉在－21 ℃下真空贮藏11年后仍有一定的生活力。

(4)光线

花粉在遮阴或暗处贮藏较好。如苹果花粉在暗处、散射光下、直射日光下储存后的发芽率依次为33.4%、30.7%、1.2%。

检测花粉生活力的方法有离体萌发法、TTC(2,3,5－三苯基氯化四氮唑)法、柱头整体压片荧光显微镜观察法、过氧化物酶测试法、I-KI染色法等。

在实际生产和杂交育种的人工授粉环节，当亲本的花期不遇时(即雌、雄蕊不在同一时间成熟)，需要先采集花粉，在花粉适当干燥后贮藏备用，贮藏期间要最大限度地保持其生活力。因花粉较小，贮藏的营养物质少，高强度的呼吸易导致花粉养分过度消耗使之丧失生活力，所以一般在干燥、低温、增加空气中二氧化碳浓度和降低氧气浓度的条件下，利于保持花粉的生活力。

常用的花粉贮藏方法有低温法(1～5 ℃的冷藏法、－20 ℃的冷冻法、－80 ℃的超低温保存法、－196 ℃的液氮保存法)、真空干燥法、有机溶剂法(苯、石油醚、丙酮、氯仿等)。

10.4.2 柱头的类型和生活力

10.4.2.1 柱头的类型

花的柱头多由许多乳突状细胞或毛状细胞构成，呈毛刷或羽毛状。成熟的柱头可分为湿性柱头和干性柱头2种类型。

(1)湿性柱头

湿性柱头(wet stigma，湿润型柱头)的柱头表面有表皮细胞产生的分泌物，分泌物的成分主要包括水、脂肪酸、糖、酚类、硼酸等，这些成分具有黏住花粉、促进花粉萌发和花粉管生长的作用。茄科(如烟草、矮牵牛)、百合科(如百合)、蔷薇科(如苹果、梨、桃)、胡桃科(如核桃)等植物的柱头属于此类。

(2)干性柱头

干性柱头(dry stigma，干燥型柱头)的柱头表面无流动的分泌物，但表皮细胞的外表面有亲水的蛋白质膜存在，可帮助花粉获得水分利于花粉萌发，参与花粉和柱头的识别。石竹科、十字花科(如拟南芥)、禾本科植物(如小麦、大麦、玉米、水稻)的柱头多属于此类。

10.4.2.2 柱头的生活力

柱头的生活力涉及柱头的有效授粉期和最佳授粉期，最终影响受精。

自然界中，柱头的生活力从开花当天持续到柱头开始干枯为止。柱头生活力持续时间的长短常因物种而异。例如，水稻柱头的生活力为6~7 d，开花当天授粉的花粉萌发率及结实率均最高；玉米柱头的生活力始于花丝(即花柱)长度达穗长一半时，花丝抽齐后1~5 d生活力最强，之后下降；小麦柱头的生活力始于麦穗从叶鞘抽出2~5 h，可维持9 d，抽穗后第3 d授粉的结实率最高；黄连木柱头的生活力从开花第1 d到第6 d；核桃柱头的生活力从开花第1 d到第7 d。此外，柱头生活力持续的时间还受风、温度和空气相对湿度等环境因子影响，无风、温度和湿度适宜时柱头生活力保持的时间长，反之缩短。

需要指出的是，苹果柱头的生活力从开花前2 d开始持续到开花第4 d，人类利用植物开花前柱头具有生活力的特点，在开花前进行人工授粉，即蕾期授粉，省去套袋隔离的麻烦。

10.4.3 花粉与柱头、花柱之间的识别

花粉落在柱头上，需要与柱头、花柱之间进行识别。如果表现亲和，则花粉萌发和花粉管生长直至完成受精作用；如果表现不亲和，则花粉不萌发或花粉萌发后花粉管不能伸长生长到达胚囊，不能完成受精作用。

10.4.3.1 花粉与柱头、花柱之间的识别机制

(1)花粉外壁中的糖蛋白与柱头乳突细胞表面的蛋白质薄膜(糖蛋白)之间的识别

花粉落在柱头上立即吸水，几分钟内来自绒毡层的花粉外壁的糖蛋白(glycoprotein)即识别物质(recognition substance)释放出来，与柱头乳突细胞表面的外膜蛋白即识别的“感受器”进行识别。花粉与柱头表现亲和时花粉粒萌发，花粉管尖端分泌角质酶溶解柱头表面下的角质层，花粉管穿过柱头、沿花柱伸长最终完成受精作用；花粉与柱头表现不亲和时，花粉管的角质酶被柱头抑制或柱头乳突细胞迅速产生胼胝质沉积，阻止花粉管进入花柱无法完成受精作用。

(2)花粉内壁中的糖蛋白与花柱细胞表面的糖蛋白之间的识别

其内容详见本章10.4.3.2节“自交不亲和性”。

根据亲本的亲缘关系，植物的不亲和性包括自交不亲和性、杂交不亲和性两大类。从进化角度来看，自交不亲和性是植物避免自交退化、丰富变异、适应环境的表现，而杂交不亲和性则是植物保持物种稳定性的表现。

10.4.3.2 自交不亲和性

(1)自交不亲和性的概念和相关等位基因

自交不亲和性(self-incompatibility，SI)是指雌雄蕊均可育的种子植物在自花授粉后不能

产生种子的现象。

遗传学上，自交不亲和性受一系列复等位(multiple alleles)基因的 S 基因(S locus，S 位点)控制。S 基因在雌、雄生殖组织中表达1个或多个基因(S_1，S_2，S_3，…，S_n)，不同的 S 基因编码不同的蛋白质，作为亲和或不亲和的识别基础。

(2)自交不亲和性的类型

被子植物存在配子体自交不亲和性、孢子体自交不亲和性2种类型。

配子体自交不亲和性(gametophytic self-incompatibility，GSI)是指当花粉粒本身的 S 等位基因与雌蕊的 S 等位基因相同时，花粉管穿过柱头进入花柱后生长停顿、破裂，无法到达子房完成受精。它受花粉粒本身的基因型、花粉内壁蛋白所控制，即由配子体(单倍体)来源的因子决定。二核花粉和湿性柱头的植物，如茄科、蔷薇科和百合科，以及三核花粉中的禾本科植物属于这种类型(图10-14，A)。

孢子体自交不亲和性(sporophytic self-incompatibility，SSI)是指当花粉亲本的一个 S 等位基因与雌蕊的一个S等位基因相同时，就发生拒绝反应，花粉管在柱头上被抑制。它受花粉外壁上的、由二倍体的花药绒毡层合成的物质所控制，即由孢子体(二倍体)来源的因子决定。例如，菊科、十字花科等三核花粉和干性柱头的植物属于此类(图10-14，B)。

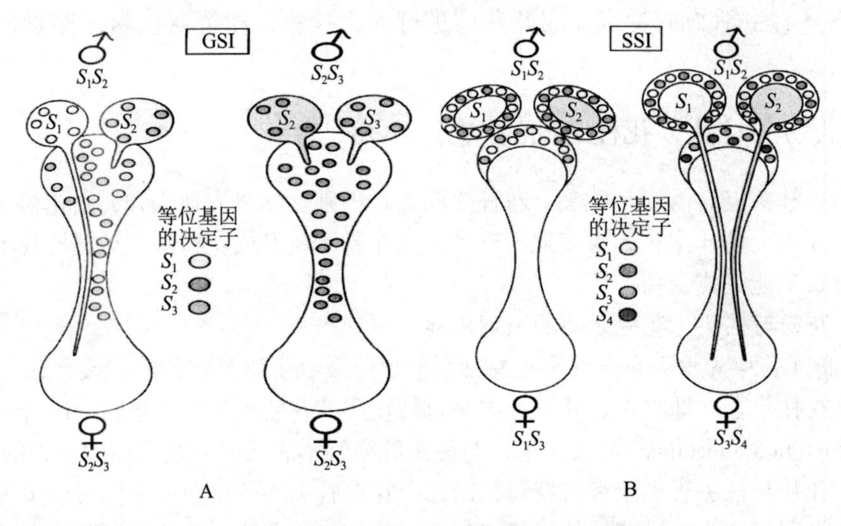

图10-14 植物自交不亲和现象遗传机制示意

S 基因的表达产物是S-糖蛋白(或称S-核酸酶，S-RNase)，它具有核酸酶的活性，存在于柱头乳突细胞表面以及花柱中，能被不亲和的花粉管吸收并将花粉管内的RNA降解抑制花粉管生长。在芸薹属植物孢子体自交不亲和性研究中，发现了与S位点相连锁的糖蛋白(S-lous glyccoprotein，SLP)和S受体激酶(S-receptor kinase，SRK)。

10.4.3.3 克服不亲和性的措施

克服杂交不亲和性，利于获得具有杂种优势的 F_1 代；克服自交不亲和性，利于获得 F_1 代的纯合体，避免年年制种、嫁接、配置授粉树的麻烦。

(1)花粉蒙导法(混合授粉法)

花粉蒙导法由苏联园艺学家米丘林提出，即在授有活力的不亲和性花粉的同时，混入一些杀死的但保持识别蛋白的亲和性花粉，亲和性花粉可干扰柱头使其不能识别不亲和的花粉，从而蒙骗柱头，达到受精的目的。使亲和性花粉失活但保持识别蛋白的亲和性的方法有蒸汽法、γ 射线辐射法、甲醇法、反复冷冻、黑暗中饥饿法等。花粉蒙导法已使杨属与柳属、萝卜属与波斯菊属的属间杂交获得成功。例如，在银白杨(*Populus alba*)花粉中混入用 γ 射线杀死的美洲黑杨(*P. deltoid*)花粉，然后再给三角杨授粉，克服种间杂交不亲和性，获得15%的结实率。

(2)蕾期授粉法

蕾期授粉法即在开花前，雌蕊的生殖单位已成熟，但柱头表面和花柱中的不亲和因子尚未表达的情况下授粉。利用此法，已在芸薹属、矮牵牛属、烟草属和梨属等植物上获得自交系种子。如乌云塔娜等(2006)研究表明砂梨雌蕊在蕾期的 S-RNase 基因的表达量较少，雌蕊抑制花粉在柱头上继续生长的能力弱，蕾期授粉往往表现为自交亲和。

(3)延期授粉法

当花开过一定时间后，柱头上或花柱内的不亲和物质的数量减少、活性减弱、对花粉萌发和花粉管生长的抑制作用降低时授粉，克服不亲和。孙晓梅等(2009)研究表明延期授粉法可以克服郁金香品种“夜王后”“K 奈利斯”的自交不亲和性。

(4)物理化学处理法

采用高温浸烫法、辐射法、割柱头法、电助授粉法、二氧化碳处理法、盐水处理法、抑制剂或生长调节剂等处理雄蕊或雌蕊的方法，打破不亲和性。例如，用32～60 ℃的热水浸烫柱头，即可打破梨、樱桃、月见草、百合、番茄、黑麦等的不亲和性；用低剂量的 X 射线照射番茄、烟草的雄蕊，促使花粉产生自交亲和的突变；用2 000R 的强剂量的 X 射线照射牵牛花花柱，可提高花粉在柱头上的萌发率；孙晓梅等(2009)研究表明割柱头处理能克服郁金香品种“夜王后”与“K 奈利斯”的杂交不亲和性；利用90～100 V 的电压刺激柱头、3.6%～5.9%的二氧化碳处理雌蕊5 h、5%～8%的氯化钠溶液处理雌蕊等也可克服自交不亲和性；用放线菌素 D 处理可抑制花柱中 DNA 的转录，阻断识别蛋白的合成，部分抑制花柱中的自交不亲和反应；用生长素和萘乙酸处理花器官使其不早落，可使生长慢的不亲和花粉管能在落花前到达子房而受精，克服不亲和性。

(5)媒介法

当2种远缘植物杂交不易成功时，先将一个远缘亲本与一个比较近缘的植物进行杂交或嫁接，然后用其杂种或嫁接后代再与另一个亲本杂交，提高远缘杂交结实率。如中国农业科学院将中国春小麦与矮粒多小麦杂交后，用其杂种与黑麦杂交，结实率可高达61.86%；王建源等(2003)研究表明烟草先与茄科植物嫁接后，在低温(20℃)、高湿(70%～80%)的环境条件下与药用植物(罗勒、薄荷、土人参)进行杂交，能克服烟草与药用植物有性杂交的不亲和反应。

(6)离体培养结合试管受精法

利用胚珠、子房等为外植体进行离体培养，再进行试管受精；或以早期幼胚为外植体进行离体培养，可克服自交或杂交不亲和性。例如，刘清琪等(1983)研究表明自交不亲和的怀庆地黄通过胚珠试管受精，可消除柱头和花柱对花粉萌发和花粉管生长的抑制作用，获得了试管受精的种子、幼苗和植株。

(7) 细胞融合技术

利用细胞融合技术，成功克服栽培烟草与野生烟草、番茄与马铃薯等种间、属间杂交的不亲和性。在融合手段上，过去常采用聚乙二醇、灭活的仙台病毒等化学或生物促融因子，现在多采用电融合技术。

(8) 增加染色体倍数

将自交不亲和的甜樱桃、牵牛属及梨属等植物的二倍体用秋水仙素加倍成四倍体，则表现出自交亲和性。

(9) 正反交法

采用正反交的方法即父本、母本调换角色的方法克服杂交不亲和性。杨红花等(2004)以桃、杏、李、樱桃、梅等核果类果树的 9 个品种为亲本共 69 个组合进行了远缘杂交，同一杂交组合，正交、反交坐果率差异显著，母本对远缘杂交亲和性影响很大，父本对远缘杂交亲和性的影响较小。

10.4.4　花粉萌发和花粉管伸长生长

10.4.4.1　花粉萌发

花粉萌发是指花粉粒从柱头吸水膨胀，花粉粒的内壁从萌发孔(或萌发沟)向外突出形成花粉管的过程。

花粉粒萌发和花粉管伸长生长的大致过程如图 10-15 所示。

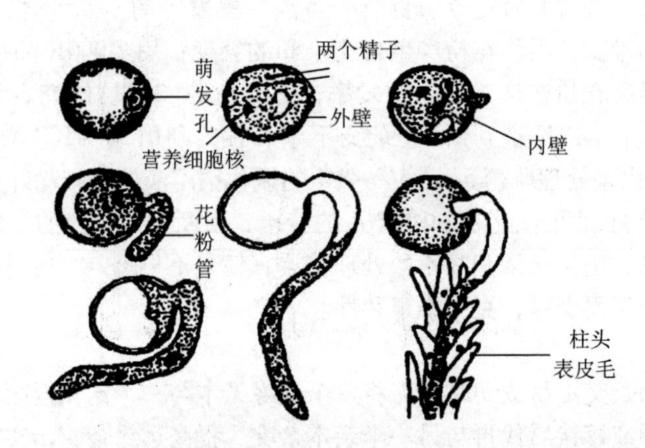

图 10-15　水稻花粉粒的萌发和花粉管的形成(引自李合生，2012)

花粉萌发时，蛋白质合成加强；在柱头的酸性条件下，花粉本身的磷酸化酶、淀粉酶、转化酶等酶活性明显增强，加速花粉和花柱中物质的转化，以获取花粉管生长的养料；呼吸速率剧增。

自然界中，花粉萌发时间因植物种类而异。如水稻、高粱和甘蔗等在传粉后立即萌发；玉米需要 5 min 左右；甜菜为 2 h；棉花为 1 ~ 4 h。

10.4.4.2　花粉管伸长生长

花粉萌发后，花粉管穿过柱头、进入花柱伸长生长、直至到达胚囊。花粉管在中空花柱(开放型花柱)中沿花柱道进行伸长生长，在实心花柱(闭合型花柱)中沿引导组织进行伸长生长。

花粉管的生长方式是顶端生长，生长只局限于花粉管顶端区(花粉管顶端几微米到十几微米的区间)。顶端含有参与花粉管新区壁物质形成的糖、RNA、酶等物质和线粒体、高尔基体、内质网等细胞器。

花粉管总是朝着胚囊的方向伸长生长，这与花粉管的向化性有关。研究表明，金鱼草、苹果、水稻、油菜、梨等植物的柱头到胚珠之间存在着钙离子浓度递增的现象，胚囊处钙离子浓度高的原因之一可能是一个助细胞解体释放钙所致，花粉管就是向着钙离子浓度增加的方向伸长生长的，但尚未证实所有植物的花粉管的定向伸长都与钙有关。

10.4.4.3 影响花粉萌发与花粉管伸长的因素

(1)糖

糖的作用在于维持花粉的渗透平衡避免花粉管破裂、为花粉萌发提供营养物质和能源，适于花粉萌发的蔗糖浓度为5%~25%。例如，邱政芳等在黄连木花粉萌发培养液中加入15%的蔗糖时萌发率高。

(2)硼

硼与糖形成复合物促进糖的吸收与代谢，硼还参与果胶物质的合成利于花粉管壁的形成，所以硼对花粉的萌发和花粉管的伸长生长有促进作用。生产上，开花期喷施100~150 $mg \cdot L^{-1}$的硼酸，可提高很多农作物和果树的结实率。黄连木花粉的离体萌发实验表明，培养液中加入100 $mg \cdot L^{-1}$的硼酸时花粉萌发率高。

(3)钙

钙参与花粉管壁的构建，作为第二信使参与花粉萌发、花粉管的伸长。

(4)维生素和胡萝卜素

维生素B_1、维生素B_2、维生素C和胡萝卜素作为营养物质有促进花粉管生长的作用。

(5)温度和湿度

花粉萌发的最适温度是20~35 ℃，最适相对湿度为70%~90%，过高或过低均对花粉萌发不利。

(6)花粉密度

集体效应(population effect)又称群体效应(group effect)，是指在一定的密度范围内，落在柱头上的花粉密度越大，萌发率越高，花粉管生长越快的现象。根据集体效应，在做花粉萌发试验和生产上人工授粉时，必须达到一定的花粉量。需要注意的是花粉萌发需要雌蕊提供水及其他物质，如果花粉量过大，会导致雌蕊营养缺乏，进而坐果率降低，因此，花粉量要适中。

10.4.5 受精作用

受精作用(fertilization)是指花粉在柱头上萌发，花粉管伸长进入胚囊后，精子与卵细胞融合形成合子等一系列的过程。

双受精作用(double fertilization)是指花粉在柱头上萌发，花粉管进入胚囊后，一个精子与卵细胞融合形成合子，另一个精子与2个极核融合形成三倍体胚乳核的过程。

从授粉到受精所需的时间受花柱长度和花粉管的生长速度影响，常因物种而异。水稻、小麦、苹果、黄连木、兰花及裸子植物等从授粉到受精所需时间依次为 30 min、1～1.5 d、3.5～4.5 d、14 d、几周乃至几个月、数月。

10.4.6　授粉受精对雌蕊代谢的影响

(1)呼吸速率提高

授粉后，雌蕊组织的呼吸速率明显增加，糖类和蛋白质代谢加快。例如，棉花雌蕊受精时的呼吸速率比开花当天高 2 倍；兰科植物授粉几十小时后花柱的呼吸速率约增加 1 倍。

(2)吸水和无机盐的能力增强

兰科植物授粉后，蒸腾作用急剧增强，雌蕊吸水增加 1/3，花被中的氮、磷向雌蕊转移，花被凋萎。同位素示踪实验表明，玉米在授粉后，大量的^{32}P由植株其他部位流入雌蕊，使雌蕊中的磷含量增加约 0.7 倍。

(3)生长素含量显著增加

受精后，由于花粉中含有的合成生长素的酶系分泌到雌蕊组织中，使柱头到子房中的生长素含量增加。如烟草授粉后 20 h，花柱中生长素的含量增加 3 倍多，而且合成部位从花柱顶端向子房转移，从而引导营养物质向子房运输，利于坐果。生产中，在开花前用 2,4-D、吲哚乙酸等处理番茄和瓜类的柱头，可促进子房膨大形成无籽果实即单性结实(详见第 11 章内容)。

10.4.7　无融合生殖

无融合生殖是指种子植物不经过受精作用而产生种子的现象。

按照无融合生殖胚胎的起源，把无融合生殖分成孤雌生殖、无配子生殖、无孢子生殖 3 种类型。孤雌生殖是指卵细胞不经过受精作用直接发育成种子的现象。孤雌生殖又包括单倍体孤雌生殖和二倍体孤雌生殖。单倍体孤雌生殖是指经过减数分裂的胚囊中的单倍体卵细胞发育成种子的现象，如曼陀罗属、小麦属等植物。二倍体孤雌生殖是指由未经减数分裂的胚囊中的二倍体卵细胞发育成种子的现象，如蒲公英、小金海棠等植物。无配子生殖是指胚囊内的助细胞、反足细胞等非生殖细胞发育成种子的现象，如韭菜、含羞草、鸢尾、百合等植物。无孢子生殖是指由珠心或珠被细胞直接发育成种子的现象，形成的胚称为不定胚，如禾本科、柑橘属等植物。需要指出的是，一种植物会具有多种无融合生殖方式，如高粱等植物。

根据无融合生殖的完全程度，把无融合生殖分成专性无融合生殖和兼性无融合生殖 2 种类型。专性无融合生殖是指植物只通过无融合生殖方式获得种子，例如，披碱草等植物。以专性无融合生殖个体作母本时，杂交不会成功；以它作为父本与其他品种、近缘种杂交时，可把无融合生殖特性传递给后代。兼性无融合生殖是指植物能通过有性生殖和无融合生殖 2 种方式获得种子，例如，核桃、苹果、柑橘、甜菜、早熟禾属植物等。兼性无融合生殖植物的后代中，通过无融合生殖形成的后代性状与母本基本一致，通过有性生殖形成的后代具有父母本性状。需要指出的是，同种植物内不同品种之间，有的是专性无融合生殖，有的是兼性无融合生殖，如龙须草等。

无融合生殖的实质是经无性繁殖形成种子，采用冷处理、热处理、不同种花粉传粉等措施可诱导曼陀罗属、小麦属等植物形成单倍体孤雌生殖种子，将其经染色体加倍后能得到二倍体植株，用于生产自交系种子。将杂种 F_1 代通过无融合生殖获得二倍体种子，其二倍体实生苗性状与母本基本一致，利用它可固定杂种优势，省去嫁接、配置授粉树、年年制种的麻烦，对植物的育种和快速繁殖具有重要意义。

本章小结

大多数有种子或果实的植物在种子萌发后需要经过一个幼年期(童期)，然后才能在适宜的外界条件下开花结实。植物的成花过程分为成花诱导、成花启动、花的发育 3 个阶段。花芽分化是营养生长到生殖生长的转折点。成花诱导的经典途径包括自主/春化途径、光周期途径、糖类途径、赤霉素途径。

春化作用是指低温诱导或促进植物开花的过程。根据开花对低温的需要程度，将植物分为绝对低温型和相对低温型。植物感受低温的部位是茎尖生长点和嫩叶，即分生组织和某些能进行细胞分裂的部位。春化效应可通过春化素传递。春化作用在生产中的应用有调节播期、控制开花、指导引种等。

在一天之中，白天和黑夜的相对长度，称为光周期。植物对白天和黑夜相对长度的反应，称为光周期现象。根据植物开花对光周期的反应，将植物分为长日植物、短日植物、日中性植物、双重日长植物、中日性植物、两极光周期植物 6 种类型。临界日长是指在昼夜周期中，诱导短日植物开花所需的最长日照长度或诱导长日植物开花所需的最短日照长度。临界暗期是指在昼夜周期中，长日植物能够开花的最长暗期长度或短日植物能够开花的最短暗期长度。暗期的长度决定植物是否产生花原基，而光期的长度则决定发生花原基的数量，所以诱导成花时暗期比光期重要。参与成花的光受体有光敏色素和隐花色素。植物感受光周期刺激的部位是叶片，开花刺激物的运输途径是韧皮部。光周期理论在生产中的应用有指导引种、调节花期、加速育种等。

授粉受精的好坏直接影响种子或果实的产量、品质和经济效益，而花粉和柱头的生活力、亲和性是影响授粉受精的直接因素。花粉粒的结构包括花粉壁和花粉内含物。常用的花粉贮藏方法有低温法、真空干燥法、有机溶剂法。成熟的柱头可分为湿性柱头、干性柱头，柱头的生活力因物种而异。自然界中有自交不亲和性、远缘杂交不亲和性。自交不亲和性是指雌雄蕊均可育的种子植物在自花授粉后不能产生种子的现象。遗传学上自交不亲和性是受一系列复等位基因的 *S* 基因控制的。被子植物的自交不亲和性有配子体自交不亲和性和孢子体自交不亲和性。人工克服不亲和性的措施有花粉蒙导法、蕾期授粉法、延期授粉法、物理化学处理法、媒介法、离体培养结合试管受精法、细胞融合、增加染色体倍数、正反交法等。花粉管伸长生长的方式是顶端生长，生长只局限于花粉管顶端区，是向化性生长。受精作用是指花粉在柱头上萌发、花粉管伸长进入胚囊后，精子与卵细胞融合形成合子的一系列过程。授粉受精对雌蕊代谢的影响包括呼吸速率提高、吸水和无机盐的能力增强、生长素含量显著增加等。

无融合生殖是指种子植物不经过受精作用而产生种子的现象。按照无融合生殖胚胎的起源，把无融合生殖分成孤雌生殖、无配子生殖、无孢子生殖 3 种类型。根据无融合生殖的完全程度，把无融合生殖分成专性无融合生殖和兼性无融合生殖 2 种类型。利用无融合生殖可固定杂种优势，省去嫁接、配置授粉树、年年制种的麻烦，对植物的育种和快速繁殖具有重要意义。

思 考 题

1. 植物的成花包括哪 3 个阶段？
2. 什么是春化作用和脱春化作用？举例说明植物感受低温的部位是茎尖生长点。
3. 什么是光周期现象？举例说明植物的 6 种光周期类型。
4. 为什么说暗期长度对短日植物成花比日照长度更为重要？
5. 什么是光周期诱导？其影响因素有哪些？光受体如何参与光周期对植物的成花诱导过程？
6. 举例说明植物感受光周期的部位以及光周期诱导开花刺激物的传导途径。
7. 植物的成花诱导存在哪几条途径？
8. 举例说明春化作用、光周期理论和碳氮比理论在生产实践中的应用。
9. 简述花器官形态发生 ABCDE 模型的主要内容。
10. 植物的性别有哪几类？影响植物性别分化的外界条件有哪些？
11. 影响花粉生活力的外界条件有哪些？简述自交不亲和性的概念和类型及克服措施。
12. 简述无融合生殖的概念和类型。

推荐阅读书目

1. 植物生理学．7 版．潘瑞炽．高等教育出版社，2012.
2. 植物生理学．2 版．武维华．科学出版社，2008.
3. 植物发育生物学．白书农．北京大学出版社，2003.
4. 现代植物生理学．3 版．李合生．高等教育出版社，2012.

第11章　植物的成熟与衰老生理

植物受精后，受精卵发育成胚，受精的中央细胞发育成胚乳，胚珠发育成种子，子房壁发育成果皮，子房及花的其他部分(包括花托、萼片等)发育成果实。种子发育受一系列基因控制，体内发生一系列生理生化变化。种子的发育，决定了下一代的遗传性状，也决定了作物的产量和品质。多数植物种子和某些营养繁殖器官成熟后进入休眠，一、二年生植物种子和果实形成后趋向衰老，发育中植物部分器官或组织也可能发生程序性细胞死亡，有些器官会发生脱落。研究成熟和衰老时植物发生的生理生化变化，通过适当措施有目的地调控植物发育，在理论和实践上都有重要的意义。

11.1　种子成熟生理

被子植物完成双受精后，一个精子和卵细胞结合成受精卵即合子，发育成胚；另一个精子与胚囊中2个极核结合，形成三倍体的胚乳。种子成熟的过程，就是胚从小到大和营养物质在种子中变化和积累的过程。种子成熟过程中，可溶性的低分子化合物(如蔗糖、氨基酸等)运往种子，逐渐转化为不溶性的高分子化合物(如淀粉、蛋白质和脂肪等)。

11.1.1　种子成熟过程中的生理生化变化

11.1.1.1　贮藏物质的变化

(1)糖类的变化

小麦、玉米、水稻等禾谷类种子和豌豆、蚕豆等豆类种子以储藏淀粉为主，通常称为淀粉种子。这类种子成熟过程中，首先是大量的糖从叶片运入种子，随淀粉磷酸化酶、Q酶等催化淀粉合成酶活性的提高，可溶性糖逐渐转化为不溶性糖，积累在胚乳中(图11-1)。

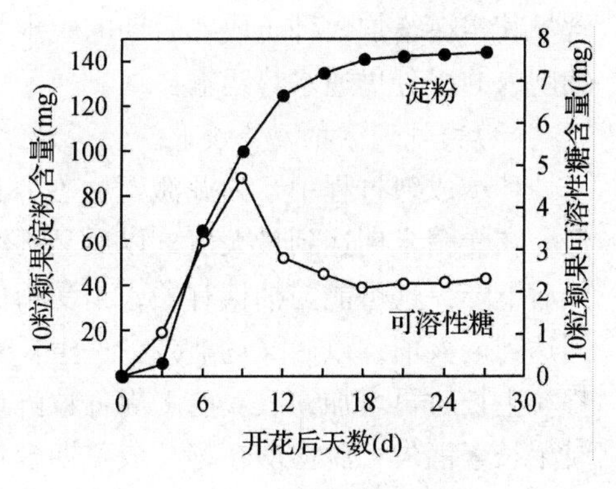

图11-1　水稻成熟过程中颖果内淀粉和可溶性糖含量的变化

淀粉种子成熟脱水时，钙、镁和磷同肌醇形成非丁(phytin，即肌醇六磷酸钙镁盐，或植酸钙镁盐)，是禾谷类等淀粉种子中磷酸的贮存库与供应源。当种子萌发时，非丁分解释放出磷、钙、镁，供幼苗生长发育需要。

(2)蛋白质的变化

大豆等植物种子含有丰富的蛋白质，通常称为蛋白质种子。在种子形成过程中，首先从叶片或其他器官中将氮素以氨基酸或酰胺的形式运至荚果，合成暂时贮藏的蛋白质，然后分解，以酰胺态运往种子，转变为氨基酸，再合成蛋白质，在种子中贮藏。

(3)脂肪的变化

大豆、花生、油菜、向日葵等种子中脂肪含量很高，常称为脂肪种子或油料种子。这类种子发育初期，积累碳水化合物，伴随种子重量增加，糖分转化为脂肪。因此油料种子发育过程中，脂肪含量不断提高，而糖类(葡萄糖、蔗糖和淀粉等)总含量不断下降(图 11-2)。脂肪形成中，首先形成饱和脂肪酸，而后在去饱和酶催化下，形成不饱和脂肪酸。

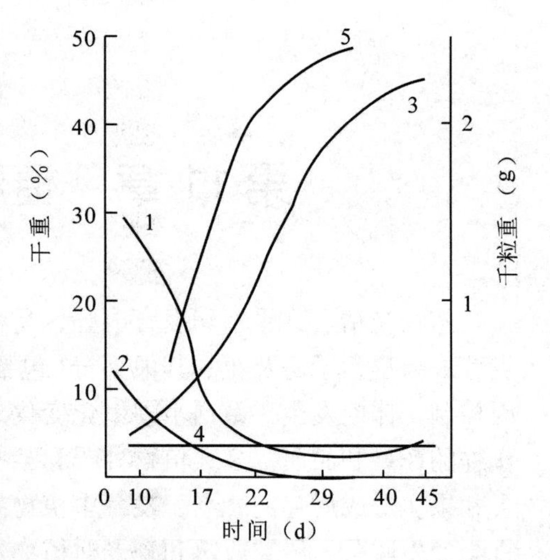

图 11-2　油菜种子成熟过程中各种有机物变化情况

1. 可溶性糖；2. 淀粉；3. 千粒重；4. 含氮物质；5. 粗脂肪

总之，在种子成熟过程中，可溶性糖转化为不溶性糖，非蛋白氮转化为蛋白质，而脂肪则是由糖类转化来的。

11.1.1.2　其他生理生化变化

(1)呼吸速率的变化

种子成熟过程中，伴随着有机物的合成与积累，需要呼吸作用提供大量能量。有机物积累迅速的时期，呼吸作用旺盛，种子接近成熟时，呼吸作用逐渐降低。

(2)种子含水量的变化

随着种子的成熟，含水量呈逐渐下降趋势。种子成熟时幼胚具有浓厚的细胞质而没有液泡，因此自由水含量很少。小麦籽粒成熟时总重减少，主要是由于含水量的减少，干物质的含量其实在增加。种子成熟后期的脱水是自主性的，即使种子周围环境中有很多水分，种子细胞内的水分仍逆水势运输。

(3)内源激素的动态变化

种子成熟过程中，内源激素也在不断发生变化。以小麦为例，玉米素在受精前含量很低，在受精末期达到最大值，以后又逐渐减少；赤霉素在抽穗到受精之前，有一个小高峰，然后下降，这可能与抽穗有关，当受精后籽粒开始生长时，赤霉素含量迅速增加，受精后 3 周达到最大值，以后又逐渐减少；生长素在胚珠内含量很少，受精时稍微增加，然后减少，籽粒生长时再增加，收获前 1 周籽粒鲜重达最大值之前，生长素含量达到最高值，籽粒成熟时生长素消失；脱落酸在籽粒成熟期含量大增。可见，小麦成熟过程中，首先出现玉米素，可能用于调节籽粒建成和细胞分裂。然后是赤霉素和生长素，可能用于调节光合产物向籽粒运输和积累；最后是脱落酸，可能和控制籽粒的成熟与休眠有关(图 11-3)。

(4)基因的表达调控

目前，已经从拟南芥中鉴定和分离出一些胚发育相关基因，如 *LEC2*、*FACKE*、*GNOM*

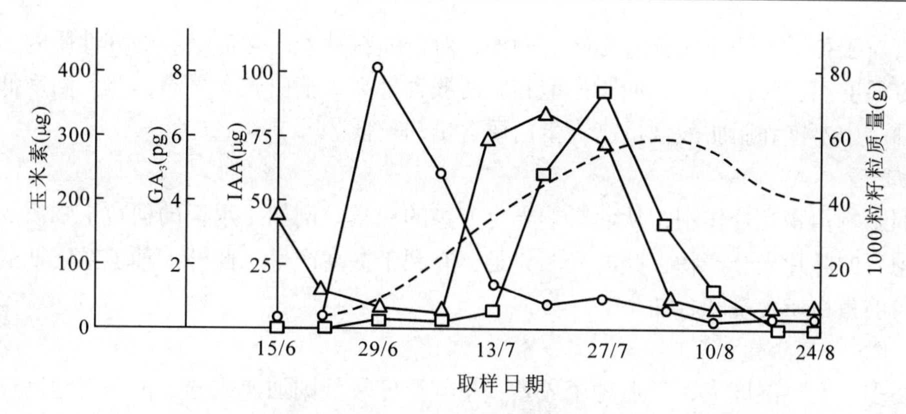

图 11-3　小麦籽粒发育时期玉米素(o)、赤霉素(Δ)、IAA(□)含量的变化

虚线表示千粒鲜重的变化

等。*LEC2* 调控胚发育的启动；*FACKE* 基因产物调控胚细胞的分裂和扩大；*GNOM* 基因产物影响合子的第一次分裂。

胚胎发育后期高丰度表达的蛋白质(late embryogenesis abundant protein，LEA 蛋白)，具有在胚发育后期含量高而种子萌发早期迅速消失的特点。LEA 蛋白是高亲水性的可溶性蛋白，有高度的热稳定性。植物中已鉴定的 LEA 蛋白有 5 组：①D-19 家族蛋白，包括棉花 D-19、小麦 Em、向日葵 Hads10、大麦 B19；②D-11 家族蛋白，包括玉米 DHN1、RAB17，棉花 D-11，拟南芥 pRABAT1，大麦 B8、B9、B17，水稻 pRAB16A 蛋白；③D-7 家族蛋白，包括大麦 HVA1，棉花 D-7，小麦 pMA2005、pMA1949；④D-95 家族蛋白，包括大豆 D-95；⑤D-113家族蛋白，包括番茄 LE25、向日葵 Hads11、棉花 D-113。这些蛋白质在种子发育的中后期可能起很重要的作用。首先，这些蛋白富含不带电荷的氨基酸，具有高度热稳定性，可以保护细胞的结构和代谢，参与种子抗脱水过程，使种子在后期脱水时免受破坏；这一时期，种子中积累渗透调节物质 LEA 蛋白可能作为渗透调节物质起作用。其次，某些 LEA 蛋白带有正电荷的保护区域，可以和核酸结合，调节基因的表达和胚的发育。因此，推测这类蛋白质中有与种子休眠直接相关的蛋白。

已分离鉴定的胚乳发育相关基因主要有 *FIS* 和 *BETL* 基因。*FIS* 基因调控胚乳核分裂和胚乳发育的模式、抑制胚乳发育所需基因的启动；*BETL* 基因编码一些小分子蛋白，其中有些蛋白具有抵抗病原菌侵染的功能。

11.1.2　影响种子发育的环境因素

种子发育主要由基因控制，但基因的表达又受外界环境条件的影响。环境条件不仅影响种子成熟的过程，而且影响到种子中物质的成分。

(1)温度

温度影响有机物的运输与转化，适宜的温度有利于干物质的积累。温度过高造成呼吸消耗大；温度过低不利于物质的运输与转化，延迟成熟，种子瘦小。温周期也影响籽粒成熟，昼夜温差大有利于成熟，产量高；夜温低延迟叶片衰老，延长灌浆期，同时低的夜温降低呼吸消耗，有利于干物质的积累。

温度对于种子中物质成分有影响。例如，对于油料种子的含油量和油分性质的影响都很大。南方温度高，含油率低，油脂中饱和脂肪酸含量高，蛋白质含量高；北方温度低，含油率高，油脂中不饱和脂肪酸含量高，蛋白质含量却较低。

(2) 光照

光照影响植物光合作用，从而影响光合产物的积累。例如，水稻的穗粒干物质的 2/3 来源于抽穗后的叶片光合产物，此时光照充足，有利于提高产量。此外，抽穗结实期的光照也影响籽粒的蛋白质含量和含油率。

(3) 空气湿度

阴雨多、空气湿度大，延迟种子成熟；空气湿度较低则加速成熟；但空气湿度过低会导致种子小而产量低。空气湿度过低时会出现大气干旱，风旱不实，就是干燥与热风（干热风）使种子灌浆不足。我国河西走廊的小麦，常因遭遇这种气候而减产。植物叶片细胞在水分充足时，物质的运输才能顺利进行。干热风造成萎蔫，同化物不能运往籽粒，水解酶活性增强，合成酶活性降低，妨碍了贮藏物质的积累，籽粒干缩和过早成熟。即使干热风过后恢复正常供水，植株也不能恢复正常状况向籽粒供应充足营养，造成籽粒瘦小，产量大减。通常低温干旱下，小麦籽粒中蛋白质含量高，而温暖潮湿条件下淀粉含量高。

(4) 土壤水分状况

土壤干旱破坏植物体内水分平衡，严重影响产量，造成籽粒不饱满，并导致减产。土壤含水量过多，会使根系缺氧受害，光合速率下降，种子难以正常发育。北方小麦成熟时，降雨量及土壤水分比南方少，种子中蛋白质含量相对较高。干旱使种子在较早时期干缩，可溶性糖来不及转变为淀粉，和糊精胶结在一起，形成玻璃状而不是粉状籽粒。由于蛋白质的积累受阻较淀粉弱，所以干旱使种子中蛋白质含量相对较高。用同一品种试验，杭州、济南、北京和黑龙江的小麦蛋白质含量分别为 11.7%、12.9%、16.1% 和 19.0%。

(5) 矿质营养

植物营养状况对种子的化学成分有显著影响。氮是蛋白质组分之一，适当施氮肥能提高淀粉类种子的蛋白质含量，但对油料类种子则降低含油率。在种子灌浆、成熟期过多施用氮肥会引起植株贪青迟熟而导致减产。钾肥能促进糖类的运输，增加籽粒或其他贮存器官的淀粉含量。合理施用磷肥对脂肪的形成有良好作用。因此，通常氮肥适中而增施磷钾肥有利于种子成熟，提高产量。

11.2　果实成熟生理

果实（fruit）是由子房或连同花的其他部分发育而成的。单纯由子房发育而成的果实称为真果，如桃、番茄、柑橘等；由子房、花托、花萼或花序轴等部分或共同发育而成的果实称为假果，如苹果、梨、瓜类等。果实的发育应从雌蕊形成开始，包括雌蕊的生长、受精后子房等部分的膨大、果实形成和成熟等过程。果实成熟（maturation）是果实充分生长到衰老之间的一个发育阶段。而果实的完熟（ripening）则是指成熟的果实经过一系列的质变，达到最佳食用状态的阶段。通常所说的成熟也往往包含了完熟过程。

11.2.1 果实的生长

11.2.1.1 果实生长模式

果实生长主要有2种模式：单“S”形生长曲线(single sigmoid growth curve)和双“S”形生长曲线(double sigmoid growth curve)(图11-4)。属于单“S”形生长模式的果实有苹果、梨、香蕉、板栗、石榴、柑橘、枇杷、菠萝、草莓、番茄、无籽葡萄等。这些果实“慢—快—慢”生长节奏的表现是与果实中细胞分裂、膨大以及成熟的节奏相一致的。属于双“S”形生长模式的果实有桃、李、杏、梅、樱桃、有籽葡萄、柿、山楂和无花果等。这些果实在生长中期出现1个缓慢生长期，表现出“慢—快—慢—快—慢”的生长节奏。这个缓慢生长期是果肉暂时停止生长，而内果皮木质化、果核变硬和胚迅速发育的时期。果实的第二次迅速增长时期，主要是中果皮细胞的膨大和营养物质的大量积累。此外，猕猴桃的果实生长往往呈现三“S”形生长曲线。

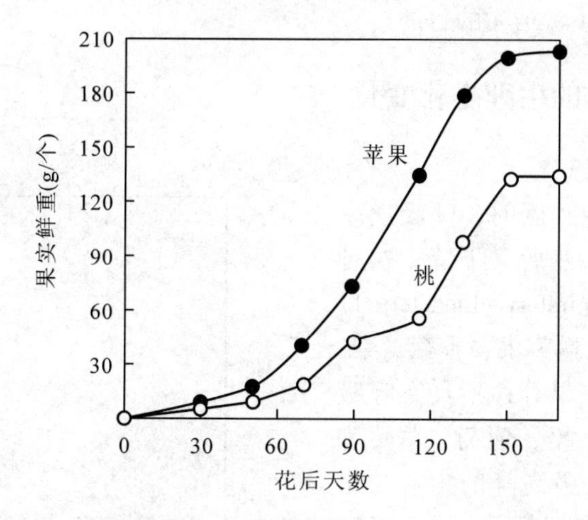

图11-4 苹果生长的单“S”形曲线和桃生长的双“S”形曲线

11.2.1.2 单性结实

一般情况下，植物通过受精作用才能结实。但是有些植物也可不经受精即能形成无籽果实，这种现象称为单性结实(parthenocarpy)。

(1)天然单性结实

天然单性结实指不需要经过受精作用或其他刺激诱导而形成无籽果实。例如，一些葡萄、柑橘、香蕉、菠萝、无花果、柿子、黄瓜等。这些植物的祖先都是靠种子传种的，由于种种原因，个别植株或枝条发生突变，形成了无籽果实。用营养繁殖方法把突变枝条保存下来，就形成了无籽的品种。据分析，同一种植物，能形成天然无籽果实的子房内含有的生长素和赤霉素量较形成有籽果实的子房为高，如一种柑橘(‘Valencia’)，有种子的子房IAA含量为0.58 $\mu g \cdot kg^{-1}$，而无种子的子房IAA含量为2.39 $\mu g \cdot kg^{-1}$。

(2)刺激性单性结实

由于外界环境条件的刺激而形成的无籽果实，为刺激性单性结实。有些巴梨品种在气温较高的地区单性结实率很高。霜害可引起无籽梨的形成；高光强和低温可诱导无籽番茄；短日照和较低的夜温可引起瓜类的单性结实。低温和霜害诱导单性结实的原因可能是逆境抑制了胚珠的正常受精发育，使得品种单性结实的潜力发挥出来。

(3)人工诱导单性结实

利用某些植物生长调节剂刺激子房等组织膨大，形成无籽果实。例如，番茄、茄子等用 2,4-D 或防落素(对氯苯氧乙酸)处理，葡萄、枇杷等用赤霉素处理，辣椒用萘乙酸处理均能诱导单性结实。在苹果、梨、桃、草莓、西瓜、无花果等作物上用植物生长调节剂也都成功诱导出了无籽果实。

(4)假单性结实

有些植物虽然已经完成了受精作用，但由于种种原因，胚的发育中止，子房或花的其他部分继续发育，也可形成没有种子的果实。例如，草莓就是由花托发育而成的假果。

单性结实在生产上具有重要意义，当传粉条件受限制时仍能结实，可以缩短成熟期，提高果实品质。如北方地区温室栽培番茄，由于日照短，花粉发育往往不正常，若在花期用 2,4-D 处理，则可达到正常结实的目的。

11.2.2　果实成熟时的生理生化变化

11.2.2.1　果实的呼吸跃变

当果实成熟到一定程度时，呼吸速率先降低、再忽然升高，然后又下降，这种现象称为呼吸跃变(respiratory climacteric)。具有呼吸跃变的果实包括苹果、香蕉、梨、桃、番木瓜、鳄梨和芒果等；不具有呼吸跃变的果实包括菠萝、橙、葡萄、草莓和柠檬等。研究表明，呼吸高峰的出现与果实内乙烯含量的变化密切相关(图 11-5)。在果实呼吸跃变开始前或正在进行时，果实内乙烯含量有明显的升高。乙烯可以增加果皮细胞的透性，加强果实内部的氧化过程，促进呼吸作用的进行，从而加速了果实的成熟。

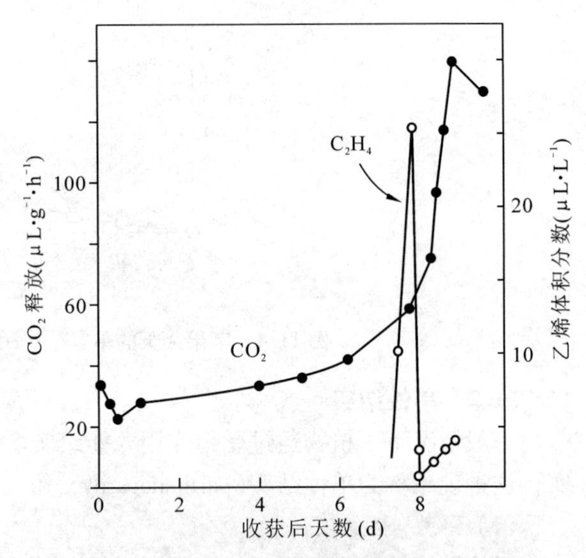

图 11-5　香蕉跃变期乙烯产生与呼吸高峰的关系

(引自 Taiz 和 Zeiger，2006)

果实呼吸跃变的出现，标志着果实成熟达到了可食的程度。因此，生产上可以通过调节呼吸跃变出现的早晚，以提早或延迟果实的成熟。适当地降低温度和氧浓度，都可以延迟呼吸跃变的到来；反之，提高温度和氧浓度，或外源乙烯处理，都可以刺激呼吸跃变的到来，使果实提早成熟。我国的传统技术，例如，温水使柿子脱涩，喷洒乙烯利使蜜橘变橙红，熏烟使香蕉提早成熟等，到现在还广泛应用。另外，对棉桃霜前及时喷施乙烯利，可以使吐絮提前，提早收获。将果实贮存在冷库中，通过调节气体成分，可以有效延迟果实成熟。另外，采用基因工程技术获得的耐贮藏番茄，也是有效延迟果实成熟的成功范例。

11.2.2.2　果实成熟过程中有机物质的转化和色香味变化

未成熟肉质果实表现出酸、硬、涩等特点，随着果实的成熟，果实的色、香、味发生了很大变化。

(1)果实变甜

未成熟果实中贮存很多淀粉，果实无甜味，到成熟后期，淀粉转化为可溶性糖，如蔗糖、葡萄糖和果糖等，糖分积累在果肉细胞的液泡中，果实变甜。不同果实的糖转化速度和程度不尽相同。香蕉的淀粉水解非常快，几乎是突发性的，香蕉转黄时，淀粉从占鲜重的20%~30%下降到1%以下，同时可溶性糖含量从1%上升到15%~20%；柑橘中糖转化很慢，有时要几个月；苹果界于这两者之间。葡萄是果实中糖分积累最高的，可达到鲜重的25%或干重的80%左右，但如果在成熟前就采摘下来，则果实不能变甜。杏、桃、李、无花果、樱桃、猕猴桃等也是这样。

果实甜度与糖的种类有关。如以蔗糖甜度为1，则果糖为1.03~1.50，而葡萄糖为0.49，因此果糖最甜，但葡萄糖口感较好。不同果实所含可溶性糖的种类不同，如苹果、梨含果糖多，桃含蔗糖多，葡萄含葡萄糖和果糖多，而不含蔗糖。一般情况下，成熟期日照充足、昼夜温差大、降雨量少，果实中含糖量高，果实的品质和口感就好，这也是新疆吐鲁番的哈密瓜和葡萄特别甜的原因。氮素过多时，很多糖参与了氮素代谢，使果实含糖量减少，降低了糖含量。通过疏花疏果，常可增加果实的含糖量。给果实套袋，可显著改善果品的综合品质，但在一定程度上会降低成熟果实中还原糖的含量。

(2)酸味减少

果实的酸味是由于果实中含有有机酸，有机酸含量因果实种类而异，一般苹果含酸0.2%~0.6%，杏1%~2%，柠檬7%，这些有机酸主要贮存在液泡中。不同果实含有机酸种类不同，柑橘、菠萝含柠檬酸多，仁果类(苹果、梨)和核果类(如桃、李、杏、梅)含苹果酸多，葡萄含有大量酒石酸，黑莓中含异柠檬酸，番茄含柠檬酸、苹果酸较多。伴随果实的成熟，含酸量呈逐渐下降趋势。有机酸减少的原因主要有：合成被抑制；部分酸转变成糖；部分被用于呼吸消耗；部分与K^+、Ca^{2+}等阳离子结合生成盐。糖酸比是决定果实品质的一个重要因素。糖酸比越高，果实越甜。但一定的酸味往往也体现果实特有的风味。夏凉多雨的情况下，有机酸含量增加，糖分积累相对减少。

(3)果实软化

果实软化是成熟的一个重要特征。果肉变软与果肉细胞壁中层果胶质变为可溶性果胶的关系密切。果实成熟期间多种与细胞壁有关的水解酶活性上升，细胞壁结构成分及聚合物分子大小发生显著变化，例如，纤维素长链变短，半纤维素聚合分子变小，其中变化最显著的是果胶物质的降解。伴随可溶性果胶的增加，果肉细胞分离，所以果实变软。多聚半乳糖醛酸酶(polygalacturonase，PG)可催化多聚半乳糖醛酸α-1,4糖苷键的水解。它是果实成熟期间变化最显著的酶之一，在果实软化过程中起着重要作用。水蜜桃是典型的溶质桃，成熟时柔软多汁，成熟期间PG活性上升；而黄甘桃是不溶质桃，肉质致密而有韧性，其PG活性较弱。此外，果肉细胞中淀粉粒的消失(淀粉转化为可溶性糖)也是果实变软的原因之一。

乙烯在细胞质内诱导胞壁水解酶的合成并输向细胞壁，从而促进胞壁水解软化。用乙烯处理果实，可促进果实成熟，降低硬度。

(4) 香味产生

伴随果实成熟，果实内产生一些具有香味的物质，这些物质的化学成分相当复杂，主要是酯类，还有醇、酸、醛和萜烯类等一些低分子化合物。苹果中含有乙酸丁酯、乙酸己酯、辛醇等挥发性物质；香蕉的特色香味是乙酸戊酯；橘子的香味主要来自柠檬醛。挥发性物质的产生与果实成熟度有关，未成熟果实中没有或很少有这些香气挥发物，所以果实收获过早香味就差。低温影响挥发性物质的形成，如香蕉采收后长期放在10 ℃的气温下，就会显著抑制挥发性物质的产生。乙烯可促进果实正常成熟的代谢过程，因而也促进香味的产生。

(5) 涩味消失

有些果实如(柿子、香蕉、李子等)未成熟时由于含有单宁等物质而有涩味。单宁是一种不溶性酚类物质，可以保护果实免于脱水及病虫侵染。单宁与人的口腔黏膜上的蛋白质作用，使人产生强烈的麻木感和苦涩感。伴随果实的成熟，单宁可被过氧化物酶氧化成无涩味的过氧化物，或凝结成不溶性的单宁盐，还有一部分可以水解转化成葡萄糖，因而涩味消失。

(6) 色泽变艳

随着果实的成熟，多数果皮颜色由绿色渐变为黄、橙、红、紫或褐色。这常作为果实成熟度的直观标准。与果实色泽有关的色素有叶绿素、类胡萝卜素、花色素和类黄酮素等。伴随叶绿素逐渐分解，果实失去幼果原有的绿色，但叶黄素和胡萝卜素仍较多存在，因此果实呈现黄、橙、红等颜色；也有果实(如桃、番茄、红辣椒、柑橘等)则经叶绿体转变为有色体而合成新的类胡萝卜素。果实呈现的鲜艳颜色与花色素苷的形成密切相关，花色素苷是花色素和糖形成的β-糖苷，到果实成熟期大量积累。花色素苷的生物合成与碳水化合物的积累密切相关，例如，玫瑰露葡萄的含糖量要达到14%时才能上色。高温往往不利于着色，苹果一般在日平均气温为12～13 ℃时着色良好，而在27 ℃时着色不良或根本不着色，中国南方苹果着色很差的原因主要就在于此。花色素苷的形成需要光，因此有些苹果树冠外围果色泽鲜红，而内膛果是绿色的。此外，乙烯、2,4-D、多效唑、茉莉酸和茉莉酸甲酯等都对果实着色有利。

花色素分子中含有酚的结构部分，此外植物体内还存在着多种酚类化合物，如黄酮素、酪氨酸、茶多酚、儿茶素以及单宁等。一定条件下有些酚被氧化生成褐黑色的醌类物质，这种过程常称为褐变。例如，荔枝、龙眼、板栗等成熟时果皮变成褐色；而苹果、梨、香蕉、桃、杏、李等，在遭受冷害、药害、机械创伤或病虫侵扰后也会出现褐变现象。

11.2.2.3 果实成熟过程中植物激素的变化

植物激素相互作用，调节着果实的生长与发育。IAA在授粉后大量出现，如草莓果实在授粉3～12 d后IAA增加20倍，对于调节果实发育非常重要。赤霉素在西洋梨盛花后24～26 h含量达到最高峰，与IAA共同促进维管束发育和养分调运，促进果肉细胞膨大，参与果形的调控。细胞分裂素在苹果盛花期及花后1～2周含量明显增加，对促进幼果细胞分裂和养分调集具有重要作用。伴随果实成熟，脱落酸含量逐渐增加，苹果授粉后8 d，脱落酸含量达到授粉前的24.1倍。对于非呼吸跃变型果实，如葡萄，成熟前脱落酸快速增加，并且与糖分积累具有同步效应，外施脱落酸也能促进葡萄等非呼吸跃变果实的提前成熟。对于呼吸跃变型果实，乙烯的积累促使呼吸高峰的出现，使果实完全成熟。因此，乙烯是公认的促使果实成熟的植物激素。

11.2.3　影响果实发育的环境因素

(1)温度

温度影响有机物的合成、运输和转化，从而影响果实的发育。温度过高与过低均不利于果实发育。昼夜温差大有利于糖分的积累和转化。

(2)光照

果实中的贮藏物质来源于光合产物，光照直接影响果实的有机物积累。光照充足时，果实中有机酸少而可溶性糖较多，果实酸甜可口，有利于花色素的形成和果实着色。

(3)气体组分

主要指空气中氧气和二氧化碳的含量。降低氧浓度或提高二氧化碳浓度，一方面促进光合作用，增加有机物积累，另一方面可以延迟呼吸跃变的到来，延迟果实成熟；而提高氧浓度降低二氧化碳浓度，会降低光合作用，同时促进果实成熟。

(4) 矿质营养

果实发育需要多种矿质元素的供应。氮和磷组成了细胞膨大所需的蛋白质、氨基酸、核酸等生物大分子，钾和硼在碳水化合物的合成及转运中也起重要作用。因此，充足而均衡的矿质供应对果实发育至关重要。缺乏钙和硼，可能造成裂果；果实中氮和钾比例失调，也会引起裂果。

(5) 湿度

不同果实对土壤湿度和大气湿度要求不同。土壤水分供应充足有利于有机物的积累与运输，但水分过多造成细胞中糖分比例下降。空气湿度太低不利于植物生长，但湿度过大有时会阻碍授粉甚至发生病害。

11.3　植物休眠生理

植物的整体或某一部分生长极为缓慢或暂时停顿的现象，称为休眠(dormancy)。

11.3.1　休眠的器官和类型

休眠有多种类型，温带地区的植物进行冬季休眠，而有些夏季高温干旱的地区，植物则进行夏季休眠，如橡胶草。通常把由于不利于生长的环境条件而引起的植物休眠称为强迫休眠(epistotic dormancy)。而把在适宜的环境条件下，因为植物本身内部的原因而造成的休眠称为生理休眠(physiological dormancy)。一般所说的休眠主要是指生理休眠。

休眠有多种形式，例如，一、二年生植物大多以种子为休眠器官；多年生落叶树以休眠芽过冬；而许多二年生或多年生草本植物则以休眠的根系、鳞茎、球茎、块根、块茎等度过不良环境。

11.3.2　种子休眠的原因和破除

外界环境条件适宜情况下，一些植物的成熟种子也不能萌发，此时种子处于休眠状态。

一般来说，种子休眠主要由于内部的生理抑制或种皮的障碍而引起的。

(1)种皮限制

一些植物(如苜蓿、紫云英等)种子的种皮不能透水或透水性弱，这些种子称为硬实种子；一些植物(如椴树)种子的种皮不透气，外界氧气不能透进种子内，种子内二氧化碳累积，抑制种子的萌发；还有些植物(如苋菜)种子，虽能透水、透气，但是种皮太坚硬，胚不能突破种皮，种子也难以萌发。在自然条件下种皮的机械阻力和不透性可受下列因素的影响：氧气氧化种皮的组成物；细菌、真菌、虫类的分解和破坏作用；鸟类或动物取食后消化道内酶和酸的作用；高温、低温的影响；水浸和冰冻的软化或水流带着砂石冲击摩擦；自然的火烧等使种子打破种皮的限制而萌发。生产上，一般采用物理、化学的方法来破坏种皮。例如，用摩擦使紫云英种皮磨损；用氨水(1∶50)处理松树种子；用98%浓硫酸处理皂荚种子1 h，清水冲洗干净，再用40 ℃温水浸泡86 h，等等，这些方法可以有效打破休眠，促进种子萌发。

(2)种子未完成后熟

有些植物胚在形态上似已发育完全，但生理上还未成熟，必须要通过后熟作用(after ripening)才能萌发。所谓后熟作用是指成熟种子离开母体后，需要经过一系列的生理生化变化后才能完成生理成熟而具备发芽的能力。一些蔷薇科植物(如苹果、桃、梨、樱桃等)和松柏类植物的种子就需要后熟作用。这类种子一般需要经过低温处理，通常用层积处理(stratification)，即将种子分层埋在湿沙中置于1～10 ℃温度中，经1～3个月的低温处理就能有效地解除休眠。后熟期长短因植物而异，莎草种子的后熟期长达7年以上，某些大麦品种后熟期只有14 d。油菜的后熟期较短，在田间已完成后熟作用。粳稻、玉米、高粱的后熟期也较短，籼稻基本上无后熟期。小麦后熟期稍长些，少则5 d(白皮)，多则35～55 d(红皮)。未通过后熟作用的种子不宜作种用，否则成苗率低。未通过后熟期的小麦磨成的面粉烘烤品质差，未通过后熟期的大麦发芽不整齐，不适于酿造啤酒。但种子在后熟期间对恶劣环境的抵抗力强，此时进行高温处理或化学药剂熏蒸对种子处理影响较小。在层积处理期间种子中的淀粉、蛋白质、脂肪等有机物合成加强，进一步积累物质。经过后熟作用，种皮透性增加，呼吸增强，有机物开始水解，抑制物质含量下降。

(3)胚未发育完全

有些植物胚尚未完成发育，因此不具发芽能力。我国西南地区的木本植物珙桐的果核，需要在湿沙中层积长达1～2年之久，才能发芽。兰花、冬青、当归、白蜡树等的种胚体积都很小，结构不完善，必须要经过一段时间的继续发育，才达到可萌发状态。银杏种子的传粉与受精相差5个月左右，种子形态成熟时，胚仍处于发育的前期，必须经过一段后熟作用，胚大约经过3个月的发育才能成熟，留种用的银杏果最好采用沙藏。新采收的人参种子的胚几乎完全未分化，整个种子中充满了胚乳，在20 ℃下3～4个月后，胚乳中的营养转向胚中，胚发育完善后才有萌发能力。

(4)抑制物质的存在

有些种子不能萌发是由于果实或种子内具有抑制萌发物质的存在。这类抑制物包括具有挥发性的氢氰酸(HCN)、氨(NH_3)、乙烯、芥子油；醛类化合物中的柠檬醛、肉桂醛；酚类化合物中的水杨酸、没食子酸；生物碱中的咖啡碱、可卡因；不饱和内酯类中的香豆素、花楸酸以及脱落酸等。这些抑制种子萌发的物质存在于果肉(苹果、梨、番茄、西瓜、甜瓜)、种皮(苍耳、甘蓝、大麦、燕麦)、果皮(酸橙)、胚乳(鸢尾、莴苣)、子叶(菜豆)等处，能使其内部的种子潜伏不动。萌发抑制物抑制种子萌发有重要的生物学意义。如生长在沙漠中的滨藜属(*Atriplex*)植物，种子里含有抑制物质，要经一定雨量的冲洗，种子才萌发，在短暂湿润的环境下迅速完成生长周期，从而巧妙地适应干旱的沙漠条件。番茄的种子需要从果实中取出，经水冲洗后容易萌发。

11.3.3 种子及延存器官休眠的打破和延长

马铃薯块茎在收获后具有休眠现象。休眠期长短因品种而异，一般是40~60 d，因此收获后立即作种薯有困难，需要破除休眠。目前最有效的方法是用赤霉素破除休眠，将种薯切成小块，冲洗过后用0.5~1 mg·L^{-1}的赤霉素溶液浸泡10 min，就可以上床催芽了。也可以用5 g·L^{-1}硫脲溶液浸泡薯块8~12 h，发芽率可达90%以上。

水稻、小麦、玉米、大麦、燕麦和油菜可能发生胎萌，往往造成较大程度的减产，并影响种子的耐贮性；芒果种子胎萌会影响品质。因此防止种子胎萌，延长种子的休眠期，在实践上有重要意义。例如，有些小麦种子在成熟期遇雨或湿度较大，就会引起麦穗发芽。一般认为高温(26 ℃)下形成的小麦籽粒休眠程度低，而低温(15 ℃)下形成的则高。原因之一可能是高温下种子中的发芽抑制物脱落酸降解速度较低温下快。也有人认为红皮小麦种皮中存在的色素物质与其保持较长的休眠有关。马铃薯在长期贮藏后，度过休眠期就会萌发，从而失去它的商品价值，可以通过措施延长休眠。生产上可以用0.4%萘乙酸甲酯粉剂(用泥土混制)处理，可以安全贮存，洋葱、大蒜等鳞茎延存器官也可以用萘乙酸甲酯处理延长休眠。

11.4 植物衰老生理

植物的衰老(senescence)是指细胞、器官或整个植株生理功能衰退，趋向自然死亡的过程。衰老是植物正常生长发育的必经阶段，是植物受遗传控制的、主动有序的发育过程。环境因素可以诱导衰老。衰老既有消极的一面，也有积极的一面。对于一年生植物，在衰老死亡过程中，其器官中的营养物质可以降解后转移到种子或块茎、球茎等器官中，以备新个体发育所需，这样通过种子的繁殖，可以避开严冬，有效保存物种。对于多年生植物，衰老(尤其是器官衰老)可以使植物器官推陈出新，不仅使植物更加有效适应寒冷、干旱等不良环境条件，还可以使衰老器官中的分解产物回收利用。因此，衰老也是对环境的一种适应。衰老是不可避免的，但是在生产上，可以通过分析引起衰老的原因而找出延缓衰老的方法。

11.4.1 植物衰老的类型

一般将植物的衰老分为4种类型：①全株衰老(overall senescence)，许多一年生植物，包括主要的农作物(小麦、玉米、水稻和大豆等)，即使环境条件适宜，随着植物的果实和种子的成熟，植物的整株衰老；②地上部分衰老(top senescence)，许多草本多年生植物和灌木，每年的一定时期地上部分衰老死亡，地下存活，第二年重新长出茎叶，开始新一年的生长；③叶片同步衰老（deciduous senescence），落叶树木的叶片发生季节性的衰老脱落，例如，旱生植物霸王子夏季落叶以度过干旱，北方的阔叶树秋季落叶以度过寒冬。④叶片渐次衰老(progressive senescence)，一些常绿树木，叶片分批轮换衰老脱落(图 11-6)。多年生木本植物较老的器官和组织逐渐老化，被新的组织器官取代，但随着时间的推移，植株的衰老逐渐加强。

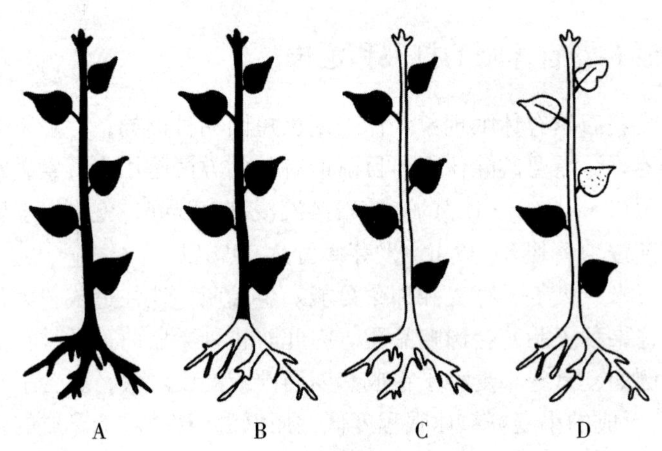

图 11-6 植物中的 4 种衰老类型

A. 全株衰老 B. 地上部分衰老 C. 叶片同步衰老 D. 叶片渐次衰老

黑色区域表示衰老部分；白色区域表示未衰老部分

11.4.2 衰老时的生理生化变化

(1)蛋白质显著下降

叶片衰老时，总蛋白含量下降。一方面由于蛋白质合成能力减弱，另一方面由于蛋白质分解加强。植物叶片中 70% 的蛋白质存在于叶绿体中，衰老时首先发生叶绿体的破坏和降解，蛋白含量下降。同时，衰老过程中，一些蛋白活性增强，例如，水解酶(蛋白酶、核酸酶、酯酶等)参与分解蛋白质、核酸和脂肪等。

(2)核酸含量的变化

在衰老过程中，RNA 含量下降，其中 rRNA 减少最明显，DNA 含量也下降，但下降速率小于 RNA。衰老过程中，许多基因表达下调或减少，称为衰老下调基因(senescence down-regulated gene，SDG)，表达上调或增加的基因称为衰老相关基因（senescence associated gene，SAG)，SAG 包括降解酶(如蛋白酶、核酸酶、酯酶等)基因、与物质再循环有关的酶(如谷氨酰胺合成酶)基因以及乙烯合成有关的 ACC 合酶和 ACC 氧化酶基因等。

(3)光合速率下降

叶片衰老时，叶绿体结构被破坏，例如，叶绿体基质被破坏，类囊体膨胀、裂解，嗜锇体的数目增多、体积增加。植物体内的叶绿素分子主要通过脂肪烃侧链插入到叶绿体的类囊体膜中，这是叶绿素分子能够在植物体内稳定存在的原因。在衰老进程中，这种复合体的解离被认为是叶绿素降解的前提。叶片衰老时，叶绿素含量迅速下降，外观上叶片由绿变黄，叶绿素含量可以作为叶片衰老的指标，同时，叶绿素 a 降解速度大于叶绿素 b，因此，叶绿素 a/b 比值也可作为衰老的指标。衰老时蛋白水解酶活性增强，Rubisco(1,5-二磷酸核酮糖羧化酶/加氧酶)减少，光合电子传递和光合磷酸化受到阻碍，所以光合速率下降。

(4)呼吸速率下降

叶片衰老过程中，线粒体的变化不如叶绿体的变化大。在衰老早期，线粒体体积变小，褶皱膨胀，数目减少，但功能线粒体一直到衰老末期还保留着。叶片衰老时，呼吸速率迅速下降，后来又急剧上升，再迅速下降，类似于果实一样有呼吸跃变。这与乙烯出现高峰有关。离体叶片试验表明，衰老过程中，呼吸商与正常呼吸不同，表明呼吸底物有改变，衰老后期植物会利用氨基酸作为呼吸底物。另外，呼吸过程的氧化磷酸化逐步解偶联，ATP 明显减少，由于能量供应不足也促进了衰老的发展。

11.4.3 影响衰老的外界条件

(1)光

光是调控衰老的重要因子。植株或离体组织在光下不易衰老，在暗中加速衰老。可能由于光调节叶片的气孔开度影响气体交换、光合作用、呼吸作用、水分运输以及矿质吸收运输等生理过程。光还可以降低蛋白质、叶绿素和核酸的降解。光质对衰老也有作用，红光有效延缓蛋白质和叶绿素的降解，远红光消除红光的作用，因此，光敏色素在衰老过程中也起作用。蓝光显著延缓绿豆幼苗叶绿素和蛋白质的减少，延缓叶片衰老。日照长度影响赤霉素和脱落酸的合成，因而影响器官的衰老。长日照对木槿叶片延缓衰老的作用明显比短日照有效。

(2)温度

低温和高温都会加速叶片衰老，可能由于蛋白质降解，叶绿体功能衰退，叶片黄化，膜破坏，诱发自由基产生或者钙的运转受到干扰等。

(3)营养

营养缺乏是导致叶片衰老的原因之一。矿质营养缺乏使得各器官之间的营养竞争加剧，营养物质从较老组织向新生组织或者生殖器官转移，使得叶片由于缺乏营养而衰老。叶绿体是绿色器官中蛋白质含量最丰富的亚细胞结构。衰老进程中，叶绿体率先解体，积累在其中的大量结构性和功能性营养物质，包括蛋白质、糖类、脂类和核酸等，被降解成相应的小分子(氨基酸、蔗糖和无机磷等)。这些小分子物质通过筛管组织被转运至新生的组织器官特别是种子中，为它们的快速发育提供物质保障。小麦、玉米等禾谷类作物种子中高达 95% 的蛋白质合成依赖于衰老叶片中蛋白质降解形成的氨基酸。毒麦生长发育过程中磷元素的限量供应可以导致奇特的叶片数目恒定的生长循环，即衰老凋亡一片老的叶片后才能发育形成一片新的叶片。

(4)水分

水分胁迫刺激乙烯和脱落酸的产生，加速叶绿体结构解体，光合作用下降，呼吸速率上升，加速物质分解，促进衰老。

(5)植物激素

植株在衰老时，通常是促进生长的植物激素(如细胞分裂素、生长素、赤霉素等)含量减少，而诱导衰老和成熟的激素(如脱落酸、乙烯等)含量增加。细胞分裂素可以有效延缓衰老，例如，延缓水稻离体叶片叶绿素和蛋白质降解，延缓 Rubisco 和 PEPC 活性的降低，并且可以调节溶质向细胞分裂素处理位点运输。所以，细胞分裂素可以应用于叶菜类保鲜。赤霉素也能延缓叶片衰老，防止蛋白质降解。脱落酸促进叶片衰老，主要是由于脱落酸影响蛋白质和核酸的合成。乙烯促进花果等器官的衰老。

(6) 逆境对衰老的影响

多种环境胁迫可以诱导植物体在还未成熟时就发生衰老。当病原菌侵染、水分胁迫、由臭氧或 UV-B 诱导的氧化胁迫等情况下，植物被诱导提前进入衰老状态。研究表明，不同胁迫反应的信号途径和衰老相关基因的表达有明显的交叉(图 11-7)。

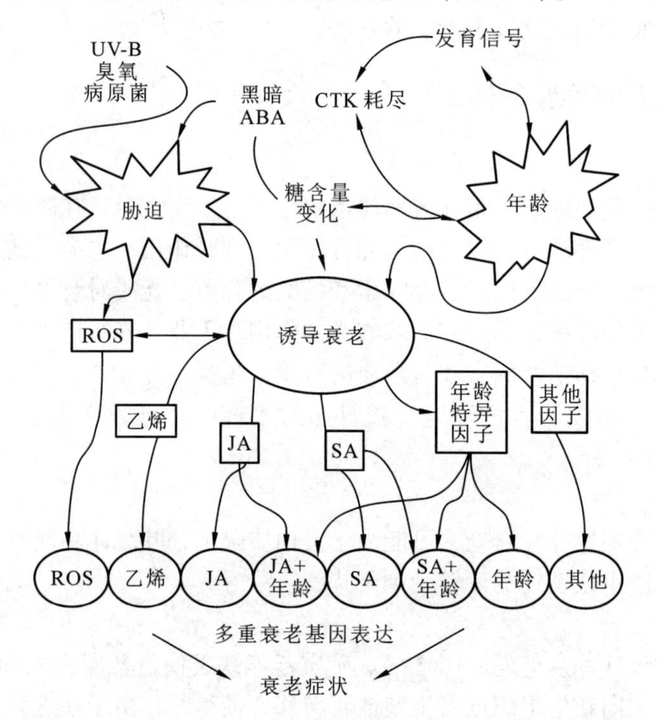

图 11-7 调控衰老基因表达的调控因子和信号途径的作用模式

(引自 Buchanan-Wollaston *et al.*, 2003)

总之，衰老受不同因子诱导，并有不同的信号途径参与调控衰老过程。生产上可通过改变环境条件来调控衰老。例如，通过合理密植和科学的肥水管理来延长水稻、小麦上部叶片的功能期，以利于籽粒充实；在果蔬的贮藏保鲜中常以低氧(2%~4%)高二氧化碳(5%~10%)，并结合低温来延长果蔬的贮藏期。

11.4.4 植物衰老的原因

植株或器官发生衰老的原因是错综复杂的，人们提出很多理论来解释衰老现象。

(1)营养亏缺假说

一生只开一次花的植物往往在开花结实后营养体衰老死亡。营养亏缺假说认为，由于生殖器官是一个很大的"库"，垄断了植株营养的分配，引起植物营养体的衰老。烟草开花后，若将上部的花和茎叶切除掉，下部黄化的叶片在弱光下可以缓慢复绿，直至完全恢复为功能正常的叶片，说明生殖阶段植株下部叶片的加速衰老与上部新生器官快速发育所触发的营养流密切相关。但是这个理论不能说明如下问题：①即使供给已开花结实植株充分养料，也无法使植株免于衰老；②雌雄异株的大麻和菠菜，在雄株开雄花后不能结实，谈不上聚集营养体养分，但雄株仍然衰老死亡。

(2)植物激素调节假说

植物的衰老受一种或多种激素综合调控。植物营养生长时，根系合成的细胞分裂素运到叶片，推迟叶片衰老。但是开花结果后，根系合成的细胞分裂素数量下降，而花和果实内细胞分裂素大增，成为植物代谢旺盛的生长中心，促使叶片的营养运往果实，导致叶片衰老。也有解释认为，花或种子中形成了促进衰老的激素，如脱落酸和乙烯，运往营养器官导致衰老。对大豆去荚试验表明，大豆结实后去荚使枝条保持绿色，而不去荚枝条表现衰老。该试验推测衰老来源于籽粒，而不是根部。

(3)自由基损伤假说

自由基(free radical)又称游离基，有"细胞杀手"之称。它是带有未配对电子的原子、离子、分子、基团和化合物等。多数自由基具有以下特点：不稳定，寿命短；化学性质活泼，氧化能力强；能持续进行链式反应等。活性氧(reactive oxygen species，ROS)是化学性质活泼，氧化能力很强的含氧物质的总称。生物体内的活性氧主要包括超氧阴离子(O_2^-)、羟自由基(·OH)、单线态氧($^1O_2$)和H_2O_2等，它们能氧化生物分子，破坏细胞膜的结构与功能，引起细胞死亡。衰老的过程往往伴随着超氧化物歧化酶(superoxide dismutase，SOD)活性的降低和脂氧合酶(lipoxygenase，LOX，催化膜脂中不饱和脂肪酸加氧，产生自由基)活性的升高，破坏了生物体内自由基产生与消除的平衡，积累过量的自由基，对细胞膜及许多生物大分子产生破坏作用，如加强酶蛋白质的降解、促进脂质过氧化反应、引起DNA损伤、加速乙烯产生、改变酶(如Rubisco和谷氨酰胺合成酶)的性质等，进而引发衰老。

(4)基因时空调控假说

衰老是遗传程序控制的主动发育进程。在植物衰老早期，叶片中多数mRNA水平显著下降，如编码光合作用有关的多数蛋白的基因，随叶片衰老急剧下降；有些基因在衰老时表达增强，如催化乙烯合成的ACC合酶和ACC氧化酶基因。程序性细胞死亡(programmed cell death，PCD)是植物体内存在的由特定基因控制的细胞衰老死亡过程。Nooden(1988)认为叶片衰老是一个程序性细胞死亡过程。

11.5 植物器官脱落生理

植物器官衰老到一定程度后往往会脱落，但器官的脱落并不意味着整株植物都衰老了。叶片、花、果实、种子或枝条等植物的部分器官脱离母体的现象称为脱落(abscission)。根据引起脱落的原因，可以将脱落分为以下3种：正常脱落、胁迫脱落和生理脱落。正常脱落是由于衰老或成熟引起的，如叶片和花的衰老脱落，果实和种子成熟后脱落等，是正常的生理现象。胁迫脱落是由于环境条件胁迫(如高温、低温、干旱、水涝、盐渍、污染等)和生物因素(病、虫和杂草等)引起的脱落，这是不正常的脱落。生理脱落是植物本身生理活动引起的脱落，如果树、棉花、大豆的营养生长与生殖生长的矛盾、源与库不协调、光合产物运输受阻或分配失控等原因造成的脱落，生理脱落也是非正常的脱落。植物器官的脱落常给农业生产带来巨大损失，例如，果树存在落花落果问题，棉铃脱落率约 70%，大豆花荚脱落率高达 70%~80%。因此，生产上应采取措施减少脱落；但有些情况下，脱落也有特定的生物学意义，如合理分配养分，减少水分散失，延缓营养体衰老进程等。

11.5.1 脱落时细胞及生化变化

(1)脱落时细胞的变化

在叶柄、花柄和果柄的基部有一特化的区域，称为离区(abscisic zone)，是由几层排列紧密的离层(abscisic layer)细胞组成的。离层细胞开始变化时，首先是核仁变得非常明显，RNA 含量增加，内质网增多，高尔基体和小泡(vesicle)增多，小泡聚集在质膜上，释放出酶，细胞壁和中胶层在酶的作用下分解并膨大，其中中胶层最明显。离层细胞变圆，排列疏松(图 11-8)。叶柄、花柄和果柄等就是从离层处与母体断离而脱落的。脱落过程中维管束会折断。脱落后残茬处细胞壁木栓化，形成保护层。多数植物器官在脱落之前已形成离层，只是处于潜伏状态，一旦离层活化，即引起脱落。但也有例外，如禾本科植物叶片一般不产生离层，因而不会脱落；花瓣脱落也没有离层形成。

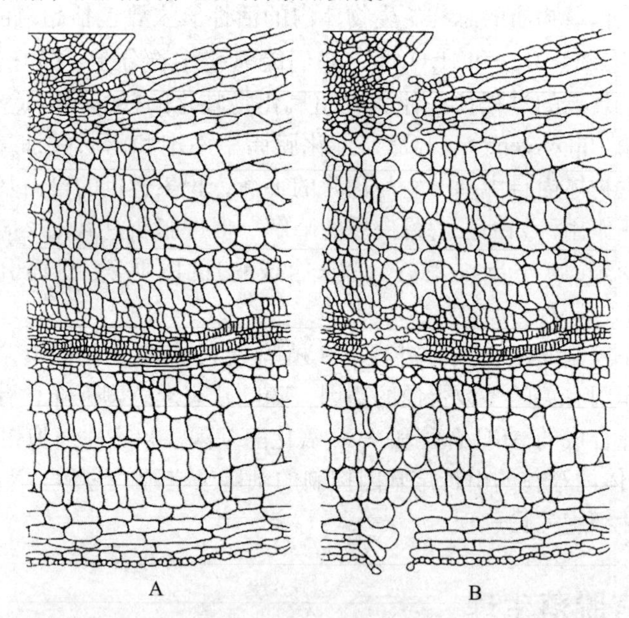

图 11-8 在形成离层的过程中，在细胞壁水解酶作用下离层细胞壁发生降解

(引自 Taiz and Zeiger，2006)

(2)脱落的生化变化

脱落前植物器官中植物激素含量发生变化，在激素信号的作用下，离区合成 RNA，翻译成蛋白质(酶)，水解离层细胞的细胞壁和中胶层，呼吸加强以提供能量，因此脱落是一个需氧的过程。与脱落有关的酶很多，其中纤维素酶和果胶酶较受重视。

纤维素酶(cellulase) 定位在离层，该酶在脱落中可能扮演重要角色。棉花、柑橘叶片脱落时，纤维素酶活性增强。乙烯和脱落酸促进该酶活性。

果胶酶(pectinase) 主要分解果胶。果胶是中胶层的主要成分，基本上是多聚半乳糖醛酸。脱落过程中，离层内的可溶性果胶含量增多；脱落期间细胞壁丧失的糖类(占总糖的4%)主要是可溶性果胶。开始时，果胶酶和脱落几乎同步增加。乙烯促进果胶酶活性。

11.5.2 环境因子对脱落的影响

(1)温度

温度过高和过低都会加速器官脱落。随着温度的升高，温度与脱落的关系 Q_{10} 约等于2，生化反应加快。此外，高温也引起水分亏缺促使叶片脱落，这是间接的影响。

(2)水分

一般情况下，季节性干旱会使树木落叶，以减少水分蒸腾。干旱时，吲哚乙酸氧化酶活性增强，生长素相应减少，细胞分裂素含量下降，乙烯和脱落酸增多，这些变化都促进器官的脱落。但当植物根系受到水淹时，也会出现叶、花、果的脱落现象。干旱、涝淹会影响内源激素水平，进而影响植物器官脱落。

(3)光照

光强度减弱时，脱落增加。当大田作物种植过密时，植物下部光照不足，叶片会早落。短日照促进落叶，而长日照延迟落叶；北方城市的行道树(如杨树和法国梧桐)，在秋季短日照来临时纷纷落叶，但是路灯下的植株或枝条落叶较晚。不同光质对脱落也有不同影响，远红光增加组织对乙烯的敏感性，促进脱落，而红光则延缓脱落。

(4)氧气

氧气浓度影响脱落，氧气浓度在10%~30%范围内，增加氧浓度会增加棉花外植体脱落。高氧促进脱落的原因可能是促进了乙烯的合成。

(5)矿质营养

当植物缺乏氮、磷、钾、钙、镁、硫、锌、硼、钼和铁等元素时都会引起器官脱落。氮、锌缺乏会影响生长素的合成；硼素缺乏常使花粉败育，引起不孕或果实退化；钙是中胶层的组成成分，钙缺乏会引起严重的脱落。

此外，大气污染、紫外线、盐害、病虫等对脱落都有影响。

11.5.3 脱落与植物激素

(1)生长素

试验表明，将锦紫苏属(*Coleus*)的叶片去掉，留下的叶柄也很快脱落，如果将含有生长素的羊毛脂膏涂在叶柄的断口上叶柄就延迟脱落。这说明叶片中产生的生长素有抑制叶子脱落的作用。生产上用萘乙酸或2,4-D可以使棉花保蕾保铃。实际上，生长素类既可以抑制脱落，也可以促进脱落，它对器官脱落的效应与生长素使用的浓度、时间和施用部位有关。将生长素施在离区近轴端(离区靠近茎的一面)，则促进脱落；施于远轴端(离区靠近叶片的一侧)，则抑制脱落。这表明脱落与离区两侧的生长素含量密切相关(图 11-9)。Addicott 等(1955)提出了生长素梯度学说(auxin gradient theory)来解释生长素与脱落的关系。该学说认为器官脱落为离区两侧生长素浓度梯度所控制，当远基端的生长素含量高于近基端时，则抑制或延缓脱落；当两端浓度差异小或不存在差异时，器官脱落；当远基端生长素含量低于近基端时，会加速脱落(图 11-10)。

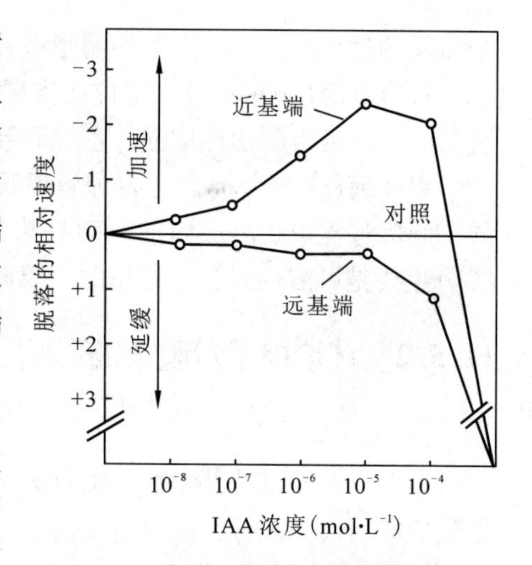

图 11-9 在近基端和远基端施用 IAA 对菜豆叶外植体脱落的影响

(引自 Chatterjec and Leopold，1963)

(2)乙烯

乙烯与脱落关系密切。棉花叶片在脱落前乙烯生产增加了 1 倍多，柑橘受到霜害后，乙烯释放量增加，促进器官脱落。乙烯可能诱导了离区果胶酶和纤维素酶的合成，增加膜透性；也可能促使生长素钝化和抑制生长素向离区的运输，使离区生长素含量少。Osborne(1978)提出双子叶植物的离区内存在特殊的乙烯响应靶细胞，乙烯可刺激靶细胞分裂，促进多聚糖水解酶的产生，从而使中胶层和基质结构疏松，导致脱落。乙烯的效应依赖于组织对它的敏感性，即随植物种类以及器官和离区的发育程度不同而敏感性差异很大，当离层细胞处于敏感状态时，低浓度乙烯即能促进纤维素酶及其他水解酶的合成及转运，导致叶片脱落；而且离区的生长素水平是控制组织对乙烯敏感性的主导因素，只有当其生长素含量降至某一临界值时，组织对乙烯的敏感性才得以发展。Suttle 和 Hultstrand(1991)用整株棉花幼苗为试验材料，证实叶片内 IAA 含量可控制叶片对乙烯的敏感性。乙烯处理会促进嫩叶脱落，但对完全展开的叶片无影响，化学分析表明完全展开叶片内游离态 IAA 含量较嫩叶高 1 倍以上。

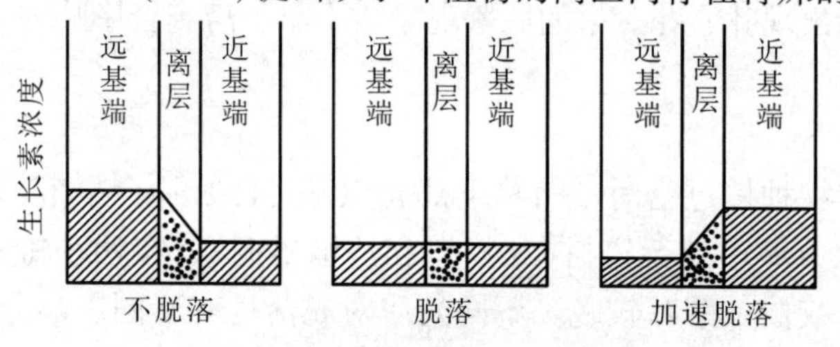

图 11-10 叶子脱落与叶柄离层远基端生长素和近基端生长素的相对含量的关系

(引自 Addicott and Lynch，1955)

(3) 脱落酸

幼叶和幼果脱落酸含量低，当接近脱落时，脱落酸含量最高。Davis 等(1972)研究表明棉铃中脱落酸含量与其脱落曲线一致，且幼果易落品系含有较多的脱落酸。在生长的叶片中脱落酸含量极低，只有在衰老的叶片中才含有大量的脱落酸。秋天短日照促进脱落酸合成，所以能导致季节性落叶。脱落酸促进脱落的原因可能是脱落酸抑制了叶柄内 IAA 的传导，促进了分解细胞壁的酶类的分泌，并刺激乙烯的合成，增加组织对乙烯的敏感性。

(4)赤霉素和细胞分裂素

赤霉素和细胞分裂素能抑制器官的衰老和脱落。例如，在棉花、番茄、苹果和柑橘等植物上施用赤霉素能延缓其脱落；在玫瑰和香石竹中，CTK 能延缓衰老脱落，这可能是因为 CTK 能通过调节乙烯合成，降低组织对乙烯的敏感性而产生影响。

各种激素的作用不是彼此孤立的，器官的脱落也并非受某一种激素的单独控制，而是多种激素相互协调、平衡作用的结果。

Reid 提出生长素和乙烯调控叶片脱落的作用模型(图 11-11)。依据该模型，将叶片脱落分 3 个时期。①维持生长期：在接收到脱落信号之前，叶片维持正常功能，叶片中合成的生长素不断向外运输，维持叶片和茎之间的生长素浓度梯度，离层细胞处于非敏感状态。②脱落诱导期：叶片衰老或环境信号干扰生长素的合成和运输，不能维持生长素浓度梯度，甚至形成反向的浓度梯度，同时乙烯的含量增加，生长素的活性降低，离层细胞对乙烯敏感性增加，进入器官脱落诱导时期。③脱落期：敏感的离层细胞对低浓度乙烯反应，合成和分泌果胶酶、纤维素酶等细胞壁降解酶，水解细胞壁而致器官脱落。

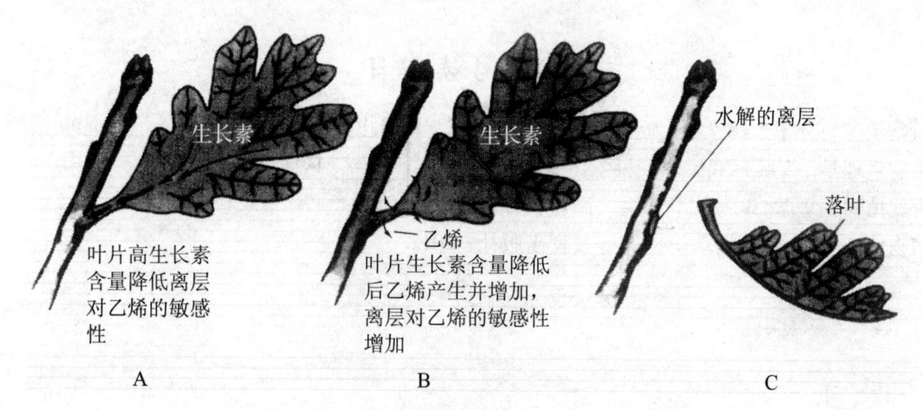

图 11-11　生长素和乙烯调控叶片脱落的作用模型(引自 Taiz and Zeiger，2006)

A. 叶片保持相　B. 脱落诱导相　C. 脱落相

本章小结

种子在成熟期间，可溶性的小分子物质(如葡萄糖、蔗糖、氨基酸等)转化为不溶性的高分子有机物(淀粉、蛋白质和脂肪等)，积累在子叶或胚乳中。伴随种子成熟，呼吸速率升高，到成熟末期下降。种子含水量随成熟下降。种子成熟的过程，伴随植物激素的变化。外界因素温度、光照、空气湿度、矿质元素和土壤水分状况等都影响种子的成熟。

果实成熟期间呈单“S”生长曲线或双“S”生长曲线，一些果实出现呼吸跃变。随着果实色香味的变化，果实达到完全成熟。温度、光照、气体组分、矿质营养和湿度等都会影响果实的成熟。

植物在某些情况下，生长代谢暂时不活跃，处于休眠状态。种子休眠原因很多，例如，由于种皮限制、种子未完成后熟、胚未发育完全或种子有抑制物质使得种子暂时不能萌发。一些措施可以延迟或促进种子萌发。

衰老时植物体内发生一系列变化，光、温度、水分、营养和激素等都对衰老有影响。

器官衰老到一定程度或其他原因常造成器官的脱落。脱落时，纤维素酶和果胶酶活性增强，与脱落酸和乙烯关系密切。生长素浓度梯度影响植物器官的脱落。

思 考 题

1. 小麦种子和苹果果实在成熟期间发生了哪些生理生化变化？
2. 植物器官脱落与植物激素有什么关系？
3. 目前有关植物衰老的机理有哪些假说？
4. 种子休眠的原因是什么？人工如何控制？

推荐阅读书目

1. 植物生理与分子生物学 . 2 版 . 余叔文，汤章城 . 科学出版社，1999.
2. 植物生理学 . 2 版 . 武维华 . 科学出版社，2008.
3. 现代植物生理学 . 3 版 . 李合生 . 高等教育出版社，2012.
4. 植物生理学 . 7 版 . 潘瑞炽 . 高等教育出版社，2012.

第12章　植物的抗逆生理

植物的正常生长需要一定的适宜环境。但是，由于地理位置、气候条件以及人类活动等多方面的影响，自然界中的植物在其一生中几乎不可避免地会遭受诸如低温、高温、干旱、洪涝、盐渍和病虫侵染等不良环境的影响，当这些环境变化超出了适于植物正常生长、发育所能忍受的范围，就会导致植物受到伤害甚至死亡。相应地，植物在长期的进化过程中也逐步形成了一定的抵御机制以适应各种环境变化。因此，研究植物在不良环境下的生命活动规律及忍耐或抵抗机制，对于提高植物的抗逆性和生产力具有十分重要的意义。

12.1　抗逆生理通论

12.1.1　逆境和植物的抗逆性

12.1.1.1　植物生长所需的环境因子

植物的生长是在各种生理活动协调的基础上进行细胞分裂、伸长和分化的结果。这些生理活动包括光合、呼吸、水分的吸收与蒸腾、矿物质的吸收与转运、有机物的转化与运输等过程。因此，凡是能够影响这些生理活动的环境因子都能够影响植物的生长。植物生长所需要的环境因子主要包括温度、光照、水分和大气。矿质元素和植物生长调节剂对植物的生长也起到调节作用。各种环境因子对植物生长的影响详见第9章内容。

12.1.1.2　逆境的概念

植物在自然界经常遇到环境条件的剧烈变化，其幅度超过了适于植物正常生命活动的范围，就会导致植物受到伤害甚至死亡。这些对植物生长和发育不利的各种环境因素总称为逆境(environmental stress)，又称胁迫(stress)。

12.1.1.3　逆境类型

逆境类型多种多样，根据环境变化的特点，可将逆境分为生物逆境(biotic stress)和非生物逆境(abiotic stress)，非生物逆境又称理化因素逆境(图12-1)。这些造成逆境的因子之间可以相互交叉，相互影响。

(1)生物逆境

生物逆境是指由生物因素所引发的逆境，主要包括病害、虫害、杂草等。

(2)非生物逆境

非生物逆境是指由过度或不足的物理或化学条件所引发的逆境。对植物产生重要影响的非生物逆境主要有水分(干旱和淹涝)、温度(高、低温)、盐碱等理化逆境。非生物逆境之间通常是相互联系的。例如，水分亏缺通常伴随着盐碱和高温逆境；水分胁迫、低温胁迫等

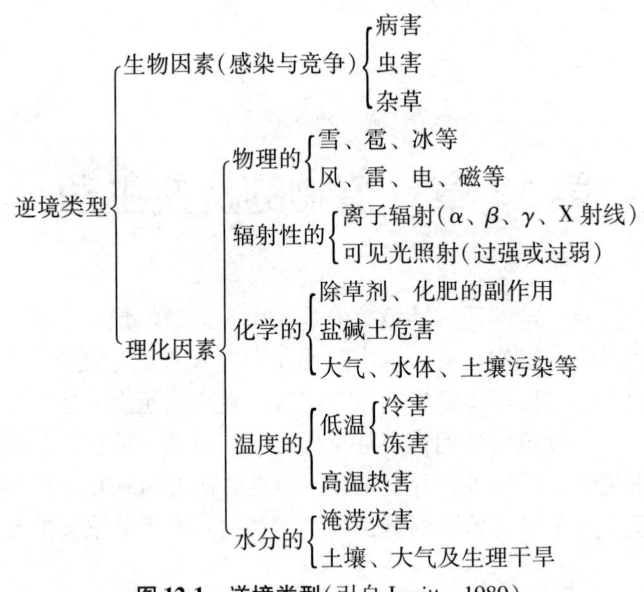

图 12-1　逆境类型(引自 Levitt, 1980)

都可引起活性氧伤害。

12.1.1.4　植物的抗逆性

植物对不良环境的适应性和抵抗力称为抗逆性(stress resistance)或抗性。抗逆性是植物在对环境的逐步适应过程中形成的，这种适应性形成的过程，称为抗性锻炼(hardening)。通过抗性锻炼可以提高植物对某种逆境的抵抗能力。植物的抗性生理(hardiness physiology)就是研究不良环境对植物生命活动的影响，以及植物对不良环境的抗御能力。

植物的抗逆性可以分为避逆性和耐逆性 2 种类型。

(1)避逆性

避逆性(stress avoidance)指植物通过对生育周期的调整来避开或部分避开逆境的干扰，在相对适宜的环境中完成其生活史。例如，沙漠中的植物在雨季快速生长，通过生育期的调整来避开不良气候对它的影响；仙人掌通过肉质茎这种特殊的形态结构贮存大量水分，以避免干旱的伤害等。这种方式在植物进化上是十分重要的。

(2)耐逆性

耐逆性(stress tolerance)指植物组织虽经受逆境对它的影响，但可通过代谢反应阻止、降低或者修复由逆境造成的伤害，使其仍保持正常的生理活动。例如，有些北方针叶树种在冬季可以忍受 -70 ~ -40 ℃的低温；有些植物遇到干旱或低温时，细胞内的渗透物质会增加，以提高细胞抗性等。一般来说，在可忍耐范围内，逆境所造成的损伤是可逆的，即植物可恢复或部分恢复其正常生长；如果超出可忍耐范围，损伤是不可逆的，植物将丧失自身修复能力，严重受害甚至死亡。

植物对逆境的抵抗往往具有双重性，即避逆性和耐逆性可在植物体上同时出现，或在不同部位同时发生。一般而言，避逆性多源于植物的形态和解剖学特点，而耐逆性往往与原生质特性和内部生理机制有关。

12.1.2 逆境对植物的伤害

根据植物对逆境的反应速度，可将逆境对植物的伤害分为直接伤害与间接伤害2类。

12.1.2.1 直接伤害

直接伤害在短时间内发生、伤害较快，植物遭受逆境影响后几分钟或几小时，至多在1天之内即出现病症，说明这种影响已侵入细胞内，直接破坏原生质活性。直接伤害难以用代谢失调解释，主要特征是质膜透性增大导致细胞内含物向外渗漏。例如，高温胁迫对植物的直接伤害是蛋白质变性和脂类液化，生物膜结构破损，导致体内生理生化代谢紊乱；冻害过程中形成的冰晶造成蛋白质变性和原生质不可逆的凝胶化，冰晶体过大时对原生质造成机械压力，细胞变形受损。

12.1.2.2 间接伤害

间接伤害是以代谢失调为主要特征的伤害。如低温后植株形态上表现正常，至少要在5~6 d后才出现组织柔软、萎蔫等症状，而这些变化是代谢失常后生理生化的缓慢变化而造成的，并不是低温直接造成的。逆境对植物的间接伤害可以表现在以下几个方面。

(1)影响植物物质代谢

大量的资料表明，在各种逆境条件下，植物体内的物质分解大于合成，水解酶活性高于合成酶活性。例如，在低温、高温、干旱等胁迫条件下，磷酸化酶和蛋白水解酶的活性提高，促进淀粉水解和蛋白质降解，使体内葡萄糖、蔗糖和可溶性氮增加。

(2)影响植物能量代谢

在任何一种逆境(如干旱、高温、低温、盐害、涝害等)下，植物的光合作用都呈下降趋势。导致光合作用下降的原因很多，例如，在高温条件下，植物光合作用的下降可能与酶的变性失活有关，也可能与脱水时气孔关闭，增加气体扩散阻力有关；在干旱条件下主要由于气孔关闭、失水造成光合作用有关酶活力降低和叶肉细胞细胞壁对CO_2透性降低而导致光合作用的降低。

逆境下植物的呼吸作用不稳定，呼吸速率的变化与逆境胁迫的强度及时间的长短密切相关。其变化主要有3种类型：呼吸强度降低，呼吸强度先升高后降低和呼吸作用明显增强。冻害、热害、盐渍和涝害时，植物的呼吸速率都逐渐降低；冷害和干旱时，植物的呼吸速率先升高后降低；而植物发生病害时，植物呼吸作用显著增强，且这种呼吸作用的增强与病原菌本身呼吸无关，可能是因植物适应性反应中需要较高的能量而使植物细胞原生质内有关呼吸酶类活性增强的结果。

(3)影响植物代谢调节

生物机体对代谢途径反应速度的调节控制能力称为代谢调节。植物的代谢调节可以通过各种相关的酶及激素起作用。逆境胁迫则通过调节多种酶的活性或植物内源激素的含量、比例进而影响植物的代谢水平，最终影响植物的生长发育。干旱可干扰植物内源激素平衡，总趋势表现为促进生长的激素减少，而延缓或抑制生长的激素增多。例如，脱落酸含量增加，细胞分裂素含量降低，这2种激素对RNA酶活性有相反的效应，前者提高RNA酶活性，后者降低RNA酶活性。此外，干旱时乙烯合成加强，从而加快植物部分器官的脱落等。

(4)影响植物保护机制

对植物保护机制的影响最典型的是影响抗氧化保护系统。为了避免逆境条件下因活性氧过多累积对生物大分子造成氧化损伤，植物的活性氧清除体系(包括酶促系统和非酶促系统)必然要发生相应的调整以适应和抵抗逆境胁迫。胁迫程度较小或胁迫时间较短时，通过这种保护机制可以降低甚至恢复逆境造成的损伤。但是，当胁迫程度较大或胁迫时间较长时，抗氧化保护系统将遭遇较为严重的破坏，最终导致植物受害甚至死亡。

12.1.3 植物对逆境的适应

植物有各种各样抵抗或适应逆境的能力，处于逆境下的植物在形态、生理、分子、行为及生殖上都可能发生一些适应性变化以抵抗逆境对植物造成伤害。

12.1.3.1 形态适应

逆境条件下植物形态往往表现出明显的变化。例如，干旱环境中的植物根系发达，伸入土层较深，能更有效地利用深层土壤的水分，叶片卷成筒状，以减少蒸腾损失；淹水条件下，植物通过形成发达的通气组织，能把地上部吸收的氧输送到根部或缺氧部位，增强对淹水缺氧的忍耐力；三叶橡胶树白粉病菌不侵染老叶，就是因为老叶有坚厚的角质层结构作保护等。

12.1.3.2 生理适应

逆境条件下，植物可以通过一系列的生理变化，例如，膜结构的变化、活性氧平衡、渗透调节、植物激素调节、逆境蛋白的产生等来适应或抵御各种不良环境的影响。

(1)生物膜的应变

生物膜结构和功能的稳定性与植物的抗逆性密切相关。生物膜的透性对干旱、冷害、冻害、高温、盐渍和病害等各种逆境的反应都比较敏感。在这些逆境条件下，质膜透性都增大，内膜系统出现膨胀、收缩或破损。

高等植物膜脂中含有磷脂酰胆碱(PC)、磷脂酰乙醇胺(PE)、磷脂酰甘油(PG)、磷酸肌醇(PI)、磷脂酸(PA)等磷脂和单半乳糖二甘油酯(MGDG)、双半乳糖二甘油酯(DGDG)、硫脂(SL)等糖脂。现在一般认为，膜脂种类以及膜脂中饱和脂肪酸与不饱和脂肪酸的比例都与植物抗冷性、抗冻性、抗旱性、抗盐性等密切相关。Kuiper 在苜蓿上进行了膜脂组分与抗冷性关系的研究，结果表明抗冷性强的品种叶片中 MGDG、DGDG、PC 和 PE 的含量在 15~30 ℃温度条件下均比不抗冷品种的含量高。在对杨树的抗冻性研究中，也证明杨树树皮 PC 的含量变化和抗冻能力变化基本一致。对脂肪酸而言，碳链越长固化温度越高；相同碳链长度时，不饱和键数越多，固化温度越低。由于正常活细胞的膜结构需要膜脂有一定的流动性，因此，在细胞膜脂中含有较多碳链短的、不饱和键多的脂肪酸时，对于提高植物的抗逆性有重要意义。例如，抗旱性强的小麦品种在灌浆期如遇干旱，其叶表皮细胞的饱和脂肪酸较多，而不抗旱的小麦品种则较少。另外，适当的逆境锻炼也可以使细胞膜组分中脂肪酸的不饱和度增加，从而使植物抗逆性增强。

膜蛋白与植物抗逆性也有关系。例如，甘薯块茎在 0 ℃下贮藏几天后，线粒体膜上的膜蛋白对磷脂结合力降低，使 PC 和 LPC(脱酰磷脂酰胆碱)从膜上游离下来，进而导致线粒体膜破坏，组织坏死。这就是以膜蛋白为核心的冷害膜伤害假说。

(2)抗氧化防御系统

氧气是植物生命活动必不可少的物质之一，然而氧也会被活化，形成对细胞有害的活性氧。在正常情况下，细胞内活性氧的产生和清除处于动态平衡状态，由于细胞内活性氧水平较低，不会造成伤害。但是当植物遭遇逆境时，活性氧累积过多，这个平衡就被打破。过多的活性氧会导致多糖、脂质、核酸、蛋白质等生物大分子的氧化损伤，尤其是膜脂中的不饱和脂肪酸的双键部位最易受到自由基的攻击，发生膜脂过氧化作用，并引发连锁反应，使膜结构遭受破坏，细胞内组分外渗，代谢紊乱；同时，膜质过氧化产生的脂性自由基可使膜蛋白或膜结合酶发生聚合反应和交联反应，从而破坏了蛋白质结构与功能。如果胁迫强度增大，或胁迫时间延长，植物就有可能死亡。与此相适应地，植物可以通过活性氧清除体系包括酶促系统和非酶促系统来清除过多的活性氧。酶促系统主要有超氧化物歧化酶(SOD)、过氧化物酶(POD)、过氧化氢酶(CAT)、谷胱甘肽还原酶(GSH-R)等。非酶促系统主要有类胡萝卜素、维生素E、维生素C、维生素A、谷胱甘肽等。一般认为，在逆境胁迫下活性氧清除能力较强的植物，抗逆性也强。例如，干旱胁迫下不同抗旱性小麦叶片中SOD、CAT、POD活性与膜透性、膜脂过氧化水平之间都存在着负相关。一些植物生长调节剂和人工合成的活性氧清除剂在胁迫下也有提高保护酶活性、对膜系统起保护作用的效果。

(3)渗透调节

渗透调节是指植物在干旱、盐渍或低温等逆境条件下，细胞内主动积累各种有机和无机物质，降低渗透势，保持一定的压力势，这样植物就可保持其体内水分，适应水分胁迫环境，维持其正常的生理功能。渗透调节是在细胞水平上进行的，即由细胞通过合成和吸收积累对细胞无害的溶质来完成。其主要功能在于：维持膨压，从而维持原有的生理过程；保持细胞持续生长，以减轻逆境对细胞生长的抑制；维持气孔开放，以减轻光合作用的气孔限制。此外，还可维持生物膜的稳定性和某些酶的活性等。渗透调节是植物抵抗逆境的一种重要机制。

渗透调节的关键是渗透调节物质的主动积累。参与渗透调节的物质大致可分为两大类：一类是植物从外界吸收的无机离子，如K^+、Cl^-、Na^+、Ca^{2+}、Mg^{2+}、NO_3^-、SO_4^{2-}等；另一类是细胞主动合成的有机溶质，如可溶性糖、脯氨酸、甜菜碱等。

无机离子积累的数量和种类与植物种类和器官有关。例如，非盐生植物的渗透调节物质通常为K^+，而盐生植物的渗透调节物质主要是Na^+和Cl^-。在中度水分胁迫下完全展开的高粱叶片，积累的无机离子主要为K^+、Mg^{2+}，完全展开的向日葵叶片主要为K^+、Mg^{2+}、Ca^{2+}、NO_3^-；部分展开的向日葵叶片在严重水分胁迫下，则主要积累Cl^-和NO_3^-。植物对无机离子的吸收是一种主动过程，故细胞中无机离子浓度可大大超过外界介质中的浓度。

脯氨酸(proline)是最重要和最有效的有机渗透调节物质。几乎所有的逆境，如干旱、低温、高温、冰冻、盐渍、低pH、营养不良、病害、大气污染等都会造成植物体内脯氨酸的累积，尤其干旱胁迫时脯氨酸累积最多，可比处理开始时含量高几十倍甚至几百倍。脯氨酸的累积是由于逆境条件下脯氨酸合成酶的活化、生物降解的抑制及参与合成蛋白的减少而产生的。脯氨酸在抗逆中主要有2个作用：一是作为渗透调节物质，以保持原生质与环境的渗透平衡；二是与蛋白质相互作用，增加蛋白质的可溶性和减少可溶性蛋白的沉淀，增强蛋白质的水合作用，保持膜结构的完整性。除脯氨酸外，其他游离氨基酸和酰胺也可在逆境下积累，从而起渗透调节作用，例如，水分胁迫下小麦叶片中天冬酰胺、谷氨酸等含量增加，但这些氨基酸的积累通常没有脯氨酸显著。

甜菜碱(betaines)是植物体内另一类理想的亲和性渗透调节物质，也是一类季胺化合物，化学名称为 N-甲基代氨基酸，通式为 $R_4 \cdot N \cdot X$。植物中的甜菜碱主要有 12 种，其中甘氨酸甜菜碱(glycine betaine)是最简单也是最早发现、研究最多的一种，丙氨酸甜菜碱(alanine betaine)、脯氨酸甜菜碱(proline 于 betaine)也都是比较重要的甜菜碱(图 12-2)。植物在干旱、盐渍条件下会发生甜菜碱的累积，主要分布于细胞质中。在水分亏缺时，甜菜碱积累比脯氨酸慢，例如，大麦叶片水分胁迫 24 h 后甜菜碱才明显增加，而脯氨酸在 10 min 后便积累。而解除水分胁迫时，甜菜碱的降解也比脯氨酸慢。

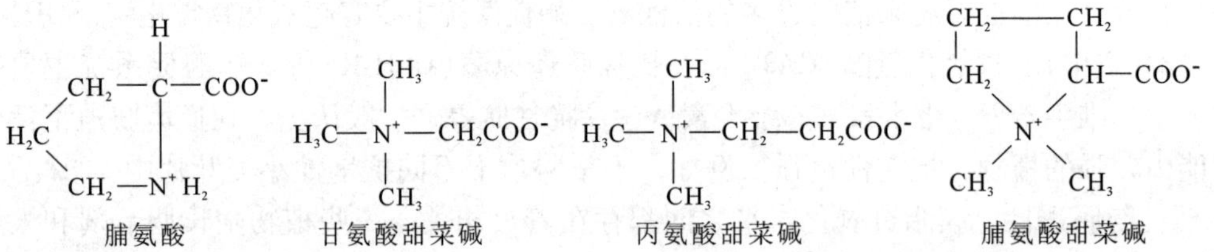

脯氨酸　　甘氨酸甜菜碱　　丙氨酸甜菜碱　　脯氨酸甜菜碱

图 12-2　几种渗透调节物质的结构式

可溶性糖也是一类渗透调节物质，包括蔗糖、葡萄糖、果糖、半乳糖等。低温逆境下植物体内常常积累大量的可溶性糖。可溶性糖主要来源于淀粉等碳水化合物的分解以及光合产物如蔗糖等。

需要注意的是，渗透调节造成溶质浓度的增加不同于通过细胞脱水和收缩所引起的溶质浓度的增加，也就是说渗透调节是每个细胞溶质浓度的净增加，而不是由于细胞失水、体积变化而引起的溶质相对浓度的增加。虽然后者也可以达到降低渗透势的目的，但是只有前者才是真正的渗透调节。在生产实践中，也可用外施渗透调节物的方法来提高植物的抗性。

(4)逆境蛋白

近年来随着分子生物学的发展，人们对植物抗逆性的研究不断深入。现已发现多种因素如高温、低温、干旱、病原菌、化学物质、缺氧、紫外线等都能诱导形成新的蛋白质(或酶)，这些在逆境下诱导形成的蛋白质统称为逆境蛋白(stress protein)。

热激蛋白(heat shock protein，HSP)　又称热休克蛋白，是一类在有机体受到高温逆境刺激后大量产生的蛋白，是植物对高温胁迫短期适应的产物，对减轻高温胁迫引起的伤害有重要作用。热激蛋白的产生在植物界具有普遍性，现已发现在大麦、小麦、谷子、大豆、油菜、胡萝卜、番茄、棉花、烟草等多种植物中都有热激蛋白的存在。产生热激蛋白所需的温度因植物种类和处理方式的不同而有差异。

研究发现，热激蛋白的主要功能在于其能赋予有机体对高温的耐受能力，它们具有典型的分子伴侣的生理功能。分子伴侣(chaperone)是一类辅助蛋白分子，主要参与生物体内新生肽的运输、折叠、组装、定位，以及变性蛋白的复性和降解。通过控制与底物的结合与释放来协助目标蛋白的折叠与组装，向亚细胞器的运输或结合，稳定目标蛋白质的不稳定构型，但不参与目标蛋白的最终结构组成。热激蛋白可以与生物体受热激伤害后产生的变性蛋白质结合，维持变性蛋白的可溶状态或使其恢复原有的空间构象和生物活性，提高植物的抗热性。热激蛋白也可以与一些酶结合成复合体，使这些酶的热失活温度明显提高。例如，植物线粒体内的热激蛋白 Cph60 在热激条件下与二氢叶酸脱氢酶、半乳糖脱氢酶和异丙醇苹果酸脱氢酶等酶结合形成复合体，使这些酶的热失活温度提高 8～15 ℃。

植物对热激反应是很迅速的，热激处理 3～5 min 就能发现 HSP mRNA 含量增加，20 min 后可检测到新合成的 HSPs。处理 30 min 时大豆黄化苗 HSPs 合成已占主导地位，正常蛋白合成则受阻抑。

低温诱导蛋白 植物经一段时间的低温处理后会合成一些特异性的新蛋白质，称为低温诱导蛋白（low-temperature-induced protein），也称冷响应蛋白（cold responsive proteins）、冷激蛋白（cold shock proteins），如同工蛋白、抗冻蛋白、胚胎发育晚期丰富蛋白等。低温诱导蛋白的产生与植物抗寒性的提高有关，如抗冻蛋白具有减少冻融过程对类囊体膜等生物膜伤害的作用。

低温诱导蛋白的出现与温度的高低及植物种类有关。例如，水稻在 5 ℃，冬油菜在 0 ℃处理后均能形成新的蛋白。一种茄科植物 *Solanum commerssonii* 的茎愈伤组织在 5 ℃处理的第一天就诱导 3 种蛋白合成，但若回到 20 ℃，则 1 d 后便停止合成。

渗调蛋白 在盐或干旱胁迫下，某些植物的悬浮培养细胞会产生一种新的 26 kDa 的蛋白。由于它的合成总伴随渗透调节的开始，因此被命名为渗调蛋白（osmotin）。该蛋白在盐适应细胞中的含量相当高，可达总蛋白质的 11%～12%。它的产生有利于降低细胞的渗透势和防止细胞脱水，有利于提高植物对盐和干旱的抗性。但应指出的是，并非所有植物的培养细胞在盐适应条件下都有新蛋白质出现或出现的蛋白质中都有 26 kDa 蛋白。渗调蛋白的积累是植物生长受抑、适应逆境所产生的一种原初免疫反应。

病原相关蛋白 也称病程相关蛋白（pathogenesis-related proteins，PRs），是植物被病原菌感染后形成的与抗病性有关的一类蛋白。其在植物体内的积累与植物局部诱导抗性和系统诱导抗性有关。自从在烟草中首次发现以来，至少在 20 多种植物中发现了病原相关蛋白的存在。

病原相关蛋白的分子量往往较小，一般不超过 40 kDa，且主要存在于细胞间隙，常具有几丁质酶和 β-1,3-葡聚糖酶等相关水解酶活性，能够抑制病原真菌孢子的萌发，降解病原菌细胞壁，抑制菌丝生长。β-1,3-葡聚糖酶分解细胞壁的产物还能诱导其他防卫系统有关的酶系，提高植物的抗病性。

其他逆境蛋白 缺氧环境可引起植物基因表达的变化，合成一组新的蛋白质，即厌氧蛋白（anaerobic stress protein，ANP）。目前已在玉米、水稻、高粱、大麦和大豆等多种植物中发现了厌氧蛋白的存在。在已确定的 ANP 中，醇脱氢酶（ADH）是研究最多的一种。由于在高等植物细胞中，乙醇发酵是厌氧条件下产生 ATP 的主要代谢途径，因此，醇脱氢酶在缺氧时含量和活性的增加，对于改善细胞的能量状态，提高植物抗缺氧环境是有利的。

过多紫外线会对植物产生伤害作用。作为一种防御机制，植物可以通过合成类黄酮色素吸收紫外线，减轻对植物自身的伤害作用。例如，用紫外线处理芹菜悬浮培养细胞时，会引起苯丙氨酸解氨酶（PAL）、4-香豆酸 CoA 连接酶、查耳酮合成酶（CHS）和 UDP-芹菜糖合成酶的协同诱导，而这些酶类正是类黄酮色素生物合成所必需的，从而促进了类黄酮色素的积累。

此外，干旱胁迫下可产生干旱逆境蛋白(drought stress protein)，施用化学试剂会产生化学试剂诱导蛋白(chemical-induced protein)等。

总之，逆境蛋白是在特定的环境条件下产生的。一般情况下，植物通过逆境蛋白的合成使植物本身的代谢和结构发生调整，从而增强植物抵御各种逆境的能力。但是，有的研究也表明逆境蛋白不一定就与逆境或抗性有直接联系。例如，有的逆境蛋白(如 HSPs)可在植物正常生长、发育的不同阶段出现，似与胁迫反应无关；有的逆境蛋白出现的量有时发现与其抗性无正相关性；许多情况下没有发现逆境蛋白的产生，植物对逆境同样具有一定的抗性等。此外，到目前为止，在众多的逆境蛋白中，除少数被确定为植物适应过程中所必需的酶外，大多数逆境蛋白的功能还不清楚，有待于进一步深入研究。

(5)植物激素

逆境能够促使植物体内激素的含量和活性发生变化，并通过这些变化来影响生理过程。

脱落酸　脱落酸是一种胁迫激素，它在通过植物激素调节植物对逆境的适应性中显得最为重要。脱落酸主要通过关闭气孔、保持组织内的水分平衡、增强根的透性、提高水的通导性等来增加植物的抗性。

在低温、高温、干旱和盐害等多种胁迫下，体内脱落酸含量大幅度升高，这种现象的产生是由于逆境胁迫增加了叶绿体膜对脱落酸的通透性，触发了脱落酸合成系统，并加快根系合成的脱落酸向叶片的运输及积累，进一步通过调节气孔开度，减少蒸腾失水，抑制生长，并增加根细胞的透性和水的通导性。一般认为，在同一作物的不同品种中，在逆境胁迫下，抗逆性强的品种脱落酸含量高于抗逆性弱的品种。如冬小麦的抗旱品种(Kanking)在干旱期间积累脱落酸能力较不抗旱品种(Ponca)强。抗冷性强的水稻品种“单生一号”在低温下处理 5 d，体内脱落酸含量达 18.5 $ng \cdot g\ FW^{-1}$，而抗冷性弱的品种“汕优二”，其体内脱落酸的含量只有 6.8 $ng \cdot g\ FW^{-1}$。

乙烯　植物在干旱、大气污染、机械刺激、化学胁迫、病害等逆境下，体内乙烯成几倍或几十倍的增加，当胁迫解除时则恢复正常水平，组织一旦死亡乙烯就停止产生。例如，小麦叶片失水后 1-氨基环丙烷-1-羧酸(ACC)和乙烯含量均增加，2 h 后 ACC 含量下降，丙二酰基-1-氨基环丙烷-1-羧酸(MACC)含量则继续增加。逆境下乙烯的产生可使植物克服或减轻因环境胁迫所带来的伤害，促进器官衰老，引起枝叶脱落，减少蒸腾面积，有利于保持水分平衡；乙烯可提高与酚类代谢有关酶类(苯丙氨酸解氨酶、多酚氧化酶、几丁质酶等)的活性，并影响植物呼吸代谢，从而直接或间接地参与植物对伤害的修复或对逆境的抵抗过程。

除了脱落酸和乙烯外，通常逆境条件下 IAA、赤霉素、CTK 的含量降低。例如，番茄叶水势在 $-1.5 \sim -0.2$ MPa 之间，IAA 氧化酶活性随叶水势下降而直线上升，IAA 含量下降；当水势小于 -1.0 MPa 时，则会抑制 IAA 向基部的运输。叶片缺水时叶内脱落酸含量的增加和细胞分裂素含量的减少，降低了气孔导性和蒸腾速率。抗冷性强的植物体内赤霉素的含量一般低于抗冷性弱的植物，外施赤霉素(1 000 $mg \cdot L^{-1}$)能显著降低某些植物的抗冷性等。

此外，多种激素的相对含量对植物的抗逆性更为重要。抗冷性较强的柑橘品种“国庆 1 号”和抗冷性弱的“锦橙”在抗冷锻炼期间，前者体内脱落酸含量高于后者，而赤霉素含量低于后者。同一品种在抗冷锻炼期间，随着脱落酸/赤霉素的比值升高，抗冷性逐渐增强，而在脱锻炼期间，随着脱落酸/赤霉素的比值降低，抗冷性也逐渐减弱。

目前的研究表明，植物激素是抗逆基因表达的启动因素，逆境条件改变了植物体内源激素的平衡状况，从而导致代谢途径发生变化，这些变化很可能是抗逆基因活化表达的结果。

(6)光合碳代谢途径的转变

逆境胁迫能显著影响植物的碳代谢途径，使C_3光合作用途径向C_4或CAM光合作用途径转变，或者由C_4光合作用途径向CAM途径转变。通过这种碳代谢途径的转变，提高植物的抗逆性。例如，在盐生的松叶菊属植物中发现，盐胁迫可诱导PEP羧化酶的产生，这是碳同化由C_3途径转变为CAM途径的重要生理生化标志，也是盐胁迫引起气孔关闭后植物得以维持碳同化继续运行的适应性表现。又如，利用0.5 $mol \cdot L^{-1}$的NaCl对冰叶松叶菊进行胁迫处理48～72 h，可观察到CAM途径酶类活性的增加；处理1～2周后PEP羧化酶活性增加40倍，NADP-苹果酸脱氢酶活性增加18倍，其他酶活性也增加数十倍。

(7)交叉适应

自然环境中，各种逆境对植物的危害往往是相互关联的，例如，干旱往往伴随着高温，而高温也会引起干旱；盐分胁迫也会引起水分胁迫等。因此，植物对各种逆境的适应也是相互关联的，例如，抗旱锻炼不仅能提高植物的抗旱性，也能提高植物的抗冷性。植物经历了某种逆境后，能提高对另一些逆境的抵抗能力，这种对不良环境之间的相互适应作用，称为交叉适应(cross adaptation)。例如，低温、高温等多种逆境都可刺激提高植物对水分胁迫的抵抗力；缺水、缺肥、盐渍等处理可提高烟草对低温和缺氧的抗性；低温锻炼和轻度干旱可以增加某些植物的抗冻性；干旱或盐处理可提高水稻幼苗的抗冷性等。

植物的交叉适应现象说明，植物对不同逆境的适应存在着某些共同的基础。大量研究表明，脱落酸、乙烯、某些逆境蛋白、脯氨酸以及多种膜保护物质等都可能与植物的交叉适应性密切相关。逆境条件下，脱落酸含量通常会增加，脱落酸可以作为逆境信号诱导植物发生某些适应性的生理代谢变化，增强植物的抗逆性，以抵抗其他逆境，即形成了交叉适应性。逆境蛋白的产生也是交叉适应的表现，不同逆境刺激可使植物产生同样的逆境蛋白。例如，水分胁迫、盐害、缺氧、重金属盐等都能诱导HSPs的合成；多种病原菌、乙烯、乙酰水杨酸、几丁质等都能诱导病原相关蛋白的合成等。多种逆境条件下，植物都会积累脯氨酸等渗透调节物质，植物通过渗透调节作用也可以提高对逆境的抵御能力。生物膜在多种逆境条件下有相似的变化，而多种膜保护物质(包括酶和非酶的有机分子)在胁迫下可能发生类似的反应，使细胞内活性氧的产生和清除达到动态平衡。

12.1.3.3 分子适应

植物生长发育受遗传信息和环境信息的调控。遗传信息决定个体发育的潜在模式，环境信息对遗传信息的表达起着重要的调节作用。植物在对逆境胁迫做出主动的适应性反应之前，存在感知、传递和处理环境刺激信号的分子适应过程。例如，在植物对土壤干旱胁迫的逆境信息传递过程中，植物的根尖首先感受干旱信号，并将干旱信息由脱落酸携带从根部传递到地上部；到达地上部的脱落酸作用于叶片气孔保卫细胞而导致气孔关闭，气孔关闭可使植物蒸腾作用降低而保持体内的水分平衡。又如，植物叶片被虫咬后，可能通过电波、茉莉酸和寡聚糖来传递信息并引起全身性的防御反应。显然，深入了解植物感受和传递逆境信号的分子机制，有助于有效地提高植物的抗逆性。对于接受被传递的逆境信号的细胞来讲，无论是直接来自环境的刺激信号，还是来自其他活细胞所产生的信号，均称为胞外信号。胞外信号主要包括水信号、化学信号和电信号。而由胞外信号经跨膜信号转导过程在胞内作用所产生的进一步信号(如第二信使等)，则属信息传递过程中的胞内信号。植物通过胞外信号和胞内信号，或是影响植物基因的表达调控，或是直接引起胞内生理生化过程的变化，以适应和抵御各种逆境刺激。

植物对逆境的分子适应过程还包括细胞在感知逆境信息后，可以通过抗逆相关基因的表达调控，使植物在代谢和结构上发生改变进而增强抵抗外界不良环境的能力。例如，近年来人们通过差示筛选程序获得了低温诱导的 cDNA 文库，在双子叶植物中发现了 20 多个低温诱导的基因或基因组，在单子叶植物中发现了 10 多个。这些基因绝大部分是通过静态 mRNA 在低温下超表达找到的，该 mRNA 又是总 mRNA 中占优势的。又如，盐胁迫诱导甜菜碱生物合成的关键酶——甜菜醛脱氢酶的 mRNA 转录明显增加。

12.1.3.4 行为适应

植物在长期适应逆境的过程中，形成了许多特殊的行为。例如，一年生短命植物在冬季时，其叶片多以莲座型生长，这样既能增加热量吸收，以保证在低温环境中保持体温不低于 0 ℃，又因叶片之间几乎没有重叠具有相对大的表面积，从而获得更多的太阳辐射；而在夏季，当地表温度较高时很少出现这种结构。干旱土壤中根系能向土壤深处伸展，是因为土壤深处的含水量较表土高，也是植物向水性行为适应的结果。

12.1.3.5 生殖适应

植物也可以通过一定生殖方式的改变以适应不良环境。例如，无性生殖和有性生殖的相对比例受水、热等环境条件的影响。水淹能引起野古草无性生殖和有性生殖的比例增大，无性生殖比有性生殖更适应周期性水淹环境，从而保证了植物的生存和延续。又如，分布于我国新疆北部的 4 种旱麦草属短命植物，在荒漠环境中其生殖分配(有机物向生殖器官分配的比例)为 55%~60%，远高于一般的植物，这种生殖投入的增加，为大量结实提供了营养保障，结实率高达 60%~80%，为物种的生存和延续提供更多的机会；生殖包装单位由内外稃与包裹于其中的颖果共同组成，且稃的重量占整个包装单位重量的 15%~60%，这种对生殖包装较高比例的资源投入，提高了果实在荒漠环境中的适应性。

12.2 植物的抗寒性

植物生长对温度的反应有三基点，即最低温度、最适温度和最高温度。温度过高或过低都会影响植物的生长发育。超过最高温度，植物就会遭受热害。低于最低温度，植物将会受到寒害。按照低温的不同程度，可以将寒害分为冷害和冻害。植物对低温的适应与抵抗能力称为抗寒性。

12.2.1 抗冷性

12.2.1.1 冷害的概念

很多热带和亚热带植物不能经受 0 ℃以上的低温的影响，这种 0 ℃以上低温对植物的伤害称为冷害(chilling injury)。在我国，冷害经常发生在早春和晚秋季节，主要在作物的苗期和籽粒或果实成熟期。例如，水稻、棉花、玉米或春播蔬菜的幼苗常遇0 ℃以上低温的危害，造成烂籽、生长缓慢或死苗。晚稻灌浆期遭遇寒流常造成空瘪不实。许多果树受低温的影响，花芽分化遭破坏，引起结实率降低。起源于热带、亚热带植物的果实(如荔枝果实)及贮藏器官(如甘薯块根)，在过低的温度中也会引起冷害，导致生理异常，不能安全贮藏。这些都是作物生产上和果蔬产品贮藏上常见的冷害现象，也是很多地区限制农业生产的主要因素之一。

12.2.1.2 冷害对植物的伤害

冷害对植物的伤害在外部形态上表现为：出现伤斑、凹陷；死苗或僵苗不发；组织柔软、萎蔫；木本芽枯顶枯、破皮流胶；花芽分化受破坏，结实率降低等。

除此之外，冷害还可以引起植物细胞剧烈的生理生化变化，主要表现为：①原生质流动受阻。把对冷害敏感的植物(番茄、烟草、西瓜、甜瓜、玉米等)的叶柄表皮毛在 10 ℃低温下放置 1～2 min，原生质流动明显变慢甚至停止；而将对冷害不敏感的植物(甘蓝、胡萝卜、甜菜、马铃薯等)置于 0 ℃时原生质仍有流动。原生质流动过程需 ATP 提供能量，而原生质流动减慢或停止则说明了冷害使 ATP 代谢受到抑制；②水分平衡失调。植株经低温冷害后，吸水能力和蒸腾速率都明显下降，其中根系吸水能力下降幅度更显著，蒸腾失水大于吸水，尤其是晴朗天气，叶温升高迅速，地温升高较慢，更加剧这一趋势，使植物水分平衡失调，导致植物的叶尖、叶片、枝条等萎蔫、干枯，甚至发生器官脱落；③光合速率减弱。低温下叶绿素分解加强、合成受阻，叶片失绿；同时低温影响到光合环中的许多酶，限制了暗反应，使光合速率下降。加上低温常伴有阴雨，引起光照不足，会使冷害更为严重；④呼吸代谢失调。冷害使植物的呼吸速率先上升后下降，出现大起大落。冷害初期，呼吸速率上升是一种保护性反应，因为放热多对抵抗冷害有利；以后呼吸降低是伤害性反应，有氧呼吸受到抑制，无氧呼吸相对加强，会产生由无氧呼吸副作用引起的间接性伤害。特别是不耐寒的植物(或品种)，呼吸速度大起大落的现象特别明显。

12.2.1.3 植物对冷害的适应

植物对 0 ℃以上低温的适应和抵抗能力称为抗冷性(chilling resistance)。随着秋季气温的逐渐降低，或者经受抗冷锻炼后，植物细胞可以通过一系列的生理生化变化，如酶活性和代谢途径的改变，以及糖、氨基酸、核酸、蛋白质和磷脂浓度的增加等，使细胞的代谢和膜结构能经受 0 ℃以上的低温。

(1)不饱和脂肪酸和脂类的变化

膜脂中不饱和脂肪酸的比例越大，膜脂相变温度越低，抗冷性越强。温带植物比热带植物耐低温的原因之一，就是不饱和脂肪酸的含量较高。另外，低温可以诱导质膜脂类发生变化。例如，抗冷锻炼并不引起脂类种类的变化，但能够增加磷脂和游离甾醇，减少甾醇糖苷、酰基甾醇糖苷和葡萄糖苷脂酶。脂类的变化可以防止脂类由双层片状向六方晶体状转变，增强膜在低温下的稳定性。

(2)蛋白质合成增加

在许多植物中发现，可溶性蛋白质含量的增加与抗冷能力的提高直接相关。Weiser 最先提出植物抗寒锻炼中基因表达发生变化，从而合成新的蛋白质，其中包括参与抗寒锻炼代谢的一系列酶。

(3)核酸和核糖体的变化

已经证明，低温锻炼过程中有核酸的代谢，总 RNA、rRNA 和 mRNA 含量有所增加。冬小麦低温锻炼期间，RNA 聚合酶Ⅰ活性增加，rRNA 含量也增加，随后 RNA 聚合酶Ⅱ活性也稍有增加，但在相同处理的春小麦中并不存在这种变化，说明这种变化与低温有关。核糖体的结构、多聚核糖体的组成以及大小在低温锻炼期间都会发生变化，这些变化使转录系统在低温下更稳定。

12.2.1.4　植物抗冷性的信号转导

植物能够感知环境温度的变化并通过改变基因表达模式来提高植物对低温的抵御能力。但是一直以来，植物感知低温的分子机制不是非常清楚。2015 年，中国科学院植物研究所种康研究组与中国农业科学院水稻研究所钱前研究员等合作发现水稻质膜上一个具有 9 次跨膜结构的 G-蛋白信号调节因子 COLD1(Chiling-tolerance divergence 1)，定位于细胞质膜和内质网。遇冷时 COLD1 与 G-蛋白 α 亚基 RGA1 互作，激活 Ca^{2+} 通道，触发下游耐冷防御反应。这是国际上首次报道的植物低温感受器，揭示了人工驯化赋予粳稻耐寒性的生物学机制。

抗冷过程同时涉及依赖脱落酸和非依赖脱落酸的信号传导过程。在依赖脱落酸的信号途径中，调节基因表达的转录因子属于 *bZIP*、*MYC* 或 *MYB* 家族(详见 12.4.3.1"植物抗旱性的信号转导")。在非依赖脱落酸的信号转导途径中，ICE1-CBF-COR 是研究较为广泛和重要的通路(图 12-3)。

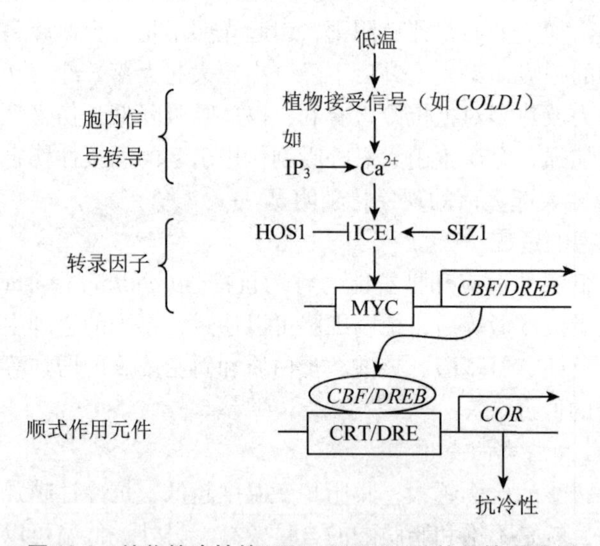

图 12-3　植物抗冷性的 ICE1-CBF-COR 信号转导途径

ICE1(Inducer of CBF expression 1)基因编码一个 *MYB* 类型的碱性螺旋—环—螺旋(bHLH)转录因子，为组成性表达，定位在细胞核。在冷胁迫下，它与 *CBF*(C-repeat binding factors)/*DREB*(Dehydration responsive element binding protein)启动子区的 *MYC* 顺式作用元件结合激活 *CBF* 基因的表达。*CBFs* 通过作用于核心序列为"RCCGAC"的 *CRT/DRE*(C-repeat/dehydration-responsive element)顺式作用元件调节下游 *COR*(Cold-responsive)基因的表达，从而增强植物的低温耐受能力。

COR 中 *COR15A*、*COR78*、*COR47*、*COR6.6* 所编码蛋白高度亲水，可以使生物膜在冷害时保持稳定，减少渗漏，并且在复苏时增加膜的可伸展性。*CBFs* 调节的其他 COR 蛋白还参与低温条件下细胞的解毒作用、抗氧化反应、光合作用、木质素代谢、次级代谢、细胞多糖重塑、淀粉代谢、甾醇类激素合成和寡聚糖合成等冷响应过程。

此外，目前发现能够调节 ICE1 蛋白的冷信号基因还有 *HOS1*(High expression of osmotically responsive gene 1)、*SIZ1*(Sap and miz1)和 *OST1*(Open stomata 1)等。HOS1 具有泛素 E3 连接酶活性，通过催化 ICE1 蛋白的水解来负调控 ICE1 靶基因的表达。SIZ1 是 ICE1 的正向调节因子。在 ICE1-CBF-COR 途径中，除了未知的受体、Ca^{2+}、IP_3等，Ca^{2+}受体、Ca^{2+}依赖的蛋白激酶和促分裂原活化蛋白激酶(如 MAPKK2、MAPK4 和 MAPK6)级联反应也参与其中。

冷信号传导通路并不是单线传导的方式，ICE1-CBF-COR 途径之外，还存在其他的冷信号传导途径。例如，在拟南芥中 *HOS9* 和 *HOS10* 转录因子不受冷诱导，基因的缺失突变体降低本底和获得性的抗冷能力。与野生型相比，在 *hos*9 和 *hos*10 突变体中，尽管 *CBF* 的表达没有改变，但是对冷胁迫敏感，因此，HOS9 和 HOS10 对抗冷性的调节是不依赖 CBF 的。

12.2.1.5 提高植物抗冷性的措施

(1)抗冷锻炼

抗冷锻炼也称低温锻炼，即将植物在低温条件下经过一定时间的适应以提高其抗冷能力的过程。很多植物如预先给予适当的低温锻炼，而后即可抗御更低的温度，否则就会在突然遇到低温时受害。例如，将玉米幼苗从最适温度逐渐降低到 0 ℃低温，而后再从低温回升到最适温度，这样处理后明显地提高了玉米的抗冷性；春季在温室、温床育苗，进行露天移栽前，也需经抗冷锻炼。例如，番茄苗移出温室前先经 1~2 d 10 ℃处理，栽后即可抗 5 ℃左右低温。

研究表明，凡是经过锻炼的植物，其膜脂的不饱和脂肪酸含量增加；相变温度降低；膜透性稳定；细胞内 $NADPH/NADP^+$ 的比值增加；ATP 含量增加。这些都说明，抗冷锻炼对细胞的代谢过程产生了极为深刻的影响。

(2)化学诱导

植物生长调节剂及其他化学试剂可诱导提高植物的抗冷性。例如，玉米、棉花的种子播前用福美双(TMTD)处理可提高幼苗的抗冷性。植物生长物质 CTK、脱落酸、2,4-D 等也能提高植物的抗冷性，其原因可能是通过影响其他生理过程而产生的间接作用。例如，脱落酸可能是通过使气孔关闭，从而维持细胞水分平衡以使低温不致派生干旱的影响。

(3)合理施肥

农业生产上已经广泛采用适当增施磷肥和钾肥，少施或不施速效氮肥的方法，有明显提高植物抗冷性的作用。此外也有利用 KCl、NH_4NO_3、H_3BO_3的混合溶液喷施瓜类叶片的方法，也可减轻低温冷害的影响。

12.2.2 抗冻性

12.2.2.1 冻害的概念

0 ℃以下低温对植物的伤害称为冻害(freezing injury)，有时冻害与霜害伴随发生，故冻害往往也称为霜冻。冻害在我国各地是普遍存在的，尤以西北、东北的早春和晚秋以及江淮地区的冬季、早春危害严重。我国每年受低温冻害面积达 $200\times10^4 km^2$，对农业生产的影响巨大，成为限制农业生产的一种自然灾害。

冻害发生的温度限度，可因植物种类、生育时期、生理状态、组织器官以及经受低温的时间长短而有很大差异。大麦、小麦、苜蓿等越冬作物一般可忍耐 -12～ -7 ℃以下的严寒；有些树木，如白桦、颤杨、网脉柳可以经受 -45 ℃以下的严寒而不死。种子的抗冻性很强，在短时期内可经受 -100 ℃以下冷冻而仍保持发芽能力。降温幅度大，结冰时间长，化冻速度快，植物受害严重；如果缓慢结冰与缓慢化冻，植物受害则轻。

12.2.2.2 冻害对植物的伤害

植物受冻害后，细胞失去膨压，组织疲软，叶片犹如烫伤，叶片变褐，最终干枯死亡。

严格地说冻害就是冰晶的伤害。植物组织结冰伤害可分为2种类型：胞外结冰伤害与胞内结冰伤害。

胞外结冰又称胞间结冰，是指在温度缓慢下降时，细胞间隙和细胞壁附近的水分结成冰。继而细胞间隙的蒸气压降低，周围细胞的水分便向胞间隙方向移动，扩大了冰晶的体积。胞外结冰并不一定使植物受害，细胞受损伤的程度与胞间冰晶体大小有密切的关系，大多数经过抗寒锻炼的植物均能忍受胞外结冰。细胞间结冰伤害的主要原因有：原生质发生过度脱水，造成蛋白质变性和原生质不可逆的凝胶化；冰晶体过大时对原生质造成机械压力，细胞变形；温度回升时，冰晶体迅速融化，细胞壁易恢复原状，而原生质却来不及吸水膨胀，原生质有可能被撕破。

胞内结冰是指温度迅速下降，除了胞间结冰外，细胞内的水分也冻结。一般是原生质内先结冰，紧接着液泡内结冰。胞内结冰后，细胞内的冰晶体数目众多，体积一般比胞间结冰的小。胞内结冰伤害的主要原因是机械损伤。原生质内形成的冰晶体体积比蛋白质等分子体积大的多，冰晶体直接破坏生物膜、细胞器和原生质的结构，从而影响代谢的正常进行。一般在显微镜下看到胞内结冰的细胞，大多数已发生致命的伤害。

12.2.2.3 植物对冻害的适应

植物对0 ℃以下低温逐渐形成的一种适应能力称为抗冻性(freezing resistance)。植物在长期进化过程中，在生长习性方面对冬季的低温有各种特殊的适应方式。例如，一年生植物主要以干燥种子形式越冬；大多数多年生草本植物越冬时地上部死亡，而以埋藏于土壤中的延存器官(如鳞茎、块茎、根等)度过冬天；大多数木本植物越冬前形成或加强保护组织(如芽鳞片、木栓层等)和落叶。

除了生长习性外，植物在生理生化方面也会对低温冷冻产生一系列的适应性变化。

(1)植株含水量下降

随着温度下降，植株吸水较少，总含水量逐渐下降，同时由于植株细胞在适应低温的过程中亲水性物质含量的增多，束缚水与自由水的相对比值增大。由于束缚水不易结冰和蒸腾，所以总含水量的减少和束缚水含量的相对增多，有利于植物抗寒性的加强。

(2)呼吸代谢减弱

植物的呼吸随着温度的下降而逐渐减弱，很多植物在冬季的呼吸速率仅为生长期中正常呼吸的1/200。细胞呼吸代谢减弱，消耗的糖分少，有利于糖分积累，从而有利于对冷冻环境的抵抗。一般来说，抗冻性弱的植物呼吸代谢减弱得较快，而抗冻性强的则减弱得较慢，比较平稳。

(3)激素含量变化

多年生树木(如桦树等)的叶片，随着秋季日照变短、气温降低，逐渐形成较多的脱落酸，并将其运到生长点(芽)，抑制茎的伸长，而生长素与赤霉素的含量则减少。现在已有许多试验证实，植物体内的脱落酸水平与其抗冻性呈正相关。

(4)生长停止，进入休眠

冬季来临之前，植株生长变得很缓慢，甚至停止生长，进入休眠状态。

(5)保护物质增多

在温度下降的过程中，淀粉水解加剧，可溶性糖含量增加，从而使细胞液的浓度增高，使冰点降低，可减轻细胞的过度脱水，保护原生质胶体不致遇冷凝固。越冬期间，北方树木枝条特别是越冬芽中脂类化合物集中在细胞质表层，水分不易透过，代谢降低，细胞内不易结冰，也能防止过度脱水。此外，细胞内还大量积累小分子蛋白、核酸、山梨醇等保护性物质，也可以提高植物的抗寒性。

植物对低温冷冻的适应性和抵抗能力是逐步形成的。在冬季来临之前，随着气温的逐渐降低，体内发生一系列适应低温的形态和生理生化变化，其抗寒力才能得到提高，这就是所谓的抗寒锻炼。例如，冬小麦在夏天 20 ℃时，抗寒能力很弱，只能抵御 -3 ℃的低温；秋天15 ℃时开始增强到能抵御 -10 ℃低温；冬天0 ℃以下时可增强到抵御 -20 ℃的低温，春天温度上升变暖，抗寒能力又下降。

12.2.2.4 提高植物抗冻性的措施

(1)抗冻锻炼

抗冻锻炼不仅是植物适应冷冻的主要方式，也是提高抗冻能力的主要途径。通过抗冻锻炼，植物会发生各种生理生化变化，例如，植物的自由水减少，束缚水相对增多；膜不饱和脂肪酸增多，膜相变的温度降低；同化物积累明显，特别是糖的积累；激素比例发生改变等。通过这一系列的变化使植物的抗冻能力显著提高。

抗冻锻炼需要满足2个基本的条件：一是必须具备抗冷冻的遗传特性，例如，水稻无论如何锻炼，也不可能像小麦那样抗冻；二是环境条件，越冬植物抗冻锻炼要求在一定的光周期阶段和低温阶段下进行。例如，我国北方秋季短日照条件是严冬即将到来的信号，越冬植物经过一定时期的短日照后，就开始进入冬眠状态，提高了其抗冻能力。如果人为地改短日照为长日照处理则会影响抗冻锻炼，反而使抗冻能力下降。

(2)化学调控

一些植物生长物质可以用来提高植物的抗冻性。例如，用生长延缓剂 Amo-1618 与 B_9处理，可提高槭树的抗冻力；脱落酸对提高植物抗冻性也得到比较肯定的证明；细胞分裂素对许多植物，如玉米、梨树、甘蓝、菠菜等都有增强其抗冻性的作用；用矮壮素与其他生长延缓剂来提高小麦抗冻性已开始应用于生产。通过化学调控手段以抵抗逆境(包括冻害)已成为现代农业的一个重要手段。

(3)农业措施

采取有效农业措施，加强田间管理，能在一定程度上提高植物抗寒性，防止冻害的发生。例如：①及时播种、培土、控肥、通气，促进幼苗健壮，防止徒长，增强秧苗素质；②寒流霜冻来前实行冬灌、熏烟、盖草，以抵御强寒流袭击；③实行合理施肥，可提高钾肥比例，也可用厩肥与绿肥压青，提高越冬或早春作物的御寒能力；④早春育秧，采用薄膜苗床、地膜覆盖等，对防止寒害都很有效。

12.3　植物的抗热性

12.3.1　热害的概念和种类

12.3.1.1　热害的概念

由高温引起植物伤害的现象称为热害(heat injury)。高温天气会对农作物的生长及产量带来威胁。例如水稻，如果在开花灌浆期遇到 35 ℃以上的高温天气，将导致空壳及秕粒，降低产量；玉米在温度高于 32～35 ℃、空气湿度接近 30%时，散粉后 1～2 h 花粉即迅速干枯，失去发芽力；大豆在开花时遇到 33 ℃高温，则无花朵开放等。

12.3.1.2　热害的种类

热害的温度很难界定，因为不同植物对高温的忍耐程度有很大差异。根据不同植物对温度的反应，可分为下列几类。

喜冷植物　例如，某些藻类、细菌和真菌，在零上低温(0～20 ℃)环境中生长发育，当温度在 15～20 ℃以上即受高温伤害。

中生植物　例如，水生和阴生的高等植物，地衣和苔藓等，在中等温度 10～30 ℃环境下生长和发育，温度超过 35 ℃就会受伤。

喜温植物　可能在 30～100 ℃中生长。其中有一些在 45 ℃以上就受伤害，称为适度喜温植物，有些植物则在 65～100 ℃才受害，称为极度喜温植物，例如，蓝绿藻、真菌和细菌等。

12.3.2　热害对植物的伤害

植物受高温危害后，会出现各种热害病征：叶片出现坏死斑，叶色变褐、变黄，鲜果(如葡萄、番茄)烧伤，随后受伤处与健康处之间形成木栓，有时甚至整个果实死亡；树干(特别是向阳部分)干燥、裂开；出现雄性不育，花序或子房脱落等异常现象。高温对植物危害是复杂的、多方面的，归纳起来可分为间接伤害和直接伤害 2 个方面。

12.3.2.1　热害对植物的直接伤害

直接伤害是指高温直接影响细胞质的结构，在短期(几秒到半小时)高温后就迅速呈现热害症状，并可从受热部位向非受热部位传递蔓延。高温对植物直接伤害可能有以下 2 种原因。

(1)蛋白质变性

高温逆境直接破坏蛋白质空间构型，使蛋白质失去二级与三级结构，引起植物体内蛋白质变性。高温对蛋白质最初的影响是可逆的，如果短时间内恢复到正常温度，变性蛋白又可以恢复到原来的状态，使代谢正常。但是，如果高温持续影响，变性蛋白质就转变为不可逆的凝聚状态。

一般来讲，植物器官的抗热性与细胞含水量有关，细胞的含水量越少，其抗热性越强。一方面，水分子参与蛋白质分子的空间构型，两者通过氢键连接起来，而氢键易于受热断裂，所以蛋白质分子构型中水分子越多，受热后越易变性。另一方面，蛋白质含水充足，它的自由移动与空间构型的展开更容易，因而受热后也越易变性。故种子越干燥，其抗热性越强；幼苗含水量越多，越不耐热。

(2)脂类液化

在正常条件下，生物膜的脂类和蛋白质之间是靠静电或疏水键相互联系着。高温时，生物膜中的这些功能键断裂，膜脂分子被释放并形成液化的小囊泡，从而破坏了膜结构，正常生理功能就不能进行，最终导致细胞死亡。

与冷害相同，植物抗热性也与生物膜膜脂中脂肪酸饱和程度有关。饱和程度越高越不容易液化，抗热性相应就越强。有研究表明，耐热藻类的不饱和脂肪酸含量显著比中生藻类的低，而饱和脂肪酸的含量高于中生藻类。

12.3.2.2 热害对植物的间接伤害

间接伤害是指高温导致代谢的异常，渐渐使植物受害，其过程是缓慢的。高温常引起植物过度的蒸腾失水，此时同旱害相似，因细胞失水而造成一系列代谢失调，导致生长不良。高温持续时间越长或温度越高，伤害程度也越严重。间接伤害主要表现在以下几个方面。

(1)代谢性饥饿

当呼吸速率与光合速率相等时的温度，称为温度补偿点(temperature compensation point)。而植物光合作用的最适温度一般又低于呼吸作用的最适温度。所以，当植株处于温度补偿点以上的温度，呼吸作用大于光合作用，就会消耗体内贮存的养料，使淀粉与蛋白质等的含量显著减少，高温时间过长，植株就会呈现饥饿甚至死亡。除此之外，饥饿的产生也可能是由于运输受阻或接纳能力降低所致。

(2)毒性物质增加

高温使氧气的溶解度减小，抑制植物的有氧呼吸，同时积累无氧呼吸所产生的有毒物质而毒害细胞，如乙醇、乙醛等。氨(NH_3)毒也是高温的常见现象，高温抑制含氮化合物的合成，促进蛋白质的降解，使体内氨过度积累。当把有机酸(如柠檬酸、苹果酸)引入植物体内，在代谢过程中因形成酰胺而使氨含量减少，热害症状便大大减轻。肉质植物抗热性强，其原因就是它具有旺盛的有机酸代谢。

(3)蛋白质合成减弱

表现在蛋白质合成速度缓慢和降解加剧两个方面。高温一方面使细胞产生了自溶的水解酶类，或溶酶体破裂释放出水解酶使蛋白质分解；另一方面破坏了氧化磷酸化的偶联，因而丧失了为蛋白质生物合成提供能量的能力。此外，高温还破坏核糖体和核酸的生物活性，从根本上降低蛋白质的合成能力。

(4)某些代谢物质缺乏

高温使某些生化环节发生障碍，使得植物生长所必需的活性物质如维生素、核苷酸缺乏，从而引起植物生长不良或出现伤害。

12.3.3 植物抗热性的机理

12.3.3.1 植物抗热性的信号转导

植物遭受高温胁迫的过程就是活细胞不断地感受、接收高温信号，并做出适当的生理响应以维持其生命活动进行的过程。目前的研究表明，参与高温胁迫响应的信号分子有脱落酸、钙—钙调素(Ca^{2+}-CaM)、水杨酸(SA)、茉莉酸(JA)等。高温胁迫能够诱导这些分子的含量升高，并且通过外施脱落酸、Ca^{2+}、SA、JA 都能提高植物的抗热性。

用激光共聚焦扫描显微镜研究小麦胞内 Ca^{2+} 浓度的变化，37 ℃热激可引起小麦胞内自由 Ca^{2+} 浓度的迅速提高。在 Ca^{2+} 存在条件下，热激也引起小麦 CaM 基因 CaM1-2 的表达及细胞内 CaM 蛋白含量的提高，证明钙-钙调素(Ca^{2+}-CaM)信号系统参与植物的热激信号转导。CaM 位于热激信号转导的上游，而 Ca^{2+} 是热激启动的胞内关键因子。Ca^{2+}-CaM 在热激信号转导中的作用是通过激活热激转录因子的 DNA 结合活性和促进热激基因的表达来实现的。例如，樊志和等人的研究表明，Ca^{2+} 和 CaM 参与了小麦热激蛋白基因的表达并诱导合成热激蛋白。

通常情况下，植物遭遇高温胁迫后，植物内源脱落酸含量升高，脱落酸诱导的抗热性可能受胞质游离的 Ca^{2+} 介导。但也有一些资料表明，植物受到高温胁迫后，脱落酸水平不一定总是升高。例如，黄瓜根系中脱落酸水平在 35 ℃以上的高温下，1 d 以后下降为 25 ℃时的1/2，这种低水平一直持续到第 5 d。在第 10 d 测定时，高温下生长的根系中脱落酸水平却比 25℃高出近 10 倍。高温胁迫与脱落酸的关系还需要进一步研究。

JA 和脱落酸在生理功能上有很多相似之处，JA 可能独自或通过提高脱落酸含量来起作用。

12.3.3.2 植物抗热性的生理机制

植物对高温胁迫(high temperature stress)的适应和抵抗能力称为抗热性(heat resistance)。一般抗热性强的植物在形态及生理生化上有很多适应特点，耐热性强的植物在高温下能维持正常代谢，对不正常代谢也有较大的忍耐能力。

从形态上来看，耐热性强的植物一般叶片较薄，蒸腾作用较快，有利于降低叶温，减少热害。叶片多为“垂直”排列，比平展排列少受阳光照射。叶片表面发白，有利于反射光线，降低热能，避免叶片灼烧。此外，大多数抗热性强的植物体外被覆茸毛、鳞片或较厚的栓皮，起到遮阴的作用，以保护活细胞。

抗热性强的植物在生理上的适应机制主要包括以下几个方面。

(1)具有较高的温度补偿点

一般而言，生长于干燥和炎热环境的植物，其抗热性高于生长在潮湿和冷凉环境的植物。C_3植物与 C_4植物比较，C_4植物起源于热带或亚热带地区，故抗热性一般高于 C_3植物，C_3植物光合最适温度在 20 ~ 30 ℃，而 C_4植物光合最适温度可达 35 ~ 45 ℃。因此，两者温度补偿点不同，C_4植物温度补偿点高，在 40 ℃以上高温仍有光合产物积累，而 C_3植物温度补偿点低，当温度升高达到 30 ℃以上时已无净光合生产。所以，温度补偿点高或者在高温下光合速度下降缓慢的植物相对而言抗热性较强。

(2)形成较多的有机酸

植物抗热性与有机酸的代谢强度有关。在高温下植物体内产生较多的有机酸，能够与NH_3结合从而消除NH_3的毒害，以增强植物耐热性。例如，生长在沙漠和干热山谷中的植物有机酸代谢旺盛，抗热性较高。此外，抗热植物体内的核酸也具有一定的热稳定性，可以维持正常的蛋白质合成，保证蛋白质的代谢与更新。

(3)具有稳定的蛋白质结构

植物抗热性最重要的生理基础就是蛋白质的热稳定性。一般抗热性强的植物，其蛋白质都能忍受高温。蛋白质热稳定性主要取决于内部化学键的牢固程度和键能大小。凡是疏水键、二硫键越多的蛋白质在高温下越不易发生不可逆的变性与凝聚，其抗热性就越强。同时，抗热植物体内合成蛋白质的速度很快，可以及时补偿因热害造成的蛋白质损耗。

12.3.4　提高植物抗热性的途径

(1)高温锻炼

高温锻炼，即将植物在高温条件下经过一定时间的适应以提高其抗热能力的过程。例如，将一种鸭跖草栽培在28 ℃下5周，其叶片耐热性与对照(生长在20 ℃下5周)相比，从47 ℃升到51 ℃，提高了4 ℃。将组织培养材料进行高温锻炼，也能提高其耐热性。将萌动的种子放在适当高温下锻炼一定时间，然后播种，可以提高作物的抗热性。高温锻炼提高植物的抗热性可能与高温诱导植物形成热激蛋白有关。

(2)化学调控

喷洒$CaCl_2$、$ZnSO_4$、KH_2PO_4等物质可增加生物膜的热稳定性；使用生长素、细胞分裂素等生理活性物质，能够减轻高温造成的损伤。

(3)改善栽培措施

作物抗热性的形成也与各种环境条件有关，例如，湿度高低、矿质营养、温度变幅等都可影响抗热性的强弱。栽培作物时充分合理灌溉，增加小气候湿度，促进蒸腾，有利于降温。矿质营养与耐热性的关系较复杂。通过对白花酢浆草等植物的测定得知，氮素过多，其耐热性减低；而营养缺乏的植物其热死温度反而提高，其原因可能是氮素充足增加了植物细胞含水量。此外，采用高秆与矮秆、耐热作物与不耐热作物间作套种，采用人工遮阴等措施都可有效提高作物抗热性。

12.4　植物的抗旱性

12.4.1　干旱的概念和种类

12.4.1.1　干旱的概念

正常生理条件下，植物吸水大于耗水，以保障植物对水分的需求，维持正常的生理代谢。当植物耗水大于吸水时，就使组织内水分亏缺。水分过度亏缺的现象，称为干旱(drought)。而由土壤水分缺乏或大气相对湿度过低等干旱现象对植物造成的危害称为旱害(drought injury)。中国西北、华北地区干旱缺水是影响农林生产的重要因子，南方各省虽然雨量相对充沛，但由于各月分布不均，也时有干旱危害。

12.4.1.2 干旱的种类

根据引起水分亏缺的原因，可以将干旱分为大气干旱、土壤干旱和生理干旱。

大气干旱是指空气过度干燥，相对湿度过低，这时植物蒸腾过强，根系吸水补偿不了失水。"干热风"就是大气干旱的典型例子。特别是在我国西北、华北地区小麦灌浆期"干热风"时有发生，对产量造成很大影响。大气干旱如果持续时间较长，必然导致土壤干旱，所以这 2 种干旱常同时发生。

土壤干旱是指土壤中没有或只有少量的有效水，严重降低植物吸水，使其水分亏缺引起永久萎蔫。

生理干旱是指土壤中的水分并不缺乏，只是因为土温过低、土壤溶液浓度过高或积累有毒物质等原因，妨碍根系吸水，造成植物体内水分平衡失调。

12.4.2 干旱对植物的伤害

干旱对植株最直观的影响是引起叶片、幼茎的萎蔫(wilting)。萎蔫可分为暂时萎蔫和永久萎蔫。暂时萎蔫(temporary wilting)指植物根系吸水暂时供应不足，叶片或嫩茎会出现萎蔫，蒸腾下降，而根系供水充足时，植物又恢复成原状的现象。永久萎蔫(permanent wilting)是指土壤中已无植物可利用的水，蒸腾作用降低亦不能使水分亏缺消除，表现为不可恢复的萎蔫。两者根本差别在于前者只是叶肉细胞临时水分失调，而后者原生质发生了脱水，引起了一系列生理生化变化，原生质脱水是旱害的核心。干旱对植物的伤害可以分为直接伤害和间接伤害。直接伤害是脱水直接破坏了细胞的结构，而引起细胞受害死亡。间接伤害是指由于细胞脱水而引起代谢失调、营养缺乏、生长抑制等加速了植物的衰老和死亡。

12.4.2.1 干旱对植物的直接伤害

正常生理状态下的膜内脂类分子靠磷脂极性同水分子相互连接，所以膜内必须有一定的束缚水时才能保持这种膜脂分子的双层排列。而干旱使得细胞严重脱水，破坏了原生质膜脂类双分子层的排列，使膜脂分子结构发生紊乱(图 12-4)，同时膜因收缩出现空隙和龟裂，引起原生质膜透性增加，大量的无机盐离子和氨基酸、可溶性糖等小分子被动向组织外渗漏，导致细胞受害。

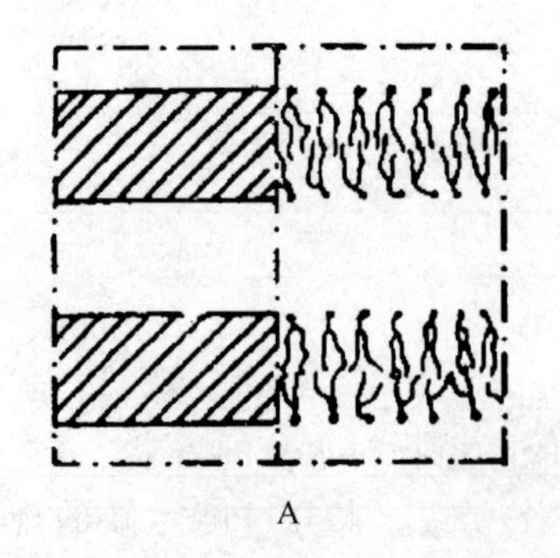
A

B

图 12-4 膜内脂类分子排列(引自 Levitt，1980)

A. 在细胞正常水分状况下双分子分层排列 B. 脱水膜内脂类分子成放射的星状排列

此外，干旱对细胞的机械性损伤可能会使植株立即死亡。细胞干旱脱水时，液泡收缩，对原生质产生一种向内的拉力，使原生质与其相连的细胞壁同时向内收缩，在细胞壁上形成很多折叠，损伤原生质的结构。如果此时细胞骤然吸水复原，可引起细胞质、壁不协调膨胀，把黏在细胞壁上的原生质撕破，导致细胞死亡。

12.4.2.2 干旱对植物的间接伤害

干旱导致的细胞脱水会引起一系列的生理生化变化，破坏植物的正常代谢过程，使植物的合成代谢受到抑制而分解代谢加强。具体表现在以下几个方面。

(1)光合作用减弱

水分不足使光合作用显著下降，直至趋于停止。例如，番茄叶片水势低于 -0.7 MPa 时，光合作用开始下降，当水势达到 -1.4 MPa 时，光合作用几乎为零。干旱使光合作用受抑制的原因是多方面的，如水分亏缺后造成气孔关闭，CO_2扩散的阻力增加；叶绿体片层膜体系结构改变，光系统Ⅱ活性减弱甚至丧失，光合磷酸化解偶联；叶绿素合成速度减慢，光合酶活性降低；水解加强，糖类积累等。

(2)影响呼吸作用

一般情况下，呼吸速率随水势的下降而缓慢降低。有时水分亏缺也会使呼吸短时间上升，而后下降。这是由于干旱使水解酶活性增强，合成酶活性下降，细胞内暂时积累较多的可溶呼吸底物，呼吸作用升高。但到水分亏缺严重时，氧化磷酸化解偶联，ATP 产出减少，有机物质消耗过快，呼吸又会大大降低。例如，马铃薯叶的水势下降至 -1.4 MPa 时，呼吸速率可下降 30% 左右。

(3)蛋白质、核酸代谢异常

干旱条件下植物体内的蛋白质分解加速，而合成减少，这与蛋白质合成酶的钝化和 ATP 的减少有关。例如，玉米水分亏缺 3 h 后，ATP 含量减少 40%。蛋白质分解则加速了叶片衰老和死亡。与蛋白质分解相联系的是干旱时植物体内游离氨基酸特别是脯氨酸含量增高，可增加达数十倍甚至上百倍之多。因此，脯氨酸含量常用作抗旱的生理指标，也可用于鉴定植物遭受干旱的程度。此外，干旱促使 RNA 酶活性增加，使 RNA 分解加快，而 DNA 和 RNA 合成代谢则减弱。

(4)内源激素代谢失调

干旱可改变植物内源激素平衡，总趋势为促进生长的激素减少，而延缓或抑制生长的激素增多。例如，干旱时脱落酸含量增加，细胞分裂素含量降低，这 2 种激素对 RNA 酶活性有相反的效应，前者提高 RNA 酶活性，后者降低 RNA 酶活性。脱落酸含量增加还与干旱时气孔关闭、蒸腾强度下降直接相关。此外，干旱时乙烯合成加强，从而加快植物部分器官的脱落。

(5)各部位水分重新分配

干旱时植物组织间按水势大小竞争水分。例如，干旱时，一般幼叶从老叶吸水，促使老叶枯萎、死亡和脱落；禾谷类作物穗分化时遇旱，成熟部位的细胞向胚胎组织夺取水分，导致小穗和小花数减少；灌浆时缺水，影响物质运输和积累，从而影响籽粒饱满度，造成减产。

12.4.3 植物抗旱的机制

植物对干旱的适应与抵抗能力称为抗旱性(drought resistance)。抗旱性是植物对旱害的一种适应，植物可通过生理生化的适应性变化减少干旱对植物所产生的有害作用。植物适应和抵抗干旱的方式有 2 种，即避旱性和耐旱性。避旱性是指植物的整个生长发育过程不与干旱逆境相遇，以逃避干旱的危害。最典型的例子是生长在沙漠中的“短命植物”，利用夏季降雨的有利条件迅速完成生活史，然后以种子度过严酷的干旱逆境。耐旱性是指在干旱逆境下植物可通过代谢反应阻止、降低或者修复由水分亏缺造成的损伤，使其保持较正常的生理状态。

通常植物可以通过一系列的信号传导来感受和传递干旱逆境的信息，在抗旱性方面的特征则主要表现在形态与生理 2 个方面。

12.4.3.1 植物抗旱性的信号转导

植物对逆境胁迫的信息传递主要包括 3 个环节：一是感受细胞或组织对环境刺激的感知，产生胞间信使；二是胞间信使在细胞或组织间传递，并最终到达受体细胞的作用位点；三是受体细胞对胞间信使的识别、接受、转导和基因表达，最终导致细胞中生理生化和功能的最优化组合，植物表现出对环境刺激或逆境的适应或抗性。

干旱条件下的信息传递首先是细胞对水分胁迫信号的感知和识别。目前研究表明，植物可将水分胁迫信号转化为机械作用或渗透胁迫，甚至氧化胁迫信号。机械作用被质膜上的某些因子(如拉伸通道、G 蛋白和磷脂酶 C 等)或专门的“机械感应器”(可能为 MAPK)感受和识别。渗透作用则可以借助“渗透感受器”而被识别。植物细胞感受到水分胁迫后可以诱导合成胞间信使，其中最为重要的是脱落酸。尽管现有研究表明 Ca^{2+} 信号和蛋白质的级联磷酸化都参与了脱落酸的生物合成，但对其详细的机理还不是十分清楚。

干旱胁迫中脱落酸作为一种主要的根源胞间信号，能够迅速积累并经木质部蒸腾流到叶片保卫细胞，完成胞间信使在细胞或组织间传递，并最终到达受体细胞的作用位点。

胞内信号转导需要经过第二信使和蛋白质磷酸化过程。这些第二信使可能包括 Ca^{2+}、肌醇三磷酸(inositol 1,4,5-triphosphate, IP_3)等。蛋白激酶是蛋白的磷酸化和去磷酸化逐级传递放大信号的过程中的重要组成部分。已经发现参与干旱信号转导途径的蛋白激酶主要有 CDPK(钙依赖蛋白激酶)和 MAPK(促分裂原活化蛋白激酶)等。蛋白激酶的激活最终导致相关转录因子含量增加以及活性增强，并与相应顺式作用元件结合，诱导基因表达。这一过程可分为依赖脱落酸途径和不依赖脱落酸途径(图 12-5)。依赖脱落酸途径是植物在受到水分胁迫时，脱落酸水平会显著增加，引发 CDPK、MAPK 等蛋白激酶的磷酸化和去磷酸化传递信息，激活特定转录因子与相关顺式作用元件结合，诱导特定基因表达；而不依赖脱落酸途径则通过细胞膜上的“渗透感受器”感知水分胁迫信号，直接触发第二信号转导系统传递信息，激活特定转录因子。目前发现的转录因子包括 CBF、bZIP、DREB1/DREB2、MYB/MYC、WRKY、NAC 等。干旱胁迫信号转导的最终结果是转录因子量的增加和活性的增强，并和顺式作用元件相互作用，诱导相关基因的表达。

此外，根据对 SnRK2 蛋白激酶(cucrose non-fermenting 1-related protein kinase)使 AREB 的磷酸化和脱落酸受体的研究结果，目前认为，AREB 参与脱落酸信号转导的基本模式为

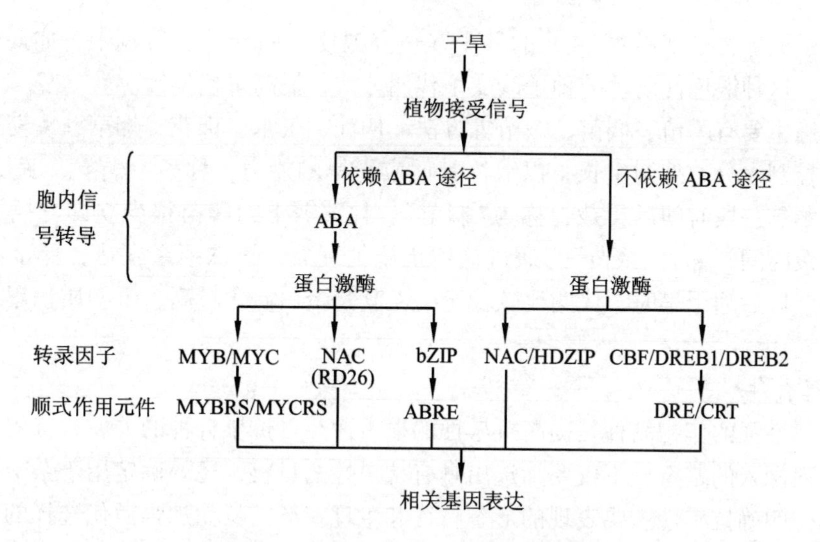

图 12-5 干旱胁迫下植物信号转导途径

PYR/PYL/RCARs(pyrabactin resistance/pyrabactin resistance-like/regulatory components of ABA receptors)—PP2C(protein posphatase 2C)—SnRKs—AREBs—靶基因。在水分胁迫条件下，内源脱落酸的含量增加，被其受体蛋白 PYR/PYL/RCARs 识别，形成受体复合物，阻断 PP2Cs 和 SnRKs 的作用，由此阻断 PP2Cs 介导的对 SnRKs 的去磷酸化，从而进一步激活 SnRKs 激酶，后者的作用使下游成员，包括 AREB 等转录因子磷酸化，最终激活响应脱落酸信号的靶基因及相关调控基因的表达。另外，AREB 转录因子也可以通过 CDPK 调节其活性。

12.4.3.2 植物抗旱性的形态特征

抗旱性强的种类或品种往往根系发达，伸入土层较深，根冠比大，能更有效地利用土壤深处的水分，保持水分平衡。此外，抗旱作物叶片细胞体积小，可减少失水时细胞收缩产生的机械伤害；叶片表面的蜡面沉积增加，可减少水分蒸腾；维管束发达，叶脉致密，单位面积气孔数目多，加强蒸腾作用和水分传导，有利于植物吸水；有的作物品种在干旱时叶片卷成筒状，以减少蒸腾损失。对于不同植物而言，可通过不同形态特征适应干旱环境。

12.4.3.3 作物抗旱性的生理特征

保持细胞有很高的亲水能力，防止细胞严重脱水，这是生理性抗旱的基础。在干旱条件下，水解酶类如 RNA 酶、蛋白酶等保持稳定，减少生物大分子分解，保持原生质体，尤其是质膜不受破坏，同时细胞内黏度增加，细胞保水能力增强。原生质结构的稳定可使细胞代谢不致发生紊乱异常，光合作用与呼吸作用在干旱下仍维持较高水平。此外，脯氨酸、甜菜碱和脱落酸等物质也有一定程度的积累变化，这是衡量植物抗旱能力的重要特征。

12.4.4 提高植物抗旱性的途径

12.4.4.1 提高植物自身的抗旱性

(1)抗旱锻炼

抗旱锻炼是指人为地给予植物以亚致死剂量的干旱条件，让植物经受一定时间的干旱磨炼，以提高其抗旱能力的过程。目前采用的方法主要有萌动种子锻炼和苗期锻炼。

萌动种子锻炼，是把吸水24 h的种子在适宜温度下萌动，然后风干，如此反复进行3次而后播种。这种锻炼使萌动的种子改变了代谢方式，提高了抗旱性。

苗期锻炼主要有蹲苗、搁苗、饿苗等方法。例如，玉米、棉花、烟草、大麦等广泛采用在苗期适当控制水分，抑制生长，以锻炼其适应干旱的能力，称为“蹲苗”。蔬菜移栽前拔起让其适当萎蔫一段时间后再栽，称为“搁苗”。甘薯剪下的藤苗很少立即扦插，一般要放置阴凉处一段时间，称为“饿苗”。通过这些措施处理后，植株根系发达，保水能力强，叶绿素含量高，以后遇干旱时，代谢比较稳定，尤其是蛋白质含量高，干物质积累多，抗旱能力强。

(2)抗旱育种

选育抗旱性强的作物品种是提高抗旱性的根本途径。抗旱育种的关键，首先是对大量品种资源广泛而深入的鉴定，不仅要筛选出具有抗旱性的材料，还要确定用于杂交后代抗旱性的评价指标，明确抗旱性主要表现的形态特征和生理特征，从而加强后代选择的针对性。此外，由于作物的抗旱性是遗传性状，从单交的后代中很难选出有希望的材料，故应采用复交和回交。杂交后代处理时选择综合性状好的单株或株系，选择标准可适当放宽，以免丢失抗旱基因。作物进入品系后再进行抗旱性的鉴定。

(3)利用生物工程手段改良抗旱性

培育抗旱性强的作物品种单靠传统的育种手段还远远不够。遗传学、分子生物学等学科的发展为我们提供了生物工程的手段，同时，由于对植物抗旱的分子机制研究不断取得进展，大大促进了通过生物工程改良植物抗旱性的进程。目前，通过生物工程手段转移的基因主要包括调渗蛋白(OSM)相关基因、晚期胚胎发生丰富蛋白(LEA)基因、水通道蛋白(AQP)基因、脱水蛋白基因、与抗旱相关的转录因子等。已有包括烟草、棉花、马铃薯等数十种植物被转化获得抗旱转基因株系，在水稻上也成功进行了转抗旱基因水稻品系的培育。通过基因工程改良传统作物是实现新世纪育种目标的一个极具广阔前景的方法。但是也必须看到，单基因策略提高作物的抗旱性并不完全有效。同时，如何趋利避害，合理地运用生物工程这一手段有效地解决节水抗旱这一关键问题，将是科学工作者们必须面对的。

12.4.4.2 改善植物生长的环境

(1)合理灌溉和施肥

旱区应根据墒情和作物长势适时适量按需供水，灌水要均匀，用水要节省，还能够减少或避免地面冲刷和板结，使土壤团粒结构不致破坏，养分免遭流失，保持土壤内较好的水、肥、热、气状况。为作物创造良好的生活环境，达到增产增收的目的。

合理施用磷、钾肥，适当控制氮肥，可提高作物的抗旱能力。磷、钾肥能促进根系生长，提高根冠比，促进蛋白质合成，提高原生质的水合能力，提高保水力。例如，小麦在水分临界期缺水，未施钾肥的植株含水量为65.9%，而播前施钾的含水量可达73.2%。而氮素过多或不足对作物抗旱都不利，凡是枝叶徒长或生长瘦弱的作物，蒸腾失水增多，而根系吸水能力则减弱。此外，一些微量元素也有助于作物抗旱。硼可以提高作物的保水能力、增加糖分含量，同时还可提高有机物的运输能力，对缓解因干旱而引起运输停滞的情况有重要意义。铜能显著改善糖与蛋白质代谢，提高植物对土壤缺水的适应能力。

(2)合理使用生长调节剂

脱落酸可促进气孔关闭，减少蒸腾失水，但因价格太高目前在农业上还不能实际应用。矮壮素、比久等能增加细胞的保水能力，有明显提高作物抗旱性的作用。一般旱地作物在干旱来临之前喷施矮壮素有利于抗旱增产。

除此之外，合理使用 $CaCl_2$、$ZnSO_4$ 等化学试剂或抗蒸腾剂也能提高植物的抗旱性。

12.5 植物的抗涝性

12.5.1 涝害的概念和种类

12.5.1.1 涝害的概念

水分过多对植物的危害称涝害(flood injury)。实际上，水分过多的危害并不在于水分，而是由于水分过多引起缺氧，从而产生一系列的危害。如果有适宜的氧气供应，植物即使在水溶液中也能正常生长，植物的溶液培养就是一个典型的例子。

12.5.1.2 涝害的种类

涝害一般可分为湿害和典型的涝害 2 种类型。土壤过湿、水分处于饱和状态，土壤含水量超过了田间最大持水量，根系完全生长在沼泽化的泥浆中，这种涝害称为湿害(water logging)。湿害虽不是典型的涝害，但本质与涝害基本相同。典型的涝害是指地面积水，淹没了作物的全部或一部分，对植物的生长造成危害。在低洼、沼泽地带、河边，在发生洪水或暴雨之后，常有涝害发生，涝害会使作物生长不良，甚至死亡。

12.5.2 涝害对植物的伤害

涝害尽管是由于水分过多而引起，但其危害的原因并非水分本身，而是由于水分过多导致的缺氧对植物的形态、生长和代谢造成一系列的不良影响。

12.5.2.1 涝害对植物的直接伤害

涝害缺氧主要限制了有氧呼吸，促进了无氧呼吸，会产生大量无氧呼吸产物，如乙醇、乳酸等，使代谢紊乱，使植物受到毒害。无氧呼吸还使根系缺乏能量，阻碍矿质的正常吸收。

涝害导致的缺氧可降低植物的生长量，如玉米在淹水 24 h 后干物质生产降低 57%。受涝的植物生长矮小，叶片黄化，根尖变黑，叶柄偏上生长。涝害对种子萌发的抑制作用尤为明显，例如，水稻种子淹没水中使芽鞘伸长，不长根，叶片黄化，必须通气后根才出现。

12.5.2.2 涝害对植物的间接伤害

涝害可导致植物的营养失调。缺氧使土壤中的好气性细菌(如氨化细菌、硝化细菌等)的正常生长活动受抑，影响矿质供应；相反，使土壤厌气性细菌活跃，增加土壤溶液的酸度，降低其氧化还原势，使土壤内形成大量有害的还原性物质(如 H_2S、Fe^{2+} 等)，一些元素如锰、锌、铁也易被还原流失，引起植株营养缺乏。此外，在淹水条件下植物根系乙烯前体 ACC 合成增加，ACC 上运到茎叶后，接触空气转变成乙烯。高浓度的乙烯可引起叶片卷曲、偏上生长、脱落、茎膨大加粗、根系生长减慢、花瓣褪色等。

12.5.3　植物对涝害的适应

植物对地面积水或土壤过湿的适应和抵抗能力称植物的抗涝性(flood resistance)。而植物抗涝性的强弱决定于对缺氧的适应能力。

12.5.3.1　植物抗涝性的信号转导

涝害导致缺氧可迅速使 ATP 减少，NADH 增加和细胞质 pH 降低。这些因素都可能参与细胞的信号转导过程。乙烯及脱落酸等植物激素也与低氧信号的转导有关。

通气组织的形成是水淹的应答反应。越来越多的证据显示，Ca^{2+} 可能是转导低氧信号、改变基因表达和促使通气组织形成过程中一个重要的第二信使。无氧条件可激发玉米原生质体中细胞质 Ca^{2+} 的迅速增加。这种 Ca^{2+} 的流动(至少部分是从线粒体中流出的)对 *Adhl* 转录本的增加可能是必需的。研究人员利用水母发光蛋白对胞质浓度进行荧光显示，证实了拟南芥在无氧条件下其枝条及子叶中有双向 Ca^{2+} 流动。CaM 也可能是玉米根中联系低氧与通气组织形成的信号转导途径的一部分，因为研究人员发现，CaM 的颉颃剂 W7 在低氧环境下可以抑制纤维素酶的产生和通气组织的形成。

此外，人们用特异性抑制剂证明在玉米根中 G 蛋白、蛋白激酶和蛋白磷酸酶也可能参与了氧和乙烯应答反应中通气组织的形成。

12.5.3.2　植物抗涝性的形态特征

发达的通气组织是强抗涝性植物最明显的形态特征。通过这些发达的通气组织可以将地上部吸收的氧输送到根部或缺氧部位，增强植物对缺氧的忍耐力。例如，水稻幼根的皮层细胞间隙要比小麦大得多，且成长以后根皮层内细胞大多崩溃，形成特殊的通气组织(图 12-6)，而小麦根结构上没有变化，因此水稻对淹水胁迫的适应能力较强。此外，某些植物在淹水条件下，不定根增加，既有利于吸收氧气，又可部分补偿根系合成能力因缺氧的损失。不定根的产生与近水面下乙烯的积累有关，乙烯的增加可阻止 IAA 向下运输而在近水面处积累，从而促进不定根的形成。

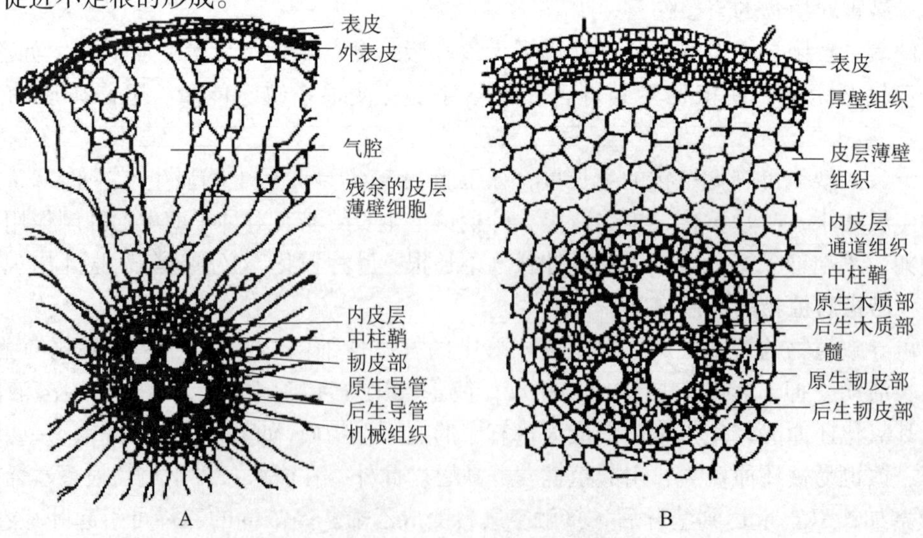

图 12-6　水稻(A)与小麦(B)的老根结构比较(引自徐汉卿，1995)

12.5.3.3 植物抗涝性的生理特征

缺氧所引起的无氧呼吸使体内积累有毒物质，而耐缺氧的生理生化机理就是要消除有毒物质，或对有毒物质具忍耐力。例如，甜茅属植物在淹水时刺激糖酵解途径，以后即以磷酸戊糖途径占优势，通过这种改变呼吸途径的方式从根本上消除了有毒物质的积累。此外，有的植物缺乏苹果酸酶，抑制由苹果酸形成丙酮酸，防止乙醇的积累。一些耐涝的植物则通过提高乙醇脱氢酶活性以减少乙醇的积累。

12.5.4 减轻涝害的途径

(1)培育抗涝品种

利用常规育种、遗传工程等方法培育抗涝品种是最有效的途径之一。国外报道已培育出不少抗涝作物品种，如小麦、玉米、高粱以及一些果树品种。

(2)农业措施

采取有效农业措施，加强田间管理，能在一定程度上提高植物抗涝性，减少涝害的发生。

增施矿质肥料 水分过多通过缺氧和淋溶而使某些矿质元素亏缺，因此，施入矿质肥料可以预防和补偿矿质元素的损失，田间试验也证明这是一种有效的措施。例如，玉米株高在76 cm时淹水24 h，减产14%；淹水96 h，减产30%；如果土壤中含有较多的矿质元素，则涝害减轻，在玉米抽丝期，淹水后减产16%，在高氮水平下，可以不减产。

防涝种植方式 例如，高垄种植，既能提高地温，又保墒保苗，排水解涝；台田栽培，即在一定面积上，四周开沟排水，沟土做高畦，作物以带状种于高畦上，既避免地段积水，又通风透光。

加速排水 争取作物顶部及早露出，以免窒息死亡。

耙松土壤 增大土壤透气性，尽快恢复作物正常生长。

12.6 植物的抗盐性

12.6.1 盐害的概念和种类

12.6.1.1 盐害的概念

土壤中由于可溶性盐过多对植物造成的不利影响称为盐害(salt injury)。通常情况下，当土壤中的盐浓度足以使土壤水势显著降低(降低0.05~0.1 MPa)时，即被认为是盐害。实际上，当土壤中盐分过多时，其水势降低远远超过0.1 MPa。一般在气候干燥、地势低洼、地下水位高的地区，随着地下水分蒸发把盐分带到土壤表层，易造成土壤盐分过多。海滨地区随着土壤蒸发或者咸水灌溉，海水倒灌等因素，可使土壤表层的盐分升高到1%以上。当土壤中盐类以氯化钠(NaCl)和硫酸钠(Na_2SO_4)等为主时，则称为盐土(saline soil)；若以碳酸钠(Na_2CO_3)和碳酸氢钠($NaHCO_3$)为主要成分时，称为碱土(alkaline soil)。因盐土和碱土常混合在一起，盐土中常有一定量的碱，故习惯上称为盐碱土(saline and alkaline soil)。盐分过多使土壤水势下降，严重地阻碍植物生长发育，是盐碱地区限制作物产量的重要因素。

12.6.1.2　盐害的种类

盐害大体上可以分为原初盐害和次生盐害两大类(图 12-7)。原初盐害又可以分为直接原初盐害和间接原初盐害。质膜是植物阻止外界盐分进入细胞内部的第一道屏障。直接原初盐害就是指盐胁迫对质膜的直接影响，例如，膜的组分、透性和离子运输等发生变化，使膜的结构和功能受到伤害。而质膜受到伤害后，进一步影响细胞代谢，从而不同程度地破坏细胞生理功能，即为间接原初盐害。次生盐害是指由于土壤盐分过多，提高了土壤溶液的浓度，从而对植物产生渗透胁迫，这种渗透胁迫可引起植物细胞脱水，使植物生长受到抑制。

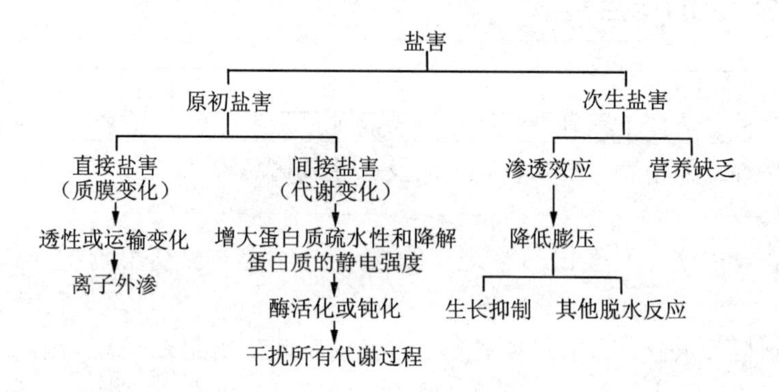

图 12-7　盐害的种类及盐分过多对植物的伤害(引自 Levitt，1980)

12.6.2　盐害对植物的伤害

12.6.2.1　盐害对植物的直接伤害

盐害对植物的直接伤害主要表现为单盐毒害作用，即由于土壤中某种离子过多从而排斥植物对其他离子的吸收。例如，小麦生长在 Na^{+} 过多的环境中，其体内缺乏 K^{+}，而且对 Ca^{2+}、Mg^{2+} 的吸收也受阻。同时，盐胁迫中，由于离子的胁迫作用使植物细胞质膜损伤，其选择性遭到破坏，导致细胞内电解质外渗，从而影响细胞内的各种生理代谢变化。例如，将大豆子叶圆切片放入浓度为 20 ~ 200 mmol · L^{-1} 的 NaCl 溶液中，观察到渗漏率大致与盐浓度成正比。

12.6.2.2　盐害对植物的间接伤害

(1)生理干旱

盐害时，由于土壤中盐分浓度过高，从而导致渗透势增高而使土壤水势降低，造成根系吸水困难，甚至植株体内水分有外渗的危险，即发生生理干旱。因而盐害的通常表现实际上是旱害，尤其在大气相对湿度低的情况下，随蒸腾作用加强，盐害更为严重，一般作物在湿季耐盐性增强。

(2)生理代谢紊乱

盐害抑制植物的生长发育，并引起一系列生理代谢紊乱。盐分过多抑制植物的光合作用，其原因是盐分过多会抑制叶绿素生物合成和各种酶的产生，尤其是影响叶绿素—蛋白复合体的形成；同时，盐分过多还抑制 PEP 羧化酶和 RUBP 羧化酶的活性，却刺激乙醇酸途径。盐害对呼吸作用的影响与盐的浓度有关，多数情况下表现为呼吸作用降低，也有些植物出现呼吸升高的现象，如小麦的根。呼吸增高是由于 Na^+ 活化了离子转移系统，尤其是对质膜上的 Na^+、K^+ 与 ATP 活化，刺激了呼吸作用。盐分过多还会抑制蛋白质合成，促进蛋白质分解。如 Na^+ 对豌豆的影响主要是抑制碱性蛋白质的合成而促进酸性蛋白质的合成。此外，盐胁迫使植物体内积累有毒的代谢产物氨和一些游离氨基酸，如异亮氨酸、鸟氨酸和精氨酸等。而鸟氨酸和精氨酸又可转化为具有毒性的腐胺和尸胺，它们又可氧化为氨和过氧化氢，对细胞产生毒害作用。

12.6.3 植物对盐害的适应

植物对盐分过多的适应能力称为抗盐性(salt resistance)。植物的抗盐性主要表现为形态上的避盐性、生理上的耐盐性及分子水平的信号转导和基因表达。

12.6.3.1 植物抗盐性的信号转导

植物体内存在复杂的、多层次的信号转导网络调控系统，其中脱落酸信号转导途径在盐胁迫的应答反应中起关键作用。植物体通过准确感知脱落酸信号，经由以受体为中心的信号识别，第二信使为中心的胞内信号转换，蛋白质磷酸化为中心的信号放大等一系列信号转导过程，最终诱导基因表达并发生相应的生理变化以缓解外界高盐环境带来的伤害(图 12-8)。

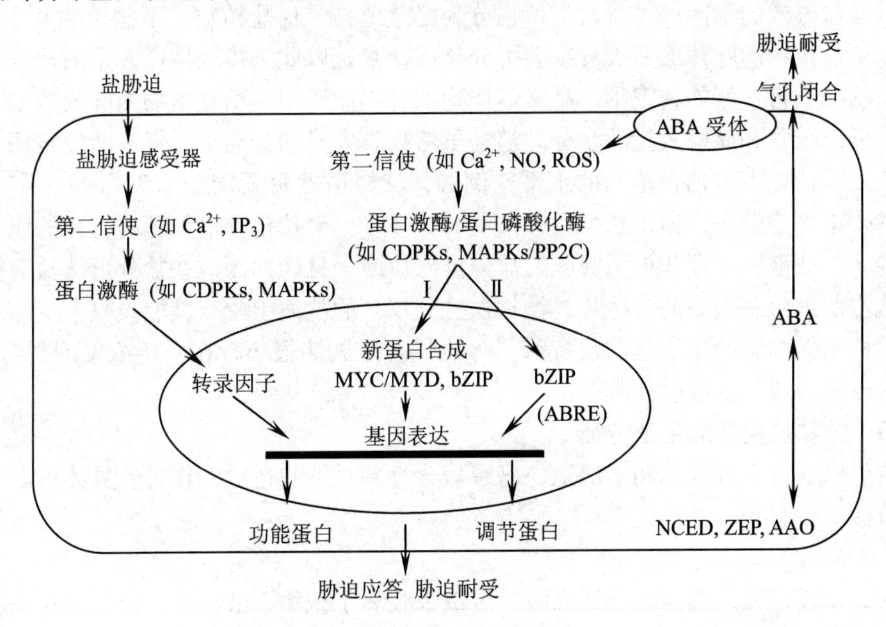

图 12-8 盐胁迫下脱落酸的生物合成和信号转导(引自刘琳 等，2009)

Ca^{2+}、Mg^{2+}、NO 以及活性氧物质(ROS)等均可作为信号转导途径中的第二信使参与脱落酸信号转导。在脱落酸调控气孔开闭过程中，Ca^{2+} 作为传递信号发挥重要作用，脱落酸通过与保卫细胞上的受体相结合，促进 Ca^{2+} 从液泡释放至胞质中，同时胞外 Ca^{2+} 也通过阳离子通道进入胞质，于是胞质 Ca^{2+} 浓度升高。高浓度的 Ca^{2+} 可抑制质膜 H^+ 泵和 K^+ 内流通道，激活 Cl^- 外流通道和 K^+ 外流通道，诱导磷脂酸的产生，提高胞内 pH 值，最终导致保卫细胞中 K^+ 和 Cl^- 外流，细胞膨压降低，从而引起气孔关闭。

蛋白质的可逆磷酸化是脱落酸信号转导过程中的重要作用机制，脱落酸可激活 CDPKI 和 CDPKIa 等蛋白激酶，这些蛋白激酶作为调控因子促使相关蛋白质(如亮氨酸锌指结构 bZ-IP 转录因子)发生可逆磷酸化，从而激活下游相关抗盐基因的表达。但迄今有关脱落酸受体蛋白和受脱落酸调控的磷酸化靶蛋白尚有很大一部分未清楚。

盐胁迫下的信号转导也并不单纯依赖于脱落酸，还存在着其他信号转导路径。通过对拟南芥盐超敏感突变体 SOS(Salt Overly Sensitive)的研究，揭示了一条调节离子胁迫的 SOS 信号转导路径。通过 SOS 途径使额外的 Na^+ 通过质膜 Na^+/H^+ 逆向转运体排出细胞，帮助植物维持细胞内离子稳态。在 SOS 路径中，SOS1 是一个定位于质膜的 Na^+/H^+ 反向转运蛋白，并可能是 Na^+ 感应器，SOS2 是一个 Ser/Thr 蛋白激酶，SOS3 是一个钙结合蛋白。拟南芥的 SOS 路径同样需要 Ca^{2+} 作为盐胁迫信号的第二信使。盐胁迫产生的 Ca^{2+} 信号可以被 SOS3 接收，SOS3 结合游离 Ca^{2+} 后可以激活 SOS2 蛋白激酶，然后活化的 SOS3-SOS2 复合体通过磷酸化作用激活 SOS1 的转运活性。因此，组成型激活 SOS2 蛋白和过量表达 SOS1 基因一样，都可以提高转基因植株的耐盐性。

12.6.3.2 植物抗盐性的形态特征

不同植物逃避盐害的方式可能不同，但都是通过降低盐类在体内的积累来避免盐害的发生。根据避盐方式的不同，可将盐生植物分为泌盐植物、稀盐植物、聚盐植物和拒盐植物 4 种类型。泌盐植物的叶片或茎表皮细胞可分化成盐腺，以此来排除体内多余的盐分，从而减轻盐对植物的伤害，例如，玉米、高粱等作物都有泌盐作用。稀盐植物的叶或茎不断地发生肉质化，可以吸收和储存大量的水分。植物虽然吸收大量的盐离子，但不断地被稀释，使盐分浓度始终保持在不致伤害植物的水平，例如，红树虽然每天接受 1.7 $mmol \cdot L^{-1}$ 的盐分，但叶片的盐浓度能够保持恒定在 510~560 $mmol \cdot L^{-1}$。聚盐植物借细胞内特化的原生质形成特殊结构——盐泡，把那些根系吸收的盐分排入盐泡，且能抑制这些盐分再从盐泡扩散回原生质。盐泡使细胞有很高的渗透势，植物在盐分较多的盐渍土中，就能吸收大量的水分与养料。拒盐植物的细胞原生质透性很特殊，对某些盐分透性很小，在一定浓度的盐分范围内，根系可能不吸收或很少吸收盐分。

12.6.3.3 植物抗盐性的生理特征

植物可以通过生理或代谢上的适应忍耐盐分过多对细胞造成的伤害。具体可以表现在以下几个方面。

(1)渗透调节

例如，小麦、黑麦等遇盐分过高时，可以吸收离子积累在液泡中，使盐分在细胞内区域化分配，通过降低细胞水势来防止细胞脱水。有些植物也可以通过合成和积累蔗糖、脯氨酸、甜菜碱等渗透调节物质来降低细胞质的渗透势和水势。

(2)维持营养元素平衡

例如，有些植物在盐渍时增加对 K^+ 的吸收，有的蓝绿藻能随 Na^+ 供应的增加而加大对氮的吸收等。

(3)增强代谢稳定性

某些植物在较高盐浓度中仍能保持酶活性的稳定，维持正常的代谢。例如，大麦幼苗用 NaCl 处理时可提高过氧化物酶活性，在盐渍条件下仍保持丙酮酸激酶活性，但不耐盐的植物缺乏这种特性。

(4)增强解毒作用

通过代谢产物与盐类结合，减少游离离子对原生质的破坏作用。例如，细胞中的蛋白质可提高亲水胶体对盐类凝固作用的抵抗力，从而避免原生质受电解质影响而凝固。此外，有的植物在盐分过多的条件下可诱导形成二胺氧化酶以分解有毒的腐胺、尸胺等二胺化合物，消除其毒害作用。

12.6.4 提高植物抗盐性的途径

(1)抗盐锻炼

植物抗盐性常随生育时期的不同而异，且对盐分的抵抗力有一个适应锻炼过程。抗盐锻炼是指将种子按盐分梯度进行一定时间的处理，提高其抗盐性的过程。大麦、小麦、玉米等苗期抗盐性很弱，随着籽粒成熟耐盐性逐步提高，给予适度的盐分处理即可提高生育后期对盐害的适应能力。例如，棉花种子播前可分别按顺序浸在0.3%、0.6%、1.2%的NaCl溶液中，每种浓度浸泡12 h，每千克种子用20 mL NaCl溶液，效果良好。玉米种子播前3% NaCl浸种1 h也能得到显著效果。

(2)植物生长物质处理

利用生长物质处理可以促进植物迅速生长，稀释细胞内盐分，有利于提高植物的抗盐性。例如，大麦、小麦可喷施5 $\mu g \cdot L^{-1}$ IAA溶液，促进快速生长，减轻盐分危害，增加产量。另外，脱落酸也能通过诱导气孔关闭、减少蒸腾作用和盐的被动吸收提高作物的抗盐能力。

(3)培育抗盐品种

抗盐品种的培育是提高作物抗盐性的根本途径。具体可以通过以下几种方法：采用有效的抗盐生理生化指标，对现有品种进行筛选；利用组织培养技术选育抗盐突变体；利用基因工程技术转移抗盐基因等。

另外，改良土壤、洗盐灌溉等也是从农业生产的角度上抵抗盐害的重要措施。

12.7 植物的抗病性

12.7.1 病原微生物对植物的伤害

许多微生物包括真菌、细菌、病毒等都可以寄生在植物体内，对寄主产生危害，这称为病害(disease)。引起植物病害的微生物称为病原微生物(pathogenetic organism)。病原微生物分布广泛，传播途径很多，从空气到土壤，由残枝落叶到昆虫的躯体都有病原菌，因而植物不可避免地要受到病原菌的侵染，完全无病的植株是很少的。每年由于病害给作物造成的损失相当严重，例如，1840年，爱尔兰发生马铃薯晚疫病，致使100多万人被饿死，200多万人逃亡海外；1879年，由于葡萄霜霉病害的影响，使全法国的葡萄大量减产，导致法国的酿酒业一度停产；我国水稻的白叶枯病、纹枯病，小麦的赤霉病，棉花的黄萎病、枯萎病等常给生产带来重大的甚至是毁灭性的灾害，所以如何提高作物抵御病害的能力是决定农业生产的关键因素之一。

病原微生物对植物的伤害是一种生物胁迫。病原微生物同冷、热、旱、涝、盐碱等非生物胁迫因素不同，它们是有生命的活体，它们同寄主之间有相互影响、相互制约的过程，因此，能否发生病害以及病害的轻重决定于两者的对抗结果。

12.7.1.1　病原微生物的种类

植物的病原微生物种类很多，在自然界中分布广泛，能引起植物病害的的有真菌、细菌、病毒、类菌原体等。例如，引起烟草花叶病的是烟草花叶病毒，能引起水稻恶苗病的是赤霉菌，而禾柄锈菌能引起小麦秆锈病等。在作物病害中，80%以上的病害是由真菌寄生引起的。植物病毒一般十分微小，由它们引起的植物病毒病尚无良策对付，因而给农业造成严重损失。例如，从 1936 年起，非洲加纳的可可树因被可可树肿枝病病毒感染而生病，而且来势凶猛，蔓延很快，到 1944 年遍布加纳全国，大量可可树被砍掉。

12.7.1.2　病原物的致病机制

植物的根、茎、叶都能够与各种植物病原物产生密切的接触，但接触也并不一定就意味着侵染。每一种病原微生物都进化出一套特殊的方法来侵染植物。真菌可以通过机械压力直接插入寄主表皮细胞或通过伤口、气孔等进入寄主细胞间隙和导管。细菌一般通过伤口、气孔、皮孔等进入寄主细胞间隙和导管。病毒则一般通过机械擦伤、昆虫介导进入寄主细胞，经胞间连丝进入周围细胞，再经过维管束运往寄主全身。

病原微生物致病的方式多种多样，主要包括以下几类。

①产生破坏寄主细胞的水解酶类。例如，果胶酶、纤维素酶、磷脂酶、蛋白酶、角质酶等，使寄主组织软腐。

②产生破坏寄主细胞膜和正常代谢的毒素。这些毒素包括糖苷、酚类、萜类、肽及它们的衍生物，能使寄主发生褪绿、坏死或萎蔫等病变，导致寄主细胞死亡。

③产生阻塞寄主导管的物质，阻断水分传输，引起植物枯萎。

④产生破坏寄主的抗菌物质(如植保素等)的酶，使其失活，瓦解植物的抗病机制。

⑤利用寄主蛋白质和核酸合成系统生产自身的蛋白质和核酸。

⑥产生植物激素，破坏寄主激素平衡，造成寄主植物的异常生长。

⑦病原微生物将其一段 DNA 插入到寄主基因组，迫使寄主为其产生并提供营养物质。

12.7.1.3　病原微生物对植物的伤害

寄主植物感染病原微生物后，其代谢过程会发生一系列的生理生化变化，直至局部或全株最后出现病害症状。

(1)水分平衡失调

作物感病后，首先表现出水分平衡失调，许多作物病害常常以萎蔫或猝倒为特征。引起水分平衡失调的原因是多方面的：病原微生物破坏根部，根系吸水能力下降，例如，受病害的烟草、大豆叶的水势增高，根对水流的阻抗增加；病菌或病菌引起的寄主代谢产物(胶质、黏液等)堵塞维管束，使水流阻力增大；病原微生物破坏寄主植物的细胞质结构，使其透性加大，蒸腾失水过快，导致叶组织产生萎蔫现象。

(2)呼吸作用加强

受病害植株的呼吸速率往往比健康植株高 10 倍以上。呼吸作用加强的原因，一方面是病原微生物本身具有强烈的呼吸作用，另一方面是寄主被病原菌侵染后，细胞的正常结构受到破坏，酶与底物直接接触，呼吸酶活性加强，自身的呼吸加快，同时导致氧化磷酸化解偶联，大部分呼吸能以热能形式释放，所以感病组织的温度升高，反过来又促进了呼吸作用。其次，植物感病后，呼吸代谢途径发生转换，磷酸戊糖途径明显加强。

(3)光合作用减弱

同呼吸作用相反，植物一般感病后几小时到几十小时后，光合作用即开始下降。其原因可能是染病组织的叶绿体被破坏，叶绿素合成减少，光合速率减慢。随着感染的加重，光合作用更弱，甚至完全失去同化CO_2的能力。例如，烟草花叶病毒 TMV 感染烟草 2 d 后，希尔反应活性和光合磷酸化作用降低 40%，气孔阻力增大，对CO_2吸收受阻。

(4)激素发生变化

某些病害症状，如形成肿瘤、偏上生长、丛生、生长速度猛增等都与植物激素的变化有关。组织在染病过程中大量合成各种激素，其中以 IAA 最突出，进而促进乙烯的大量生成，例如，锈病能提高小麦植株 IAA 含量。有些病害的病症是赤霉素代谢异常所致。例如，水稻恶苗病是由于赤霉菌侵染后，产生大量赤霉素，使植株徒长，而小麦丛矮病则是由于病毒侵染使小麦植株赤霉素含量下降，植株矮化，因而喷施赤霉素即可得到改善。

(5)同化物运输受阻

用^{14}C示踪实验证明，感病后同化物比较多的运向病区，染病组织呼吸增高与糖的输入增多是一致的。水稻、小麦的功能叶感病后，严重妨碍光合产物输出，影响籽实饱满，产量下降。

12.7.2 植物对病原微生物的抵抗

植物抵抗病原微生物侵袭的能力称为抗病性(disease resistance)。病害是寄主和病原微生物之间相互作用的结果。当植物受到病原微生物侵袭时，病原物和寄主之间亲和力的大小决定了植物的不同反应。通常按寄主植物反应的不同分为感病、耐病、抗病、免疫 4 种，但这种区分不是绝对的，同一种植物对某种病原物是抗病的，而对另一种病原物可能是感病的，这取决于植物对病原物的亲和性。亲和性相对较小，发病较轻时，寄主被认为是免疫和抗病的；反之则是感病的。

12.7.2.1 植物抗病性的信号转导

植物抗病防御的胞外信号分子主要包括水杨酸(SA)、茉莉酸(JA)和乙烯。病原微生物侵染植物导致这些信号分子水平的增加并且伴随特定的防御相关基因的激活。外源施加这些化合物也通常导致植物抗性水平的增强。此外，一氧化氮(NO)也被认为是植物防御反应中的一种比较重要的信号分子，而且还可能通过和活性氧(ROS)协同作用激活植物防御基因和过敏反应，或者通过依赖于 SA 的信号途径激活或增强植物防卫反应。与 NO 协同作用的最重要活性氧分子是H_2O_2。

对于胞内信号，目前的研究证明，Ca^{2+}、cAMP、cGMP、IP_3、DAG 等都可能作为第二信使参与植物的抗病反应，并在植物—病原菌互作的信号传递中起一定的作用。蛋白磷酸化与脱磷酸化是生物体内信号转导的一种重要机制。通常，病原菌侵染植物后，会显著激活

MAPK级联反应途径。其中，MAPK蛋白直接或者间接地通过H_2O_2起作用。其他多种蛋白质激酶在植物抗病信号传递中既有正调节作用，也发现有负调节作用。

依赖于SA的信号转导途径是植物抗病反应的一种重要的信号转导途径。某些病原对植物的侵染会使植物局部组织发生过敏反应，诱导植物抗毒素等物质的合成，并伴随SA水平提高，激发下游病原相关蛋白的表达，使植物获得系统性抗性(systemic acquired resistance, SAR)。在烟草、拟南芥和黄瓜中，提高SA水平能使植物产生SAR。SA途径的另一个关键的组分是调控蛋白*NPR1*。影响*NPR1*基因表达的突变体在遭受病原菌侵染时能积累正常水平的SA但不能启动SAR，这表明*NPR1*是一个在SA信号转导途径中作用于SA下游的关键性调控因子。

除依赖于SA的信号转导途径外，JA和乙烯也在植物抗病信号转导途径中有重要作用。通过研究与乙烯抗病信号转导途径有关的*ETR1*、*EIN2*基因和与JA信号转导途径有关的*COI1*基因对植保素*PDF1.2*基因表达的影响，发现JA和乙烯都与PDF1.2的合成有关。外施JA和乙烯能够提高*PDF1.2*基因的转录和翻译水平，而SA不能诱导*PDF1.2*基因的表达。

需要说明的是，植物中多种抗病信号途径之间并不是完全孤立的，实际上是以网络形式存在着，信号分子可以通过不同的途径产生，同一病原也可能激发不同的抗病信号。但信号途径之间的交叉对话对植物抗性水平的影响还不完全清楚，近来的一些研究正在逐渐阐明这种复杂的交叉作用。

12.7.2.2 植物抗病性的机制

植物的抗病性是植物形态结构和生理生化等方面在时间和空间上综合表现的结果，它是建立在一系列物质代谢基础上，通过有关抗病基因表达和产生抗病调控物质来实现的。

植物抗病的途径很多，主要介绍如下几种。

(1)形态结构屏障

许多植物组织表面有蜡被、叶毛等可以阻止病原菌到达角质层，或者通过坚厚的角质层阻止病菌侵入机体组织。例如，苹果和李的果实在一定程度上能抵抗各种腐烂病真菌，主要依赖于角质层的增厚；三叶橡胶树白粉病菌不侵染老叶，就是因为老叶有坚厚的角质层结构作保护。

(2)促进组织坏死

有些病原真菌只能寄生在活的细胞里，在死细胞里不能生存。抗病品种细胞与这类病原菌接触后，通常会通过过敏反应(hypersensitive response, HR)，夺去受侵染附近细胞的养料，在侵染部位形成枯斑，使病原体得不到合适的环境而死亡。病害就被局限于某个范围而不能发展。因此，组织坏死是一种保护性反应。

(3)增强氧化酶活性

病原微生物侵入寄主植物时，该部分组织的呼吸氧化酶活性加强，能够分解毒素、抑制病原菌的水解酶活化、促进伤口愈合等，从而抵抗病害的扩展。例如，凡是叶片呼吸旺盛、氧化酶活性高的马铃薯品种对晚疫病的抗性高；甘蓝品种则对真菌病害的抵抗力较强。

(4)产生抑制物质

植物在感病后能产生一些对病原菌有抑制作用的物质，因而使作物有一定的抗病性。这些物质包括植保素、酚类化合物(如绿原素、单宁、儿茶酚等)、木质素等。

植保素(phytoalexin),也称植物防御素或植物抗毒素。其含义有广义和狭义之分。广义的植保素是指所有与抗病有关的化学物质,而狭义的植保素仅指病原物或其他非生物因子刺激后寄主才产生的一类低相对分子质量、对病原物有抑制作用的物质。植物在受侵染前没有植保素,一旦受侵染后就会形成。普遍认为,植保素的功能是专门起防御病斑扩展的作用。当病原菌入侵形成侵入点后,就在侵入点四周的组织形成坏死斑,限制病菌扩展,它产生的速率和积累的数量与抗病程度有关。最早发现的是从豌豆荚内果皮中分离出来的避杀酊,不久又从蚕豆中分离出非小灵,从马铃薯中分离出逆杀酊,后来又从豆科、茄科及禾本科等多种植物中陆续分离出一些具有杀菌作用的物质。至今已在17种植物中发现200多种植保素,其中对倍半萜烯植保素和异类黄酮植保素2类研究最多。前者主要在茄科植物中,有甘薯酮(甘薯黑疤酮)、辣椒素(capsidiol)等;后者主要在豆科植物中,有豌豆素、菜豆抗毒灵、大豆抗毒素(glyceollin)等。

酚类化合物与植物抗病性有明显的关系,例如,儿茶酚对洋葱鳞茎炭疽病菌的抑制作用,绿原酸对马铃薯的疮痂病、晚疫病和黄萎病的抑制等。亚麻根分泌的一种含氰化合物,可抑制微生物的呼吸。生物碱、单宁等都有一定的抗病作用。

木质素、香豆素、类黄酮等也常常具有抑制病原菌的作用。有人用霜霉菌感染萝卜根,与对照相比,不仅木质素在量上增加,而且在质上也有区别。对照组的木质素含有丁香酰单位,而处理组的木质素含有较多愈创木酰单位。异黄酮类植保素和木质素的生物合成都必须经过苯丙氨酸解氨酶(phenylalanine ammonia lyase, PAL)的催化。因此,苯丙氨酸解氨酶的活性强弱可作为抗病性的重要生理指标。

(5)抗病蛋白

当病原微生物侵染寄主植物时,植物能生成一些抗病蛋白,以抵御病原物的伤害。抗病蛋白主要包括几丁质酶、β-1,3-葡聚糖酶、植物凝集素以及病原相关蛋白等。

几丁质酶(chitinase)能水解许多病原菌细胞壁的几丁质。烟草叶片感染软腐欧氏杆菌后48 h,几丁质酶活性增加12倍,水解病原菌细胞壁,所以几丁质酶起着防卫作用。

β-1,3-葡聚糖酶(β-1,3-glucanase)能水解病原菌细胞壁的1,3-葡聚糖。寄主受感染时,此酶的活性迅速增高,分解病原菌的胞壁。此酶常与几丁质酶一起诱导形成,协同抗病。

病原相关蛋白(PR)是植物被病原菌感染或一些特定化合物处理后新产生(或累积)的蛋白。PRs的种类很多,例如,具有β-1,3-葡聚糖酶或壳多糖酶等水解酶活性的PRs,分别以葡聚糖和甲壳素为作用底物。高等植物不含甲壳素,只含少量的葡聚糖,但它们是大多数真菌及部分细菌的主要成分。在染病后的植株中这2种酶的含量大大提高,通过对病原菌菌丝的直接裂解作用而抑制其进一步侵染。目前,已在20多种植物中发现PR。烟草中有33种PR,玉米有8种PR。PR的积累与抗病性密切相关。

植物凝集素(lectin)是一类能与多糖结合或使细胞凝集的蛋白,多数为糖蛋白。小麦、大豆和花生的凝集素能抑制多种病原菌的菌丝生长和孢子萌发。水稻胚中的凝集素能使稻瘟病菌的孢子凝集成团,甚至破裂。

12.7.3　提高植物抗病性的途径

(1) 培育抗病品种

通过传统的和分子生物学的方法培育抗病品种是提高作物抗病性的根本途径。

(2) 诱导抗病

植物对病原微生物的抗性可以通过诱导产生。利用生物或物理、化学的因子处理植株，改变植物对病害的反应，使植物对某一病害或某些病害由原来的感病转变为抗病性的现象称为诱导抗病性。真菌、细菌、病毒等都可以作为诱导因子。乙烯、水杨酸、脂多糖以及从真菌细胞中提取的诱导物也可以作为诱导因子。例如，黄瓜用 TMV 和瓜刺盘孢菌处理第 1 片真叶，2 ~ 3 周后再进行一次强化接种，可使黄瓜在整个生育期内对瓜类炭疽菌、瓜枝孢和假单孢菌获得整体抗性。除此之外，目前也在烟草、西瓜、马铃薯、小麦、苹果、哈密瓜等多种植物中获得诱导抗病性。

(3) 农业措施

采取有效的农业措施，加强田间管理，也能在一定程度上提高植物抗病性，防止病害的发生。例如，增施磷、钾肥；开沟排渍，降低地下水位；保证田间通风透光，降低温度等。

12.8　植物的抗虫性

12.8.1　抗虫性的概念

世界上以作物为食的害虫达几万种之多，其中万余种害虫可造成经济损失，严重危害的达千余种。中国记载的水稻、棉花害虫就有 300 余种，苹果害虫 160 种以上。在农业生产中，虫害常造成农作物产量及品质的巨大损失，严重时其危害甚至超过病害及草害。

植食性昆虫和寄主植物之间复杂的相互关系是在长期进化过程中形成的。在植物—昆虫的相互作用中，植物用不同机制来避免、阻碍或限制昆虫的侵害，或者通过快速再生来忍耐虫害的能力，被称为植物的抗虫性(pest resistance)。

抗虫性是植物和昆虫相互作用的结果。因此，抗性不仅受植物的特性制约，而且还受昆虫的特性制约。某一栽培品种的抗虫性，只有把它同其他感虫品种作比较时，才能评定出来。依据不同的分类标准，植物的抗虫性可以分为不同的类型。若按抗性表达程度分，可将植物抗虫性分为免疫、高抗、低抗及感虫等。按抗性机制，可分为拒虫性(植物依靠形态解剖结构特点拒绝害虫的降落、产卵和取食)、抗虫性(指植物通过其体内有毒的代谢产物抑制害虫的生存、发育，直至使害虫中毒死亡)和耐虫性(植物通过迅速再生以经受害虫危害)等。此外，也可将抗虫性分为生态抗性和遗传抗性两大类。生态抗性(ecological resistance)是指由于环境条件，特别是非生物因素的变化制约害虫的侵害而表现的抗性。遗传抗性(inheritance resistance)是指植物通过遗传方式将拒虫性、抗生性和耐虫性传给子代的能力。

12.8.2　植物抗虫的机制

植物在遭受虫害时，虽然不能像动物一样自卫，但也并非完全被动。植株受侵害部位的细胞可以产生一系列信号物质并传输到其他未受损伤的组织，同时会在形态以及生理生化等方面做出一系列适应性反应，使整个植株对虫害的抗性增加，借此来保全自身，延续种族。

12.8.2.1　植物抗虫性的信号转导

植物遭受虫害后产生的重要内源信号物质包括茉莉酸(JA)和它的甲基酯——茉莉酸甲酯(methyl-jasmonic acid，MeJA)，继而通过一系列信号传递和基因表达过程产生吸引害虫天敌的挥发物以及蛋白酶抑制剂等抗性物质。例如，Farmer 等在番茄两叶期对其中的一片子叶施加了外源 MeJA，而后在处理与未处理的叶片中均能检测到蛋白酶抑制剂 Ⅰ 的积累，同时未处理叶片中蛋白酶抑制剂 Ⅰ 和 Ⅱ 的 mRNA 水平也有增加，同样，外源 JA 也能诱导未处理叶片中的蛋白酶抑制剂 Ⅰ 和 Ⅱ 的合成。

此外，MeJA 也可诱导系统素(systemin)基因的表达。MeJA 和 JA 对蛋白酶抑制剂 mRNA 转录的诱导可能是被系统素所介导的。MeJA 对系统素的诱导可能是对植物蛋白酶抑制剂诱导的信号传递途径中的早期事件，但目前还不清楚到底是受伤组织释放的 MeJA 和 JA 实际增加了对害虫的抗性，还是系统素和 MeJA/JA 同时参与了信号传导途径。

12.8.2.2　植物抗虫性的形态生理特征

植物抗虫与否首先取决于植物本身的遗传机制。从害虫与寄主植物之间的关系来说，长期认可的是“基因对基因”学说。也就是说，如果害虫有 1 个毒性基因，那么其寄主植物中就有 1 个抗性主效基因。除了植物本身的遗传特性之外，抗虫性的强弱还与植物外观形态结构、植物体内的生物化学物质及外界环境因子有关。

(1)植物外观形态结构

植物可以通过其特殊的形态解剖结构干扰昆虫的运动机制，包括昆虫对寄主的选择、取食、消化、交配和产卵等。例如，植物细胞壁的增厚、植物组织的增生作用以及表皮的蜡质层、矿物质壳层等，有助于抵抗昆虫上腭的撕裂作用和产卵器或喙的插入作用；坚实的茎秆可以防御蛀茎害虫的侵蚀；而植物表面的茸毛则可以干扰昆虫与植物的接触，影响昆虫的取食、消化和产卵等。因此，植物外观形态结构构成了拒虫机理的主要方面。但拒虫性同时还与植物产生的对昆虫毒害甚至致死的化学物质密切相关。

(2)植物体内生物化学物质

植物可以产生对昆虫有抗性的物质，主要包括：无机物，如硒；初级和中间代谢产物，如柠檬酸、半胱氨酸和某些芳香族氨基酸等；次生代谢产物，如生物碱、蛋白酶抑制剂等。

有 15%~20% 的维管束植物含有生物碱，烟草中的尼古丁便是其中之一。它可防治多种昆虫(但对烟草天蛾例外)，是早期广泛应用的有机杀虫剂。另一些茄科植物中的生物碱如茄苷、番茄苷、垂茄碱等，对马铃薯甲虫的幼虫和成虫的取食都有阻止作用。蛋白酶抑制剂也是植物体内重要的抗虫物质之一。许多蛋白酶抑制剂本身是相对分子质量为 10~50 kD 的蛋白质。例如，某些酚醛类化合物及某些糖苷配基可以通过抑制昆虫胰蛋白酶或胰凝乳蛋白酶的活性来达到抗虫的目的。

与抗虫性有关的次生代谢产物还有异戊间二烯类、乙酰配体及其衍生的物质、糖苷等。研究证明，α-蒎烯、3-蒈烯、棉酚(棉毒素的主要成分)、葫芦素等至少有双重作用。其中有些具有改变昆虫行为、感觉、代谢、内分泌的效应，有些影响昆虫发育、变态、生殖及寿命，欧洲蕨及香脂冷杉中含有前两种成分。

此外，棉毒素中含有的棉籽醇为环状三萜、除虫菊花中所含的除虫菊酯、罗汉松中含有的罗汉松内酯都可以以不同的方式对昆虫产生毒害。

(3) 外界环境因子

温度、光照、土壤肥力、土壤水分、农药或植物生长调节剂的施用等，都可能对植物体内生理生化或害虫的生活习性发生影响，从而影响植物抗虫性的强弱和表现。

温度过高或过低均会使植物丧失抗虫性。一方面，温度影响寄主正常的生理活动，进而改变害虫的生物学特性；另一方面，温度可改变寄主植物对昆虫取食及生长的影响。此外，温度直接影响昆虫的行为和发育。

较低光强及较高相对湿度对抗虫性影响很大。研究发现降低 75% 的光强会因茎秆硬度改变而明显降低抗虫性，与田间小区比较，田间罩笼内和温室内的植株因光强较弱，抗虫性会降低。

土壤营养和水分也能影响抗性水平和表现。例如，苜蓿斑点蚜在缺钾无性系植株上容易存活繁殖，缺磷无性系植株则会对该蚜虫的抗性增强，而过量缺乏钙和镁的植株抗虫性会减弱。土壤连续或严重缺水的情况下，韧皮部汁液黏度增大，可以使刺吸式口器害虫，如蚜虫，取食减少，生殖受抑。

12.8.3　提高植物抗虫性的途径

(1) 抗虫品种选育

目前，采用生物技术培育抗虫品种已经获得成功，例如，转苏云金杆菌的 BT 基因获得的抗虫棉已广泛应用于生产实践。生物技术将成为 21 世纪提高作物抗虫性的重要手段。

(2) 农业措施

缺钾、缺钙都会降低植物的抗虫性，因此，合理施肥是提高植物抗虫性的重要措施。栽培条件也与抗虫性有关，栽培密度适当，控制氮肥施用，保证田间作物通风透光，健壮生长，可有效提高作物的抗虫性。此外，还可根据某些害虫的危害物候期，通过适当早播或迟播来提高植物的抗虫性。

本章小结

对植物生长和发育不利的各种环境因素统称为逆境。逆境可分为生物逆境和非生物逆境。而植物对不良环境的适应性和抵抗能力称为抗逆性，可以分为避逆性和耐逆性 2 种类型。逆境对植物的伤害可以是直接的，也可以通过影响植物物质代谢、能量代谢、代谢调节和保护机制等对植物造成间接伤害。植物对逆境适应的方式多种多样。逆境条件下植物形态往往表现出明显的变化。生理上，生物膜结构和功能的稳定性与植物的抗逆性密切相关，逆境下活性氧的产生和清除失去平衡，植物可以通过酶促和非酶促系统来清除过多的活性氧；通过主动积累无机离子或可溶性糖、脯氨酸、甜菜碱等有机物质起到渗透调节作用；热激蛋白、低温诱导蛋白、渗调蛋白、病原相关蛋白及其他逆境蛋白是植物适应逆境基因表达的结果；逆境条件下，植物通常还可以通过脱落酸、乙烯的增加或 IAA、赤霉素、CTK 的含量降低调节对逆境的适应性；碳代谢途径的转变和交叉适应也可以提高植物的抗逆性。此外，植物适应逆境的方式还包括分子适应、行为适应和生殖适应。

寒害包括冷害和冻害。冷害导致膜相由液晶态转变为凝胶态，膜透性增大，原生质流动受阻、光合速率减弱、呼吸代谢失调。*ICE1-CBF-COR* 是植物抗冷性典型的信号转导途径。冻害引起的结冰导致细胞质过度脱水、蛋白质空间结构破坏而使植物受害。通过抗寒锻炼、化学调控和适当的农业措施可提高植物的抗寒性。

热害是高温胁迫对植物的伤害。植物可以通过较高的温度补偿点、形成较多的有机酸或稳定的蛋白质结构提高其抗热性。

干旱可分为大气干旱、土壤干旱和生理干旱。干旱对植物最重要的影响是原生质脱水。干旱还可造成植物光合作用减弱、蛋白质、核酸代谢异常、内源激素代谢失调等。植物则可以通过干旱信号的识别、感受、转导，进而发生一系列生理生化变化以适应干旱。

涝害是水分过多对植物的危害，但其根本原因不在于水，而是由于水分过多导致细胞缺氧造成的。

盐害对植物的主要危害是单盐毒害、生理干旱和引起生理代谢紊乱。植物可以通过脱落酸、SOS 等信号途径感受和传递盐胁迫信息，并通过形态和生理变化等方式适应和抵御盐胁迫。

病害是病原微生物和寄主植物之间相互作用的结果，并可引起植物水分平衡失调、呼吸作用加强、光合作用减弱、激素发生变化和同化物运输受阻。植物则可以通过形态结构屏障、促进组织坏死、增强氧化酶活性、产生植保素、抗病蛋白等方式抵御病害。

抗虫性是植物通过避免、阻碍或限制昆虫的侵害，或者通过快速再生来忍耐虫害的能力。植物的抗虫性除与遗传因素有关外，还与植物外观形态结构、植物体内的生物化学物质及外界环境因子有关。

思考题

1. 什么是逆境？逆境的种类有哪些？
2. 逆境对植物的间接伤害包括哪些方面？
3. 植物对逆境的响应主要包括哪些方面？
4. 试述逆境蛋白的产生与抗逆性的关系。
5. 植物如何感知和传递逆境胁迫信号？如何理解基因表达与细胞信号转导之间的关系？
6. 冷害和冻害对植物的伤害有何不同？
7. 干旱胁迫对植物的伤害有哪些？
8. 简述植物抗旱性的信号转导途径。
9. 植物抗旱的形态特征和生理特征表现在哪些方面？如何提高植物抗旱性？
10. 水分胁迫与盐胁迫对植物的影响有哪些异同？2 种胁迫条件下植物的共同响应机制是什么？
11. 简述涝害对植物的伤害及抗涝植株的特征。
12. 病原微生物对植物有哪些伤害？
13. 简述植物抗病和抗虫的生理机制。
14. 提高植物(或作物)抗逆能力的途径有哪些？

推荐阅读书目

1. 植物生理学．5 版．Lincoln Taiz and Eduardo Zeiger．宋纯鹏，等主译．科学出版社，2015.
2. 植物生理与分子生物学．4 版．陈晓亚，薛红卫．高等教育出版社，2012.
3. 植物抗性生理与分子生物学．王三根．中国出版集团现代教育出版社，2009.

参考文献

白书农．2003. 植物发育生物学[M]. 北京：北京大学出版社．

曹仪植，宋占午．1998. 植物生理学[M]. 兰州：兰州大学出版社．

陈晓亚，薛红卫．2012. 植物生理与分子生物学[M]. 4 版．北京：科学出版社．

崔晓峰．2013. 2008—2013 年间植物生物学领域国内外重要研究进展比较[J]. 植物生理学报，49(6)：515－539.

丁超，张树伟，王新胜，等．2015. 植物光信号传导途径中重要调控基因概述[J]. 山西农业科学，12：1724－1726.

樊志和，周人纲．2000. 钙—钙调素与小麦苗中热激蛋白的诱导[J]. 植物生理学报，26(4)：331－336．

郝建军，康宗利．2005. 植物生理学[M]. 北京：化学工业出版社．

黄烈健，王鸿．2016. 林木植物组织培养及存在问题的研究进展[J]. 林业科学研究，29(3)：464－470.

李国良，张鸿，许泳清，等．2015. 植物紫外光受体 UVR8 的研究进展[J]. 植物生理学报，11：1809－1814.

李合生．2012. 现代植物生理学[M]. 3 版．北京：高等教育出版社．

李雄彪，吴锜．1993. 植物细胞壁[M]. 北京：北京大学出版社．

李宗霆，周燮．1996. 植物激素及其免疫检测技术[M]. 南京：江苏科学技术出版社．

吕毅，骞爱荣，商澎．2010. 细胞骨架在植物重力感受和感知中的作用研究进展[J]. 西北植物学报，30(8)：1707－1715.

孟繁静，刘道宏，苏业瑜．1995. 植物生理生化[M]. 北京：中国农业出版社．

潘瑞炽．2012. 植物生理学[M]. 7 版．北京：高等教育出版社．

彭金英，黄勇平．2005. 植物防御反应的两种信号转导途径及其相互作用[J]. 植物生理与分子生物学学报，31(4)：347－353.

乔新荣，段鸿斌，叶兆伟．2014. 植物向光素受体与信号转导机制研究进展[J]. 生物技术通报，8：1－7.

沈海龙．2005. 植物组织培养[M]. 北京：中国林业出版社．

沈允钢，施教耐，许大全．1998. 动态光合作用[M]. 北京：科学出版社．

沈允钢．2010. 光合作用与农业生产[J]. 植物生理学报，46(6)：513－516.

孙洪助，孙文华，刘士辉，等．2015. 不同光质对作物形态建成和生长发育的影响[J]. 安徽农业科学，27：17－20.

孙鑫博，代小梅，王怡杰，等．2010. 植物细胞程序性死亡研究进展[J]. 生物技术通报，(11)：1－6.

王宝山．2004. 植物生理学[M]. 北京：科学出版社．

王三根．2008. 植物生理生化[M]. 北京：中国农业出版社．

王忠．2009. 植物生理学[M]. 2 版．北京：中国农业出版社．

武维华．2008. 植物生理学[M]. 2 版．北京：科学出版社．

许大全，陈根云．2016. 关于光合作用一些基本概念的思考[J]. 植物生理学报，52(6)：975－978.

杨剑飞，王宇，杨琳，等．2014. 光敏色素互作因子 PIFs 是整合多种信号调控植物生长发育的核心元件[J].

植物生理学报，8：1109－1118.
杨淑华，王台，等．2016．2015年中国植物科学若干领域重要研究进展[J]．植物学报，51(4)：416－472.
余叔文，汤章城．1998．植物生理与分子生物学[M]．2版．北京：科学出版社．
岳晶，管利萍，孟思远，等．2015．光敏色素信号通路中磷酸化修饰研究进展[J]．植物学报，2：241－254.
翟中和．2005．细胞生物学[M]．北京：高等教育出版社．
张红卫．2006．发育生物学原理[M]．北京：高等教育出版社．
张继澍．2006．植物生理学[M]．北京：高等教育出版社．
张立军，梁宗锁．2007．植物生理学[M]．北京：科学出版社．
赵可夫，王韶唐．1990．作物抗性生理[M]．北京：农业出版社．
赵翔，赵青平，杨煦，等．2015．向光素调节植物向光性及其与光敏色素/隐花色素的相互关系[J]．植物学报，1：122－132.
郑彩霞．2013．植物生理学[M]．3版．北京：中国林业出版社．
种康，王台，等．2015．2014年中国植物科学若干领域重要研究进展[J]．植物学报，50(4)：412－459.
周肇基．1998．中国植物生理学史[M]．广州：广东高等教育出版社．
Bob B Buchannan，Wilhelm Gruissem，Russell L Jones. 2000. 植物生物化学与分子生物学[M]．北京：科学出版社．
Boniotti M B，Gutierrez C. 2001. A cell-cycle-regulated kinase activity hosphorylates plant retinoblastoma protein and contains in *Arabidopsis*，a CDKA/cyclin D complex[J]．Plant J，28：341－350.
Buchanan B B，等．2004．植物生物化学与分子生物学[M]．瞿礼嘉，等译．北京：科学出版社．
Buzgo M，Soltis D E，Soltis P S. 2004. Floral developmental morphology of *Amborella trichopoda* (Amborellaceae) [J]．Journal of Plant Sciences，165(6)：925－947.
Cacas J L. 2010. Devil inside：does plant programmed cell death involve the endomembrane system? [J] Plant Cell Environ，33 (9)：1453－1473.
EricSchallera G，Anthony Bishoppb，Joseph Kieberc J. 2015. The yin-yang of hormones：cytokinin and auxin interactions in plant development[J]．Plant Cell，27(1)：44－63.
Harada Y，Kawano S，*et al.* 1997. Probability of clonal identity：inferring the relative success of sexual versus clonal reproduction from spatial genetic patterns [J]．Journal of Ecology，85：591－600.
He Z H，Wang Z Y，Li J，*et al.* 2000. Perception of brassinosteroids by the extracellular domain of the receptor kinase BRI1[J]．Science，288：2360－2363.
Hopkins W G，Huner N P A. 2004. Introduction to Plant Physiology[M]．3rd ed. New York：John Wiley & Sons，Inc.
Huang C S，Pedersen B P，David L，Stokes D L. 2017. Crystal structure of the potassium－importing KdpFABC membrane complex [J]．Nature，Published online 21 June.
Huang G T，Ma S L. 2012. Signal transduction during cold，salt，and drought stresses in plants [J]．Mol Biol Rep，39：969－987.
Inze D，De Veylder L. 2006. Cell cycle regulation in plant development[J]．Annu Rev Genet，40：77－105.
Kinoshita T，Cano-Delgado A，Seto H，*et al.* 2005. Chory J. Binding of brassinosteroids to the extracellular domain of plant receptor kinase BRI1[J]．Nature，433：167－171.
Li J，Wen J，Lease KA，*et al.* 2002. BAK1，an *Arabidopsis* LRR receptor-like protein kinase，interacts with BRI1 and modulates brassinosteroid signaling[J]．Cell，110：213－222.
Ma Y，Dai X Y，Xu Y Y，*et al.* 2015. *COLD*1 confers chilling tolerance in rice [J]．Cell，160：1209－1221.

Sailsbury F B, Ross C W. 1992. Plant Physiology[J]. 4th ed. California: Wadsworth Inc.

Sara M. Díaz-Morenob, Alja van der Schurena, Takayuki Tamakia, *et al.* 2016. The effects of high steady state auxin levels on root cell elongation in Brachypodium [J]. David Pacheco-Villalobosa, Plant Cell. 28 (5): 1009 - 1024.

Shinozaki K, Kamaguchi-Shinozaki K. 2007. Gene networks involved in drought stress response and tolerance [J]. Journal of Experimental Botany, 2(58): 221 - 227.

Shinozaki K. Kamaguchi-Shinozaki K. 2007. Gene networks involved in drought stress response and tolerance [J]. Journal of Experimental Botany, 2(58): 221 - 227.

Suarez M F, Filonova L H, Smertenko A, *et al.* 2004. Metacaspase dependent programmed cell death is essential for plant embryogenesis[J]. Curr Biol, 14: 339 - 340.

Suarez M F, Filonova L H, Smertenko A, *et al.* 2004. Metacaspase depen-dent programmed cell death is essential for plant embryogenesis[J]. Curr Biol, 14: 339 - 340.

Taiz L, Zeigar E. 2010. Plant Physiology[M]. 5th ed. Sunderland: Sinauer Associates Inc.

Nancy Eckardt A. 2015. The plant cell reviews dynamic aspects of plant hormone signaling and crosstalk[J]. Plant Cell, 27 (1): 1 - 2.

Theissen G, Saedler H. 2001. Plant biology: Floral quartets[J]. Nature, 409(6819): 469 - 471.

Vantunen A J, Eikelboom W, Angenent G C. 1993. Floral organogenesis in Tulipa[J]. Flowering Newsletter, 16: 33 - 38.

Vert G, Chory J. 2006. Downstream nuclear events in brassinosteroid signalling[J]. Nature, 441: 96 - 100.

Wang Z Y, Seto H, Fujioka S, *et al.* 2001. BRI1 is a critical component of a plasma-membrane receptor for plant steroids[J]. Nature, 410: 380 - 383.

X Qin, M Suga, T Kuang, J R Shen. 2015. Structural basis for energy transfer pathways in the plant PSI-LHCI super-complex[J]. Sciences, 348(6238): 989 - 995.

Xie L Q, Yang C J, Wang X L. 2011. Brassinosteroids can regulate cellulose biosynthesis by controlling the expression of CESA genes in Arabidopsis[J]. J Exp Bot, 62: 4495 - 4506.

Zhu J K. 2002. Salt and drought stress signal transduction in plants[J]. Annual review of plant biology, 53: 247 - 273.

附录：

汉英专业术语

绪　论

植物生理学 plant physiology
代谢 metabolism
物质代谢 material metabolism
能量代谢 energy metabolism
同化作用 assimilation
合成代谢 anabolism
异化作用 dissimilation
分解代谢 catabolism
生长发育 growth and development
形态建成 morphogenesis
信息传递 message transportation
信号转导 signal transduction
逆境 environmental stress
环境生理学 environmental physiology
生态生理学 ecological physiology

第 1 章　植物的水分生理

水分代谢 water metabolism
束缚水 bound water
自由水 free water
水合作用 hydration
溶胶 sol
凝胶 gel
束缚能 bound energy
自由能 free energy
化学势 chemical potential
水势 water potential
偏摩尔体积 partial molar volume
半透膜 semi permeable membrane
渗透作用 osmosis
透性膜 permeable membrane
质壁分离 plasmolysis
质壁分离复原 deplasmolysis
渗透势 osmotic potential
压力势 pressure potential
衬质势 matric potential
重力势 gravity potential
溶质势 solute potential
膨压 turgor pressure
水势梯度 water potential gradient
亲水胶体 hydrophilic colloid
代谢性吸水 metabolic absorption of water
扩散 diffusion
集流 mass flow
水孔蛋白 aquaporin
跨膜通道蛋白 channel protein
质外体途径 apoplast pathway
共质体途径 symplast pathway
跨膜途径 transmembrane pathway
凯氏带 Casparian strip
中柱 stele
共质体 symplast
细胞—细胞途径 cell-to-cell pathway
主动吸水 active absorption of water
伤流 bleeding
伤流液 bleeding sap
吐水 guttation
被动吸水 passive absorption of water
可用水 available water
土壤永久萎蔫系数 permanent wilting coefficient
土壤—植物—大气连续的体系 soil plant atmosphere continuum, SPAC
内聚力学说 cohesion theory

蒸腾拉力-内聚力-张力学说 transpiration-cohesion-tension theory
内聚力 cohesive force
附着力 adhesive force
蒸腾作用 transpiration
皮孔蒸腾 lenticular transpiration
角质蒸腾 cuticular transpiration
气孔蒸腾 sromatal transpiration
蒸腾速率 transpiration rate
蒸腾效率 transpiration ratio
蒸腾系数 transpiration coefficient
需水量 water requirement
气孔 stomata
保卫细胞 guard cell
肾形 kidney shape
哑铃形 dumbbell shape
邻近细胞 neighboring cell
副卫细胞 subsidiary cell
气孔复合体 stomatal complex
小孔扩散定律 small pore diffusion law
气孔导度 stomatic conductance
气孔阻力 stomatic resistance
斑驳气孔 patchy stomata
H^+-ATP 酶 H^+ pumping ATPase
K^+ in 通道 inward K^+ channel
质膜去极化 depolarization
K^+ out 通道 outward K^+ channel
干旱胁迫 drought stress
玉米黄素 zeaxanthin
叶黄素循环 xanthophyll cycle
脱辅基蛋白 apoprotein
气孔开度 stomatal aperture
酶联免疫鉴定法 enzyme-linked immunosorbent assay, ELISA
前馈式调节 feed-forward manner
反馈式调节 feed-back manner
叶肉空间 air space
气孔口 stomata pore
界面层 boundary layer
气孔频度 stomatal frequency
脱落酸 abscisic acid
抗蒸腾剂 antitranspirant
水分临界期 water critical period
漫灌 wild flooding irrigation
沟灌 furrow irrigation
穴灌 hole irrigation
喷灌 spray irrigation
滴灌 drip irrigation
非充分灌溉 insufficient irrigation
精确灌溉 precision irrigation
调亏灌溉 regulated deficit irrigation
控制性分根区灌溉 controlled root-split alternative irrigation, CRAI

第 2 章　植物的矿质营养

矿质营养 mineral nutrition
灰分 ash
灰分元素 ash element
矿质元素 mineral element
必需元素 essential element
溶液培养法 solution culture method
水培法 water culture method
砂基培养法（砂培法） sand culture method
营养膜栽培 Nutrient Film Technique
大量元素 major element, macroelement
微量元素 minor element, microelement
钙调素 calmodulin, CaM
流动镶嵌模型 fluid mosaic model
主动吸收 active absorption
被动吸收 passive absorption
化学势梯度 chemical potential gradient
电势梯度 electrical gradient
电化学势梯度 electrochemical potential gradient
跨膜电势梯度 transmembrane electrical gradient
离子分布 ion distribution
能斯特方程 Nernst equation
主动转运 active transport
扩散 diffusion
简单扩散 simple diffusion
易化扩散 facilitated diffusion
通道蛋白 channel protein

载体蛋白 carrier protein
转运蛋白 translocator protein
通道 channel
离子通道 ion channel
感受蛋白 sensor protein
阀门 gate
膜片钳 patch clamp
载体 carrier
转运体 transporter
透过酶 permease
运输酶 transport enzyme
单向转运体 uniporter
同向转运体 symporter
反向转运体 antiporter
致电泵 electrogenic pump
质子泵 proton pump
离子泵 ion pump
初级主动运输 primary active transport
次级主动运输 secondary active transport
钙泵 calcium pump
H^+-焦磷酸酶 pyrophosphates
胞饮作用 pinocytosis
选择吸收 selective absorption
生理碱性盐 physiologically alkaline salt
生理酸性盐 physiologically acid salt
生理中性盐 physiologically nutral salt
单盐毒害 toxicity of single salt
离子颉颃 ion antagonism
平衡溶液 balanced solution
离子交换 ion exchange
接触交换 contact exchange
表观自由空间 apparent free space, AFS
相对自由空间 relative free space, RFS
菌根 mycorrhiza
共生体 mutualistic association
叶片营养 foliar nutrition
外连丝 ectodesmata
同化 assimilation
代谢还原 metabolic reduction
硝酸盐还原 nitrate reduction
硝酸还原酶 nitrate reductase, NR
钼黄素蛋白 molybdoflavo protein
同型二聚体 homodimer
诱导酶 induced enzyme
亚硝酸还原酶 nitrite reductase, NiR
质体 plastid
前质体 proplastid
温室气体 Greenhouse Gas, GHG
谷氨酰胺合成酶 glutamine synthase, GS
谷氨酸合酶 glutamate synthase
谷氨酰胺-α-酮戊二酸转氨酶 glutamine α-ketoglutarate aminotransferase, GOGAT
天冬酰胺合成酶 asparagine synthetase, AS
氨基交换作用 transamination
天冬氨酸转氨酶 aspartate aminotransferase, ASP-AT
谷氨酸脱氢酶 glutamate dehydrogenase, GDH
硝酸盐-蛋白转运器 nitrate-protein symporter, NRT
生物固氮 biological nitrogen fixation
非共生微生物 asymbiotic microorganism
固氮酶 nitrogenase
钼铁蛋白 Mo Fe protein
铁蛋白 Fe protein
氢化酶 hydrogenase

第 3 章　植物的光合作用

碳素同化作用 carbon assimilation
光合作用 photosynthesis
叶绿体 chloroplast
叶绿体被膜 chloroplast membrane
基质 stroma
嗜锇滴 osmiophilic droplet
类囊体 thylakoid
基粒 grana
基粒类囊体 grana thylakoid
基质类囊体 stroma thylakoid
光合膜 photosynthetic membrane
叶绿素 chlorophyll
类胡萝卜素 carotenoid
胡萝卜素 carotene
叶黄素 xanthophyll
胡萝卜醇 carotenol

吸收光谱 absorption spectrum
荧光 fluorescence
第一三线态 first triplet state
磷光 phosphorescence
δ-氨基酮戊酸 δ-aminolevulinic acid，ALA
黄化现象 etiolation
缺绿症 chlorosis
光反应 light reaction
碳反应 carbon reaction
原初反应 primary reaction
光合单位 photosynthetic unit
聚光色素系统 light-harvesting pigment system
反应中心 reaction centre
反应中心色素 reaction centre pigment
聚光色素 light-harvesting pigment
天线色素 antenna pigment
量子产额 quantum yield
量子效率 quantum efficiency
量子需要量 quantum requirement
远红光 far-red light
红降 red drop
爱默生增益效应 Emerson enhancement effect
双光系统 two photosystem
光系统Ⅰ photosystemI，PSⅠ
光系统Ⅱ photosystemⅡ，PSⅡ
PSⅡ反应复合体 PSⅡ reaction complex
PSⅡ捕光复合体 light harvesting complex Ⅱ，LHCⅡ
放氧复合体 oxygen evolving complex，OEC
希尔反应 Hill reaction
水的光解反应 water photolysis
水裂解 water splitting
去镁叶绿素 pheophytin，pheo
锰簇 Mn cluster
水氧化钟 water oxidizing clock
铁氧还蛋白 ferredoxin，Fd
电子传递 electron transport
光合链 photosynthetic chain
细胞色素 b_6f 复合体 cytochrome b_6f complex，Cyt b_6f
质体蓝素 plastocyanin，PC
光合磷酸化 photosynthetic phosphorylation 或 photophosphorylation
非环式光合磷酸化 noncyclic photophosphorylation
环式光合磷酸化 cyclic photophosphorylation
ATP 合酶 ATP synthase
偶联因子 coupling factor，CF
化学渗透假说 chemiosmotic hypothesis
质子动力 proton motive force，PMF
结合转化机制 binding change mechanism
同化力 assimilatory power
西玛津 simazine
阿特拉津 atrazine
除草定 bromacil
异草定 isocil
二硝基酚 dinitrophenol，DNP
羰基氰-3-氯苯腙 carbonyl cyanide-3-chlorophenyl hydrazone，CCCP
百草枯 paraquat
卡尔文循环 the Calvin cycle
羧化阶段 carboxylation phase
核酮糖-1,5-二磷酸 ribulose-1,5-bisphosphate，RuBP
核酮糖-1,5-二磷酸羧化酶/加氧酶 RuBP carboxylase/oxygenase，Rubisco
3-磷酸甘油酸 3-phosphoglyceric acid，PGA
3-磷酸甘油酸激酶 3-phosphoglycerate kinase
1,3-二磷酸甘油酸 1，3-diphosphoglyceric acid，DPGA
甘油醛-3-磷酸脱氢酶 glyceraldehyde-3-phosphate dehydrogenase，PGAld-3P-DH
3-磷酸甘油醛 3-phosphoglyceraldehyde，PGAld
更新阶段 regeneration phase
自身催化 autocatalysis
四碳二羧酸途径 C4-dicarboxylic acid pathway
C_4 途径 C_4 pathway
磷酸烯醇式丙酮酸羧化酶 phosphoenol plyruvate carboxylase，PEPC
磷酸烯醇式丙酮酸 phosphoenol plyruvate，PEP
草酰乙酸 oxaloacetic acid，OAA
碳酸酐酶 carbonic anhydrase，CA
苹果酸 malate，Mal
天冬氨酸 aspartic acid，Asp
NADP-苹果酸脱氢酶 NADP-malate dehydrogenase
天冬氨酸转氨酶 aspartate amino transferase
维管束鞘细胞 bundle sheath cell，BSC
NADP 苹果酸酶 NADP malic enzyme

丙酮酸 pyruvate, Pyr
NAD 苹果酸酶 NAD malic enzyme
PEP 羧激酶 PEP carboxykinase
丙酮酸磷酸二激酶 pyruvate phosphate dikinase, PPDK
景天科 Crassulaceae
景天 Sedum alboroseum
落地生根 Bryophyllum pinnatum
景天酸代谢 crassulaceae acid metabolism, CAM
景天酸代谢植物 CAM plant
冰叶日中花 Mesembrymthemem erystallinium
花环型 Kranz type
ADPG 焦磷酸化酶 ADPG pyrophosphorylase
淀粉合酶 starch synthase
磷酸转运器 Pi translocator
磷酸丙糖转运蛋白 triose phosphate translocator, TPT
蔗糖磷酸合酶 sucrose phosphate synthase, SPS
光呼吸 photorespiration
瓦博格效应 Warburg effect
乙醇酸 glycolate
C_2 循环 C_2 cycle
光合速率 photosynthetic rate
表观光合速率 apparent photosynthetic rate, AP
净光合速率 net photosynthetic rate, Pn
光合生产率 photosynthetic produce rate
净同化率 net assimilation rate, NAR
光补偿点 light compensation point, LCP
光饱和点 light saturation point, LSP
光饱和现象 light saturation
光抑制 photoinhibition of photosynthesis
光合滞后期 lag phase of photosynthesis
CO_2 补偿点 CO_2 compensation point
CO_2 饱和点 CO_2 saturation point
光合“午休”现象 midday depression of photosynthesis
太阳常数 solar constant
叶面积系数 leaf area index, LAI

第4章　植物的呼吸作用

同化作用 assimilation
异化作用 disassimilation
呼吸作用 respiration
有氧呼吸 aerobic respiration
无氧呼吸 anaerobic respiration
发酵 fermentation
糖酵解 glycolysis
底物水平磷酸化 substrate level phosphorylation
乳酸发酵 lactic acid fermentation
三羧酸循环 tricarboxylic acid cycle
Krebs 环 Krebs cycle
柠檬酸循环 citric acid cycle
丙酮酸脱氢酶复合体 pyruvic acid dehydrogenase complex
戊糖磷酸途径 pentose phosphate pathway
已糖磷酸途径 hexose monophosphate pathway
乙醇酸代谢途径 glycolic acid oxidate pathway
乙醇酸氧化酶 glycolate oxidase
过氧化氢酶 catalase
乙醛酸循环 glyoxylic acid cycle
乙醛酸体 glyoxysome
生物氧化 biological oxidation
电子传递链 electron transport chain of respiration
呼吸链 respiratory chain
细胞色素 cytochrome
蛋白复合体 protein complex
复合体Ⅰ complex Ⅰ
NADH 脱氢酶 NADH dehydrogenase
膜间隙 intermembrane space
泛醌 ubiquinone
复合体Ⅱ complex Ⅱ
琥珀酸脱氢酶 succinate dehydrogenase
复合体Ⅲ complex Ⅲ
细胞色素 c 还原酶 Cytochrome c reductase
复合体Ⅳ complex Ⅳ
细胞色素 c 氧化酶 Cytochrome c oxidase
复合体Ⅴ complex Ⅴ
ATP 合酶 ATP synthase
氧化磷酸化 oxidative phosphorylation
化学渗透假说 chemiosmotic hypothesis
磷/氧比 P/O ratio
解偶联 uncoupling
2,4-二硝基苯酚 dinitrophenol
解偶联剂 uncoupling agent

鱼藤酮 rotenone
安米妥 amytal
丙二酸 malonate
抗霉素 A antimycin A
水杨酸氧肟酸 salicylhydroxamic acid
末端氧化酶 terminal oxidase
交替氧化酶 alternative oxidase
酚氧化酶 phenol oxidase
单酚氧化酶 monophenol oxidase
酪氨酸酶 tyrosinase
多酚氧化酶 polyphenol oxidase
儿茶酚氧化酶 catechol oxidase
抗坏血酸氧化酶 ascorbic acid oxidase
乙醇酸氧化酶 glycolate oxidase
初生代谢物 primary metabolism
初生代谢 primary metabolite
次生代谢物 secondary metabolite
次生代谢 secondary metabolism
异戊二稀 isoprene
萜类 terpene
类萜 terpenoid
单萜 monoterpene
倍半萜 sesquiterpene
双萜 diterpene
三萜 triterpene
四萜 tetraterpene
多萜 polyterpene
红豆杉醇 taxol
甲羟戊酸途径 mevalonic acid pathway
甲基赤藓醇磷酸途径 methylerythritol phosphate pathway
异戊烯焦磷酸 isopenteny diphosphate
活跃异戊二烯 active isoprene
酚类 phenol
简单苯丙酸 phenyl propanoid
苯丙酸内酯 phenyl propanoic lactone
香豆素 coumarin
苯甲酸 benzoid acid
木质素 lignin
类黄酮 flavonoid
花色素苷 anthocyanin
黄酮 flavone
黄酮醇 flavonol
异黄酮 isoflavone
鞣质 tannin
缩合鞣质 condensed tannin
可水解鞣质 hydrolyzable tannin
莽草酸途径 shikimic acid pathway
丙二酸途径 malonic acid pathway
分支酸 chorismic acid
苯丙氨酸解氨酶 phenylalanine ammonia-lyase
桂皮酸 cinnamic acid
草甘膦 glyphosate
生物碱 alkaloid
含氰苷 cyanogenic glycoside
反馈调节 feedback regulation
正效应物 positive effector
负效应物 negative effector
巴斯德效应 Pasteur effect
腺苷酸 adenylic acid
能荷 energy charge
呼吸速率 respiratory rate
呼吸商 respiratory quotient
呼吸系数 respiratory coefficient
温度系数 temperature coefficient

第5章　植物体内同化物的运输与分配

韧皮部 phloem
环割试验 girdling experiment
筛分子 sieve element
筛管分子 sieve tube element
筛胞 sieve cell
压力流动学说 pressure flow theory
胞纵连束 transcelluar strand，TS
收缩蛋白学说 contractile protein theory
配置 allocation
分配 partitioning
源—库单位 source-sink unit

第6章 植物体内的细胞信号转导

细胞通信 cell communication
信号转导 signal transduction
植物细胞信号转导 plant cell signal transduction
信号 signal
物理信号 physical signal
化学信号 chemical signal
电信号 electrical signal
水信号 hydraulic signal
水流 water mass flow
水压 hydraustatic pressure
正化学信号 positive chemical signal
负化学信号 negative chemical signal
气腔网络 air space network
受体 receptor
细胞表面受体 cell surface receptor
膜受体 membrane receptor
离子通道连接受体 ion-channel-linked receptor
G 蛋白连接受体 G-protein-linked receptor
酶连接受体 enzyme-linked receptor
细胞内受体 intracellular receptor
跨膜信号转换 transmembrane signal transduction
二元组分系统 two-component system
GTP 结合调节蛋白 GTP binding regulatory protein
小 G 蛋白 small G protein
鸟苷酸交换因子 guanine nucleotide exchange factor, GEF
鸟苷酸解离抑制因子 Guanine nucleotide dissociation inhibitor, GDI
GTP 酶活化蛋白 GTPase activating protein, GAP
双组分信号系统 two-component signal system
组氨酸蛋白激酶 histidine protein kinase, HPK
反应调节蛋白 response-regulator protein, RR
输入模件 input module
催化模件 catalytic module
传递模件 transmitter module
接受模件 receiver module
输出结构域 output domain
杂合型组氨酸激酶 hybrid histidine kinase
含有组氨酸的磷酸转移结构域 histidine-containing phosphotransfer domain
第一信使 first messenger
第二信使 second messenger
1,2-二酰甘油 diacylglycerol, DAG
肌醇-1,4,5-三磷酸 inositol 1,4,5-trisphosphate, IP3
磷脂酰肌醇-4,5-二磷酸 phosphatidylinositol-4,5-bisphosphate, PIP2
肌醇磷脂 inositol phospholipid, IP
磷脂酰肌醇 phosphatidylinositol, PI
磷脂酰肌醇-4-磷酸 phosphatidylinositol-4-phosphate, PIP
磷脂酰肌醇-4,5-二磷酸 phosphatidylinositol-4, 5-bisphosphate, PIP2
磷脂酶 C phospholipase C, PLC
二酯酰甘油 diacylglycerol, DAG
钙调素 calmodulin, CaM
钙依赖而钙调素不依赖的蛋白激酶 calcium-dependent and calmodulin-independent protein kinase, CDPK
类似钙调素结构域的蛋白激酶 calmodulin-like protein kinase
结瘤素 nodulin
环腺苷酸 cyclic AMP, cAMP
蛋白激酶 protein kinase
蛋白磷酸酯酶 protein phosphatase
转录因子 transcription factors
蛋白质磷酸化酶 protein phosphakinase
交感序列 consensus sequence
依赖于钙离子的蛋白激酶 calcium dependent protein kinase, CDPK
类受体蛋白激酶 receptor-like protein kinase, RLK
胞外结构区 extracellular domain
跨膜螺旋区 membrane spanning helix domain
胞内蛋白激酶催化区 intracellular protein kinase catalytic domain
S 结构域 S domain
富含亮氨酸重复 leucine-rich repeat
类表皮生长因子 epidermal growth factor like repeat
分裂原活化蛋白激酶 mitogen-activated protein kinase, MAPK
MAPK 信号转导级联 MAPK signaling cascades
酵母 Saccharomyces cerevisiae

第 7 章 植物生长物质

植物生长物质 plant growth substance
植物激素 plant hormone，phytohormone
植物生长调节剂 plant growth regulator
生长素类 IAAs
赤霉素类 GAs
细胞分裂素类 CTKs
脱落酸 ABA
乙烯 ETH
油菜素内酯 BRs
茉莉酸 jasmonic acid，JA
水杨酸 salicylic acid，SA
多胺 polyamine，PA
独角金内酯 Strigolactones
独角金 striga
列当 orobanche
月光花素 colonyctin
菊芋素 heliangint
半支莲醛 potulai
罗汉松内酯 podolactone
薄层层析 thin layer chromatography，TLC
气相色谱 gas chromatography，GC
高效液相色谱 high performance liquid chromatography，HPLC
质谱分析 mass spectrography，MS
色质联谱 GC-MS
放射免疫检测法 radioimmunoassay，RIA
酶联免疫吸附检测法 enzyme linked immunosorbent assay，ELISA
多克隆抗体 polyclonal antibody，PAb
单克隆抗体 monoclonal antibody，MAb
生长素 auxin，AUX
达尔文 Darwin
博伊森—詹森 Boysen-Jensen
吲哚乙酸 indole-3-acetic acid，IAA
万特曼 Wightman
苯乙酸 PAA
生长素结合蛋白 auxin-binding protein，ABP
吲哚丁酸 indole-3-butyric acid，IBA
萘乙酸 phenylacetic acid，NAA
2,4-二氯苯氧乙酸 2,4-dichlorophenoxy acetic acid，2,4-D
4-氯-3-吲哚乙酸 4-chloro-3-indole acetic acid，4-Cl-IAA
自由态生长素 free auxin
吲哚乙酰葡萄糖 indole acetyl glucose
吲哚乙酰肌醇 indole acetyl inositol
吲哚乙酰天冬氨酸 indole actyl aspartic acid
化学渗透极性扩散假说 chemiosmotic polar diffusion hypothesis
解离常数 pKa
非解离型生长素 IAAH
阴离子型生长素 IAA-
生长素输出载体 auxin efflux carrier
萘基邻氨甲酰苯甲酸 naphthyphthalamic acid，NPA
2,3,5-三碘苯甲酸 2,3,5-triiodobenzoic acid，TIBA
α-萘乙酸 α-naphthalene acetic acid，α-NAA
β-萘乙酸 β-NAA
2，4，5-三氯苯氧乙酸 2，4，5-trichlorophenoxyacetic acid，2，4，5-T
色氨酸 tryptophan
吲哚丙酮酸 indole pyruvic acid
吲哚乙醛 indole acetaldehyde
色胺 tryptamine
吲哚-3-乙醛肟 indole-3-acetalcloxime
吲哚乙腈 indole acetonitrile
拟南芥 *Arabidopsis thaliana*
脱羧降解 decarboxylated degradation
不脱羧降解 non-decarboxylated degradation
吲哚乙酸氧化酶 IAA oxidase
羟吲哚-3-乙酸 oxindole-3-acetic acid
二羟吲哚-3-乙酸 dioxindole-3-acetic acid
酸生长理论 acid growth theory
氰化物 CN-
二硝基酚 DNP
肌醇三磷酸 IP3
激素受体 hormone receptor
结合蛋白 binding protein
生长素结合蛋白 1 auxin-binding protein1，ABP1
停靠蛋白质 docking protein
萘基酞氨酸 naphthylphthalamic acid，NPA
原初生长素反应基因 primary auxin responsive genes
环已酰亚胺 cycloheximide

信号体 signalosome
泛素激活酶 ubiquitin-activating enzyme
泛素结合酶 ubiquitin-conjugating enzyme
环指 ring finge
赤霉素 gibberellin，GA
赤霉酸 gibberellic acid
赤霉素烷 gibberelane
GA 特异结合蛋白 gibberellin binding protein，GBP
细胞分裂素 cytokinin，CTK，CK
6-呋喃氨基嘌呤 N6-furfurylaminopurine
6-(4-羟基-3-甲基-反式-2-丁烯基氨基)嘌呤 6-(4-hydroxyl-3-methy-trans-2-butenylamino)purine
玉米素核苷 zeatin riboside
二氢玉米素 dihydrozeatin
异戊烯基腺嘌呤 isopentenyladenine，iP
异戊烯基腺苷 (isopentenyl adenosine，iPA
激动素 KT
6-苄基腺嘌呤 6-benzyl adenine，6-BA
四氢吡喃苄基腺嘌呤 tetrahydropyranyl benzyladenine
二苯脲 diphenylurea
甲戊烯转移酶 isopentenyl transferase，IPT
二甲烯丙基二磷酸 dimethylallyl diphosphate，DMAPP
葡糖苷酶 glucosidase
组氨酸激酶 histidinekinases，AHKs
基本代谢 primary metabolism
次生代谢 secondary metabolism
菜豆 *Phasolus vulgaris*
玉米素顺反异构酶 zeatin cis-trans-isomerase
CTK 独立 1 蛋白 cytokini independent 1，CKI1
CTK 受体 cytokinin receptor ，GRE
组氨酸蛋白激酶 HPK
拟南芥反应调节蛋白 *Arabbidopsis* response regulator，ARR
蛋氨酸 methionine，Met
1-氨基环丙烷-1-羧酸 1-aminocyclopropane-1-carboxylic acid，ACC
S-腺苷蛋氨酸 S-adenosyl methionine，SAM
ACC 氧化酶 ACC oxidase
N-丙二酰-ACC N-malonyl-ACC，MACC
5'-甲硫基腺苷 5'-methylthioadenosine，MTA
氨基乙氧基乙烯基甘氨酸 aminoethoxyvinyl glycine
氨基氧乙酸 aminoxyacetic acid
逆境乙烯 stress ethylene
ACC 丙二酰基转移酶 ACC N-malonyl transferase
丙二酰化 malonylation
乙烯乙二醇 ethylene glycol
三重反应 triple response
丝氨酸/苏氨酸激酶 serine/threonine kinase
组成型三重反应 constitutive triple response
分裂原激活蛋白激酶 mitogen-activated protein kinase
乙烯响应因子 ethylene response factor
休眠素 dormin
红花菜豆酸 phaseic acid，PA
二氢红花菜豆酸 dihydrophaseic acid，DPA
胁迫激素 stress hormone
油菜素 brassin
油菜素内酯 brassinolide，BL
油菜素甾醇类化合物 brassino-steroids，BRs
油菜甾醇 campesterol，CR
长春花甾酮 cathasterone，CA
茶甾酮 teasterone，TE
香蒲甾酮 typhasterol，TY
栗甾酮 castasterone，CS
肉硅酸 trans-cinnamic acid
莽草酸 shikimic acid
苯丙氨酸 phenylalanine
邻香豆酸 ocoumaric acid
病原相关蛋白 pathogenesis related protein，PRs
超氧化物歧化酶 SOD
过氧化氢酶 CAT
抗坏血酸过氧化物酶 APX
乙酰水杨酸 ASA
茉莉酸甲酯 methyl jasmonates，MeJA
腐胺 putrescine，Put
尸胺 cadaverine，Cad
亚精胺 spermidine，Spd
精胺 spermine，Spm
系统素 systemin
蛋白酶抑制剂 proteinaseinhibitors
辅助培养 nurseculture
自交不亲和 self-incompatibility，SI
植物生长抑制剂 plant growth inhibitors
三碘苯甲酸 2,3,5-triiodobenzoic acid，TIBA

整形素 morphactin
马来酰肼 maleic hydrazide, MH
植物生长延缓剂 plant growth retardants
多效唑 paclobutrazol
烯效唑 uniconazol
矮壮素 chlorcholine chloride, CCC
缩节安 pix
比久，二甲胺琥珀酰胺酸 dimethyl aminosuccinamic acid
优康唑 uniconazole
乙烯利 ethephon
乙烯硅 etacelasil

第8章　光形态建成

光合作用 photosynehesis
光形态建成 photomorphogenesis
暗形态建成 skotomorphogenesis
黄化现象 etiolation
光敏色素 phytochrome
隐花色素 cryptochrome
向光素 phototropin
UV-B 受体 UV-B receptor
生色团(发色团) chromophore
脱辅基蛋白 apoprotein
红光吸收型 red light-asorbing form, Pr
远红光吸收型 far red light-asorbing form, Pfr
光稳定平衡 photostationary equilibrium, φ
黄化组织光敏色素 etiolated tissue phytochrome
光不稳定光敏色素 light labile phytochrome
绿色组织光敏色素 green tissue phytochrome
光不稳定光敏色素 light stable phytochrome
类型Ⅰ光敏色素 type Ⅰ phytochrome, PhyⅠ
类型Ⅱ光敏色素 type Ⅱ phytochrome, PhyⅠ
光敏色素互作因子 phytochrome-interacting factors, PIFs
棚田效应 Tanada effect
极低辐照度反应 very low fluence response, VLFR
低辐照度反应 low fluence response, LFR
高辐照度反应 high irradiance response, HIR
避阴反应 shade avoidance response
蓝光反应 blue-light response

第9章　植物的生长生理

分化 differentiation
生长 growth
发育 development
D期 division phase
G_1期 gap1, pre-synthetic phase
G_2期 gap2, post-synthetic phase
M期 mitosis phase
分裂间期 interphase
分裂期 mitotic stage
S期 synthetic phase
细胞周期 cell cycle
细胞周期蛋白 cyclin
细胞周期蛋白激酶 cyclin-dependent protein kinases, CDK
半纤维素 hemicellulose
胞间层 intercellular layer
初生壁 primary wall
次生壁 secondary wall
果胶类 pectic substances
木质素 lignin
微团 micell
微纤丝 microfibril
细胞伸长 cell elongation
纤维素 cellulose
扩张蛋白 expansin
木葡聚糖内转糖基酶 xyloglucan endotransglycosylase, XET
油菜素内酯 brassinolide, BR
细胞分化 cell differentiation
脱分化 dedifferentiation
细胞全能性 totipotency
愈伤组织 callus
再分化 redifferentiation
极性 polarity

程序性细胞死亡 programmed cell death, PCD
细胞坏死 necrosis
凋亡小体 apoptosis body
半胱氨酸—天冬氨酸残基特异性蛋白酶 cysteinyl aspartate-specific proteinase
梯形 DNA 条带 DNA ladder
外植体 explant
植物组织培养 plant tissue culture
细胞克隆 cell clone
培养基 medium
母液 stock solution
开放式组织培养 open tissue culture
人工种子 artificial seeds
种子萌发 seed germination
信息体 informosome
长命 mRNA long livid mRNA
麦芽糖酶 maltase
糖异生途径 gluconeogenic pathway
乙醛酸循环 glyoxylic acid cycle
脂肪酶 lipase
蛋白酶 protease
肽酶 peptase
需暗种子 dark seed
需光种子 light seed
光中性种子 non-hotoblastic seed
对数期 logarithmic phase
生长大周期 grand period of growth
衰老期 senescence phase
直线期 linear phase
季节周期性 seasonal periodicity of growth
温周期现象 thermoperiodicity
昼夜周期性 daily periodicity
人工气候室 climatron
绝对生长速率 absolute growth rate, AGR
相对生长速率 relative growth rate, RGR
净同化率 net assimilation rate, NAR
叶面积比 leaf area ratio, LAR
相关性 correlation
根/冠比 root/top ratio, R/T
顶端优势 apical dominance
原发优势 primigenic dominance
生理钟 physiological clock
近似昼夜节奏 circadian rhythm
负向光性 negative phototropism
感性运动 nastic movement
横向光性 diaphototropism
向性运动 tropic movement
信号转导 signal transduction
运动反应 motor response
正向光性 positive phototropism
植物运动 plant movement
负向重力性 negative gravitropism
横向重力性 diagravitropism
萝卜宁 raphanusanin
萝卜酰胺 raphanusamide
太阳追踪 solar tracking
向重力性 gravitropism
叶镶嵌 leaf mosaic
正向重力性 positive gravitropism
淀粉体 amyloplast
平衡石 statolith
向化性 chemotropism
向水性 hydrotropism
背侧运动细胞 dorsal motor cell
腹侧运动细胞 ventral motor cell
感夜性运动 nyctinasty movement
膨压运动 turgor movement
偏上性 epinasty
偏下性 hyponasty
生长性运动 growth movement
感热性运动 thermonasty movement
感震性 sesmonasty movement
膨压素 turgorins

第 10 章　植物的生殖生理

花熟状态 ripeness to flower state
幼年期 juvenile phase
成花诱导 flower induction
成花转变 flowering transition

成花启动 floral evocation
花发端 flower initiation
花原基 floral primordia
花的发育 floral development
花芽分化 flower bud differentiation
分生组织 meristem
自主途径 autonomous pathway
春化途径 vernalization pathway
光周期途径 Photoperiod pathway
糖类(或蔗糖)途径 Trehalose-6-Phosphate pathway
赤霉素途径 GA pathway
MADS-盒 MADS box
常温途径 ambient temperature pathway
年龄途径 age pathway
同源异型 homeosis
花器官决定基因 organ identity genes
同源异型突变体 homeotic mutant
同源异型基因 homeotic gene
雌雄同花植物 hermaphroditic plant
雌雄异花同株植物 monoecious plant
雌雄异株植物 dioecious plant
育性转化 fertility change、fertility alteration
春化作用 vernalization
脱春化作用 devernalization
再春化作用 revernalization
抗春化或预先脱春化 anti-vernalization or pre-devernalization
短日照 short day, SD
短日春化现象 SD vernalization
春化素 vernalin
去甲基化 demethylation
5-氮胞苷 5-azacytidine
玉米赤霉烯酮 zearaienone
光周期 photoperiod
光周期现象 photoperiodism
长日植物 long day plant, LDP
短日植物 short day plant, SDP
日中性植物 day neutral plant, DNP
双重日长植物 dual daylight plant, DDP
长—短日植物 long-short day plant, LSDP
短—长日植物 short-long day plant, SLDP
中日性植物 intermediate day plant, IDP
两极光周期植物 amphophoto periodism plant
临界日长 critical day length
临界暗期 critical dark period
临界夜长 critical night length
长夜植物 long night plant
短夜植物 short night plant
苋色藜 *Chenopodium anranticolor*
蝎子掌 *Sedum spectabile*
光周期诱导 photoperiodic induction
成花素 florigen
开花素 anthesins
孢粉素 sporopollenin
孢子体细胞 sporophytic cell
湿性柱头 wet stigma
干性柱头 dry stigma
糖蛋白 glycoprotein
识别物质 recognition substance
自交不亲和性 self-incompatibility, SI
复等位 multiple alleles
S 位点 S locus
配子体自交不亲和性 gametophytic self-incompatibility, GSI
孢子体自交不亲和性 sporophytic self-incompatibility, SSI
S-核酸酶 S-RNase
与 S 位点相连锁的糖蛋白 S-lous glyccoprotein, SLP
S 受体激酶 S-receptor kinase, SRK
集体效应 population effect
群体效应 group effect
受精作用 fertilization
双受精作用 double fertilization

第 11 章 植物的成熟与衰老生理

非丁 phytin
后期高丰度表达的蛋白质 late embryogenesis abundant protein, LEA
果实 fruit

果实成熟 maturation
果实完熟 ripening
单“S”形生长曲线 single sigmoid growth curve
双“S”形生长曲线 double sigmoid growth curve
单性结实 parthenocarpy
柑橘 valencia
呼吸跃变 respiratory climacteric
多聚半乳糖醛酸酶 polygalacturonase, PG
休眠 dormancy
强迫休眠 epistotic dormancy
生理休眠 physiological dormancy
后熟作用 after ripening
层积处理 stratification
滨藜属 *Atriplex*
衰老 senescence
全株衰老 overall senescence
地上部分衰老 top senescence
叶片同步衰老 deciduous senescence
叶片渐次衰老 progressive senescence
衰老下调基因 senescence down-regulated gene, SDG
衰老相关基因 senescence associated gene, SAG
自由基 free radical
活性氧 reactive oxygen species, ROS
超氧化物歧化酶 superoxide dismutase, SOD
脂氧合酶 lipoxygenase, LOX
程序性细胞死亡 programmed cell death, PCD
脱落 abscission
离区 abscisic zone
离层 abscisic layer
小泡 vesicle
纤维素酶 cellulase
果胶酶 pectinase
锦紫苏属 *Coleus*
生长素梯度学说 auxin gradient theory
天然单性结实 natural parthenocarpy

第12章 植物的抗逆生理

逆境 environmental stress
胁迫 stress
生物逆境 biotic stress
非生物逆境 abiotic stress
抗逆性 stress resistance
抗性锻炼 hardening
抗性生理 hardiness physiology
避逆性 stress avoidance
耐逆性 stress tolerance
脯氨酸 proline
甜菜碱 betaines
甘氨酸甜菜碱 glycinebetaine
丙氨酸甜菜碱 alaninebetaine
脯氨酸甜菜碱 prolinebetaine
逆境蛋白 stress protein
热激蛋白 heat shock protein, HSP
分子伴侣 chaperone
低温诱导蛋白 low-temperature-induced protein
冷响应蛋白 cold responsive protein
冷激蛋白 cold shock protein
渗调蛋白 osmotin
病原相关蛋白 pathogenesis-related protein, PR
厌氧蛋白 anaerobic stress protein, ANP
干旱逆境蛋白 drought stress protein
化学试剂诱导蛋白 chemical-induced protein
交叉适应 cross adaptation
冷害 chilling injury
抗冷性 chilling resistance
冻害 freezing injury
抗冻性 freezing resistance
热害 heat injury
温度补偿点 temperature compensation point
高温胁迫 high temperature stress
抗热性 heat resistance
干旱 drought
旱害 drought injury
萎蔫 wilting
暂时萎蔫 temporary wilting
永久萎蔫 permanent wilting
抗旱性 drought resistance
SnRK2 蛋白激酶 cucrose non-fermenting 1-related protein kinase
涝害 flood injury
湿害 waterlogging

抗涝性 flood resistance
盐害 salt injury
盐土 saline soil
碱土 alkaline soil
盐碱土 saline and alkaline soil
抗盐性 salt resistance
盐超敏感突变体 salt overly sensitive，SOS
病害 disease
病原微生物 pathogenetic organism
抗病性 disease resistance
水杨酸 salicylic acid，SA
茉莉酸 jasmonic acid，JA
一氧化氮 nitric oxide，NO
系统性抗性 systemic acquired resistance，SAR
过敏反应 hypersensitive response，HR
植保素 phytoalexin
辣椒素 capsidiol
大豆抗毒素 glyceollin
苯丙氨酸解氨酶 phenylalanine ammonia lyase，PAL
几丁质酶 chitinase
β-1，3-葡聚糖酶 β-1,3-glucanase
植物凝集素 lectin
生态抗性 ecological resistance
遗传抗性 inheritance resistance
茉莉酸甲酯 methyl-jasmonic acid，MeJA
系统素 systemin